“十三五”国家重点出版物出版规划项目

国家出版基金项目
NATIONAL PUBLICATION FOUNDATION

小麦工业手册

（第三卷）

小麦淀粉

总主编◎卞　科
主　编◎郑学玲

中国轻工业出版社

图书在版编目（CIP）数据

小麦工业手册. 第三卷, 小麦淀粉 / 郑学玲主编; 卞科总主编. — 北京: 中国轻工业出版社, 2021. 12

"十三五"国家重点出版物出版规划项目

ISBN 978-7-5184-3392-6

Ⅰ. ①小… Ⅱ. ①郑… ②卞… Ⅲ. ①小麦—谷类淀粉—食品加工—手册 Ⅳ. ①S512. 1-62②TS211-62

中国版本图书馆 CIP 数据核字（2021）第 027042 号

责任编辑: 马　妍　张浅予

策划编辑: 马　妍　　责任终审: 唐是雯　　封面设计: 锋尚设计

版式设计: 砚祥志远　　责任校对: 吴大朋　　责任监印: 张　可

出版发行: 中国轻工业出版社（北京东长安街 6 号, 邮编: 100740）

印　　刷: 三河市万龙印装有限公司

经　　销: 各地新华书店

版　　次: 2021 年 12 月第 1 版第 1 次印刷

开　　本: 787×1092　1/16　印张: 27. 75

字　　数: 640 千字

书　　号: ISBN 978-7-5184-3392-6　定价: 160. 00 元

邮购电话: 010-65241695

发行电话: 010-85119835　传真: 85113293

网　　址: http: //www. chlip. com. cn

Email: club@ chlip. com. cn

如发现图书残缺请与我社邮购联系调换

201206K1X101ZBW

丛书编委会

总 主 编 卞 科

编　　委 王殿轩 郑学玲 陈 洁 温纪平

本书编委会

主　　编 郑学玲

副 主 编 李利民 陈红杰 刘 翀

参编人员（按照姓氏笔画排列）

刘 玫 刘永德 谷中华 郑 坤

赵 波 洪 静

丛书前言

民为国基，谷为民命。粮食产业是关系国计民生的根本产业。保障国家粮食安全是一个永恒课题，任何时候这根弦都不能松。粮食安全包含粮食数量安全和粮食质量安全，如何从粮食产后环节减损、提质、增效，是实现粮食高质量发展，建设粮食产业强国的重要手段。以"粮头食尾"和"农头工尾"为抓手，围绕国家粮食安全战略和乡村振兴战略"两大战略"，突出产业链、价值链、供应链"三链协同"，大力推动粮食产业高质量发展，着力构建现代化粮食产业体系，实现粮食安全和现代高效农业相统一，不断提高农业质量效益和竞争力，确保国家粮食安全。

小麦是我国主要的粮食作物，2020 年产量为 1.34 亿吨，在口粮中占有重要地位。世界上约有 35%的人口以小麦作为主粮，中国的口粮消费总量中小麦约占 43%，小麦是人类食物的重要来源。小麦的储藏、加工和利用对确保我国粮食安全具有重要意义。

《小麦工业手册（四卷本）》围绕小麦产业链中小麦储藏、小麦加工、小麦淀粉、面制品四个环节组织编写，分别为：《小麦工业手册（第一卷）：小麦储藏》《小麦工业手册（第二卷）：小麦加工》《小麦工业手册（第三卷）：小麦淀粉》《小麦工业手册（第四卷）：面制品》。

本丛书由河南工业大学卞科教授担任总主编，组织粮食行业专家共同编写。其中，《小麦工业手册（第一卷）：小麦储藏》由王殿轩教授组织编写；《小麦工业手册（第二卷）：小麦加工》由温纪平教授组织编写；《小麦工业手册（第三卷）：小麦淀粉》由郑学玲教授组织编写；《小麦工业手册（第四卷）：面制品》由陈洁教授组织编写。在编写过程中，作者团队根据多年来科研与实践经验积累，结合国内外小麦工业领域大量的科技成果与文献资料，注重应用，突出理论实践相结合，力求反映小麦工业领域的新知识、新工艺、新设备、新成果，做到内容实用、重点突出、特色明显。对于指导小麦科学储藏、加工和利用发挥着重要的作用。

本丛书入选“十三五”国家重点出版物出版规划项目，可作为粮食行业工程技术人员参考用书，也可作为粮食领域科研人员和相关院校师生的参考书。

感谢国家小麦产业技术体系、河南省小麦产业技术体系提供的持续专项资金资助以及其他专项资金资助，感谢河南工业大学粮油食品学院以及相关单位为本书编写提供的技术和文献资料支持。

鉴于编者知识水平有限，本丛书不足和谬误之处，恳请广大读者给予批评指正，以便改进和完善，不胜感激。

卞科

2021 年 1 月

前言

《小麦工业手册（四卷本）》丛书围绕小麦工业中的小麦储藏、小麦加工、小麦淀粉、面制品四个关键工业环节分为四个分册进行编写，涉及储藏、初级加工（小麦粉加工）、深加工（淀粉加工）以及面制食品加工。《小麦工业手册（第三卷）：小麦淀粉》是本丛书四卷中的第三卷。小麦淀粉是以小麦粉为原料通过湿法加工得到的产品，属于小麦深加工范畴，是小麦工业中的重要一环，对延长小麦产业链提升价值链具有重要意义。

淀粉是人类膳食主要的能量来源，除了为人体提供能量外，作为一种加工助剂被广泛应用于食品行业。另外，淀粉在医药、化工、农业等行业也有着广泛的应用。玉米和薯类（马铃薯、红薯及木薯）是工业上生产淀粉的主要原料。近年来，小麦作为淀粉生产的原料也越来越受到重视，这主要是由于小麦作为淀粉生产的原料具有其独特的优势。小麦粉在生产淀粉的同时，还得到另外一种重要的产品——谷朊粉（活性面筋粉），它是一种非常重要的植物蛋白来源。虽然近些年小麦淀粉工业快速发展，但是理论和实践支撑不足，迫切需求小麦淀粉工业系统的参考书。《小麦工业手册（第三卷）：小麦淀粉》正是基于当前小麦淀粉加工业发展的迫切需要而编写的。在编写过程中，我们根据多年来科研与实践经验积累，结合国内外小麦淀粉工业领域大量的科技成果与文献资料，注重应用，突出理论实践相结合，力求反映小麦淀粉工业领域的新知识、新工艺、新设备、新成果，做到内容实用、重点突出、特色明显。

本书从工程应用角度围绕小麦淀粉工业实际，主要介绍了小麦淀粉的特性及应用、小麦淀粉生产用原料的特性及对原料品质需求、小麦淀粉加工技术、小麦淀粉加工装备、加工过程自动控制及质量控制、污水特性及处理、小麦淀粉工业常用标准及规范等方面的内容。本书内容侧重于小麦淀粉工程技术应用，作为小麦工业领域及相关领域企事业单位技术人员、科研人员以及相关院校师生的参考书，适应多层次读者的需要。

本书由河南工业大学、河南谷物淀粉工程研究院有限公司、河南工大设计研究院共同编写。河南工业大学郑学玲担任主编，河南工业大学李利民、刘翀及河南谷物淀粉工程研究院有限公司陈红杰担任副主编，具体编写分工为：郑学玲（第一章、第五章）、李利民（第九章）、陈红杰（第六章第二节、第三节、第四节）、刘翀（第四章）、刘永德（第八章）、郑坤（河南工大设计研究院，第十章）、洪静（第二章）、刘玫（第三章）、赵波（第六章第一节、第五节、第六节）、谷中华（第七章）。全书最后由卞科、郑学玲统稿定稿。

本书编写工作中，参阅了诸多国内外专家和学者的优秀论著及公开发表的文献资料，以及小麦淀粉企业及生产装备厂家提供的相关资料，借鉴并引用部分有价值的资料及研究成果，对此表示诚挚的谢意。感谢国家小麦产业技术体系、河南省小麦产业技术体系提供的持续专项资金资助，能够使编写团队人员围绕小麦加工产业链开展小麦产后加工方面的科研和技术服务，为本套丛书的编写提供理论和技术支撑。感谢苏州必源环保工程有限公司、哈尔滨金城食品设备有限公司、重庆江北机械有限责任公司、苏州瑞威离心分离技术有限公司、福乐伟分离技术（上海）有限公司等淀粉领域装备厂家为本书提供的相关资料和技术支持。感谢博士生尚加英、王庆发为本书编写过程资料收集所做的工作。

由于编写过程中时间仓促，对小麦淀粉工程实践掌握不足、编者水平有限等，书中难免有疏忽与错漏之处，恳请广大读者能给予批评指正，以便我们后续改进和完善。

编　者

2021 年 1 月

目录

第一章
小麦淀粉概述

作为一种碳水化合物，淀粉是一种无色、无味、无毒、无过敏性的白色粉末状物体，其天然形式通过植物的光合作用合成，并以颗粒的状态储存于谷物及豆类种子、蔬菜块根、块茎等中。由于它在自然界中来源丰富，已被广泛应用于食品、化工、医药、农业、建筑材料等工业中。淀粉是人类膳食中的第一大宏量营养素，除了营养功能外，在食品加工领域它还常被用作增稠剂、稳定剂及其他加工助剂等，以满足工业发展和人类消费需求。下面就淀粉工业的整体情况、小麦淀粉工业概况、小麦淀粉生产工艺以及产品应用等进行简单介绍。

第一节 淀粉工业概况

一、淀粉工业整体概况

淀粉是谷物中含量最为丰富的一类碳水化合物，主要为人类膳食提供能量。淀粉是食品行业、医药行业以及化工行业重要的一类物质，其除了为人类提供能量外，由于其本身具有的特性可赋予食品特定的质构和加工性能，因此，其作为一种食品加工助剂被广泛应用。谷物、薯类（马铃薯、红薯及木薯）和豆类是生产淀粉的主要原料，在谷物原料中，玉米是工业上生产淀粉的主要原料，除玉米之外，小麦作为淀粉生产的原料也越来越受到重视。

由于天然淀粉粒结构紧实，其在冷水中不易溶解、对不利环境的抵抗性差（如冻结-解冻、高温、强酸强碱、高剪切力等）、易老化，从而在工业中的应用受到很大限制。为此，实际生产中常采用一系列技术对其进行结构改造，以弥补特性缺陷。例如，近年来国内外科学家们对淀粉进行物理（湿热、干热、研磨、超高压、超声波、高压脉冲电场、微波等处理）、化学（氧化、磷酸化、酯化、交联等）及生物（发酵、酶法等）修饰，扬长避短，满足工业化需求。另外，淀粉可进一步通过水解生产果葡糖浆、麦芽糖浆、麦芽糖、蔗糖、葡萄糖、果糖等淀粉糖类产品，也可进一步通过发酵生产酒精、柠檬酸等产品。

当今市场上占据主导地位的淀粉来源于玉米、木薯、马铃薯和小麦。全球范围来说，淀粉总量的76%左右来自玉米，7%左右来自小麦，4%来自马铃薯，12%来自木薯，1%来自其他原料（图1-1）。谷朊粉又称活性面筋粉、面筋蛋白粉，是从小麦中提

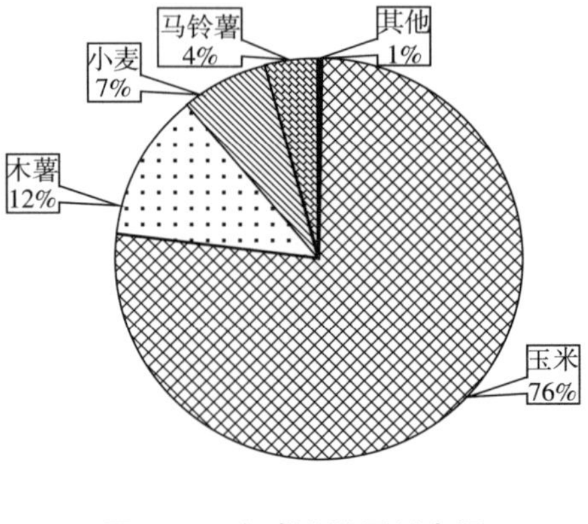

图 1-1　全球淀粉原料来源

取出的天然蛋白质，近年来由于谷朊粉需求量的增加，导致小麦淀粉的产量也逐年增加。

我国 2019 年淀粉总产量在 3200 万 t，其中玉米淀粉产量在 3100 万 t，占总淀粉产量的 96%左右，木薯淀粉 17 万 t，占总淀粉产量的 0.5%，马铃薯产量 45 万 t，占淀粉总产量的 1.4%，小麦淀粉产量 30 万 t，占淀粉总产量的 1%左右，其他类 1.1%。由此可见在我国淀粉的来源主要也是玉米，这和我国的粮食产业政策有一定关系，玉米一般作为工业用粮，小麦和稻谷主要作为食用粮以确保国家粮食安全。由于考虑粮食安全因素，在我国正常的小麦或高质量的小麦粉一般作为制作各类面制品的原料，不作为加工淀粉和谷朊粉使用，通常采用低品质的小麦和低品质小麦粉（如后路粉）生产小麦淀粉。

二、小麦淀粉工业整体概况

小麦是世界上种植最多的富含淀粉的粮食作物之一，全球年产量超过 7 亿 t。除了我国之外，小麦生产大国还包括美国、加拿大、澳大利亚、俄罗斯、法国等。在我国农作物产量中，小麦位居第三（仅次于玉米和稻谷）。2019 年，我国小麦播种面积为 23.73km^2，总产量超过 1.3 亿 t（图 1-2）。全国超过 70%的小麦集中于河南、山东、河北、安徽及江苏。我国小麦三大产区分别为：①北方冬小麦区，主要分布在河南、河北、山东、陕西、山西等省；②南方冬麦区，主要集中在江苏、四川、安徽等省；③春小麦区，主要分布在黑龙江、新疆、内蒙等。

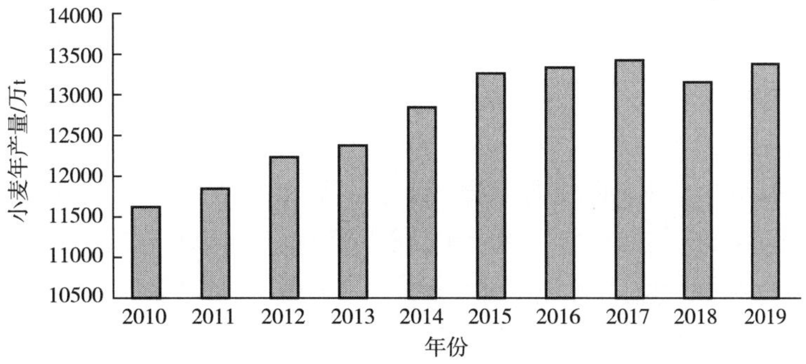

图 1-2　2010—2019 年中国小麦年产量变化趋势图

淀粉主要分布于小麦的胚乳，即小麦加工的产品——小麦粉中，在小麦粉干重中占比可达 75%以上。一般情况下，按照聚合度（*DP*）的不同，小麦淀粉包含直链淀粉（*DP* 为 50~300）和支链淀粉（*DP* 为 300~500），前者含量较低（19%~26%），可在温水中溶解、黏性较低；后者含量较高（可达 74%~81%），能形成高黏度的淀粉糊。近年来，国内外通过杂交培育出高直链淀粉（高达 70%）和糯性淀粉（支链淀粉含量 99%~100%）的小麦品种。根据颗粒大小及形状不同，小麦淀粉可分为 A 型（>10μm，盘状、卵圆状）和B型（< 10μm，接近球形或多边形）淀粉，小麦中A、B型淀粉分布情况随着品种、环境条件（如降雨、光照、温度、营养素等）的变化而有所差异。

在生产的小麦中，大部分（约67%）用于食物消费，其余则作为种子（7%）、饲料（20%）及淀粉生产（6%）等。全球淀粉来源中，小麦淀粉占比达到7%，位居第三；在欧洲，小麦是主要的淀粉生产原料，约占总淀粉产量的39%。我国小麦淀粉产能主要集中在华北、黄淮平原。

相对于马铃薯、木薯、玉米淀粉，小麦淀粉规模化生产起步较晚，但发展较快。从目前发展趋势分析，国内小麦淀粉产量将会赶超马铃薯、木薯、红薯淀粉而跃居第二，位于玉米淀粉之后。从用途上分析，小麦淀粉洁白光亮、透明度高、黏度强且稳定、易凝胶化、抗形变能力高，所以具有很大发展空间。目前小麦淀粉原淀粉多用在河粉、粉丝、专用粉、速冻食品、黏合剂等行业。其衍生出的变性淀粉以化工、造纸、食品、制药应用为主。从价格上分析，小麦淀粉价格低于马铃薯、红薯，仅比玉米淀粉稍高一些或持平，因此，其具有较大的市场竞争力和较强的替代性。

第二节 小麦淀粉生产工艺及其演变

淀粉产品最早出现是从小麦中分离出来的，史料记载，公元前130年，希腊希俄斯岛上的人从小麦粉中分离出淀粉。16世纪小麦淀粉的商业化生产在英国起步，然后在欧洲得到发展，并成为欧洲淀粉主要的产品组成部分。目前小麦淀粉生产主要集中在澳大利亚、新西兰、美国及欧洲的法国、荷兰、英国等。

小麦粒由皮层（13%~17%）、胚乳（80%~85%）及胚（2%~3%）组成，其中皮层和胚是膳食纤维、脂质、维生素及矿物质的富集场所，淀粉与面筋蛋白主要共存于小麦胚乳中。在长期历史进程中，出现了一系列的小麦淀粉分离方法。小麦淀粉分离方法大致可分为全籽粒湿磨法和面团/面糊法。基于面筋聚集程度不同，面团/面糊法又可细分为马丁法（Martin法）、面糊法（Batter法）、瑞休法（Raisio法，又称两相卧螺法）、水力旋流法和高压剪切分散法（HD法，又称三相卧螺法）。除了全籽粒湿磨法外，其余方法已广泛用于实际小麦淀粉的生产中。

一、全籽粒湿磨法

全籽粒湿磨法以小麦籽粒为工艺起点，包括发酵法和非发酵法。将浸泡后的小麦磨成浆状物后，通过发酵使面筋降解，随之反复加水稀释弃去上清液，所得沉淀物即为粗淀粉。1970年，Chwalek等人发明了一种非发酵法小麦淀粉生产方法，采用0.2%~0.4%的亚硫酸溶液或其他酸性试剂浸泡小麦，研磨后将大颗粒过滤除去而获得淀粉，淀粉回收率和纯度与浸泡条件（浸泡剂种类，亚硫酸浓度、温度、时间）、研磨参数和其他成分等有关。例如，用二氧化硫处理小麦得到高淀粉、低蛋白含量的产品，而用乳酸浸泡时淀粉得率较低。

虽然全籽粒湿磨法可避免小麦制粉后再分离淀粉的高成本，对淀粉损伤程度小，但它操作强度较高，容易使面筋蛋白聚集并与麸皮等其他成分相互缠结，不仅降低面筋产品价值，还影响淀粉分离，最终产率仅为55%~60%，并且淀粉成品白度低、感官品质不佳，杂质较多。另外，湿磨法产生大量工业废水，尤其是当采用亚硫酸时，对环境污染尤为严重，所以全籽粒湿磨法未能投入正式的工业化生产。

二、面团/面糊法

不同于全籽粒湿磨法，面团/面糊法直接以小麦制粉后的小麦粉为原料，将其与水混合，经过调制成面团或面糊后、通过物理方法实现淀粉与蛋白质的分离。此过程一般要求小麦粉中面筋蛋白含量较高（通常不低于11%）以促进其快速聚集，而其他成分（如脂质、矿物质、低聚糖、α-淀粉酶）需控制在较低水平，在商业生产中可获得纯度较高的淀粉。

（1）传统面团/面糊工艺　1745年，马丁法（Martin法），又称面团水洗法被发明，它是指小麦粉加水形成面团，然后通过洗涤将淀粉和面筋分开，并于随后发展为最普遍的小麦淀粉或面筋生产方法。它将小麦粉与水和面，形成光滑、均匀、具有一定黏弹性的面团；之后进行30min左右的醒发，促进二硫键及其他次级键（如氢键）的形成、强化面筋网络结构；用搅拌仪器对面团进行清洗，使淀粉转移至上清液，并使其通过一套振动筛，滤去面筋及膳食纤维等杂质，最后将所得淀粉浆液离心、干燥，所得成品中一级淀粉（A淀粉）可达75%~85%；此外，还含有杂质含量较高的二级淀粉（B淀粉），5%~10%。随着其他原料淀粉生产技术的层出叠现，20世纪，马丁法也得以改良，大大提高了淀粉（蛋白含量<1%）及面筋蛋白（高于75%）的纯度。

1944年，加拿大Shewfelt和Adams及美国Hilbert等人提出了面糊法（Batter法）小麦淀粉分离工艺，将小麦粉与热水（50~55℃，比例约1：2）混合，调配成光滑、具有流动性的面糊。具体加水量随着小麦品种及小麦粉中各种成分（如损伤淀粉、面筋蛋白、膳食纤维）含量不同而有所波动。静置0.5h左右，向其中补加水并不停地搅拌，使面筋聚集；通过筛理分离出面筋后，使淀粉浆液通过振动筛脱除杂质，最终离心、干燥获得纯度为68%~77%的淀粉。

1969年，Fellers等人发明了瑞休法（Raisio法）小麦淀粉分离工艺，已于1976年在芬兰投入商业化生产，又称两相卧螺工艺。与前述工艺类似，该法将小麦粉与水(1：3)在室温下混合，制备成流动性好的面糊；再次添加水，使之均匀混合、形成含有约30%固形物的分散液；用两相螺旋离心机对其离心，取出面筋蛋白部分（含40%左右蛋白）；向余下淀粉浆中补加水制成淀粉悬液，并使其通过旋转式锥形细筛，得到一级淀粉，回收率为75%~80%、蛋白含量为0.3%左右。面筋蛋白层富含二级淀粉（B淀粉），也含有少量一级淀粉（A 淀粉）及其他可溶性物，将其通过筛理，最终所得二级淀粉回收率为 10%~15%，蛋白杂质含量 2%~5%。

（2）水力旋流法　水力旋流技术是由荷兰一家公司于 1979 年发明的。水力旋流器是一锥形分离室，顶端和底端各有一个出口。密度不同的物料在内部被分离后，密度较大、较小的部分分别由底部和顶部出口排出。将小麦粉与温水混合、制成松软面团（或面糊）后，经过醒发熟化，再加水调浆，在剪切力的作用下，促进面筋束的形成，并制成固形物含量 20%~30%的均匀面糊分散体系；通过过滤移除其中的大颗粒物质后，将滤液导入一组水力旋流器中，运行过程中面筋束可随着浓度增加及混合作用而自发聚集，并在轻流带动下自顶端排出，筛分出面筋后，得到的二级淀粉（B 淀粉）中还混杂膳食纤维等成分，需做进一步过筛处理；与此同时，一级淀粉（A 淀粉）在底部逐渐积累，经出口流出后，通过细筛、再次泵入水力旋流器中，对淀粉进行清洗、除去残留蛋白等杂质，得到成品。在 20 世纪 80 年代早期，该工艺由于投资较低、能耗低、用水少（每份小麦粉仅需 4~5 份水）、产量高、操作参数宽泛，适用于软麦粉、硬麦粉甚至全麦粉等，因而成为主流的小麦淀粉生产方法。

（3）高压剪切分散法　随着新技术的不断兴起，小麦淀粉生产工艺也在不断革新，出现了高压分离技术，又称三相卧螺工艺。该法是由柏林工业大学和韦斯伐里亚分离器生产厂家共同研发演变而来。最初（1985 年）它被用来提取玉米淀粉，目前已被许多国家普遍用于小麦淀粉的商业化生产。首先向小麦粉中加入温水（为小麦粉质量的 85%~95%），在 35℃调制成连续光滑、固形物含量约 45%的面糊，然后将其均质处理。在高剪切力的作用下，淀粉颗粒从水合小麦粉颗粒中释放出来，同时使前期形成的面筋束聚集。适当增强高压剪切力有利于强化分离效果、提高淀粉得率和减少水的用量。

对高压处理后的面糊体系加水稀释，使其固形物含量降至 30%以下，并转移到三相分离器中；经高速处理后，体系分为三层，密度由高到低依次为：一级淀粉（A 淀粉）、面筋蛋白与二级淀粉（B 淀粉）的混合物、黏度较高的多糖和其他可溶性杂质；弃去最上层后，使 B 淀粉层通过振动筛使其与面筋蛋白分离，可增加过筛次数提高淀粉纯度；对于 A 淀粉层，可借助水力旋流器中或筛理设备做进一步分离，得到精制的一级淀粉。除了 A 淀粉产量高之外，本法的优势还在于能最大限度地减少分离过程中水的消耗，且不受小麦粉品质的影响，近年来被逐步推广使用。

第三节
小麦淀粉生产分析及产品应用

一、小麦淀粉生产优劣势分析

与其他原料相比，小麦淀粉生产有诸多优势。小麦不仅生长周期短，而且近年来由于育种技术以及新型种植模式的更新使其产量大幅度提高。如前所述，全球小麦年产量高且稳定，并具有良好的农业适应性，为淀粉资源的开发奠定了坚实的原料基础。生产小麦淀粉时，只需采用物理操作使共存的面筋蛋白聚集、逐级分离即可实现，无须使用化学试剂；而其他原料（如大米、玉米）淀粉生产过程中，一般先加碱使其蛋白质溶解，或联合使用蛋白酶长时间降解，或者通过化学试剂浸泡，再结合物理法方能达到分离目的。可见，小麦淀粉生产工艺相对简单、高效，可减少微生物生长繁殖的机会，而且无化学物质添加、减少废水排放、降低工业成本，在提高食品安全性的同时体现出绿色生产的理念。此外，小麦淀粉亮度高、口味清淡，当作为配料添加到各类食品中时不影响其外观和风味。另外，不同于其他淀粉生产，小麦淀粉在生产中还得到另外一种非常重要的产品——谷朊粉，即小麦面筋粉，该产品在食品、饲料等行业具有非常广泛的应用，具有广阔应用领域和较高附加值，这也是小麦淀粉生产所具有的很大优势。

然而，小麦淀粉生产中也存在一些缺陷，相比于玉米，小麦中含有较多的非淀粉多糖（戊聚糖和β-葡聚糖），可增加分离体系的黏度而影响生产效率。另外，由于小麦淀粉不同于其他植物来源的淀粉特性，其颗粒度大小不均一，具有大颗粒淀粉（A 淀粉）和小颗粒淀粉（B 淀粉），而通常情况下小颗粒的淀粉容易与面筋蛋白以及小麦粉中的其他物质结合，使得其产品纯度较差从而影响其作为高质量淀粉的应用价值。在小麦淀粉生产中，一般将这部分小颗粒淀粉（B 淀粉）制糖或发酵为酒精，这样也影响了小麦淀粉工业的健康发展。

二、小麦淀粉产品及应用

小麦淀粉作为以小麦粉为原料加工而成的制品，属于深加工产品。小麦淀粉用途广泛，按品质规格区分，低档品质产品可以用于普通纺织、印染工业，作为面料制浆的原料；中档品质产品可以用于普通食品加工工业，作为原材料或者食品添加剂，用于生产面包、点心、饼干、河粉以及家庭烹饪使用；高档品质产品可用于高端餐饮业，是高级菜肴点心的重要原料。小麦淀粉的衍生产品有变性淀粉和混合淀粉。变性淀粉是指在小麦淀粉基础上进行的深加工产品，主要有乙酸酯淀粉、磷酸酯淀粉和预糊化淀粉等，是在淀粉中加入各种化学成分或进行物理处理，获取某种特殊品质要求的产品，主要用于食品、化工和制药工业。混合淀粉是指在淀粉中加入其他食品原料如盐、糖、味精等混合物，或者与其他淀粉混合，可以直接用于食品加工业。小麦淀粉还可用来生产可食包装材料薄膜，以减少环境污染、延长商品货架期。也可以用适宜的比例将小麦淀粉掺入普通塑料膜中，提高其降解性而不影响拉伸性。在造纸工业，由于其廉价易得、糊化温度低而被广泛用作表面包覆剂、墙纸浆糊以及瓦楞纸板黏合剂；在纺织工业，向织物中添加淀粉可硬化衣服、提高纱线力度，其效果离不开小麦 A、B 淀粉粒的协调分布（小者嵌入织物纤维内部，而大者点缀于表面）。小麦淀粉因其环境友好性可参与生产可降解、无毒、无腐蚀性的清洁剂、树脂、塑料及表面活性剂等化学物质。在制药领域，它常以水合胶体或微球的形式参与药物传递。可见，小麦淀粉工业有广阔的发展前景。

谷朊粉又称活性面筋粉或小麦面筋蛋白粉，是将小麦粉中的面筋蛋白质分离、提取并烘干而制成的一种粉末状产品，是小麦淀粉生产中的另一个非常重要的产品。其蛋白质含量一般在70%以上，且氨基酸组成比较齐全，是营养丰富的植物性蛋白源。谷朊粉主要由相对分子质量较小、呈球状、具有较好延伸性的麦醇溶蛋白与相对分子质量较大、呈纤维状、具有较强弹性的麦谷蛋白组成。谷朊粉作为一种植物蛋白以及与水能形成具有黏弹性结构的面筋物质，其应用领域不断拓宽。早期的谷朊粉市场仅限于专用粉行业，而现在其在肉制品、饲料等行业用量迅速扩大，未来在宠物食品行业领域也将有较大增长。目前，国家对复配型的食品添加剂（包括小麦粉改良剂、增筋剂）进行了严格控制，这意味着天然小麦粉增筋剂谷朊粉具有更大的市场机遇。在国际市场上，谷朊粉市场缺口更大，2019 年度全球小麦谷朊粉总需求量达到了 120 万 t。由于出口需求量增大，加之国内小麦谷朊粉市场也在不断扩大，小麦谷朊粉市场货源紧俏，价格也持续增长，现市场价多在 10000 元/t 左右。

第二章
小麦淀粉的基本特性与应用

小麦是我国主要农作物，小麦产后加工和利用对我国国民经济的发展及社会稳定具有非常重要的作用，随着人们对小麦淀粉、谷朊粉功能的认识，已不单单把小麦作为一种面制主食的原料，只满足人们的食用需求，还可将小麦粉中的淀粉与蛋白质分离，生产小麦淀粉与谷朊粉，将其作为食品行业的配料。本章基于小麦淀粉的基本特性，从淀粉的性质、基本组成和结构特点着手，阐明小麦淀粉功能特性及小麦淀粉在食品、医药、造纸等行业的应用。

第一节 小麦淀粉的结构和组成

结构是功能的基础，也是确定制取工艺的依据。淀粉结构包括空间结构、化学结构和淀粉的结晶结构。化学结构是基础结构，是构成淀粉的先决条件，淀粉的化学结构决定了空间结构，而空间结构决定了淀粉的理化性质。需要掌握淀粉的结构特性，才能对淀粉有一个系统的认知。

一、小麦淀粉粒结构特性

小麦是世界上最重要的粮食作物之一，小麦粉中淀粉的含量约占70%，主要以淀粉颗粒的形式存在于小麦的胚乳细胞中，是小麦的主要能量来源。小麦淀粉主要由直链淀粉和支链淀粉组成，直链淀粉占淀粉总重的25%左右，几乎全部由 α-1,4 糖苷键相连接的 α-D-吡喃葡萄糖单位构成。支链淀粉由 α-1,6 糖苷键将若干个 α-D-吡喃葡萄糖连接在一起构成，呈支链状结构，大约每隔 20 个葡萄糖单位就有一个分支，分支的链长一般为 12～60 个葡萄糖单位。淀粉的分子式为（$C_6H_{10}O_5$）$_n$，严格来讲分子式为 $C_6H_{12}O_6$（$C_6H_{10}O_5$）$_n$，n 为不定式，称为聚合度（DP），淀粉分子的聚合度一般为 800～3000。除了直链淀粉与支链淀粉，淀粉颗粒中还存在少量的其他物质，如中间级分（支化较少的支链淀粉或轻度支化的直链淀粉）、脂类、蛋白质、矿物质等。

小麦淀粉颗粒一般为圆形或椭圆形，少量为不规则的形状。按照淀粉颗粒大小来分，小麦淀粉可以分为大颗粒淀粉和小颗粒淀粉。大颗粒直径为 25～35μm，称为 A 淀粉，约占小麦淀粉干重的 93%；小颗粒直径仅有 2～8μm，称为 B 淀粉，约占小麦淀粉干重的 7%。也有人将小麦淀粉颗粒按其直径大小分为 3 个模型结构：A 型（10～40μm）、B 型（1～10μm）和 C 型（<1μm），但通常将 C 型归入 B 型。淀粉颗粒在偏光显微镜下呈现特有的偏光“十”字现象，这是由于淀粉的各个分子链之间趋向平行排列，邻近的羟基间以氢键的形式结合，形成“结晶束”结构。颗粒的结晶结构一旦被破坏，“十”字会出现变化甚至消失。淀粉颗粒因存在半结晶性，还可在偏光显微镜下看到双折射现象（Birefringence），当体系混乱度增大到一定程度时，双折射现象就会消失。

从结晶结构来说，淀粉颗粒由结晶区和非结晶区（无定形区）构成，结晶区由支链淀粉构成，结构整齐有序，直链淀粉和支链淀粉共同构成了非结晶区，分子链间排列紊乱。淀粉的颗粒结构及观测方法具体如下。

（一）轮纹结构

淀粉在显微镜下观察，可以看到淀粉的细纹，细纹样式与树木年轮相似，称为轮纹结构。各轮纹层围绕的点称为“脐点”，又称粒心，禾谷类淀粉颗粒的粒心常在中央，称为“中心轮纹”，如图 2-1 所示。根据粒心和轮纹结构的不同可分为“单粒”“半复粒”“复粒”以及“假复粒”。单粒只有一个粒心。一个淀粉体系包含同时发育生成的多个淀粉颗粒称为复粒。各有各的粒心和环层，但最外围的几个环轮则是共同的，是半复粒。有些淀粉粒开始生长时是单个粒子，在发育中产生几个大裂缝，但仍然维持其整体性的称为假复粒。小麦淀粉多数为单粒，也夹杂有复粒存在。

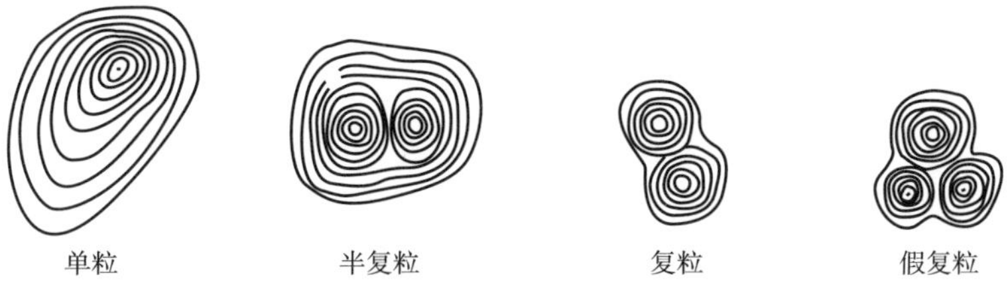

图 2-1　淀粉颗粒的轮纹结构

轮纹式层状结构产生的原因是淀粉颗粒内部折射率之差或是密度之差形成的。淀粉颗粒在形成过程中，由于昼夜光照的差别，造成葡萄糖供应数量不同，致使淀粉合成速度快慢不一致，形成淀粉的层状结构。

观察方法：取淀粉试样少许置于载玻片上，摊薄均匀，加 1 滴 95%乙醇，再加 1 滴甘油水，稍干后，用盖玻片盖好，用滤纸除去过量液体，先用低倍显微镜调好视野，再用 400~600 倍镜观察淀粉颗粒的形状、大小和轮纹。

（二）偏光“十” 字现象

在偏光显微镜下观察到淀粉颗粒呈现黑色“十”字现象，将淀粉颗粒分成 4 个白色的区域称为偏光十字（Polarization Cross）或马耳他十字。这种偏光十字的产生源于球晶结构，球晶呈现有双折射特性，光穿过晶体时会产生偏振光。淀粉颗粒也是一种球晶，具有一定方向性，采取有秩序的排列就会出现偏光“十”字，小麦淀粉的偏光“十”字现象如图 2-2 所示。

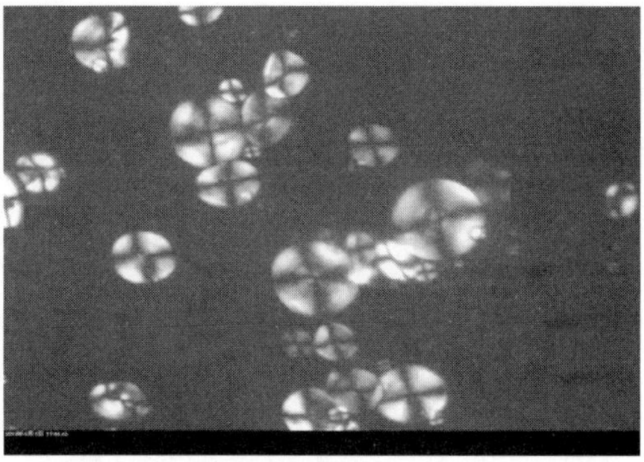

图 2-2　小麦淀粉偏光“十”字现象

（三）结晶结构

1. 淀粉颗粒的结晶形态

淀粉颗粒是由许多直链淀粉分子和支链淀粉分子构成的聚合体，这种聚合体不是无规律的，它是由两部分组成，即有序的结晶区和无序的无定形区（非结晶区）。结晶部分的构造可以用 X 射线衍射来确定，而无定形区的构造至今还没有较好的方法确定。淀粉颗粒的结晶形态主要有 A、B、C 三种不同结构类型。此外还有 V 型、E 型。各种不同晶型之间存在转化关系。

2. 淀粉颗粒的结晶区和非结晶区（无定形区）

结晶区主要由支链淀粉分子以双螺旋结构形成，结构较为致密，不易受外力和化学试剂作用；无定形区主要由直链淀粉分子以松散的结构形成，易受外力和化学试剂作用。淀粉颗粒由许多微晶束构成，这些微晶束排列成放射状。结晶性的微胶束之间由非结晶的无定形区分隔，结晶区经过微结晶区的过渡转变为非结晶区，这是个渐变过程。在小麦淀粉中，支链淀粉是结晶性结构的主要成分，还有部分直链淀粉分子和脂质形成的络合体；这些络合体形成弱结晶物质被包含在颗粒的网状结晶中。微晶束的组成包括直链淀粉的部分和支链淀粉的分支。淀粉颗粒的结构模型如图 2–3 所示。

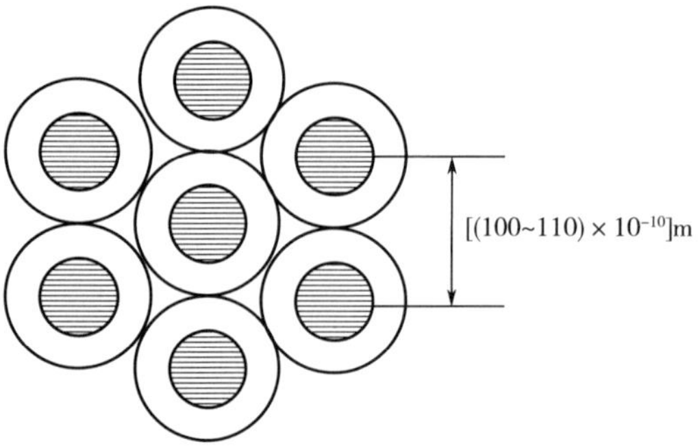

（1）

（2）

图 2–3 淀粉颗粒的结构模型

（1）淀粉颗粒结构模型 （2）淀粉颗粒微晶束结构

3. 淀粉的结晶化度

根据上文对淀粉结晶区与非结晶区的分类，结晶结构可以分为以格子状态紧密排列着的结晶态部分和不规则聚集成凝胶状的非晶态部分（无定形部分），结晶态部分占整个颗粒的百分比，称为结晶化度，小麦淀粉的结晶化度在 36%左右。形成淀粉结晶部分不是依靠线状的直链淀粉分子，而主要是支链淀粉分子，淀粉颗粒的结晶部分主要来自支链淀粉分子的非还原性末端附近。直链淀粉在颗粒中之所以难结晶，是因为其分子线状过长的缘故，聚合度在 10~20 的短直链就能很好地结晶。因此可以认为，支链淀粉容易结晶是因为其分子每个末端基的聚合度符合形成结晶所需条件。

二、小麦淀粉粒组成

（一）直链淀粉

直链淀粉是一种线性多聚物，是由 α-D-葡萄糖通过 α-D-1,4 糖苷键连接而成的链状分子，有一个还原性末端和一个非还原性末端，呈右手螺旋结构，并不是伸开的一条链。每 6 个葡萄糖单位组成螺旋的一个节距，羟基位于螺旋外侧。小麦淀粉中直链淀粉的聚合度在 250~13000，平均为 1300。直链淀粉彼此不发生交联，直链淀粉单独存在，在支链淀粉链的径向方向上自由分布。

直链淀粉还存在少部分的 α-1,6 糖苷键，推测某些直链淀粉含有分支结构，称为轻度分支的直链淀粉。但是不可以把其视为支链淀粉分子，二者有很大区别，因为支链淀粉的相对分子质量要大得多，平均支链链数可达数百，而轻度分支的直链淀粉只有几个或者几十个，淀粉的直链与支链结构如图 2-4 所示。

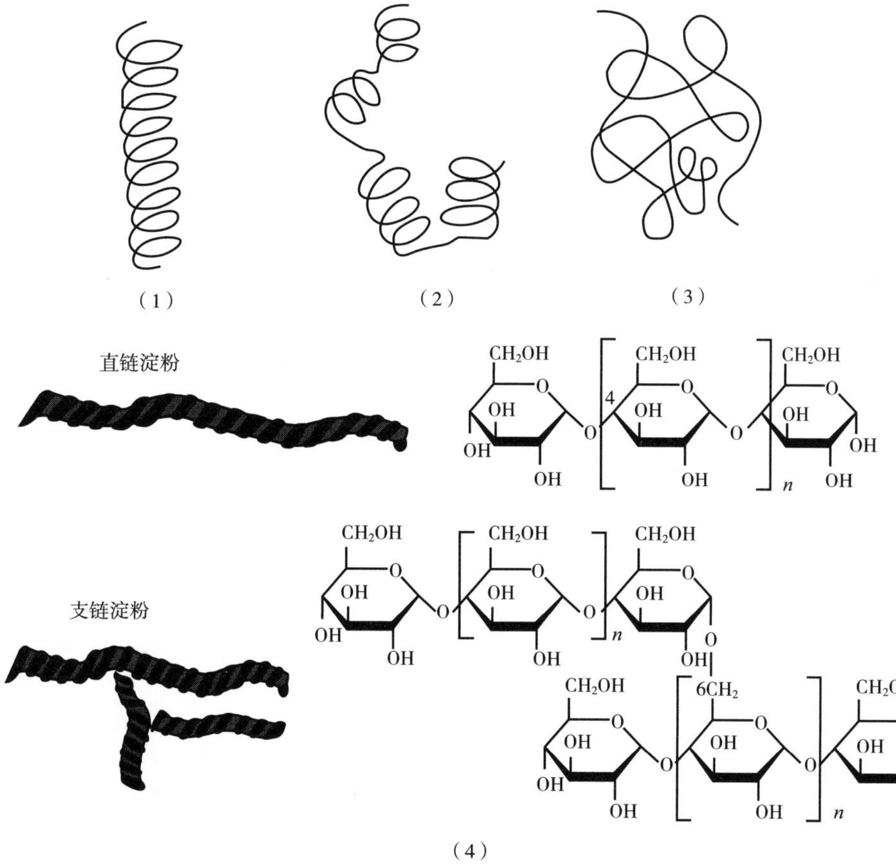

图 2-4　直链淀粉的三种典型结构及直链、支链淀粉的结构

（1）螺旋结构　（2）断开的螺旋结构　（3）不规则的卷曲结构　（4）直链、支链淀粉结构直链淀粉能溶于热水，形成的水溶液不黏稠，容易发生聚沉现象，形成半固体的凝胶体。直链淀粉还能与碘、有机酸、醇、脂类等形成复合物，称为螺旋复合物。直链淀粉与碘反应变色，这并不是化学反应，而是呈现螺旋状态的直链淀粉分子能够吸附碘形成螺旋包合物，每一个螺圈正好包围一个碘分子，吸附碘产生的变色反应取决于直链淀粉的聚合度。聚合度在 12 以下不呈颜色变化，12～15 呈棕色，20～30 呈红色，35～40 呈紫色，45 以上呈蓝色。

（二）支链淀粉

支链淀粉分子是一种高度分支的大分子，从主链上再分出各级支链，各葡萄糖单位之间以 α-D-1,4 糖苷键连接构成它的主链，支链通过 α-D-1,6 糖苷键与主链相连。为了方便描述把支链淀粉的典型模型和构成支链淀粉分子的链为 A、B、C 三种（如图 2-5 所示），具体定义如下：

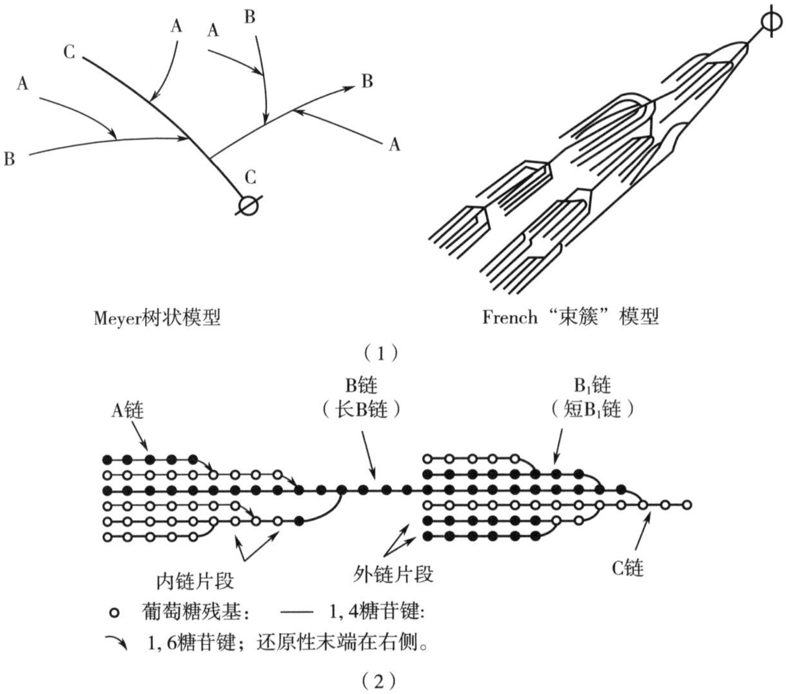

图 2-5　几种支链淀粉分子的典型模型

（1）支链淀粉的典型模型　（2）支链淀粉的结构

A 链：还原性末端通过 α-1,6 糖苷键与 B 链或 C 链相连。

B 链：与一个或几个 A 链相连，还原性末端通过 α-1,6 糖苷键 C 链相连。

C 链：含有还原性末端的主链，因此一个大分子只包含一个 C 链。

外链：A、B、C 链的非还原性末端到最靠近外侧分支末知的一段链。

内链：支叉位置和外链以外的部分组成，即相邻两个以 α-1,6 糖苷键为分支点的一段链的链长。

主链和侧链：带有还原性末端的 C 链为主链，与主链通过 α-1,6 糖苷键连接的为侧链。

分支点的 α-D-1,6 糖苷键数占总糖苷键数的 5%~6%，支链淀粉的分子质量>2×10^7u。平均聚合度在 4800 左右。

（三）淀粉中的其他成分

淀粉颗粒中除了淀粉分子外，还含有水分和少量蛋白质、脂类、磷及微量无机物。

1. 水分

天然淀粉含有相当高的水分，但都不显示潮湿而呈干燥的粉末状，这是由于淀粉分子中存在的羟基与水分子相互作用形成氢键的缘故。淀粉的含水量取决于储存的条件（温度和相对湿度）。淀粉颗粒水分是与周围空气中的水分呈平衡状态存在的，大气相对湿度降低，空气干燥，淀粉就失水；如果相对湿度增高，空气潮湿，淀粉就吸水。水分吸收和散失是可逆的。淀粉的平衡水分含量也取决于淀粉产品的类型。不同品种淀粉的水分含量有差别，源于多糖链密度与叠集规则性上的差别，尤其是淀粉分子中羟基与水分子结合的程度不同。

淀粉的水分参与结晶结构，这已通过 X 射线衍射图的变化得到证实。干燥淀粉随水分含量消失，X 射线衍射图的线条明显程度降低，再将干燥淀粉置于空气中吸收水分，衍射图线条明显程度被恢复。淀粉经 180℃高温干燥处理，图样线条很不明显，表明结晶结构基本消失。在 210~220℃下干燥，则呈现无定形结构图样。

实验表明，在淀粉颗粒中一般结合水位于葡萄糖单元的 6 位碳处，就结合水在颗粒中的部位来说，大部分存在于凝胶相内或微晶的表面。一般情况下，每一个 D-吡喃葡萄糖单元的淀粉吸附 0.8~1.0 分子的水。淀粉颗粒具有渗透性，水能自由渗入颗粒内部，并且在无定形区域有较高的渗透性。

2. 蛋白质

小麦淀粉粒表面往往会结合一部分蛋白质，被称为淀粉粒表面蛋白（Starch Granule Proteins，SGPS）；其存在会影响小麦淀粉粒与蛋白质之间的结合，从而影响小麦籽粒的硬度。研究发现，淀粉粒表面结合蛋白质中相对分子质量为 15000 的蛋白质决定了小麦的硬度，它起到类似非黏结剂（Nonstick）的作用，其存在可以降低胚乳中淀粉粒和蛋白质基质的结合轻度，并发现相对分子质量为 15000 的 SGPS 只在软麦中存在，硬麦中几乎没有。小麦淀粉粒颗粒大小不同，其表面结合蛋白质的特性也不同，与大颗粒 A 淀粉相比较，小颗粒 B 淀粉中往往结合较多的蛋白质。

3. 脂类化合物

淀粉中脂类化合物的含量较高，达 0.8%~0.9%。小麦淀粉中带有极性的脂类物质与直链淀粉分子形成螺旋状笼形结构，此直链淀粉类脂体系复合物是不溶解的，但加热高于一定的温度就会离解，离解温度的高低取决于络合剂种类和结合键的强度。一般在

125℃以上才能分解直链淀粉脂类复合物结构，使直链淀粉的组分溶解。

小麦淀粉中高含量脂类化合物的存在会造成下列情况发生：①抑制淀粉颗粒的膨胀和溶解；②直链淀粉脂类化合物会使淀粉糊和淀粉膜不透明度或混浊度增加，影响糊化淀粉增稠能力和黏合能力；③不饱和脂类化合物在储存期因氧化作用而酸败，影响其应用。

4. 磷

小麦淀粉中的磷主要以磷酸酯的形式存在，它以共价键结合的形式存在于淀粉中。每200~400个葡萄糖基中含有1个磷酸基团，磷会影响淀粉的糊化温度和糊化黏度。每100g淀粉中约含有30mg磷。

5. 灰分

灰分是淀粉在高温完全燃烧后的残余物，它有淀粉中少量或微量的无机物构成。小麦淀粉中的灰分主要成分是磷酸盐、铜、钙和镁盐等。

第二节 小麦淀粉的特性分析及检测方法

小麦淀粉粒特性的分析方法通常包括化学分析法、物理分析法。通过对淀粉粒的分析有助于对淀粉特性的进一步了解，并根据淀粉的具体特性进行工业应用。

一、小麦淀粉的理化特性

（一）溶解度

淀粉的溶解度是指在一定温度下，在水中加热30min后，淀粉样品溶解的质量分数。天然淀粉不溶于冷水的原因：①淀粉分子间是经由水分子进行氢键结合的，氢键数量众多，使分子间结合特别牢固，以致不能再溶于水中。②由淀粉颗粒的紧密结构所决定的。淀粉颗粒具有一定的结构强度，晶体结构保持一定的完整性，水分只侵入组织性最差的微晶之间的无定形区。受损坏的淀粉粒和某些经过化学改性的淀粉粒可溶于冷水，并经历了一个不可逆的润胀过程。

溶解度的测定方法如下：

取一定量样品悬浮于蒸馏水中，于一定温度下加热搅拌30min以防淀粉沉淀，在3000r/min下离心30min，取上清液于105℃烘至恒重（约3h），称重，按式（2-1）计算：

$$w = \frac{m_A}{m} \times 100\% \tag{2-1}$$

式中 w——溶解度，%；

m_A——上清液蒸干恒重后的质量，g；

m——绝干样品质量，g。

（二）润胀性

由于结合键的作用、淀粉颗粒不溶于冷水，但将干燥的天然淀粉置于冷水中，它们会吸水，这时水分子进入淀粉颗粒的非结晶部分，与游离的亲水基结合，淀粉颗粒吸收少量的水分，产生膨胀，称为润胀。

淀粉的润胀分为两种：可逆润胀和不可逆润胀。可逆润胀是指淀粉微膨胀后，在水中不加以搅拌，淀粉颗粒因其密度增大而沉淀，将其分离干燥仍可恢复成原来的淀粉颗粒。淀粉颗粒保持原有的特征和晶体的双折射，在偏光显微镜下观察，仍然可以看到偏光“十”字。不可逆润胀是指淀粉颗粒已经吸收过量的水，颗粒破裂，即便分离干燥也不能恢复到原来状态。天然淀粉颗粒的润胀，只有体积上的增大，润胀是从颗粒中组织性最差的微晶束之间无定形区开始的。多数淀粉体积的增大具有不均衡性，长向和径向增大不等。小麦淀粉颗粒在润胀中发生明显的形变是成为马鞍状，其厚度几乎没有变化；受损坏的淀粉颗粒和某些经过改性的淀粉粒可溶于冷水，并经历一个不可逆的润胀。

润胀度的测定：淀粉颗粒在热水中润胀，并有少部分溶解于水中，在一定温度下搅拌加热2%淀粉乳30min，以3000r/min离心20min，将上层清液置水浴上蒸干，烘干，称重得被溶解淀粉质量M，计算其溶解度。由离心管中润胀淀粉质量P计算其润胀度，按式（2-2）计算：

$$B = P/M(1 - W) \tag{2-2}$$

式中　B——润胀度；

P——润胀淀粉质量，g；

M——淀粉质量，g；

W——淀粉溶解度，%。

（三）淀粉的含量

常用的淀粉含量分析方法有酸水解法、酶法、旋光法、比色法等。大多数淀粉含量的测定基于多糖水解产物的测定。目前我国广泛采用的淀粉含量测定方法是酶解法（GB 5009.9—2016《食品安全国家标准　食品中淀粉的测定》）和旋光法（GB/T 20378—2006《原淀粉　淀粉含量的测定　旋光法》）两种。

1. 酶解法

酶解测定总淀粉含量，采用GB 5009.9—2016《食品安全国家标准　食品中淀粉的测定》方法进行检测，样品经除去脂肪和可溶性糖类后，在淀粉酶的作用下水解淀粉为麦芽糖和低分子糊精，再用盐酸进一步水解为葡萄糖，按还原糖测定方法测定还原糖含量，再折算为淀粉含量。

试剂：乙醚；乙醇（85%）；盐酸；NaOH溶液（200g/L）；乙酸铅溶液（200g/L）；硫酸钠溶液（100g/L）；甲基红溶液（2g/L，用乙醇配）；0.01mol/L高锰酸钾标准溶液；斐林试剂；0.1%标准葡萄糖溶液；淀粉酶溶液、碘溶液。

操作步骤具体如下：

（1）样品处理　将样品磨碎并过 40 目筛，称取 2~3g（精确至 0.001g）。置于放有慢速滤纸的漏斗中，先用 50mL 石油醚或乙醚分五次洗去试样中脂肪，弃去石油醚或乙醚。用 150mL 85%乙醇分数次洗涤残渣，除去可溶性糖。滤干乙醇溶液，将残留物移入 250mL 烧杯内，将烧杯置沸水浴加热 15min，使淀粉糊化，放冷至 60℃以下，加 20mL 淀粉酶溶液，在 55~60℃保温 1h，并不断搅拌，然后取一滴此液加一滴碘溶液，应不显现蓝色，若显蓝色，再加热糊化并加 20mL 淀粉酶溶液，继续保温，直至加碘不显蓝色为止，加热至沸，冷后移入 250mL 锥形瓶中并加水至刻度，混匀，过滤，弃去初滤液，取 50mL 滤液，置于 250mL 锥形瓶中加 5mL 盐酸，装上回流冷凝器，沸水浴中回流 1h，冷后加两滴甲基红指示液，用 NaOH 溶液（200g/L）中和至中性，溶液转入 100mL 容量瓶中，洗涤锥形瓶，洗液倒入 100mL 容量瓶中加水至刻度，混匀备用。

（2）还原糖的测定　用处理好的试样按 GB 5009.7—2016《食品安全国家标准　食品中还原糖的测定》操作，测定还原糖含量。同时取 50mL 水及试样处理时间相同的 α-淀粉酶溶液，按同一方法做试剂空白试验。

（3）计算　总淀粉的计算公式按式（2-3）计算：

$$X = \frac{500 \times 0.9 \times (m_1 - m_2) \times 100}{m_0 \times V \times (1 - w) \times 1000} \tag{2-3}$$

式中　X——试样中淀粉的干基含量,%；

m_1——转化后测得的还原糖（以葡萄糖计）质量，mg；

m_2——试剂空白相当于还原糖（以葡萄糖计）质量，mg；

m_0——试样质量，g；

V——转化后稀释为 100mL，测定还原糖的体积，mL；

w——试样水分,%；

0.9——还原糖（以葡萄糖计）换算成淀粉的换算系数。

每份样品应平行测定两次，平行试样测定的结果符合重复性要求时，取其算术平均值作为定结果（保留到小数点后两位）。

2. 旋光法

旋光法测定总淀粉含量，采用 GB/T 20378—2006《原淀粉　淀粉含量的测定　旋光法》进行测定，原理：淀粉分子具有不对称碳原子，因而具有旋光性，可以利用旋光仪测定淀粉溶胶的旋光度［α］，旋光度的大小与淀粉的浓度成正比，据此可以算出淀粉含量。

试剂：稀盐酸溶液（c=7.7mol/L，c=0.309mol/L）；40%稀乙醇溶液；卡来兹溶液Ⅰ：10.6g 亚铁氰化钾［$K_4Fe(CN)_6 \cdot 3H_2O$］溶于水，并用水稀释至 100mL；卡来兹溶液Ⅱ：21.9g 乙酸锌［$Zn(CH_3COO)_2 \cdot 2H_2O$］溶于水，加入 3g 乙酸，并用水稀释至 100mL。

操作步骤：

（1）样品总旋光度的测定　称取（2.5±0.05）g（m_1）待测样品，置于容量瓶中，加入 25mL 稀盐酸（c = 0.309mol/L），搅拌至较好的分散状态，再加入 25mL 稀盐酸（c=0.309mol/L）；将容量瓶放入沸水浴中并不停振摇或将容量瓶放入装有磁力搅拌器的沸水浴中以低速搅拌；容量瓶在沸水浴中振摇 15min±5s，取出前立刻停止摇动或搅拌。立即加入 30mL 冷水，用流水快速冷却至（20±2）℃；加入 5mL 卡来兹（Carrez）溶液Ⅰ，振摇 1min；加入 5mL 卡来兹（Carrez）溶液Ⅱ，振摇 1min；用水定容，摇匀后用合适的滤纸过滤，如果滤出液不完全澄清，用 Carrez 溶液 10mL 重复以上操作；在 200mm 旋光管中用旋光仪测定溶液的旋光度［α_1］。

（2）在体积分数为 40%的乙醇中可溶性物质旋光度的测定　称取（5±0.1）g（m_2）样品置于 100mL 容量瓶中，加入约 80mL 乙醇溶液，将容量瓶在室温下放置 1h；在这 1h 中剧烈摇动六次，以保证样品与乙醇充分混合。用乙醇定容到 100mL，摇匀后过滤；用移液管吸取 50mL 滤液（相当 2.5g 的实验样品）放入容量瓶中，加入 2.1mL 稀盐酸（c=7.7mol/L），剧烈摇动。接上回流冷凝管后容量瓶置于沸水浴 15min±5s，取出后冷却至（20±2）℃；按上述步骤加入卡来兹溶液Ⅰ和Ⅱ，按（1）中的步骤测定淀粉溶液旋光度［α_2］。

（3）干物质含量的测定　按照 ISO1666—1996《淀粉　水含量的测定　烘箱干燥法》给出的方法测定样品的水分含量 w_0，然后用式计算出干物质含量 $w_1 = 100 - w_0$。

（4）计算　干样品中淀粉的质量分数为 w，用%表示，如式（2-4）所示。

$$w = \frac{2000}{\alpha_D^{20}} \times \left[\frac{2.5\alpha_1}{m_1} - \frac{5\alpha_2}{m_2}\right] \times \frac{100}{w_1} \tag{2-4}$$

式中　α_1——在操作步骤（1）中测得的总旋光度值，（°）；

α_2——在操作步骤（2）测得的醇溶物质的旋光度值，（°）；

m_1——在操作步骤（1）中测定的样品的质量，g；

m_2——在操作步骤（2）测定的样品的质量，g；

w_1——在操作步骤（3）中测定的样品中干物质质量分数，%；

α_D^{20}——纯淀粉在 589.3nm 波长下测得比旋光度，（°）（小麦为+182.7°）。

（四）直链/支链淀粉的含量

直链/支链淀粉含量的测定可参考 GB/T 15683—2008《大米　直链淀粉含量的测定》。测定直链淀粉和支链淀粉含量的方法有很多种，使用最广泛的方法是比色法。此方法基于碘与直链淀粉生成蓝色络合物，具有特色的颜色反应和不同的光学特性，表现出特定的吸收光谱和吸收峰。

试剂：85%甲醇；95%乙醇；NaOH 溶液（1.0mol/L，0.09mol/L）；20g/L 十二烷基苯磺酸钠溶液（使用前加亚硫酸钠至浓度为 2g/L）；1mol/L 乙酸；碘试剂：用具盖称量瓶称取（2.000±0.005）g 碘化钾，加适量的水以形成饱和溶液，加入（0.200±0.005）g 碘，碘全部溶解后将溶液定量移至 100mL 容量瓶中，加蒸馏水至刻度，摇匀。现配现用，避光保存。

（1）直链淀粉标准溶液　使用马铃薯直链淀粉，不含支链淀粉，浓度为 1mg/mL。用甲醇对直链淀粉进行脱脂，以 5~6 滴/s 的速度回流抽提 4~6h，将脱脂后的直链淀粉放在一个适当的盘子上铺开，放置 2d，以使残余的甲醇挥发并达到水分平衡。称取（100±0.5）mg 经脱脂及水分平衡后的直链淀粉于 100mL 锥形瓶中，小心加入 1.0mL 乙醇，将黏在瓶壁上的直链淀粉冲下，加入 9.0mL 1mol/L 的氢氧化钠溶液，轻摇使直链淀粉完全分散开。随后将混合物在沸水浴中加热 10min 以分散马铃薯直链淀粉。分散后取出冷却到室温，转移至 100mL 容量瓶中。加水至刻度，剧烈摇匀。1mL 此标准分散液含 1mg 直链淀粉。

（2）支链淀粉标准溶液　支链淀粉标准溶液：浓度为 1mg/mL。备好支链淀粉含量 99%（质量分数）以上的糯性（蜡质）淀粉。将小麦浸泡后用捣碎机将它们捣成微细分散状。使用脱蛋白溶液彻底去掉蛋白，洗涤，然后按照上述用甲醇进行回流抽提脱脂，将脱脂后的支链淀粉平铺在平皿上，放置 2d，以挥发残余的甲醇，并平衡水分。参照上述步骤制备支链淀粉标准溶液，1mL 此标准分散液含 1mg 支链淀粉。

（3）试样的制备　采用甲醇溶液回流抽提脱脂。脱脂后将试样在盘子或表面皿上铺成薄层，放置 2d，以挥发残余甲醇，并平衡水分。

（4）样品溶液的制备　称取 100mL±0.5mg 脱脂后试样于 100mL 锥形瓶中，小心加入 1mL 乙醇溶液到试样中，将黏在瓶壁上的试样冲下。移取 9.0mL 1.0mol/L 氢氧化钠溶液到锥形瓶中，并轻轻摇匀，随后将混合物在沸水浴中加热 10min 以分散淀粉。取出冷却至室温，转移到 100mL 容量瓶中。加蒸馏水定容并剧烈振摇混匀。

（5）空白溶液的制备　采用与测定样品时相同的操作步骤及试剂，但使用 5.0mL 0.09mol/L 氢氧化钠溶液替代样品制备空白溶液。

（6）显色和吸光度测定　准确移取 5.0mL 系列标准溶液（系列标准溶液配制详见 GB/T 15683—2008《大米　直链淀粉含量的测定》）到预先加入约 50mL 水的 100mL 容量瓶中，加 1.0mL 乙酸溶液，摇匀，再加入 2.0mL 碘试剂，加水至刻度，摇匀，静置 10min。分光光度计用空白溶液调零，在 720nm 处测定系列标准溶液的吸光度。

（7）标准曲线的绘制　参考 GB/T 15683—2008《大米　直链淀粉含量的测定》。以吸光度为纵坐标，直链淀粉含量为横坐标，绘制校正曲线。

（8）样品溶液的测定　准确移取 5.0mL 样品溶液加入到预先已加入约 50mL 水的 100mL 容量瓶中，从加入乙酸溶液开始，按照吸光度测定方法步骤操作。

（9）结果　根据吸光度进行比对，从标准曲线上计算直链淀粉和支链淀粉的含量。

（五）淀粉的分子质量

直链淀粉的摩尔质量在 10^5~10^6g/mol，支链淀粉的摩尔质量约为 10^8g/mol。淀粉分子的分子质量都是不均一的，即它们是具有多分散性的物质，因此实际测得的淀粉分子质量是统计平均值。淀粉分子质量有四种表示方法：数均（M_n）、重均（M_w）、平均（M_z）和黏均相对分子质量（M_η）。M_n 的测定方法有端基分析法、沸点升高和冰点降低法、蒸气压下降法和膜渗透法等；M_w 和 M_z 的测定方法有光散射技术和超速离心技术等；M_η 的测定方法为黏度法。淀粉分子质量的多分散性可用多分散系数 d（M_w/M_n 或 M_z/M_w）来表征，$d>1$，且 d 越大分布越宽。分子质量是研究淀粉分子结构的重要基础参数之一，直接影响淀粉的物化性质和用途。目前常用的淀粉分子质量的测定方法是凝胶渗透色谱法和高效液相体积排阻色谱法。

1. 凝胶渗透色谱法

测定分子质量通常用凝胶渗透色谱（GPC）-示差检测（RI）-多角度激光光散射（MALLS）联用技术。原理：大分子溶液流过凝胶柱时大分子按体积大小顺序流出，依据分子质量对流出体积的对应关系来测定大分子的分子质量，它可以同时给出数均分子质量（M_n）、重均分子质量（M_w）、分布系数（M_w/M_n）等，但 GPC 需要相同物质作为标样，如用不同的标准品将有不同的结论，因此该法所给出的是分子质量的相对值，并且 GPC-十八角度激光光散射联用技术兼具了 GPC 法和光散射法的特点，不需要标准样品，能快速、准确地测定出高分子的绝对重均分子质量、数均和 Z 均分子质量及分子质量分布。

使用仪器：GPC-RI-DAWN EOS 十八角度激光光散射联用系统。

测定条件：测试柱温 30℃；示差折光检测器温度 30℃，检测波长 690nm；流速：1mL/min；进样体积：20μL；试样溶液浓度：2～6mg/mL。十八角度激光光散射仪测定的角度为 16.9°～155.4°。十一角度为 90°散射角，取其作为定峰及定基线基准。分子质量和分子质量分布测量时将样品溶液稀释后经 0.2μm 的水系过滤头经凝胶渗透色谱、示差检测和光散射检测联用法测量。乙酸盐作流动相缓冲液。

具体实验操作步骤如下：

（1）折光指数增量 dn/dc 值的求取　分别称取一定量的小麦淀粉样品，置于 5mL 容量瓶中，用适量流动相稀释溶解后定容，分别编号为 1～9，使其过夜放置。

dn/dc 值的测试工作在 Wyatt-OPTILAB rEx 示差检测器上进行。其简单测试步骤如下：

①打开 dn/dc 测试模板并设好有关的参数；

②打开 PURGE 阀，用手动进样器吸取一定量的流动相将 Wyatt-OPTILAB rEx 示差检测器冲洗干净，再关闭 PURGE 阀，清零后，开始运行数据采集；

③用手动进样器吸取一定量的流动相注入 Wyatt-OPTILAB rEx 示差检测器样品池中，再将样品溶液管 1～9 顺序经 0.2μm 的水相过滤头注入示差检测器进行测量和收集数据，如图 2-6 所示，最后吸取一定量的流动相注入检测器中；

④用 AstraV 数据处理软件处理所收集的实验数据。主要步骤为：定基线→定峰→输入相关峰浓度，最终获得淀粉在乙酸盐缓冲液中的 dn/dc 值。

（2）分子质量测定步骤

①打开 GPC-RI-EOS 联机软件模板并设好有关的参数，输入 dn/dc 值，准备采集实

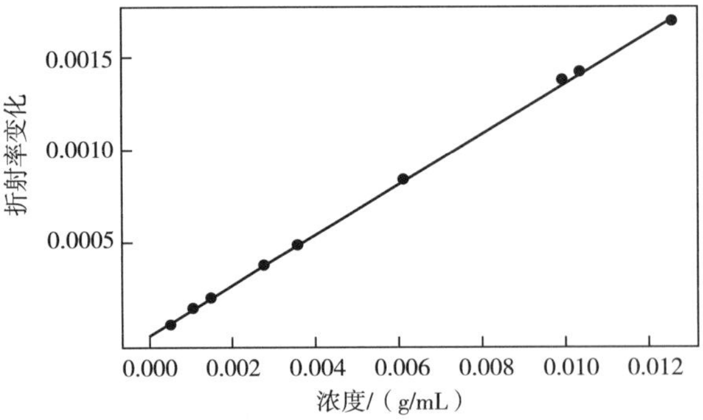

图 2-6 折光率与浓度的回归曲线

验数据；

②打开示差检测器的 PURGE 阀，用配备好的流动相将整个 GPC-RI-EOS 联用系统冲洗干净后，关闭示差检测器 PURGE 阀，清零；

③用手动进样器将样品溶液通过针头过滤器注入进样阀中，开始收集数据；

④用 AstraV 数据处理软件处理所收集的实验数据。主要数据处理步骤是：定激光基线和示差基线→定激光峰和示差峰→运行软件。

在所选定的色谱条件下，淀粉分离良好的前提下，样品的示差和激光谱图呈现对称的正态分布峰，样品分子质量分布较为均匀。测定可得到数均分子质量，重均分子质量和分布系数。

2. 高效液相体积排阻色谱法

高效液相体积排阻色谱法（HPSEC），常与示差折光检测器（RI）联用。

测定步骤如下：

（1）样品前处理　称取 0.6g 左右样品淀粉于 50mL 离心管中，加入 2mL 无水乙醇，使样品湿润，再加入 20mL 0.5mol/L 氢氧化钠溶液，置沸水浴中加热搅拌 30min，使溶液清澈透明，无结团块，冷却后于 8000r/min 离心 10min，离心液用 5mL 2mol/L 盐酸溶液中和至中性，加入 13mL 1：1（*v/v*）正丁醇-异戊醇混合液，在沸水浴中加热搅拌 10min，冷却至室温后，移入 2~4℃冰箱中静置过夜。取出后 8000r/min 离心 10min，离心上清液分三层，下层乳胶状溶液即为粗支链淀粉溶液。小心吸出粗支链淀粉溶液，加入 10mL 1：1（*v/v*）正丁醇-异戊醇混合液，在沸水浴中加热搅拌 10min，冷却至室温后，移入 2~4℃冰箱中静置过夜。取出后 8000r/min 离心 10min，小心吸出乳胶状离心上清液，缓缓加入 2 倍体积无水乙醇，在 2~4℃冰箱中静置，取出后 4000r/min 离心 10min，沉淀物在烘箱中烘干后用研钵磨成细粉，即得纯支链淀粉粉末。

（2）脱分支　称取已纯化的 50mg 支链淀粉，精确至 0.0001。加入 5mL 乙酸-乙酸钠缓冲液（50mmol/L，pH 3.5），沸水浴 15min。冷却后加入 25μL 异淀粉酶（1000U/μL，I5284，Sigma），于 40℃恒温振荡 48h。沸水浴 15min，灭活。冷却后 4℃，

14681g 离心 10min，去掉沉淀。取上清液，即得到脱分支的稻米支链淀粉溶液。

（3）标准校正曲线的建立 取配制好的 M_W 不同的普鲁兰多糖标样品，分别测出各标样的色谱峰保留时间。然后以标样的 $\lg M_W$ 为纵坐标，色谱峰保留时间为横坐标，用线性方程拟合出标准曲线方程，用于标定计算待测样品的相对分子质量及分布（图 2-7）；

（4）样品分子质量的测定 脱分支支链淀粉样品出峰并跟标准曲线对比；

（5）计算 淀粉样品的相对分子质量 M_W 可依据图 2-7 的出峰位置所用的保留时间、普鲁兰标样相对分子质量及标准曲线进行计算。

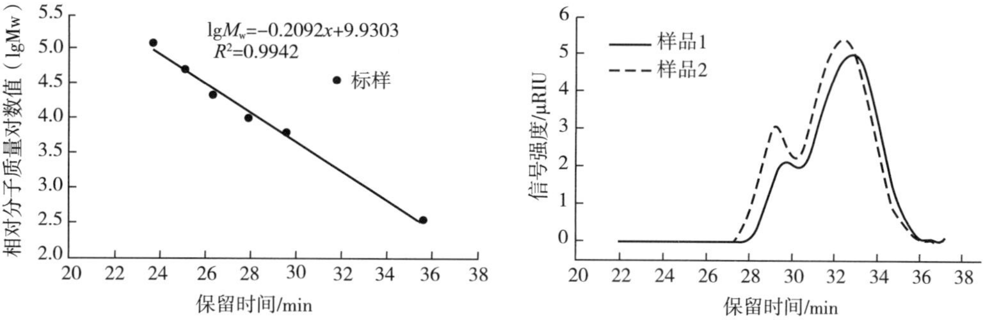

图 2-7 淀粉相对分子质量的标准曲线和两个样品的液相峰图谱

（六）支链淀粉链长分布的测定

1. 支链淀粉的提取方法

在进行支链淀粉测定前，首先将试样经索氏抽提去除其中的脂肪，得到脱脂淀粉。支链淀粉的提取方法可分为温水提取法、盐类分级沉淀法和纤维素吸附法等。

（1）温水抽提法 将脱脂后的淀粉在其糊化温度或稍微高于淀粉糊化温度的热水中搅拌和抽提。其原理是直链淀粉具有抗溶胀性，易溶于热水；而支链淀粉在热水中膨胀且难溶于热水。温度在稍高于糊化温度时，直链淀粉分子团粒完整的溶于水中，大多数支链淀粉以氢键结合以结晶态保留在团粒中。为防止在有氧状态下部分支链淀粉氧化分解成直链淀粉，应在氮气流下用 0. 5mol/L NaOH 溶液悬浮 30min，然后以 40000r/min 速度离心 2h，上部清液经过中和、浓缩、脱水后得直链淀粉，下部沉淀得到支链淀粉。

（2）盐类分级沉淀法 该方法常用于工业提取直链淀粉，利用直链淀粉和支链淀粉在相同盐溶液浓度下盐析温度相异原理。直链淀粉在 80℃ 时沉淀，而支链淀粉不沉淀。常用盐溶液有硫酸钠、硫酸铵和硫酸镁溶液。

（3）纤维素吸附法 根据纤维素只吸附淀粉溶液中直链淀粉的特性对淀粉进行分离，冷淀粉溶液通过脱脂的棉花柱，直链淀粉被吸附，支链淀粉通过，得到纯度高的支链淀粉。

还有其他一些方法，如凝沉分离法、电泳法等，优缺点见表 2-1。

表 2-1 不同支链淀粉提取方法比较

指标	温水抽提法	盐类分级沉淀法	凝沉分离法	混合溶剂分离法	纤维素吸附法	凝胶过滤层析法
操作难易	较易	较难	中	较易	容易	容易
能耗	低	低	高	中	无	无
耗时	短	中	长	长	中	中
制备效率	中	高	高	高	低	低
有毒试剂	无	无	无	有	无	无
纯度	低	中	高	高	高	高
适用情况	大量提取直链和支链淀粉	大量提取直链和支链淀粉	高纯度直链和支链淀粉	高纯度支链淀粉	少量淀粉样品提纯	少量淀粉样品提纯
优点	成本低耗时短	成本低，效率高，没有加入有机试剂	不需要添加络合剂和其他化学试剂	纯度高，效率高	操作容易	纯度高，效率高，分离时间短
缺点	纯度差，效率较低，部分支链淀粉分解为直链淀粉	操作较难，控制制备温度是关键	耗时长，能耗高，需高温高压条件	过程中含有易燃试剂，废弃物对环境有污染	成本高，上样量少	成本高昂，上样量少

2. 支链淀粉链长分布测定方法

支链淀粉链长分布测定方法，目前主要有高效液相体积排阻色谱法（HPSEC）、高效液相阴离子色谱法（HPAEC）和荧光糖电泳法（FACE），此外还有分光光度计法等。

（1）高效液相排阻色谱法　高效液相排阻色谱法测定链长分布，与测定分子质量的方法类似，通常也需要与示差检测（RI）和多角度激光光散射（MALLS）连用。其具体操作步骤同上文中关于分子质量测定的方法，在进行链长分布计算时，需根据公式 $DP=(M_W-18)/162$ 计算 DP 值。所得典型双峰曲线依据峰值归一化积分的原理通过峰值分析软件确定不同链长部分比例。

（2）高效液相阴离子色谱法

①样品处理：称取 20mg 水解后淀粉放于小烧杯中，加入 2mL 90%二甲基亚砜（DMSO），沸水浴磁力搅拌 1h，继续于室温下磁力搅拌过夜，次日向小试管中加入 5mL 无水乙醇，6000r/min 离心 15min，此时将 10mmol/L，pH 3.5 乙酸钠-乙酸的缓冲液至于沸水浴中加热约 10min，离心后淀粉样品弃上清，倒置约 2min 后向试管中加入 1mL 已煮热的乙酸钠-乙酸缓冲液，将淀粉样品于沸水浴中加热，并高速振荡至最终淀粉全部溶解，使无结晶或块状沉淀。再将试管放于 40℃ 水浴中保温 10min。将异淀粉酶用 50mmol/L pH 3.5 乙酸钠-乙酸稀释 100 倍，取出 990μL 的淀粉样品并加入 10μL 异淀粉酶的稀释液，放入 40℃ 干预器中反应 48h 进行脱支，脱支后的样品经沸水浴煮 10min 灭酶，冷却后放于 4℃ 冰箱中备用。在注射样品之前，脱支后的淀粉溶液需用蒸馏水稀释 5

倍，经 0.45μm 聚偏氟乙烯（PVDF）膜过滤。

②参数设置：色谱柱：分析柱为阴离子交换柱 CarboPac PA200（3mm×250mm），保护柱为 CarboPac PA200（3mm×50mm）；柱温：30℃；进样量：25μL；流动相：100mmol/L NaOH（A），100mmol/L NaOH+50mmol/L CH_3COONa（B）；设置程序：t_1=0min 时，B=0%，t_2=60min 时，B=60%；流速为 0.4mL/min；Au 工作电极；Ag/AgCl 参比电极，脉冲积分安培检测；检测电位波形为标准四电位波形。

③计算：支链淀粉的分支链分为四部分：A 链（*DP* 6~12），B_1 链（*DP* 13~24），B_2 链（*DP* 25~36）和 B_3+链（*DP*≥37）。通过峰的面积来定量不同链长度的链所占的比例。如图 2-8 所示，横坐标表示链长，纵坐标表示链长分布所占比例。

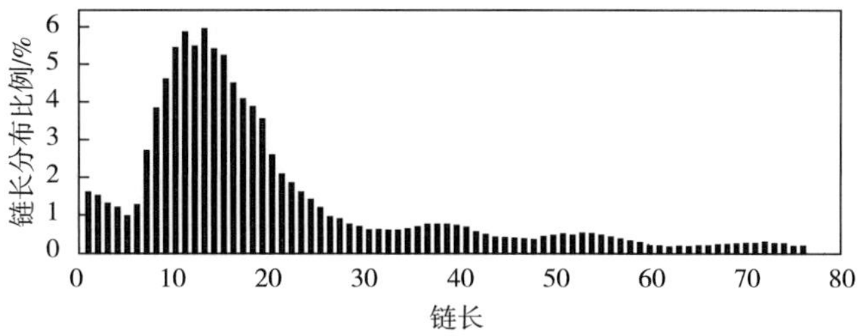

图 2-8　支链淀粉链长分布图

（3）荧光糖电泳法

①支链淀粉的脱分支处理同高效液相阴离子色谱法；

②脱分支淀粉的荧光标记反应：在 1μL 脱分支支链淀粉溶液中相继加入 1μL 0.1mol/L 8-氨基芘-1,3,6-三磺酸三钠盐和 2μL 1mol/L 硼氰化钠，密闭、振荡后离心，用铝箔包裹后在 37℃ 条件下温育 24h。加 21μL 淀粉缓冲液［6mol/L 尿素，0.04mol/L 硼酸，0.04mol/L 三羟甲基氨基甲烷（Trisbase，pH 8.6）］稀释后，置-80℃冰箱保存备用；

③基于 DNA 测序仪的荧光糖电泳：吸取 1μL 稀释液，用 2.0%蓝色葡聚糖的淀粉缓冲液稀 10 倍左右，以氨丙基三乙氧基硅烷（APTS）标记的麦芽七糖作标样，在 ABI PRISM 377 DNA 测序仪上进行电泳。电泳胶为 7.5%聚丙烯酰胺改性胶（丙烯酰胺：甲叉双丙烯酰胺为 37.5：1，含 8.9mol/L 尿素），缓冲液为 1×TBE 缓冲液，电压 3000V，电泳 6h。每样品重复 3 次以上；

④电泳结束后，利用软件 Genscan 3.1.2 收集、导出数据，并用 Microsoft Excel 进行分析。

其他支链淀粉链长测定方法比较见表 2-2。

表 2-2　支链淀粉链长测定方法比较

指标	HPSEC-RI	HPAEC-PAD	FACE	紫外-可见分光光度法	全波段扫描分光光度法
操作难易	中	中	难	中	易
耗时	中	中	长	中	短

续表

指标	HPSEC-RI	HPAEC-PAD	FACE	紫外-可见分光光度法	全波段扫描分光光度法
方法类型	液相色谱	液相色谱	电泳	分光光度法	分光光度法
成本	中	高	中	低	低
测量精度	中	高	中	低	低
测量范围（*DP*）	6~12，13~24，25~36，37~60	6~82	6~55	10~17，44~47，>100	6~12，37~60
优点	仪器要求不高，可以较为精准的测定	可以精准测定单一色谱峰	测定较为准确	可以测定高 DP 支链淀粉链长	测定速度快，成本低，周期短，耗材廉价，适合大批量采样
缺点	测定周期长，成本较高，样品纯度要求高	成本高，仪器要求较高	操作烦琐，使用有毒、易燃试剂	精度低，测量范围有限	精度低，测量范围有限

二、小麦淀粉的颗粒特性

（一）粒径分布

目前测定淀粉颗粒粒径的方法包括筛分法、显微镜法、沉降法、库尔特法、电镜扫描法、超声波法、透气法和激光法等。应用于淀粉颗粒测定的方法主要有显微镜法、激光粒度分析法及聚集光束反射分析仪法等。

1. 显微镜法

配制甘油、水的体积比为 1∶1 的溶液，加适量样品于其中调成淀粉乳，滴适量到载玻片上，盖上盖玻片，置于显微镜样品台，设定适当的放大倍数，观察并拍摄淀粉颗粒的形貌及颗粒大小。随机选取多个观察区域，拍照。根据放大倍数校正标尺后，测量所拍区域内每颗淀粉颗粒的粒径，以其算术平均值表示淀粉颗粒的粒径。

2. 激光粒度分析法

采用 LS-POF 激光粒度分析仪测定淀粉的粒级分布。将淀粉悬浮于去离子水中，将待测液倒入样品池中超声波分散 20s 后测定。根据激光衍射法进行自动分析，得粒径分布图和平均粒径数据，每个样品重复 4 次。淀粉粒径的分布曲线如图 2-9 所示，横坐标为粒径，

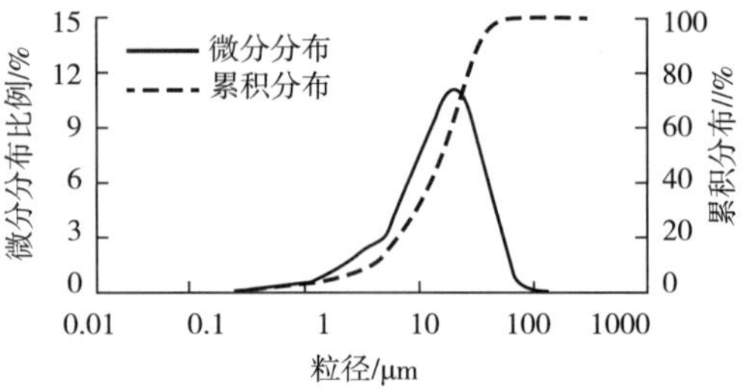

图 2-9　小麦淀粉的粒径分布图

纵坐标为含量分布。常用来描述粒径大小的指标为 D10 是指一个样品的累计粒度分布数达到 10%时所对应的粒径，其物理意义是粒径小于它的颗粒占 10%；D50 是指一个样品的累计粒度分布百分数达到 50%时所对应的粒径，其物理意义是粒径大于它的颗粒占 50%，小于它的颗粒也占 50%，D50 又称中位径或中值粒径，常用来表示粉体的平均粒度；D90 是指一个样品的累计粒度分布数达到 90%时所对应的粒径。

3. 聚焦光束反射分析仪

通常来说，如只是测定各种淀粉的静态粒度分布，上述介绍的两种测定方法已可满足测试要求，但绝大多数淀粉在化学或物理处理过程中，伴随着淀粉颗粒粒径的变化，所以粒径分布是个动态过程。如在设定的时间间隔内持续取样，测定样品的粒度分布，不仅实验量大，需要的样品量大，而且结果可能会因淀粉颗粒环境变化而变化，使粒径分布无法正常测定，聚焦光束反射分析仪（Focused Beam Reflection Measurement，FBRM）可解决上述问题。

原理：探头内激光二极管发射的激光，通过光导纤维进入光束分离器，形成沿探头圆形柱轴心方向具有稳定波长的激光束，激光束再经过稳高速旋转镜光片，其中有一梯形折光片和一凸透镜，使激光束路径偏离探头中心轴并聚焦，形成光“焦点”（“焦点”在 FBRM 探头窗口外），随着镜光片的高速旋转，激光束和“焦点”不断围绕探头中心轴回旋（回旋速度恒定），回旋的激光束再经过探头窗口，射入待测样中。焦点处激光在颗粒表面发生散射，一定比例散射光进入 FBRM 探头中，最后到达探测器，进行数据信号分析。单位时间内弦长-次数累计分布图由于绝大部分淀粉颗粒形态成球型或者接近于球型，所以由 FBRM 测定出的颗粒弦长分布在很大程度上体现出淀粉颗粒粒径分布。因此在本文中 FBRM 测定出弦长分布的直接表述为粒径分布。计算机利用 FBRM 配套软件作出累积分布图（图 2-10），分析颗粒的粒径分布。

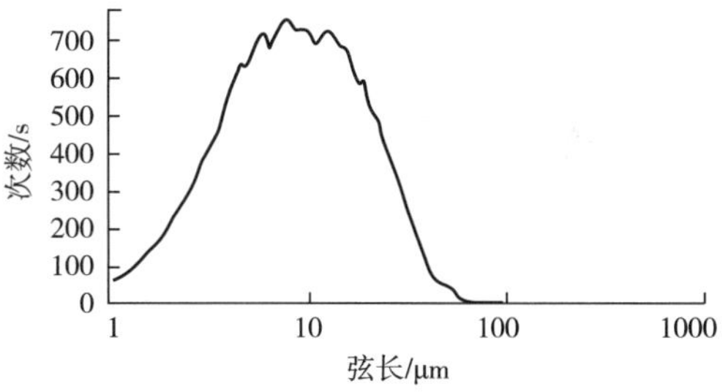

图 2-10 弦长出现次数分布图

操作方法：将淀粉（干基）按要求配制成淀粉乳，在规定实验条件下，用 FBRM 测定颗粒粒径大小，相隔一定时间记录数据，数据有一定波动性，取平均值即可。

（二）表面光学特性

1. 扫描电子显微镜

扫描电子显微镜（Scanning Electron Microscopy，SEM）的工作原理是以一束极细的电子束扫描样品，在样品表面激发出次级电子，次级电子的多少与电子束入射角有关，即与样品的表面结构有关。次级电子由探测体收集，并被闪烁器转变为光信号，再经光电倍增管和放大器转变为电信号来控制荧光屏上电子束的强度，显示出与电子束同步的扫描图像。图像为立体形象，反映了标本的表面结构。为使标本表面发射出次级电子，样品在固定、脱水后，要喷涂上一层重金属微粒，重金属在电子束的轰击下发出次级电子信号。

图 2-11　小麦原淀粉的扫描电镜图

操作步骤：用导电双面胶将少量已干燥的样品均匀地粘在样品台上，在真空条件下进行喷金处理，然后固定在载物台上并标号，再将样品放入样品室中，在显微镜下观察淀粉颗粒形貌，拍摄具有代表性的形貌照片。图 2-11 所示为小麦原淀粉的扫描电镜图，从该图中可以清晰地观察到小麦淀粉呈椭圆形，有大小两种尺寸的颗粒，分别为 A 淀粉和 B 淀粉，并且可以通过图中右下角的标尺计算大、小两种淀粉颗粒的尺寸。

2. 激光扫描共聚焦显微镜

激光扫描共聚焦显微镜（Confocal Laser Scanning Microscope，CLSM）通过对同一样品不同层面的实时扫描成像，进行图像叠加构成样品的三维结构图像。CLSM 图像的采集方法是通过仪器进行的一种无损伤性的方法，它使用光线而不使用机械方式完成对标本的切片，利用激光束经照明针孔形成点光源对样本内焦平面的每一点扫描，样本上的被照射点在探测针孔处成像，由探测针孔后检测器如光电倍增管或冷电偶器件逐点或逐线接收，迅速在计算机监视器屏幕上形成荧光图像。照明针孔与探测针孔相对于物镜焦平面是共轭的，这也是共聚焦的由来。

CLSM 的操作简单，只需将淀粉用荧光染色后，即可对淀粉颗粒内部进行逐层扫描，可以得到内部的精细结构，更重要的是可以对图像进行叠加构成样品的三维结构图像，图 2-12 所示为面团发酵前后的 CLSM 图，采用罗丹明 B 和异硫氰酸荧光素（FITC）对小麦蛋白和淀粉进行染色，图中圆形或椭圆形颗粒为淀粉粒，分散在淀粉颗粒间的絮状物质为面筋蛋白。从该图可以分析得出，发酵后，蛋白质区域（图中方框所示）变得十分稀疏，这说明高分子质量的面筋蛋白发生了大量的降解，右图方框区域没有发生明显的变化，这说明发酵过程中对小麦淀粉颗粒的影响不大。

3. 透射电子显微镜

透射电子显微镜（Transmission Electron Microscope，TEM）是以高能电子束穿透样品，样品中不同质量密度的元素对电子束产生不同程度的散射，形成有反差的图像而反映样品的内部构造。而且通过 TEM 分析可以同时得到显微像和选区电子衍射图，即得到样品的形貌和晶体结构信息。TEM 常用于物质内部结构分析，观察晶粒属于片状还是针

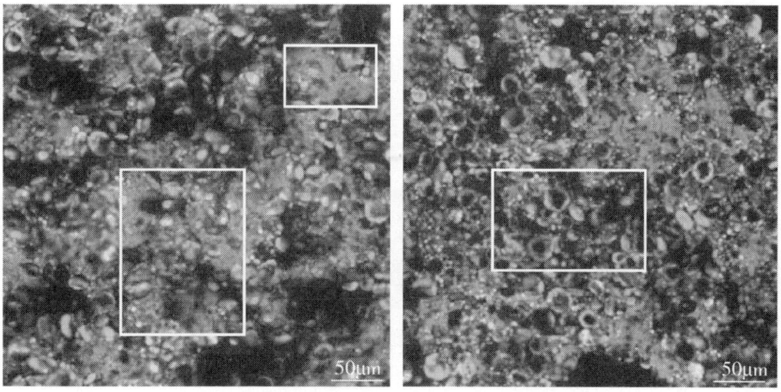

图 2-12　面团发酵前后的 CLSM 图

状，分辨率相对于 SEM 要高，而且为了得到反差好、清晰的图像，可将试样染色。

4. 原子力显微镜

原子力显微镜（Atomic Force Microscopy，AFM）的基本原理为，将一个对微弱力极敏感的微悬臂一端固定，另一端有一微小的针尖，针尖与样品表面轻轻接触，由于针尖尖端原子与样品表面原子间存在极微弱的排斥力，通过在扫描时控制这种力的恒定，带有针尖的微悬臂将对应于针尖与样品表面原子间作用力的等位面而在垂直于样品的表面方向起伏运动。利用光学检测法或隧道电流检测法，可测得微悬臂对应于扫描各点的位置变化，从而可以获得样品表面形貌的信息。

AFM 作为一种表征表观形貌的新型纳米观测工具，满足了对淀粉等大分子复杂结构在分子水平上的研究，并对其颗粒结构有了更加直观和全面的认识，多应用于对原淀粉、物理改性淀粉和酶促水解淀粉纳米结构的研究。AFM 可用来观察淀粉颗粒表面纳米级分辨率、颗粒内部结构和表面粗糙度，其工作环境要求低，但样品制备难度大，检测费用高。图 2-13 所示为原淀粉在 AFM 下的表面形貌图，原淀粉表面可清楚观察到 Blocket 结构，且这些 Blocket 多聚集成簇或者融合在一起形成 Nodule。Blocket 是由无定形区和半结晶区生长环的交替排列形成，由于淀粉来源和加工方式的不同，Blocket 的直径变化范围为 20~500nm，通过 AFM 的相变图［图 2-13（2）］观测到淀粉颗粒表面的平均粗糙度为 46.992nm。

（三）结晶性

淀粉的结晶区域是由支链淀粉的双螺旋结构通过相互靠近和排列形成的。结晶实质是分子链间有序排列结果，其过程包括直链分子螺旋结构的形成及其堆积、支链淀粉外支链间双螺旋结构形成与双螺旋之间的有序堆积。主要测定方法如下。

1. X 射线衍射法

X 射线衍射法（X-Ray Diffraction，XRD）其衍射图样可以通过结晶度表征淀粉颗粒

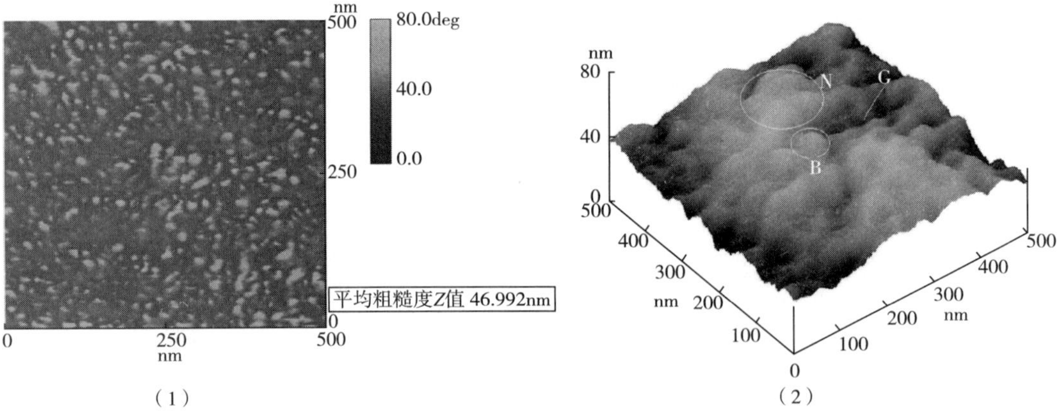

图 2-13 淀粉的 AFM 图

（1）表面形貌图 （2）相变图

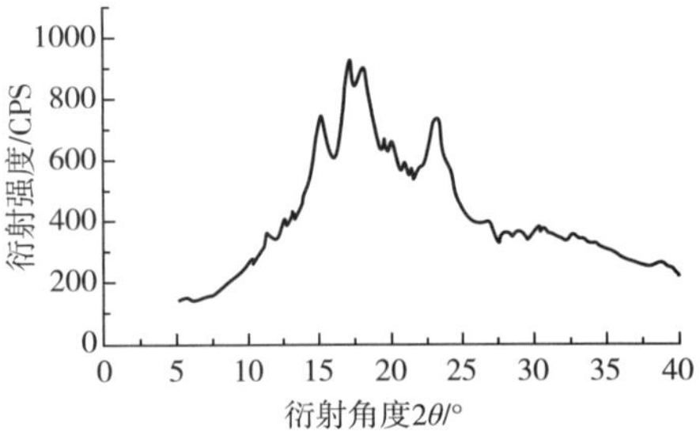

图 2-14 小麦淀粉的 XRD 图

的结晶性质，其大小直接影响着淀粉产品的应用性能，是测定淀粉颗粒结晶度最常用的方法。X 射线衍射图样中，既有结晶物质的衍射峰，又有非晶物质的弥散峰。因此，通过测定结晶部分的衍射强度（所有衍射峰的强度总和）和非晶部分的散射强度，就可以计算出物料的结晶度。将与曲线中的结晶区非结晶区相对应的 X 射线衍射区域以及背底准确地划分出来，估算淀粉结晶度的大小，如图 2-14 所示，衍射图谱是以衍射角为横坐标，X 射线衍射强度为纵坐标制成的曲线。结晶强度和大小是物质本身固有的，峰的面积和位置与结晶的强度和大小有关。

结晶度计算方法分为两种：

方法一，软件自动峰拟合计算 XRD 波谱结晶度，简称软件峰拟合法。利用 XRD 附带分析软件 MDI Jade 5.0 计算相对结晶度。

方法二，利用软件手动描出无定形区与结晶区的分割线，计算 XRD 波谱结晶度，简称软件曲线法。根据拟合曲线在衍射峰的下边缘画出一条平滑的曲线，位于基线和拟合曲线之间的面积为非晶衍射面积，衍射峰与平滑曲线之间的面积即为结晶峰衍射面积，淀粉相对结晶度 X 按式（2-5）计算：

$$X = I_c/(I_c + I_a) \tag{2-5}$$

式中 I_c——结晶相的累积衍射强度；

I_a——非晶相的累积衍射强度。

若部分淀粉存在微晶区、亚微晶区及非晶衍射区，如图 2-15 所示，C 为微晶区，S 为亚微晶区，A 为非结晶区，对于该不规则衍射图中结晶度的计算可采用积分仪计算或者采用面积称重法进行计算。

2. 小角 X 射线散射

采用小角 X 射线散射（Small Angle X-Ray Scattering，SAXS）进行测定时，当 X 射线照射到试样上时，如果试样内部存在纳米尺度的电子密度不均匀区，则会在入射光束周围的小角度范围内（一般 $2\theta<6°$）出现散射 X 射线，这种现象称为 X 射线小角散射或小角 X 射线散射，其物理实质在于散射体和周围介质的电子云密度的差异。该技术能够准确地探测物质内部几纳米至几百纳米范围的结构。淀粉 SAXS 波谱有一个主散射峰，峰的位置与层状排列的结晶和无定形区域的平均总厚度相关。此外，峰强度取决于有序半结晶结构的量和（或）相对于无定形背景的晶体和无定形薄片之间的电子密度差异。峰的面积主要取决于淀粉半结晶区域的有序度。

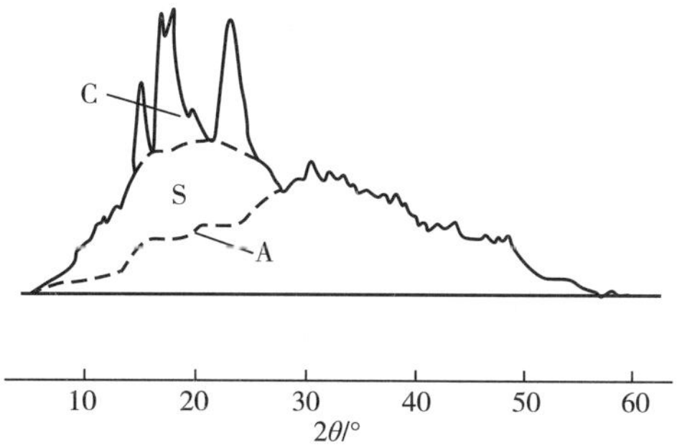

图 2-15　微晶、亚微晶及非晶衍射区的确定

具体测定方法为，样品浓度为 600g/L 的淀粉乳，统一置于直径、壁厚分别为 1mm 和 0.01mm 的毛细管中，于 20℃下平衡 24h。扫描前，将样品置于 X 射线单色光束下 10min，样品与影像板间的距离为 261.2mm，处理室温度为 26.0℃。无定型区与结晶区的层状结构交替排列的距离按式（2-6）计算，散射矢量 q 与散射角 θ 的关系见式（2-7）。

$$d = \frac{2\pi}{q} \tag{2-6}$$

$$q = \frac{4\pi\sin\theta}{\lambda} \tag{2-7}$$

式中　d——片状结构厚度，nm；

q——散射矢量，nm^{-1}；

θ——散射角，(°)；

λ——波长，nm。

SAXS 是了解淀粉颗粒内部片层结构、分形结构的有效方法。其中，片层结构的厚度 d 可根据上文中的式（2-6）和式（2-7）得出。分形结构中的表面分形（D_s）和质量分形（D_m）可分别通过式（2-8）、式（2-9）得出。

$$D_s = 6 + \alpha(-4 < \alpha < -3) \tag{2-8}$$

$$D_m = -\alpha(-3 < \alpha < -1) \tag{2-9}$$

式中　α——小角 X 射线散射曲线衰减的斜率模量。

当散射体是表面分形结构时，表明颗粒结构致密，表面粗糙程度大，D_s 一般在 2~3，D_s 值越接近 2 表明该颗粒表面越光滑，反之则表明颗粒表面较为粗糙。而当散射体是质量分形结构时，表明颗粒结构较为疏松，表面较为光滑，即 D_m 值接近 1 时，表明

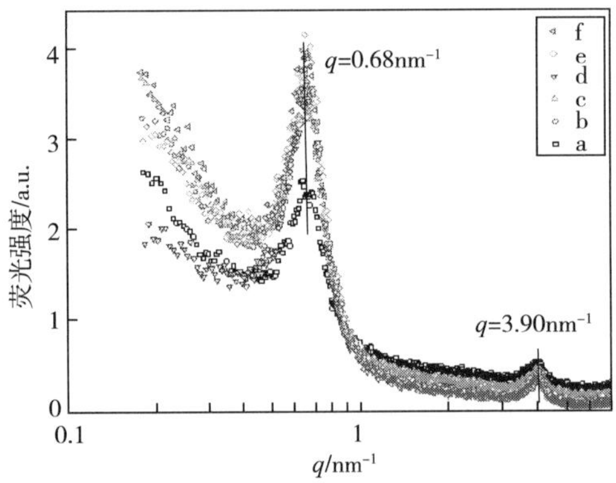

图 2-16　原淀粉及不同改性程度的淀粉其 SAXS 谱图

颗粒结构疏松，反之则证明其结构致密。

图 2-16 为淀粉 SAXS 图，根据式（2-6），在 $q=0.68nm^{-1}$处有一个明显的 Bragg 层状峰，Bragg 距离为 9.24nm。这个峰被认为是归因于淀粉颗粒中无定形和结晶薄片的替代重复堆叠形成。在 $q=3.90nm^{-1}$附近的第二个峰通常定义为具有 B-型结晶结构的淀粉，在其六方晶胞中每 100 个晶体平面之间的距离。因此，通过该图的散射峰峰值位置转移可以分析层状重复距离 d 的变化。

三、小麦淀粉的功能特性

（一）糊化特性

将淀粉倒入冷水中，因其不溶于冷水，只能悬浮于水中。经搅拌形成乳白色的不透明悬浮液称为淀粉乳。停止搅拌，则淀粉颗粒慢慢下沉，经一定时间后，淀粉沉淀于下部。将淀粉乳加热，淀粉颗粒吸水膨胀，发生在颗粒无定形区域，而结晶束区域具有弹性，仍保持颗粒结构。随着温度的上升，吸收水分更多，体积膨胀更大，达到一定温度后偏光“十”字消失，温度继续上升，淀粉粒继续膨胀，可达原体积的几十倍甚至数百倍，高度膨胀的淀粉粒间互相接触破裂，变成半透明黏稠状液体，即使停止搅拌，也不会发生沉淀，称为淀粉糊，这种由淀粉乳转变成糊的现象称为淀粉的糊化（Gelatinization）。

淀粉颗粒的糊化过程可分为三个阶段，即可逆吸水阶段、不可逆吸水阶段、淀粉粒解体阶段。第一阶段：暴露在淀粉颗粒外部的羟基或颗粒空隙中的羟基与溶液中的水分子通过氢键作用，使得淀粉吸收有限的水分，淀粉颗粒的体积只发生有限膨胀，而淀粉悬浮液的黏度并没有任何的变化，水分子只是进入了无定形区，而结晶结构没有受到影响，因为偏光显微镜下仍能看到偏光“十”字，整个淀粉颗粒的外形和性质与原来没有区别。此时若是将水分子在温和的条件（较低的温度）下去除，则可得到原来的淀粉。第二阶段：当给淀粉悬浮液加热到前面所述的糊化温度时，淀粉颗粒迅速吸水，偏光“十”字开始在脐点处变暗，分子间氢键被破坏，从无定形区延伸到有序的辐射状胶束组织区，结晶区氢键开始裂解。分子结构开始延伸，扩展至巨大的网状结构。偏光“十”字彻底消失，这一过程属于不可逆润胀。这时由于胶束没有断裂，所以颗粒仍然聚集在一起，但已有部分直链淀粉分子从颗粒中被沥滤出来成为水溶性物质，当颗粒膨胀至最大体积时，淀粉分子之间的缔合状态已被拆散，淀粉分子或其聚集体经高度水化形成胶体体系，黏度也增至最大。可以说糊化本质是高能量的热和水破坏了淀粉分子内部彼此间氢键结合，使分子混乱度增大，糊化后的淀粉-水体系的行为直接表现为黏度增加。第三阶段：淀粉糊化后继续加热膨胀到极限的淀粉颗粒开始破碎肢解，最终生成胶状分散物，黏度也升至最高值。因此，可以认为糊化过程是淀粉颗粒晶体区熔化、分子水解、颗粒不可逆润胀的过程。

淀粉发生糊化现象的温度为糊化温度。因淀粉颗粒大小不同，润胀所需的能量不同，润胀的温度也不同，所以糊化温度是一个范围。淀粉中大颗粒首先在较低温度下先行润胀，称为糊化开始温度。待所有淀粉颗粒完全糊化，所需的温度称为糊化完成温度，小麦淀粉的糊化温度在58~65℃。

1. 淀粉糊化的测定方法

目前，已知常见的用来测量淀粉糊化度的物理或者化学的分析方法主要包括：使用偏振光显微镜测定淀粉双折射现象、使用分光光度计测定直链淀粉-碘络合物的吸光度、测定糊化淀粉糊的持水性、利用快速黏度测定仪测定糊化淀粉的糊化特性、利用小角或者广角X射线衍射仪测定淀粉结晶度的变化、利用差示扫描量热仪测定淀粉糊化过程中的吸放热焓值的变化、利用脉冲核磁共振法测定样品中弛豫时间的变化、利用近红外光谱测定淀粉的光谱特性，以及用淀粉酶水解等。

下面主要介绍几种典型的测定方法：

（1）黏度法

①布拉班德黏度仪（Brabender Viscograph）：测定方法参照GB/T 22427.7—2008《淀粉黏度测定》。该仪器通过对淀粉和水的浆液加热测定其黏度，获得黏度相对于时间（或温度）的黏度曲线，由曲线得到淀粉的糊化温度、最大糊化阻力等参数。目前，在布拉班德黏度仪系列中，应用较为广泛的是新的电子型黏度仪（Viscograph-E）和微型糊化黏度仪（Micro Visco-Amylograph），前者采用现代电子测定系统，测试实现自动化；后者在前者的基础上，又做了一系列改进，不仅测定简单快速，加热/冷却速率快，样品用量小，只需5~15g样品。

设备的测定原理是：升温过程中，淀粉颗粒缓慢膨胀，达到糊化温度时，淀粉颗粒便吸收大量水分，溶胀成淀粉糊，使体系的黏度快速增加。测试是在加热-保温-冷却的温度控制及固定的剪切条件下完成的，可以保证糊化和黏度曲线的高度重复性。在整个过程中，淀粉糊黏度会发生一系列变化，当淀粉乳依照拟定的加热和冷却循环周期进行处理时，该仪器自动记录下平衡该淀粉黏度所必需的扭矩，由扭矩来表现黏度大小。

具体操作步骤是：从设定室温开始以1.5℃/min的升温速率加热至97℃，在95℃保持一定时间（30min）然后以同样的速率降温至设定温度，保持一定时间。测定过程中的温度受程序控制，按恒定的速率升温或降温，以黏度和温度对时间作图可得到黏度和温度曲线图，成功将黏度、温度和时间三个变化参数体现在同一张图像中，以此作为评价淀粉糊化性质的重要依据之一。

淀粉乳未达到糊化温度前无明显的黏度变化，随着温度升高，颗粒膨胀相互撞击，黏度迅速升高，此过程延续至达到峰值黏度。布拉班德黏度曲线可以将不同小麦粉（淀粉）黏度曲线进行比较，大大方便了工作人员进行数据处理和分析，黏度曲线如图 2-17 所示。

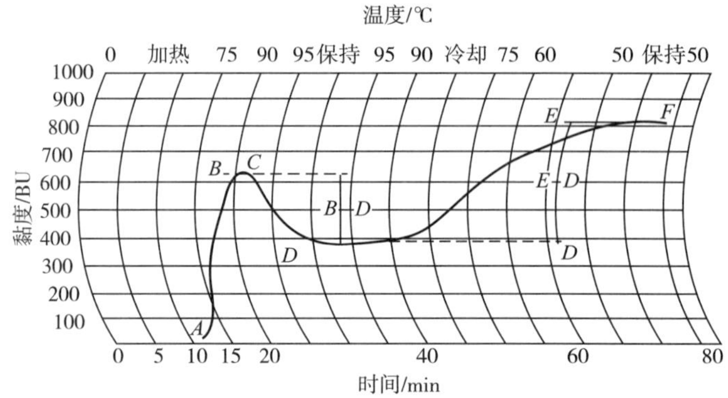

图 2-17 布拉班德曲线及特征值

图 2-17 给出了六个特征点，其中：

A 点：糊化开始温度，黏度开始上升时的温度（≥20BU），比淀粉的实际开始糊化温度略高；

B 点：峰值黏度，在升温和 95℃保温期间淀粉糊达到的最高黏度值，以 BU 计，曲线 A 点到 B 点经过的时间为糊化时间；

C 点：恒温阶段开始黏度，升温到 95℃时的黏度值，该值与峰值黏度的差别表示糊化的难易，差别大则表示小麦粉易于糊化，以 BU 计；

D 点：冷却阶段开始黏度，小麦粉糊在 95℃保温 8min 后的黏度值，以 BU 计；

E 点：冷却阶段结束黏度，小麦粉糊温度降到设定温度（50℃）时的黏度值，以 BU 计；

F 点：最终恒温阶段结束黏度，糊液 50℃ 保温 3min 后的黏度值，以 BU 计；

B-D：崩解值，表示淀粉糊的热黏度稳定性，差值越大，糊的热稳定性越差，以 BU 计；

E-D：回生值，表示冷却形成凝胶性的强弱，差值越大则凝胶性越强，以 BU 计；

E-B：表示淀粉糊凝沉性强弱，变化为正值时，越大凝沉性越强，变化为负值时，越大凝沉性越弱，以 BU 计；

F-E：表示淀粉糊的冷黏度稳定性，差别大则糊的冷黏度稳定性低，以 BU 计。

②RVA 快速黏度分析仪：测定方法参照 GB/T 24853—2010《小麦、黑麦及其粉类和淀粉糊化特性测定 快速黏度仪法》进行测定。虽然测定淀粉糊化特性最早使用的仪器是布拉班德黏度仪，但该仪器测定时间长（每份样品测定约需 2h），样品用量大（30g 以上），针对以上不足，澳大利亚 Newprot 公司于 1985 年研制出了快速黏度分

析仪。

快速黏度分析仪（RVA）是一种由微处理器控制，能对试样施加可改变温度和剪切力，同时还能连续检测试样黏度的仪器，且具备便捷的操作软件，如可设定测试程序、测试温度、搅拌器转速、时间和 pH 等，采用典型的“加热→保持→冷却”测试循环。其工作原理是将产品复煮，通过测定淀粉的转化程度来分析熟化度。

RVA 仪测定小麦淀粉糊化模式选用 AACC76-21 标准方法和 GB/T 24853—2010《小麦、黑麦及其粉类和淀粉糊化特性测定　快速黏度仪法》。样品用量为 3.5g 小麦粉（含水量 14.0%），放入测定铝筒中，加蒸馏水 25mL，用塑料搅拌桨手动搅拌 8~10 次，然后置于 RVA 仪中，当仪器提示允许测试时，将仪器的搅拌器的塔帽按下，驱动测试程序，与此同时，RVA 的电磁阀启动短行程液压系统，将铜加热块夹紧在铝盒周围。搅拌桨和加热/冷却系统开始工作，随着加热块的加热/冷却，样品得到加热/冷却。样品的黏度通过测量带动匀速旋转搅拌桨的精密电流获得。搅拌过程中先将温度调至 50℃，最初 10s 以 960r/min 搅拌，以使小麦粉形成均匀一致的小麦粉悬浮夜，再以 160r/min 的速度旋转至测定结束。

RVA 糊化特性曲线（图 2-18）最重要的参数是峰值黏度（Peak Visco，PV）和最终黏度（Final Visco，FV），其他常用的特征参数有糊化温度（Pasting Temp.）、峰值时间（Peak Time）、最低黏度（Trough Visco，FV）、衰减值（Breakdown）、回生值（Set-back）。RVA 的黏度单位有两个：一是仪器的单位 RVU（Rapid Visco Unit）；另一则是高斯单位制（cp），改变设置可以选择所需的黏度单位。

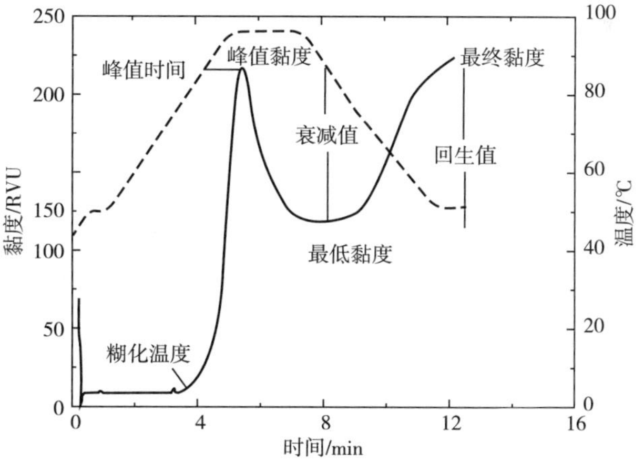

图 2-18　典型的 RVA 糊化曲线与主要特征值

图 2-18 给出了以下几个特征点，其中：

糊化温度（Pasting Temperature），即起始糊化温度是指测试过程中，试样黏度开始有明显增加（≥20cp）时的试样温度；

峰值黏度（Peak Viscosity），测试加热期间，试样的最大黏度值；

峰值时间（Peak Time），试样达到峰值黏度的时间，以 min 计；

最低黏度（Trough Visco），试样冷却前达到的最小黏度值；

最终黏度（Final Viscosity）：测试结束时的试样黏度；

衰减值（Breakdown），峰值黏度与最低黏度的差值；

回生值（Setback），最终黏度与最低黏度的差值。

③旋转式黏度仪法，淀粉黏度应用旋转黏度仪法可参考 GB/T 22427.7—2008《淀粉黏度测定》进行测定。旋转黏度计是应用很广的黏度计，其工作原理为转速一定的转子，在流体中克服液体的黏滞阻力所需的转矩，与液体的黏度成正比。旋转黏度计在测定流体黏度时，液体各部分所受的剪切速率较均匀，便于直接测定剪切应力。旋转黏度计在研究和测量非牛顿流体方面具有优越性，也适用于测量高黏度的流体，填补毛细管黏度计的不足，常用来测量流体的流变曲线，所得数据便于比较，测量方便。

旋转黏度计种类多，常用的有同轴双重圆筒和单一圆筒式两类，如美国的 Brookfield 旋转黏度计、国产的 NDJ 和 NXS 系列的旋转黏度计。每台仪器还配有多个转筒或转子（4~9 个），或者多种配件，可切换多种转速（3~5 种），扩大了仪器的使用场合和测量范围，量程范围一般为 10^{-4}~10^{6}Pa·s。

旋转黏度计的工作原理是，在 45.0~92.5℃，样品随着温度的升高而逐渐糊化，通过旋转黏度计可得到黏度值，此黏度值即为当时温度下的黏度值。作出黏度值与温度曲线图，即可得到黏度的最高值及当时的温度。用天平称取样品，使样品的干基重量为 6.0g。倒入烧杯，加入蒸馏水或纯度相当的水，使水的重量与所称取的淀粉重量为 100g。按黏度计所规定的操作方法进行校正调零，并将仪器测定筒与保温装置相连，打开保温装置。淀粉乳液定量移入装在保温装置内的烧瓶，烧瓶上装有搅拌器和冷凝器，并且密闭。打开保温装置、搅拌器和冷凝器。将测定淀粉乳液的温度通过保温装置分别同时控制在 45℃，55℃，65℃，75℃，85℃，92.5℃。在保温装置到达上述每个温度时，从有淀粉乳液烧瓶中吸去淀粉乳液，加入到黏度计的测量筒内，测定黏度，读取各温度的黏度值。以黏度值为纵坐标，温度变化为横坐标，根据所得到的数据作出黏度值温度变化曲线。从曲线图中，找出最高黏度值及当时温度值即样品的黏度。

（2）差示扫描量热法　差示扫描量热法（Differential Scanning Calorimetry，DSC）是在程序温度控制下测量物质与参比物之间的能量差（或功率差）随温度变化的一种技术。在升温程序下保持待测物质与参照物温度差为 0，测定由于待测物相变或化学反应等引起的输给其所需能量差与温度的关系。淀粉糊化过程中伴随的能量变化在 DSC 图谱上表现为吸热峰，通过考察图谱上峰形、峰位置和峰面积的变化情况，可以分析测定淀粉的糊化温度及糊化焓。从 DSC 分析图谱中可以得出起始温度、峰值温度、终止温度、糊化焓等指标。DSC 测量的具体步骤如下：

准确称取 3mg 淀粉样品，然后加入 7μL 蒸馏水，使样品均匀地平铺于坩埚底部，仔细擦净坩埚边缘的样液，并保证坩埚中试样质量无损。用坩埚盖子密封，并采用压样器对坩埚进行压制，保证坩埚密封良好。在3~4℃冰箱中静置12h，然后放入DSC测试仪中，在氮气流量为150mL/min、压力为0.1MPa、升温速率为5℃/min的条件下，从20℃程序升温至100℃，利用电脑程序记录DSC曲线，并进行分析。取密封的空铝盘做参比。所得到的参数有糊化温度［包括起始温度（T_0）、峰值温度（T_p）、终止温度（T_c）及糊化热焓值（ΔH）］。

图2-19所示为淀粉的DSC曲线，其中的指标有：

起始温度（T_0）：淀粉开始糊化的温度；

峰值温度（T_p）：淀粉糊化程度达到最大的糊化温度；

终止温度（T_c）：淀粉结束糊化的温度。

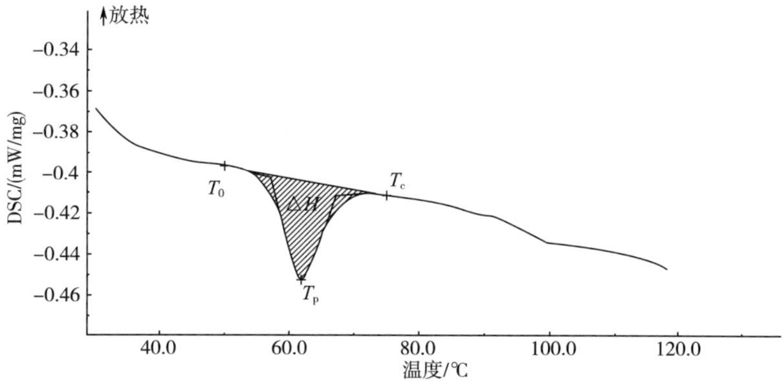

图2-19 淀粉的DSC曲线图

峰的面积则表示糊化所需要的热焓（J/g）：糊化焓表示的是淀粉完成糊化过程所需要的能量。糊化焓越小，淀粉就越容易糊化。完全糊化的淀粉样品在DSC分析过程中为无吸收峰的平坦直线，根据这一原理提出：根据淀粉DSC分析过程中吸热峰面积（即热焓值ΔH）的大小可估测淀粉糊化度的大小。完全糊化的淀粉样品在DSC分析过程中为无吸收峰的平坦直线，根据淀粉DSC分析过程中吸热峰面积（即热焓值ΔH）的大小可估测淀粉糊化度的大小。

（3）偏光显微镜法　淀粉糊化后的显著特征是失去双折射性，因此利用颗粒的偏光“十”字消失能测定淀粉的糊化温度。因为颗粒大小不一，糊化是一个范围，一般用平均糊化温度表示，即在此温度下有50%的颗粒已失去双折射性（2%为起始点，98%为终止点）。另外，也可利用淀粉颗粒偏光“十”字消失，会引起偏振光强度的变化这一原理来测定淀粉的糊化温度，但该方法应用较少，一般多采用上述其他方法进行淀粉糊化性质的测定。

2. 影响淀粉糊化的因素

（1）晶体结构　糊化与淀粉粒的淀粉分子间缔合程度、分子排列紧密程度、微晶束的大小及密度有关。分子间缔合程度大，分子排列紧密，拆开分子间的聚合、拆开微晶束就要消耗更多的能量，淀粉粒就不易糊化；反之，分子缔合得不紧密，不需要很高能量，就可以将其拆散，淀粉粒就易于糊化。一般较小的淀粉粒因内部结构比较紧密，所以糊化温度相对要高些。直链淀粉分子间的结合力比较强，直链淀粉含量较高的淀粉粒糊化相对要难些。

（2）水分的影响　淀粉水分<30%时，使其加热，淀粉粒不会糊化，只是淀粉粒在无定形区的分子链的缠结有部分解开，以致少数微晶出现熔融，当加热到较高温度时，颗粒晶体结构发生相转移，聚合物变得有黏性、柔韧，呈橡胶态，这一变化被称为玻璃化相变。淀粉的膨胀是有限的，双折射性只是降低，并不消失，把这种淀粉的湿热处理过程称为淀粉的韧化（Annealing）。

韧化淀粉与未处理淀粉相比，糊化温度升高，糊化温程缩短。韧化淀粉冷却时导致了无定形区内淀粉链有机会进行重排，已熔融的微结晶更高程度地缔合或明显地重取向，致使结晶度增高，糊化温度相应也会升高。韧化淀粉开始糊化时，无定形区分子发生重排会对附近的微晶施加应力，加速糊化过程的完成，使糊化温程缩短。

（3）脂类的影响　直链淀粉与脂质形成螺旋状复合物，这种复合物对热比较稳定，糊化时润胀现象不明显，糊化温度高。谷类淀粉的这种情况较普遍，高直链淀粉玉米难以糊化和润胀。脂质有抑制润胀的作用，但磷脂中卵磷脂的作用是特异的，它能显著地促进小麦淀粉的糊化和润胀。

（4）盐类　某些盐如硫氰酸钾、水杨酸钠、碘化钾、硝酸铵、氯化钙等浓溶液在室温下促使淀粉颗粒糊化。阴离子促进糊化的顺序是：OH^->水杨酸>SCN^->Br^->Cl^-；与此相反，某些盐如硫酸盐、偏磷酸盐则能阻止糊化。例如，淀粉颗粒在 1mol/L 的硫酸镁溶液中，加热到 100℃，仍然保持其双折射性特性。

（5）糖类　糖类能破坏淀粉粒表面的水化膜，降低水分活度，使糊化温度升高。如D-葡萄糖、D-果糖和蔗糖能抑制小麦淀粉颗粒润胀，糊化温度随糖浓度加大而增高，对糊化温度的影响顺序为：蔗糖>D-葡萄糖>D-果糖。

（6）极性高分子有机物　有些可以破坏分子氢键，降低糊化温度，促进糊化。

（7）改性方法　淀粉经酸解及交联等处理，使淀粉糊化温度升高。这是因为酸解使淀粉分子变小，增加了分子间相互形成氢键的能力；一般氧化离子化可以促进淀粉糊化。

（8）其他　表面活性剂、生长环境因素等也会影响淀粉的糊化；强烈研磨、挤压、蒸煮、γ 射线等物理因素也能使淀粉的糊化温度下降。

（二）老化特性

糊化后的淀粉糊在低温下静置一段时间，浑浊度增加，溶解度减少，在稀溶液中产生沉淀，如果冷却速度很快，在淀粉糊特别是高浓度淀粉糊中会产生凝胶体，这种现象称为淀粉的老化，或者回生、凝沉。

淀粉老化是糊化淀粉在冷却或储存时直链淀粉和支链淀粉重新形成有序结构的过

程。淀粉老化与淀粉糊化过程不同，在淀粉糊化过程中，淀粉因外界能量的补充使淀粉颗粒润胀、直链淀粉溢出而呈现高能无序状态；在降温过程中，由于分子热运动能量不足，体系处于热力学非平衡状态，分子链间借氢键相互吸引与排列，使体系自由焓降低，淀粉分子间及与水分子在空间构象上相互匹配重排，达到体系平衡的有序排列稳定态，此时直链淀粉及支链淀粉的直线部分趋向于平行排列，从无定形态回复到结晶体。其实质是糊化淀粉分子自动排列成序，形成高度致密的、结晶化的不溶性分子微束。此过程包括直链淀粉分子螺旋结构的形成及其堆积、支链淀粉外支链间双螺旋结构的形成与双螺旋之间的有序堆积。淀粉老化后吸水能力下降，水分析出散失，淀粉链重新由无定形态变为晶体，柔韧性减弱，强度增加，此时食品变干变硬，食用品质大幅下降。

淀粉老化分为短期老化和长期老化。短期老化是指在淀粉糊化后的很短时间内发生的，主要是直链淀粉重结晶，长期老化是支链淀粉的枝杈结构重结晶产生老化现象。

1. 老化的测定方法

淀粉老化是一个复杂过程，影响因素较多，利用单一测定方法很难反映淀粉老化准确趋势。目前淀粉老化的测定方法可以分为两类：宏观技术测定和分子技术测定。宏观技术是监测淀粉老化过程中某些物理特性变化的方法；分子技术即在分子水平上研究淀粉凝胶中淀粉聚合物构象或水分迁移率变化。目前研究淀粉老化机理的方法主要包括热力学分析方法、X 射线衍射法、核磁共振法等。

（1）热力学分析方法　当前研究人员常利用三种热力学仪器检测淀粉老化，分别为差示扫描量热仪（DSC）、差示量热分析仪（DTA）、热重分析仪（TG）。

差示扫描量热技术是一种最为普遍的热分析技术，主要用来测量程序控制温度下物质的物理性质与温度的关系。淀粉完全糊化后在 DSC 中不出现吸热峰，当淀粉开始老化时，内部的直链和支链淀粉发生重排，形成重结晶，此时淀粉晶体结构遭到破坏，须外加能量。因此老化后的淀粉在 DSC 中会出现吸热峰，且淀粉老化程度越大，吸热峰越大。DSC 方法相对简单，可以根据不同晶体融化温度区分直链淀粉的结晶、支链淀粉的结晶、直链淀粉与脂质复合物的结晶数，但不适用于测定稀淀粉糊老化过程，焓变过程不具体，需要结合其他方法对淀粉老化做进一步研究。

差热分析法（Differential Thermal Analysis，DTA）和热重分析（Thermogravimetric Analysis，TGA）也能够测定淀粉的老化度，但应用范围不及 DSC 广泛。通过 DTA 测定淀粉糊的温差（ΔT）可以反映淀粉的老化程度，随着淀粉储存时间的延长 ΔT 会明显的增加，DTA 测定的老化度比 DSC 稍微偏高。采用 TGA 法研究大米淀粉的老化，结果反映出体系束缚水的含量随着淀粉储存时间的增长而增大，与 DSC 结果一致，并且 TGA 还可进一步研究淀粉重结晶动力学。此外，等温微量热分析技术研究淀粉老化的结果也能够很好地反映淀粉的老化程度。

（2）X 射线衍射法　通常在 X 射线衍射图谱上对晶体峰和非晶峰进行面积积分，以晶体峰面积与衍射-峰总面积之比反映淀粉老化程度。该方法不仅可以测定淀粉样品中晶体的含量，而且还可以根据衍射图谱区分晶体的晶型。天然淀粉有 A、B、C 三种不同类型的结晶。当淀粉老化时，淀粉分子发生重排，结晶度改变。大多数情况下，无论原淀粉是A型或B型，老化淀粉均呈现典型的B型XRD图谱。X射线衍射研究淀粉老化，补充了其他技术数据的不足，而且清楚地表明在非蜡质淀粉凝胶的老化中，结晶的发展是以两相方式进行的。然而，XRD不能检测颗粒之间或颗粒之内的变化，而且灵敏度也相对较低。

（3）核磁共振法　核磁共振法（Nuclear Magnetic Resonance，NMR）法作为一项无损检测技术已成为食品科学中的核心分析方法。在淀粉老化研究中最常用的核磁共振技术是低分辨率的，它能够分析淀粉聚合物链的流动性，并从核磁共振衰变信号分析中阐明物质结构。核磁共振成像揭示了样品在老化过程中水分和水分迁移的空间重新分布，通过研究水的变化来研究食品中淀粉老化。随着淀粉体系的老化，淀粉分子逐步排列有序，处于结晶态的质子被其他分子链约束，只能在小尺寸范围内振动和迁移，因此体系中固形物含量逐渐增加，通过测定体系固形物含量的改变也可以测定淀粉老化。

2. 影响淀粉老化的因素

（1）分子组成　直链淀粉的链状结构在溶液中空间阻碍小，易于取向，即易于老化，支链淀粉呈分支结构，在溶液中空间障碍大不，易于取向，故难以老化，但若支链淀粉分支长、浓度高，也可老化。

（2）分子大小　直链淀粉分子如果链太长，取向困难，也不易老化；相反，如果链太短，易于扩散（不易聚集，布朗运动阻止分子相互吸引），不易定向排列，也不易老化（溶解度大），所以只有中等长度的直链淀粉易于老化。

（3）溶液浓度　溶液浓度大，分子碰撞机会多，易于凝沉；溶液浓度小，分子碰撞机会少，不易凝沉。30%~60%溶液最易发生老化作用，水分在10%以下干燥状态的淀粉难以老化。

（4）pH及无机盐　老化速率在pH 5~7最快，过高和过低的pH都会降低老化速率，pH 10以上不发生老化现象，低于pH 2老化缓慢；阴离子盐和阳离子盐都会降低淀粉的老化作用。

（5）温度　温度对直链淀粉的老化特征影响显著，在5~45℃，随温度提高，老化速率降低，5℃保温100d，大多数直链淀粉老化沉淀，45℃时只有较少的小分子淀粉老化并沉淀。淀粉溶液温度下降速率对其老化作用也有很大影响，缓慢冷却可以使淀粉分子有时间取向排列，故可加重老化程度；而迅速冷却，使淀粉分子来不及取向，可以减小老化程度。

（6）糖类　糖类主要是指单、双寡糖。单、双寡糖因其分子较小，在淀粉糊化过程中，可随水分渗透并进入淀粉颗粒内部，并与淀粉分子相互作用，果糖能显著地提高淀粉的硬化速率，葡萄糖可轻微提高，蔗糖作用很弱。不同的糖对老化的影响取决于糖分子与水分子间的相容性，相容性好，糖分子可起到类似水的作用，对分子链有一定的稀释作用，延缓了分子链的迁移率，降低老化速率；相反若糖分子与水分子相容性不好，则会加速老化。

（三）酶解特性

参与淀粉水解、转化及合成的各种酶均可称为淀粉酶。不同的淀粉酶对淀粉的催化水解或对各种淀粉水解物的催化转化具有高度的专一性。在葡萄糖及葡萄糖浆麦芽糖浆生产时应用α-淀粉酶与糖化酶（葡萄糖淀粉酶）的协同作用，前者将高分子的淀粉切断为短链糊精，后者便迅速把短链糊精水解成葡萄糖。同理，生产麦芽糖浆时则采用α-淀粉酶与β-淀粉酶配合，α-淀粉酶转变的短链糊精被β-淀粉酶水解成麦芽糖。

1. α-淀粉酶

α-淀粉酶属内切型淀粉酶，它作用于淀粉时从淀粉分子内部以随机的方式切断α-1,4糖苷键，α-淀粉酶不能水解支链淀粉中的α-1,6 糖苷键，也不能水解相邻分支点的α-1,4 糖苷键。

（1）酶的性质　不同来源的α-淀粉酶具有不同的热稳定性和最适反应温度。目前市售酶制剂中，以地衣芽孢杆菌所产α-淀粉酶耐热性最高，其最适反应温度达 95℃ 左右，瞬间可达 105~110℃，因此该酶又称高温淀粉酶。由枯草芽孢杆菌所产生的α-淀粉酶，最适反应温度为 70℃，称为中温淀粉酶。来源于真菌的α-淀粉酶，最适反应温度仅为 55℃左右，为非耐热性α-淀粉酶，一般作为糖化酶使用。

一般来说工业生产所用的α-淀粉酶均不耐酸，当 $pH<4.5$ 时，活力基本丧失。最适 pH 在 5.5~6.5。不同来源的α-淀粉酶均含有钙离子，钙离子可保持α-淀粉酶的最适空间构象，使其具有最高活力和最大稳定性。

（2）水解程度的测定　α-淀粉酶作用于直链淀粉时，可分为两个阶段，第一阶段速度较快，能将直链淀粉全部水解为麦芽糖、麦芽三糖及直链低聚麦芽糖；第二阶段速度很慢，如酶量充分，最终将麦芽三糖和低聚麦芽糖水解为麦芽糖和葡萄糖。水解过程中与碘反应颜色各异。

水解过程为：淀粉（蓝色）→蓝糊精（蓝色）→红糊精（红色）→无色糊精（无色）→麦芽糖→葡萄糖。

淀粉的水解程度可通过测定还原糖含量测定，典型的有 3,5-二硝基水杨酸比色法，具体操作步骤为：①1mg/mL 葡萄糖标准液的配制：准确称取 1g 的无水葡萄糖，待溶解后定容至 1000mL；②3,5-二硝基水杨酸试剂（DNS 试剂）的配制：将 6.3g 的 3,5-二硝基水杨酸和 2mol NaOH 溶液加到 500mL 含有 182g 酒石酸钾钠的热水溶液中，再加入 5g 结晶苯酚和 5g 亚硫酸钠，搅拌溶解，冷却后加蒸馏水定容至 1000mL，储存于棕色瓶中在室温放置 7~10 d 后标定使用；③绘制葡萄糖标准曲线在 520nm 处测定吸光度；④取离心后发酵液上清液 0.5mL 置于 50mL 容量瓶中定容，取上述液 2mL 于 25mL 容量瓶中。加入 DNS 试剂 1.5mL 沸水浴中加热 5min，冷水冷却后定容至 25mL 摇匀，以空白作对照在 520nm 波长测吸光度；⑤由标准曲线来判定还原糖含量。

2. β-淀粉酶

β-淀粉酶是一种外切型淀粉酶，它作用于淀粉时从非还原性末端依次切开相隔的

α-1,4 糖苷键，水解产物全为麦芽糖。

（1）酶的性质　β-淀粉酶水解淀粉时，由于从分子末端开始，所以总有大分子存在，因此黏度下降慢，不能作为糖化酶使用；而β-淀粉酶水解淀粉的水解产物为麦芽糖、低聚麦芽糖时，水解速度很快，可作为糖化酶使用。β-淀粉酶活性中心含有巯基（—SH），因此，一些氧化剂、重金属离子以及巯基试剂均可使其失活，而还原性的谷胱甘肽、半胱氨酸对其有保护作用。β-淀粉酶和 α-淀粉酶的最适 pH 范围基本相同，一般在 5.0~6.5，但β-淀粉酶的稳定性明显低于 α-淀粉酶，70℃以上一般就失活。不同来源的β-淀粉酶稳定性也有较大的差异。

目前工业上使用的β-淀粉酶主要包括植物β-淀粉酶和微生物β-淀粉酶。由于植物来源的β-淀粉酶成本较高，人们开始重视微生物来源的β-淀粉酶。从 20 世纪 60 年代开始已先后发现了来源于巨大芽孢杆菌、多黏芽孢杆菌及蜡样芽孢杆菌的β-淀粉酶，但耐热性明显低于植物β-淀粉酶。

（2）水解程度的测定　β-淀粉酶能将直链淀粉全部水解，如淀粉分子由偶数个葡萄糖基组成，最终水解产物全部为麦芽糖；如淀粉分子由奇数个葡萄糖基组成，则最终水解产物除麦芽糖外，还有少量葡萄糖。水解支链淀粉是不完全的，残留下β-极限糊精。

测定麦芽糖含量的具体步骤为：①称取酶解液约 5g，精密称定，置于 100mL 容量瓶中，加适量 2 次重蒸水溶解，继续加水至刻度，摇匀，用 0.45μm 水相滤膜过滤，即得供试品溶液，备用；②精密称取麦芽糖对照品适量，加 2 次重蒸水溶解，稀释制得 0.75mg/mL 对照品溶液，备用；③精密移取 20μL 配制好的对照品溶液，连续进样 6 次，每次进样量为 20μL，记录色谱图，测定色谱峰面积。再将上述对照品溶液每隔 2h 进样 1 次，每次进样量为 20μL，记录色谱图，测定色谱峰面积；④取酶解后的样品，制备制得 5 份供试液，分别进行检测；⑤根据归一化法定性定量测定麦芽糖含量。

3. 糖化酶（葡萄糖淀粉酶）

（1）酶的性质　糖化酶（葡萄糖淀粉酶）对淀粉的水解作用是从淀粉的非还原性末端开始，依次水解 α-1,4 糖苷键，以单个葡萄糖为单位分离。由于水解终产物只有葡萄糖因此称为葡萄糖淀粉酶。

葡萄糖淀粉酶专一性差，除水解 α-1,4 糖苷键外，还能水解 α-1,6 糖苷键和 α-1,3 糖苷键，后两种键的水解速度较慢，由于该酶作用于淀粉糊时，糖液黏度下降较慢，还原能力上升很快，所以又称糖化酶。

（2）水解程度的测定　糖化酶对淀粉的酶解程度可以通过葡萄糖含量来判断水解程度，具体如下：①精确量取 0mL，0.2mL，0.4mL，0.6mL，0.8mL，1mL 葡萄糖标准溶液（100mg/L）于 10mL 的比色管中，加水稀释至 1mL，在冰水浴中，分别加入 4mL 的 0.2%蒽酮-硫酸试剂（0.2g 蒽酮溶于 100mL 浓硫酸），摇匀 100℃ 水浴 10min，冰水浴中冷却后，在 620nm 比色测定吸光度值（A）。以葡萄糖浓度（C）为横坐标，吸光度值为纵坐标，绘制标准曲线，得回归方程；②取糖化液 1mL，在冰水浴中，分别加入 4mL 的 0.2% 蒽酮-硫酸试剂（0.2g 蒽酮溶于 100mL 浓硫酸），摇匀 100℃ 水浴 10min，冰水浴中冷却后，在 620nm 处测定吸光度；③由标准曲线和回归方程来计算葡萄糖含量。

4. 脱支酶

脱支酶是水解支链淀粉糖原等大分子化合物中 α-1,6 糖苷键的酶，脱支酶可分为直接脱支酶和间接脱支酶两大类，前者可水解未经改性的支链淀粉或糖原中的 α-1,6 糖苷键，后者仅可作用于经酶改性的支链淀粉或糖原。

根据水解底物专性的不同，直接脱支酶可分为异淀粉酶和普鲁蓝酶两种。异淀粉酶只能水解支链结构中的 α-1,6 糖苷键，不能水解直链结构中的 α-1,6 糖苷键；普鲁蓝酶不仅能水解支链结构中的 α-1,6 糖苷键，也能水解直链结构中的 α-1,6 糖苷键，因此它能水解含 α-1,6 糖苷键的葡萄糖聚合物。脱支酶在淀粉制糖工业上的主要应用是和β-淀粉酶或葡萄糖淀粉酶协同糖化，提高淀粉转化率，提高麦芽糖或葡萄糖得率。

异淀粉酶是水解支链淀粉、糖原、某些分支糊精和寡聚糖分子的 α-1,6 糖苷键的脱支酶，曾先后从酵母、极毛杆菌和纤维细菌等微生物中分离出来。它对支链淀粉和糖原的活性很高，能完全脱支，但是不能从 β-限制糊精和 α-限制糊精水解由两个或三个葡萄糖单位构成的侧链，而对茁霉多糖的活性却很低。异淀粉酶只能水解构成分支点的 α-1,6糖苷键，而不能水解直链分子中的 α-1,6 糖苷键。异淀粉酶对 α-1,6 糖苷键所处位置的严格要求，使它成为研究糖类结构很有价值的工具。

普鲁蓝酶催化支链淀粉、普鲁糖、极限糊精的一种线性 α-1,6 糖苷键酶。系统名称为支链淀粉 6-葡聚糖水解酶。能够水解支链淀粉和相应的 β-限制糊精中的 α-1,6 糖苷键。也能裂开 α-限制糊精中的 α-1,6 糖苷键结合的 α-麦芽糖和 α-麦芽三糖残基，但是不能除去以 α-1,6 糖苷键结合的葡萄糖单位。支链淀粉酶不能作用于糖原，但是能降解支链淀粉。脱支效果的评定可以通过测定支链淀粉的含量来判断。

（四）凝胶特性

凝胶是由润胀变形的淀粉颗粒、颗粒碎片及缠结的直链淀粉分子形成的含有一定水分的网状结构复合物。淀粉的凝胶特性主要包括凝胶的质构特性、冻融稳定性和凝胶的微观结构。淀粉的种类和外界环境均能够显著影响其凝胶特性。

（1）凝胶的质构特性主要包括对凝胶的硬度、弹性、内聚性、胶黏性四个特征值的对比分析，可通过物性分析仪模拟人口腔的咀嚼运动测得。淀粉凝胶的质构特性测定是将在 4℃冷藏 24h 的凝胶取出，应用质构仪在 TPA 模式下，选用 P/0.5 型探头进行测试。

表征质构的参数值能够量化且准确、直接地反映凝胶的感官性质，TPA 的测定指标如下：

①硬度：凝胶的硬度是指使凝胶达到一定变形所需的力，用力的大小来反映凝胶的硬度大小；

②弹性：是指凝胶受到外力作用时产生的变形以及去除该力的作用后恢复的程度；

③内聚性：表示凝胶内部分子间聚集结合的程度，反映凝胶抵抗外界作用力的能力；

④胶黏性：其与凝胶的硬度和内聚性有关，是指将凝胶咀嚼至可吞咽时需要做功的大小。

（2）凝胶的冻融稳定性是指将凝胶冷冻放置一定时间后，取出进行解冻处理，随着温度的上升，凝胶逐渐解冻并伴随着水分从凝胶网状结构中析出，反映的是凝胶在冷冻和解冻过程中的持水能力，用析水率（%）来表示，计算析水率的公式按式（2-10）计算。冻融稳定性是决定冷冻食品标签保质期的关键因素之一，淀粉的来源和种类不同，直链淀粉含量不同，凝胶的脱水缩合能力不同，形成的产品保质期差异大。

$$析水率(\%) = \frac{m_1 - m_2}{m_1} \times 100\% \quad (2-10)$$

式中 m_1——离心前淀粉凝胶的质量，g；

m_2——离心后淀粉凝胶的质量，g。

（3）凝胶的微观结构受到直链淀粉含量、温度、水分含量等因素的影响，不同来源的淀粉形成的凝胶微观结构差异显著。将冻干后的淀粉凝胶切成均匀的小块黏于导电胶上，喷金后利用环境扫描电镜在真空条件下进行观察。直链淀粉有益于淀粉凝胶网状结构的形成，而支链淀粉有益于层状结构的形成。由于冷冻过程中冰晶的形成和直链淀粉的回生作用，所有冻融的淀粉凝胶都呈现海绵状的结构，在反复冻融过程中形成了由凝胶的膳食纤维构成的网状结构。

（五）成膜性

将淀粉糊在光滑平面上涂薄层，干燥，形成薄膜。淀粉膜必须具有所需用途的某些质量特性，包括膜的强度、柔软性、水溶性、透明性、光泽及重湿性等。不同品种淀粉在成膜特性不同。普通谷类淀粉膜溶解度低的主要原因是直链淀粉组分与含量高的脂肪物质结合的影响，小麦淀粉的直链淀粉分子干燥成膜将会回生，不仅本身变得不溶解，还将支链淀粉分子缠在不溶性的网状结构上。对于淀粉膜来说最重要的指标是膜的强度，淀粉膜强度测定可以用拉伸仪进行测定，其具体测定方法参考 GB/T 1040.3—2006《塑料　拉伸性能的测定　第 3 部分：薄膜和薄片的试验条件》。

第三节 小麦淀粉的应用

小麦淀粉的加工及应用主要是通过生产一系列的改性淀粉来实现的，通过各种物理、化学及生物手段，实现淀粉的改性，生产具有专门用途的产品。近年来淀粉发展迅速，改性技术越来越丰富，在各个领域中应用十分广泛。

一、小麦原淀粉在食品工业中的应用

小麦原淀粉的应用主要集中在以下几个方面：

1. 生产发酵类产品

小麦原淀粉可用来发酵生产乙醇，配制酒类产品，也可用于酿造食品以及工业乙酸。小麦淀粉还可用来生产柠檬酸和乳酸，其产物在食品工业中的应用最广泛，如在罐头、饮料、果冻中的应用，乳酸在食品工业中可以用作酸味及防腐剂，可以用作面团改良剂等用于生产面包、酸奶和糕点等。

2. 生产淀粉糖

以小麦淀粉为原料，通过酸法、酶法液化，随后经糖化、催化等步骤，将淀粉水解生产具有不同功能特性的糖。现生产的淀粉糖主要有麦芽糖浆、糊精、葡萄糖、果葡糖浆等，多用于食品工业中，制作各种焙烤类食品，以及添加至各种饮料中。

3. 直接利用

小麦淀粉也可直接添加至面糊、冰淇淋、汤、肉汁等，以提供附着力，实现增稠作用，同时作为增稠或胶凝作用也可被用于酸奶或蛋羹，通过添加至香肠和肉糜中以改善香肠及肉糜与水的结合性能，降低香肠的蒸煮损失和硬度。分离出的小麦淀粉还可添加到面制品中，以改变其糊化特性和黏度。

由于小麦原淀粉的利用具有一定的局限性，现在多通过各种改性手段对淀粉进行处理，生产各种性质和功能不同的改性淀粉来增加其应用范围。

二、改性淀粉的生产及应用

改性淀粉一般是按照处理手段来进行分类的，主要分为如下几种：

（1）物理改性淀粉　用物理方法处理所得到的改性淀粉。

（2）化学改性淀粉　用各种化学试剂处理得到的改性淀粉。其中有两大类：一类是使淀粉相对分子质量下降，另一类是使淀粉相对分子质量增加。

（3）酶法改性（生物改性）淀粉　用各种酶处理所得到的改性淀粉。

（4）复合改性淀粉　采用两种或两种以上改性处理方法所得到的改性淀粉。复合改性一般具有两者特点，接下来将逐一对改性技术及其产品的应用进行介绍。

（一）物理改性

物理改性是指借助热、机械力、物理场等物理手段对淀粉进行改性，通过这些方法处理的淀粉，不含化学试剂的残留，且加工工艺及其产品的理化性质得到明显改善，产品应用范围和附加值也大大提高。

1. 热处理技术

（1）湿热处理技术　湿热处理是一种既能保持淀粉颗粒结构完整，又能改变淀粉理化性质的物理改性方法。湿热处理淀粉的晶形发生变化而导致凝胶性质、糊化行为、膨胀行为、糊液透明度等性质变化。由于湿热处理后蛋白发生变性包裹在淀粉颗粒表面，形成蛋白-脂质、淀粉-蛋白复合物。在实际小麦粉生产过程中可以使一些劣质、虫噬小麦粉达到灭菌效果，同时使小麦粉筋力弱化以满足糕点制品生产需要。湿热处理可以使淀粉的物理性能得到改善，进而开发了多种用途，最主要的应用是作为制备抗性淀粉的重要工艺。抗性淀粉作为主要填充料添加于食品中，可改善食品质地，延长食品保质期，具有热量少、防止结肠癌、降血脂、预防胆结石、促进人体对矿物质的吸收等保健作用。湿热处理的使用降低了直链淀粉溶出值和润胀度，从而改善了其剪切稳定性和热稳定性，最终可应用于面条生产，达到改善面条品质的目的。湿热处理还增强了淀粉对酸性、抗机械剪切以及淀粉酶的耐受性，从而使淀粉在食品调味料、焙烤制品以及老年食品和儿童食品应用中得以进一步拓宽。湿热改性仅使用水和热，属于环保型处理方式，不会造成环境污染，产品安全性明显高于化学改性淀粉。

（2）压热处理技术　压热法的具体操作步骤是将淀粉加水制成一定浓度的淀粉乳，在压热反应器中进行处理，加热至一定温度，恒温一定时间后，取出，自然冷却，4℃下贮藏 24h，烘干，粉碎，过筛。在该条件下使淀粉颗粒吸水润胀，结晶区被破坏，淀粉充分发生糊化，直链淀粉分子溶出，然后在低温老化过程中，直链淀粉分子相互缔结形成抗性淀粉。

压热处理与湿热处理相比，主要差别在于淀粉的水分含量较高，是在过量水分条件下进行的热处理，所以，处理后淀粉的颗粒状态与湿热处理相比有较大不同。图 2-20 所示为原淀粉及经压热处理后的淀粉的形貌变化图，在过量水分条件下进行压热处理后，淀粉经历了糊化老化过程，颗粒形貌已经完全发生了变化。颗粒破裂重组，不同淀粉颗粒中的淀粉链相互形成氢键，从而大大提高了淀粉的结晶度，也有利于生产慢消化淀粉，增加淀粉在食品加工行业的应用。

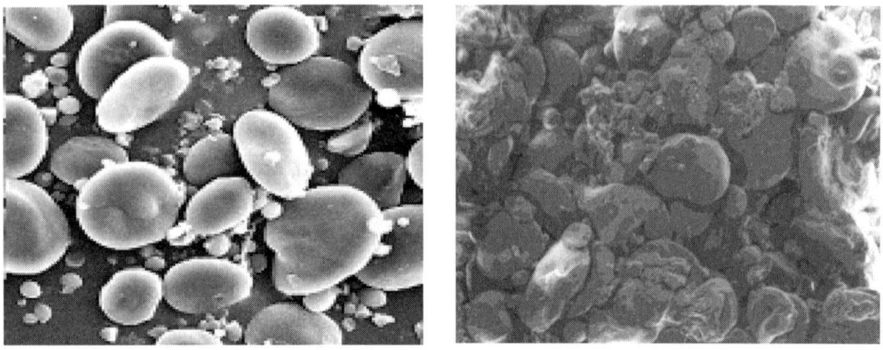

（1）　　（2）

图 2-20　原淀粉和压热处理后的小麦淀粉

（1）原淀粉　（2）压热处理后的淀粉

（3）韧化处理技术　淀粉的韧化处理是淀粉颗粒结构在水热作用下的物理重组过程，一般要求淀粉在过量水中，即水分条件为 40%～55%，现在绝大多数的淀粉韧化研究都选择 40%作为适量水分条件。

①韧化处理对淀粉的影响：韧化处理可以引起淀粉颗粒晶型的改变。淀粉韧化处理

后 B 型淀粉结晶量减少，而 A 型淀粉结晶量增大，即韧化有促使淀粉颗粒 B 型结晶向 A 型结晶转变的趋势。但不引起淀粉结晶度的变化。韧化处理使淀粉颗粒无定形区刚性增强，整个颗粒稳定性增加。韧化处理也可引起淀粉的酸、酶水解情况及溶解度等的变化。

②韧化淀粉在食品工业上的应用：由于韧化处理可以提高一些淀粉的热稳定性、降低淀粉的回升值，而这分别是罐装食品和速冻食品所要求的品质。所以，韧化淀粉在罐装和速冻食品生产方面具有广阔的应用前景；韧化处理可抑制淀粉颗粒的润胀和直链淀粉渗出，提高淀粉的热及剪切稳定性，增强淀粉糊稳定性及淀粉凝胶品质，这些特性的改善都是面条类产品生产所期望的；韧化可以在不改变淀粉颗粒结构的前提下提高抗性淀粉的比例，且抗性淀粉色味很淡，所以可以应用于食品中来提高膳食纤维的含量，也是一种很好的脂肪模拟物。

2. 物理场处理技术

（1）超声波改性淀粉　大量的事实证明，降解受溶剂、浓度、溶解气体、超声波强度、温度的影响。淀粉在超声波的作用下，受机械性断键作用和空化效应引起的自由基氧化还原反应作用，溶剂分子运动加快，从而增大了它与较大的不太运动的大分子的摩擦，导致摩擦力的增加，破坏 C—C 键，大分子链降解，在链的断裂处形成自由基，而且降解速度随着分子链的减小而降低。超声波使淀粉表面出现裂纹，有的还会破裂。淀粉在受到超声波作用后颗粒表面出现程度不同的蜂窝状凹陷或小孔，随着超声波作用时间的增加，淀粉颗粒表面的凹陷和小孔的数量增加。以水为介质的淀粉被超声波破坏程度比以酸为介质的淀粉小。超声波还能使淀粉的相对分子质量降低，且相对分子质量能趋于某一特定范围，同时淀粉粒径变小。超声波处理能增加淀粉的水溶性，而高强度的超声波会降解支链淀粉。超声波影响淀粉的结晶结构。有人用超声波细胞粉碎机作用于淀粉，发现淀粉的偏光“十”字与原淀粉偏光“十”字相比，变得模糊甚至消失。由于超声波处理后改变了淀粉内部分子排列状态，在超声波的空化作用下，淀粉内的一部分分子在空化作用下产生的局部高温、高压及冲击力下与其他分子间的结合力减弱，产生的自由基与其他分子结合发生一定程度的重排，从而使淀粉偏光十字发生改变。

（2）微波改性淀粉　微波处理可以引起一些化学反应动力学的改变和加速化学反应速度的催化效应、引起聚合物分子链断裂等生化效应和磁效应等。淀粉分子在微波作用下，分子发生旋转，分子间发生碰撞和摩擦，使分子结构发生变化，淀粉的性质也随之变化。微波处理淀粉引起结晶度下降，糊化温度升高，经过微波处理小麦淀粉的物化性质有所改变，结晶度、溶解性和润胀性下降，糊化温度升高。

（3）辐射改性淀粉　淀粉在辐射的过程中，总是使相对分子质量降低、链长减小引起各种理化性质的改变。直链淀粉经辐射后平均聚合度（*DP*）从 1700 降到了 350，支链淀粉的平均长度≤15 个葡萄糖单位；淀粉黏度随着辐射强度的增加而迅速降低。小麦淀粉在低剂量辐射后，淀粉糊的峰值黏度降低、淀粉粒的破损值增加，直链淀粉和支链淀粉的特性黏度降低，且小麦淀粉中直链淀粉和支链淀粉在 α-淀粉酶和 β-淀粉酶的作用下，显示出对酶的敏感性增强，直链淀粉的酶降解限度下降，支链淀粉有所增加。

④超高压处理技术改性淀粉：超高压处理就是使用100MPa以上（100～1000MPa）的压力（多是静水压），在常温或较低温度下对淀粉进行处理，从而达到改性效果。超高压处理过程是一个纯物理过程，瞬间压缩、作用均匀、操作安全、耗能低，处理过程中不发生化学变化。超高压处理淀粉并不能形成新的基团，但能够影响其他改性淀粉其官能团的有序程度；在一定压力范围内，超高压处理不会破坏淀粉分子间的共价键，但能够使其发生伸缩、扭曲，对氢键的断裂和形成产生影响。具体表现为压力提高到一定程度可使淀粉的糊化作用、结晶结构、糊的流变特性及变色特性等均发生变化，进而影响其凝沉特性。这种淀粉在超高压条件下导致的氢键断裂和形成是淀粉超高压改性的核心和基础。

（二）化学改性

化学改性的原理依赖于淀粉结构中的醇羟基，它是反应的活性部位，可以与化学试剂发生氧化、醚化、酯化、接枝、交联等反应。

1. 氧化淀粉

氧化淀粉所用的氧化剂可分为三类：酸性氧化剂，如高锰酸盐、过氧化氢、次氯酸等；碱性氧化剂，如碱性次氯酸盐、碱性亚氯酸盐、碱性高锰酸盐、碱性过氧化物、碱性过硫酸盐等；中性氧化剂，如过氧化物、溴、碘等。常用的且效果好的氧化剂主要是次氯酸钠、过氧化氢和高锰酸钾。工业生产中最常用的是碱性次氯酸盐。一般生产过程为，淀粉加水形成淀粉乳，将氧化剂加入到淀粉乳中进行氧化处理，然后加入催化剂，反应一段时间后加入还原剂进行中和，洗涤干燥后制成产品。

（1）影响淀粉氧化的因素

①pH的影响：低pH时，易形成醛基；中性和高pH时，易形成羧基。由于羧基在稳定直链淀粉分子及使其具有最小的老化程度上起重要作用，通常氧化反应是在中性到中等碱性的条件下进行，以生成较大量的羧基；

②反应温度：氧化反应放热引起温度上升，碱性条件下温度升高容易引起淀粉的润胀，使产品难以过滤，通常反应罐要有降温装置；

③反应时间：反应时间对淀粉的黏度有很大的影响。淀粉品种的变化、氧化剂的加入速率、pH、温度等都会影响反应的速率，所以，反应的时间会产生小范围变化，反应终点的确定常采用黏度测定的方法。

图2-21为典型的双醛淀粉生产工艺。双醛淀粉多用于造纸工业中，以增强纸张湿强度。

（2）氧化淀粉的性质变化

①氧化淀粉颗粒类似于原淀粉，仍保持偏光“十”字及碘染色特征，但表面变得粗糙，颗粒中径向裂纹数随氧化程度的增加而增加，当在水中加热时，颗粒会沿着这些裂纹裂成碎片，取代了原淀粉颗粒的润胀现象；

②淀粉被氧化后，分子内引入了羧基、羰基等基团，分子发生解聚，糊化温度降

低，糊化更容易，且淀粉糊的峰值黏度显著低于原淀粉的糊化温度较低，热糊黏度变小而热稳定性增加，氧化淀粉加热糊化后可得到清晰、低稠的溶液，冷却后糊稳定性高，凝沉性弱，不易形成凝胶，保留着良好的流动性；

③氧化淀粉能形成品质更好的薄膜，薄膜更均匀，收缩破裂的可能性更小，也更溶于水。

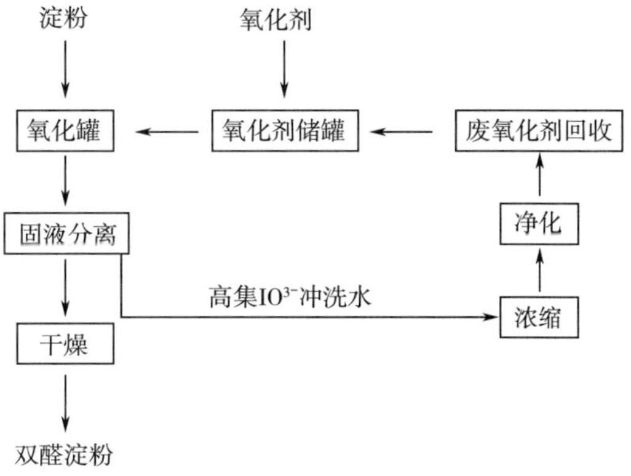

图 2-21 双醛淀粉的生产工艺

（3）氧化淀粉的应用 在食品工业中，氧化淀粉通常作为增稠剂或稳定剂运用于各类食品的生产中，如在软糖生产中，氧化淀粉可用作明胶、琼脂等食用胶的替代品，提高产品安全性的同时降低了加工成本；轻度氧化淀粉可用于炸鸡、鱼类食品的面料中，对食品有良好的黏合力并可得到酥脆的表层；在面包的生产中，添加氧化淀粉可以改良面团的物理特性，增强面团的气体保持能力，缩短发酵时间，增大成品面包的体积，改良面包内瓤的组织结构，延长货架期。

由于氧化淀粉具有成膜性好、不凝胶等优点，应用于造纸行业，在经过施胶后，可改善纸张的表面强度，增加其表面光滑度，为书写和印刷提供优良的表面性能，所以80%以上的次氯酸盐氧化淀粉用于造纸工业。氧化淀粉还可以用作糊墙纸、绝热材料、墙板材料的黏合剂，并作为瓦楞纸箱工业的黏合剂。由于氧化淀粉可以在较低的温度下以高浓度使用，大量渗入棉纱中，提供良好的耐磨性，常作为棉、合成纤维、混纺纤维的上浆剂。

2. 酯化淀粉

淀粉分子中具有许多醇羟基，羟基与酸发生酯化反应生成酯类衍生物。按照酯化反应时酸的分类，淀粉酯大致可分为有机酸酯和无机酸酯两大类。在此仅介绍淀粉乙酸酯和淀粉磷酸酯两类典型的酯化淀粉。

（1）淀粉乙酸酯 淀粉乙酸酯的生产工艺如图 2-22 所示，淀粉乳浓度一般为35%～40%，一般用3%氢氧化钠溶液调节 pH 至 7～9。加入氢氧化钠溶液、乙酸酐后，保持淀粉乳碱性在此范围内，反应 1～6h，反应温度一般在 25～30℃下进行，在较高温

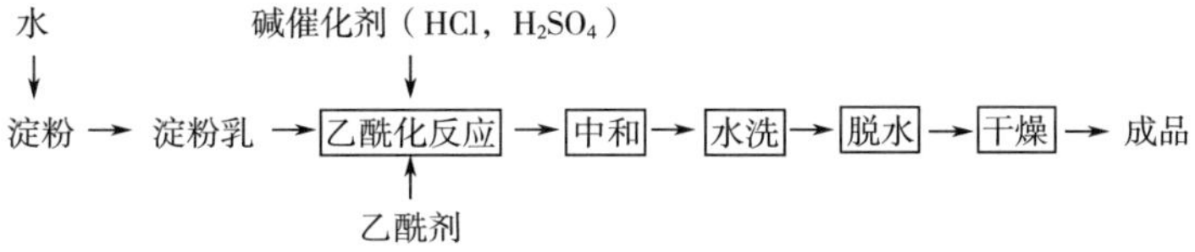

图 2-22 淀粉乙酸酯的生产工艺

度下乙酸酐和淀粉乙酸酯的水解度都较高，这是不利的反应，碱液除了最常用的氢氧化钠溶液外，氢氧化钾、氢氧化锂、氢氧化镁、碳酸钠、磷酸三钠溶液都能用于调 pH。

淀粉乙酸酯多用于食品工业的生产中，面包中加入淀粉乙酸酯经存放后再加热，面包的弹性、味觉、口感仍然很好，并能延长保质期；淀粉乙酸酯可用作婴儿食品水果和奶乳馅的填充料，以满足在温度变化的情况下长期存放的要求，在冷冻水果馅、菜肉馅、肉汁馅中添加可保持产品在低温环境下的稳定性；由于淀粉乙酸酯具有良好的成膜性且膜强度高，因此也常用来生产可食性淀粉薄膜。

（2）淀粉磷酸酯　淀粉易与磷酸盐起反应得磷酸酯，很低程度的取代能改变原淀粉的性质。其生产工艺如图 2-23 所示，其制备方法有湿法、干法和半干法，但多以湿法为主，湿法生产的优点是化学试剂与淀粉能够充分混匀，产品质量稳定，生产易控制，但产品的收率低、生产用水量大、污水需净化，成本高等缺点。

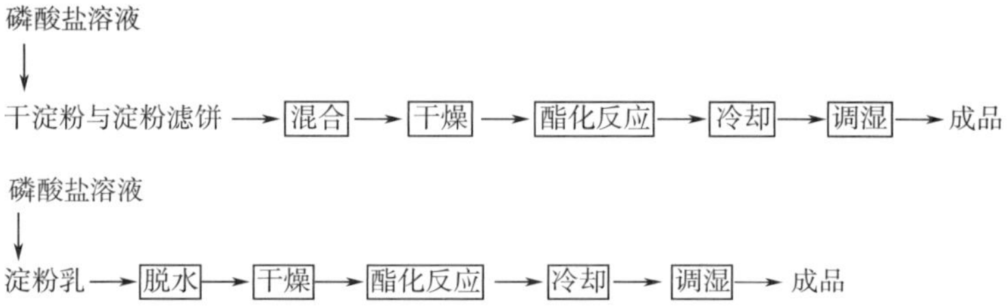

图 2-23　淀粉磷酸酯的生产工艺

由于淀粉磷酸酯较原淀粉有许多优点，因此其在食品工业中有着广泛应用，可用作增稠剂、稳定剂、乳化剂、黏合剂以及冻融过程中的保形剂。如在橙汁生产中作增稠剂，代替价格较高的阿拉伯胶；在面条加工中，由于其具有良好的黏附性能，和面时能使面筋与淀粉颗粒、淀粉颗粒与淀粉颗粒以及它们与破碎的面筋片段能很好地黏合起来，形成具有良好的黏弹性和延伸性的面团；在蛋糕中添加可提高比容，延缓老化，增加货架期，同时对蛋糕发泡体系的持泡性能也有显著的改善，并能改善蛋糕的感官指标，如湿润度、柔软性、色泽和孔泡的均匀性；在火腿中应用，可使产品的保水性提高，延长了火腿中水分渗出表面的时间；此外，淀粉磷酸酯可用于增强植物油与水的乳化作用，也可用于色拉油、菜籽油、豆油的稳定剂。

3. 醚化淀粉

醚化淀粉是淀粉分子中的羟基与反应活性物质生成的淀粉取代基醚，主要包括羟烷基淀粉、羧甲基淀粉、阳离子淀粉等。淀粉经醚化作用后，分子上引入了比较大的基团，在强碱条件下醚键不易水解，对于淀粉的黏度提高，冻融稳定性改善等方面都有很好的作用，同时由于醚键的稳定性较好，使得醚化淀粉在许多工业领域中得以应用。

（1）羧甲基淀粉　淀粉与一氯乙酸在氢氧化钠存在下发生醚化反应，为双分子亲核取代反应，葡萄糖单位中醇羟基被羧甲基取代，所得产物是羧甲基钠盐，为羧甲基淀粉钠，但习惯上称为羧甲基淀粉。反应方程式如下所示。

$$淀粉—OH + NaOH \longrightarrow 淀粉—ONa + H_2O$$

$$淀粉—ONa + ClCH_2COOH + NaOH \longrightarrow 淀粉—O—CH_2COONa + NaCl + H_2O$$

生产工艺如下：

①水媒法是以水作为反应介质，淀粉以悬浮颗粒的状态跟醚化剂反应。醚化剂和烧碱是以水溶液的形式加入，此法反应体系含水率高，适于制备取代度低（$DS<0.2$）、水溶性差的产品。当用该法制备 $DS>0.2$，且水溶性好的羧甲基淀粉时，需要在反应完成时用硫酸钠或氯化钠将羧甲基淀粉盐析出来，故实际上在制备过程中，产物羧甲基淀粉先经糊化后盐析，得到的产品往往失去淀粉本身的外观和色泽，呈现出黄色或黄褐色，产品含盐率低，能耗较大，操作复杂，且醚化剂利用率低，因此限制了它的一些使用；

②干法（半干法）是指在生产过程中不用水或仅用少量的水，而将淀粉、固体氢氧化钠、一氯乙酸按比例投入到干粉混合器中加热制备羧甲基淀粉的方法。此法工艺设备投资少、过程简单、操作方便、能耗低、三废少。但由于混合器对干态的松散状固体反应搅拌不均匀，且在固相体系中碱及氯乙酸分子较难渗透到淀粉的非结晶区，从而使产物的平均取代度不高，且取代基多分布在颗粒表面；

③溶媒法是以低碳有机溶剂（甲醇、乙醇、异丙醇和丙酮等）作为反应介质，淀粉保持颗粒状态分散并与碱及氯乙酸的反应，反应终了经中和、过滤、洗涤和干燥可得到具有原淀粉形状、色泽的产品，适于制备取代度不同的羧甲基淀粉系列产品。此法与水媒法、干法相比具有产品外观优于水媒法、醚化均匀度高于干法的优点。

性质：羧甲基淀粉为阴离子型高分子电解质，白色或淡黄色粉末，无色，无臭，具有吸湿性，必须储存在密闭的容器内。不溶于乙醇、乙醚、丙酮等有机溶剂，与重金属离子、钙离子能生成白色浑浊至沉淀，从而丧失功能。

（2）羟烷基淀粉　羟烷基淀粉是淀粉在碱性条件下与氧化烯烃反应而制得，主要品种有羟乙基淀粉和羟丙基淀粉。羟烷基化试剂可采用环氧乙烷、环氧丙烷等，2-氯乙醇和环氧氯丙烷等也可以和淀粉进行羟烷基化反应。反应中添加 NaCl，可抑制淀粉颗粒溶胀，增强其过滤性。另外，反应中添加少量的 EDTA 钠盐可提高羟烷基试剂利用率。

生产工艺如下：

①干法制备采用气态氧化烯烃和含水量 10%～13%的淀粉进行气-固相反应。为了提高反应速度，可先用碱或盐将淀粉浸透，然后在高压反应釜内进行醚化反应。也可用胺和过氧化物反应所生成的季铵碱代替碱或盐作催化剂，还可用磷酸盐、羧酸盐作催化剂制备较高取代度的羟烷基淀粉；用 50% NaOH 溶液喷淋到淀粉表面，或将淀粉与碱充分混合后，喷入水使淀粉充分活化，然后再与氧化烯烃进行反应，可以生产出不凝胶化、冷水可溶性的羟烷基淀粉。干法反应在制备较高取代度羟烷基淀粉对设备要求较高，同时由于产品是可溶性的，因而难以除去产物中的杂质，分离较困难。

②湿法生产以粉乳为原料（淀粉含量为40%～45%），将环氧乙烷或环氧丙烷溶解在悬浮液中，一般在低于淀粉润胀的温度 50℃以下进行反应，通常在 25～26℃下反应 24h。

如果提高反应温度，可大大缩短反应时间。淀粉上引入羟烷基以后，加入淀粉溶胀抑制剂如中性盐，再向淀粉乳中加入足够高浓度的碱，可有效促进淀粉和环氧试剂进行反应。随着反应时间的延长或反应温度的提高，产品取代度和黏度增加，随着碱浓度的增大，产品的透明度增加。

性质与应用：淀粉中引入羟烷基后，亲水性较原淀粉提高，在水中分散性好。糊化温度随着羟烷基淀粉中取代度的增加而降低，糊化过程中淀粉颗粒的润胀和分散速度加快，淀粉乳液的黏度和透明度增加。在冷却过程中，糊形成凝胶的倾向和凝沉作用明显降低。淀粉经羟烷基化后，可改善淀粉膜在低温时的稳定性、透明性和耐折性。由于羟烷基淀粉中的醚键较稳定，因此，对酸、碱和中度氧化剂的作用是稳定的。高取代度的羟乙基和羟丙基淀粉在冷水中可形成半透明的无色溶胶，因为在淀粉链上存在的是非离子型取代基，这种溶胶没有凝沉的倾向，具有优良的耐溶性质，因此，该类改性淀粉的溶胶不受电解质的作用，同时能抗生物分解。

（3）阳离子型淀粉　淀粉与胺类化合物反应生成含有氨基和铵基的醚类衍生物，氮原子上带有正电荷，称为阳离子型淀粉。其生产方法有干法、湿法、半干法，常用是湿法生产，在水溶剂中加入水溶性有机试剂（如甲醇、乙醇、异丙醇等），可最大限度抑制淀粉的膨化，而不必加入膨化抑制剂盐类。在有机试剂35%～75%，淀粉与水为1∶1，反应温度为50～55℃，淀粉浓度为0.05～0.20mol/L，与3-氯-2-羟基丙基三甲基氯化铵反应1h可得到高反应效率的阳离子淀粉。

性质与应用：阳离子型淀粉与原淀粉相比糊化温度大大下降，随着取代度的提高，淀粉糊的黏度、透明度和稳定性明显提高；由于阳离子型淀粉的另一特征是带正电荷，受静电作用的影响，阳离子型淀粉对阴离子物质的吸附作用很强，且一旦吸附上，很难脱离开来，因造纸的纤维、填料等均带负电荷，很容易与阳离子型淀粉的分子相互吸附，这种性质在造纸上的应用尤其突出。

除此外，阳离子型淀粉可应用于沙拉调味汁，起到增稠作用，即使在酸性条件和均化过程产生的高剪切力下仍保持所需黏度；在用蒸汽灭菌的罐头食品中应用时，可使罐头食品开始时黏度低、传热快、增温迅速，利于瞬时灭菌；醚化淀粉也用于罐装的汤、汁酱、婴儿食品奶油产品中及甜饼果心、蛋糕、布丁和油炸食品的面拖料中。食用醚化淀粉的醚化程度一般比较低，但其胶体的稳定性是原淀粉无法比拟的，因此，能适应现代食品的加工操作，如采用高温加热、剧烈搅拌或低温冷冻等；在强碱性条件下，醚化淀粉具有高黏度，用于造纸的打浆剂内施浆，易于附着在纤维面上增加摩擦抵抗性，还可用在石油钻井泥浆、印刷油墨、煤饼和木炭饼的黏合剂、玻璃纤维的上浆剂等。

4. 接枝淀粉

制备淀粉接枝共聚物时，一般用物理或化学引发方法，使淀粉分子上产生活性高的自由基。常用的物理引发方法是用放射元素（钴60）的γ射线照射和电子束照射。化学引发方法是利用氧化还原，最常用的化学引发剂是铈离子，如硝酸铵铈离子，铈离子

（Ce，Ⅳ价）氧化淀粉生成络合结构的中间体淀粉-Ce（Ⅳ），分解产生自由基，与单体发生接枝反应，生成淀粉-Ce（Ⅳ）络合结构，Ce（Ⅳ）被还原成 Ce（Ⅲ），一个氢原子被氧化，生成淀粉自由基，葡萄糖基的 C_2—C_3键断裂，淀粉自由基与单体发生接枝反应，自由基也能再被 Ce（Ⅳ）氧化而消失。

接枝共聚物有多种类型：吸水性接枝共聚物；水溶性接枝共聚物；热塑性高分子接枝共聚物等。这些共聚物具有不同的性质，其性质与应用具体如下：

①吸水性：接枝共聚物的吸水性和其形状关系较大。表面积越大，吸水性越强，高吸水树脂是高分子化合物的电解质，通常是接枝共聚物的皂化产品，因此 pH 和水中盐的含量对其吸水性都有影响，pH 一般在 6~8，否则吸水能力会下降。盐类影响更大，一般淀粉与丙烯腈共聚的吸水树脂，吸水能力一般在自重的 250 倍以上，加入 0.9%的生理盐水后只能吸收自重的 50 倍；加入 0.1mol/L 氢氧化钠溶液后吸收自重的 60 倍；加入 0.05mol/L 硫酸却只有 8 倍。高吸水树脂对水有强吸水能力，但对有机溶剂无吸收能力，高吸水树脂一旦吸水，就润胀成凝胶，即使加压、加水也无法除去，即具有一定的保水性，这个特点使其广泛用于农业和环境保护。

②吸氨能力：高吸水树脂分子中含有丰富羧基，通常皂化使其呈中性，但只有 70%羧基被中和，还有 30%以羧基形式存在，正是由于这种特殊的组成，高吸水树脂遇碱后还可反应变成盐基，当和氨水相遇后可吸收氨转变成铵盐结构，这一特点可用来加工成纸尿布等。

③可逆性：吸水树脂具有优良的吸水性和保水性，而且吸水后仍保持一定的强度，但当温度和 pH 变化时吸入的水分，会因树脂的收缩而失水。如 pH 3 左右时，树脂会收缩到原来体积，pH 7 以上时，则又会膨胀，因此高吸水树脂可以反复使用。

④生物降解性：热塑性淀粉接枝共聚物在微生物、光等作用下经过一段时间后可降解成有机肥料，重新被自然界吸收利用，可用于环保型生物材料的基材。

5. 交联淀粉

淀粉分子中的醇羟基具有与二元或多元官能团的化学试剂反应，使不同淀粉分子的羟基间联结起来，形成呈多维空间网络结构的淀粉衍生物，称为交联淀粉。凡是具有两个或多个官能团，能与淀粉分子中两个或多个羟基起反应的化学试剂都能作为交联剂，大致可分为五类：①双盐基或三盐基化合物：如三聚磷酸盐、三偏磷酸盐、乙二酸盐柠檬酸盐、多元羧酸咪唑盐、多羧酸胍基衍生物、丙炔酸酯等；②卤化物：如环氧氯丙烷、磷酰氯、碳酰氯、二氯丁烯、脂肪族二卤化物、氰尿酰氯等；③醛类：如甲醛、丙烯醛、琥珀醛、蜜胺甲醛等；④混合酸酐：如碳酸和有机羧酸的混合酸酐等；⑤氨基、亚氨基化合物：如醇二羟甲基脲、二羟甲基乙烯脲、*N*,*N*-亚甲基双丙烯酰胺、尿素甲醛树脂等。但在工业主要用环氧氯丙烷、三偏磷酸钠和三氯氧磷等。这些交联试剂无毒，本身稳定性不高，生产的产品适用于食品。

性质：交联淀粉的颗粒形状与原淀粉相同，未发生变化，但受热膨胀糊化和糊的性质发生很大变化。交联化学键的强度远高于氢键，增强颗粒结构的强度，抑制颗粒膨胀、破裂和黏度下降。这种抑制作用增强到一定程度能抑制颗粒在沸水中膨胀，不能糊化；交联淀粉的糊黏度对于热、酸和剪切力影响具有高稳定性，在食品工业中用作增稠剂、稳定剂有很多优点；交联淀粉具有较高的冷冻稳定性和冻融稳定性，特别适于冷冻食品中应用，在低温下较长时间冷藏或冷冻、融化重复多次，食品仍能保持原来的组织结构，不发生变化；交联能抑制膨胀度，降低热水溶解度，随交联程度的增高，这种影响越大。原淀粉糊化制成薄膜置于沸水中加热，强度不断降低，但通过交联则能减少水溶性，保持膜强度不变，交联淀粉的抗酸、碱和剪切影响的稳定性随交联化学键的不同存在差别。

应用：交联淀粉较好的冻融稳定性和冷冻稳定性，使其非常适用于冷冻食品。在低温条件下冷冻长时间或冷冻融化多次后，食品原有的组织结构仍可保持不变；还可广泛应用在汤料、酱汁、火腿、油炸食品等食品工业，如在火腿中添加后，通过与蛋白质结合使产品具有很好的凝胶性、弹性，并能起到增稠和保水的作用，可有效改善火腿肠品质。

（三）酶法改性

改性淀粉所用的酶有 α-淀粉酶、β-淀粉酶，葡萄糖淀粉酶、脱支酶等。此外还有葡萄糖异构酶、麦芽低聚糖生成酶等在上述第二节已详细介绍，在此不再赘述。酶法改性主要应用于各种糖浆的生产，工业上生产的淀粉糖产品主要有结晶葡萄糖、全糖、麦芽糖浆、果葡糖浆、结晶果糖、麦芽糊精、低聚糖、糖醇等，这些糖在食品及医药领域具有不同的用处，其生产工艺也大体相同或接近，生产工艺流程如下：淀粉→调浆→液化→糖化→脱色→离子交换→真空浓缩。

其中液化、糖化两部分是淀粉糖生产的关键工艺点，同时也决定着淀粉糖的纯度与得率。

①液化：液化是使糊化后的淀粉发生水解，暴露出更多可被糖化酶作用的非还原性末端。这一步可以使黏度降低，流动性增强，酶液化和酶糖化的工艺称为双酶法或全酶法。液化也可用酸，酸液化和酶糖化的工艺称为酸酶法。根据生产实践，淀粉在酶液化工序中水解到葡萄糖值 15%以下合适。

②糖化：液化后，淀粉生成小分子物质，糖化是利用葡萄糖淀粉酶进一步将这些产物水解成葡萄糖。

③精制：过滤除去杂质，脱色除去有色杂质。工业生产一般采用骨炭和活性炭脱色。糖液经活性炭处理后，仍有部分无机盐和有机杂质存在，糖液中的阴离子与阳离子交换树脂中的氢氧离子发生交换，最后交换液中的氢离子和氢氧离子结合成水。糖液中的无机杂质则转换成相应量的水而除去，进而提高糖液的纯度和热稳定性，使产品达到无色透明。

④浓缩：浓缩至固形物含量 78%~80%，停气放空，即可得到淀粉糖含量较高的液体淀粉糖产品。

应用：淀粉糖是淀粉不同水解程度的产物，不同的淀粉糖具有不同的风味与甜度。

例如麦芽糖的甜度低，是蔗糖的30%~40%，入口不留后味、甜味温和、与蔗糖混合使用时没有协同作用，可替代蔗糖，适用于口感甜度低的食品。淀粉糖可以改善食品组织，延长食品货架期，如焙烤食品中，利用麦芽糖的溶解性好，减少了水与小麦粉中面筋蛋白的接触机会，抑制面筋的形成，降低面团的膨胀度，增加面团的可塑性，有利于保持成品的组织形态，及其在一定时期内的外形，口感绵软，防止淀粉老化，延长货架期。在生产蜜饯过程中通过添加淀粉糖来防止砂糖析晶，且有渗透压高、防腐性好，细菌不易滋生的特点。

淀粉糖对酸和热的稳定性高，不易发生美拉德反应，食品色泽稳定。在糖果工业中，可用于浇注成型来制作硬糖，且成品不易发砂返潮。

果葡糖浆、高麦芽糖浆的代谢不受胰岛素控制，血糖不会升高，渗透压仅为机体血液代谢葡萄糖的一半，是糖尿病、冠心病、高血压及肥胖患者的理想甜味剂。高麦芽糖浆具有许多独特的特点，使得它在食品工业中也有广泛的用途，尤其适用于儿童食品、老年食品及保健食品。高麦芽糖浆用在奶油冰淇淋、棉花糖中可增大体积、改善风味，甜度适口；用在含馅类食品中有保色、保鲜的作用；用在果酱类食品中除具有保鲜作用外还有改善黏度的作用；用在糯米制品，如年糕、汤圆中，可延长保鲜期；用在面包等烘焙食品中，可改善质地，增加麦面光泽，延长保鲜期；用在鱼肉等胶冻食品中，能保鲜、改进质量。

葡萄糖有还原性和抗氧化性，可以延长食品保质期，降低冰点，防止蔗糖结晶，适合于冰淇淋、薄荷类食品，也适合制作泡菜类、香肠类等。果葡糖浆用于面包生产，表现出良好的发酵性、焦化性和保湿性，用于蛋糕可保持蛋糕长时间的松软。

三、其他领域的应用

（一）在医药领域的应用

在现代医药工业中几乎有一半药物需要淀粉。片剂生产大部分采用淀粉，淀粉无毒、资源丰富，并且廉价，是很好的辅料。小麦淀粉香味柔和，广泛用于药片的赋形剂。另外小麦淀粉颗粒细小，作为药片的糖衣受到广大消费者的青睐。

小麦淀粉经改性后制备的多孔淀粉能够吸附各类功能性物质，如药剂、色素、保健物质等，是一种非常理想的微米-纳米级物料包埋剂；也可用作缓释剂中的基本吸附材料，先将药剂吸附于淀粉的孔里，使某些特定物质能在特定场合释放，可以防止药剂的散失、氧化，增加药剂的有效期，并且可以起到缓释作用，提高药效，是一种具有环保功能的缓释剂；也可用于微胶囊的制备，以解决微胶囊中颗粒度不均一的问题。

淀粉经过交联之后，黏度比原淀粉高，具有更好的抗加工强度，耐热性和对酸碱的稳定性提高，不易糊化，能适应各种相应的用途。交联淀粉在医疗外科手套、乳胶套等乳胶制品表面润滑剂方面有独特的优势，它能够在灭菌蒸煮过程中不糊化，涂在乳胶制品表面有很好的滑腻感。高度交联淀粉可以作为杀虫药和除草剂的载体，喷雾使用方便。交联淀粉可作为排汗剂，含羧甲基或羟烷基的交联淀粉醚适合作为人体卫生吸收剂，吸湿能力达20倍，在卫生纸、外科用棉塞、病人体液的吸收剂中广泛应用。

酯化淀粉用于绷带，易于吸收血浆及脓液，促进伤口愈合，可以用于治疗疮伤的药，使疮伤痊愈快、不留疤，还可制造人造皮肤、人造胰腺膜。高吸水性树脂在吸收负载药物的情况下，成为缓释药物，控制药物释放速度。高吸水性树脂抑制血栓形成，这为研究抗血栓药开辟了新的途径。

由于醚化淀粉取代醚键的稳定性高，羟丙基具有亲水性，能减弱淀粉颗粒结构的内部氢键强度，其流动性、稳定性和透明性均优于原淀粉。在医药上可做片剂的崩解剂，还可作为血浆增量剂。

平均葡萄糖聚合度为5的低聚麦芽糖，可有效用作肾脏病患者能源。麦芽三糖（G3）、四糖（G4）、异麦芽低聚糖的功能性低聚糖，是淀粉经生物酶水解技术制成，具有低甜度、低热值、低渗性和易被人体吸收等特点。其中G4~G7具有抗菌活性，特别是G3和G4能明显抑制肠内分泌毒素的产气荚膜梭菌的作用。异麦芽低聚糖能使人体的双歧杆菌增殖，从而降低血清胆固醇、甘油三酯、游离脂肪酸的含量，清理体内环境，消除心血管疾患的病因。麦芽五糖是最近使用的临床诊断用试剂，以诊断胰腺炎之外的各种脏器病变。麦芽糖醇有不升高血糖、不刺激胰岛素分泌的作用，可以替代脂肪，降低肥胖病人并发症的发生。

（二）在造纸领域的应用

按离子特性分，在造纸上常用的改性淀粉有下列五类：阴离子淀粉、阳离子淀粉、两性及多元改性淀粉、非离子淀粉及其他改性淀粉，按制作方法分为酸改性淀粉、氧化淀粉、交联淀粉、酯化淀粉、醚化淀粉。

酸改性淀粉虽基本保持了原淀粉的颗粒形状，但酸改性淀粉颗粒因酸的作用具有辐射形裂纹，受热沿裂纹裂解而不是膨胀，热糊黏度较低，可作为施胶剂和胶黏剂使用，提高纸张表面的光滑性和耐摩擦能力。

交联淀粉的糊黏度对热、酸、碱和剪切力的影响具有较高稳定性。其稳定性随交联化学键的不同而存在差别。在造纸工业中用作打浆施胶剂、瓦楞纸和纸箱纸的胶黏剂。

氧化淀粉由于氧化剂对淀粉的漂白作用，色泽比原淀粉白、糊液稳定性高、凝沉性减弱、溶解性增加、糊化温度低、黏度低、成膜性好等特点。在造纸工业中，主要用作涂布黏合剂和表面施胶剂，也可与聚乙烯醇混合使用，提高纸张的表面强度和纸张平滑度，提高纸张的适印性。氧化淀粉还可用作胶黏剂，应用于叠层纸、纸板裱糊和瓦楞纸的黏合。

用改性淀粉代替价格昂贵的干酪素、合成树脂等，可大大降低涂布加工的生产成本，并且可以提高纸张的适应性能，使印刷时不易掉毛、掉粉、断头和糊版，并能控制纸张油墨的吸收性、平滑性、光泽度和白度等。

（三）在塑料工业的应用

塑料工业利用改性淀粉生产可降解塑料不仅是淀粉深加工所面临的前所未有的机

遇，而且是治理白色污染、保护环境和生态平衡的有效途径之一，具有巨大的经济效益、社会效益和生态效益。现有的应用，一是用淀粉和其他聚合物，尤其是生物降解材料，制成塑料薄膜或注塑成各种制品；二是合成含热塑性侧链的淀粉，进行制膜和注塑成各种制品。

（四）在纺织工业的应用

纺织工业织物的纱线是由许多纤维捻合而成的，在捻合过程中，由于纤维长度参差不齐，每根纤维的头尾均有可能露在纱线表面，形成起毛的外观。织布时，承受不了开口、投梭、打纬时的伸拉、弯曲和摩擦，引起部分纤维断裂，使得纱条更加毛糙。使用淀粉经纱上浆后，单线纤维间黏结力增强，毛头伏帖，从而提高了纱线的强度。

（五）在石油工业的应用

淀粉作为油田化学剂中的水溶性聚合物，已经被用于石油钻井液、压裂液和油气生产。改性淀粉具有增稠、凝胶、黏结与成膜等性能，通过改变原淀粉的特性，可人为提高或抑制原有的某些性能，或赋予它以新的特性，因而是具有多种功能的水溶性聚合物之一，又因其原料来源丰富且价格便宜，改性淀粉在石油工业应用中占有一定的比例。

第三章
面筋的特性与应用

形成面筋的特性是小麦蛋白质的重要特性。小麦粉在分离淀粉过程中，另一个重要产物就是面筋，其通过干燥后得到干燥后的面筋，又称谷朊粉。下面介绍面筋的形成、组成、功能特性及应用等内容。小麦淀粉生产是将小麦粉中的淀粉和面筋蛋白有效分开，得到的面筋蛋白，经干燥后得到谷朊粉，其质量主要取决于小麦粉中面筋的特性。

第一节
面筋的形成及其影响因素

掌握面筋的形成过程及其组成，有助于深入理解面筋的功能特性，并挖掘面筋的应用潜力。下面就面筋的形成及组成进行叙述。

一、面筋的形成

面筋形成过程主要包括水和蛋白质的作用、蛋白质和蛋白质的作用。小麦粉加水搅拌混合，谷蛋白吸水润胀，麦醇溶蛋白、清蛋白发生水合作用。麦谷蛋白在聚集过程中将其他蛋白和小麦粉中的其他成分包埋在网络中，最终形成面团。面团经水洗后，水溶性蛋白质和淀粉均从网络中被洗涤出去，剩余网络状的面筋。

面筋中的蛋白质网络是 0.1～100μm 的颗粒网络。蛋白质分子接近球形，表面是亲水基团，内部是疏水基团，水分子与蛋白质分子表面亲水基团通过氢键结合，形成水化层，使蛋白质从紧密堆积的基质结构中转变为水溶液中的独立分子。这些分子表面的亲水侧链，由于水溶液的存在和分子间距的增加，会使蛋白质自由度增大，尤其在侧链的单链处，允许侧链发生旋转，蛋白质分子表面反应基团生成化学键的机会增加，利于分子间的缔合，促进面筋网状结构形成。这些变化包括蛋白质空间结构的变化，肽链展开，与毗邻的肽链重新键合，其中麦谷蛋白亚基间与麦谷蛋白亚基内发生巯基（位于半胱氨酸残基上）和二硫键（位于胱氨酸残基上）的交换反应，最后通过分子间二硫键交联形成纤维状的大分子聚合体。麦醇溶蛋白在分子内二硫键、氢键和疏水键的作用下形成球状结构，通过非共价键与麦谷蛋白结合，充填在纤维状的大分子聚合体中，形成面筋的主干（图 3-1）。

从单个麦谷蛋白到宏观网络的聚合来分析，可以将麦谷蛋白网络的形成分为三个层次：①仅存在共价键的分子水平，高相对分子质量亚基（HMW）和低相对分子质量亚基（LMW）之间通过二硫键相互作用，形成麦谷蛋白亚基；②麦谷蛋白亚基间通过次级键（如疏水键）相连，形成麦谷蛋白聚集体；③物理聚集，具体相互作用方式尚不明确（图 3-2）。

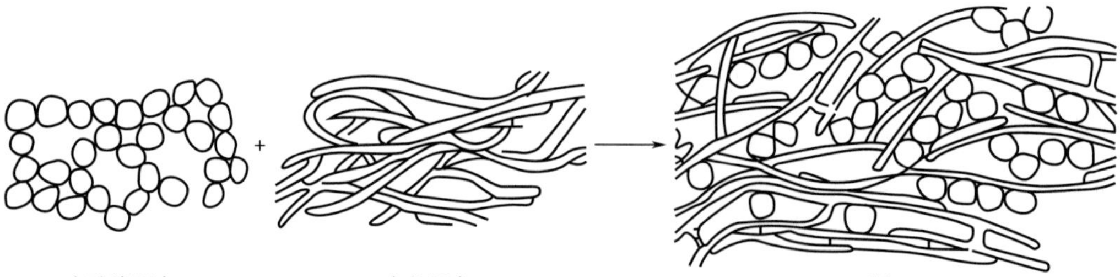

图 3-1　麦醇溶蛋白与麦谷蛋白相互作用示意图

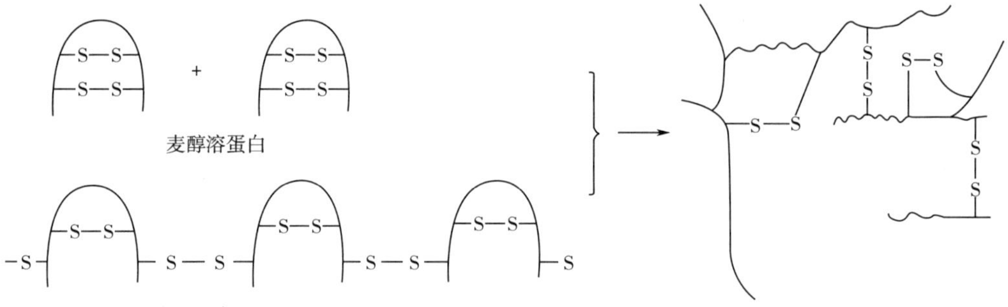

图 3-2　面筋形成过程示意图

二、影响面筋形成的因素

影响面筋形成的因素包括小麦粉本身面筋蛋白的组成及特性、非面筋组分，以及和面时的条件等。下面分别进行叙述。

（一）小麦粉中面筋蛋白组成对面筋形成的影响

小麦粉中蛋白质含量及其质量是影响面筋网络结构的重要因素。面筋蛋白的质量主要包括湿面筋含量、面筋强度、麦谷蛋白和麦醇溶蛋白的比率及麦谷蛋白大聚集体（GMP）的含量等，它们均与面筋网络结构的形成有密切关系。面筋筋力较强的面团中易发生二硫键交联，而筋力较弱的面团则以疏水相互作用为主。因而面筋筋力较强的小麦粉会使面团形成更致密、更强韧的面筋网络。

1. 麦谷蛋白聚集体

麦谷蛋白聚集体是影响面筋形成及特性的主要内因。目前虽有很多关于麦谷蛋白聚集体的模型，但始终没有统一的观点。主流观点认为，HMW 形成线性链和支链结构，LMW 形成线性链结构，部分 LMW 通过分子间二硫键连接形成支链生长在线性 HMW 分子链上的麦谷蛋白亚基，麦谷蛋白亚基间通过氢键、疏水键等次级键连接形成麦谷蛋白聚集体。

在不同品种的小麦粉和形成的面团中 GMP 的数量和容积不同，而在面团的制作过程中，和面时间最佳时，不同品种的小麦粉 GMP 颗粒的容积和大小也非常相似。而随着和面时间增加，GMP 颗粒容积和大小都呈下降趋势。这说明在小麦粉混合过程中，容积不均匀的 GMP 颗粒平均容积减小并趋于均匀。这是因为在和面过程中，二硫键被打破，降低了 GMP 的平均容积。

2. 麦醇溶蛋白

麦醇溶蛋白是单链蛋白，相对分子质量较小，通过分子内二硫键、氢键和疏水作用形成球状结构，无分子间二硫键，赋予面筋延展性。根据相对分子质量大小，将麦醇溶蛋白主要分为 3 组：α/β-、γ-、ω-麦醇溶蛋白，α/β-麦醇溶蛋白平均相对分子质量为 3.1×10^4；γ-麦醇溶蛋白为 3.5×10^4；ω-麦醇溶蛋白为 $4\times10^4\sim7\times10^4$。其中，$\omega$-麦醇溶蛋白对面团硬度、弹性等质构指标均具有负面作用，α-和 β-麦醇溶蛋白对面团弹性、硬度具有促进作用，γ-麦醇溶蛋白则主要形成黏聚性，对面团硬度、弹性的影响不大。在面包的制作过程中，添加 α-麦醇溶蛋白对面筋强度降低幅度最小，面包体积增大最明显，而 ω-麦醇溶蛋白则会最显著地降低面筋强度，在面包体积增大过程中效应最小。此外也有研究认为，增加麦醇溶蛋白含量会引起面筋混合时间和最大拉伸阻力的下降，并且 γ-麦醇溶蛋白降低面筋强度程度最小，增大面包体积效应最大。

（二）小麦粉中非面筋组分对面筋形成的影响

小麦粉中的水溶性戊聚糖，因具有可以抑制水分活度及氧化形成凝胶的能力，对面团的形成及品质具有重要的作用，其超强的吸水能力影响面团的水分分布及流变学品质。戊聚糖以间接和直接的方式影响面筋形成。间接方式影响面筋形成是通过戊聚糖与面筋蛋白质竞争吸水，而改变了面筋形成条件，可通过延长和面时间及增加和面加水量来减少其对面筋产率的负作用，但不能完全消除其负作用。直接方式影响面筋形成则是通过戊聚糖与面筋蛋白质之间的交互作用。添加小麦水溶性戊聚糖会导致面筋产率及延伸性降低，但抗延伸阻力增加。而小麦粉中的阿魏酸，因参与了水溶性戊聚糖的氧化凝胶过程，也对面团及面包品质起到重要作用。采用木聚糖酶对小麦水溶性戊聚糖变性，并不能消除其对面筋产率及品质的负作用，但添加游离阿魏酸可以。同时添加变性及未变性小麦水溶性戊聚糖及游离阿魏酸，较单独添加变性及未变性戊聚糖面筋产率提高、延伸性增大。

（三）和面条件对面筋形成的影响

1. 加水量

小麦粉与水混合，水分首先与处于基质片段表面的蛋白质分子表层的亲水基团结合，然后通过基质片段的细微孔隙扩散到基质内部。和面过程中加水量对面筋形成影响较大。加水量过少，面筋形成不充分，面筋蛋白不能充分水合，弹性和拉伸性都不好，蛋白质分子扩展不够，面团颗粒松散、黏性小；水分增加会使蛋白质分子玻璃化转变温度降低，分子柔性增加，构象容易发生改变，如分子链展开。但加水量过多，面筋蛋白被稀释，面筋网络结构黏性增大，失去良好的加工性能。

2. 食盐

面筋蛋白在水合过程中，离子强度等会影响蛋白质的构象及其相互作用。食盐以低质量分数（<2%）存在时，Na^+和Cl^-被蛋白质分子中电离的基团吸引，屏蔽面筋分子的电荷，减少蛋白质间的静电排斥，蛋白质分子更紧密相连；食盐浓度较高时，阳离子和蛋白质会竞争水使麦谷蛋白分子间氢键作用增强，表现为面筋网络具有更多的纤维和延伸结构。面团流变学试验也表明，盐的添加增加了面团形成时间及其延展性。关于氯化钠（NaCl）影响小麦面筋形成机制，有研究提出，小麦粉中麦谷蛋白和麦醇溶蛋白亚基作为蛋白质体存在，麦谷蛋白分子以天然形式折叠，水合时麦谷蛋白分子展开，分子间的氢键断裂，与水形成氢键，形成面筋网络内的环区，面筋网络中更多环区的形成使面筋网络微观结构形成，而当NaCl存在时，面筋蛋白上的电荷被屏蔽，蛋白质间的静电排斥减少，麦谷蛋白链上的环区展开，更紧密有序排列的面筋形成，面筋呈现出更多的纤维状结构。

3. 剪切力

剪切力的大小会影响麦谷蛋白颗粒的体积、大小和形态。麦谷蛋白颗粒在低剪切速率（$1s^{-1}$）下剪切1min，颗粒会从球形变为椭圆形，一些颗粒和颗粒间互相黏附。此时停止剪切，麦谷蛋白颗粒的轮廓仍然清晰，粒子发生部分聚集，不能回复到初始形状。麦谷蛋白颗粒在相对较高的剪切速率（$100s^{-1}$）下剪切1min时，粒子变形程度较大，产生看似连续的麦谷蛋白大聚体。此时停止剪切，无法看到麦谷蛋白颗粒，均已形成连续的网络。这可能与混合剪切有关系。剪切作用使紧邻蛋白质分子的相对位置不断变动，蛋白质分子表面侧链反应基团之间反应机率增大，更多次级键生成。次级键中二硫键键能较高，不易断裂，面筋结构不断增强，直至二硫键数目达到饱和，面筋力学性能增强进一步剪切，则会使部分二硫键断裂，面筋力学性能下降。

另外，剪切力会影响游离巯基和二硫键的形成，从而影响面筋的形成。主要有两方面作用：一是机械剪切可以导致蛋白质分子更多的巯基基团暴露，在氧气的参与下，巯基基团发生氧化反应，从而促进二硫键的形成；二是剪切力凭借物理剪切作用，打断蛋白质分子之间的二硫键，降低二硫键含量。剪切速率为0.01~$1000s^{-1}$，麦醇溶蛋白悬浮液表现出剪切稀变现象。而麦谷蛋白在低剪切速率作用下表现出剪切增稠现象，在高剪切速率表现出剪切稀变现象。综上所述，较低的剪切速率有利于面筋结构形成。

4. 压力

高压不影响蛋白质的一级和二级结构，但会使更多的巯基基团参与巯基-二硫键的交换反应，从而促进面筋网络的形成。研究表明，施加适当的压力可增加不溶性蛋白质的含量，形成较强的面筋网络，同时，需要结合调控小麦粉的含水率，来降低淀粉颗粒结构的破坏程度。另外，压力对具有相对较高巯基含量的麦谷蛋白有影响，有研究发现，压力从0.1MPa升至800MPa（30℃），麦谷蛋白巯基含量从2.64μg/g蛋白质降至

0.53μg/g 蛋白质。而压力对较低巯基含量的麦醇溶蛋白影响不大，压力从 0.1MPa 增到 500MPa（30℃），麦醇溶蛋白含量从 67.0%降至 59.1%，巯基含量从 0.34μg/g 蛋白质升至 0.37μg/g 蛋白质。据报道，500MPa 以上的压力诱导小麦粉，主要增加蛋白质聚集，而未破坏麦谷蛋白和麦醇溶蛋白本身的结构。

5. 温度

加水温度影响面团性能。加水温度 30℃时，水分子运动速度较快，面筋蛋白质分子与水分子充分接触，面筋蛋白质的吸水量达 150%～200%，形成的面筋含量最高。加水温度<30℃时，基质片段表面的蛋白质分子吸水润胀，堵塞部分基质片段上的细微孔隙，阻碍水分子到达基质片段内部的蛋白质分子上，不利于面筋形成。

热会引起麦谷蛋白构象的变化，促进新的分子间二硫键，形成面筋蛋白质聚集体。麦醇溶蛋白似乎在较低的温度下不受影响，而在 70℃以上时，巯基基团发生变化。挤压小麦粉，发现挤出物的巯基和二硫化物含量均低于小麦粉巯基含量［10.43nmol/(L·mg)］和二硫化物含量［46.04nmol/(L·mg)］，这表明蛋白质发生了变性或氧化。随着挤压温度的升高，挤出物巯基含量增加，二硫键含量降低，表明在小麦蛋白质的挤出加工过程中，热和剪切的共同作用使二硫键断裂，不利于面筋的形成。

6. 作用时间

小麦粉与水混合时，通常把面团的黏稠度达到峰值的时间（和面时间）作为最佳混合时间的参考点，短于该时间被认为混合不足，长于该时间被认为过度混合。混合不足，小麦粉与水刚接触，接触面形成胶质的面筋膜，其阻止了水向其他小麦粉浸透和接触，继续混合能破坏面筋的胶质膜，扩大水与新的小麦粉接触，使小麦粉充分水合。蛋白质通过氢键作用充分水合，并消除了一部分内部应力，利于线状麦谷蛋白分子的展开，形成较好的面筋网络结构；同时空气的存在，巯基被氧化成二硫键，蛋白质分子相互粘连，相对分子质量增大，进一步促进面筋网络结构形成。

第二节 面筋的功能特性

面筋的功能特性反映了面筋的质量，决定了面筋的应用领域。下面就面筋的吸水持水特性、黏弹性、水解特性、乳化性、凝胶性和薄膜成型性进行叙述。

一、吸水持水特性

（一）小麦面筋吸水持水特性

面筋是由麦谷蛋白和麦醇溶蛋白相互作用形成的具有黏性和弹性的大型网络状结构，蛋白质具有偶极离子的性质，水分子也具有偶极性，因此蛋白质网络结构会吸附水分子，面筋润胀，从而产生面筋团。小麦面筋的持水性（Water-Holding Capacity）主要是指小麦面筋蛋白吸收水并保留水的能力，保留的水包括流体动力学水、结合水和物理截留水等，而物理截留水对蛋白质持水力的贡献要远大于另外的两种水，它决定着小麦面筋蛋白与食品体系中水分的相互作用力。

（二）面筋本身对此特性的影响

小麦面筋蛋白具有持水性，主要原因是小麦面筋蛋白中的许多非极性氨基酸之间容易形成疏水相互作用。高质量的小麦面筋蛋白的持水性要优于普通的小麦面筋蛋白，因此持水性可以作为评判小麦面筋品质好坏的指标。高持水性的面筋蛋白可以增加产品的得率，延长食品的货架期。

（三）外源添加物或预处理对此特性的影响

添加少量 NaCl 会增加面筋持水率。因为面筋蛋白质分子表面上分布着各种极性基团，NaCl 溶液的离子会吸附在蛋白质表面，从而增加蛋白质表面电荷，亲水性基团外露，因此蛋白质与水分子之间的相互作用增强，面筋持水力增加。但当 NaCl 溶液浓度较高时，NaCl 会与蛋白质争夺水分，使得蛋白质相互之间作用减弱，使得面筋网络的形成受阻。添加蔗糖会降低面筋的持水率，而添加大豆磷脂能够增加面筋的持水性。超声处理也能够增加面筋的持水能力，超声空化效应使水中微小泡核在超声波作用下，不断表现为振荡、膨胀、收缩和爆裂或崩毁等一系列动力学行为，使得小麦面筋蛋白的分子构象发生了变化，从而导致蛋白质的结构展开，原来分子内部的亲水基团外露，增强了蛋白质与水的作用力，从而提高了面筋蛋白的持水能力。蛋白质的结构充分展开后，其持水能力达到稳定状态。添加黄原胶等亲水性胶体也能够增加小麦面筋的持水力，这与亲水胶体的强吸水性有关，同时与面筋中面筋蛋白和胶体之间的相互作用有关，胶体与面筋蛋白作用形成胶体-水-面筋蛋白复合网络结构，可以束缚更多水分子，从而使得小麦面筋持水性增大。

二、黏弹性（流变特性）

（一）小麦面筋黏弹性

小麦面筋具有黏弹性（Viscoelasticity），主要因为小麦面筋中面筋蛋白由麦醇溶蛋白和麦谷蛋白构成，麦醇溶蛋白具有扩展延伸性，但弹性较小；而麦谷蛋白的弹性比较强，延伸性比较小，它主要起到传送带的作用。麦醇溶蛋白包埋在麦谷蛋白形成的网络结构中，相互作用，使得面筋互相密切地结合在一起，形成三维立体的面筋网络结构，具有良好的黏弹性。

目前评价面筋的质量主要用面筋的流变学指标即黏弹性。面筋的黏性、弹性和一定的流动性取决于组成面筋的主要蛋白质麦醇溶蛋白和麦谷蛋白及残基蛋白的组成、分子形状、大小和存在状态。由于这三种蛋白以不同的比例和不同的方式相互作用，形成了面筋既具有黏弹特性，又具有延伸性的特有性质。由于麦醇溶蛋白分子较小和具有紧密的三维结构，而使面筋具有黏性。麦谷蛋白是由于多肽链间的二硫键和许多次级键的共同作用，而使面筋具有弹性。二者结合使面筋具有膨胀型、延伸性和弹性。麦醇溶蛋白形成的面筋具有良好的延伸性，有利于面团的整形操作，但面筋筋力不足，很软弱，从而使制成品体积小、弹性较差；麦谷蛋白形成的面筋则有良好的弹性，筋力强，面筋结构牢固，但延伸性差。如果麦谷蛋白含量过多，势必造成面团弹性、韧性太强，无法膨胀，导致产品体积小，或因面团韧性和持气性太强，面团气压大而造成产品表面开裂。如果麦醇溶蛋白含量过多，则造成面团太软弱，面筋网络结构不牢固，持气性差，面团过度膨胀，导致产品出现顶部塌陷、变形等不良结果。由此可知，麦醇溶蛋白和麦谷蛋白含量的高低，不仅决定了面筋数量的多少，而且二者比例与面筋品质强度有很大关系。只有这两种蛋白质共同存在，并以一定的比例相结合时，才共同赋予小麦面筋所特有的性质。由于实际当中，小麦品种间麦醇溶蛋白和麦谷蛋白在面筋中所含的比例差异很大，形成面筋强度不同，所以小麦粉品质也存在很大的差异性。评定面筋质量和工艺性能的指标有延伸性、可塑性、弹性、韧性和比延伸性。

（二）面筋本身对此特性的影响

面筋中麦醇溶蛋白具有较多的脯氨酸和酰胺，其中非极性侧链多于极性侧链，且分子中无亚基结构，通过分子内二硫键、疏水相互作用以及氢键连接肽链，进而形成致密的三维结构。麦醇溶蛋白分子内存在大量非极性氨基酸，为其提供了较好的黏性和膨胀性能，从而赋予面筋较好的延展性。麦谷蛋白分子中含有 17~20 种多肽亚基，通过分子间和分子内的二硫键连接，形成纤维状结构。麦谷蛋白分子内的氨基酸主要为极性氨基酸，极性氨基酸和肽链间二硫键的存在，赋予了面筋较好的弹性。小麦粉中所含面筋蛋白含量也影响提取的面筋流变学特性，一般来说，小麦粉中所含面筋蛋白含量越高，所得面筋弹性越好。小麦粉湿面筋含量越高，面筋品质越好，其临界应力越大，弹性模量越大，形变率越小，面筋蛋白形变恢复时间越短。小麦粉中的水不溶性和水溶性戊聚糖均会导致面筋的最大延伸阻力增加，最大抗延伸阻力时的延伸性及拉断时的延伸性显著减小，导致面筋变硬。面筋的蠕变恢复特性，也就是面筋在蠕变阶段的最大形变量，与 β-折叠结构、面筋蛋白的表面疏水性低度负相关，与可溶性蛋白质含量显著正相关。面筋蛋白在恢复阶段的不可恢复形变量与 β-折叠、α-螺旋低度负相关，与面筋蛋白二级结构中的无规则卷曲比例高度正相关，与 β-转角高度负相关，与 α-螺旋和面筋蛋白的表面疏水性显著负相关。

（三）外源添加物或预处理对此特性的影响

向小麦粉中添加 NaCl，随着 NaCl 含量的增加，面筋的弹性和拉伸力逐渐增加，一般当添加至 1.5%左右时面筋弹性和拉伸力达到最大，说明一定量的 NaCl 能改善面筋网络结构，使得面筋的筋力增强，高浓度的 NaCl 会减弱面筋的筋力。当添加蔗糖时，含量小于 10%时，面筋的弹性和拉伸力随蔗糖含量的增加逐渐增大，继续添加蔗糖则稍有降低，这表明蔗糖在一定范围内能增加面筋的筋力。添加原花青素对小麦面筋流变学特性有着显著的影响，根据频率扫描实验结果表现出小麦面筋是典型的黏弹性材料，并具有较强的频率依赖性。其中，弹性模量高于黏性模量，表明其类固体行为占主导地位。随着原花青素添加量的增加，弹性模量（G'）和黏性模量（G''）均增加，表明可改善小麦面筋的黏弹性。黄原胶对面筋 G' 和 G'' 也有着显著影响，在不同温度下，面筋的 G'' 值及其模量比（$\tan\delta$）均随黄原胶添加量的增加而逐渐增大，表明在面筋蛋白体系中，黄原胶与麦谷蛋白和麦醇溶蛋白相互作用，共同影响着面筋蛋白流变特性，黄原胶与麦谷蛋白相互作用形成了黄原胶-麦谷蛋白网络结构，阻碍了麦谷蛋白分子链之间的相互交联，减少了麦谷蛋白-麦谷蛋白网络结构，从而降低了面筋蛋白的 G' 值。而麦谷蛋白-麦谷蛋白交联结构的减少，又增加了麦醇溶蛋白的流动性，同时黄原胶与麦醇溶蛋白相互作用，加上黄原胶自身的强黏性，从而增大了面筋蛋白的 G' 值，提高了面筋的黏性性能。γ-聚谷氨酸（γ-PGA）也可以改善面筋的动态流变学特性，提高其弹性及黏性，一方面是由于 γ-PGA 与麦醇溶蛋白和麦谷蛋白均存在相互作用，形成 γ-PGA-麦醇溶蛋白复合物、γ-PGA-麦谷蛋白复合物，蛋白质分子发生聚集，蛋白质-蛋白质间的相互作用逐渐增强，使小麦面筋的网络结构更加稳定；另一方面，γ-PGA 增大了小麦面筋蛋白的持水力，使面筋团稠度增加，从而增强其网络结构紧密性。

三、水解特性（溶解特性）

（一）小麦面筋溶解特性

小麦面筋溶解度（Solubility）的大小在天然蛋白质提取、分离和纯化的过程中都是非常有用的，也能用作小麦面筋蛋白变性程度的评价指标。小麦面筋蛋白是一种络合蛋白质，与其他蛋白相比，解离度较低，并且没有明显的等电点，它的非极性氨基酸含量较高，因此比较容易产生疏水作用，某些氨基酸侧链还容易产生相互作用形成氢键，因此小麦面筋的水溶性较差，即溶解度低，这一弱点会影响到其他功能性质在生产应用中的发挥。面筋溶解性差与其主要组分麦醇溶蛋白和麦谷蛋白的特性密切相关。由于麦谷蛋白不溶于水，但具有正常的酸值范围，而麦醇溶蛋白在 pH 6~9 时溶解度最小，因此小麦面筋蛋白在酸性或碱性环境中会发生加速溶解的现象。

（二）面筋本身对此特性的影响

导致面筋不溶性的主要原因有三个：一是面筋中含有大量的谷氨酰胺和天冬酰胺，这两种氨基酸在蛋白质的侧链结构中参与氢键的形成，氢键在稳定蛋白质的结构和提高麦谷蛋白和麦醇溶蛋白的交联作用中扮演着重要的角色；二是面筋中二硫键的作用，半胱氨酸尽管在面筋蛋白中含量很少（约 2%），但是大部分的半胱氨酸以氧化的形式存在，遇水形成二硫键，包括分子内的二硫键（存在于单体的麦醇溶蛋白和聚合体的麦谷蛋白中）和分子间的二硫键（只存在于聚合体形式的麦谷蛋白中），对面筋蛋白的结构和功能有着非常重要的作用；三是面筋中富含的大量非极性氨基酸残基如亮氨酸和脯氨酸等，它们以疏水交互作用存在，也进一步降低了其亲水性。提高面筋的溶解度，需要打破氢键和疏水作用，或者修饰氨基酸侧链基团。面筋蛋白侧链基团中赖氨酸的 ε-氨基具有亲核效应，可以与提供酰基亲电子基团发生酰化反应，使羟基反应生成羧基，引入电荷，降低蛋白质间的氢键作用，可以增加其亲水性；增加静电排斥作用，防止面筋蛋白间的聚集，破坏其紧密结构，增加蛋白分子柔性，也可以增加其溶解度。

（三）外源添加物或预处理对此特性的影响

一些物理因素如超高压、剪切及挤压等机械作用，微波、超声、辐射等方式，改变蛋白质空间结构和分子的相互作用分子聚集的方式，从而改变面筋的溶解特性。在机械外力的作用下，面筋中蛋白结构被破坏，分子被打断，变为相对分子质量较小的片段，增加其溶解度。超声波可以使分子加速运动，蛋白质分子发生降解，增加面筋的溶解度。超声波辐射可以产生极端的条件如瞬时高温高压、空穴效应等，这些可以导致蛋白质肽链中的氢键、盐键断裂，范德华力减弱，从而引起蛋白质二级和三级结构发生变化、巯基氧化，导致蛋白质分子结构变得疏松，使疏水性多肽部分展开朝向脂质，而极性部分朝向水相，增强面筋的溶解特性。

碱液预处理也可使面筋溶解度略有提高，究其原因有两点：一是 pH 的影响，其面筋蛋白分子的等电点在中性范围内，而在碱性条件下带有净的负电荷，带电的氨基酸残基发生了水合作用促进了蛋白质的溶解。另外，面筋蛋白含有大量的参与氢键形成的谷氨酰胺和天冬酰胺，这两种氨基酸在碱性条件下酰胺键断裂形成，大量的氢键被破坏，从而破坏了麦谷蛋白和麦醇溶蛋白的交联，面筋结构被破坏，溶解性提高。二是离子强度的影响，碱处理后用盐酸将 pH 再调回 9 后，生成了低浓度的氯离子，面筋蛋白质含有高比例的极性区域，因此在低离子强度的环境中，盐离子引起蛋白质表面带电氨基酸的电荷屏蔽，使相关的静电自由能发生变化，从而提高了面筋溶解度。

有机溶剂乙醇和丙三醇的添加对小麦面筋的溶解性也起到了较大的促进作用。低浓度醇类（2%）的添加降低了水介质的介电常数，提高了面筋蛋白质分子内和分子间的静电作用力，能在一定程度上影响蛋白质分子结构的展开。

添加蛋白质变性剂可以提高小麦面筋的溶解性。热碱性环境中，少量尿素可以大幅度提高面筋的溶解度。可能是由于尿素是极性分子，结构中含有两个酰胺键，类似于蛋白的酰胺键，因此与蛋白质发生相似相溶的现象。另外，尿素和其他分子形成氢键时，可同时作为质子供体和受体，当少量尿素加入蛋白溶液中时，尿素分子能与水分子迅速形成分子间氢键，导致水结构破坏从而使蛋白质分子周围环境极性发生变化，影响蛋白质分子之间疏水相互作用，导致蛋白质分子展开，增加了其水溶性。

亚硫酸钠是一种还原剂，可以还原小麦面筋中的二硫键，使小麦面筋蛋白分子中的二硫键部分断裂形成游离巯基，从而破坏其固有的网络状结构。小麦面筋蛋白中硫主要以二硫键形式存在，大量二硫键的存在是维持小麦面筋结构和功能特性的重要因素，亚硫酸钠预处理很大程度上破坏了面筋蛋白的二硫键，进而破坏了三级结构，使其溶解性增强。

四、乳化性

（一）小麦面筋乳化性

小麦面筋乳化性好，对产品游离的不饱和脂肪酸有较强的吸附力，能较好改善产品弹性，并减少蒸煮过程中脂肪的损失和降低肉类风味物质的散失。衡量小麦面筋乳化性质的方法有乳化活力、油滴大小分布、乳化能力和乳化稳定性等。一般常用乳化能力和乳化稳定性来评价小麦面筋的乳化性能。

（二）面筋本身对此特性的影响

小麦面筋乳化性主要与其内部面筋蛋白性质有关：①面筋蛋白质具两亲结构，即蛋白质分子中同时含有亲水性基团和亲油性基团。在油水混合液中，蛋白质聚集到油-水界面，并且疏水性多肽部分展开朝向脂质，极性部分朝向水相，使其表面张力下降，促进脂肪和水形成油-水乳化液。形成乳化液后，在油滴表面的蛋白形成保护层，防止油滴的聚积和乳化状态的破坏。②面筋蛋白质的溶解度。小麦面筋蛋白的乳化性和溶解度之间常存在正相关关系，小麦面筋蛋白的溶解度越低，对应的乳化性也越低，反之，乳化性越高。由于小麦面筋蛋白的溶解度一般都比较低，所以乳化性一般也较差。但不溶性的蛋白质颗粒能够在已经形成的乳状液中起到增强稳定性的作用。③面筋的乳化特性也受环境影响，主要是 pH 和离子强度。

（三）外源添加物或预处理对此特性的影响

有机酸湿热和高压处理，均能不同程度上提高面筋的乳化性。有机酸湿热处理引入羧基基团，增强了静电斥力，破坏氢键，蛋白分子结构展开增加溶解度，分子迅速扩散到界面稳定乳状液，因此面筋的乳化性和乳化稳定性都会提高。高压会改变面筋蛋白结构，导致部分小麦面筋蛋白内部被包埋的疏水性基团暴露出来，增大面筋蛋白的表面疏水性，进而增加了小麦面筋的乳化能力以及稳定性。超声作用对面筋乳化性能有显著提高，乳化能力随着超声时间的延长得到显著的增加，达到一定时间后乳化能力增加的幅度变小。主要由于面筋蛋白质的溶解度在它的乳化性质方面起着重要的作用。超声暴露了亲水基团，提高了蛋白质的溶解度，有利于蛋白质在乳化过程中更好地在油/水界面重排定位，一定程度上提高了小麦面筋的乳化性。另一方面，超声作用一段时间后，面筋蛋白的结构充分展开，乳化能力不再变化。茶多酚的适量加入也可以提高面筋的乳化稳定性，这是因为适量的茶多酚为小麦面筋蛋白提供了合理的活化羟基，它们在与蛋白质残基的结合过程中使蛋白质在脂肪-蛋白质界面上的结合性更加牢固，使得脂肪球外部包裹的膜更加厚实且稳定，从而提高了小麦面筋的乳化能力。但过量的茶多酚会破坏膜的柔韧性，使面筋乳化性能变差。

五、凝胶性

（一）小麦面筋凝胶特性

凝胶性（Gel Property）是蛋白质之间，以及蛋白质与水之间发生相互作用的结果。蛋白质与水之间的作用力越强，其与水的结合越牢固。蛋白质分子间的作用力强，能够形成空间网络结构，但若作用力过强，整个体系的平衡将受到破坏，水分被挤出，从而破坏凝胶结构。小麦面筋中蛋白质相对分子质量较大，分子间作用力较强，因此可形成较好的凝胶。

（二）面筋本身对此特性的影响

小麦面筋加热之后，会具备不溶于水的黏弹性，因此具有一定的热凝固性。热诱导蛋白质凝胶的形成主要包括两个阶段：第一阶段，热处理导致蛋白质分子的空间结构发生改变，分子发生变性；第二个阶段，变性的蛋白质分子通过分子间的二硫键、疏水相互作用、氢键以及静电作用，相互交联形成三维凝胶网络结构。

（三）外源添加物或预处理对此特性的影响

小麦面筋蛋白紧密的分子结构和较差的亲水性限制了面筋凝胶性质的提高。包括物理方法、化学方法、酶法在内的多种改性方法能有效地提高小麦面筋的凝胶性质。超声波处理结合谷氨酰胺转氨酶交联的方法，通过改善小麦面筋蛋白的分子结构及分子间的交联状况，能够显著提高其凝胶性质。氯化钠和氯化钙的添加有利于小麦面筋中面筋蛋白形成更为致密、均匀的热诱导小麦面筋蛋白三维网络结构，进而有效增强热诱导小麦面筋凝胶的凝胶强度。微波功率和微波处理时间对小麦面筋凝胶强度也有显著影响，随着微波功率的增大和微波时间的延长，凝胶强度均呈现出先减小后增大的趋势。凝胶强度的增大可能是由于微波预处理使得小麦面筋蛋白结构松散，导致埋藏在分子内部的疏水性基团的暴露，进而增强了凝胶形成过程中蛋白分子间的疏水相互作用，促进了形成更为稳定的凝胶。

六、薄膜成型性

（一）小麦面筋薄膜成型性

小麦面筋的薄膜成型性（Film Formability）是其黏弹性的直观表现。由于克服面筋部分弹性，可在内部形成二氧化碳或水汽，使面筋呈纤维状或海绵状结构，所产生的气体被连续相的蛋白包围，孔内充满气体，于是形成薄膜。将其进行简单的双轴拉伸，能够观察到湿面筋中会有部分逐渐变薄，最终形成了透明薄膜。但如用75%乙醇抽提面筋，其抽取物为麦谷蛋白，因其只有弹性，成膜性能大大降低。因此，面筋网络的弹性主要与麦谷蛋白的功能特性有关，而麦醇溶蛋白也与成膜性有关。

（二）面筋本身对此特性的影响

面筋中的单体麦醇溶蛋白，分子内不形成二硫键，流动性较强，使面筋具有一定的延伸性；同时麦谷蛋白能抵抗一定的形变，从而使面筋在一定的压力下可以克服部分弹性，形成纤维状薄膜结构。面筋易拉伸，不易断裂，较容易制成薄膜。因此多被用作可食用薄膜的制备或者可降解的环保膜制品。其中，面筋蛋白含量对小麦面筋薄膜性能有着显著影响。

（三）外源添加物或预处理对此特性的影响

超声处理可以改变面筋薄膜的性能。随超声时间的增加，氧气和水蒸气透过率先减小后增大；断裂伸长率和透光率呈减小趋势；阻油性能良好。主要由于超声空化效应使水中微小泡核在超声波作用下，不断表现为振荡、膨胀、收缩和爆裂或崩毁等一系列动力学行为，面筋蛋白分子构象发生变化，从而导致蛋白质的结构展开，疏水基团外露，水蒸气透过率减小，蛋白膜阻水性能增强；超声处理还会产生热作用，分子立体结构更加舒展，使得蛋白在溶剂中充分分散，网络结构更为致密，机械强度增强，氧气透过率降低。

pH对小麦面筋薄膜性能有着重要影响，当pH 5~6时，小麦面筋中蛋白质分散性差，具有凝固的蛋白大颗粒，无法成膜。随pH增大，氧气透过率呈现先上升后下降趋势；水蒸气透过率呈现上升的趋势；抗拉强度、断裂伸长率在pH 11时均达到最大值，与其他pH下机械性能有显著性差异；透光率先升高后降低，在pH 10时，透光率显著性升高，达到最大值；各个pH下蛋白膜均无透油现象，阻油性良好。

乙醇体积分数，多糖（海藻酸钠、瓜尔豆胶、亚麻籽胶、阿拉伯胶），多酚（原花青素、茶多酚、苹果多酚），脂质（吐温80、硬脂酸、月桂酸）等也对小麦面筋薄膜性能有着不同影响。

第三节 面筋组成及功能特性分析

面筋组成及功能特性的分析有助于深入挖掘面筋特性，提高面筋质量，开发新型面筋类产品。下面就已报道的面筋组成及功能特性分析方法进行归纳总结。

一、面筋蛋白组成分析

目前，常用的面筋蛋白组分分析方法包括聚丙烯酰胺凝胶电泳、双向凝胶电泳、高效毛细管电泳以及色谱法等。电泳法是传统的定性分析方法，结合光密度扫描可进行定量分析，具有微量、高通量、费用低等优点，但结果易受实验过程中蛋白类型、凝胶质量、染色及脱色等一系列难以准确控制的操作过程的影响，定量分析准确性低，且分离效果差。与电泳法相比，色谱法具有快速、简单和高通量的特点，可以定性分析面筋蛋白组分，但定量分析能力差。反相高效液相色谱法是定性定量分析蛋白及多肽混合组分的经典方法，它利用面筋蛋白各组分化学键表面的疏水性差异对单体麦醇溶蛋白和经还原处理后的单体麦谷蛋白亚基进行有效分离，使 ω-、α/β-、γ-麦醇溶蛋白和麦谷蛋白高低相对分子质量亚基区域分开。根据各组分在特定波长的吸收值获得其相对含量，并借助标准蛋白计算各组分的绝对含量。

（一）麦谷蛋白分析

1. 麦谷蛋白含量的测定

在对麦谷蛋白含量测定之前，需要先对麦谷蛋白进行提取分离：①分别取 3g 小麦粉，加入 0.5mol/L 的 NaCl 溶液（磷酸盐缓冲液调 pH 7.6）10mL，置于 40℃ 多头磁力搅拌水浴锅中，500r/min 搅拌提取 1h，8000×g 离心，倒去上清液，除去清蛋白和球蛋白；②向沉淀中加入 10mL 70%的乙醇，在与①相同的条件下除去麦醇溶蛋白，沉淀中剩余的蛋白为总麦谷蛋白。重复①和②；③用 10mL 0.05mol/L 的乙酸，在与①相同的条件下，提取可溶性麦谷蛋白，那么沉淀中剩下的蛋白即为剩余蛋白。重复①、②和③，向沉淀中加入 10mL 1.5%的十二烷基硫酸钠（Sodium Dodecyl Sulfate，SDS）提取液，于 25℃ 的多头磁力搅拌水浴锅中，500r/min 搅拌 1h，1800×g 离心，提取 SDS 可溶性麦谷蛋白。分别取 3g 样品，加入 10mL 1.5%的 SDS 提取液（磷酸盐缓冲液调 pH 7.6），置于 25℃ 的多头磁力搅拌水浴锅中，500r/min 搅拌 1h，1800×g 离心，除去上清液，沉淀中还剩余的蛋白即为 SDS 不溶性麦谷蛋白。

然后，参照 GB 5009.5—2016《食品安全国家标准　食品中蛋白质的测定》中的方法——凯式定氮法对麦谷蛋白含量进行测定。

2. 高相对分子质量麦谷蛋白分析

小麦面筋中高相对分子质量麦谷蛋白的研究主要依靠双向电泳。要获得分辨率高和重复性好的双向凝胶电泳图谱，蛋白质样品的制备是双向凝胶电泳的关键环节，这一步处理的好坏将直接影响到双向凝胶电泳的结果。植物组织由于本身特有的特点，其蛋白提取比动物、微生物更为复杂。首先要寻找一种有效的蛋白提取方法，建立一套完整的适用于小麦麦谷蛋白分析的双向电泳样品制备技术。为尽可能提高小麦高、低相对分子质量麦谷蛋白的抽提效率，已开发有不同的离液剂、去污剂等助溶剂组合。由于上样时，上样杯直接和胶面接触，使得相对分子质量>100 的蛋白可以有效地进入固定化 pH 梯度（IPG）胶条（是指双向电泳中的第一向分离场所）。麦谷蛋白为碱性蛋白，高相对分子质量麦谷蛋白亚基的相对分子质量为 90000～150000，故使用杯上样，最大上样量为 100μL。亚基相对分子质量较大，亚基间的结合力也强，获得分辨度较高的电泳图谱，所以需要加大丙烯酰胺和甲叉丙烯酰胺的用量，以增大凝胶分子筛的有效孔径，增加催化剂的用量以保证其凝胶速度。将单粒小麦种子碾碎后加入提取液 0.4mL，振荡 2h，室温过夜，在 3500~4000r/min 离心 15min，取上清液沸水浴加热 1~2min，冷却后，密封低温保存。制胶过程中，分离胶缓冲液的配制为：0.4%SDS，18.2%三羟甲基氨基甲烷（Trihydroxymethyl Aminomethane，Tris），用盐酸调 pH 6.8，4℃保存。浓缩胶缓冲液的配制为：0.4%SDS，6.0%Tris，用盐酸调 pH 6.8，4℃保存。此外，电泳过程中应特别注意以下几个问题：①温度对聚合速度影响显著，为保证凝胶质量，需根据室温变化适当调整凝胶浓度及催化剂用量。因而电泳时间也有变化，根据经验，夏季（室温 25℃左右）电泳时间 1h，冬季（室温 9℃左右）需 20h；②分离胶和浓缩胶均需充分抽气，一是可以避免灌胶时产生气泡，二来防止分子氧因消除游离基而抑制或阻止凝胶聚合；③电泳过程产生热量，温度过高会使区带扩散或蛋白变性，因此，电泳一定要在 0~4℃冰箱中进行。

3. 低相对分子质量麦谷蛋白分析

与高相对分子质量麦谷蛋白的研究方法类似，低相对分子质量麦谷蛋白的分析，同样根据蛋白质的相对分子质量大小，利用 SDS－聚丙烯酰胺凝胶电泳（SDS－Polyacrylamide Gel Electrophoresis，SDS－PAGE）、反相高效液相色谱（Reversed－Phase High Performance Liquid Chromatography，RP－HPLC）和基质辅助激光解析电离飞行时间质谱（Matrix－Assisted Laser Desorption/Ionization Time of Flight Mass Spectrometry，MALDI－TOF－MS）分离鉴定蛋白。但是，由于蛋白的数目众多，相对分子质量大小相近，而且难以排除麦醇溶蛋白的干扰，这些方法很难有效地分离鉴定不同小麦品种的低相对分子质量蛋白。基于双向电泳结合质谱的蛋白质组学方法也被应用到种子面筋蛋白的分离鉴定中，利用双向电泳技术，根据等电点和相对分子质量的不同可以将小麦进行有效地分离，结合质谱技术，可以对小麦品种中的蛋白进行鉴定。利用双向电泳（酸性聚丙烯酰胺电泳和聚丙烯酰胺电泳）和端测序技术，分离鉴定了麦谷蛋白提取物，结果表明类蛋白区域中大多数为典型的低相对分子质量蛋白，而在类蛋白区域，几乎均为麦醇溶蛋白点。近年来，随着质谱技术的发展，基于双向电泳结合质谱的蛋白质组学方法在分离普通小麦和硬粒小麦中的研究中得到了很好的应用。但是，结合质谱技术操作复杂、费时费力，无法开展对大量小麦品种的分析，阻碍了在小麦品质的分子改良中的应用。

4. 麦谷蛋白的聚集特性分析

在对麦谷蛋白的聚集性进行分析前，需要先对麦谷蛋白进行提取。提取后，用 2g/L 的异硫氰酸荧光素进行染色，然后用激光共聚焦显微镜来观察其微观结构；或使用面筋峰值仪直接测定其聚集特性：将 8.5g 样品分散在 9.5g、0.5mol/L $CaCl_2$溶液中，以小麦粉 14%水分含量计算实际小麦粉和溶剂的质量，以保持液固比（1.26）恒定。用水浴箱中的循环水将样品温度保持在 34℃。桨叶转速为 1900r/min，测试时间为 7min。通过面筋峰值仪评估曲线来判断其聚集性。

（二）麦醇溶蛋白分析

1. 麦醇溶蛋白含量的测定

与麦谷蛋白的分析方法一样，在对麦醇溶蛋白含量的测定之前，需要先对其进行提取分离。取 300g 原小麦粉于和面机中，加入 165mL、0.4mol/L NaCl 溶液，室温低速混合 2min 形成面团。静置 10min 后，用 2L、0.4mol/L NaCl 溶液洗涤直至面筋形成。再用足量的去离子水洗涤面筋，电导率仪测定洗涤后溶液电导率以保证 NaCl 除尽。冷冻干燥后高速间歇粉碎 30s 并过 100 目筛。在 20g 面筋蛋白中加入 300mL 二氯甲烷搅拌 30min 进行脱脂，过滤。再重复萃取两次，时间分别为 1h 和 1.5h。放置在通风橱内进行过夜干燥。取 20g 脱脂面筋蛋白溶于 300mL 60%乙醇，磁力搅拌 3h 后离心（3000×g，4℃，10min），收集上清液，按照上述步骤用 60%乙醇重复萃取一次后再用水洗涤一次。合并上清液即为麦醇溶蛋白。然后，参照 GB 5009.5—2016《食品安全国家标准 食品中蛋白质的测定》中的方法——凯式定氮法对麦醇溶蛋白的含量进行测定。

2. 麦醇溶蛋白相对分子质量分析

目前麦醇溶蛋白的分析主要应用双向电泳和高效液相色谱法。在品种鉴定中，麦醇溶蛋白谱图被认为是最可靠的鉴别依据。具有操作简单、快速、重现性好等特点。丙烯酰胺和 *N*,*N*-甲叉双丙烯酰胺的交联百分浓度为 4.0%，总百分浓度为 6%，缓冲体系为甲酸-甘氨酸（pH 3）混合体系的酸性聚丙烯酰胺凝胶电泳效果较好。RP-HPLC 技术分析小麦胚乳麦醇溶蛋白与酸性聚丙烯酰胺凝胶电泳相比，具有试验速度快、试验周期短、试验条件稳定、易于控制、重复性高、图谱清晰、易于比较、分辨率高的优点。RP-HPLC技术的分辨率和定量性优于单向电泳，这样就有可能对某些用单向电泳不能鉴定的育种系谱相近的品种进行鉴定。在利用 RP-HPLC 分析中，温度是最重要的影响因素，不同色谱柱的性能指标有差异，在实际应用中必须因地制宜结合蛋白质的特性确定最适温度。洗脱时间对实验效率也有一定的影响作用，根据小麦及近缘种的倍性及组成差异，进行相应的改进，从而缩短实验时间，节省成本，提高工作效率。

（三）小麦剩余蛋白分析

剩余蛋白不溶于 SDS 提取液，只有在 SDS 提取液加入还原剂或经生化处理后才能被溶解，这种聚合体被命名为“麦谷蛋白大聚合体”，以区别于可被 SDS 提取的分子较小的麦谷蛋白聚合体。

近红外测定是分析小麦面筋中不溶性麦谷蛋白大聚体含量的常用方法，具体步骤如下：①制备麦谷蛋白大聚体样品：利用 SDS 磷酸缓冲液提取液制备蛋白大聚体液体样品；②获得的谷蛋白大聚体液体样品进行色谱分析，并制备分析样品；③步骤②获得的麦谷蛋白大聚体液体待测样品 1.0~1.2mL，采集光谱数据；光谱扫描区间 950~1650nm，扫描次数 10 次，室温，分辨率 5nm；采用偏最小二乘方法，对步骤②和步骤③的结果进行计算分析，建立预测模型；④并采用 Unscrambler 化学计量学软件，结合偏最小二乘法方法建立预测的校准模型；⑤利用获得的校准模型，并按照步骤③所述方法对待测样品进行近红外光谱分析，即获得待测样品不溶性麦谷蛋白大聚体的含量。

（四）小麦面筋中其他成分分析

小麦面筋主要由面筋蛋白（醇溶蛋白和麦谷蛋白）和代谢蛋白或结构蛋白（清蛋白、球蛋白）组成，此外还含有少量的淀粉、纤维、糖、脂肪、类脂和矿物质等。这些物质营养价值高，含有很多生理活性物质，调控小麦发育过程中的很多代谢活动，对加工品质影响小。对于这些成分含量的测定，可依据国家标准方法对其进行分析。

二、面筋功能特性分析

（一）吸水持水性分析

面筋蛋白由于存在黏弹性网格结构，所以其有较好的吸水性。蛋白质的吸水性主要是受蛋白质的亲水基团和疏水基团分布的影响较大，也和蛋白质的三维网络结构对于水的物理截留作用有很大的关联。一般小麦面筋蛋白品质越高，其持水性越好。高持水性的面筋可以增加产品的得率，延长食品的货架期。

小麦面筋吸水性的测定：

从制备好的湿面筋中取出2g左右的湿面筋，置于130℃的烘箱中烘干2h后取出，再用小刀在半干燥的面筋上划几道口，继续烘4h，取出至放有变色硅胶的干燥器中冷却，直至干燥后两次称重的质量差<2mg。则面筋吸水率=（湿面筋质量-干面筋质量）/湿面筋质量×100%。

（二）面筋黏弹性分析

面筋中面筋蛋白主要包括麦谷蛋白和麦醇溶蛋白，吸水后麦谷蛋白分子链逐渐展开，相互交织，麦醇溶蛋白为球状蛋白填充于麦谷蛋白形成的网络结构，麦谷蛋白和麦醇溶蛋白相互作用，共同形成具有黏弹特性的空间网络结构。动态流变学特性是衡量小麦面筋的重要指标，它影响了面筋蛋白质的加工过程和最终产品的质量。小麦面筋流变特性的研究常采用频率扫描、应力扫描、蠕变恢复等流变学实验方法。频率扫描是在固定应力（通常小于临界应力）的作用下，测量材料随振荡频率变化的弹性模量和黏性模量变化。该方法能够在不破坏样品结构的情况下，为黏弹性材料提供一种指纹信息，获得与样品的弹性和黏性行为相关的直接信息。应力扫描是在固定频率下，测定在振荡式扫描过程中弹性模量随应力变化的情况，以确定不同品种的小麦粉形成的湿面筋蛋白的线形黏弹区，从而判断湿面筋样品结构被破坏时的临界应力大小或应变值。蠕变-恢复特性的研究是分两步完成的。首先是应力恒定［$\sigma(t)=\sigma_0$］不变，应变$\varepsilon(t)$随时间改变，称为蠕变；随后应力［$\sigma(t)$］全部或部分解除，观察已发生的应变随时间的变化（应变减少），称为恢复。

小麦面筋流变学测定方法：

1. 流变仪法

将洗涤得到的湿面筋搓成直径为25mm的圆球（约3g），放在流变仪（例如：哈克旋转流变仪）上进行流变性能测试；然后将球状的湿面筋放在直径为35mm的两个平行板之间，两板之间的间隙为2mm，测量温度为（25±0.1）℃。由于该体系的流变性与样品装载时用力的大小有关，故样品应轻轻地放到平行板上，以一定的速度缓慢升高下板至测量位置，轻轻刮掉周围挤压出来的多余样品，用矿物油封住两板圆周，以防干燥。在测量开始前使样品在平行板上稳定5~10min，以便使加样过程中破坏的结构得到恢复。然后对以上样品进行应力扫描、频率扫描和蠕变-恢复流变学实验。

应力扫描实验：临界应力越大的面筋，其面筋蛋白含量越高，面筋品质越好。因为湿面筋蛋白含量越高，面筋蛋白大分子间通过氢键和二硫键形成的三维网络结构（交联结构）越多，分子间结合越紧密，抵抗外界应力的能力就越强。且因为湿面筋蛋白的品质取决于其含麦谷蛋白和优良高相对分子质量麦谷蛋白亚基的多少，这两种物质含量越高其临界应力就越大。

频率扫描实验：选择频率扫描模式，将稳定后的面筋团进行频率扫描，频率为0.1~10Hz，温度为25℃，应变为1%，得到面筋蛋白 G'、G''、$\tan\delta$ 随频率的变化曲线。一般蛋白含量高的湿面筋的弹性模量和黏性模量的增加始终高于蛋白含量低的湿面筋。这是因为材料的黏弹性模量代表材料的黏弹性大小，湿面筋蛋白含量越高，麦谷蛋白含量也越高，分子之间形成的缠绕就越强，其黏弹性模量也就越大，所以在频率扫描时其湿面筋蛋白含量高的黏弹性模量始终高于湿面筋蛋白含量低的。

蠕变-恢复实验：对稳定后的面筋团进行蠕变恢复测定，施加应力为10Pa，应力作用时间为180s，应力撤消后测定360s，频率为1Hz，温度为25℃，得到面筋的蠕变恢复曲线。蛋白含量高和面筋品质好的湿面筋进行蠕变实验时其形变小于蛋白含量低的湿面筋，并且湿面筋蛋白含量越高其形变越小。在恢复阶段，湿面筋的蛋白含量越高、品质越好，其恢复到最小形变所需要的时间越短，而蛋白含量低且品质差的湿面筋，恢复到最小形变所需的时间就长。

2. 弹性回复法

将制备好的湿面筋取出，并切成大小一致的小方块，之后用质构分析仪对面筋的黏弹特性进行测定，选用直径36mm的P/36R平底柱形探头，测试参数为：①测试模式：压缩；测前速率1.0mm/s；测试速率2mm/s；测后速率2mm/s；压缩程度为50%；两次压缩之间停留时间5s。最终可得到面筋的弹性、硬度、胶着性、咀嚼度、恢复性等参数；②弹性：变形样品在去除变形力后恢复到变形前的高度或体积的比率，它的度量是第二次冲穿的测量高度和第一次冲穿的测量高度的比值；③硬度：第一次压缩时的最大峰值，多数食品的最大峰值出现通常是食品的硬度参数，但有时最大变形处并不出现应力峰值；④胶着性：该值与咀嚼性相似，但不同之处是该值是模拟食物破裂成吞咽状态时的能量；⑤咀嚼度：该值是模拟人体在咀嚼食物（半固体状态时）所需的能量；⑥恢复性：该值度量食物从开始变形到恢复至原来状态的程度。

3. 质构拉伸法

用质构分析仪对面筋的拉伸特性进行测定，采用 Kieffer Dough and Gluten Extensibility Rig（A/KIE）探头。将制备好的面筋放入涂有石蜡油的聚四氟乙烯下板模具上，用带有夹具的聚四氟乙烯顶板从上面压缩，压成大小一致的条状，然后迅速将面筋从模具中取出，放在质构仪面筋的拉伸位置，立即测定，最后得到面筋的抗拉伸曲线。参照 Exponent 软件中的测试参数，测定条件为：测试模式：拉伸；测前速率 2.0mm/s；测试速率 3.3mm/s；测后速率 10mm/s；拉伸距离 75mm；每项测试重复 3 次，采用软件 Exponent 对数据进行收集和计算。最终可得到面筋的拉伸力、拉伸距离和拉伸面积，拉伸力反映了面筋的弹性，拉伸距离反映了面筋的延展性，拉伸面积反映了面筋的强度。

（三）面筋溶解性分析

小麦面筋中面筋蛋白的溶解度是其功能性质中一个重要的指标，它和小麦面筋的其他性质关系非常紧密。蛋白质的溶解度是蛋白质-蛋白质和蛋白质-溶剂相互作用达到平衡的热力学表现形式，它和氨基酸残基的平均疏水性和电荷频率有关，平均疏水性越小和电荷频率越大，蛋白质的溶解度越大。

小麦面筋的溶解性与其乳化性、起泡性、起泡稳定性呈正相关关系，因此小麦面筋蛋白溶解度越大，其面筋制品应用范围越广，价值越高。

小麦面筋水溶性测定方法为：将洗出的湿面筋用真空冷冻干燥机进行干燥，然后取处理后的面筋适量，并配成一定浓度的溶液，3000r/min 条件下冷冻离心 10min，斐林酚法测定上清液中蛋白含量，根据式（3-1）计算蛋白的溶解度。

$$\text{蛋白溶解度}=\frac{\text{上清液蛋白含量}\times\text{稀释倍数}\times\text{上清液体积}}{\text{蛋白度}\times\text{总体积}}\times 100\% \tag{3-1}$$

（四）乳化性分析

乳化性和乳化稳定性是表征小麦面筋乳化性的重要功能性质。小麦面筋的乳化活性与面制品的柔软度有关，面筋的乳化活性越大，其三维网络结构越稳定，因此乳化活性可影响最终面制品的口感。

小麦面筋乳化性和乳化稳定性测定方法为：将洗出的湿面筋用真空冷冻干燥机进行干燥，之后准确称取 0.04g 小麦面筋，和 20mL 蒸馏水充分混合，配制小麦面筋蛋白分散液。然后向分散液中加入 20mL 大豆油，使用高速剪切机以 10000r/min 的速度高速搅拌均质 1min，然后将所得乳状液分为两部分，分别移入两个 20mL 离心管中。将其中一个离心管在 3000r/min 的转速下离心 10min，测量乳化层体积，然后根据乳化层体积按照式（3-2）计算小麦面筋蛋白的乳化性。

$$\text{乳化性}=\frac{\text{乳化层体积（mL）}}{\text{总体积（mL）}}\times 100\% \tag{3-2}$$

将另外一个离心管先放置于 50℃ 的恒温水浴锅中 30min 后，然后取出放在自来水中冷却至室温，在3000r/min的转速下离心10min，测量乳化层体积，根据乳化层体积按式（3-3）计算小麦面筋蛋白的乳化稳定性。

$$乳化定性=\frac{水浴后乳化层体积（mL）}{总体积（mL）}\times 100\% \quad (3-3)$$

（五）凝胶性分析

凝胶性是小麦面筋非常重要的一个性质，在食品领域的应用中起着十分重要的作用，能够提高食品的胶黏性、吸水性、乳液稳定性等。因此改善小麦面筋的凝胶性质，提升其凝胶体系的功能性质，能够进一步提高小麦面筋蛋白质的应用价值。凝胶强度和凝胶持水性是表征其凝胶特性的重要指标，是形成凝胶网络的分子间相互作用强度的表征。凝胶强度和凝胶持水性越高，表明小麦面筋凝胶性能越好。有研究添加低浓度的盐离子有助于提高蛋白凝胶的强度，而当盐离子浓度过大时，蛋白凝胶的强度随着盐浓度的增加而降低。

凝胶强度测定：通常采用物性仪测定小麦面筋凝胶的凝胶强度，切取一段高10mm，直径20mm的凝胶作为测定样品。测定参数为：探头直径：P/0.5；探头测量速度5.0mm/s，刺深10mm，穿刺最大应力作为凝胶强度。

小麦面筋凝胶持水性主要由其内部面筋蛋白性质决定，因此其凝胶持水性测定方法为：取5g小麦面筋蛋白凝胶置于10mL离心管，采用离心机，在转速7680×g、温度4℃条件下离心20min。称量蛋白质和离心管质量。持水性（WHC）按式（3-4）计算：

$$WHC = \frac{W_t - W_r}{W_t} \times 100\% \quad (3-4)$$

式中 W_t——凝胶样品中所含水分总质量，g；

W_r——离心后凝胶溢出水分的质量，g。

*WHC*越高，说明小麦面筋凝胶性越强。

（六）成膜特性分析

小麦面筋薄膜的性质主要包括膜的厚度、膜水蒸气透过率、膜氧气透过率、膜机械性能、膜透光率、膜透油系数以及膜的热稳定性。

膜厚度的测定：选取表面平整薄膜，用千分手式薄膜测厚仪在整块膜上选取膜的4个边缘处和中心处测定厚度，然后取其平均值。

膜水蒸气透过率测定：根据GB 1037—1988《塑料薄膜和片材透水蒸气性试验方法 杯式法》，采用拟杯子法：称取4g无水$CaCl_2$装入小烧杯，将面筋膜覆盖在烧杯上方，使用凡士林密封，将烧杯置于相对湿度87%的恒湿器中（KCl饱和溶液），放置7d，通过烧杯质量的增加确定蛋白膜的阻水性能。每个样品三个平行，计算其算术平均值。计算公式见式（3-5）：

$$WVP = 24\Delta Wh/(At\Delta p) \quad (3-5)$$

式中 *WVP*——水蒸气透过系数，$g \cdot mm/(m^2 \cdot d \cdot kPa)$；

ΔW——t 时间内烧杯的质量增加量，g；

A——烧杯口的面积，m^2；

t——测量时间，h；

h——膜厚度，mm；

Δp——试样两侧的水蒸气压差，kPa；

24——24h。

膜氧气透过率测定：称取 5.0g 大豆油置于烧杯中，将面筋膜覆盖在烧杯上方，使用凡士林密封，以不覆盖任何物质的大豆油作对照，将烧杯置于 60℃鼓风干燥箱内，保存 7d，揭膜称取 2.00g 油样，检测其过氧化值。

称取 2.00g 大豆油，置于 250mL 碘量瓶中，加入 30mL 三氯甲烷-乙酸混合液，摇动使试样完全溶解。加入 1mL 饱和 KI 溶液后盖紧瓶盖，并轻轻振摇 30s，然后在暗处放置 3min，取出加 100mL 水，摇匀，立即用硫代硫酸钠标准溶液滴定至淡黄色，加 1mL 淀粉指示剂，继续滴定至蓝色消失为终点。取相同量三氯甲烷-乙酸溶液、碘化钾溶液、水，按同一方法做试剂空白实验。计算公式见式（3-6）：

$$POV = C \times (V_1 - V_2) \times 0.1269 \times 78.8 \times 100/m \tag{3-6}$$

式中 POV——过氧化值，mmol/kg；

V_1——样品消耗硫代硫酸钠标准溶液的体积，mL；

V_2——试剂空白消耗硫代硫酸钠标准溶液的体积，mL；

C——硫代硫酸钠标准溶液的浓度，mol/L；

0.1296——与 1.00mL 硫代硫酸钠标准滴定溶液［$C(Na_2S_2O_3)$ = 1.00mol/L］相当的碘的质量，g；

m——样品的质量，g；

78.8——换算因子。

膜机械性能测定：选取光滑平整的面筋膜，剪裁成 3cm×7cm 的长条，使用质构仪测定蛋白膜的抗拉强度（T_s）和断裂伸长率（E），每个样品三个平行，取其算术平均值。测试参数：探头：A/TG，模式：拉伸；测试前速度：0.5mm/s；测试速度：1.0mm/s；测后速度：10.0mm/s；初始夹距：50mm。抗拉强度计算公式见式（3-7）：

$$T_S = F/S \tag{3-7}$$

式中 F——膜断裂时承受的最大拉力，N；

S——膜的横截面积，mm^2；

T_S——拉伸强度，MPa。

断裂伸长率（E）计算公式见式（3-8）：

$$E = 100 \times (L - L_0)/L_0 \tag{3-8}$$

式中 L_0——待测样品初始长度，mm；

L——样品断裂时距离标线间距离，mm。

膜透光率测定：选取平滑均匀的面筋膜，剪裁成 4cm×1cm 的长条，紧贴于比色皿一段，在 500nm 条件下测定其吸光度。每个样品三个平行，取其算术平均值。计算公式见式（3-9）：

$$PO = (\Delta W \times FT)/(S \times T) \tag{3-9}$$

式中 PO——透油系数，g·mm/(m^2·d)；

ΔW——T 时间内烧杯的质量增加量，g；

FT——膜厚，mm；

S——膜面积，m^2；

T——放置时间，d。

第四节 影响面筋特性的因素分析

一、小麦粉的品质

（一）小麦粉工艺对面筋特性的影响

小麦粉工艺性能不仅与面筋的数量有关，而且与面筋的质量有关。通常人们使用筋力来描述小麦粉的工艺性能。面筋含量高、质量好的小麦粉，其工艺性能也好。小麦粉之所以具有一定的筋力，面筋蛋白质之所以能形成强韧的面团，与很多因素相关。面筋的质量主要是指面筋的弹性、韧性和延伸性。面筋的黏性、弹性和一定的流动性取决于组成面筋的主要蛋白质麦醇溶蛋白和麦谷蛋白及残基蛋白的组成、分子形状、大小和存在状态。由于这三种蛋白以不同的比例和不同的方式相互作用，形成了面筋既具有黏弹特性，又具有延伸性和稳定性的特有性质。由于麦醇溶蛋白分子较小和具有紧密的三维结构，而使面筋具有黏性。麦谷蛋白是由于多肽链间的二硫键和许多次级键的共同作用，而使面筋具有弹性。二者结合使面筋具有膨胀型、延伸性和弹性。麦醇溶蛋白形成的面筋具有良好的延伸性，有利于面团的整形操作，但面筋筋力不足，很软弱，从而使制成品体积小、弹性较差；麦谷蛋白形成的面筋则有良好的弹性，筋力强，面筋结构牢固，但延伸性差。如果麦谷蛋白含量过多，势必造成面团弹性、韧性太强，无法膨胀，导致产品体积小，或因面团韧性和持气性太强，面团气压大而造成产品表面开裂。如果麦醇溶蛋白含量过多，则造成面团太软弱，面筋网络结构不牢固，持气性差，面团过度膨胀，导致产品出现顶部塌陷、变形等不良结果。由此可知，麦醇溶蛋白和麦谷蛋白含量的高低，不仅决定了面筋数量的多少，而且二者比例与面筋品质强度有很大关系。只有这两种蛋白质共同存在，并以一定的比例相结合时，才共同赋予小麦面筋所特有的性质。由于实际当中，小麦品种间麦醇溶蛋白和麦谷蛋白在面筋中所含的比例差异很大，形成面筋强度不同，所以小麦粉品质也存在很大的差异性。评定面筋质量和工艺性能的指标有延伸性、可塑性、弹性、韧性和比延伸性。

（二）小麦籽粒软硬对面筋特性的影响

小麦粉的研磨过程包括一系列破碎过程、筛分过程和中间物质的减少过程，小麦粉颗粒达到一定细度才称为小麦粉。小麦粉粒度分布与小麦品质和研磨方法有关系。硬麦胚乳细胞淀粉与蛋白质基质之间结合紧密，软麦淀粉和蛋白质基质间结合比较疏松，使得软质小麦粉颗粒不规则，有较多小颗粒存在；而硬质小麦粉形成形状较规则、颗粒较大的粗粉。

对于硬麦粉而言，不同粒度的小麦粉蛋白质含量与小麦粉粒度呈现显著的负相关性，随着小麦粉粒度的减小蛋白质含量呈现增加的趋势；对于中硬粉来说，不同粒度的小麦粉蛋白质含量随小麦粉粒度的减小呈现减小的趋势，但是相关性不显著；而对于软麦粉来说，不同粒度的小麦粉蛋白质含量与小麦粉粒度呈现显著的正相关性，即当小麦粉粒度减少，小麦粉中的蛋白质含量也随之变小。

不同粒度的硬麦粉、中硬粉和软麦粉，随着物料越细湿面筋含量总体趋势是下降的，主要是在加工过程中蛋白质被研磨过细，造成一定程度的流失，使面筋含量降低。粒度范围在10××/12××［10××（CB42）是指筛孔宽是137μm，12××（CB50）是指筛孔宽是108μm］的中硬粉湿面筋含量相对高些，主要是在这个粒度范围内的小麦粉面筋络合程度相对较好。

（三）不同粉路小麦粉面筋特性

小麦籽粒主要由果（种）皮、糊粉层、胚乳和胚等部位组成。通过收集制粉工序不同节点的小麦粉（即粉路粉），可获得表示籽粒不同部位的组分。小麦籽粒，由内向外，蛋白质含量逐渐增大，面筋含量先逐渐增加后降低。

制粉车间制粉系统主要分为：皮磨系统、心磨系统、清粉系统、尾磨系统和渣磨系统。在皮磨和心磨系统中，前路粉的湿面筋含量低于后路粉。皮磨系统的湿面筋含量高于心磨系统。重筛系统中，后路粉的湿面筋含量高于前路粉。皮磨和渣磨的湿面筋含量介于心磨和皮磨之间。皮磨系统和心磨系统的面筋质量后路粉高于前路粉；重筛系统有不规则波动，但整体上后路粉的面筋质量高于前路粉；尾磨和渣磨的面筋质量都是前路粉高于后路粉。心磨系统的面筋质量低于皮磨系统，心磨系统与后路重筛粉的面筋质量相当，高于前路重筛粉。

一般来说，不同筋力小麦粉皮磨粉湿面筋含量随出粉点后移逐渐升高，皮磨粉最后出粉点湿面筋含量最高，心磨粉湿面筋含量随出粉点后移逐渐减小。各粉路小麦粉湿面筋含量变化的趋势是：在各粉路小麦粉中，皮磨粉高于心磨粉，前路皮磨粉低于后路皮磨粉，前路心磨粉低于后路皮磨粉，前路心磨粉高于后路心磨粉。面筋的质量分布为：后路皮磨系统优于前路心磨系统，前路心磨系统优于前路皮磨系统，前路皮磨系统优于后路心磨系统。这是由于小麦中的蛋白质主要集中在胚乳和糊粉层里，胚乳由外向内，面筋数量逐渐减少，但面筋质量逐渐变好。

（四）小麦粉熟化对面筋特性的影响

制好后的小麦粉储藏初期 0~40d，干、湿面筋含量先增加随后减小，新磨制小麦粉的面筋含量较低，是由于新磨制小麦粉的部分游离巯基未被氧化为二硫键，而二硫键是高分子麦谷蛋白和麦醇溶蛋白形成的桥梁，随着熟化时间的延长，小麦粉中的游离巯基与空气中的氧气作用，形成二硫键，蛋白质聚合，面筋网络结构更加紧密，此时干湿面筋含量增大，达到最大之后继续熟化，则会造成面筋含量降低。干、湿面筋含量在 40d 左右达到最大。硬质小麦粉的干湿面筋含量较高，前路粉的面筋含量普遍高于后路粉，后路粉的面筋含量及质量均很差，中质麦的中路粉的面筋含量较高。熟化初期前后路粉面筋含量变化趋势一致，50d 之后增减的趋势不一致，差异性较为显著。

一般用面筋指数来反映面筋内在质量的好坏，面筋指数为留存筛网上的湿面筋含量与总湿面筋含量的百分比，面筋指数越大，面筋弹性越强；反之，面筋指数越小，面筋流散性越强。新磨制的小麦粉的面筋指数较低，随熟化时间的延长，面筋指数增大，说明熟化过程中，面筋蛋白的内在质量在不断提高。硬质麦的面筋指数高于中质麦，前路粉普遍高于后路粉，后路粉主要来自后路心磨和尾磨，面筋质量较差，但熟化期间前后路粉变化趋势是一样的，均是呈增大趋势，说明小麦粉种类对面筋指数的熟化特性的差异性不大。面筋指数增大是由小麦粉后熟造成的，熟化期间二硫键的形成有利于面筋蛋白聚合。

（五）戊聚糖对面筋特性的影响

虽然小麦粉中仅含 2%~3%的戊聚糖，其中 25%为水溶性戊聚糖，75%为水不溶性戊聚糖，但其对面团面筋特性有较大影响。并且，面筋生产厂家多采用高出粉率的小麦粉生产面筋以降低成本。小麦出粉率越高，其戊聚糖含量则越高。小麦水不溶性戊聚糖不仅降低面筋产率，而且影响面筋成分及品质。戊聚糖以间接和直接的方式影响面筋形成。间接方式影响面筋形成是通过戊聚糖与面筋蛋白质竞争吸水，而改变了面筋形成条件，可通过延长和面时间及增加和面加水量来克服其对面筋产率的负作用，但不能完全消除其负作用。直接方式影响面筋形成则是通过戊聚糖与面筋蛋白质的交互作用从而影响面筋品质。添加木聚糖酶可释放水分及降解戊聚糖来增加面筋产率，改善面筋品质。与小麦水不溶性戊聚糖相同，添加小麦水溶性戊聚糖也导致面筋产率及延伸性降低，但抗延伸阻力增加。采用木聚糖酶对小麦水溶性戊聚糖变性并不能消除其对面筋产率及品质的负作用，但添加游离阿魏酸可以。除此之外，添加变性及未变性小麦水溶性戊聚糖及游离阿魏酸较单独添加变性及未变性戊聚糖面筋产率提高、延伸性增大。

二、外界添加物

不同外界添加物对面筋性质会有较大影响。例如，感胶离子序列盐、NaCl、蔗糖、牛乳、大豆磷脂、碱性盐等。

感胶离子序列盐包括 NaF、NaCl、NaBr、$NaClO_4$、NaI、NaSCN 等，用这些盐类洗制面筋时，盐对湿面筋含量及面筋在去离子水中的溶解度均会产生影响。其中，当各感胶离子序列盐浓度在 0.05～0.20mol/L 时，其制备的面筋溶解度随盐浓度的增大而增加，且大部分盐在浓度为 0.20mol/L 时，洗制面筋的溶解度最大。感胶离子序（Lyotropic Series）又称霍夫曼序列（Hofmeister Series），是用以描述离子促进胶体粒子如蛋白质等的溶解能力。将离子提高胶体粒子溶解度的能力由低到高，即由离液序列低到高进行排序，所得到的序列即为感胶离子序。小麦面筋蛋白的提取程度因不同无机盐存在而变化很大，阳、阴离子均可服从霍夫曼的感胶离子序列，而阴离子的作用更为显著，其阴离子序列主要是 F^-、Cl^-、Br^-、I^-、SCN^-。一般认为前两种为低离子序列阴离子，又称盐析离子；后几种为高离子序列阴离子又称盐溶离子。

向小麦粉中添加 NaCl，湿面筋含量减少，但随着 NaCl 添加量的增大，面筋的筋力不断增加，添加 1.5% NaCl 时面筋筋力最强，2% NaCl 阻止面筋蛋白的水化作用，面筋筋力下降，加工性能降低，所以添加少量的 NaCl 能提高面筋的筋力。在小麦粉中添加一些蔗糖，对于面筋的硬度影响不大，但却较大幅度降低面筋的黏弹性，弱化面筋的力学特性。在小麦粉中添加一定量的牛乳，可以提高面筋（尤其是低筋粉面筋）的硬度，同时，有助于提高面筋的黏性和弹性。在小麦粉中添加大豆磷脂会增大面筋吸水率，在添加 0.4%的大豆磷脂时，面筋的筋力最大，之后变化不大，因此，在一定范围内，添加大豆磷脂能提高面筋的筋力。向小麦粉中添加碱性盐会使其湿面筋和干面筋含量减少但面筋指数增加，碱性盐中 Na_2CO_3/K_2CO_3 的比例变化对小麦粉的湿面筋、干面筋含及面筋指数影响不显著。

三、和面工艺

面筋在面团的形成中起着重要的作用，和面工艺条件对面筋性质也有重要影响。在和面过程加水量少，面团形成的湿面筋质地较硬，弹性和拉伸距离也比较小，随着加水量的增加，面团形成的湿面筋硬度逐渐减小，拉伸距离逐渐增大，弹性刚开始逐渐增大，在加水量为 40%时，面团形成的湿面筋弹性最大，随后略有降低。加水量少，小麦粉不能完全水化，面筋性蛋白质不能充分吸水润胀，形成的面筋硬度大，弹性和拉伸性都不好，增大加水量，小麦粉的水化程度越来越大，面团形成的面筋越来越软，弹性和拉伸性也越来越好。

在和面过程中，随着搅拌时间的延长，面团形成的湿面筋硬度、弹性和拉伸距离都是先增大后减小，在搅拌时间为 3min 时，湿面筋的三个性质均达到最大值。在搅拌初期，水分并没有完全浸透到小麦粉中，水化作用不完全，面团中的面筋结合只进行了一部分，此时面团的面筋未达到良好的硬度、弹性和拉伸距离；接着搅拌，小麦粉完成水化作用，面团中的面筋得到充分扩展，具有良好弹性的伸展性；不予停止，继续搅拌，面团的面筋超过了搅拌的耐度，开始断裂，此时面团形成的湿面筋硬度、弹性和拉伸距离均变差。

在和面过程中，随着加水温度的增大，面团形成湿面筋的硬度逐渐减小，弹性和拉伸距离先增大后减小，在加水温度40℃时，面筋的弹性和拉伸距离最大。加水温度影响小麦粉中蛋白质的吸水率，温度越低，吸水率越大，温度越高，吸水率越小，因此面团湿面筋的硬度随着温度的增加而减小。温度过低，面团中面筋的扩展不易进行，此时的面筋弹性和拉伸性较弱；小麦粉中的面筋性蛋白质吸水润胀作用随着温度的上升而增大，当加水温度增加到40℃时，面团温度在30℃左右，是面筋性蛋白质吸水润胀的最适温度，所以此时面团的面筋弹性和拉伸性最大；温度继续升高，面筋性蛋白质的吸水润胀度下降，因此面团的面筋弹性和拉伸性又减弱。

在和面过程中，加水方式对于面团形成的面筋性质也有影响，一次加水制得面团的湿面筋硬度、弹性和拉伸距离较大，在不同时间段分多次加水制得面团的湿面筋硬度、弹性和拉伸距离相对一次加水面团的湿面筋性质来说较弱，因为多次加水制得的面团水化不完全，尤其是搅拌临近结束时再加水制得的面团的湿面筋弹性和拉伸性更弱，主要是因为由于面团表面有刚开始形成的面筋膜的保护，而搅拌时间不够，水分很难再浸透面团，导致面筋性蛋白质不能够充分吸水润胀，性质变差。

加水类型对于面团形成湿面筋也有影响，加去离子水制得的面团形成的湿面筋很软，弹性较小，拉伸距离较大；加山泉水可以增大面团形成湿面筋的硬度和弹性，减小湿面筋的拉伸距离；加自来水制得的面团形成的湿面筋性质较差，面筋硬化，弹性和拉伸性也较差；加盐水可以使面筋质地变密，硬化面筋，增强面筋的立体网状结构，使面筋产生相互依附作用，从而改善面筋的性质，硬度、弹性和拉伸性均有很大程度的提高，低筋粉在制备面团时，可根据需要向里面加入食盐以提高面筋性质；加酸水会使面筋弹性增大，但是质地较软，失去韧性，拉伸性变差；加碱水会促使面筋的氧化，增大面筋的弹性，但是会使面筋失去相对滑动的柔软性质，造成拉伸性变差。

总之，加水量、搅拌时间对面团形成湿面筋的性质影响最大，加水温度、加水类型影响次之，分次加水影响最小。面团的水化作用对面团形成的湿面筋含量及性质均有影响，通常水化越完全，面团形成的湿面筋含量越大、性质越好，另外，湿面筋有其最大润胀温度和最适形成 pH，偏离了其范围，也会对面团形成湿面筋的含量及性质产生影响。

在和面过程中，面团的可洗出湿面筋含量呈现先快速增大，到达最大值后缓慢减小的规律。在前 8min 内，面团可洗出湿面筋含量随着和面的进行显著增大，8min 左右时湿面筋含量最大，10~14min 湿面筋含量有所下降，但是没有显著性差异，16~20min 数据无显著性变化，20min 后面筋含量又开始显著性的降低；面筋质量的变化规律与可洗出湿面筋含量相似，前 6min 面筋质量显著性的增大并达到最大值，随后面筋质量开始下降，8~10min 无显著性差异，12~18min 又显著性下降，但在这个阶段内无显著性变化，20~40min 面筋质量也无显著性差异，随着和面继续，面筋质量继续下降。

在面团形成过程中，面筋的溶解度、乳化性和起泡性的变化趋势相同，都是逐渐减少并在面团形成时间点达到最小值，然后逐渐增加。面筋的泡沫稳定性的变化趋势和起泡性的变化趋势呈现负相关的关系。由此可以看出面团中面筋的功能性质的变化是随着面团逐渐形成稳定而变化，其变化趋势与面团品质有着密切关系。

四、面团熟化（面筋熟化）

在面团熟化过程中面筋特性也会发生一定变化，当在相对湿度为70%，温度为30℃条件下熟化时，高筋粉、中筋粉、低筋粉三种原料粉的干面筋含量和面筋指数，随着熟化时间的延长，其含量变化趋势是先增大后趋于平稳；而湿面筋含量，随着熟化时间的延长，其含量呈现先增大后减少最后趋于平稳的趋势。这种变化趋势反映了在面团熟化过程中，蛋白的空间结构发生了一定的变化，由于制面过程中的熟化是为了使水分最大限度地接触蛋白质胶体粒子，通过氢键作用，使其充分水化，同时由于空气中氧的作用，蛋白质结构中的巯基被氧化成二硫键，使蛋白质结构相互粘连，相对分子质量增大，进一步形成面筋网络结构，所以可以推测在熟化的过程中，原料粉中面筋含量与面筋指数会随蛋白质胶体粒子的润胀过程，呈现增大的趋势。但随着熟化时间的延长，巯基大部分被氧化成二硫键，面筋结构已经趋于完善，面筋含量没有太大的变化，所以趋于平稳。一般在15~40min为最佳熟化时间，面筋指数最大，面筋质量最好。

第五节 面筋的应用

面筋功能特性的多样化决定了面筋具有广泛的应用。下面就面筋的应用进行总结。

一、面筋类食品制作

（一）速食面筋

小麦面筋蛋白可以被制成方便快捷的速食食品，以谷朊粉为主要原料，配以变性淀粉、食盐、五香粉等辅料，在一定量酵母的发酵作用下醒发一定时间后，蒸熟、切成约13cm的小正方块，并干燥制成水分含量在8%左右的速食面筋。为了使速食面筋使其符合大众口味，成为速食食品中物美价廉的主食食品，有研究对其进行口味探索并进行感官评定，发现在速食面筋的制作过程中，影响速食面筋感官品质和质构因素的大小顺序为：酵母添加量、发酵温度和变性淀粉添加量、发酵时间。在单因素试验中，当酵母添加量为谷朊粉质量的1.50%，变性淀粉添加量为谷朊粉质量的2.25%，发酵温度35℃，发酵时间120min时，速食面筋的感官品质和质构最佳。在正交试验中，当酵母添加量为谷朊粉质量的1.4%，变性淀粉添加量为谷朊粉质量的2%，发酵温度33℃，发酵时间

140min 时，速食面筋的感官品质最佳。当酵母添加量为谷朊粉质量的 1. 50%，变性淀粉添加量为谷朊粉质量的 2. 25%，发酵温度 35℃，发酵时间为 120min 时，速食面筋的质构最佳。

（二）油面筋

油面筋是用小麦蛋白经植物油余制而成，外表金黄，内部呈网状结构，可以单独烧制成菜，也可以和其他菜搭配。油面筋具有油而不腻、口感滑爽、蛋白质含量高的特点，因而广受喜爱。但其体积大、重量轻，和空气的接触面积特别大，油脂含量高达 40%~60%，故非常容易氧化变质，保存期很短。油面筋的制作是将洗出的面筋剪成 150g 左右的小薄片，摊晾在竹匾上，沥水约 1h 后，用浸水后拧干的毛巾在摊晾的面筋上逐一反复按压，使面筋内的水分被毛巾吸收。待面筋不黏手时，即可备用。经过上述三道工序，每 50kg 的湿面筋能取得清水湿面筋约 30kg。一般 1kg 清水湿面筋加 300g 小麦粉拌和。先把面筋剪成 100~200g 重的小块，放入小麦粉中用力拌和，待小麦粉全部均匀地拌和在面筋内后，再把面筋块拉长，轮换抓住面筋块一头，用力在石制台板上用劲摔，直至面筋内不见小麦粉并有光亮感。然后，为了使面筋不黏手，可先把面筋浸在水里，然后把面筋揪成球状小块，每 100g 面筋揪面筋坯 25~28 只。再进行油炸，坯子油炸时，下锅的油温宜控制在 120℃，待坯子徐徐发泡，直至面筋直径达 45mm 左右时，油温应上升到 150℃，继续油炸，使面筋球皮老化，表皮变硬，泡内没有生面筋，不会嫩瘪即可。炸得过老，会出现老瘪的现象。

（三）素肠

素肠是不添加肉类的香肠，是目前比较流行的一种休闲产品。素肠种类多样，有麻辣、香辣、五香等口味以满足消费者的需求。素肠口感独特、食用方便、便于携带、膳食纤维丰富，符合当前人们追求健康、快捷和方便的食品要求。与传统肠类相比，素肠中含多种碳水化合物和纤维素，能够帮助身体更有效地分泌胰岛素，从而预防糖尿病，还可以减少人们摄入过多的饱和脂肪酸，从而减少心脏和心血管的患病几率。素肠的操作要点：①面筋醒发：把刚分离出来的湿面筋，分割成 3~5g 团块，人工揉搓，并同时加水冲洗，去净残留淀粉，把面筋团洗净揉光，毛茬向下，放在案板上醒发 15~20min，使面筋网络充分形成。醒发好的面筋团表面光滑亮泽，未经醒发的质地粗糙，不利于下一步成型。②开条卷制：将醒发好的面筋团用力揉平，切成厚 1cm 宽 3cm 的长条，用手拉紧顺一个方向将面筋条卷在竹筷子上，卷时注意边与边接缝要重合一部分，以免卷好后断开。卷成半成品有小手指一样粗细，过粗过细均不好。③预煮定型：卷好后要及时放入热水锅中，使面筋蛋白受热凝固定型，水温 80℃左右。煮到面筋连同竹筷一起上浮即可捞出，趁热将筷子抽出，面筋就成型为空心肠状，放入冷水中冷却。煮时要严格控制水温不宜过高，水面筋易煮发泡影响成型。这样制作出来的素肠为灰白色或黄白色，表面光亮，直径约 1mm，长 30~40mm，口感弹韧，有肉肠的口感。

二、食品配料及改良剂

（一）面制品中的应用

面筋中的主要成分为面筋蛋白，又称谷朊粉，主要成分为小麦浓缩蛋白，蛋白质含量较高，占总蛋白含量的80%以上。谷朊粉主要由麦醇溶蛋白和麦谷蛋白组成，钙、磷、铁等矿物质含量比较高，且氨基酸的组成齐全，是营养价值丰富、经济的植物性蛋白源。谷朊粉添加在小麦粉中，与水结合后可形成网络结构，具有较好的黏弹性、延展性，凝胶性及乳化性等。小麦粉中添加谷朊粉能显著改善面团的稳定时间、评价值、拉伸阻力等指标，即显著提高小麦粉的筋力和强度，具有明显增强面筋的作用。谷朊粉在水中易水化而形成小面筋球，不但不能发挥其增强面筋结构的作用，还会阻碍面团中其他面筋形成强持气性结构，这样谷朊粉的作用就会大大降低。

1. 面包中的应用

面筋添加在低淀粉高蛋白的焙烤食品中，以增大轻质面包和早餐食品的体积，并提高某些焙烤食品的品质。加入的面筋有两种作用，一种是作为组织蓬松剂，另一种是浓缩蛋白源。在欧洲，用面筋来强化面包专用小麦粉，大大削减了价格较高的强筋小麦的进口量。面筋添加量对面包的影响随着面包的配方和制作方法而有变化。添加1%的小麦面筋，面包体积将增大3%~5%；面筋添加量为2%时，体积会增大25%；添加量为3%时，4d后的面包比不加面筋3d后的面包还要柔软。

2. 面条中的应用

由于谷朊粉是从天然小麦粉中提取出的蛋白质，其作用主要是为提升面条筋力，同时谷朊粉的添加稀释了体系中淀粉的相对含量，从而导致黏度降低。谷朊粉添加量在2%以下时，稳定时间随谷朊粉添加量增加而逐渐升高。添加了2%~6%的谷朊粉后面筋蛋白结构变得致密，并且面筋网络更加清晰，面条的最大拉伸强度和延伸性都在增强。谷朊粉含量与面条的硬度呈正相关，这可能是由于面筋蛋白含量提升，面筋网络结构更为均一。所以，谷朊粉适量的添加有利于提升面团的耐搅拌程度，提升面条的弹性和内聚性，从而使得感官品质明显提升，但是过量的添加会导致品质的下降。

3. 冷冻面团中的应用

面团在冷冻贮存时，由于面筋的网状结构会受到破坏，所以在解冻后烘焙时，其保气能力下降，造成面包等产品品质发生劣变。向硬红冬麦小麦粉中添加不同比例的活性面筋做试验，比较其冷冻及解冻的稳定性和烘焙效果。通过面包体积、内部气孔结构、发酵时间等指标进行整体性评价，结果证明：添加2%活性面筋的冷冻面团经多达7次冷冻解冻处理后仍具有最佳的稳定性。添加更多的活性面筋，虽可增加面包的体积，但其面包在出炉后会有内凹现象，其气孔较粗大。而且在面团搅拌时，易裹入空气造成产品有较大的孔洞。在比较添加快速干燥面筋、冷冻干燥面筋以及新鲜面筋对冷冻面团的稳定性试验后发现快速干燥面筋的性能最佳。

4. 馒头中的应用

小麦粉中的面筋，具有黏、弹性的特点，是小麦粉中蛋白质存在的一种特殊形式。曾经人们认为面筋含量越高，小麦粉品质越优良；而实际上在评价小麦粉品质时，面筋的含量与质量同等重要，小麦面筋具有的活性，呈胶体状，具有很强的黏弹性、成团性、成膜性和形成立体网络的能力。面筋独特的黏弹性可提高面团的强度、形成时间和操作性能；其成膜能力可以保留气体，并控制过度膨胀，达到提高面团体积、均匀性和组织结构改善的目的；其凝固性有助提高必要的结构硬度和耐咬性；其吸水性能则提高了烘烤产品产量、柔软度，使食品的货架期延长。

馒头是我国的传统食品，用于制作馒头的小麦粉占小麦粉总产量的40%左右。湿面筋含量和面筋指数对馒头的品质影响巨大，是两个重要的小麦品质指标。在实际生产过程中，并不要求用面筋含量高的小麦粉生产馒头，用一定含量的小麦粉生产即可，面筋含量过高，所需成本过大，与人们消费水平不适应。面筋的添加量与馒头的重量和体积呈显著正相关，馒头的直径和高呈显著负相关，馒头的比容与体积和直径呈极显著正相关。研究得出，添加2g全面筋的总分评分最高，而全面筋所占比例为4%时，馒头的感官评价评分最高。

（二）制作复合肠衣膜中的应用

面筋的某些特殊性能，可以用来制取加工肉制品的薄膜包衣及具有各种特殊性能（如高吸水率）的化学改性剂等。胶原蛋白肠衣膜是可食性蛋白膜的一种。目前可食性蛋白膜主要分为动物蛋白膜和植物蛋白膜两大类。研究较多的植物蛋白膜包括：大豆分离蛋白膜和小麦面筋蛋白膜；小麦面筋蛋白膜的原料是小麦淀粉加工的副产物，副产物的主要成分是麦醇溶蛋白和麦谷蛋白，能够与水结合形成网状三维立体结构的薄膜，具有韧性较强、阻氧、阻油性好及热封性好的特点。但是和合成材料相比小麦蛋白膜的机械性能和阻湿性较差，是限制小麦面筋蛋白膜在食品包装领域应用的关键因素。有研究表明，在乙醇溶解度10%，pH 10.0时，小麦面筋蛋白/胶原蛋白质量比为1∶4，甘油质量分数32.5%，处理温度40℃的条件下制得的小麦面筋蛋白/胶原蛋白复合肠衣膜的抗拉强度和断裂伸长率分别可达到（19.56±0.53）MPa和（20.18±0.49）%。该小麦面筋蛋白/胶原蛋白复合肠衣膜具有一定的拉伸强度，基本达到了胶原蛋白肠衣应用的要求，具有一定的应用价值。

（三）灌肠制品中的应用

目前，越来越多的肉食品企业利用小麦面筋粉的吸脂乳化性和黏弹延伸性的特点，将其作为黏接剂和填充剂提高灌肠食品的质量和风味。小麦面筋由于其独特的黏合性、薄膜成型性和热固性，有助于将肉馅黏合在一起，以减少加工损耗和蒸煮损失。小麦面筋具有胶样的结合性质，可与肉馅结合，产生膜状或组织样的连接物质，这类物质类似肉的结缔组织，因此小麦面筋在结合碎肉时，碎肉的裂缝几乎看不出，而且就像蒸煮猪肉自身的颜色。由于小麦面筋由天然小麦加工制成，所以带有清淡醇香味或略带谷物味，这些自然风味都颇受人们喜爱。因此将小麦面筋以一定量添加到灌肠制品中时，不会产生某些人工添加剂的异味，同时还能赋予灌肠制品新的风味，增加新的香肠品种。另外，小麦面筋作为一种天然的食品添加剂，其低脂低糖的营养特性非常符合当前天然健康的营养膳食要求；同时钙、磷、铁含量很高，其中钙的含量远大于鸡蛋、牛肉等食品。因此用它来作为营养改良剂生产灌肠制品，可使香肠制品从营养型向保健型转轨，不但能实现我国传统畜肉制品的创新，而且突出了动植物复合型食品的特点，有助于维持人体体液的酸碱平衡，降低人体的血脂胆固醇和增加钙、磷、铁的吸收。

（四）非食品工业中的应用

1. 饲料工业

高蛋白含量的谷朊粉可作为动物及宠物的饲料。谷朊粉的黏弹性将小球状或粒状饲料黏结起来，其具有的水不溶性，可防止小球溃散，而黏弹性提供柔软而黏着质地组织，使其呈有一定界面张力，悬浮于水中，利于吞食，且具有较高营养价值。只要将谷朊粉与其他食物性蛋白按各种比例混合，并根据动物饲料特性及其所缺必需成分进行合理搭配就能制成各种动物专用饲料。其中罐装饲料和流质饲料主要利用面筋吸水性、吸脂乳化性，同时可提高产量及质量；用于狗食饼干，可提高成品在包装、运输中的耐破碎性。另外，高档谷朊粉具有“清淡醇味”或“略带谷物口味”，当它与其他成分混合制成饲料后，色香味皆全，特别适合于各种宠物口味，大大提高饲料利用性。并且，研究发现用小麦面筋作为主要蛋白源的猪（20kg 重）比用脱脂乳粉作为主要蛋白源的猪平均日增重提高了 17%。

2. 化工工业

小麦面筋具有来源广、可降解、易再生、低成本等优点，可应用于化工工业，替代不能被生物降解、给环境增加负担的石油裂解材料。在小麦面筋蛋白结构中引入某些可塑性有机分子，可制造生物降解的功能塑料。小麦面筋蛋白乙醇溶液中加入增塑剂，可以制造可食性仿造膜。通过引入酚甲醛和脲甲醛等热固性胶黏剂来增加小麦面筋蛋白的耐水性，可以制成具有较佳水分散性的胶黏剂。小麦面筋蛋白因其良好的黏结性、流动性和流平性可用在合成树脂乳液内墙涂料中成为非常有用的涂层材料。水解的谷朊蛋白因其表面活性剂的功能，还可以用于化妆品配方中。

小麦面筋还可用溶剂法和热压法制成薄膜和其他生物质塑料，且热压法制成的薄膜性能优于溶剂法制得的薄膜。高温会促进分子间共价键结合，并提高强度和弹性模量。在 20℃、75%相对湿度环境中测试热塑材料的强度是 2.0~3.5MPa，伸长率是 125%~200%。醛（戊二醛和蚁酸）类交联剂可以改进热塑材料的拉伸性能，但同时降低了伸长率和弹性模量等。

三、改性面筋产品

面筋溶解度较小的缺点限制了其在实际生产中的应用，因此为了弥补溶解度低这一缺陷，改善其功能性质，需采取一定的技术手段，以扩大其在实际中的应用。目前小麦面筋的改性技术有物理改性、化学改性、生物改性等。

（一）面筋改性方法

1. 物理改性

物理改性是通过改变蛋白质的高级结构和分子间聚集方式的一种对蛋白质定向变性的手段，由浅至深的改变了蛋白质分子之间的聚集形态、蛋白质的高级结构、构象和多肽链松散度，从而改善了蛋白质的功能性质，它一般不涉及蛋白质的一级结构。主要包括蛋白质搅拌、高频电场、超声波、高压处理、热处理、挤压、高温处理、微波处理及 γ 射线照射等。物理改性具有成本低、耗时短、无毒副作用及对营养影响小等优点。机械作用产生的剪切力能够打断麦谷蛋白大分子的尺寸，降低分子颗粒粒径，从而增加蛋白质的溶解度，改善蛋白质的流变学特性。在物理方法中，超高压对蛋白质结构中的非共价键如氢键、二硫键、离子键等有一定的破坏作用。

2. 化学改性

化学改性是采用化学方法来改变蛋白质分子侧链基团、主链结构、静电荷或者疏水基团等以改善功能性质，作用方式有酸法、碱法、去酰胺改性、磷酸化改性、酰化改性、糖基化改性和烷基化改性等。化学改性常会引起蛋白质初级结构的改变，具有反应简单、应用广泛、效果显著的特点。小麦面筋蛋白可以通过酸或碱在比较温和的条件下进行改性处理，其中用碱处理会产生有毒性的赖丙氨酸，故研究较少，而酸性条件下处理小麦面筋蛋白改性效果较好，其中盐酸处理小麦面筋蛋白，其蛋白功能特性令人满意。它可以通过改变蛋白质的静电荷、疏水基和其他蛋白质结构来改善蛋白的营养特性以及功能。但是使用化学改性方法的最大问题是会使产品安全性问题上升，而且化学改性后处理工序复杂，容易因处理不当而造成环境污染。

3. 生物改性

生物改性主要包括生物酶法改性和基因工程法改性两种。基因工程改性是通过蛋白质工程上游技术，改变基因来表达重组植物蛋白，从而改进蛋白质的功能特性。但是由于基因工程技术的周期长、见效慢，因而未得到很大发展。生物酶法改性主要有两种方式：其中一种是利用酶有限度地水解肽键和（或）酰胺键；另一种则是利用酶温和并专一地进行分子间共价交联，常用的酶有胰酶、碱性蛋白酶、中性蛋白酶、胃蛋白酶、木瓜蛋白酶、真菌蛋白酶和谷氨酰胺转氨酶等。酶改性不会导致营养方面的损失，也不会产生毒理上的问题，且由于效果显著、条件温和、能耗低等优点而受到普遍重视和广泛应用。酶法改性可使小麦面筋蛋白结构较大幅度重排，使一些原来包埋在蛋白质分子内部的疏水区外露在溶剂中，同时还可生成不同相对分子质量的肽段，使蛋白质酶解产物的水溶性结构性质及生物活性等功能显著改善。但是由于疏水性氨基酸暴露，酶法改性可能会产生苦味的水解产物，而且反应条件苛刻。

然而有些时候，单一的改性技术往往很难达到改性目的。复合改性即同时利用上述方法中的两种或两种以上方法对面筋蛋白进行改性的方法。利用乙酸酐和三聚磷酸钠进行复合改性的研究表明，乙酰化和磷酸化具有协同增效作用，同时作用可明显改善面筋蛋白的功能性质。

（二）改性面筋的应用

1. 酸奶中的应用

酸奶中含大量的活性乳酸菌，具有良好的口感风味和缓解乳糖不耐症、改善肠道功能、抗肿瘤、抗氧化等多种生理功能，是乳业发展中的重点和热点。但是，蛋白质在其等电点处溶解度最小，乳化性能基本消失，大豆蛋白、酪蛋白、乳清蛋白等在其等电点附近不是有效的乳化稳定剂，因此，对于酸性食品体系，蛋白质作为乳化剂在食品中的应用受到一定的限制。而经过改性后得到可溶性的小麦面筋蛋白，最适 pH 是酸性，同时，小麦面筋蛋白还具有良好的营养价值，也是世界上价格处于中等偏下的食物蛋白资源，较酪蛋白、乳清蛋白和大豆分离蛋白更便宜，其价格优势为改性提高其附加值提供了潜在可能性。酸奶的制作为脱脂乳粉 100g，蔗糖 80g，稳定剂 5g，在发酵乳中按蛋白质总量 2.29%计算，添加改性小麦面筋蛋白时，替换含等量蛋白质的全脂乳粉。然后按照酸奶的生产工艺进行生产制作。酸奶发酵至 pH 4.4 时结束发酵，冷却至 18℃后分装，并置于 4℃冰箱冷藏。对发酵乳进行感官评价。通过添加小麦面筋蛋白替代乳粉增加了发酵乳基中的肽和游离氨基酸的含量，从而促进了嗜热链球菌的生长和产酸能力。但酸奶凝胶网络的形成与乳液的乳固体含量有关。添加改性小麦面筋蛋白替代乳粉，降低了乳液的乳固体含量，因此不利于其凝胶网络的形成和稳定，导致酸奶的持水力下降。另外，蛋白质种类和含量、脂肪含量是决定酸奶质构的重要物质基础。随着替代量的增加，黏性下降。而黏性在感官上主要体现为酸奶的稠厚感，且对保持酸奶稳定性具有重要作用，因而，添加少量改性小麦面筋蛋白能赋予酸奶更丰厚的口感，使其质地稠厚爽滑无沙粒感，且乳香浓郁，酸甜适中。

2. 鱼油缓释体系中的应用

鱼油作为一种具有医疗功能的保健性油脂，受到越来越多研究者的关注。然而，鱼油中的不饱和脂肪酸含有多个双键，遇光、热、氧后易发生氧化还原反应。同时鱼油的水溶性和流动性较差，稳定性受到影响，容易产生异腥味，限制了其在大多数食品体系中的应用。研究发现改性面筋蛋白在鱼油蛋白颗粒形成过程中，蛋白质分子间在热聚集过程中通过分子间氢键、二硫键和疏水键作用使麦谷蛋白和麦醇溶蛋白相互和各自发生热交联，形成致密的网络结构。同时，鱼油因氢键和疏水作用力的作用，填充于蛋白质分子间所形成的网络分子结构的空隙而被包埋于其中是其作用机理。其制备方法为：用

0.042mol/L 琥珀酸脱酰胺改性小麦面筋蛋白（100g/L）制备低脱酰胺程度的改性小麦面筋蛋白。得到的溶解的小麦面筋蛋白透析过夜，离心取上清液（pH 5.03，脱酰胺程度22%～26%），后分别稀释为 16.8mg/mL，33.6mg/mL，50.4mg/mL 和 67.2mg/mL 的蛋白浓度。将鱼油溶解于乙醇中，并将此有机溶液以 1：3，2：3，3：3 和 4：3（*w/w*）的鱼油/蛋白比例和 55/45（*v/v*）水相/有机相比例滴加到搅拌的各蛋白溶液中得到内相乳液并持续搅拌 20min，搅拌中以 95/5（*v/v*）蛋白溶液/聚乙二醇比例将聚乙二醇加入到该乳液中。随后，司盘 80 以 1%（*v/v*）加入矿物油中以制备外相。其次，内相乳液以 2/3（*v/v*）内外相比例滴加入搅拌着（1000r/min）的外相中形成油相（O/W/O）双乳液。再次，得到的双乳液在 100℃充氮保护下 1300r/min 搅拌 10min，使乳液内水与乙醇完全挥发和蛋白分子发生热交联。最后，得到的鱼油蛋白微粒在真空过滤 30min 以除去微粒表面的矿物油和未被包埋的鱼油，后于 40℃真空烘箱中干燥 24h 以完全除去水分。从鱼油蛋白微粒在模拟人体胃液中释放特性和在储藏中鱼油的氧化稳定性来看，改性面筋蛋白改善了其释控特性和储存稳定性。

3. 面条中的应用

通过改性面筋蛋白对面条品质的影响试验，得出改性面筋蛋白也能明显改善面条品质。它作为面条本身固有成分，提高面条面筋蛋白的含量，自然能提高面条的品质。有研究通过不同添加量的对比实验，得出改性面筋蛋白在面条中的最佳添加比例为 2%，制成面条的最佳规格为长 250mm、宽 2mm、厚 1mm。取上述制作好的面条，用蒸馏水以小火烹煮后，每隔 1min 取一根面条，用小刀切开横截面，观察横截面有无白心，白心刚好消失时捞出，自来水冲淋，进行感官评定打分。可得出结论，改性面筋蛋白对面条的硬度、黏附性、弹性、黏合性、咀嚼性和回复性都有明显的改善作用，能大幅度提高面条的最大剪切力、最大剪切应力和平均剪切力，促使面筋蛋白之间、面筋蛋白与小麦淀粉之间的网络连接更加紧密，最终使面条品质得到明显的提高。

4. 冰淇淋中的应用

冰淇淋体系复杂，成分多样，既是乳状液又是泡沫。冰淇淋整体骨架结构是蛋白质，加入蛋白质可以提高冰淇淋的抗热骤变性，提高冰淇淋的抗冻融性。蛋白质可以减缓冰晶的生长速度，使冰淇淋品质稳定。将脱脂乳粉、蔗糖、稳定剂在 60℃混合溶解，将单独溶解的棕榈油和乳化剂不断搅拌。卡拉胶、瓜尔豆胶和黄原胶之比为 8：85：7 配制混合稳定剂。巴氏杀菌：灭菌锅加热到 80℃，加热 15min。冷却均质：根据室温和含脂率选择在 65～70℃进行均质，一级均质压力为 16MPa，二级均质压力为 4MPa，4℃条件下老化 4h。在冰淇淋机中进行凝冻，凝冻温度为 -6～-5℃，凝冻时间为 15min。-18℃，硬化 48h 后，进行冰淇淋特性分析。从冰淇淋硬度、膨胀率、熔化率、流变学性质以及粒度分布来看，改性蛋白使冰淇淋形成大量小冰晶，减缓了融化冰淇淋流动时遇到障碍的时间，使冰淇淋融化率降低。因为改性蛋白质具有网络结构较小，蛋白质吸附脂肪的能力低，抗剪切能力低，表观黏度低的特点，随着改性蛋白质添加量的增加，冰淇淋体系的表观黏度增大，粒径分布也更为均匀，粒径大小更合理。

第四章
小麦淀粉生产原料及特性

第一节
小麦粉的特性与品质

一、小麦粉分类及质量标准

商品用小麦粉的种类很多，分类方法也很多，其分类和等级与国民生活水平、饮食消费习惯以及食品工业的要求密切相关。我国小麦粉的分类和等级主要依据小麦粉加工精度：加工精度越高，等级就越高，含麦皮量越少，灰分越低，色泽越白，相应的小麦出粉率也越低。我国现行 GB/T 1355—1986《小麦粉》中的特制一等粉、特制二等粉、标准粉以及各小麦粉加工企业生产的精度高于特制一等粉的特精粉、精制粉等都属于此类。目前，人们习惯上把此类小麦粉称为通用小麦粉或多用途小麦粉。此类小麦粉对面筋质仅有含量要求，没有质量要求，因而相同精度的小麦粉，由于加工原料的内在品质不同，其食用品质就可能存在较大的差异。

食品工业将小麦粉的最终产品质量与小麦的内在品质联系在一起。不同的面制食品对小麦粉有不同的品质需求，而在众多的品质指标中，影响最大的是小麦粉的蛋白质或面筋的含量和质量，其中质量比数量更为重要。因此，人们依据蛋白质或面筋含量和质量的不同，将小麦粉分类，一般分为三类：高筋粉、中筋粉和低筋粉，与此对应，小麦也按其蛋白质（面筋蛋白）含量高低分为强筋小麦、中筋小麦和弱筋小麦等。目前，人们习惯上将这种针对小麦粉的不同用途、不同面食品的加工性能和品质要求而专门组织生产的小麦粉称为专用小麦粉。按用途不同，专用小麦粉可分为面包类小麦粉、面条类小麦粉、馒头类小麦粉、饺子类小麦粉、饼干类小麦粉、糕点类小麦粉、煎炸类食品小麦粉、自发小麦粉、营养保健类小麦粉、冷冻食品用小麦粉、预混合小麦粉、颗粒粉等。

二、小麦粉品质评价

小麦粉的品质特性是小麦粉的理化特性、面团的物理特性及其他特性的总和。小麦粉的品质特性一般受多方面因素的影响，其中最主要的是原料小麦的品质特性，另外，原料小麦在加工过程中要受到多种因素的作用，也会影响小麦粉的品质。其中面团的物理特性（面团流变学特性）评价参见本章第二节，小麦粉食用品质评价参见本章第三节。本部分仅对小麦粉的理化品质评价进行论述。

（一）小麦粉色泽和加工精度

小麦粉的加工精度即小麦在制粉工艺中的去皮程度，一般加工精度越高、粉色越好、麸星越少，其直观评定通常以粉色、麸星的比较来衡量。小麦粉的色泽简称粉色，是指小麦粉颜色的深浅、明暗，它是小麦粉划定等级的基本项目。正常的小麦粉色泽为白色或乳白色。在储藏过程中，由于空气的氧化作用，小麦粉的白度将增加。我国小麦粉（73%出粉率）的白度为75%~84%。

小麦粉粉色主要取决于下列因素：一是小麦粉等级。不同等级的小麦粉，其中的麸星比例是不同的。小麦粉等级越低，麸星比例越大，粉色越差。小麦粉等级越高，麸星含量越少，小麦粉的色泽就越好。实际上，麸皮中的色素并非小麦粉本色，但却直接影响小麦粉色泽的明暗；二是胚乳本身的颜色。小麦胚乳中含有一种橘黄色素，它会转变成为商品小麦粉的淡黄色，当然，这种淡黄色不仅与叶黄素、叶黄素酯、胡萝卜素及某些天然物质的数量有关，还与这些物质被添加剂漂白程度有关；三是小麦的软、硬红白品种。通常软麦的粉色好于硬麦的粉色，白麦的粉色优于红麦的粉色；四是小麦粉的粗细度。小麦粉研磨得越细，越显现出亮色。这是由于每一粉粒产生的暗影降低了粉粒发光的效果；五是小麦加工前外来物的污染和黑穗病孢子等的存在。此外小麦粉的水分含量对小麦粉粉色也有影响。水分含量越低粉色越亮。

小麦粉粉色的测定方法有五种：干法、湿法、湿烫法、干烫法和蒸馒头法。但这些方法都有一定的局限性，主要是因为其结果容易受操作者的影响，具有一定的主观性，常造成人为误差，并且没有数量概念，对粉色差异较小的小麦粉难以分辨。利用白度仪测定小麦粉的白度是一种反映小麦粉色泽的有效方法，目前这种方法已被国内外广泛使用。相应的仪器也有很多类型。影响小麦粉白度测定结果的因素基本类似于影响小麦粉色泽的因素。当然，白度仪测得的白度值是干小麦粉对光线的反射量的量度，因此，有时也有局限性。比如，小麦粉粗细度会影响小麦粉的白度，一般小麦粉越细，白度值越高。有时小麦粉厂为了提高白度，把小麦粉研磨得很细，但是小麦制食品或湿粉样的白度值却不会增加，反而使小麦粉中破损淀粉远超过指标值，制作成的成品易芯发黏。

（二）水分

小麦粉的水分是指在105℃下烘干小麦粉，所损失的水分占试样的百分含量。小麦粉的水分的高低，主要受入磨小麦水分的影响，小麦水分高，麸片的韧性就越好，出粉率不变的条件下，小麦粉的加工精度会越高，粉色也越好，相应的小麦粉的水分也会越高，反之亦然。但过高的水分会使胚乳难以剥刮，流动性和散落性差，物料的流动和筛理困难，车间电耗增加，小麦粉重复碾磨等不足。水分过低，胚乳不易破碎，皮层易碎，筛理容易出现筛枯现象，车间电耗增加，小麦粉麸星含量严重，小麦粉质量差，灰分增加，往往是车间工艺走到后路无料或料少现象。国家标准中规定小麦粉的水分不超过14.0%，水分超过标准时，小麦粉不宜存放，很容易结块、生虫甚至霉变。

测定水分的方法有两种：105℃衡重法和130℃高温定时法。但这些方法比较费工费时，对车间生产指导意义不是很大，现在已有多种快速水分测定仪，比如近红外仪测定法，就有操作简单、数值直观、测定速度快、重复性好等特点。当然，这种仪器受原粮稳定性、小麦粉的粗细度的影响。

（三）灰分

小麦粉的灰分是各种矿物质元素的氧化物占小麦粉的百分含量。它是衡量小麦粉纯度的重要指标。一般发达国家规定小麦粉的灰分含量在0.5%以下，我国特一粉的灰分含量在0.75%以下，标准粉的灰分含量为1.2%以下，面包用粉的灰分含量为0.6%以下，面条、饺子用粉的灰分含量为0.55%以下。

小麦粉的灰分含量可以通过间接的方法来衡量，如通过粉色深浅、出粉率的高低等。准确的方法是进行灰分测定，通常是将小麦粉放在指定高温的电炉中灼烧，小麦粉燃烧后所剩下的灰烬的含量占样品量的百分比即灰分含量。常用的是550℃衡重法和850℃高温定时法。

制粉的主要目的是将麸皮、麦胚和胚乳相互分开，再将胚乳研制成粉。由于麸皮的矿物质含量约为胚乳中含量的20倍，所以灰分测定基本上反映小麦粉的纯度或麸皮、麦胚与胚乳分离的彻底性。小麦粉的灰分对面制食品的加工制作有时是有影响的，比如，用于方便面的专用粉，如果灰分过高，其耗油量就会增加，对方便面的货架期产生不利的影响，通常要求制面的小麦粉灰分含量应在0.5%以下。

（四）吸水率

小麦粉的吸水率是指调制单位重量的小麦粉成面团所需的最大加水量，以百分比表示，通常采用粉质仪来测定。它可用来评价小麦粉在面包厂或馒头厂和面时所加水的量。面制品行业最关心的是从面袋内取出的小麦粉是否做出理想质量和体积的面包或馒头。小麦粉吸水率可以提高面包、馒头的出品率，而且制品中水分增加，芯较柔软，保存时间也相应延长。小麦粉吸水率低，成品出品率也降低。这决定着面制品厂利润率的高低，因而也就自然成为面制品制造商主要关注的问题。在比较两种或多种不同小麦粉之间的吸水率时，必须将不同的小麦粉含水量统一到相同的基础上，才能进行有效的比较。对于饼干、糕点小麦粉，则要求用吸水率较低的小麦粉，这有利于饼干、糕点的烘烤。

我国小麦粉吸水率在50.2%~70.5%，平均为57%。影响小麦粉吸水率的因素有很多，主要有如下几个方面：

（1）小麦的软硬　一般硬质、玻璃质小麦磨制出的小麦粉吸水率高，粉质小麦吸水率低。硬麦粉吸水率达60%左右，而软麦粉吸水率在56%左右。

（2）小麦粉的蛋白质含量　小麦粉吸水率在很大程度上取决于小麦粉蛋白质的含量，随蛋白质含量的提高而增加。蛋白质吸水多而快，比淀粉有较高的持水能力。据报道，小麦粉蛋白质含量每增加1%，用粉质仪测得的吸水率约增加1.5%。但不同品种小麦粉的吸水率增加程度不同。即使蛋白质含量相似，吸水率也存在着差异。此外，当蛋白质含量在9%以下时，吸水率减少很少或不再减少，这是因为当蛋白质含量减到一定程度时，淀粉吸水的相对比例增加较大。

（3）小麦粉粒度　小麦粉越细，小麦粉颗粒表面积越大，吸水率越高。如果小麦粉磨得过细，淀粉损伤也可能越多。

（4）小麦粉中的淀粉破损淀粉率　破损淀粉含量越高，吸水量越高。破损淀粉颗粒使水分吸收更容易、更快。但太多的破损淀粉导致成品出现芯发黏。

（五）面筋特性

小麦粉经过加水揉制成面团后，在水中揉洗，淀粉和麸皮微粒呈悬浮状态分离出来，其他水溶性和溶于稀 NaCl 溶液的蛋白质等物质被洗去，剩留的有弹性和黏弹性的胶状物质即成为面筋，用百分比表示。面筋是小麦蛋白质存在的一种特殊形式，小麦粉之所以能加工成种类繁多的食品，就在于它具有特有的面筋。小麦蛋白质是功能性蛋白质，具有形成可夹持气体从而生产出松软烘烤食品的强韧黏合面团的功能特性，在各种谷物中，只有小麦蛋白质具有这种功能特性。面筋蛋白是小麦的贮存蛋白质，由麦谷蛋白和麦醇溶蛋白组成，它们不具有酶活性，不溶于水。这两种蛋白质之所以能形成面筋，是由于它们的共性和其他特性所决定的。面筋蛋白质是高分子亲水化合物，分子中有羰基及氨基等基团存在。蛋白质分子很大，相当于胶体颗粒大小，分子表面有亲水基团。在水中分散时，麦谷蛋白、麦醇溶蛋白的亲水基团与水分子相互作用，形成胶体水化物——湿面筋。它和一切胶体物质一样，具有特殊的黏性、弹性、延伸性等特性。小麦粉中的面筋质数量及质量是影响小麦粉蒸制食品品质的重要因素。小麦粉加水搅拌合成或成型后在醒发过程中蛋白质吸水形成面筋在二硫键作用下形成网络结构，淀粉、矿物质等成分填充在该网络结构中。面筋特性以面筋数量和质量表示。

1. 面筋含量

面筋含量测定方法有手工洗涤法、仪器洗涤法（面筋仪法）和化学测定法。

①手工洗涤法：取 10g 小麦粉，放入容器中，加 2%的食盐水 5mL 左右，混合成面团，直至不黏手为止。然后将面团泡到水中，在室温下静置 20min。将面团放入盆中轻轻揉捏，洗去面团内的淀粉、麸皮等物质。在揉洗过程中必须更换盆中清水数次，换水时需要用筛子接着免得面筋流失，反复揉洗，直至面筋挤出的水遇碘液无蓝色为止。将面筋挤压除水，直至感到面筋球表面稍微黏手时为止，进行称量，即得湿面筋质量。将湿面筋放在 100~104℃ 恒温箱中干燥 20h，使其干燥至恒重，在干燥器中冷却后称量，即得干面筋重。分别计算出湿、干面筋质量占小麦粉质量的分数，即为湿、干面筋的含量，用百分数表示。

②仪器洗涤法：即用机洗来代替手工洗涤。近年国内外已研制出面筋洗涤仪，使和面、洗涤、烘干简便化，可快速、准确地测定面筋含量。面筋含量测定应采用规范化的标准方法，从小麦制粉方法、小麦粉的含水量、和面洗涤用水（一般用 2%的食盐水）、洗涤工序、烘烤时间均应一致，才能得到可靠的结果。

③化学测定法：其原理是小麦粉中的含氮物，一部分是盐水可溶的酰胺化合物，如球蛋白、清蛋白等；另一部分是不溶于水的蛋白质即为面筋。故测定小麦粉总氮量和盐水可溶性氮量，二者之差即为面筋含氮量。此法比上述物理法测定结果要准确得多。但

是，由于操作复杂，实际应用较少。

2. 面筋质量

小麦粉工艺性能不仅与面筋的数量有关，而且与面筋的质量有关。通常人们使用筋力来描述小麦粉的工艺性能。面筋含量高、质量好的小麦粉，其工艺性能也好。小麦粉之所以具有一定的筋力，面筋蛋白质之所以能形成强韧的面团，与很多因素相关。面筋的质量主要是指面筋的弹性、韧性和延伸性。面筋的黏性、弹性和一定的流动性取决于组成面筋的主要蛋白质——麦醇溶蛋白和麦谷蛋白及残基蛋白的组成、分子形状、大小和存在状态。由于这三种蛋白以不同的比例和不同的方式相互作用，形成了面筋既具有黏弹特性，又具有延伸性和稳定性的特有性质。由于麦醇溶蛋白分子较小和具有紧密的三维结构，而使面筋具有黏性。麦谷蛋白是由于多肽链间的二硫键和许多次级键的共同作用，而使面筋具有弹性。二者结合使面筋具有膨胀型、延伸性和弹性。麦醇溶蛋白形成的面筋具有良好的延伸性，有利于面团的整形操作，但面筋筋力不足，很软弱，从而使制成品体积小、弹性较差；麦谷蛋白形成的面筋则有良好的弹性，筋力强，面筋结构牢固，但延伸性差。如果麦谷蛋白含量过多，势必造成面团弹性、韧性太强，无法膨胀，导致产品体积小，或因面团韧性和持气性太强，面团气压大而造成产品表面开裂。如果麦醇溶蛋白含量过多，则造成面团太软弱，面筋网络结构不牢固，持气性差，面团过度膨胀，导致产品出现顶部塌陷、变形等不良结果。由此可知，麦醇溶蛋白和麦谷蛋白含量的高低，不仅决定了面筋数量的多少，而且二者比例与面筋品质强度有很大关系。只有这两种蛋白质共同存在，并以一定的比例相结合时，才共同赋予小麦面筋所特有的性质。由于实际当中，小麦品种间麦醇溶蛋白和麦谷蛋白在面筋中所含的比例差异很大，形成面筋强度不同，所以小麦粉品质也存在很大的差异性。评定面筋质量和工艺性能的指标有延伸性、可塑性、弹性、韧性和比延伸性。

反映面筋质量和数量的综合指标是沉降值，国际上已将沉降值作为鉴定小麦品质的重要指标。我国的强筋粉小麦要求沉降值在 45mL 以上。国外的面包小麦品质要求 60~80mL。沉降值与面筋含量和质量关系十分密切，沉降值越高面筋含量越多。我国小麦的沉降值平均为 21~24mL。

沉降值测定原理是一定量的小麦粉在特定的条件下，于弱酸介质作用下吸水膨胀，形成絮状物并缓慢沉淀，在规定时间内的沉降体积，称为沉降值，以 mL 表示。沉降速度和体积反映了面筋含量和质量，测定值越大，表明面筋强度越大，小麦粉的烘烤品质就越好。

沉降试验中，膨胀面筋的形成数量及沉淀速度取决于面筋蛋白质水和能力和水合率。在乳酸-异丙醇溶液中面筋蛋白质的氢键、疏水键等被破坏，麦谷蛋白则以纤维状存在，使溶胀的小麦粉颗粒形成絮状物。因此，蛋白质含量越高，质量越好，形成的絮状物就越多，沉淀速度就越缓慢，一定的时间内沉淀的体积就越多。

（六）淀粉的特性

1. 淀粉糊化特性

小麦粉中淀粉粒在适当温度下在水中润胀、分裂、形成均匀状溶液的过程称为糊化。糊化作用的本质是淀粉粒中有序及无序（晶质与非晶质）态的淀粉分子间的氢键断开，分散在水中形成胶体溶液。测定淀粉糊化的仪器有糊化仪和电子黏度仪。这两种仪器用于测定小麦粉试样中淀粉的糊化性质（糊化温度、最高黏度、最低黏度和小麦粉糊回生后黏度增加值）和 α-淀粉酶活力。

淀粉糊化特性的具体方法和测定指标见第二章相关内容。

面制品的老化是由于淀粉发生物理性质变化，即由 α-淀粉回生为 β-淀粉所致。其机理是经过加热后的 α-淀粉，在逐渐冷却和储藏过程中，分子动能下降，淀粉分子的羟基与水分子间形成的氢键断开，淀粉分子间相邻的羟基产生缔结，形成氢键，挤出水分子，转移给面筋，恢复微晶状结构，硬度增加，即产生老化现象。

2. 破损淀粉特性及测定

损伤淀粉是指在小麦加工过程中，由于机械力的作用，使小麦胚乳完整的淀粉受到外形上的破坏，损伤后的淀粉粒，其物理和化学性质都发生了变化。损伤淀粉的吸水率比未损伤淀粉的吸水率增加 2.5 倍，同时，损伤淀粉易被 α-淀粉酶所分解，生成糊精和麦芽糖。利用损伤淀粉易被淀粉酶分解的特点可以测定小麦粉中损伤淀粉的含量。

常用的测定方法是酶法和非酶法。

（1）酶法（AACC 方法 76-30A） 取 1g 小麦粉试样，加入一定活性的 α-淀粉酶溶液 46mL，在 30℃水浴中保温 1h，然后加入 10%硫酸 2mL，停止酶反应。再加入 12%钨酸钠溶液，沉淀蛋白质，过滤后，取一定滤液，测定其麦芽糖含量。麦芽糖的测定采用氰化钾法，用硫代硫酸滴定，查表得到麦芽糖的含量，代入法兰德公式计算破损淀粉值。

破损淀粉值=（5×麦芽糖值-3.5）×6 法兰德单位

（2）非酶法 主要依据是破损淀粉中可溶于水的直链淀粉含量高，采用抽提法抽提可溶性直链淀粉，然后使抽提液与碘-碘化钾溶液作用生成蓝色物质，再用光学测定仪测定溶液的吸光度以推算直链淀粉的可溶解度，从而推算直链淀粉的含量。

（七）酶活力

小麦粉中的淀粉酶主要是 α-淀粉酶和 β-淀粉酶。当 α-淀粉酶和 β-淀粉酶同时对淀粉起水解作用时，α-淀粉酶从淀粉的分子内部进行水解，而 β-淀粉酶则从非还原末端开始。α-淀粉酶作用时会产生更多的末端，便于 β-淀粉酶的作用。这样两种酶同时对淀粉起作用，将会得到更好的水解效果。其最终产物主要是麦芽糖和少量葡萄糖，另外还有一部分极限糊精。正常小麦粉中含有足够的 β-淀粉酶，而 α-淀粉酶则不足，为利用 α-淀粉酶以改善面包的质量、皮色、风味、结构，增加面包体积，可在面团中加入一定数量的 α-淀粉酶制剂或加入一定数量的麦芽粉和含有淀粉酶的糖浆。

α-淀粉酶和β-淀粉酶的活力不完全一样，α-淀粉酶热稳定性要比β-淀粉酶好，在加热到70℃时仍然对淀粉起水解作用，而且在一定温度下，温度越高，水解的作用越快，在超过90℃时才会钝化。而β-淀粉酶在加热到70℃时，活力减小50%，几分钟后钝化。由于β-淀粉热稳定性较差，它只能在面团的发酵阶段起水解作用，而α-淀粉酶不仅在发酵阶段起水解作用，在面团进入蒸制或烘焙后，仍在继续进行水解作用。

α-淀粉酶和β-淀粉酶对面条专用粉来说是不利的，因为淀粉会分解淀粉，导致面团强度降低，容易造成混汤。因此要求面条专用粉淀粉酶含量低一些。

测定α-淀粉酶活力常用的方法是降落数值法，其定义是指在黏度管中小麦粉或粗粒粉与水的混合物加热得到糊化物，糊化物在α-淀粉酶作用下发生液化。使搅拌器通过该糊化物，测定其通过特定距离的时间（时间是从黏度管浸入到水浴中开始计算的）即为降落数值（Falling Number，FN），以秒计。

降落数值测定的原理是测定α-淀粉酶对淀粉糊的降解作用。小麦粉在沸水中能迅速糊化，并因其中α-淀粉酶活性不同而使糊化物中的淀粉不同程度的被液化，搅拌器在糊化物中下降速度不同。因此，随α-淀粉酶的增加，更多的淀粉被降解，淀粉糊黏度降低，搅拌器下降的速度就越快，数值就越小。

一般来说，降落数值是250s的小麦粉，其淀粉酶的活力适中，可以烘焙出优质的面包，低于200s的小麦粉，淀粉酶活力太高，做出的面包芯黏湿、内部结构差、大孔洞。高于400s的小麦粉活性太小，芯发干，体积小。

第二节
小麦粉面团的流变学性能

小麦面制食品在制作过程中，一般需在小麦粉中加入一定量的水，进行揉合使其黏聚在一起形成面团，之后再经相应的工序制作加工。不同的面制食品对面团的食品加工品质有着不同的质量要求，人们常将面团物理性能的研究归于流变学范畴。

面团在揉合过程中，以及在面团形成之后所表现出的各种物理特性，与食品加工过程中面团的滚揉、发酵及机械加工特性直接相关，能够很好地反映小麦粉的食品加工品质，特别是烘焙品质。因此，测定小麦粉面团流变学性能（揉混、延伸、发酵等），了解不同小麦和小麦粉的品质特性，对专用小麦粉生产的原料选用、小麦及小麦粉的搭配方案确定，以及小麦粉添加剂的修饰等环节都是至关重要的。常用以测定面团流变学性能的仪器有粉质仪（Farinograph）、揉混仪（Mixograph）、拉伸仪（Extensograph）、吹泡示功仪（Alveograph）等。

一、面团的形成过程

小麦粉中加水进行混合，其中的淀粉和面筋蛋白质对水分都有一定的亲和力，会将水分吸收到粒子内部，使自身润胀，这个过程称为水化作用。小麦粉中加水后，粉颗粒表面层很快吸水，随着搅拌（混合）作用，颗粒间相互摩擦，颗粒与混合机筒内表面或混合搅拌叶片存在摩擦作用，吸水表面被剥落。裸露出的颗粒表面层重新开始吸水等过程，直至所有粉颗粒充分吸水而逐渐消失。加水量不足或过多都不能形成很好的面团。加水量不足，小麦粉颗粒不能完全吸水，面筋蛋白很难形成连续的网状结构；加水量较多，面筋蛋白的作用由于水的隔离而减弱，面团弹性减小；而水分过量时会形成浓浆。只有加水量适中时，才容易形成具有黏弹性、表面光滑的面团。良好的面团用手拉伸时，可成均匀透明的薄膜状。借助扫描电子显微镜观察冷冻干燥后的最佳混合面团，看到的并非完整的小麦粉颗粒，而是一种蛋白纤维与粘附在其上面的淀粉粒的混合物。面团形成本身就是小麦粉颗粒的完全水化过程。

面团形成过程中所表现出的各种理化特性，除了与小麦粉的品质和加水量的多少有关以外，还与面团形成过程中的搅拌作用密切相关。因此，面团的搅拌（食品加工中称为面团调制或调粉）为食品生产中的一项重要工序。面团搅拌的目的如下：

（1）使各种原辅料混合均匀，形成质量均衡的面团。若在小麦粉与辅料中加水而不进行搅拌，则原辅料及水的分布很不均匀，而且与水接触的小麦粉颗粒表面吸水后形成一层坚韧的膜，水分很难向小麦粉颗粒的中心继续渗透。搅拌混合可有助于面团质量均衡，促进面团的水化作用，提高水化速率。

（2）有助于面筋网络充分形成。通过搅拌叶片对面团不断重复推揉、折叠、压伸等机械动作，使面筋得到扩展，达到最佳状态，成为既有一定弹性又有一定延伸性的面团。

（3）有助于面团中空气的掺和。面团在搅拌时，由于搅拌作用不断进行，空气也不断进入面团内。掺入的空气，特别是其中的氮（N_2）对烘焙食品很重要，因为它产生气泡，可供发酵过程中产生的气体扩散到里面去（酵母发酵产生 CO_2但不生成新的气泡）。

人们观察面包生产中的面团调制过程，发现如下变化：面团由于受到搅拌叶片转动时的扭转、折叠、推拉、拍击等动作，使最初所有不同的材料拌合在一起，成为较湿而外表不整齐的块状。随着搅拌的进行，面团变得更坚实，但此阶段中面团没有伸展性。搅拌继续进行，则渐渐有伸展倾向，但仍感胶黏。再继续搅拌，面团变得更硬、有弹性、块状消失，仍有黏性会黏附在搅拌缸上。继续搅拌数分钟后其性质渐渐变得少许松弛，越来越具伸展性，而黏性逐渐减少。随着面团的继续扩展，黏性减少而弹性增强，面团缠住搅拌叶片随之转动，来回打击着搅拌缸边及不断被挤揉。此时，缸边及缸底已没有面团黏着。数分钟后由于强力的机械作用，可使得面团很快变得非常柔软且不黏手，此时便完成搅拌的面团具有良好的弹性和伸展性。如果搅拌再继续下去，此时已形成的弹性和伸展性将因面筋的搅断而失去，又恢复黏性和流性。判断面团是否搅拌成功一般是用双手的食指和拇指小心地伸展面团，如能像不断吹胀的气球表面那样成为非常均匀且薄的膜时为好，此时用手触摸面团时可感到黏性，但不黏手，而且面团表面手指摁过的痕迹会很快消失，5min 后，面团表面会出现几个硬币大小的气泡。若搅拌过度，也有气泡产生，但通常比较小。

面团搅拌的过程可分为以下六个阶段：

（1）拾起阶段（Pick Up Stage） 这是搅拌的第一个阶段。所有配方中干性与湿性原料混合均匀后，成为一个既粗糙又潮湿的面团，用手触摸时面团较硬，无弹性和伸展性。面团呈泥状，容易撕下，说明水化作用只进行了一部分，而面筋的结合尚未形成。

（2）卷起阶段（Clean Up Stage） 此时面团中的面筋已经开始形成，面团中的水分已全部被小麦粉均匀吸收。由于面筋网络的形成，将整个面团结合在一起，并产生强大的筋力。面团成为一体附在搅拌叶片的四周随之转动，搅拌缸上黏附的面团也被粘干净。此阶段的面团表面很湿，用手触摸时，仍会黏手，用手拉取面团时，无良好的伸展性，易致断裂，而面团性质仍硬，缺少弹性，此时水化已经完成，但是面筋结合只进行了一部分。

（3）面筋扩展、结合阶段（Development Stage） 面团表面已逐渐干燥，变得较为光滑，且有光泽，用手触摸时面团已具有弹性并较柔软，但用手拉取面团时，虽具有伸展性，但仍易断裂。这时面团的抗张力（弹性）并未到最大值，面筋的结合已达一定程度，再搅拌，弹性渐减，伸展性加大。

（4）完成阶段（Final Stage） 随着不断搅拌，水分大量渗透到蛋白质胶粒内部和结合到面筋的网状组织内部，使面团具有良好的弹性和延伸性。面团在此阶段因面筋已达到充分扩展，变得柔软而具有良好的伸展性，搅拌叶片在带动面团转动时，会不时发出噼啪的打击声和嘶嘶的粘缸声。此时面团的表面干燥而有光泽，细腻整洁而无粗糙感。用手拉取面团时，感到面团变得非常柔软，有良好的伸展性和弹性。此阶段为搅拌的最佳程度。

（5）搅拌过度（Let Down Stage or Over Mixing） 如果面团搅拌至完成阶段后，不予停止，而继续搅拌，面团表面就会出现游离水浸湿现象，再度呈现含水的光泽，使面团又恢复黏性状态，并开始黏附在缸的边沿，不再随搅拌叶片的转动而剥离。停止搅拌时，面团向缸的四周流动，失去了良好的弹性，同时面团变得黏手而柔软。很明显，面筋已超过了搅拌的耐度开始断裂，面筋分子间的水分开始从接合键中漏出。面团搅拌到这个程度，对面包的品质就会有严重的影响。只有为高筋粉时，立即停止搅拌，还可补救，即在以后工序中延长发酵时间，以恢复面筋组织。

（6）面筋打断（Break Down Stage） 面筋的结合水大量漏出，面团表面变得非常的湿润和黏手，搅拌停止后，面团向缸的四周流动，搅拌叶片已无法再将面团卷起。面团用手拉取时，手掌中有一丝丝的线状透明胶质。此种面团用来洗面筋时，已无面筋洗出。

不同品质的小麦粉在面团搅拌过程中所呈现出的物料特性差异较大，面团的吸水量、水化速率、面团的耐搅拌能力、弹性和延伸性的大小等都各不相同，而不同的面制食品对上述品质参数的要求以及面团需要达到的搅拌程度也不相同。如：生产面包的面团搅拌至完成阶段时性能最佳；而生产饼干面团在调制过程中，则希望尽量不形成面筋，已形成的面筋要通过搅拌将其打断。因此，生产专用小麦粉在原料选定、配麦及配粉方案的确定时，均需对其小麦粉的面团特性进行相应检测评定。

二、面团形成过程中面筋蛋白的变化

面团形成过程中，小麦粉中的面筋蛋白在与水发生溶剂化作用的同时，还发生着胶体化学变化。面团搅拌开始阶段，麦谷蛋白首先吸水润胀，然后麦醇溶蛋白也逐渐吸水润胀，此时吸水不多，水化作用仅在蛋白质外围的亲水性基团进行，面筋尚未形成。随着搅拌的继续，水分子与蛋白胶体各个链的所有极性基团发生水化作用，将蛋白质胶体表面的可溶性离子洗脱下来，使其在蛋白质胶体间处于溶解状态，水化作用由表及里将蛋白质胶体可溶性成分溶解，由此产生的内部渗透压促使大量分子进入胶体内部，直至渗透平衡。最后，面筋蛋白外部形成具有疏水区的凝聚区，内部形成亲水区，保持了渗透的大量水分。该过程可明显地感觉到面团逐渐变软，黏性减弱，体积膨大，特性增强。若搅拌过度，面团表面会出现游离水浸湿现象，面团又恢复黏性状态。

小麦粉面筋蛋白在搅拌前其分子间的连接是杂乱无章的，随着搅拌机叶片的定向搅拌，蛋白质肽链逐渐舒展开，链间的部分二硫键和次级键被打断，然后与毗邻的肽键又重新键合。其中麦谷蛋白亚基间内发生巯基和二硫基的交换反应，最后麦谷蛋白亚基通过分子间二硫基形成有序的纤维状大分子聚合体，从宏观上表现为面团逐渐具有弹性。聚合体体积越大，分子间的相对滑动越困难，弹性也越大。麦醇溶蛋白在肽链内二硫键、氢键和疏水键的作用下形成球状结构，通过共价键与麦谷蛋白穿插在网络骨架中。麦醇溶蛋白的介入减弱了麦谷蛋白亚基间的作用，从宏观上表现为面团具有滑移和黏性。蛋白质分子肽链的间二硫键与次级键的断裂和重组，形成了有序的面筋网络空间结构，从而使面团具有延伸性和弹性。

三、面团的揉和特性

小麦粉中定量加水揉制成面团过程中，面团的揉和性能的检测仪器主要有德国布拉班德（Brabender）公司的粉质仪和美国 National MFG 公司的揉混仪。

（一）粉质仪

小麦粉在粉质仪中加水揉和，随着面团的形成及衰减，其稠度不断变化，用测力计和记录器测量并自动记录面团揉和时相应稠度的阻力变化，绘制出一条特性曲线即粉质曲线。从加水量及记录下的揉和性能的粉质曲线计算小麦粉加水量，根据粉质曲线记录下的面团形成时间、稳定时间、弱化度等特性参数来评价面团的强度，进而评价测试小麦粉的品质。粉质仪不但用于研究小麦粉中面筋的发展，比较不同质量小麦粉的面筋特性，还可以了解小麦粉组分以及添加物如盐、糖、氧化剂对面团形成的影响。

1. 吸水率

吸水率是指小麦粉在粉质仪中揉和最大稠度（粉质曲线峰值）为 500FU 的面团时所

需的加水量，占14%湿基小麦粉质量的百分数（准确到0.1%）。FU为布拉班德粉质仪的阻力单位（Farinograph Unit）。如果曲线峰值偏离了500FU标线，则应校准到500FU时的加水量。

吸水率是反映小麦粉蛋白质和破损淀粉含量的重要参数，是衡量小麦粉品质的重要指标。蛋白质有很强的水合能力，可以吸收其本身质量2倍的水。有关研究表明，单一小麦品种内的吸水率与蛋白质含量呈线性关系，不同小麦品种间的线性关系相差很大。一般来讲，湿面筋含量越高，吸水率越高，高筋小麦粉吸水率在60%以上，低筋小麦粉吸水率在56%以下。破损淀粉的吸水量比未破损淀粉高2~2.5倍；正常未破损淀粉吸水量约为本身重量的1.0倍；小麦粉中破损淀粉率越高，其吸水量也越大。吸水率还与小麦粉中的纤维素、可溶性糖、戊聚糖等物质的含量有关，这些成分含量增高，其吸水量也增大。

小麦粉的吸水率还影响到面制品的品质、出品率及生产成本。小麦粉的吸水率高，相同量的情况下，可得到较高的面制品产出率，生产成本相对降低。如制作面包时，吸水率高的小麦粉，制作面包时的加水量大，不仅能提高单位重量小麦粉的面包出品率，而且能做出疏松柔软、存放时间较长的优质面包。但并非吸水率越高越好，也有吸水率高的小麦粉做出面包品质不良的情况。美国要求面包粉的吸水率为（60±2.5）%。一般来讲，小麦粉经粉质仪混合时吸水率高，其烘焙吸水率也高。但粉质吸水率与烘焙面包时的实际吸水率是两个概念，有时二者也有不一致的情况。

2. 形成时间

形成时间（Development Time，DT）是指开始加水直到面团稠度（阻力）达到最大时所需揉混的时间，准确到0.5min。但最大稠度稳定时，面团的形成时间为从开始加水到稠度开始减小时所需的时间。也有把这两个时间分开定义，把初达到最大稠度的时间称为峰值时间（Peak Time，PT）。此时的面团外观显得粗糙，面团的流动性最小。面团形成时间如图4-1（1）、4-1（2）所示。

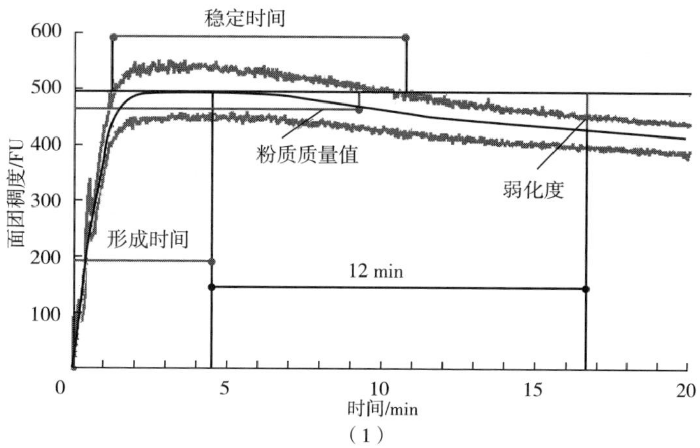

（1）

图4-1

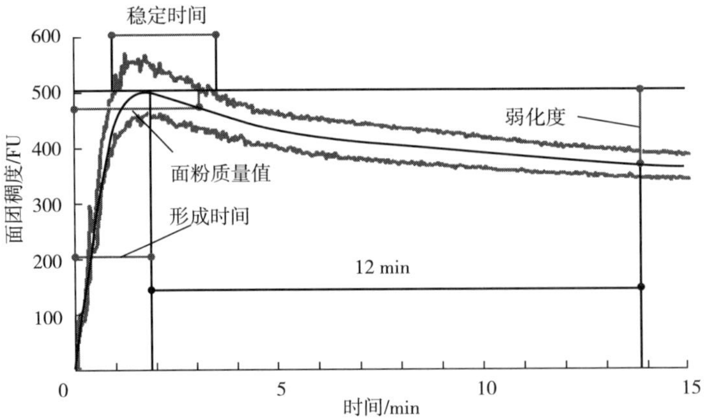

（2）

图 4-1　面团形成时间

（1）高筋粉的粉质曲线　（2）低筋粉的粉质曲线

面团的形成时间反映面团的弹性。面筋含量多且筋力强的小麦粉，和面时面团形成时间较长，反之形成时间较短。一般软麦粉面团的弹性差，形成时间短，在 1～4min，不适宜做面包。硬麦粉面团弹性强，形成时间在 4min 以上。不同食品对面团形成时间的要求差异很大，饼干、糕点分为 1～2min，馒头 2. 5min，面条 4min，美国面包粉的形成时间要求为（7. 5±1. 5）min。我国小麦的粉质曲线形成时间在 1～20min 变化，平均为 3min。

3. 稳定时间

稳定时间（Stable Time，ST）是指粉质曲线首次达到 500FU 和离开 500FU 线所需的时间差值，准确到 0. 5min。通常又称稳定性（Stability）。

稳定时间是衡量小麦粉“内在”品质的重要指标，稳定时间的长短反映面团的耐揉性和强度。稳定时间越长，表明面团的筋力越强，面筋网络越牢固，搅拌耐力越好，面团操作性能好。在此段时间内搅拌，面团面筋不断结合扩展，使面团成为薄的层状结构，随着搅拌壁的运动而流动，此时膜的伸展性和面团的弹性最适合做面包。另外在发酵过程中，面团具有很好的持气性，制成的面包体积大。但稳定时间过长，会因面筋筋力过强而导致面团弹性及韧性过强，发酵膨胀困难，面包体积小，甚至面包表面开裂。相反，小麦粉的稳定时间太短，面筋筋力过弱，持气性差，面包会塌陷、变形。美国面包粉的稳定时间要求为 10. 5～13. 5min。高筋小麦粉理想的稳定时间应在 10min 以上，低筋小麦粉的稳定时间要求在 1. 5～2. 5min。稳定时间较长的小麦粉不适宜加工糕点、饼干类食品，可利用半胱氨酸等还原剂（减筋剂）降解到适度的筋力。

有研究认为稳定时间和形成时间具有互补性。稳定时间短则形成时间长，稳定时间长则形成时间短。稳定时间长、形成时间长，稳定时间较长、形成时间较长的品种都可以直接用来烤制面包。

此外，曲线的宽度也反映面团或其中面筋的弹性，墨线越宽，表明面团对搅拌叶片的撕裂作用的抵抗力越大，面团的弹性、韧性越强。但是，曲线的宽度与阻尼调节有关，要求不同的检测仪器调整为相同的阻尼时间。稳定性也受曲线宽度的影响，不正确的缓冲调节会产生不正确的稳定性数值。

4. 弱化度

弱化度（Weakness，WK）是指曲线峰值中心与峰值过后 12min 的曲线中心之间的差值，用 FU 表示。弱化度表明面团在搅拌过程中的破坏速率，也就是对机械搅拌的承受能力。弱化度也表示面筋的强度，弱化度值越大，表明面筋强度越小，面团越易流变，操作性能差。美国面包粉的弱化度要求为 20～50FU。高筋粉的理想弱化度应小于 50FU，低筋粉弱化度则大于 100FU。

5. 评价值

评价值（Valorimeter Value，VV）是用专用评价尺将粉质曲线形状综合为一个数值来进行评价。它是从曲线最高处开始下降算起，12min 后的评价尺记分。评价值是基于面团形成时间、稳定时间和面团弱化度的综合评价，评价值越高，表示小麦粉筋力越高。一般认为，高筋粉评价值大于 65，中筋粉为 50～60，低筋粉则小于 50。小麦粉评价值大于 50，品质良好。

6. 小麦粉粉质质量指数

小麦粉粉质质量指数（Farinograph Quality Number，FQN）是指从加水开始到面团稠度经由最大稠度中心点下降到 30FU 位置的距离，用 mm 表示。

粉质实验一般要经过 2～3 次试加水，才能获得标准粉质图（图 4-2），另外测定粉质参数需要较长时间（最少 13min），这使得粉质仪在粮食收购中的应用受到很大限制。为了缩短操作时间，适应生产的需要，布拉班德公司开发了小麦粉粉质质量指数（FQN 值）。粉质实验每加一次水，都可获得一个试加水曲线，因此，FQN 值很容易测得。FQN 值与面团稳定时间、评价值具有很好的相关关系（r 分别为 0.95，0.85），与拉伸长度和小麦等级也具有一定相关性，基本可以代表评价值。高筋粉的 FQN 值较高，低筋粉则相对较低。

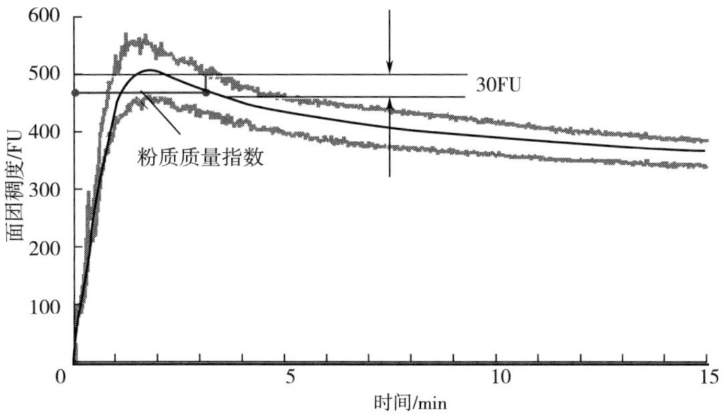

图 4-2　粉质曲线质量值

（二）揉混仪

揉混仪（Mixograph）测得的面团揉合特性称和面特性。揉混仪设计原理与粉质仪类似，可以测定和记录揉面时面团的阻力。揉混曲线（Mixogram）（图 4-3）可以显示面团对和面的最佳要求（Mixing Requirements），即和面时间（Mixing Time）和耐揉性（Mixing Tolerance）。和面时间为曲线峰值对应的时间，此时面团流动性最小，可塑性（弹性）最大。耐揉性又称稳定性，它可用曲线衰减的斜率、衰减后的宽度或曲线高度等参数来表示。研究者可根据需要选择耐揉性参数，一般只测定曲线高度，更详细情况下测定斜率。斜率可用衰落角表示。曲线高度仅在一定程度上反映耐揉性，而衰落角反映的耐揉性更真实、更全面。衰落角越小，面团的耐揉性越大，即韧性好，强度大，加工处理性能好。

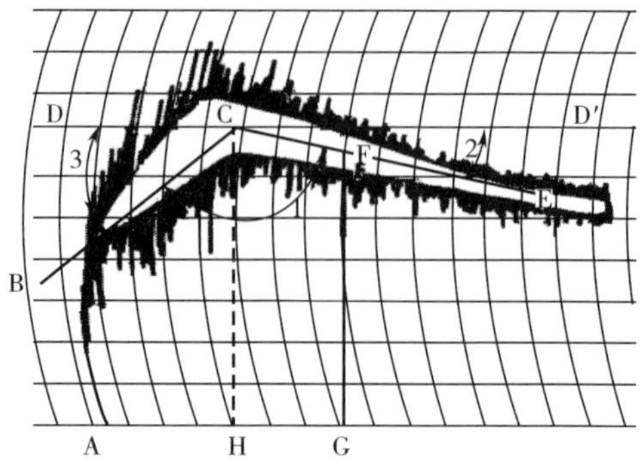

图 4-3　揉混曲线

对不同小麦品种来说，面团和面时间越长，耐揉性越好。但是对和面时间>4min 的品种，耐揉性与和面时间的关系不明显。同粉质参数一样，和面时间和衰落角都是很重要的面团品质参数，根据衰落角的大小可对面团耐揉性进行评分和分类（表 4-1）。

表 4-1　揉混曲线衰落角与耐揉性

衰落角/（°）	耐揉性		衰落角/（°）	耐揉性	
	得分	类型		得分	类型
≥35	1	非常差	13~19.5	4	强
27~34.5	2	弱	5~12.5	5	很好
20~26.5	3	中等	<5	6	非常好

揉混仪通常用于研究或进行小麦品种比较，多在育种实验中应用。其特点是样品用量较粉质仪小，常量仪器用 35g 小麦粉，微量仪器仅用 10g 小麦粉，工作效率是粉质仪的 4~5 倍，但读数不如粉质仪稳定。揉混仪的使用方法可参考 AACC 方法。

和面时间短、耐揉性差的小麦粉不适宜于烘烤面包，和面时间中等偏长（3~4min）、耐揉性适中（3~40cm）的小麦粉能较好地满足烘烤面包的要求。和面时间过长（耗能费时）、耐揉性过强的小麦粉也不适宜烤面包，但其和面价值高，用于配粉能有效地改良弱力粉的面团性能。

四、面团的延伸特性

面团在一定外力的作用下产生变形，其变形的程度与面团本身的延伸性和抗延伸性能有关。延伸性（又称延展性）表示面团变形的大小，抗延伸性则表示面团抵抗变形所表现的阻力或使面团变形需要施加的外力大小。

测定面团延展特性的仪器主要有德国布拉班德公司生产的拉伸仪（Extensograph）和法国肖邦技术公司生产的吹泡示功仪（Alveograph）。

（一）拉伸仪

拉伸仪的基本原理是将粉质仪制备好的面团揉搓成粗短条，水平夹住短条的两端，用钩挂住短条中部向下拉，自动记录下面团在拉伸至断裂过程中所受力及延伸长度的变化情况，绘出拉伸曲线。拉伸曲线反映了面团的流变学特性和小麦粉的内在品质，借此曲线可以评价面团的拉伸阻力和延伸性等性能，指导专用小麦粉的生产和面制食品的加工及进行科学研究。

拉伸实验一般将同一块面团在恒温恒湿的环境中静置 45min，90min 及 135min 后分别测定三次，可得到三条拉伸曲线。经粉质仪刚搅拌完的面团，麦谷蛋白肽链虽已伸展呈线性结构，但分子间相互缠绕很难产生滑动。此时，不论小麦粉品质如何，面团均表现为延伸性很小，层流阻力很大，通过一段时间的静置，麦谷蛋白分子呈线性定向排列，缠结点大大减少，面团就能表现出较好的黏弹平衡，满足加工工艺的要求。因此，面团的拉伸试验前，需将面团静置一定的时间。故对拉伸曲线的评价，必须指明相应的静置时间。从拉伸曲线可分析得到下列参数（图 4-4）。

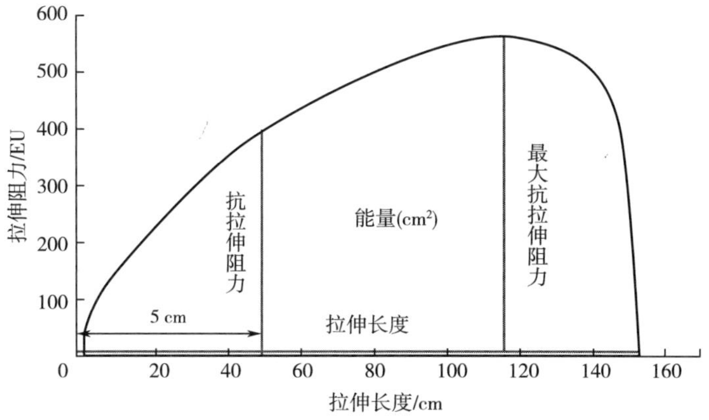

图 4-4　面团拉伸曲线

（1）拉伸阻力（Resistance，R）　又称抗延伸性，是指曲线开始后在横坐标上到达 5cm 位置处曲线的高度，以 EU（Extensograph Unit）表示，原用 BU（Brabender Unit）。

（2）最大拉伸阻力（Maximum Resistance, R_m） 是指曲线最高点的高度，以EU或BU表示。

（3）延伸性（Extensibility, E） 又称延展性，是指面团拉伸至断裂时的拉伸长度，即拉伸曲线在横坐标上的总长度，以 mm 表示。

（4）拉伸能量（Area, A） 是指拉伸曲线与基线所包围的总面积，用 cm^2表示。可用求积仪求出曲线所包围的面积。

（5）拉伸比值（R/E） 又称形状系数，是指面团拉伸阻力与延伸性之比，单位为 EU/mm。

拉伸曲线表示面团在拉伸过程中力的变化行为，即面团拉伸阻力与距离之间的关系。拉伸阻力表明面团的强度和筋力，拉伸阻力大，表明面筋网络结构牢固，面团筋力强，持气能力强。面团只有具有一定的拉伸阻力时，才能保留住面团发酵过程中酵母所产生的 CO_2气体。若面团拉伸阻力太小，则面团中的 CO_2气体易冲出气泡的泡壁形成大的气泡或由面团的表面逸出。

拉伸长度表征面团延展特性和可塑性。延伸性好的面团易拉长而不易断裂。它与面团成型、发酵过程中气泡的长大及烘烤炉内面包体积增大等有关。

拉伸能量表示拉伸面团时所做的功，是面团拉伸过程中阻力与长度的乘积，它代表了面团从开始拉伸到拉断为止所需要的总能量。强筋力的面团拉伸所需要的能量大于弱筋力的面团。拉伸能量数值虽提供了面团强度的信息和小麦粉烘焙的特性，但不能涵盖不同面团的所有特征。不同拉伸阻力和拉伸长度的面团可以得到相同的拉伸面积，需要相同的拉伸能量。例如，拉伸阻力大而拉伸长度短的面团可以和拉伸阻力小而拉伸长度长的面团能量相等。虽然能量数值相等，但二种面团的特性却差异很大。第一种是拉伸阻力大、拉伸长度短的脆性面团，第二种是拉伸阻力小、拉伸长度长的流散性面团。因此，衡量面团的筋力强弱，还需结合拉伸比值。

拉伸比值表示面团拉伸阻力与拉伸长度的关系，它将面团抗延伸性与延伸性两个指标综合起来判断小麦粉品质。拉伸比值小，意味着阻抗性小，延伸性大，即弹性小，流动性大；比值大，则相反。

面筋中的麦谷蛋白提供了面团的抗拉伸阻力，麦醇溶蛋白则提供了面团的流动性和延伸所需要的黏结力，利用拉伸能量和比值这两项指标，可对小麦粉的食品加工品质进行综合评价。拉伸曲线面积大、比值大小适中的面团，具有最佳的面团发酵和烘焙特性，适宜制作面包。既有好的弹性，又有适宜的延伸性，适合于长时间发酵，能产生疏松多孔的面团，面包体积大。若拉伸比值过大，意味着阻抗性过大，弹性大，延伸性小，面团很难拉开，一旦拉开就会拉断。发酵时面团膨胀会受阻，起发不佳，面包或馒头体积小，内芯干硬。拉伸比值过小，意味着阻抗性小，延伸性大，这样的面团发酵时会迅速变软或流散，面包或馒头会发生塌陷现象，瓤发黏，触感差，缺乏弹性。馒头粉要求拉伸比值适宜，能量相对较小。面条粉要求拉伸比值适中稍偏小，但面积要大，若拉伸能量小，无论拉伸比值大或小，面条的食用品质均不良。饼干粉要求拉伸比值较小的小麦粉。

一般软麦面团拉伸阻力小，拉伸性大，拉伸能量及比值都较小，硬麦面团拉伸阻力大，拉伸性小，拉伸能量及比值都较大。

拉伸实验过程中面团的保温放置条件和面包烘烤过程的发酵条件相同，即温度30℃，相对湿度85%。对分别静置45min，90min和135min得到的三次拉伸曲线参数的比较分析，我们可以了解面团拉伸特性随保温放置时间延长的变化情况。

拉伸阻力随时间延长的变化趋势，可以反映面团在面包加工过程的表现情况：①拉伸阻力无变化或变化很小。这种面团在发酵过程保持松弛状态，需要快速加工，容易黏在容器壁上，即处理性能不好；②拉伸阻力有所增加，这样的面团在揉面、成型和发酵过程均保持良好的状态，手工处理性能较好；③拉伸阻力大大增加，这种面团在加工发酵和揉面过程中表现良好，手工处理性能好，耐发酵性能好，而且面团形状紧凑上挺，最终产品好。

变质或酶活性强的小麦粉，例如虫蛀小麦、发芽小麦等，拉伸面积小、延伸度大、拉伸阻力低。由于具有随时间变化的因素，所以，使用拉抻仪比粉质仪能更详尽地研究小麦粉受酶与氧化还原剂的影响。蛋白水解酶及其他酶活性强时，以及因存在大量的低分子含—SH化合物等而使面团松弛时，图形高度降低，宽度增加；加入氧化剂则相反。拉伸仪特别适合于说明食品加工过程加入添加剂对小麦粉的影响。

（二）吹泡示功仪

吹泡示功仪是法国肖邦技术公司参照欧式面包的特征设计的。小麦粉加水搅拌形成的面团，是以面筋为中心的网状结构，淀粉、脂质等被包围在面筋网络中，形成较稳定的薄层状网络，使面团具有持气性，能够保住发酵过程中产生的CO_2气体，在面团内形成微细气泡。因此吹泡示功仪以吹泡的方式使面团变形，检测面团包容气体的能力。试验时，首先按规定的条件，调和恒定含水量的面团，之后将面团挤压成一定厚度的面片，再用冲头压出标准式样（圆形），保温静置20min。然后将圆形面片置于冲有孔的金属底板上，周围用一个金属环夹住。将压缩空气通过底板上的孔向上作用于面片，面片变形、膨胀，逐渐被吹成气球样的泡，直至吹破。在此过程中，仪器自动记录下空气压力的变化，绘制成吹泡示功仪曲线图，见图4-5。

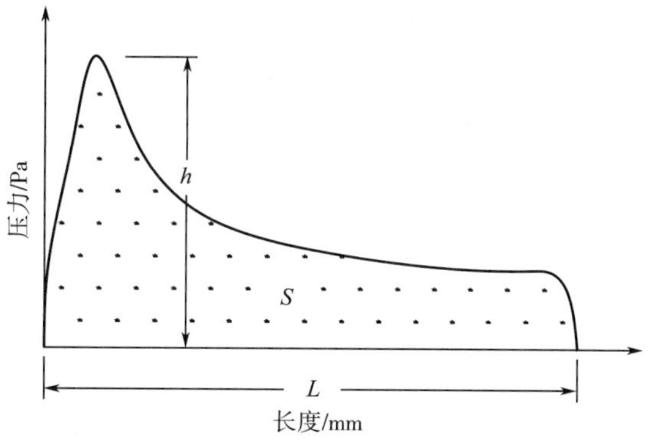

图4-5　吹泡示功曲线

由吹泡示功仪曲线可以测定面团的韧性即强度、延展性、弹性和烘焙能力等，分别用不同的参数表示。

（1）面团阻力（P）　是指面团

吹泡过程所需最大压力，即吹泡时面团的最大抵抗力。以曲线中最大纵坐标（h）乘以修正系数 1.1 表示，单位 Pa。P 值随面团的稠密度、面团的弹性抗力而变化。

（2）面团延伸性（L）　它表示面团的延展性，是指破裂点横坐标的长度，即曲线中最大横坐标，单位 mm。

由于压缩空气的流量是恒定的，面泡破裂点的横坐标又是时间的函数，L 值实际上表示了所得面泡的体积（面泡的最大容积）。L 值体现了面团蛋白纤维的延展能力和面筋网络的保气能力。

（3）面团能量（W）　它是指将面片吹成厚度最小的薄膜（面泡）所消耗的能量。消耗的能量与曲线包围的面积成正比，$W=6.54\times S$。其中 6.54 是根据吹泡仪的和面机转速、吹气压力、水流速度等确定的换算系数，S 表示曲线与基线所包围的总面积（cm^2），可由求积仪或计算机自动分析得到。能量（W）的单位为尔格（erg，$1erg=10^{-7}J$）。

（4）面团膨胀性（G）　它相当于将盘状面片吹成面泡时消耗的空气量的平方根，也反映了面团的延展性，见式（4-1）。

$$G = \sqrt{V_{rupt}} = 2.226\sqrt{L} \tag{4-1}$$

式中　V_{rupt}——面泡破裂时耗用的空气体积，mL。

（5）阻力比数（P/L）　是指面团阻力 P 与延伸性 L 的比值，表示示功曲线的形状。

面团阻力表示面团薄片在吹泡过程中所承受的最大阻力，随面团的稠度、弹性而变化。也表示面团的筋力强度。面团延伸性体现面团中蛋白纤维的延展能力和面筋网络的持气能力。面团能量表示使面团变形所需要的功，表明面团的烘焙能力和发酵能量。面团能量大，则面团筋力强，烘焙品质好。

P/L 值表示曲线的形状，即面团的韧性和延展性的相互关系。

$P/L=0.15\sim0.7$，面团强度、弹性较差、延伸性好。

$P/L=0.8\sim1.4$，面团强度、弹性、延伸性均好。

当 $P/L>2.5$ 时，则筋力过强，面包体积变小，饼干僵硬，可塑性差。

通过吹泡仪测定可以快速评价小麦质量。不同品种的小麦、不同用途的专用小麦粉有着不同的延展特性，表现出不同的吹泡示功曲线。例如专用饼干粉为了使饼干有酥脆的特点，其 P 值低、L 值适中、W 值较小；美式面包专用粉 P 值高、L 值大、W 值大，此种小麦粉制作的面包筋力强、起发大、纹理好；而优质法式面包专用粉的 W 值适中，要求筋力并不强，但膨胀性要好。通过吹泡仪还能了解虫蚀小麦、发芽小麦和霉变小麦，这些小麦和正常小麦相比，P 值、W 值下降，说明小麦筋力被破坏。吹泡仪还可用于选择添加剂的种类（面筋蛋白、还原剂及其他改良剂等），用以改善不同类型的小麦粉品质，并确定合理的添加量。

法国肖邦技术公司近几年推出了 NG 电子型和 NG 液压记录型吹泡仪，可自动进行绘图和数据处理。法国特里百特·雷诺公司于 1997 年底推出了肖邦吹泡-稠度仪，其既可以作为吹泡仪测量面团的韧性、延展性、烘焙筋力等，也可以作为稠度仪测量小麦粉的吸水率和面团的形成时间、面团的稳定时间等。

揉混仪与吹泡仪配合使用，具有样品用量少、测定速度快等特点，适应于小麦育种工作的需求。粉质仪与拉伸仪测定方法标准化，测定结果准确，在小麦品种审定、专用小麦粉的生产，以及食品加工中应用广泛。

第三节
小麦淀粉及谷朊粉生产对小麦粉品质的要求

生产小麦淀粉和谷朊粉的小麦粉，在分离淀粉的同时，得到谷朊粉产品。目前，工业上主要以小麦粉为原料来生产小麦淀粉和谷朊粉，小麦粉组分及特性对二者的分离效果有非常重要的影响。影响淀粉和面筋蛋白分离的主要指标包括小麦品种（软硬麦）、小麦粉加工精度、损伤淀粉含量、淀粉酶活力、面筋聚集特性以及面团的特性等。

小麦品种的加工特性会因气候和栽培因素而发生显著变化，这将导致小麦中的蛋白质、淀粉和微量成分（非淀粉多糖和脂质）的含量不同，这些成分会干扰淀粉和面筋的分离。与低等级/高出率的小麦粉相比，优质/低出率的小麦粉更适合生产优质淀粉和面筋蛋白。事实上，较低等级的小麦粉会增加次级淀粉的含量。此外，面筋蛋白聚集指数与小麦粉粒度大小（受磨粉影响）之间存在良好的相关性，含有大量小颗粒的小麦粉表现出缓慢的聚集性。另一方面，相对激烈的加工条件（如长粉路）会使面筋蛋白失去活性，导致面筋蛋白生产受损，淀粉产量会因过度碾磨造成淀粉损伤而受到影响。

小麦淀粉专用粉的标准如表 4-2 所示，蛋白质含量为 9%~13%，降落数值大于 150s，且水溶性物质较少的硬麦制成的小麦粉较适合加工小麦淀粉。如果小麦粉湿法加工工艺，主要产品想得到谷朊粉，将小麦淀粉作为相对较次要的产品的话，其对小麦粉品质指标要求不同（表 4-3）。谷朊粉专用粉主要指标包括：小麦粉粗细度（颗粒度分布）、灰分、湿面筋含量、面筋蛋白质含量、破损淀粉含量、面团的形成时间和稳定时间。

表 4-2　　用于面包制作和淀粉加工的小麦粉标准

项目	面包制作	淀粉加工	项目	面包制作	淀粉加工
蛋白质含量/%	>12.0	9~13	面团特性	较好	—
降落数值/s	>200	>150	面包体积	较高	—
籽粒硬度	硬/软	硬	水溶性物质	—	较少
Zeleny 沉降值	>35	—			

表 4-3　谷朊粉专用粉品质指标

项目	湿面筋/%	干面筋蛋白质/%	灰分/%	破损淀粉/%	面团形成时间/min	粗细度（筛面留存）/%				
						>250μm	>CB30	>CB36	>100μm	>85μm
原料粉指标	≥30.0	≥74.0	≤0.75	≤13	≤5	<1.0	≤5.0	≥10.0	≥15.0	≥10.0

下面就淀粉及谷朊粉生产对小麦粉加工工艺及小麦粉关键品质指标要求进行论述。

一、加工工艺要求

1. 小麦的水分调节

与加工食品专用粉不同，加工淀粉和谷朊粉专用粉的小麦其入磨水分与润麦时间都有所降低，一是其研磨时轧距大，磨耗低；二是水分大对小麦硬度有影响，且润麦时间越长，水分浸润胚乳的时间越长，小麦的粉质化越明显，经过研磨后，产生的细粉越多。一般情况下，入磨水分不超过 14.5%，润麦时间 12~24h。

2. 工艺配置

在制粉工艺中，碾磨的物料在经过提料管提升，再经过刹克龙、关风器时，物料之间碰撞的机会就多一些，细粉产生的机会就多一些。这样，在粉路的安排上，短粉路比长粉路要合适。在筛绢配备上，物料尽量不往后推，该出粉的就提前出粉，避免过多的重复研磨、筛理，产生更多的细粉。

在磨辊参数的配备上，无论齿角、齿数、斜度、速比、排列上，应遵循几个方面的原则：为了多出麦渣、麦芯，少出细粉，在保证灰分、膳食纤维不超标的前提下，尽量切碎而不是磨碎、挤碎、压碎，即在可能的情况下，尽量多利用剪切力，少利用挤压力。在皮磨系统，要多提麦渣、麦芯，应采用较小的齿角，尤其要采用较小的前角，为此，在前路皮磨与心磨系统的角度为 30°/65°，斜度 6% 。由于小麦蛋白质的分布由内往外数量逐步增加，为了得到含面筋多的小麦粉，并保持麸片的完整，减少小麦粉中膳食纤维的含量，并尽可能地刮净小麦粉，后路皮磨采用 50°/65°，F-F 排列。在心磨系统为了使分离出的麦心得到充分粉碎，提前出来，避免过多地研磨，减少细粉的产生，全部使用齿辊，且齿数稍密一些。

二、小麦粉关键品质指标要求

1. 小麦粉粗细度

在食品用小麦粉加工过程中，一般而言小麦粉粗细度越细越好，还要求有一定的淀粉损伤，以满足食品生产的要求。硬麦合软麦由于结构特性的不同，碾磨时生产的小麦粉粒度也有差异，一般角质麦粒胚乳结构紧密，透光性较好，籽粒硬度较高，蛋白质及面筋质含量也较高，硬质麦胚乳中淀粉粒与蛋白质基质密结，其胚乳粒在研磨时较难被研细且压碎时大多沿着胚乳细胞壁的方向破裂，而不是通过细胞内含物，形成颗粒较大、形状较规整的粗粉。软质麦则相反，小麦粉颗粒小而不规则，表面粗糙粒度分布小且有较多的细小颗粒，并且其蛋白质及面筋质含量一般也较低。要加工提取谷朊粉多的小麦粉，应选择含蛋白质与面筋质较高的小麦，硬质麦要多一些，这样的小麦加工出的谷朊粉专用粉，一般用手就能感觉出来，沉甸甸、滑溜溜、流动性好、粗细度大。

小麦粉粗细度是谷朊粉专用粉的重要指标。实验表明，同种小麦粉其粗细度越大（85~250μm 颗粒总和越多），所提取的谷朊粉越多，其淀粉质量越好，损伤淀粉越少。但颗粒度大于 250μm 的小麦粉颗粒，会造成谷朊粉与淀粉不易分离；小于 85μm 的小麦粉颗粒，谷朊粉容易与淀粉颗粒一起流到淀粉乳里，不易提取谷朊粉，也影响淀粉的质量。结合谷朊粉生产，小麦粉粒度 85~250μm 的颗粒在 40%以上，更适合谷朊粉的生产。

影响小麦粉粗细度的主要因素有：①小麦的品质。硬麦加工的小麦粉与软麦相比较其粒度相对较大些，从生产实践可知，要加工提取谷朊粉多的小麦粉，应选择含面筋质和蛋白质高的小麦，即硬质麦为主，软麦为辅的搭配生产。②小麦粉的加工工艺。谷朊粉专用粉生产不同于普通小麦粉，短粉路全齿辊的加工工艺，更适合谷朊粉专用粉的粗细度要求。短粉路避免过多地重复研磨、筛理，减少细粉的产生，降低破损淀粉含量；全齿辊是针对硬质麦特性，增加剪切力，减少挤压力，目的是多出麦渣、麦芯，得到含粗颗粒多面筋质多的小麦粉。

2. 湿面筋和面筋蛋白质含量

小麦粉湿面筋数量越大，生产的谷朊粉得率越高；小麦粉的干面筋中蛋白质含量越高，在面筋数量相同情况下，生产的谷朊粉蛋白质含量也高。干面筋中蛋白质含量反映了面筋的品质好坏。湿面筋含量在 35%以上，干面筋蛋白质在 74%以上，所生产的谷朊粉蛋白质满足一级质量（≥75%）；而干面筋蛋白质小于 74%，保证谷朊粉得率前提下，谷朊粉蛋白质要低于一级质量。许多研究人员报道蛋白质含量与面筋产量之间呈正相关关系，淀粉产量随着蛋白质含量的增加而下降。

此外，面筋蛋白的聚集特性对小麦淀粉和谷朊粉的分离至关重要。在湿法加工过程中，小麦粉的面筋聚集速率和强度存在差异。面筋聚集速率快、强度高的小麦粉，其淀粉-面筋的分离效果较好，面筋蛋白质的纯度高。面筋在小麦粉-水形成的面团和面浆中聚集率不同的原因尚不完全清楚。研究证明，谷蛋白颗粒形成的高相对分子质量谷蛋白亚基（HMW-GS）和谷蛋白大聚体（GMP）可以增加小麦粉面团的强度（弹性）。面筋蛋白在面糊形成过程中的聚集速率随着谷蛋白含量的增加而加快。硬麦的麦谷蛋白聚集程度高，具有良好的蛋白质聚集特性，面筋产量高，分离得到的淀粉中蛋白质含量也较少。有人研究了面团制作工艺参数对小麦粉面筋凝聚特性的影响，结果表明，面团含水量的增加对面筋的团聚有积极的影响，最大孔径筛上的面筋蛋白回收率随着含水量的增加而增加。另外，通过增加搅拌时间或搅拌速度来增加能量输入也能改善面筋的凝聚特性，从而改善淀粉-面筋分离效果。

3. 面筋指数

从小麦粉中提取的谷朊粉，其蛋白含量与质量取决于小麦粉中面筋的质量——面筋指数。对于谷朊粉的质量，以及谷朊粉专用粉的质量来说，面筋指数是一个重要指标。小麦粉的面筋指数，决定了生产的面筋的面筋指数。另外，在生产实践中发现，小麦粉加工出来以后，在储存过程中，由于空气中氧气的作用会使面筋、蛋白质的硫氢键氧化为二硫键，使蛋白质的网络加强，面筋筋力增强，小麦粉变白，这称为小麦粉的熟化。在室温 25℃下储存一周以后，面筋指数会上升 5 个百分点，储存 1 个月会上升 5~10 个百分点。为了保证谷朊粉专用粉的质量，一是在生产小麦粉时选用面筋指数高的小麦，二是小麦粉加工出来后，最好储存 1 周以上。

4. 水溶性蛋白质

小麦粉中水溶性蛋白质的含量会影响分离效果，在分离过程中，由于采用水为介质进行分离，所以水溶性的蛋白质会存在于废水中，一方面增加了废水处理的难度，一方面使蛋白受到损失。另外，小麦粉中的蛋白酶也会影响淀粉和面筋的分离效果。正常情况下小麦粉中的水解蛋白酶活性很低，不会影响淀粉和面筋的分离，但在小麦发芽严重的情况下，蛋白水解酶活性增加，会影响面筋蛋白的结构，并且淀粉的产率和黏度特性降低，在废水中溶解量增加。中度发芽损伤小麦（降落值约 150s）仍可用于生产淀粉和面筋生产，对面筋产量和品质影响很小。此外，蛋白水解酶会影响到分离的湿面筋质量，如果不迅速干燥，可以引起蛋白质水解，进而影响产品谷朊粉的质量。

5. 损伤淀粉的影响

谷朊粉专用粉要求蛋白含量要高，淀粉损伤要少；硬质麦一般情况下蛋白质含量高，小麦粉粗细度大，但淀粉损伤要高于软质麦，淀粉损伤值与蛋白质损失率呈正相关。因为硬麦在研磨时，其抗研磨力量大，淀粉容易受损；软质麦含蛋白量低，小麦粉粗细度小，淀粉含量多，淀粉损伤量小；同一批麦在加工过程中，粗细度大比粗细度小的淀粉损伤小。从整体效益考虑，谷朊粉和淀粉质量要双兼顾，在小麦原料的选择上，以中筋小麦为最佳。

小麦粉的破损淀粉含量偏高，对生产影响主要表现在污水中干物质上升，工艺水变稠。高温天气生产时，工艺水发黏（细菌快速繁殖，pH 下降），导致锥筛冲洗效果差、A 淀粉真空过滤器脱水效果差、麸皮脱水筛脱不透。根据生产经验，小麦粉破损淀粉含量控制在 13%以内有利于谷朊粉生产。

6. 小麦粉的灰分

谷朊粉专用粉的灰分控制在 0.75%以内，较适合谷朊粉的生产。实验研究表明，小麦粉灰分越高，其麸皮含量也较高，单位小麦粉的产品总得率偏低，生产的 A 淀粉白度偏低，斑点较多，见表 4-4。

表 4-4 小麦粉灰分与产品得率关系

项目	原料粉		
	2006-4-24 提 F_1 粉	2006-3-15 统粉	2007-5-28 统粉
灰分/%	0.90	0.85	0.73
产品总得率/%	68.6	72.3	78.13
小麦 A 淀粉白度/%	91.2	92.0	92.0
A 淀粉斑点/(个/cm^2)	3~5	3	1

7. 非淀粉多糖（NSP）

阿拉伯木聚糖对整个淀粉和蛋白分离过程起消极作用。在淀粉-面筋分离过程中，非淀粉多糖，特别是阿拉伯木聚糖，对面筋蛋白的凝聚起负作用。原因是非淀粉多糖具有很强的持水能力，阿拉伯木聚糖的存在限制了面筋与水的作用，间接影响了面筋的形成，从而改变了面筋蛋白凝聚的条件。阿拉伯木聚糖在很大程度上决定了分离时面筋中所保留的水分，因此，非淀粉多糖的含量决定了分离后干燥面筋所需的能量。此外，水溶性阿拉伯木聚糖（WE-AX）和水不溶性阿拉伯木聚糖（WU-AX）的影响具有明显的区别，在面糊法和面团法中，水溶性阿拉伯木聚糖在很大程度上影响了面糊的黏度，对分离效果具有消极作用。

研究表明，水溶性阿拉伯木聚糖的大小和含量决定了面糊的黏度，以及水溶性阿拉伯木聚糖自身或其与其他大分子（如淀粉和面筋蛋白）之间的非共价相互作用。高分子量阿拉伯木聚糖对面筋蛋白相互作用的空间障碍可能是这些多糖对面筋蛋白聚集产生负面影响的原因。水不溶性阿拉伯木聚糖（WU-AX）存在于分离的细胞壁碎片中，通过形成物理障碍来阻止面筋蛋白相互作用，从而干扰面筋蛋白的聚集。水不溶性阿拉伯木聚糖的持水能力和颗粒大小，对面筋蛋白与阿魏酸的媒介反应有负作用，当面筋中阿拉伯半乳聚糖肽（AGP）的含量较高时，面筋蛋白表现出较好的凝聚特性，这说明了 AGP 对小麦面筋蛋白的凝聚作用起着非常积极的作用，但其作用的机理尚不清楚。

8. 脂类

小麦中约含有 2%的脂类，可分为淀粉脂、游离脂和非淀粉结合脂。非淀粉脂大约占总脂的 75%，主要是甘油三酯，一般与淀粉结合的脂是极性的。在小麦面团或面筋结构中，脂类会与蛋白结合。实际上，在面团混合时，大多数的游离非淀粉脂与面筋结合，直到淀粉形成凝胶时，与淀粉颗粒紧密结合的脂类才有作用，脂类与面筋蛋白之间的结合主要发生在面筋蛋白凝聚和面团混合过程中间。在脂类存在的条件下，麦醇溶蛋白和少量的清蛋白、球蛋白可形成高分子质量的聚合体。将三氯甲烷脱脂后小麦粉制成的面团，经过高速离心，提高了淀粉与蛋白的分离效果，这说明了一定含量脂类的存在影响了淀粉与蛋白的分离。此外，在小麦粉陈化的过程中，小麦粉中的脂类发生变化，缓慢的水解导致了游离脂肪酸的产生，这也可能就是小麦粉陈化后，淀粉与面筋分离困难的一个原因。

9. 淀粉酶活力

小麦粉中的 α-淀粉酶活力直接影响到淀粉-面筋的分离效果。降落数值反映小麦粉中 α-淀粉酶活力的高低，降落数值低说明酶活力低。一般情况下，正常季节收获的小麦生产出来的小麦粉，α-淀粉酶含量相对较高，随着储藏时间延长，α-淀粉酶的活力会逐渐降低，淀粉酶活力降低反应在面团上，就是面团的吸水率增加，并且逐渐趋于稳定。小麦粉适度储藏熟化，有利于面制品的加工和淀粉及谷朊粉的分离，但储藏时间过长，淀粉酶活力较低，对小麦粉的加工利用反而不利。

发芽小麦研磨出来的小麦粉中含有大量的 α-淀粉酶，和面以后 α-淀粉酶就会分解淀粉分子，产生糊精及麦芽糖。降落数值太低的小麦粉，小麦粉中 α-淀粉酶含量高，酶作用于淀粉产生大量的麦芽糖，分离得到的淀粉产量降低，尤其是次级淀粉中干物质的回收比例随熟化程度而逐渐增加。同时，由于小麦发芽，会影响面筋的质和量，使面筋减少，面筋质变弱，聚集性变差，面筋产量减少。因此，分离淀粉-面筋的小麦粉应尽量选择 α-淀粉酶活力低的小麦粉。

10. 面团特性

面团的形成时间反映小麦粉面筋网络形成的快慢，面团的稳定时间反映小麦粉面筋品质的好坏。一般软质粒小麦粉的形成时间较短，稳定时间也短；硬质粒小麦粉的形成时间长，稳定时间也长。对于离心法小麦淀粉和谷朊粉生产工艺，原料粉合适的面团形成时间和稳定时间利于谷朊粉生产，主要是面浆离心后一般需经熟化转鼓使面筋熟化充分形成。面团形成时间短，经熟化转鼓 30min 左右熟化作用，面筋已基本成小团，利于进一步的凝聚筛分；而面筋形成时间过长，熟化转鼓频率调整有限，作用一定时间后，面筋大多仍没有形成小团，不利于后道工序的进行。适合的面团形成时间应在 5min 以内，面团的稳定时间大于 3min 为好。

面团的加水量、搅拌时间和醒发时间对面团法分离淀粉与谷朊粉有重要影响。研究表明，加水量与 A 淀粉的得率呈极显著负相关，与 A 淀粉纯度呈显著负相关，与谷朊粉得率呈微弱的负相关；小麦粉的最佳搅拌时间和烘焙吸水率与面筋产量和面筋回收率显著正相关；醒面时间与 A 淀粉得率呈微弱的负相关，与谷朊粉得率呈现极显著正相关。有学者研究了面团形成过程中工艺参数对小麦粉面筋团聚及组成的影响，结果表明，增加含水量、和面时间和速度对面团面筋聚集发展都有积极影响，这也表明了在淀粉-面筋生产过程中，面团制作阶段优化面筋的水化和发展作用的重要性。有研究表明，对于面糊法小麦淀粉和谷朊粉生产工艺，小麦粉和水比例对面筋回收率的影响最大，较稠的面糊可提高面筋率，但蛋白质含量较低。

综上可知，湿法生产小麦淀粉和谷朊粉时最好采用高蛋白含量（11%）、和面品质好（面筋聚集性强）、低破损淀粉含量、低灰分和低 α-淀粉酶活力的小麦粉，需要的时候，可在淀粉和蛋白分离时添加半纤维素酶（戊聚糖酶或木聚糖酶），切断戊聚糖以降低分离过程介质的黏度，促进淀粉和蛋白的分离。

第五章
小麦淀粉生产技术

目前小麦淀粉生产按照是否有水相的参与，一般被分为干法加工过程和湿法加工过程。小麦淀粉的干法加工是指采用空气为介质，将淀粉和蛋白质分离。小麦的湿法加工一般是指小麦淀粉和谷朊粉加工，即采用水为分离介质将小麦粉中的淀粉和面筋蛋白分开。由于小麦淀粉和蛋白质干法分离效果较差，实际小麦淀粉生产中没有被工业化应用，目前，工业化的小麦淀粉生产均为湿法加工。

目前市场上淀粉产品主要来源于玉米、薯类（木薯、红薯）、小麦。不同于玉米淀粉、薯类淀粉等的加工，小麦淀粉加工时得到两种产品——小麦淀粉和谷朊粉（小麦面筋粉），这两种产品一般均称为主产品，因为它们在实际食品工业中均有很广泛的应用，这也是小麦淀粉生产不同于玉米淀粉、薯类淀粉生产一个非常重要的方面。玉米淀粉和薯类淀粉生产中，淀粉是主产品，其他为副产品，所以在其生产中，只需考虑淀粉的得率。而在小麦淀粉生产中，由于淀粉和谷朊粉是两种同等重要的产品，因此，在设置工艺时需同时考虑生产工艺对淀粉以及谷朊粉得率和质量的影响。

到目前为止，小麦淀粉生产根据在生产过程中淀粉和蛋白质分离工艺的不同，可分为不同的生产工艺，因此，小麦淀粉每种生产工艺有类似的地方，也有其独特的地方。下面就小麦淀粉生产技术概述、各生产过程及原理、以及小麦谷朊粉和小麦淀粉的生产工艺技术进行介绍。

第一节 概述

一、小麦淀粉生产原料

小麦淀粉和谷朊粉是小麦粉湿法加工的主要产物，这两种组分均是非常重要的食品制作原料或配料，在食品工业中应用广泛。小麦粉是制备小麦淀粉和谷朊粉的主要原料，小麦粉中含有约70%的淀粉、14%的水分、11%～15%的蛋白质，其他成分主要为脂肪、矿物质、非淀粉多糖及多种维生素等。小麦淀粉生产的原理主要是利用小麦淀粉颗粒与蛋白质分子相对密度的不同、小麦粉不同组分在水中溶解性的不同，以及小麦蛋白特有的相互聚集形成面筋的特性。小麦粉中的麦醇溶蛋白与麦谷蛋白由于相互之间聚集成网络状结构，使得其颗粒大于淀粉而密度小于淀粉，水的存在和增加温度可以加速面筋蛋白质之间的聚集。面筋蛋白和淀粉的分离，取决于它们的水不溶性、密度和颗粒大小。在小麦淀粉和面筋蛋白的生产中，以水为介质，小麦粉与水发生水合作用，使面筋蛋白凝聚，形成面筋，二硫键与次级键的作用使面筋蛋白颗粒具有稳定性，当面筋蛋白被提取后，剩余的溶液中主要组分为淀粉，简称淀粉乳。面筋蛋白和淀粉乳进一步精制处理后得到谷朊粉和淀粉产品。

在1980年之前，一般用高筋小麦生产淀粉和谷朊粉，随着分离工艺的变化，以及考虑到原料价格等因素，目前，可用各种小麦原料生产淀粉和谷朊粉，如软麦、硬麦、春小麦、冬小麦等。目前国际上（尤其是欧洲一些国家）一般是采用短粉路制粉工艺将小麦进行制粉，生产的通粉用于分离小麦淀粉和谷朊粉。我国目前一般采用小麦粉加工的后路粉生产小麦淀粉和谷朊粉。在我国小麦淀粉生产企业采用后路粉作为生产淀粉的原料，主要是由于以下两个方面的原因：一是在我国小麦主要是作为面制主食的原料，小麦粉加工的质量较好的小麦粉一般用来生产各种面制品，其市场价值较好；二是后路粉由于作为面制品生产时其市场价值较低，所以其价格相对便宜。

一般认为适合小麦淀粉和谷朊粉生产较好的小麦粉特性为：较高的蛋白质含量（>12%），较低的损伤淀粉含量，较低的灰分（较低的麸星含量）和较低的α-淀粉酶含量。除了小麦粉的品质外，和面的条件、合适硬度的水以及一些加工助剂对小麦淀粉和谷朊粉的分离也非常重要。不同于玉米淀粉在生产中采用亚硫酸钠浸泡，需要化学试剂的参与以改善玉米淀粉生产的效果。小麦淀粉在生产过程中一般不使用任何化学试剂，仅借助小麦淀粉和蛋白质在水相体系中物理性质的不同加以分离。有的企业为了提升小麦淀粉和蛋白质的分离效果，有时会在和面时加入盐以促进和面时面筋的形成；在分离过程中加入细胞壁分解酶，如戊聚糖酶、纤维素酶等为了促进淀粉和面筋蛋白的分离，分离过程中加入细胞壁分解酶可以缩短加工时间、提升产品纯度，并提升产品的得率，在分离过程中加入的细胞壁分解酶的量取决于小麦粉中的戊聚糖含量。

二、小麦淀粉生产原理

目前工业化生产的小麦淀粉均采用湿法加工工艺，即小麦粉加水形成面团或面糊体系，依据面团或面糊中淀粉和蛋白质特性的差异进行分离。目前小麦淀粉的生产工艺有的是基于小麦粉与水搅拌混合形成面团，有的工艺是基于小麦粉与水搅拌混合形成面糊，还有的工艺是将小麦粉与水先形成面团状态，然后加水调浆再调成面糊。面糊与面团的区别，不仅在于和面时加入水量的多寡，而且还在于面团或面糊中蛋白质聚集状态不同为后续生产工序提供不同的淀粉和蛋白质分离的结构形态。在传统的马丁法工艺中，通常采用的是面团法，近年来国际及国内大型小麦淀粉加工企业多使用面糊法或面团-面糊法。以面糊状态分离其中的淀粉和蛋白质主要在于它易于实现连续化流水作业，且在水耗、电耗、人力等方面与面团法相比较有不同程度的节约。

1. 面团（面糊）形成

小麦淀粉工艺的核心是对小麦粉中的淀粉和蛋白质进行的分离性加工，这种加工的基础是面团（或面糊）的形成，面团（或面糊）的形成是一个复杂的物理化学过程。在面糊（团）形成过程中，蛋白质颗粒吸水膨胀，集聚成丝条状，形成连续的面筋相，面团的黏弹性是水化面筋网络所表现出的特性，形成的面团黏弹性结构中，淀粉颗粒充当填充物充填在面筋网络中，面糊（团）形成过程中发生的分子级水平变化，是由蛋白质化学键——硫键的变换所产生。面团（或面糊）形成过程中，水分起到非常重要的作用。小麦淀粉加工过程小麦粉和面加水一般需45%以上才能形成面团或面糊的状态。

面团（或面糊）结构由固相、液相和气相组成。面团（或面糊）固相主要由淀粉（包括破损淀粉）、麸星、非水溶性蛋白（面筋蛋白）和其他不溶物构成，约占面团总体积43%。固相在揉和中的变化主要表现在面筋蛋白上，麦谷蛋白和麦醇溶蛋白在揉和过程中互相结合在一起形成连续基质，使面团具有弹性。在小麦淀粉生产中，面团（或面糊）的固相也是得到加工产品——小麦淀粉和谷朊粉的基质。

面团（或面糊）液相是由小麦粉中含有的水（结合水与游离水）和加入的水及溶于水中的物质构成，约占面团（或面糊）总体积的47%。干小麦粉逐渐加水水合时，牢固地结合到面团（或面糊）组成中的水分为“结合水”，“结合水”数值约为1克干小麦粉含水0.3g，高于此值后即有自由水存在。面团中的大体积液相以稳定的状态存在，以细微又彼此分隔的状态均匀地分布在面团中。在和面过程中，延长揉和面团时间，直到最佳面团形成，在这期间，液相不易从面团中分离出来。理想面团形成状态下，将面团进行离心，液相会很难被分离出来，因此，以面团状态进行淀粉和蛋白质的分离时，无法采用离心的方式将面团中的淀粉和蛋白质分离。如果在面团最佳形成状态下继续增大加水量进行和面，则形成的面团逐渐变稀，水量较多的情况下，小麦粉加水和面形成面糊的状态。在面糊状态下，其中的液相分散性较好，容易通过离心的方式将液相物质和固相物质分离。

面团（或面糊）的气相的分散气体来源主要由加入物料处理过程带入的气体、和面过程混入的气体，以及在面团醒发熟化过程产生的气体。气相使面糊（团）形成疏松多孔的结构，空气中的氧同蛋白质分子上的含硫氨基酸的硫基发生反应，增加了面团弹性。不同于面制品制作，在小麦淀粉生产中，气相对分离效果影响不大。

面团（或面糊）中固相、液相及气相三相的比例对面团的性质有直接影响。若液相和气相比例增大，会减弱面团的弹性和延伸性；固相比例过大，面团发硬，延缓醒发熟化时间。而液相与固相的比例是区分面糊与面团的主要标志。在不同的小麦淀粉生产工艺中，主要是控制面团（或面糊）状态来调控小麦淀粉的分离效果。

2. 面团法小麦淀粉生产原理

面团法（即马丁法）生产小麦淀粉的原理比较简单，它是基于小麦粉和水和面形成的面团体系中淀粉和蛋白质性质的差异，即面筋蛋白形成具有黏弹性的面筋，然后通过水洗的方式将淀粉和蛋白质分离。面团法显著的特点是小麦粉和水形成黏弹性状态的面团，在面团形成过程中面筋逐步形成，随着形成理想状态的面团，面筋也逐步形成聚集状态。面团的形成是面筋蛋白与淀粉、水等相互作用的结果。在面团体系中，面筋充分形成，面筋以网状结构存在，淀粉粒充填其中。由于在面团中蛋白质形成具有黏弹性的面筋网状结构，因此不通过离心的方式将面团中的淀粉、蛋白质及其他的组分进行分离，而是基于手工洗涤洗面筋的原理，通过加水洗涤将面团中的淀粉以及其他的水相物质洗涤出去，剩余黏弹性状态的面筋，从而将蛋白质和淀粉分开。分离面筋蛋白后的淀粉浆采用沉降的原理将淀粉沉降下来，从而将淀粉和水溶物分离。

3. 面糊法小麦淀粉生产原理

在面糊形成过程中，随着水的加入和机械搅拌作用，小麦粉颗粒在吸水润胀的同时被机械搅拌力打散，小麦粉中的蛋白质比淀粉颗粒吸水量大而且速度快，体积增大也比较多。由于小麦粉颗粒中的蛋白质和淀粉是相互包合的，在自由水及搅拌的作用下（剪切力作用），加速了小麦粉颗粒的崩溃。在小麦粉颗粒崩溃的过程中，小麦粉中的可溶性成分溶解，最终小麦粉与水充分混合形成浓稠的面糊。在面糊中，麦谷蛋白通过分子间二硫键交联形成线状的大分子聚合物，麦醇溶蛋白通过分子内二硫键、氢键及疏水作用形成球状水分子聚合物，麦谷蛋白聚合物、麦醇溶蛋白聚合物以氢键、疏水键等非共价键结合形成微纤维束状结构。微纤维束形成初期，内部构象处于高能量状态，非常不稳定，其中的麦谷蛋白聚合物呈无规则弯曲状，线状聚合物之间无规则地相互缠绕，麦醇溶蛋白聚合物充填其间。这时的微纤维束虽然可以形成非常脆弱的网络，但是难以形成令人满意的面筋网络。所以在面糊体系中，面筋蛋白虽然发生聚集但是由于体系中的水分（尤其是自由水）含量较大，再加上机械搅拌的作用，面筋蛋白的聚集效果受限，因此，在面糊中面筋蛋白没办法形成团状聚集的面筋状态。

形成的面糊如果停止搅拌，放置一段时间，麦谷蛋白聚合物中的巯基和二硫基团就会不断发生交换反应，使内部构象向低能量转化，内部应力逐渐松弛网状麦谷蛋白聚合物逐渐有序定向排列，球状麦醇溶蛋白聚合物充填其间，形成构象稳定的微纤维束。这个过程称为熟化或醒发。在小麦淀粉生产中面糊一般要经过熟化处理，以改善面筋蛋白的聚集特性，使得其与淀粉容易分离。

熟化后的面糊，一般再进行均质处理，因为在和面形成面糊后，面糊中的淀粉和蛋白质是相互粘连的，如要使它们分离，必须使二者在水中相互游离，使面糊形成比较理想的悬浮液。均质过程由于采用高速剪切作用，一方面使淀粉和蛋白质充分游离，另一方面蛋白质会发生不同程度的变形和聚集，从而改善体系中淀粉和蛋白质的差异性，便于后续分离。在面糊法小麦淀粉分离工艺中，由于面糊中淀粉和蛋白质充分散，形成均一的糊状，需采用离心分离的方式，将此体系中的淀粉和蛋白质分离。

还有一些小麦淀粉生产工艺采用面团-面糊法，即先将小麦粉加水形成面团，然后加水调浆形成面糊，再进行均质等处理，此方法分离原理类似于面糊法工艺。

三、小麦淀粉生产方法

工业化分离小麦淀粉与面筋的方法是一种物理分离过程，即采用物理的方法将小麦粉与水形成的面团或面糊体系中的淀粉和面筋蛋白分开。湿法分离面筋蛋白和淀粉取决于它们的水不溶性、密度和颗粒大小。小麦粉面筋蛋白（麦谷蛋白、麦醇溶蛋白）由于相互之间聚集成颗粒使得其颗粒大于淀粉而密度小于淀粉。小麦淀粉的湿法加工过程除了第一阶段面筋蛋白从淀粉中分离出来的方法不同外，其余过程都是相同的，即面筋进一步精制去除其中含有的淀粉和其他杂质，然后洗涤、脱水、干燥；淀粉通过进一步精制纯化、洗涤、干燥。

小麦淀粉的工业化生产工艺目前均采用小麦粉为原料，并且由于初始阶段小麦粉与水和面时形成的面团特性不同，以及淀粉和蛋白质分离方式的不同而形成不同的生产工艺。按照目前的文献报道，工业化生产中应用的小麦淀粉生产方法主要有五种，分别为：面团法（又称马丁法或沉降法）、面糊法、水力旋流法（又称旋流法）、两相卧螺法（又称瑞休法）、三相卧螺法（又称高压分散法或 HD 方法）。在马丁法中，小麦粉中的蛋白质形成机械强度较大的面筋网状结构，面筋束颗粒较大，在厘米至分米级，然后面团再进一步分离，面筋和淀粉的分离方法是通过面团加水揉合洗涤而实现，持续的揉合过程使淀粉逐步从面团中得到分离。面糊法中，小麦粉与水搅拌可产生毫米级大小的面筋束的面糊，当面糊与热水混合时，面筋束可聚集成小的面筋块，这些面筋块可通过振动筛分离。在当今比较先进的三相卧螺工艺中，小麦粉加水混合形成微米至毫米级大小的蛋白质聚合物，它们可在分散体系中聚集成小颗粒的蛋白质基质，然后淀粉和蛋白质的分离通过卧式螺旋离心机实现。在旋流法中，剪切形成的小麦粉-水混合物含有 1~10cm 的面筋束，淀粉和蛋白由于相对密度不同通过旋流器得到分离，然后分离出的浓缩的蛋白质物料流通过面筋快速聚集成大的颗粒，然后通过筛理的方法分离。除此之外，还有化学分散法（氨法）、全籽粒湿法分离及非水相分离（干法分离），这三种工艺由于产品质量较差、生产成本较大、生产效率低等问题，目前在实际的小麦淀粉加工业还没有被应用。

关于小麦淀粉的生产工艺，不同的文献分类方法不同，目前主要由两类分类体系。一种是根据分离过程小麦粉加水形成的面团状态以及其中的面筋蛋白聚集程度的不同，分别称为面团法、面糊法、面团-面糊法。另一种分类方式是根据小麦淀粉生产过程中面团的状态以及淀粉和蛋白质分离方式的不同，分别称为：马丁法、面糊法、阿尔法拉伐（瑞休法）、旋流法和三相卧螺法。其中，后一种小麦淀粉生产工艺分类方式被工业界广泛采用。目前，马丁法、瑞休法、旋流法主要在北美一些国家使用，三相卧螺法主要在欧洲一些国家使用。面糊法在 1940—1960 年被广泛使用，目前已不太使用。

尽管小麦淀粉不同生产工艺主要体现在小麦粉加水后形成的面团特性的不同，以及淀粉和面筋蛋白分离方式的不同，但其他的一些工序都是类似的，如分离的面筋蛋白的面筋的精制、脱水、干燥，以及分离的淀粉的精制、脱水和干燥等。为了叙述清晰，将小麦淀粉/谷朊粉生产工艺按照生产工段的不同分为以下工段：①小麦粉原料的处理工序；②淀粉与面筋分离工序；③谷朊粉生产工序；④淀粉生产工序；⑤副产物处理工序。

小麦淀粉生产工艺发展至今，传统的马丁法在规模相对较大的企业已基本不采用，目前国内规模以上的小麦淀粉加工企业一般采用旋流法和三相卧螺法。工业化的小麦淀粉和谷朊粉生产所使用的小麦粉原料一般通过小麦粉加工生产线输送到小麦淀粉/谷朊粉生产车间。小麦淀粉和谷朊粉生产一般可分为两道独立的生产工段，谷朊粉生产工序作为前道生产工段，淀粉生产工序为后道工序，即将谷朊粉提取后剩余的淀粉乳作为后道小麦淀粉生产工段的原料单独提取。

相较于玉米淀粉、薯类淀粉分离工艺，目前小麦淀粉和谷朊粉的生产工艺总体而言还不太完善，主要有两个方面的原因：①我国对小麦淀粉和谷朊粉分离的研究以及工业实践较玉米淀粉以及其他淀粉相对少。②相较于玉米淀粉的生产，小麦淀粉和面筋蛋白的分离更复杂，主要是小麦粉中含有黏性阿拉伯木聚糖、小的淀粉颗粒（B 淀粉）、损伤淀粉以及可溶性蛋白等，这些物质的存在影响分离体系的黏度，使得小麦淀粉和蛋白质的分离变得较为困难。

在考虑小麦淀粉生产工艺时，应注重以下四个方面的内容：原料、产品、分离性能、加工性能。小麦淀粉和谷朊粉分离工艺应该具有较好的灵活性，以适应不同原料的特性而不会影响到分离效果。另外，加工产品——A 淀粉、B 淀粉、面筋蛋白、副产物的质量和应用也应充分考虑，因为其与生产工艺紧密相关。除此之外，整个生产过程中水的消耗、废水的处理、能耗等在选择工艺和工厂运行时也应充分考虑。

四、典型小麦淀粉生产工艺

下面就目前常见的马丁法、旋流法、两相卧螺法、三相卧螺法四种小麦淀粉生产工艺进行介绍。

1. 马丁法生产工艺

马丁法是最广泛应用的小麦淀粉和谷朊粉生产方法。马丁法包括间歇式和连续式两种，目前仍普遍被一些规模较小的小麦淀粉加工企业采用。现代马丁法小麦淀粉生产工艺一般采用连续式生产工艺。现代马丁法小麦淀粉生产工艺包括 4 个基本步骤：①小麦粉与水混合形成面团；②淀粉和蛋白（面筋）的分离；③面筋精制与干燥；④淀粉精制与干燥。图 5-1 所示为现代马丁法小麦淀粉生产流程。

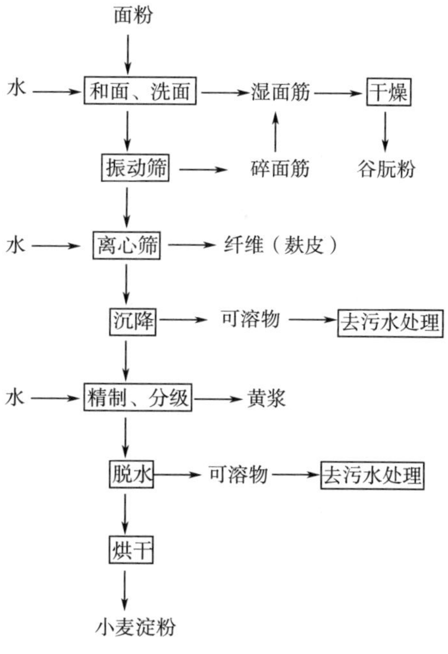

图 5-1　马丁法生产小麦淀粉工艺

马丁法工艺过程：

（1）面团形成　在和面机（或洗筋机）中先加入一定量的清水，再按一定比例投入小麦粉进行和面。面团和好后表面比较光滑明亮，拉扯面团，面团筋力和韧性较强，然后醒发，让面筋充分形成。

（2）面筋蛋白和淀粉的分离（又称面团洗涤）　加入清水开始洗出面筋，然后把和面机内的浆水放干净，通过筛理方式将面筋分离出来。

（3）面筋脱水和干燥　湿面筋洗出后，脱水，然后进入湿面筋干燥工段，干燥得到谷朊粉。

（4）淀粉精制、脱水和干燥　分离谷朊粉的淀粉浆经过精制、脱水、干燥后得到小麦淀粉。

一般情况下现代马丁法（或改进的马丁法）吨粉水耗为：7～10t，淀粉收率：≥65%，谷朊粉收率：≥12%，谷朊粉吸水率：150%～170%，谷朊粉灰分：0.8～1.0。

由于传统马丁法耗水量较大，所以随着时间的推移，传统的马丁法被逐步改进，通过增加过程水的重新循环以及采用新型淀粉和蛋白有效分离设备而降低新鲜水用量，耗水量从15t/t小麦粉可降低到7～10t/t小麦粉。

马丁法生产小麦淀粉的特点：

（1）生产设备投资较少，在面筋分离过程中面筋受机械损伤较小，因而产品得率较高。

（2）生产现场环境较差，其成品蛋白质含量难以准确控制，分离后的淀粉乳浓度较低。

（3）由于面团充分形成，面筋网络结构也充分形成，面团内部的淀粉不容易被洗出来，越接近面团中心部位，淀粉就越难以洗净，所以造成工艺用水量较大。

（4）洗湿面筋过程中伴随搅拌，过度的机械搅拌会软化面筋网络直至完全破坏面筋网络结构，所以整个生产过程，对生产人员的要求较高，生产工艺很难标准化连续运行。

在马丁法小麦淀粉生产工艺中，由于在和面过程中面团充分形成，淀粉粒及矿物质等包裹于面筋蛋白的网络结构中，不易被洗出，因此面筋的灰分高。在面团水洗过程过度搅打会损伤面筋网络的强度，影响面筋的特性，所以水洗的时间不能很长。另外，由于对环保要求越来越高，马丁法由于高废水排放越来越受到限制，一般大型小麦淀粉加工企业不再采用马丁法生产小麦淀粉，该方法主要集中于一些小型小麦淀粉加工企业。

2. 旋流法（离心水力旋流法）

马丁法小麦淀粉生产工艺是采用洗涤的方式将面团中的淀粉和面筋蛋白分离。另一种将面团（或面糊）体系中淀粉和蛋白的分离工艺是离心法。采用离心法分离蛋白质和淀粉使得小麦淀粉的湿法生产工艺发生了质的变化。其基本原理是利用离心力将小麦粉中相对密度不同的淀粉与蛋白质在面糊悬浊液中分离开，然后利用环行气流干燥系统进行瞬时高温干燥而获得高质量的淀粉和谷朊粉。采用离心法分离时小麦粉与水和面要形成面糊（或形成面面团后再加水调浆形成面糊），这样才能采用离心的方式分离淀粉和蛋白质。

水力旋流法、瑞休法（两相卧螺法）和三相卧螺工艺都属于离心分离工艺的范畴。总体来讲，离心分离法的生产工艺特点：小麦粉和水和面形成均匀面浆，或小麦粉加水和面先形成面团，然后采用均质工序使水和小麦粉形成均匀一致的面浆，同时使面浆中的蛋白质和淀粉颗粒充分游离，然后通过离心处理使二者分离。其优点：产品质量稳定，节水省时，工艺易连续化、自动化。它的典型工艺特征：①小麦粉与水最终调和成面糊状态；②淀粉和面筋蛋白的分离由两个阶段完成：大颗粒小麦淀粉（A 淀粉）与面筋蛋白在面筋蛋白形成网络前使用离心分离方式分离，然后湿面筋与小颗粒淀粉（B 淀粉）等成分采用筛分的方法分离。

在目前工业化应用的水力旋流法中，小麦粉加水和面形成的状态有两种：一种是小麦粉加水直接形成面糊状态，一种是小麦粉加水和面首先形成较稀的面团状态，使面筋形成，然后加水将面团调成面浆，便于后续采用旋流器将淀粉和蛋白质分离。因此，根据小麦粉加水后形成的面团（或面糊）状态，旋流法又可分为面团-面糊旋流法和面糊旋流法。

在面团-面糊旋流法中，小麦粉与水混合形成面团，然后使面团醒发熟化，再在剪切力作用下，加入水使面团分散，形成面糊。面团-水分散液（面糊）通过过滤去除大颗粒，过滤后的分散液直接用泵输送到旋流器中。旋流器利用面糊中淀粉和蛋白质的相对密度不同进行分离。旋流器顶流是相对密度较小的蛋白质相，底流是相对密度较大的淀粉相。在用旋流器分离淀粉和蛋白质时，通常使用多级旋流器串联（通常用四级旋流器）分离面筋和淀粉。分离中 A 淀粉与膳食纤维随最后一段旋流器底流排出，膳食纤维经多级曲筛系统去除，淀粉用多级旋流器逆流洗涤淀粉以去除其中残留的蛋白等杂质，再将淀粉乳浓缩，然后干燥得到淀粉（A 淀粉）。分离出的蛋白质相含有凝块状和最长可达 10cm 的线状凝集面筋、B 级淀粉和可溶物质，其再进行熟化使面筋蛋白聚集，然后通过振动筛分离出谷朊粉和 B 淀粉。谷朊粉和 B 淀粉经过纯化、洗涤、脱水和干燥，得到谷朊粉和 B 淀粉产品。在面糊旋流法中，小麦粉与水混合形成面糊，其后续工序同上。

工业化旋流法生产小麦淀粉和谷朊粉的工艺流程见图 5-2。

旋流法工艺生产小麦淀粉与两相卧螺工艺、三相卧螺工艺的主要区别在于湿面筋与淀粉等其他组分分离时所选用的离心设备不同，其他的工艺流程，如调糊、熟化、调浆、分离后湿面筋与 B 淀粉分离、湿面筋的干燥方式等基本相同。

一般情况下，水力旋流法小麦淀粉生产时主要技术参数如下：①吨粉水耗为：5~6t；②A 淀粉收率：55%~58%；③B 淀粉收率：12%~14%；④谷朊粉收率：9%~10%；⑤谷朊粉吸水率：150%~170%；⑥谷朊粉灰分：0.8~1.0。

旋流法工艺由于采用旋流器作为小麦淀粉和湿面筋的分离设备，所以整体工艺投资规模适中，维护费用低，机组运行稳定，可以实现工业化连续生产，其工艺主要特点如下：

（1）由于在旋流分离过程中面浆受到高速高压的机械作用，蛋白结构破坏较大，部分品质较差的面筋因黏性较小难以絮集而随淀粉乳流失，因而采用该工艺谷朊粉收率相对较低，一般在 11%左右（依小麦粉中的湿面筋含量高低而有所波动）。

（2）谷朊粉的蛋白含量可以实现柔性控制，通过调整旋流机组反冲水用量、机组运行压力、进料流量等工艺参数，可以制备出高蛋白含量的谷朊粉。

（3）该工艺用水量适中，制备的淀粉乳浓度在 20%左右。但制备的 B 淀粉乳中含有

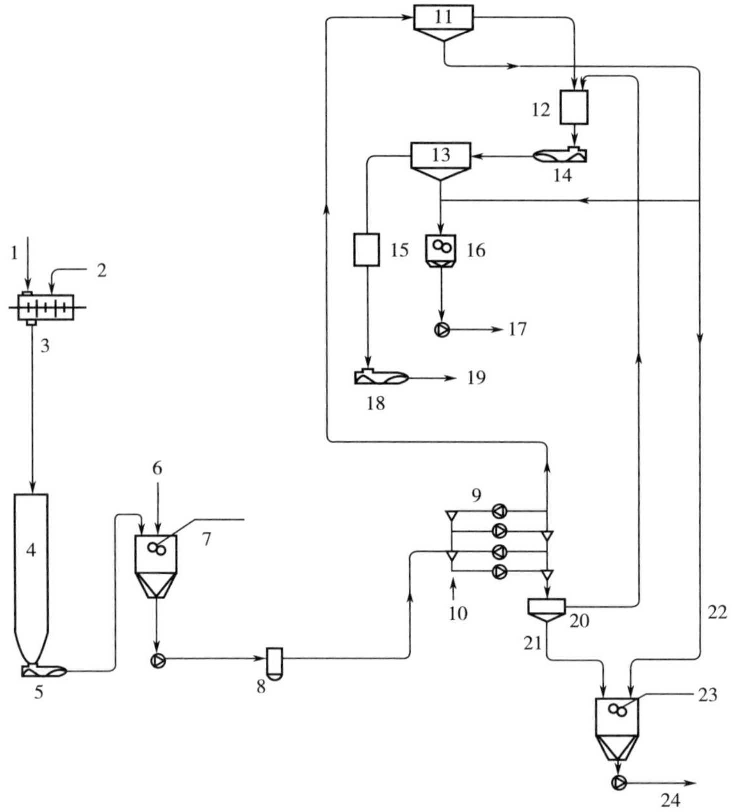

图 5-2　工业化旋流法生产小麦淀粉和谷朊粉的工艺流程图

1—小麦粉　2—水　3—连续面浆机　4—熟化罐　5—输送泵　6—水或中水　7—调浆罐　8—旋流过滤器　9—旋流机组　10—水　11—面筋成型筛　12—面紧泵料斗　13—面筋洗涤筛　14—面紧泵　15—面紧泵料斗　16—中水罐　17—调浆　18—面紧泵　19—干燥工序　20—碎面筋回收筛　21—A 淀粉　22—B 淀粉　23—混合淀粉浆　24—淀粉车间或酒精车间

碎面筋、戊聚糖、粗膳食纤维等杂质，A 淀粉乳中也含有部分碎面筋，从而不利于后端淀粉的工业化精制、脱水等。

（4）旋流法生产小麦淀粉和谷朊粉实现了管道化物料输送，封闭式产品加工，生产卫生条件好，可以满足小麦淀粉和谷朊粉作为高端客户对于生产条件的审查。

综上所述，旋流法小麦淀粉生产工艺的优点是使小麦淀粉加工能够连续化、规模化，并且用水量较马丁法少（旋流法耗水量为 5~6t 水/t 小麦粉），另一个优点是蛋白质强弱对分离效果影响不如马丁法和面糊法大，所以生产时对硬麦和软麦的区分要求不大。但是，旋流法谷朊粉的回收率低于马丁法，部分未形成网络结构的碎面筋和黏性戊聚糖混在 B 淀粉中，给 B 淀粉的处理增加难度，这类工艺生产的 B 淀粉多用于酒精发酵，所以该方法有一定的局限性。

3. 瑞休分离工艺（两相卧螺分离工艺）

另一种离心法小麦淀粉生产工艺是芬兰瑞休公司开创的瑞休法，在蛋白质和淀粉的分离方面采用离心机分离淀粉和蛋白质，其基本原理是利用离心力将面浆中相对密度不同的淀粉与蛋白质分离开。瑞休法小麦淀粉生产工艺特点是：小麦粉加水和面，先形成面团，然后采用均质工序使水和小麦粉形成均匀一致的面浆，同时使面浆中的蛋白质和淀粉颗粒充分游离，然后通过两相离心机处理使二者分离。其优点是：产品质量稳定，节水省时，工艺易连续化、自动化。它的典型工艺特征与旋流法生产工艺基本类似：①小麦粉被水调和成面糊而不是调和成面团（也有文献报道，小麦粉加水形成面团，然后再加水调浆成面糊）；②淀粉和面筋蛋白的分离由两个阶段完成：A 淀粉与面筋蛋白在面筋蛋白形成网络前使用两相离心机先分离，然后湿面筋与 B 淀粉等成分采用筛分的方法分离。瑞休离心工艺的一般工艺流程如图 5-3 所示。

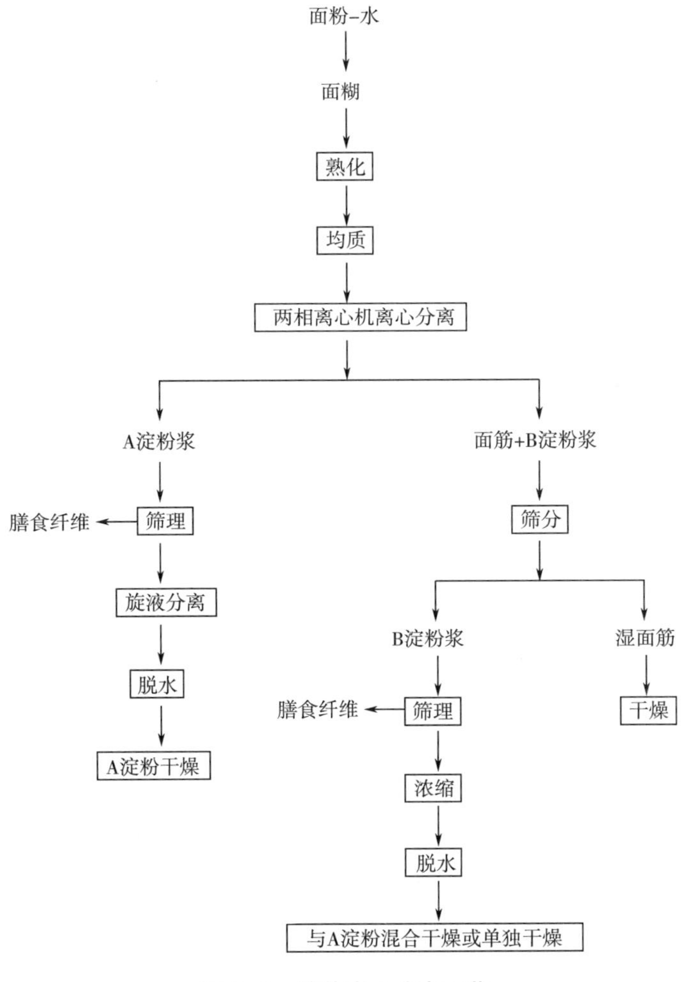

图 5-3　瑞休离心分离工艺

从上述工艺流程中可以看出，瑞休离心小麦淀粉生产工艺基本类似水力旋流法生产工艺，主要差别在于面糊体系中淀粉和蛋白质分离方式的不同。瑞休法是采用两相卧式离心机分离淀粉和蛋白质，而旋流法是采用旋流器分离淀粉和蛋白质。

在瑞休法小麦淀粉和谷朊粉生产工艺中，小麦粉与水剪切混合形成流动性的面糊，面糊然后与水混合形成小麦粉-水分散液，然后用两相卧螺机分离，其将面糊分成两相，一相是淀粉相（主要是A淀粉），另一相是富含蛋白质相（含有B淀粉）。淀粉相通过筛理去除膳食纤维，然后采用逆流洗涤技术对淀粉进行洗涤精制，然后进行干燥。A淀粉的得率占小麦粉淀粉量的75%~80%，蛋白质含量小于0.3%；B淀粉得率占小麦粉淀粉量的10%~15%，蛋白质含量为2%~5%。富含蛋白质相进行熟化以使蛋白质聚集充分形成面筋颗粒，然后通过筛理、洗涤、脱水和干燥，超过80%的小麦粉蛋白质成为活性谷朊粉产品，其蛋白质含量约为80%（干基）。

两相卧螺离心分离工艺用水量较马丁法少，耗水量大约6t水/t小麦粉，但是谷朊粉的收率低于马丁法，主要是由于部分未形成网络结构的碎面筋和黏性戊聚糖混在B淀粉中，造成谷朊粉的收率低，同时由于B淀粉中含有较多的淀粉和非淀粉组分，这也给B淀粉的处理和应用增加难度。两相卧螺法小麦淀粉生产工艺的主要优点：①占淀粉总量约70%的A淀粉在面筋形成网络前就先分离出来，面筋蛋白形成面筋网络时淀粉被包裹的机会大大减少，因此可以获得蛋白质含量较高的谷朊粉；②后续工艺采用高效离心洗涤设备有利于A淀粉纯度的提高；③湿面筋由于纯度相对较高，洗涤精制相对比较容易；④由于湿面筋在整个工艺过程中没有受到高强度的机械搅拌，受到损伤的机会很少；⑤水的消耗量大大减少，卧式离心分离设备的使用使分离的效率大大提高，单位产品的水消耗量成倍减少。

4. 三相卧螺离心法

三相卧螺法也属于小麦淀粉离心分离工艺的一种，该技术由德国柏林技术大学联合韦斯伐利亚设备生产厂家共同研发得到。该工艺被赋予各种不同的名字，如被称为三相卧螺工艺、高压剪切分散工艺（HD工艺）等，目前普遍称为三相卧螺工艺，主要是因工艺中采用了独特的三相卧螺分离机。该工艺最初是用来生产马铃薯淀粉，后来被改进生产小麦淀粉，在1984年以后成为在欧洲最受欢迎的小麦淀粉生产工艺。

在三相卧螺法生产工艺中，首先小麦粉与水搅拌混合形成面糊，将面糊输送到高压匀质机中均质，在高压作用下，产生的剪切力有以下两个作用：①将淀粉从小麦粉中的蛋白质基质中分散出来；②将淀粉和蛋白质形成连续的液体相，其面糊状态基本与瑞休法中面糊的状态类似。将剪切形成的面糊稀释，然后用泵输送到三相卧螺中，该离心机根据物料的相对密度的不同，可将分散相分为三相：重相为A淀粉相，其相对较纯，含有<1%的蛋白质，A淀粉相后续经过在旋流器中逆流洗涤纯化，然后干燥得到小麦淀粉；中相主要是面筋、B淀粉和膳食纤维，面筋通过聚集，利用筛理设备将面筋从B淀粉和可溶性膳食纤维中分离出来，另外，B淀粉和膳食纤维中含有的A淀粉可通过碟片

离心机分离出来，以提高 A 淀粉得率，最后膳食纤维利用筛理设备从 B 淀粉中分离出来；轻相为戊聚糖相，又称 C 淀粉相，主要为戊聚糖、可溶性蛋白、细面筋、破损淀粉等。A 淀粉的回收率为小麦粉淀粉量的 80%～85%，蛋白质含量<0.3%；B 淀粉回收率为小麦粉淀粉量的 8%～12%；面筋的回收率为小麦粉含量的 80%～85%。

三相卧螺小麦淀粉和谷朊粉生产工艺最关键的优点是黏性戊聚糖和水溶物在生产的初期阶段被从面筋和淀粉中分离，因为戊聚糖可与面筋蛋白相互结合，从而影响面筋的得率；另外，由于戊聚糖在水中黏度很大，也会影响淀粉和蛋白的分离过程，所以在小麦淀粉和谷朊粉分离初期，利用三相卧螺先将戊聚糖分离处理，可使淀粉和蛋白质有效分离，降低淀粉纯化时用水量，并且可以降低污水排放。三相卧螺小麦淀粉和谷朊粉生产工艺中水的消耗<3t/t 小麦粉，而瑞休法和旋流法中消耗水量为 5～7t/t 小麦粉。三相卧螺工艺的另一优点是蛋白质的质量对分离效果与其他方法相比影响不大，因为该方法分离时主要是基于淀粉和蛋白质之间相对密度的不同，对于马丁法和面团法而言，软麦分离效果比硬麦差，因为软麦面团强度低（马丁法），面筋聚集速率低（面糊法）。

以前三相卧螺离心机需要从国外进口，设备造价高，操作难度大，维修困难，使得这一小麦淀粉生产方法难以得到广泛应用。随着国产化三相卧螺离心机的加速迭代，目前三相卧螺离心机的核心零部件均已能够实现国产化，且使用性能指标与国外进口设备相差无几，而设备成本却大幅降低，所以三相卧螺分离法已经成为目前小麦深加工行业中谷朊粉生产的一种常见生产工艺。

三相卧螺离心法生产小麦淀粉和谷朊粉的工艺流程见图 5-4。

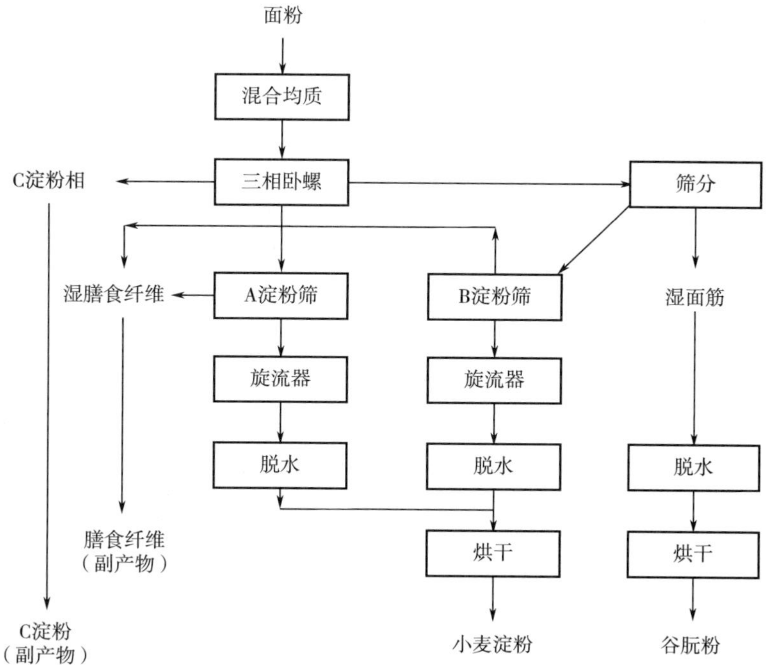

图 5-4 三相卧螺离心法生产小麦淀粉和谷朊粉的工艺流程

其主要工艺过程如下：

（1）面糊制备与均质　原料小麦粉定量后进入混合器中与水混合形成面糊，小麦粉与水的比例为1：(0.85~1.00)。混合器使小麦粉颗粒充分水化，形成均匀的面糊，不能存在混合不均匀的大颗粒或不均匀的小面团，以便于后续均质工序的顺利进行。

面糊形成后是均质。面糊打入均质机中，均质机的压力可通过改变均质阀的间隙进行调整，压力可高达15~20MPa。面糊通过均质阀时由高压迅速恢复到常压，由于压力的骤然变化，以及均质阀的剪切作用，面糊熟化并实现蛋白质网络的迅速凝聚。

（2）分离　均质熟化后的面糊由螺杆泵输送到三相卧螺离心机，进行各成分的分离。进机前可加入一定量的水或工艺水来稀释面糊，需要0.2~0.3t水/t小麦粉。

因为戊聚糖的密度较小，所以它主要分布在溢流中。这样，在工艺的前端就将这种黏稠的物料与面筋分离，使得工艺中所需的水量减少，而且后续面筋分离和产品的品质都不会再受到戊聚糖的影响。

（3）面筋生产工序　将分离工序得到的中相（蛋白质相）送入熟化罐进行熟化，其目的是使面筋蛋白质聚集成丝状或片状面筋，易于与淀粉分离。面筋的分离由滚筒筛和平筛完成，成熟的面筋蛋白浆由泵送入滚筒筛后，在筛体的滚动和水的冲洗下，面筋在筛面以上结团，淀粉则透过筛网被泵送至粗B淀粉罐。经过筛分，面筋内的淀粉洗净后送入面筋脱水烘干工序。收集的B淀粉则进行B淀粉浓缩操作。面筋分离出来后进入螺旋挤压机脱水，脱水过程中，用水洗涤，将残存游离的淀粉和膳食纤维洗掉，然后使谷朊粉送入干燥工序进行干燥。

湿面筋经脱水机脱水后，由干燥设备内的造粒机将湿面筋制成短圆柱状的颗粒，借助压缩空气将其喷射到干燥管道内。当短圆柱颗粒进入干燥管道内便立即被干燥管道中的干谷朊粉所包裹，从而避免了颗粒间的互相粘连。而后以7~9m/s的速度在干燥管道内运行，颗粒间互相碰撞并粉碎。当物料运行到惯性分离器（俗称蜗壳）时，物料被分离成两大部分，一部分是较粗较湿的物料经大蜗壳进入环形干燥管道，再进行干燥和粉碎；另一部分是较细较小的物料则通过小蜗壳进入脉冲布袋除尘器，经过布袋过滤后，物料被收集起来送进成品筛，谷朊粉由圆筛筛出得到成品谷朊粉。

（4）淀粉生产工序　三相卧螺分离出的重相物质主要是淀粉和膳食纤维，显然膳食纤维的颗粒大于淀粉的颗粒，用离心筛分离最适合，在高速旋转的筛网上，粒径小的淀粉能通过筛缝进入筛下，粒径大的膳食纤维则被留在筛上，进入筛上物的收集箱中，从而完成淀粉和膳食纤维的分离。筛下的淀粉要进行精制提纯，采用两相卧螺精制淀粉，精制后的淀粉乳由处于高位的精制淀粉乳罐进入虹吸刮刀离心机。虹吸刮刀离心机的作用是将淀粉乳脱水，脱水后的淀粉由输送绞龙输送进入淀粉气流干燥的缓冲斗进行干燥。

缓冲斗的湿淀粉经喂料绞龙送入扬升器，扬升器将湿淀粉打碎，并均匀地抛入淀粉干燥风管，与经过滤器过滤、换热器充分加热的强力热空气流混合。淀粉在淀粉干燥风管中与热空气迅速换热，淀粉中的水分迅速汽化，在刹克龙组中气体与淀粉分离，尾气由风机抽出。干燥后的淀粉经收集箱、振动卸料器及闭风器，进入淀粉成品筛筛理，筛出的粗渣用绞龙返回至淀粉干燥系统的缓冲斗，细度合格的成品淀粉经缓冲仓缓冲后至自动秤打包，然后运输到成品库。

（5）副产品处理　溢流中的戊聚糖相可以液体状态直接作为饲料，也可以加酶反应后分离出固体部分，或液体部分与工艺废水一起浓缩处理，再与膳食纤维等一起烘干作为饲料。

三相卧螺离心法生产淀粉由于采用了三相卧螺离心机，所以整体工艺的造价成本要比其他谷朊粉生产工艺的造价成本要高。但由于三相卧螺离心法在分离阶段把物料分为三相，因此相比其他工艺具有如下特点：

（1）三相卧螺离心机在分离时，作用力较为温和，对面筋蛋白结构影响较小，因此能够保证成品谷朊粉的质量。

（2）由于戊聚糖等具有黏性物质类的非淀粉多糖单独作为一相被分离出来，因此在后续工艺，例如湿面筋与 B 淀粉的分离，淀粉的洗涤精制过程中会节约大量的工艺用水；

（3）三相卧螺离心分离法，分离的 A 淀粉乳中杂质较少，淀粉乳浓度高，因此后续淀粉在除杂、精制、脱水过程中处理相对简单。

（4）三相卧螺离心分离法，对小麦粉的质量有一定的要求。因为在整个工艺过程中，如果面筋蛋白质量较差的话，在相对较短的时间内，面筋蛋白之间不能充分作用，在离心力的作用下不能完全被分离出来，影响产品的得率，从而会加重下游工段（淀粉提取、酒精发酵）的处理难度。

（5）三相卧螺离心法是一种连续化的小麦淀粉生产工艺，生产环境好，生产周期短，用水量少，综合运行成本较低。

三相卧螺离心法生产谷朊粉的工艺指标为：处理耗水量为 3~4t/t 小麦粉，淀粉收率在 60%以上，谷朊粉收率在 11%~13%。在实际生产过程中，不同的小麦淀粉生产企业在运行过程中根据企业对产品属性要求的不同，对物料的产出会做相应的调整。

5. 马丁法、旋流法与三相卧螺法小麦淀粉生产工艺比较

马丁法、旋流法与三相卧螺法作为国内常见的三种小麦淀粉生产工艺，其生产工艺综合效果比较如表 5-1 所示。

表 5-1　三种常见的小麦淀粉和谷朊粉生产工艺综合效果比较

项目		连续马丁法	旋流法	三相卧螺法
吨小麦粉消耗	耗水/m^3	8~10	5~6	3~4
	耗电/度	220	260	240
	耗汽/t	1	1	1

续表

项目			连续马丁法	旋流法	三相卧螺法
吨小麦粉产出	谷朊粉/kg		120~130	90~100	110~120
	淀粉/kg		≥600	550~580	≥600
	湿纤维 DS20%/kg		500	500	500
	戊聚糖（或黄浆）/m^3		0.5	0.5	0.6
	废水/m^3		≥7	≥4	≤2
质量	谷朊粉	吸水率/%	150~170	150~170	≥180
		蛋白/%	≥75	≥75	≥75
		灰分/%	0.8~1.0	0.8~1.0	≤0.8

从表中可以看出，三种常用的小麦淀粉和谷朊粉生产方法中，以马丁法的谷朊粉收率最高，以旋流法淀粉的收率最低，三相卧螺法的废水量最少。对于其他指标，三种方法基本相似。

现代的小麦淀粉加工厂的发展方向是低排放，产品多元化。在我国，环保和食品卫生的压力正逐步显现，高排放、高污染的项目将逐步被取缔；卫生标准低、生产过程中卫生指标难控制的工艺和设备也将会淘汰。马丁法及改良的马丁法如果不能在废水排放和环境卫生上有突破，将会逐步被淘汰。旋流法虽然较马丁法有所改进，但是在降低废水排放的同时，却牺牲了谷朊粉的收率，更增加了 B 淀粉的处理难度，还衍生出了以污水处理为目的发酵行业，何况酒精发酵本身就是高耗能高污染的行业，无形中增加了企业投资成本和运行成本。三相卧螺法可以在高浓度状态下实现面浆内各种物料的分离，还可以将最难处理的戊聚糖提前分离出来，不仅为以后加工生产戊聚糖制品提供了原料，还减少了后续制品的洗涤用水，为实现产品的“零排放”提供了前提（“零排放”是指利用小麦淀粉生产中的副产物，将其混合蒸发，从而获得高附加值的蛋白质和戊聚糖制品，实现“变废为宝”）。但是，三相卧螺法相较于马丁法和旋流法投资较大。

第二节
原料接收与发放工艺

本节依据小麦淀粉生产工艺过程各工段的不同，分别论述各工段主要工艺过程。小麦淀粉生产使用的原料可从小麦粉加工车间直接输送到淀粉加工车间，也可通过外部采购小麦粉的方式为小麦淀粉加工提供原料。无论是小麦粉加工车间供粉，还是从市场采购小麦粉，一般采用散装运输、接收和发放的形式。散粉散装运输较袋装运输，节省了小麦粉厂的小麦粉打包堆包工序、流通运输过程中的装卸搬运工序、淀粉厂的堆包拆包工序，简化了操作，减轻了劳动强度，节约了大量的劳动力，更重要的是散装运输节约了大量的包装材料，避免了装袋、倒袋时的原料损失。

一、散粉接收和发放系统

散粉接收系统主要由以下几部分组成：

（1）正压输送系统　将小麦粉车间生产的基础小麦粉向储存系统的输送主要靠正压输送系统完成，正压输送系统是低浓度的稀相输送，空气压力源一般由罗茨风机产生。喂料器仍是闭风器，但出口处为圆管形，以便与水平输送管道相连接。当一个品种的输送管道需进多个散存仓时，常使用双向阀和多路阀两种分路器。

（2）小麦粉的散储　完善的散粉接收系统，可设立不同的储存仓，由于要储存外来的基础小麦粉，大多数小麦淀粉加工厂的散粉存量一般要求 3~6d 的车间生产量，所以要求仓容量较大。为了节约建筑投资，国内的散粉的储存一般在 2~3d 的生产量。

（3）基础粉进入储存仓之前，一般通过检查筛、自动秤、磁选处理。基础粉在进仓前要取样化验，掌握散存仓内每种基础粉品质情况。

（4）散粉的发放　散粉的发放是指将散装储存的小麦粉或混配完成的专用小麦粉输送到下一工序设备，一般为定量缓存仓或和面机。

目前新型散装小麦粉的自动发放系统由空气净化处理、出仓、在线筛理、定向输送、计量及自动控制等关键部分组成。①采用散装粉料的流化出仓技术，能显著降低缓存仓的高度，实现缓存仓的灵活设置，可大幅度减少土建等固定资产投资，特别适合小麦淀粉加工企业现有粉状原辅料接收、发放系统的升级换代。②采用在线筛粉技术，可实现粉状物料气力输送、筛理在线一体，能有效去除原辅料中团块、虫体等大颗粒异物。③采用定向输送、计量及控制技术，能够实现多点发放、多点定向输送，卸料与计量自动一体，可根据小麦淀粉加工厂主机设备的工艺位置灵活设置输送、计量系统。④小麦粉等粉状原辅料的发放将完全在封闭管道中运行，完全能够实现清洁生产，消除虫害等食品安全隐患。

二、小麦粉调配工艺

小麦粉接收是指由小麦粉车间生产出的不同性状的基础粉，分仓储存，再根据淀粉生产需要进行混配制成符合一定质量要求的小麦粉，在混配过程中也可加入酶等辅助原料，以提升小麦淀粉和面筋蛋白的分离效果。通过小麦粉混配，可以灵活地调整小麦粉的品质以满足后续加工的需要。

（一）基础小麦粉配置

基础小麦粉配置工艺是将从小麦粉加工车间得到的用于淀粉生产的小麦粉，经过混配满足小麦淀粉生产用粉需求。在国内一般是将小麦粉加工车间的后路粉用于小麦淀粉的生产。可将不同批次的后路粉放置在不同的散装储存仓内，然后根据每种基础粉的品质特性，如粒度、损伤淀粉、面筋特性、降落数值、灰分等特点，根据淀粉专用粉的特定要求进行混配。

（二）小麦粉检查

小麦粉检查是配粉工艺非常重要的环节，其目的是避免部分基础粉由于收集不当造成的不合格小麦粉对整个配粉的污染。在配粉之前，应当首先进行基础粉的检查。当制粉车间出现检查筛串仓、筛网破裂等故障时往往会造成不合格的小麦粉混入基础粉中，如果这部分小麦粉没有检查出来，经过配粉过程后，会造成不合格小麦粉的范围大幅度地扩大，从而使整个配粉过程失败。此外，由于机器故障、人为因素或不可预测因素造成的小麦粉中出现的杂质，也可以被分离出来。

（三）计量

为了便于小麦淀粉车间工艺指标的考核，为了对各种基础粉的数量有一个总体的统计，以便实现对配粉仓的合理安排使用，在基础粉入仓之前需要设置计量。计量采用中间计量秤等设备来实现。

（四）磁选

在基础粉入仓之前，一般设置一道磁选以除去小麦粉里混杂的金属杂质，避免对后续工艺的影响。

（五）入仓和倒仓

基础小麦粉经检查、计量、磁选等工序后，送入小麦粉仓。完善的配粉工艺在设计时要考虑入仓的灵活性，根据需要基本小麦粉可以进入储存仓、配粉仓和散装发放仓；从储存仓排出的小麦粉除可以进入配粉仓和散装发放仓外，还可以进入一些储存仓，实现倒仓功能。配粉仓出仓的小麦粉除可以进入散装发放仓外，还应该能够进入小麦粉储存仓，便于倒仓。

把小麦粉送入小麦粉仓的方式有机械输送（采用提升机和螺旋输送机）、正压和负压气力输送等方法。对于卸料点较多的小麦粉仓，一般采用正压气力输送的方法。

（六）配料和混合

1. 配料

配料是配粉的关键工序，配料设备的精度决定着小麦粉配比的准确度。小麦粉的配料方式一般有三种类型：重量式配料、容积式配料和连续式配料。

（1）重量式配料　计算机按配方上的各物料的重量比例和先后顺序，通过控制螺旋喂料器向配料秤送料，达到一定重量后放入混合机。重量式配料的精确度较高，误差在0.1%左右，是一种理想的配料方式，其缺点是投资较高。

（2）容积式配料 容积式配料是在粉仓下安装调速螺旋输送机或者容积式配料器，配料时，同时启动各条螺旋输送机进行连续配料。容积式配料的误差为4%~6%，适用于各种小麦粉之间的混配，不适用于小批量的添加剂等，但是容积式配料的投资小、操作维修非常方便。

（3）连续式配料 连续式配料的原理是在每一个配粉仓的下面设置一台电子流量计，按照配比方案通过流量计控制每个仓的出仓流量与配比一致，从而实现配料。连续式配料的优点是配料时间短，缺点是当出现配比的变化或开停车时，会出现瞬时的不稳定。

2. 混合

混合的方式有两种：即间歇式混合和连续式混合。间歇式混合主要通过混合机来实现，其缺点是混合时间较长，一般为3~5min，投资高、占地大、检修不便；优点是混合效果好（混合均匀度为0.05~0.08），装卸排料迅速彻底，便于清理维修和实现自动控制，对微量添加的物质有较高的混合效果。该方式的混合一般和重量式配料相匹配。连续式混合通过容积式配料器或不同调速螺旋输送机进入连续式混合设备，其原理与连续式配料相同。连续式混合的均匀度较差，对于微量添加的物质尤为不利。以重量式配料和混合机配合为例，其配料混合过程为：配料秤由配粉仓下的螺旋喂料器进料，喂料器的开停由计算机控制。配料秤每秤的称量值及配方由操作人员输入计算机，由计算机控制配料秤的工作过程。配料秤由配粉仓下的螺旋喂料器进料，称重传感器将秤斗的重量转换成电信号送入计算机，由计算机根据配方控制喂料器，依次将各种小麦粉和添加剂送入秤斗中。当完成一个批次的进料后，停止进料，打开下料门排料。排空后关闭下料门，开始下一批次的进料。当配料秤放料进入混合机后，混合机开始混合，混合时间一般在60~120s。混合完成后，混合机开门排料，排料时间一般为10~30s，把混合后的小麦粉放入缓冲斗，物料排空后混合机关闭料门，开始下一批次的进料，整个配料和混合过程需要3~5min。

（七）小麦粉的散装发放

散装发放系统，所需设备有小麦粉仓及其配套设施、散装小麦粉运输车等。散装小麦粉接收厂家相关接收设施有散装小麦粉接收仓、粉筛、小麦粉称量设备、小麦粉输送设备等。在小麦粉散装仓的仓底装有流态化卸料器，通过有伸缩软管的装粉器进入散运罐车，每车25~30t，40~60min就能装满。散运车自带流化卸料设备，并能完全卸空且便于清理。

目前，为了节省投资，国内的小麦淀粉加工企业一般采用小麦粉厂加工的后路粉作为淀粉生产的原料。小麦粉厂将不同批次的后路粉储存于不同的小麦粉仓，然后根据小麦淀粉企业生产的需要，将不同的后路粉进行混配，在混配过程中，有时要添加细胞壁分解酶（如戊聚糖酶、纤维素酶）、脂肪酶等。小麦粉厂混配后的小麦粉可直接散装输送到淀粉加工车间，如果小麦粉原料外购，混配后的小麦粉一般要经过包装或散装运输的方式运输到小麦淀粉加工企业。典型小麦淀粉加工企业的原料接收工艺流程如图5-5所示。

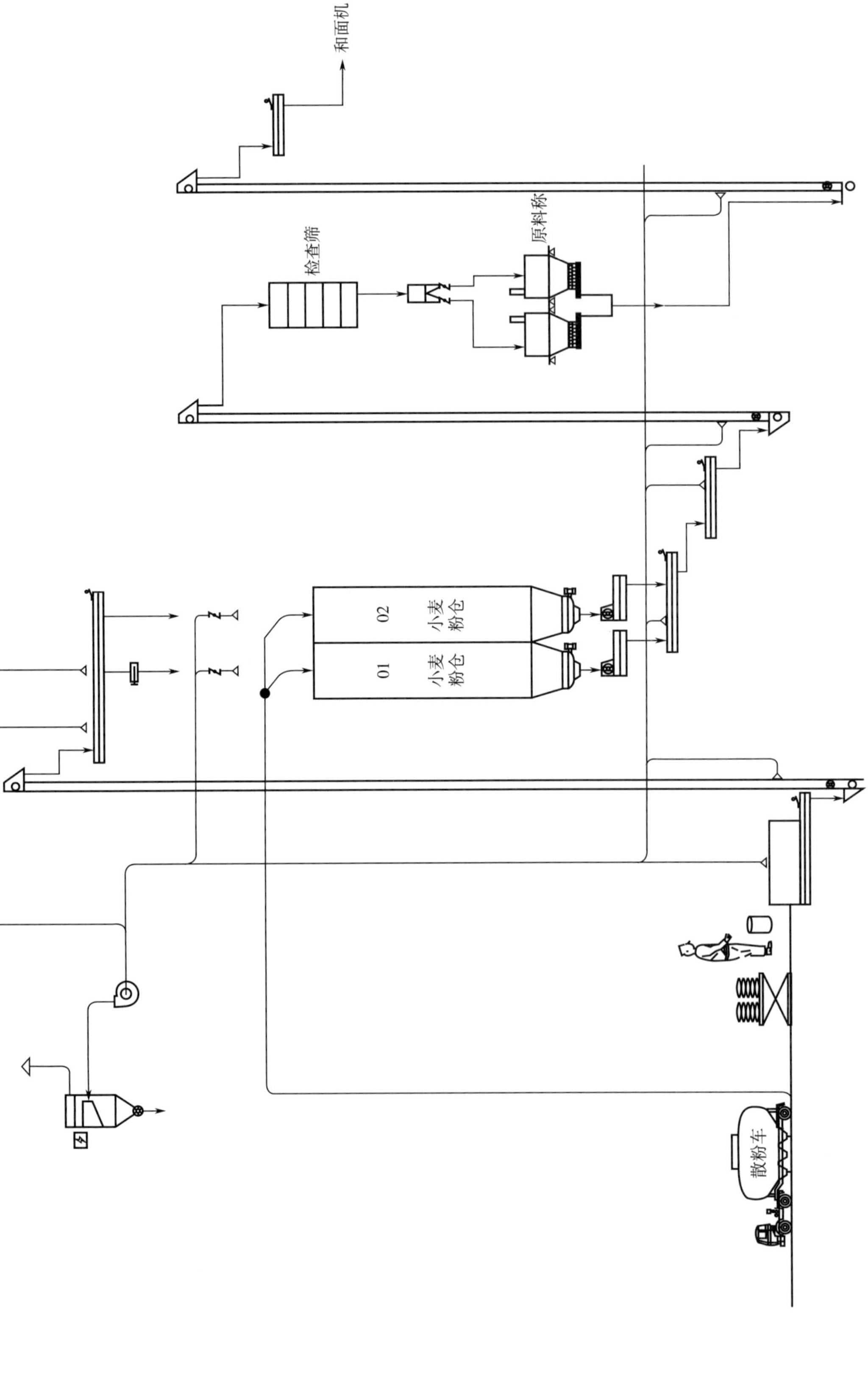

图 5-5　200t/d 小麦淀粉原料接收工艺流程图

第三节
和面与面团调质工艺

在小麦淀粉生产中，小麦粉首先加水和面形成面团（或面糊）。小麦粉加水和面形成面团（或面糊）的状态对分离效果起着非常重要的作用。小麦淀粉和谷朊粉生产中和面形成的面团与面制品制作时的和面原理类似，但形成的面团状态不同。面团是一个浓缩体系，和面产生的剪切和拉伸力使小麦粉中的面筋蛋白相互连接成面筋网络结构，并在一系列的复杂作用下形成了具有一定流变学性质的面团。为了促进面筋蛋白的聚集，有利于淀粉和面筋蛋白的分离，和面形成的面团需进行熟化处理。有时为了配合后续的小麦淀粉和谷朊粉的分离，还需要对熟化处理后的面团进行均质处理。不同的小麦淀粉和谷朊粉分离方式对形成的面团状态要求不同，因此，和面与面团的调质要配合分离工艺的要求。

在面制品的制作过程中，和面是一个非常重要的工序，对于小麦淀粉加工来说也是如此。小麦粉中的淀粉和蛋白质在干状小麦粉体系中很难被分离，一般通过在小麦粉加水和面形成面团或面糊体系，然后在对面团进行熟化、调浆等处理后分离淀粉和蛋白质。因此，和面过程以及形成的面团（或面糊）体系特性对小麦淀粉和谷朊粉分离效果是非常重要的。

（一）面团形成原理与过程

面团的形成不是一个简单的物理过程，面团在搅拌和静置的过程中，面筋蛋白质肽链间存在着复杂的价键变化。小麦粉加水搅拌后，能形成具有延伸性和黏弹性的面团，其原因是面筋蛋白质形成网状结构的结果。在面团形成过程，面团搅拌时，各种物料逐渐混合均匀，分布在小麦粉中的麦谷蛋白和麦醇溶蛋白吸水润胀，面团从润胀开始，逐渐变软，黏性不断增强，充分吸水的蛋白质分子通过搅拌相互接触，彼此的巯基之间相互交联，形成巨大的立体网状结构，成为面团的骨架，其他成分如淀粉、脂肪、低分子糖、无机盐和水被填充在其中，形成具有良好黏弹性和延伸性的面团。

小麦淀粉生产过程面团的形成，实际上是利用面团的形成使面筋蛋白质发生聚集，形成面筋的过程，另外，通过小麦粉加水混合最终形成面糊状面团结构，可以使小麦粉中的淀粉和蛋白质充分分散，从而有利于后续淀粉和蛋白质的分离。由于面筋蛋白质的聚集使得面筋蛋白以团状面筋或颗粒状面筋形式存在，可通过改善蛋白质与淀粉之间物理特性的差异，从而使蛋白质和淀粉之间容易分开。在面团的形成过程中，蛋白质由于聚集形成面筋，使蛋白质与淀粉之间的颗粒度、相对密度之间差异变大，这样可以通过离心、旋流、筛理等方式将蛋白质和淀粉分开。

（二）不同小麦淀粉生产工艺中面团特性

小麦淀粉和谷朊粉主要是通过小麦粉的湿法分离来生产的，目前，在工业上被广泛应用的主要有四种方法：改进的马丁法、阿尔伐拉伐-瑞休法、水力旋流法（又称旋流器法）和三相卧螺法。分离工艺也可根据面筋蛋白的聚集程度进行分类，可分为面团法、面糊法、面团-面糊法、稀面糊法等。不同生产工艺形成的面团特性不同：

（1）面团法　面团法或称马丁法是从小麦粉中获得面筋的传统方法，自 1835 年以来被广泛使用。在此工艺中，小麦粉和水（约为小麦粉质量的 0.6 倍）揉合后形成相对较硬的面团（基本类似于面制品制作时的面团状态），然后将面团静置一段时间使之充分水化，形成稳定的面筋基质，将熟化后的面团在连续的搅拌机中用额外的水揉和洗涤，以去除面筋中的淀粉和水溶物。该工艺中形成的面团最佳的水与小麦粉比例，随小麦粉中类的不同而变化。在最适加水条件下形成面团，这样面团静置一定时间后，小麦粉蛋白才能形成机械强度较大的面筋网状结构。

（2）面糊法　在面糊法中，小麦粉与其质量 0.85~1 倍的温水（25~40℃）混合搅拌，形成均一浓稠易流动的面糊，加水量取决于小麦的种类和其蛋白质含量。硬麦比软麦的需水量多，可能是因为硬麦中蛋白质、戊聚糖和损伤淀粉含量高，从而吸收更多的水分。面糊熟化约 30 分钟，以使面筋水合并开始聚集，然后加入 2 倍于小麦粉重量的冷水，剧烈搅拌混合后，面筋凝聚成类似于凝乳的球状悬浮液，淀粉和面筋蛋白通过旋转筛淀粉分离。在该工艺中，小麦粉和水比例对面筋回收率影响最大，较浓稠的面糊可提高面筋得率，但其纯度较低。小麦粉含水量、小麦品种、蛋白质含量对面糊的稠度影响较大。

（3）面团-面糊法　此工艺的第一步也是先形成面团。小麦粉与其质量 0.5~0.6 倍的水混合形成面团，然后加水使面团分散稀释形成糊状液，最后通过筛分和离心得到淀粉和面筋蛋白。

（4）稀面糊法　在稀面糊工艺中，小麦粉与水快速混合形成较稀薄的流动性面糊，面糊再与水混合形成剪切的小麦粉-水分散液，其固形物浓度为 20%，然后通过卧式螺旋离心机分离，得到淀粉相和蛋白相。

在目前常见的改进马丁法、阿尔伐拉伐-瑞休法、水力旋流法和三相卧螺法中，马丁法是在面团状态下通过水洗分离淀粉和面筋蛋白；水力旋流法是在类似面团-面糊法或面糊法状态下分离淀粉和蛋白质；阿尔伐拉伐-瑞休法和三项卧螺法是在类似面糊法，也有在类似面团-面糊法状态下分离淀粉和蛋白质。

（三）面团的静置

面团的静置又称醒面，是指将和好的面，在进一步加工前静置一段时间，这个过程称为醒面。醒面的过程，使得和好的面团更易加工，表现为面筋蛋白和淀粉容易分离，面制品制作时做出的面点更加筋道（有嚼劲，抗剪切性能较好）、柔软，口感也更加的细腻和顺滑。

面团的静置是面团形成的重要环节，刚搅拌完的面团，麦谷蛋白肽链虽已伸展呈线性结构，但分子间相互缠绕很难产生滑动。此时，由于和面或是揉制过程中的外力作用，面筋中的蛋白质大分子处于一种纠缠状态，分子结构中存在着较大的内应力，且由于这种分子结构的纠缠状态，使得蛋白质分子在空间上产生收缩，会使得面团的口感粗糙，筋力降低，适口性差。不论小麦粉品质如何，面团均表现为延伸性很小，层流阻力大，通过一段时间的静置，麦谷蛋白分子呈线性定向排列，缠结点大大减少，面团就能表现出较好的延展平衡，满足加工工艺的要求。

静置的作用就是让面团内的蛋白质分子有松弛和重构的时间，是一个消除应力和蛋白质分子空间结构重构的过程。通过醒面过程，面团中在外力作用下被扭曲及破坏的网状结构得到了重塑，面团中的蛋白质重新恢复了应有的空间构形，得到了很好的舒展。醒面的意义与作用在于，可以让面团中没有吸足水分的粉粒有一个充分吸收水分的时间；可以让没有伸展的面筋得到进一步的规则伸展；而且经过反复揉搓后的面团，面筋处于紧张状态，韧性强，静置一段时间后，面筋得到松弛缓解，延展性增大，更便于下一步工序进行。

（四）面团调糊与均质

由于面糊中的淀粉和面筋蛋白还是相互粘连的，如要使用三相卧螺离心机高效分离它们，必须使二者在水中相互游离，使面糊形成比较理想的悬浮液，所以要采用专用的均质设备对面糊进行均质。均质的主要目的是将面筋网络与包裹的淀粉颗粒分散并将面筋网络组织打断，调制成面筋颗粒较小的均匀悬浊液，被喂料泵高速送入三相卧螺离心机后可实现面筋与淀粉的有效分离。

和面后的面糊料液浓度很高，面糊浓度在45%左右，在调浆均质的过程中加入适量的水将面糊稀释，主要作用：①水分子与蛋白质胶体的极性基团发生溶剂化作用，将蛋白质胶团表面的可溶性粒子洗脱下来，使其蛋白质胶体间处于溶解状态，形成相对均匀的悬浊液；②降低面糊的浓度，均质后的物料浓度一般控制在35%～40%，将浓度降至35%以下能顺利通过三相卧螺离心机。

（1）面团法调糊　小麦粉与其质量0.5～0.6倍的水混合形成面团，静置10～30min，然后用适量的水在剪切力作用下将面团分散到2倍于其质量的水中，得到面团-水分散液，即面糊。这种面团-水分散液的固体浓度为20%～30%。

（2）面糊法调糊　小麦粉与适量的水混合，小麦粉颗粒在吸水润胀的同时被机械力打散，小麦粉中的蛋白质较淀粉颗粒而言吸水量大而且速度快，体积增大也比较多，由于小麦粉中的蛋白质和淀粉是相互包容嵌合的，这就加速了小麦粉颗粒的崩溃，在小麦粉颗粒崩溃的过程中，小麦粉中的可溶解成分溶解，最终小麦粉与水充分混合形成相对均匀的面糊。

在调糊阶段，调糊用的小麦粉必须在仓内存放24h以上，严禁小麦粉现磨现用；严禁使用发霉、变质结拱的小麦粉；调制面糊的过程中，先加入工艺水再加入小麦粉进入和面机，水与小麦粉质量比控制在1∶（0.85～1）为宜；保证调制面糊用水温度在30℃左右；调制面糊以面浆能够断断续续，挂丝离开和面机，并且不能带有硬面疙瘩为宜。

（3）面糊均质　调糊后，面糊中的淀粉和蛋白质相互粘连，如要使用离心设备分离它们，必须使二者在水中相互游离，使面糊形成比较理想的悬浮液，必须采用专用的均质设备对面糊进行均质。面糊打入均质机中，均质机的压力可通过改变均质阀的间隙进行调整，压力可高达 10^7Pa。面糊通过均质阀时由高压迅速恢复到常压，由于压力的骤然变化，以及均质阀的剪切作用，便面糊熟化并实现蛋白质网络的迅速凝聚。均质使用的设备可采用乳品工业中常用的均质机。

均质过程中蛋白质与淀粉逐渐完全分离，在分离过程中，麦谷蛋白通过分子间二硫键交联形成线状的大分子聚合物；麦醇溶蛋白通过分子内二硫键、氢键及疏水作用形成球状小分子聚合物。麦谷蛋白聚合物、麦醇溶蛋白聚合物以氢键、疏水键等非共价键结合形成微纤维束状。均质过程中非面筋蛋白质也形成强度很弱的网状聚合物，在面筋网络形成时进入麦谷蛋白聚合物形成的网络间隙中，它们与面筋网络间存在着弱共价键和疏水作用，比淀粉更难以洗去。

（五）和面过程工艺流程

（1）面团法　小麦粉和水以 1：（0.5~0.6）的比例放入和面机中，从而得到光滑、均匀、较硬但无硬块的面团。小麦粉和水的比率视所用小麦粉的种类而定。硬质小麦粉能和面形成弹性很强的面团，所以要比用软质小麦粉多使用水；软质小麦粉和成的面团容易断裂、撕开。用含盐量低的软水和面使面筋变得黏滑。面团在进入洗涤阶段之前应放置一定时间，使面筋饱吸水分，以提高其强度。

（2）面糊法　原料小麦粉定量后进入混合器中与水混合形成面糊，小麦粉与水的比例为 1：（0.85~1）。混合器使小麦粉颗粒充分水化，形成均匀的面糊，不能存在混合不均匀的大颗粒或不均匀的小面团，以便于后续均质工序的顺利进行。

不同小麦淀粉生产工艺和面团处理过程如图 5-6 所示。

（六）影响面团特性的因素

面团形成过程中，和面用水（用量、温度、矿物质含量）、和面方式、搅拌时间和速度、原辅料变化等对面团的流变行为有极其重要的影响。

（1）水　水是调制面团的主要介质，在谷物食品的生产原料中仅次于小麦粉位居第二位。水的好坏将直接影响到面团的物理性质，对其加工品质影响很大。在工艺上，水能使蛋白质吸水润胀形成面筋网络，构成制品的骨架；同时使淀粉糊化，有利于熟制后人体的消化吸收；溶解各种干性的原辅材料，从而得以形成均匀一体的面团。水的比热容大，所以经常用水温来调节和控制面团的温度。水的硬度、pH 和水中的矿物质对面团调制也有很大的影响。水的 pH 在中性或酸性（pH 5~6）时对面团调制无影响。强酸（pH<5）和强碱（pH>8）对面团的吸水性、延伸性及面团的形成均有不良影响。有关研究发现水中的碱性物质可以强化面筋筋力，增加面条的抗拉伸性，缩短面条的最佳蒸煮时间，促使面条在蒸煮过程中吸收更多水分；用一定硬度的水和面可以促进面筋网络

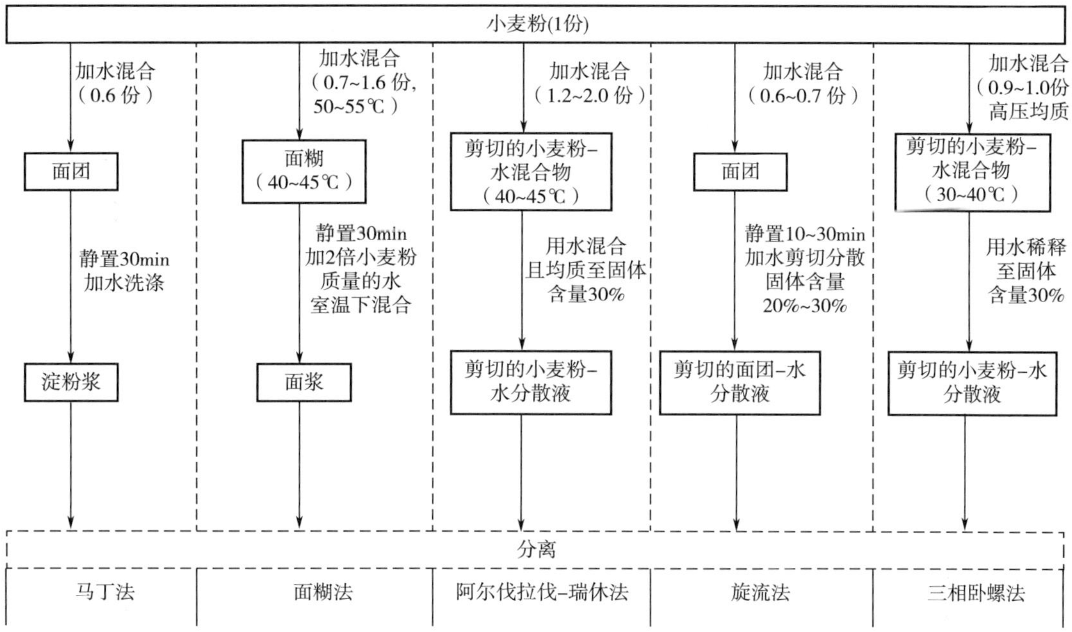

图 5-6　小麦淀粉不同生产工艺面团处理工艺

的形成；加水温度在 25~40℃时可以生成较多的面筋，并且柔软富有弹性。研究表明，在淀粉-面筋蛋白分离过程中，面团含水量的增加对面筋的团聚有积极的影响，最大孔径筛上的面筋蛋白回收率随着含水量的增加而增加。

（2）和面方式　目前关于和面方式对面团特性的研究大多集中于和面设备类型与和面条件设置上，但由于面团形成过程中产生不同的几何形状和输入功，导致相关研究结论存在较大争议。有研究发现高速连续和面设备和间歇式和面机的面团品质存在较大差异，这可能与面团输入功、加水量、搅拌速度以及和面时间有关，和面速度过高会弱化面团结构，使面团硬度和应变减小。

（3）搅拌时间和速度　搅拌时间的控制对面团的性质也有很大的影响。搅拌时间不足，面团内部组织粗糙，颗粒较多，结构不均匀，面团表面易撕裂；搅拌时间过度，面团表面过于湿黏，面团过于软化，极不利于面团整形操作。搅拌速度和能量（功）输入必须大于某一临界值以形成面筋黏弹性网络，但也要在和面的过程中避免过度搅拌破坏面团的面筋网络结构。

（4）原辅料

①小麦粉：小麦粉中蛋白质含量是影响面团特性的一个非常重要的因素，小麦籽粒含有大约 12%的蛋白质，主要存在于胚乳中。这些蛋白质可以分为两大类：面筋蛋白和非面筋蛋白。非面筋蛋白（占小麦总蛋白的 15%~20%）由清蛋白（溶于水）和球蛋白（不溶于水，溶于稀盐溶液）组成。面筋蛋白（占小麦蛋白质总量的 80%~85%），由麦醇溶蛋白和麦谷蛋白组成，不溶于水，是小麦主要的贮存蛋白质。面筋蛋白在面团形成

过程中起主要作用。在面团形成过程中，麦醇溶蛋白起“塑化剂”的作用，促进面团的黏性流动和延展性，这是面团重要的流变学特性。它们可能通过疏水相互作用和氢键相互结合或与麦谷蛋白结合。麦谷蛋白主要使面团具有抗延展的特性。在面团发分离淀粉和面筋蛋白的过程中，有研究发现蛋白质的溶解度（7%~21%）、回收率（52%~80%）和蛋白质纯度（60%~80%）在很大程度上取决于小麦品种，这可能是由于不同品种其面筋蛋白聚集能力不同，而这可能与麦谷蛋白聚集的差异性有关。麦谷蛋白聚集程度高的小麦品种，其特征是具有良好的蛋白质聚集特性，因此，面筋蛋白产量较高，而且淀粉中蛋白含量会较少。另外，强筋优质小麦的蛋白质含量高，其小麦粉具有较高的吸水性，加水后形成的面团筋力较强，耐搅拌性强，具有较高的抗拉伸性，而蛋白质含量低的弱筋粉的面团流变特性与之相反。因此，不同种类的小麦粉加水后形成的面团特性存在一定差异。

除小麦粉中面筋蛋白的含量和特性外，其中的戊聚糖也会影响面筋蛋白的聚集，从而影响面团特性。小麦粉中有水溶性（0.5%~1.0%）和水不溶性（1.0%~1.5%）两种戊聚糖，这两种戊聚糖具有不同的理化性质，在淀粉-面筋蛋白分离中发挥着重要作用。水溶性戊聚糖在增加面团黏度方面突出，而水不溶性戊聚糖在增强面团持水能力方面更突出。它们可以结合或持有5~10倍于它们自身重量的水，以增加小麦粉湿磨中液相的黏度。这反过来导致离心场中小的B淀粉颗粒沉降速率的降低，从而造成淀粉产量的降低。研究证明，在面团混合过程中，水溶性和水不溶性戊聚糖都通过争夺水分和改变面筋发育的条件间接干扰面筋的形成和聚集，从而影响小麦粉形成面团的质量，以及后续淀粉和面筋蛋白分离效果。关于戊聚糖与谷蛋白的形成和聚集，存在多种理论，包括戊聚糖对谷蛋白聚集的黏性相关干扰、搅拌过程中戊聚糖网络的形成对谷蛋白聚集的空间阻碍以及在面团混合过程中戊聚糖与谷蛋白颗粒的直接相互作用等。据报道，戊聚糖干扰面筋的形成和聚集这个问题可以通过在面团混合过程中加入更多的水和增加混合时间，或者加入适量的木聚糖酶来解决。戊聚糖被证明会导致面筋颗粒的不完全聚集，并且这些颗粒的聚集倾向较小。添加木聚糖酶和阿魏酸后，谷蛋白的聚集和进一步聚集的趋势增强，从而使面团具有较强的黏弹性和延展性。

②加工助剂：研究发现，在小麦粉面团中添加戊聚糖酶会降低面团的持水能力，表明戊聚糖的分子降解。戊聚糖的水解是面筋和淀粉产量增加的原因。戊聚糖酶可以降低水不溶性戊聚糖和水溶性戊聚糖的相对分子质量，从而降低离心介质的黏度，有利于淀粉和面筋的更好地分离。现在的小麦粉湿磨工艺的确是为了在加工的早期去除可溶性戊聚糖，从而避免在离心分离淀粉和面筋时黏度的积累。

在工业实践中，木聚糖酶常用于小麦粉淀粉-谷朊粉分离，以改善小麦粉湿法分离加工工艺。木聚糖酶在分离过程中的作用被归因于它们对黏度的影响，其可以通过释放水分来降低小麦粉浆的黏度从而改善分离过程中面筋的结块行为，进而促进淀粉-面筋蛋白的分离。

另外，也有研究者研究了脂肪酶在小麦粉分离成淀粉和面筋蛋白中的作用。在测试的最高浓度下，它与对水溶性阿拉伯木聚糖具有水解特异性的木聚糖酶结合，可以显著提高面筋的聚集和产量。而且在不添加木聚糖酶的情况下，对非极性脂质具有水解特异性的脂肪酶也可以作为小麦粉分离的加工助剂，最大限度地提高面筋的聚集和产量。

第四节 淀粉与面筋蛋白分离工艺

在小麦粉体系以及小麦粉和水组成的复合体系中，将其中的淀粉和蛋白质有效分离是小麦淀粉和蛋白质（面筋蛋白）生产的关键工序。淀粉和蛋白质分离的方法是基于小麦粉或小麦粉与水组成的复合体系中淀粉和蛋白质特性的差异。利用淀粉和蛋白质不同的物理特性，淀粉和蛋白质分离方法不同。下面就不同的淀粉和蛋白质分离原理、方法等进行叙述。

一、小麦淀粉和蛋白质分离原理

小麦淀粉的生产与玉米淀粉以及薯类淀粉等生产不同，小麦淀粉加工的产品——淀粉和面筋蛋白（谷朊粉）是两种同等重要的产品，而在玉米淀粉、薯类淀粉生产时，淀粉是主要产品，其他是副产品，这就使得小麦淀粉和蛋白质的分离方法与其他淀粉分离方法不同，同时也是小麦淀粉和谷朊粉加工独特和复杂的地方。

小麦粉中的主要组分是淀粉、蛋白质，除此之外，还含有非淀粉多糖（戊聚糖、β-葡聚糖、纤维素）、脂质、维生素、矿物质等。淀粉和蛋白质作为小麦粉中两种主要的化学组分，除了其化学性质不同之外，它们之间的物理特性也不同，小麦淀粉和蛋白质分离原理就是基于在面团（面糊）体系中淀粉和蛋白质物理特性的差异，即基于它们之间溶解性、密度和颗粒大小的差异。

小麦淀粉和蛋白质的湿法分离是采用水为介质，利用淀粉和蛋白质在水相中特性的差异，采用不同的方法将其分开。由于将淀粉和蛋白质分离的方法不同，派生出小麦淀粉和蛋白质不同的生产工艺，小麦淀粉和谷朊粉生产工艺的不同主要是基于在生产过程中淀粉及蛋白质分离方法的不同。

在小麦淀粉和谷朊粉的生产中，淀粉和蛋白质粉分离的方法主要有以下几种：①将小麦粉加水形成面团，然后通过水洗、筛理的方式将淀粉和蛋白质分开（马丁法生产小麦淀粉/谷朊粉的原理）；②将小麦粉加水形成面团，然后调浆成面糊，或小麦粉加水和面直接形成面糊，然后通过离心的方式实现淀粉和蛋白质的分离，这是小麦淀粉/谷朊粉离心生产工艺的原理。由于离心的方式不同，离心法小麦淀粉/谷朊粉生产工艺又分为旋流法、瑞休法、三相卧螺法。

二、面团洗涤法淀粉和蛋白质分离

（一）面团洗涤法分离淀粉和蛋白质的原理

由于在小麦粉体系中很难将淀粉和蛋白质分开，因此工业化小麦淀粉和蛋白质分离均采用以水为介质，即在面团或面糊中将其中的蛋白质和淀粉分开。面团洗涤法是马丁法生产小麦淀粉和蛋白质的基础。

小麦粉加水和面形成面团，在形成面团的过程中，蛋白质发生聚集形成面筋，淀粉和小麦粉中的其他组分镶嵌到面筋蛋白的网状结构中，然后随着和面的进行，面筋蛋白逐渐形成，最终形成具有黏弹性的面团结构。在小麦淀粉和谷朊粉的马丁法生产中，小麦粉加水和面形成的面团状态基本类似于面制品制作过程中面团的状态，和好的面团经过醒发熟化，使面团中的面筋充分形成，然后加水揉和洗涤。由于蛋白质在和面时相互聚集成面筋网络结构，在搅拌洗涤的过程中，蛋白质以面筋的聚集状态存在，称为团块状结构，而淀粉从面团中被洗涤出来，在水中成为淀粉乳。由于蛋白质（以面筋形态存在）和淀粉的颗粒度不同，然后通过筛理的方式将其中的淀粉和面筋蛋白分开。因此，面团洗涤法分离淀粉和蛋白质主要是利用了蛋白质聚集后的面筋颗粒度大小和淀粉颗粒度大小的不同将其分开。

（二）面团洗涤法分离淀粉和蛋白质工艺过程

目前在小麦淀粉和谷朊粉生产中，面团洗涤法分离淀粉和蛋白质的方式是采用和面机进行和面后，用水洗涤，然后通过筛理的方式将淀粉和蛋白质分开。具体工艺流程如图 5-7 所示。目前面团洗涤法分离淀粉和蛋白的工艺是在洗筋机中实现和面、面团洗涤以及过筛三种功能。

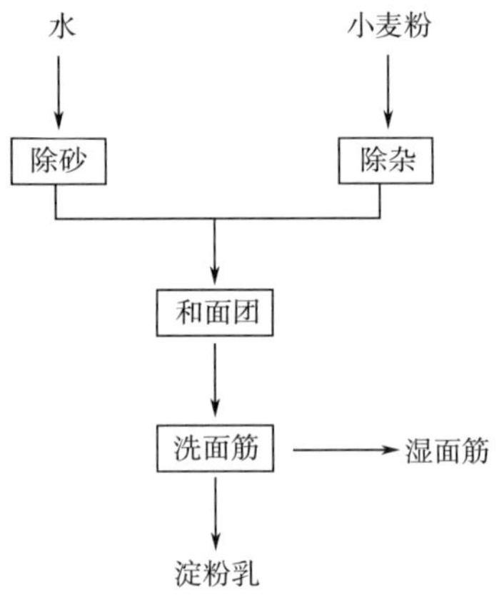

图 5-7　面团洗涤法分离淀粉和蛋白质的工艺流程

水和小麦粉的混合在洗筋机中进行和面，小麦粉和水的比例大致以 1∶(0.5～0.6) 为佳，形成较稠的面团。和面用的水温控制在 35℃左右，pH 6.5～7.0，在水中可以添加一定量的 NaCl，促进面筋网络结构的形成。和面时和面机的转速要适当，转速太快不利于面筋网络的快速形成，转速太慢，和面时间延长又会造成面团升温，弱化面筋结构，在一定转速条件下，以和面时间控制在 15min 为宜。然后再在洗筋机中加水进行洗涤。从面团中用水洗面筋时，采用多次洗涤的方式，洗涤衡量标准以测试洗涤后浆水的淀粉乳浓度为准，当洗涤后淀粉浆的浓度低于 1°Bé 后，停止面筋洗涤。洗筋机中的筛上物面筋进一步进行精制、脱水及干燥处理得到谷朊粉，过筛后的淀粉浆输送至淀粉车间，经过精制、脱水及干燥处理后得到淀粉。

三、离心水力旋流法淀粉和蛋白质分离

（一）离心水力旋流法淀粉和蛋白质分离原理

旋流法（又称水力旋流法）主要基于采用旋流器实现淀粉和蛋白的分离。它利用旋液分离的原理，根据淀粉和蛋白质的相对密度差别，利用旋流器分离淀粉和蛋白质。

在水力旋流法中，有两种面团形成特性，一种是将小麦粉加水直接形成面糊，一种是小麦粉与水混合形成面团，使面团醒发，然后在剪切力作用下，加入水使面团分散，形成面糊。目前，我国一般采用第一种，即将小麦粉加水形成面糊状态。面团-水分散液（面糊）通过过滤去除大颗粒，过滤后的分散液直接用泵输送到旋流器中，旋流器顶流是相对密度较轻的蛋白质相，底流是相对密度较大的淀粉相。然后淀粉相和蛋白质相进行相应的处理工序，最终得到淀粉和谷朊粉，见图 5-8。

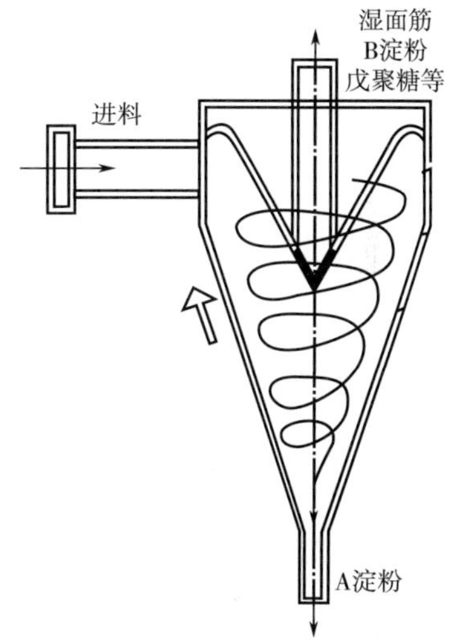

图 5-8　水力旋流法淀粉和蛋白质分离原理图

熟化后的面糊状物料经过旋流器分离后，根据物料组分的不同，物料会被分为溢流和底流两组物料。熟化好的面浆在一定的压力条件下从进浆口的切线方向进入旋流管后，浆料中比重较大的淀粉，开始在旋流管内产生旋转流动，其中淀粉颗粒的运动速度大于水及其他轻杂质的运动速度。由于离心力的作用，相对密度较大的 A 淀粉颗粒具有较快的沉降速度，被甩向旋流管壁并随螺旋形下降至底部出口，通过底流口排出。而相对密度较小的蛋白颗粒、B 淀粉颗粒及其他非淀粉多糖类物质具有较慢的沉降速度，通过内螺旋向上运动而从溢流口排出（图 5-8），而在实际谷朊粉生产过程中难以达到上述理想状态，通常底流中混有少许面筋。

（二）离心水力旋流法淀粉和蛋白质分离工艺

水力旋流法分离淀粉和蛋白质所采用的分离设备是旋流器。旋流器实现物理分离的基本原理是将具有一定密度差的液-液、液-固等两相或多相混合物在离心力的作用下进行分离。将混合液以一定的压力切向进入旋流管，在圆柱腔内产生高速旋转流场，混合物中密度大的组分在旋流场的作用下同时沿轴向向下运动，沿径向向外运动，在到达锥

体段沿器壁向下运动，并由底流口排出。密度小的组分向中心轴线方向运动，并在轴线中心形成向上运动的内旋涡，然后由溢流口流出，这样就达到了两相分离的目的。

在小麦淀粉和蛋白质分离中，通常采用多级旋流管串联在一起，通过多级分离实现淀粉和蛋白质的有效分离，分离工艺流程见图 5-9。

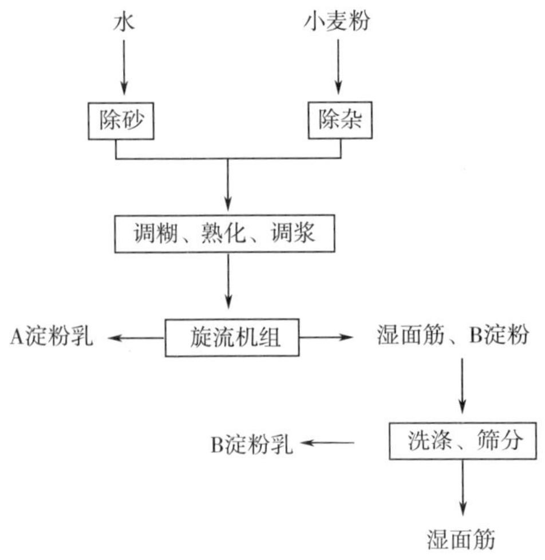

图 5-9　水力旋流法淀粉和蛋白质分离工艺流程

采用水力旋流法分离淀粉和蛋白质时，面糊和水一起进入多道水力旋流器组。蛋白质由于相对密度比淀粉轻在旋流器的顶流，另外，顶流中的蛋白质还含有 B 淀粉、戊聚糖等轻相物质。由于小麦 B 淀粉的相对密度与蛋白质接近，比 A 淀粉轻，因此，在离心分离过程中 B 淀粉一般与蛋白质一起分离出来，A 淀粉单独分离出来。旋流器分离出的底流 A 淀粉经过进一步的精制、脱水干燥后得到小麦淀粉。水力旋流系统的顶流含有具有一定聚集程度的面筋蛋白、B 级淀粉和可溶物质，其进入谷朊粉生产工序经过进一步处理后得到谷朊粉。

按旋流管在旋流器组的分布形式，又可分为圆盘式和直立筒式。旋流器一般由几十至几百个小直径的旋流管组成，旋流管在组合时，都是将旋流管的进料口、溢流口和底流口分别组成三个相互隔离区，并加有密封圈使进料，溢流和底流不相混，每个物料区都有一个物料排料接口，各区都安装有压力表，旋流器底部设有物料排净口。

采用旋流器分离淀粉和蛋白质时，旋流器一般由五到七级相连接，组成一个旋流机组，其管道逆向连接。常见的五级旋流机组的配置情况见表 5-2。

表 5-2　五级旋流机组配置表

旋流器配置	一级	二级	三级	四级	五级
电机功率/kW	37	55	55	45	45
旋流管数量/个	330	492	590	330	240

每根旋流管在 0.6MPa 压力下，可通过 0.2~0.3m^3/h 物料。具体分配比例为底流：溢流=（0.5~0.63）：（0.37~0.50）。

五级旋流机组分离淀粉和蛋白质时的具体操作方法如下：

①先开启安全水阀门；②打开排污阀，开启进水阀（3~5m^3/h），待排污阀完全出水后，关闭排污阀，然后逐次打开出料阀门；③顺序启动旋流泵，待喂料泵开启后，打

开进料阀门并将流量调整到需要流量；④若旋流机组运行过程中，底流A淀粉夹带的面筋过多时，需加大反冲水量，若底流A淀粉乳中面筋含量一直较多时要及时更换主进料旋流盘；⑤经常检查压力表的压力值（0.6~1.2MPa），机组正常工作压力为主进料压力0.4~0.8MPa，其他机组在0.2~0.7MPa；⑥停机前用清水清洗3~5min，以排空管道和机组内物料。

物料经过旋流分离后，底流出来的物料主要是A淀粉乳，将其泵入淀粉车间作为优质淀粉提取的主要原料。溢流出来的物料主要是湿面筋、B淀粉、非淀粉多糖以及膳食纤维等，经过二次清水洗涤及滚筒筛筛分后，将得到的湿面筋进入下道脱水工序处理，其他组分泵入淀粉车间，作为B淀粉提取的原料使用。紧接着用多级旋流器逆流洗涤淀粉以去除基中残留的蛋白等杂质，淀粉乳浓缩，然后干燥得到淀粉（A淀粉）。富含蛋白质相的物料通过振动筛分离出谷朊粉和B淀粉。谷朊粉和B淀粉经过纯化、洗涤、脱水和干燥，得到谷朊粉和B淀粉产品。

旋流法工艺生产谷朊粉与三相卧螺离心法生产工艺都属于离心分离的范畴，二者的主要区别在于湿面筋与淀粉等其他组分分离时所选用的离心设备不同，其他的工艺流程，如调糊、熟化、调浆、分离后湿面筋与B淀粉分离、湿面筋的干燥方式等基本相同。

四、三相卧螺法淀粉和蛋白质分离工艺

（一）三相卧螺法分离淀粉和蛋白质原理

三相卧螺工艺分离淀粉和蛋白质也属于离心分离的一种，该工艺采用三相卧式螺旋沉降离心机（即三相卧式离心机），利用淀粉和蛋白质相对密度的不同实现淀粉和蛋白质的分离。由于小麦粉中淀粉、蛋白质和戊聚糖等组分吸水能力不同，吸水后各组分密度和相对密度也不同，因而在同一离心场中受到的离心力不同，各组分在离心场中占据位置不同，从而进行物理分级。三相卧螺法淀粉和蛋白分离原理如图5-10所示。

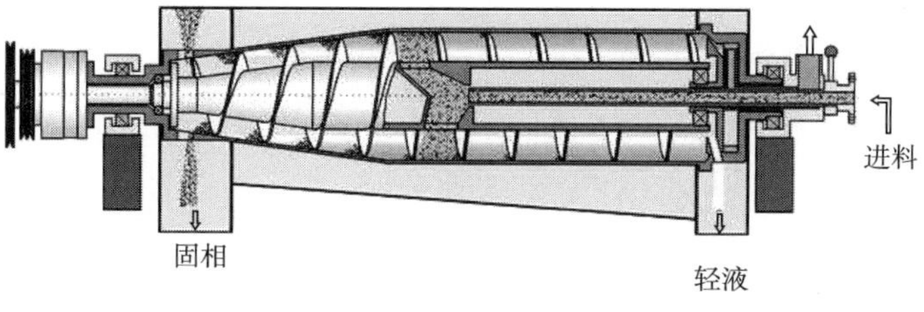

图5-10 三相卧螺离心机分离淀粉和蛋白质原理图

采用三相卧螺机进行分离淀粉和蛋白质时，小麦粉与水首先混合形成较稀面糊，也有工艺直接将小麦粉与水混合调整较浓稠的面糊状态，然后将面糊输送到高压匀质机中，在高压作用下经过混合均质后，通过三相卧螺离心机的分离，会被分成轻相、中相

及重相三部分。轻相主要由非淀粉多糖及其他组分组成，主要含戊聚糖、水溶性蛋白质、可溶性淀粉、部分损伤的淀粉等。中相以湿面筋与B淀粉的组成为主；重相主要以优质的A淀粉为主。分离出的轻相、中相及重相三种组分，经过进一步处理后可得到戊聚糖（又称C淀粉）、谷朊粉和淀粉。

（二）三相卧螺法分离的三相物料特性

采用三相卧螺机可以将面糊体系按照相对密度的不同分成三相，三相的主要组分分别为：淀粉、蛋白质、戊聚糖。三相物料主要组成物质见表5-3。

表5-3　三相卧螺分离所得三相的成分组成　单位：%

物料	总固体	A淀粉	B淀粉	蛋白质	膳食纤维	可溶物
进机	100.0	69.0	8.5	12.5	2.8	7.2
轻相	7.0	1.0	2.5	0.5	0.5	2.5
中相	27.0	8.0	3.5	11.0	1.8	2.7
固相	66.0	60.0	2.5	1.0	0.5	2.0

从表中可以看出，虽然三相卧螺机分离的轻相物料称为戊聚糖相，实际上其主要成分还是淀粉，占到干物质的50%以上，这也是为什么分离出的该轻相物料又称C淀粉相的原因。轻相中的淀粉主要是损伤的淀粉粒及可溶性的淀粉，戊聚糖和蛋白质的含量各占20%左右。这部分物料一般称为小麦淀粉和谷朊粉加工的副产物，因其中淀粉、蛋白质、戊聚糖组成的独特性以及所具有的特定营养特性，这部分物料如果能有效利用，将会对小麦淀粉和谷朊粉生产效益产生较大的影响。

三相卧螺机分离的中相以湿面筋与B淀粉的组成为主，因为面筋蛋白和B淀粉的相对密度类似，面筋蛋白容易和B淀粉发生聚集，所以三相卧螺机分离的中相物料主要是面筋蛋白和B淀粉的混合物。在后续面筋蛋白工艺处理中，再利用面筋和B淀粉特性的特性差异将两者分开。

三相卧螺机分离的重相主要是A淀粉，其淀粉乳中杂质较少，淀粉性能较好，此部分物料进入小麦淀粉处理工序，经过一系列加工生产小麦淀粉。

（三）三相卧螺法分离淀粉和蛋白质工艺

采用三相卧螺法分离小麦淀粉和面筋蛋白质的工艺流程见图5-11。小麦粉与水和面搅拌调成面糊，再将面糊输送到高压匀质机中进行均质，在高压均质机的作用下，可以将淀粉从面糊中的蛋白质基质中分散出来，然后将面糊中分散出的淀粉和蛋白质形成连续的液体相。再将面糊稀释后，用泵输送到三相卧螺机中，该离心机根据相对密度的不同，将面糊分散相分为三相：重相为A淀粉相，其相对较纯，蛋白质含量<1%，A淀粉相通过后续淀粉处理工序在旋流器中逆流洗涤纯化，然后干燥，得到淀粉产品；三相卧

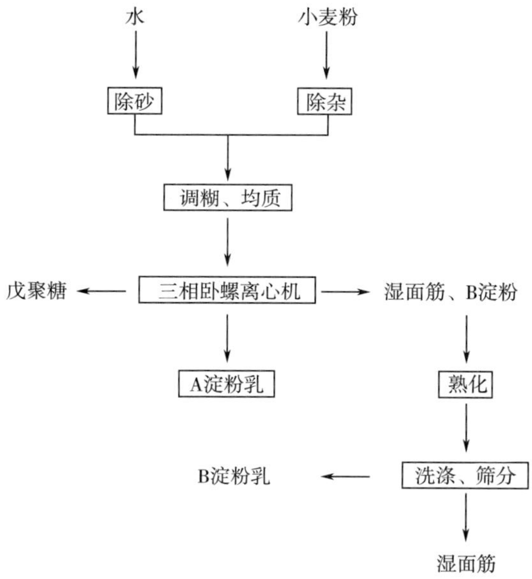

图 5-11　三相卧螺法淀粉和蛋白质分离工艺流程

螺离心机分离出的中相主要是面筋、B 淀粉和膳食纤维的混合物，该部分物料进入后续的面筋蛋白处理工序，面筋通过熟化聚集，颗粒度进一步变大，然后利用筛理设备将面筋从 B 淀粉和可溶性膳食纤维中分离出来，里面的膳食纤维可利用筛理设备从 B 淀粉中分离出来；三相卧螺离心机分离出的轻相为戊聚糖相，又称 C 淀粉相，主要为戊聚糖、可溶性蛋白、细面筋、破损淀粉等。工业上常见的小麦淀粉和面筋蛋白三相卧螺分离工艺流程如图 5-12 所示。

综上所述，三相卧螺法不同于面团洗涤法和旋流法，它将面糊体系按照相对密度的不同分成了三相：淀粉、蛋白质、戊聚糖。采用三相卧螺法分离淀粉和蛋白质的优点是黏性较大的戊聚糖同时与淀粉和蛋白质一起被分离出来，这是因为戊聚糖黏性较大，其存在会影响后续的操作工序。戊聚糖一方面会与面筋蛋白相互结合，影响后续面筋的得率；另一方面，由于戊聚糖在水中黏度很大，也会影响淀粉和蛋白的分离过程，所以在小麦淀粉和谷朊粉分离的初期，利用三相卧螺先将戊聚糖分离处理，可使淀粉和蛋白质有效分离，可以减少后续湿面筋与 B 淀粉分离时的工艺用水量，减轻淀粉提取过程中离心筛与淀粉精制时的设备负荷压力。

五、影响淀粉和面筋蛋白质分离效果的因素

影响小麦淀粉和面筋蛋白质分离的因素有很多，按照大类可以分为两大类，一类是由小麦或小麦粉理化特性造成的因素，这方面的因素很多，如籽粒硬度、非淀粉多糖（NSP）、蛋白质、损伤淀粉、脂类等。另一类是所选用的分离方法及设备不同而造成的因素，比如马丁法、旋流法、三相卧螺法，由于小麦粉和面形成的面团特性不同及分离

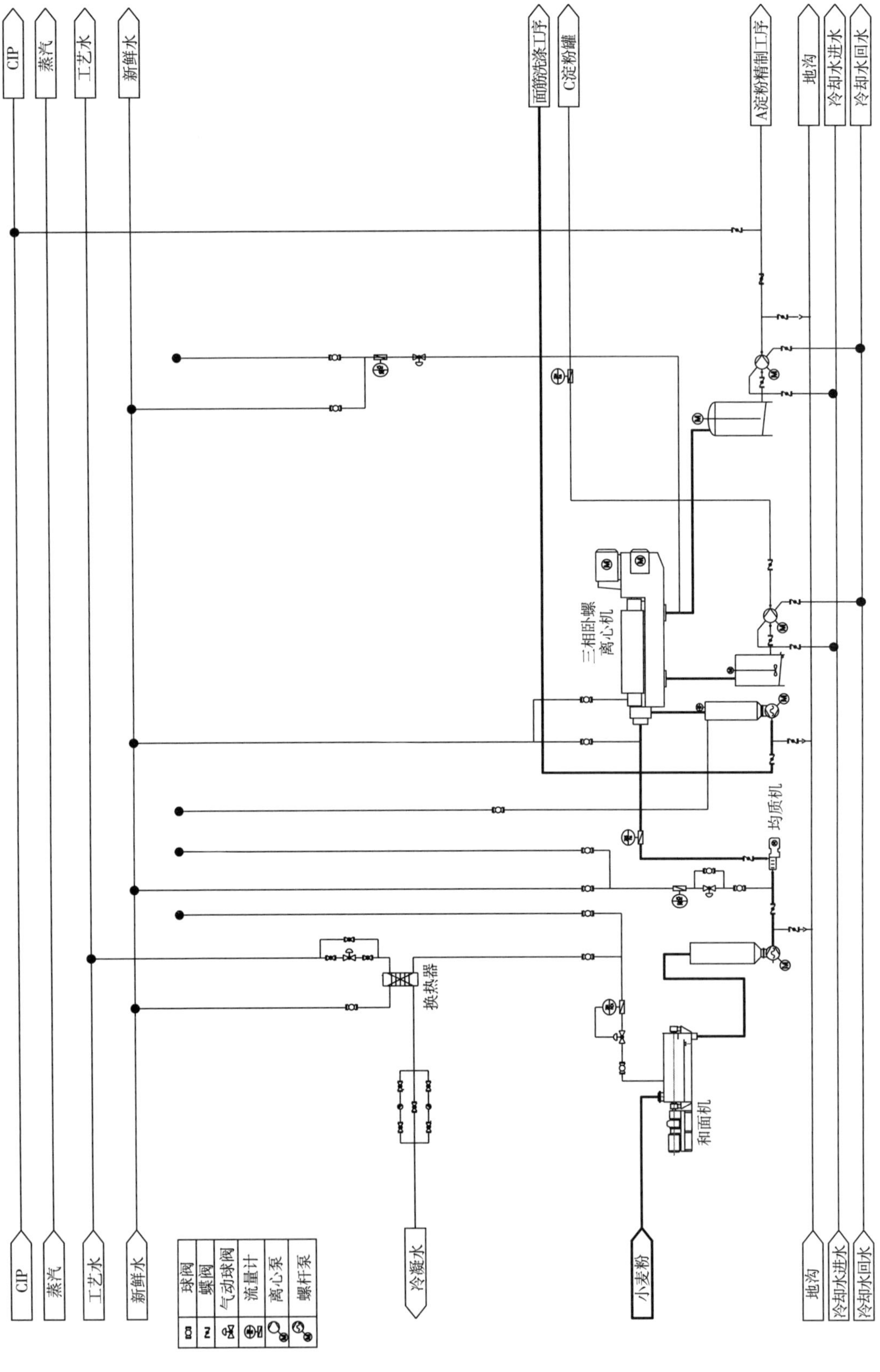

图 5-12　200t/d 小麦淀粉三相分离工艺流程图

设备不同，其会对分离的效果造成影响。下面就影响小麦淀粉和蛋白质分离的原料因素、分离方式因素两方面进行论述。

1. 小麦及小麦粉特性对淀粉和蛋白质分离效果的影响

（1）原料小麦籽粒硬度对淀粉和蛋白质分离效果的影响　小麦籽粒硬度从三个方面影响淀粉和蛋白质的分离：一是软硬麦中面筋蛋白质的聚集程度不同；二是软硬麦小麦粉中淀粉和蛋白质之间的结合程度不同；三是软硬麦小麦粉中的损伤淀粉含量不同。在不同的淀粉和蛋白质分离方法中，这三方面的影响及重要性也不同。在面团洗涤法分离淀粉和蛋白质时，小麦粉加水形成面团，因此，面筋蛋白的聚集程度会影响小麦粉加水后形成面团的特性，硬麦由于面筋蛋白的聚集程度较软麦大，形成的面团特性较软麦面团特性弹性好，因此用水洗涤面团分离面筋和淀粉时，面筋容易成团状，分离的面筋质量较好，但是由于面筋的聚集性较好，其将淀粉粒包裹也较为紧密，因此在用水洗涤时硬麦没有软麦的面团容易洗涤，另外，分离出的面筋纯度一般没有软麦面筋的蛋白质纯度高。硬麦制粉时由于损伤淀粉含量高，会造成面团洗涤分离面筋后的淀粉浆不容易沉降，也会影响分离效果。因此，对于面团洗涤法分离淀粉和蛋白质而言，要尽量控制小麦粉中的损伤淀粉含量，小麦粉筋力不要太强。对于离心法淀粉和蛋白质分离工艺，由于在分离过程中最终要形成面糊状态，使面糊中的淀粉和蛋白质充分游离，然后利用两者之间相对密度的不同进行分离，因此，软硬麦（即面筋蛋白的聚集程度）对分离效果的影响没有面团洗涤法重要。但由于软麦和硬麦特性差异在制粉过程中产生的损伤淀粉含量差异对分离效果影响较大。硬麦粉中由于损伤淀粉含量较高，所以形成面糊时容易造成面团发黏，进而影响其中淀粉和蛋白质的分离。因此，无论是面团洗涤法还是离心法分离淀粉和蛋白时，均应控制好其中的损伤淀粉含量。

（2）小麦粉组成对淀粉和蛋白质分离效果的影响　小麦粉中的蛋白质、淀粉、脂质、非淀粉多糖、α-淀粉酶活性等对淀粉和蛋白质分离具有很大的影响，这部分内容在第三章已有所叙述，在此就不再叙述。

目前，我国小麦淀粉生产所用原料一般采用后路粉，后路粉中蛋白质含量较高，因此生产中谷朊粉的得率一般较高，但是质量相对较差，这主要是因为后路粉原料虽然蛋白质含量较高，但是其中的面筋蛋白质量较差。另外不同的小麦粉原料中，水溶性蛋白、面筋蛋白和总蛋白含量不同，一方面会造成面筋聚集特性不同、质量不同，同时也会影响面筋的得率、质量以及分离的难易程度。

另外，后路粉中的淀粉含量要小于前路粉或通粉中的淀粉含量，因此，采用后路粉生产小麦淀粉时，淀粉的得率相对较低，另一方面后路粉中的 B 淀粉以及损伤淀粉含量相对较高，其不但影响淀粉的出率，也会影响分离的难易程度。

同时，后路粉中含有较多的非淀粉多糖组分，非淀粉多糖黏性较多，因此其含量会影响到面团或面糊状态的黏度，从而影响分离过程，使得淀粉和蛋白质之间不容易分离。所以在淀粉和蛋白质分离时，可以通过添加戊聚糖酶以削弱淀粉和蛋白质之间的结合，并降低面团或面糊体系的黏度，从而改善分离效果。

2. 和面及分离工艺条件对淀粉和蛋白质分离效果的影响

在小麦淀粉和蛋白质分离时，小麦粉与水形成面团或面糊，面团和面糊的状态以及淀粉和蛋白质的分离方式决定了淀粉和蛋白质的分离效果。影响面团或面糊状态的因素除了上述所讲到的小麦粉本身的特性之外，和面的条件对最终形成的面团和面糊的状态也具有非常重要的影响。

（1）和面及面团（或面糊）调质对淀粉和蛋白质分离效果的影响　在面团洗涤法分离淀粉和面筋时，小麦粉加水形成面团。当小麦粉和水以适当的比例混合以达到最佳时间时，就会形成一个光滑、均匀的面团。硬麦粉（强筋粉）与水结合后形成强而有力的黏弹性面团，而软麦粉（低筋粉）与水结合后形成弹性较弱的松软的面团。面团特性如其黏性和弹性等流变学性质对淀粉和谷朊粉分离效果具有至关重要的影响。影响面团特性的和面及面团调质工艺条件有：面团的加水量、搅拌时间、和面温度、面团醒发时间、和面时是否加入盐、酶等外源物质添加等。在面团洗涤法小麦淀粉和蛋白质分离工艺中，和面时面筋蛋白的充分聚集可以优化淀粉和蛋白质的分离效果。因此，调整加水量、提升和面时的温度以及延长面团醒发时间、添加盐等均可促进面筋蛋白的聚集，使面团形成具有理想的流变学特性，从而适合于后续的面团洗涤分离淀粉和蛋白质。

在离心法小麦淀粉和蛋白质分离工艺中，小麦粉与水和面形成面糊，面糊中淀粉和蛋白质的状态影响到后续淀粉和蛋白质的离心分离。小麦粉和水形成的均匀糊状结构可使其中的淀粉和蛋白质充分分散，因此，小麦粉加水和面调糊时的条件如加水量、温度、搅拌速度、均质条件等均影响到面糊的状态。影响后续淀粉和蛋白质离心分离的面糊特性包括面糊均一性（使淀粉和蛋白质充分分散）及面糊的黏度。面糊黏度高时，淀粉-蛋白质不易分离，从而会干扰分离过程。非淀粉多糖作为一种细胞壁物质以及一种蛋白质和淀粉之间的粘连物质，在很大程度上影响小麦粉湿法分离的效果，因此，有些小麦淀粉企业，在小麦粉加水和面时加入戊聚糖酶、纤维素酶等通过水解非淀粉多糖以改善面糊的黏度特性，另外，也可通过分离工艺的选择改善面糊的特性，如三相卧螺法分离小麦淀粉和谷朊粉最关键的优点是黏性戊聚糖和水溶物在初期阶段被从面筋和淀粉中分离，从而避免了体系黏度对分离效果的影响。

（2）分离工艺条件对淀粉和蛋白质分离效果的影响　小麦粉形成面团和面糊后，目前一般通过面团洗涤、离心方式（旋液分离、离心分离）两种方式分离淀粉和蛋白质。面团洗涤法分离淀粉和蛋白质是通过将面团中的淀粉用水洗涤后然后过筛的方式分离淀粉和面筋。一般通过在洗筋机内实现面团的形成、洗涤和分离三种功能，因此，洗筋机的结构和工艺条件影响面团中的淀粉和面筋蛋白的分离，这包括洗筋机搅拌的方式、筛网的结构、洗涤时的温度等。洗筋机在加水状态下对面团搅拌和洗涤，可以使结合在面筋网络结构中的淀粉逐步释放出来，如果洗涤搅拌不充分，包裹在面筋中的淀粉洗涤不充分，会造成淀粉得率低，以及产品谷朊粉的纯度低，洗涤搅拌过度又会破坏面筋的网络结构，影响面筋质量，从而影响最终谷朊粉产品的质量。另一方面洗筋机筛面的结构也非常重要，因为面团洗涤搅拌时不可避免地会造成面筋结构的破坏，产生碎小面筋块，尤其是目前小麦淀粉在生产中普遍采用后路粉为原料进行生产，后路粉中面筋质量较差，容易产生碎面筋，如果筛网控制不当，会使碎面筋通过筛面进入淀粉乳中，影响最终谷朊粉的收率以及淀粉的精制处理难度。综上所述，面团洗涤法分离淀粉和面筋蛋白时的工艺条件主要包括：面团洗涤搅拌条件、筛面尺寸、洗涤搅拌时的温度等。

采用水力旋流离心方式、两相卧螺以及三相卧螺分离淀粉和蛋白质时，进机的物料均为面糊状态。因此，旋流器、两相卧螺机、三相卧螺机的结构以及操作工艺参数等决定了面糊中淀粉和蛋白质的分离效果。其在分离时是根据面糊中淀粉和蛋白质离心力的差异性进行分离，因此其结构参数以及运行工艺条件应尽量加大淀粉和蛋白质两相物料之间的离心力差异，如提高旋转速度、提升分离时的温度等。

第五节 谷朊粉精制与干燥工艺

在小麦淀粉生产中，经过小麦粉原料的接收、和面及面团调质、淀粉及蛋白质分离工序后，小麦粉中的淀粉和面筋蛋白质被分离开。分离出的淀粉和面筋蛋白质分别进入后续的淀粉生产工序和谷朊粉生产工序。分离的面筋蛋白质进入谷朊粉生产工序，经过精制、脱水、干燥等一系列处理后得到谷朊粉产品；分离的淀粉经过精制、脱水和干燥后得到小麦淀粉。本部分论述谷朊粉的生产工序，即被分离的蛋白质经过一系列处理加工后得到成品谷朊粉的过程，其主要包括面筋蛋白的熟化、精制、脱水和干燥。

一、面筋蛋白熟化

（一）面筋蛋白熟化的目的和原理

经过淀粉和蛋白质分离工艺分离出的面筋蛋白质，为了后续加工的需要，需进行熟化。在淀粉和蛋白质分离方式中，采用离心法（水力旋流法和三相卧螺法等）分离出的蛋白质相是与 B 淀粉结合在一起被分离出来。因为离心方式基于淀粉和蛋白质相对密度的不同进行分离，小麦 B 淀粉和蛋白质由于相对密度基本类似，所以在离心分离时，A 淀粉被分开，面筋蛋白质和 B 淀粉是在一起被分离出来。面筋蛋白质熟化的目的是使蛋白质和 B 淀粉混合物中的面筋蛋白质发生进一步聚集，从而使蛋白质因为聚集颗粒度变大，面筋网络充分形成。通过蛋白质熟化使得面筋蛋白与 B 淀粉通过颗粒度的差异性变大，然后采用筛分的方式将面筋蛋白和 B 淀粉分离。

蛋白质熟化的原理是将淀粉和面筋蛋白分离工序分离出的面筋蛋白质静置，并适当提升熟化温度，使水分最大限度地接触蛋白质，通过氢键作用，使其充分水化，同时由于空气中氧的作用，蛋白质结构中的—SH 被进一步氧化成—S—S—，使蛋白质结构相互粘连，相对分子质量增大，蛋白质进一步聚集，进一步形成面筋网络结构。

（二）面筋蛋白熟化工艺过程

小麦淀粉和谷朊粉生产中，面筋蛋白的熟化是在面筋熟化罐中进行。在实际生产过程中，熟化时间一般控制在20~30min，温度一般控制在30℃左右。熟化好的面筋蛋白，湿面筋外形光滑，有光泽，质地有弹性、韧性；熟化过度的面筋，面筋质地无弹性，稀、软、黏，以至于无法形成面筋，湿面筋含量与面筋指数均会降低，面筋指数反映了面筋蛋白的质量，面筋指数过低，说明熟化已经过度，不利于后续湿面筋的提取分离；熟化不足的面筋，面筋松散，断断续续，质地较硬，见表5-4。在实际生产过程中，可以通过测定面筋指数来反映面筋蛋白的熟化效果。

表5-4 小麦粉熟化过程中常见现象分析

熟化程度	状态描述	原因分析	解决办法
熟化正常	湿面筋外形光滑，有光泽，质地有弹性、韧性	—	—
熟化过度	面筋质地无弹性，稀、软、黏，以至于无法形成面筋。	熟化时间长，工艺用水温度高	减少和面量，降低工艺用水水温，缩短熟化时间
熟化不足	面筋松散，断断续续，质地较硬	熟化时间过短，工艺用水温度低	增加和面量，减少面筋输送泵频率，提高熟化时间；提高工艺用水水温，提高热水比例

二、面筋蛋白精制

（一）面筋蛋白精制的目的和原理

面筋蛋白精制的目的是将淀粉和蛋白质分离工序分离的面筋蛋白中含有的其他组分尽量去掉的过程。对于离心分离工艺（水力旋流法、两相卧螺法、三相卧螺法）而言，由于离心分离的蛋白质相含有B淀粉，所以对于离心分离工艺而言，面筋蛋白精制的目的主要是通过面筋蛋白的熟化过程后，将面筋蛋白与B淀粉分开的过程，其面筋蛋白的精制主要包括洗涤和筛分。对于马丁法生产工艺，面团洗涤法分离的面筋蛋白与离心法不同，洗涤分离出的面筋蛋白是单独洗涤出来，它不与B淀粉一起。因此，对于离心法淀粉和蛋白质分离而言，面筋蛋白的精制包括洗涤和筛分，而面团洗涤法分离出的面筋蛋白的精制，主要是通过洗涤方式将面筋蛋白中残留的淀粉及其他杂质去除掉的过程。

面筋蛋白精制的原理主要是利用面筋蛋白与面筋蛋白中的其他组分的特性差异进行

精制。对于离心法分离的面筋蛋白质而言，面筋蛋白的精制主要是利用面筋蛋白和其中含有的 B 淀粉颗粒特性（粒度差异）进行精制。经过熟化后的面筋蛋白使得面筋更进一步形成，面筋蛋白质进一步聚集，面筋蛋白的粒度变大，从而使面筋蛋白与 B 淀粉之间的粒度差异性明显，从而通过筛分的方式分离。

面团洗涤法分离的面筋蛋白，其中主要是面筋蛋白，其中含有少量包裹残留的淀粉，然后通过洗涤的方式将残留在面筋蛋白中的淀粉洗涤出来。

（二）面筋蛋白精制工艺

通过离心法分离的面筋蛋白，含有面筋和 B 淀粉的混合物，其精制工艺主要是在洗涤的同时通过筛分的方式将面筋和 B 淀粉分开的过程。湿面筋与 B 淀粉的精制分离工序由两个滚筒筛和两道平筛组成。熟化后的面筋由泵送入滚筒筛后，在筛体的滚动和高压水的冲洗下，湿面筋在筛面上结团，B 淀粉则透过筛网被泵送至 B 淀粉罐。经过 3~4 级筛分，较为纯净的湿面筋经过脱水机脱水后被送到谷朊粉干燥工序。

三、面筋蛋白脱水

（一）面筋蛋白脱水的目的和原理

面团洗涤法分离的面筋蛋白以及通过离心法分离出的面筋蛋白，经过精制后，进入脱水和干燥阶段。精制后的面筋含水量较高，在 80%左右，为了节省干燥时间和费用，首先需要采用物理压榨的方式将面筋水分降至较低水平。

小麦淀粉和谷朊粉生产中，面筋蛋白脱水的原理是通过物理挤压的方式，尽最大可能将精制后面筋中的自由水挤出。

（二）面筋蛋白脱水工艺

一般采用螺旋挤压脱水装置将洗涤后的面筋脱水，螺旋挤压脱水机（Screw Extrusion Dehydrator）是一种用于凝聚、脱水的主要设备，主要由螺杆、圆筒形笼式外壳和锥体三部分组成，洗涤后的面筋经泵送至螺旋挤压脱水装置的料斗里，料斗中设置滤板初步过滤出泵送中夹带的淀粉液，经料斗底部的螺旋喂料进入螺旋挤压脱水装置，经过变径螺旋、锥体螺旋轴的作用，物料体积被不断压缩，面筋中裹挟的水被挤出，经条状或孔装筛板被分离出来流入接水斗，被挤压后的面筋经螺旋出口排出，进入干燥机喂料斗中经料斗底部螺杆泵被送入干燥机，一般在干燥机喂料斗锥体部位会设置筛板型排水口，进一步排出挤水后由于自身重力挤压排出的液体，最大幅度减少进入干燥机的物料水分。

在螺旋挤压脱水机中，湿面筋在机器内既受到轴向挤压力，也受到一定的径向力，经过一定的压力挤压，面筋与水在绞龙壳体底端的网格处被挤出来，落入网筛上方，面筋顺着网筛落入面筋出口，筛下物的水溶液中含有部分碎面筋及少量的 B 淀粉，可以进入面筋回收筛中进行重新收集。经过螺旋脱水机处理后的湿面筋水分含量由原来的70%~80%降低至60%~65%。

现在国内有些企业面筋的脱水采用筛网直接脱水，通过筛网过滤的方式将水分过滤。由于面筋蛋白的网状结构，面筋具有较强的吸水性，水分会被吸附包裹在面筋内部，螺旋挤压脱水可以借助挤压的方式将面筋中的水分挤出；而采用筛网脱水的方式，由于没有辅助挤压的作用，因此，面筋蛋白通过筛网直接脱水效果较差。目前规模以上企业均采用螺旋挤压脱水的方式进行脱水。

（三）影响面筋蛋白脱水效果的因素

影响面筋蛋白脱水效果的主要因素是螺旋挤压脱水机的效果。影响螺旋挤压脱水机效果的主要原因：

1. 螺旋变径和螺旋锥度的选择

不合理的螺旋变径和螺旋轴锥度会造成面筋挤压强度过低，不能彻底脱水或者挤压强度过高造成电机超载，面筋温度过高影响产品品质。

2. 笼形外壳筛板的选择

目前一般采用条栅型筛板或者孔状钢板内衬筛网的形式，筛板孔径选择错误时，例如孔径过大过小、开孔形式等问题，会造成面筋挤水时面筋经筛网漏出，影响产品出率，给后续处理带来麻烦；也时常会出现由于筛板选择问题出现透水性不好，容易被淀粉质液体黏附筛网造成排水不畅，增加挤出后物料的水分。

四、谷朊粉干燥

谷朊粉采用气流干燥方式，即利用高速的热气流将湿块状物料分散成颗粒状而悬浮于气流中，一边与热气流并流输送，一边进行干燥。干燥介质（热空气）将热传递给湿物料，物料表面上的水分进行汽化，并通过表面处的气膜向气流主体扩散；与此同时，由于物料表面上水分气化的结果，使物料内部的水分以气态或液态的形式向表面扩散，在此干燥过程中干燥介质既是载热体又是载湿体。谷朊粉干燥工艺流程图见图5-13。

谷朊粉干燥所需热量是通过饱和蒸汽在换热器中冷凝释放出汽化的潜热提供的，1kg蒸汽可释放出约2092kJ的热量。冷风通过引风机强制吸风穿过换热器实现热交换而被加热至合适的温度，从而可以实现谷朊粉干燥过程中进风温度和出风温度的精确控制。

谷朊粉干燥工序的主要操作步骤：①待脱水机的脱水绞龙孔板和刀片装好后，开动湿面筋输送泵向面筋脱水机送料，启动面筋脱水机；②启动主风机、扬升器，开启蒸汽阀，待干燥系统进风温度达到120℃以上时，启动干燥循环系统，按二级混合机→一级混合机→再循环绞龙→闭风器→集料绞龙的顺序启动；③等到干燥系统进风

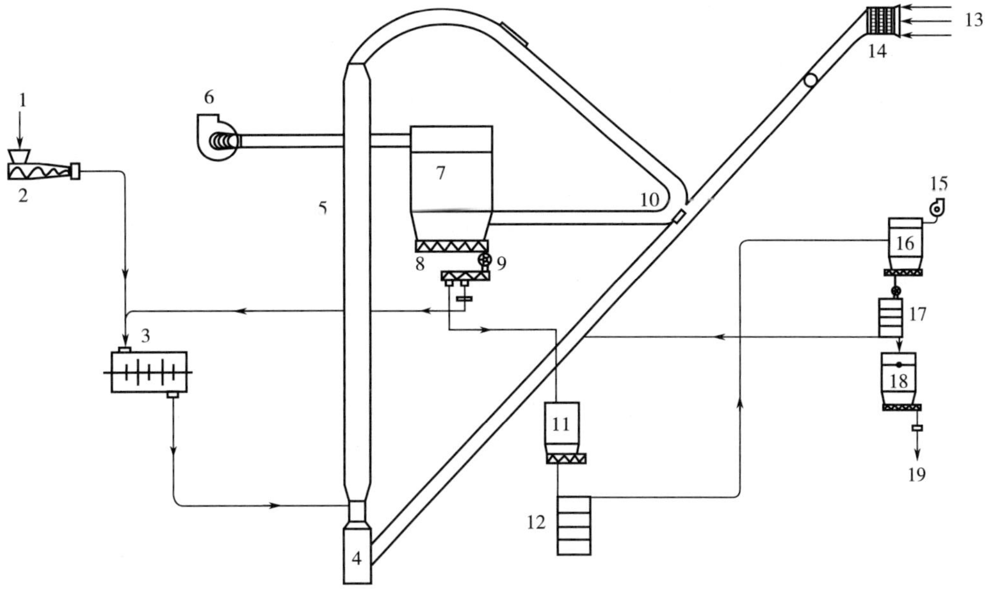

图 5-13　谷朊粉干燥工艺流程图

1—湿面筋　2—面筋脱水机　3—干湿料混合机　4—扬升器　5—干燥环形管　6—风机　7—主物料收集器　8—输料绞龙　9—闭风器　10—干湿分离器　11—主物料暂存仓　12—粉碎机　13—蒸汽　14—热交换器　15—风机　16—半成品暂存仓　17—成品检查筛　18—成品暂存仓　19—成品谷朊粉

温度达到 140℃且出风口温度达到 70℃以上时，开始向干燥系统输送脱水后的湿面筋，开始时以较低速度输送，并注意干湿分离器工作是否正常，回料量是否足够并且物料在环管内运行是否顺畅；④待干燥物料运行顺畅后逐步加快进料量并调节主风机风门以提高风量，将出风口温度控制在 58～68℃，同时注意进料速度变化和回料情况；⑤通过调节手动插门位置，即可放出物料收集器中的颗粒状谷朊粉，进入粉碎机中进行粉碎。

1. 干湿料混合

脱水后的湿面筋经鱼尾状喂料器挤压为薄片状进入扬升器或经干湿料混合机预拌后进入扬升器。

混合机内部是一根装有刀片的高速旋转轴，干湿物料进入混合机后，湿物料被进一步切割混合，在负压风力的带动下物料被逐步推向出料口，混合机的作用主要是要求湿面筋要尽量被切割成条状，湿物料表面要裹覆有大量干谷朊粉。在日常操作时要注意对干湿混合机主轴轴承予以及时润滑保养。混合机工作时一级混合机的电流一般应稳定在 30A 左右，二级混合机的电流应保持在 20A 左右，当电流变化波动较大时需停机进行检查与清理，将黏附在混合机壁和刀片上的湿物料彻底清理干净。

2. 物料输送

混合好的物料主要是通过扬升器进行输送的。扬升器的作用是将鱼尾喂料器进入的薄片状面筋破碎成小片，同时将大块物料击碎混合并予以物料一个向上的强大推动力在干燥环管中进行循环，扬升器配备有高压电机作为驱动力，打板重量约3t，一旦高速运转起来其惯性较大，抗冲击能力较强。

扬升器通常采用的是10KV高压电机驱动，不得近距离接触控制系统，由于动力强大加之物料温度较高，对主轴两端轴承的保养显得尤其重要，生产过程中要经常巡视轴承温升及润滑状况，密切关注扬升器电机电流变化情况，若遇电流偏低的情况下要立即停下脱水绞龙，现场查看扬升器运转情况。

3. 热风干燥

等干燥系统进风温度达到140℃以上且出风温度达到70℃以上时，开始向干燥系统输送物料，开始时以较低速度为宜，并注意干湿分离器工作是否正常，回料量是否足够，物料在环管内运行是否顺畅。

被切成长条状湿面筋与回流的干谷朊粉在混合机内被击打混合至水分含量在25%以下，25%以下水分含量的干湿混合料进入干燥环管后可基本不粘壁。被干燥物料通过干湿分离器时，颗粒较大水分含量高的物料由于惯性作用将沿干湿分离器外壁继续进入环管干燥，一部分相对较干物料进入物料收集器，通过调整干湿分离器的角度可控制进入物料收集器内物料的水分含量。在保证干湿物料能充分混合均匀且平均水分能降至25%以下时应尽量减少回粉量，有助于提高成品谷朊粉水分含量及蛋白活性。为确保成品谷朊粉水分，一般国内销售谷朊粉水分含量不超过9%，国外销售谷朊粉水分含量不超过8%，出风温度要根据物料水分变化进行调整，一般出风口温度不高于60℃。

4. 干燥物料收集

物料收集器主要作用是过滤干燥物料及混合热空气，其内部装有多条除尘滤袋，滤袋应采用防水、防油、防静电的三防材料制作。干物料通过时被滤袋拦截下来，热空气透过滤袋由风管排空，除尘器应有可靠的接地装置，以防高速气流在循环过程中产生静电而发生意外，各滤袋与除尘器内的格栅应严格密封，以防粉尘外溢，每次停机时均应打开除尘器检查滤袋的完好性及各密封点是否有泄漏，将可疑的滤袋及漏点予以检修与更换。

5. 干燥物料粉碎

干燥的谷朊粉呈颗粒状，粗细度较大，所以要经过粉碎处理。目前谷朊粉分级系统中，超级涡流磨通常作为颗粒状谷朊粉的粉碎设备。

超级涡流磨是微粉加工生产设备，具有同时进行分级和粉碎的双重功能，其粉碎效率高、粉体细，而且能加工一般微粉设备难以粉碎的具有韧性、纤维性和含水较高的潮湿物料。超级涡流磨除具有冲击粉碎机同样功能外，还具有先进的喷射高速旋涡和超声波冲击粉碎功能，它的粉碎转子由若干个水平圆盘和垂直刀片组成，形成许多交错排列的粉碎小室，小室内的空气具有弹性，可自由进行小的振动产生达到音速的喷流和涡流效果，能促使粉粒之间相互磨擦、撞击而碎成细粉，机身上方装有溢流管，不合格颗粒可返回进口处重新进行粉碎。

6. 成品检查筛检查

谷朊粉经过粉碎机处理后，还含有相当数量的粗粉（80 目以下）和颗粒粉（20 目以下），因此需要经过进一步的筛理才能得到合格的谷朊粉成品。目前常用的干谷朊粉筛理设备为高方平筛，谷朊粉经过高方平筛筛理后，筛出来的筛上物重新进入环管干燥、粉碎及筛分过程，筛下物进入谷朊粉成品暂存仓，打包后即成市售谷朊粉。

谷朊粉干燥过程中常见故障分析见表 5-5 所示。

表 5-5　谷朊粉干燥过程中常见故障分析

干燥常见故障	原因分析	解决办法
成品谷朊粉水分含量高	进料量太大	减少进料量
	进风、出风温度控制有问题	根据蒸汽压力，增加供气量，调高进风、出风温度
成品谷朊粉水分含量过低	进料量太小	增大进料量
	进风、出风温度控制有问题	根据蒸汽压力，减少供气量，适当调低进风、出风温度
环管堵料	干湿料混合机中干料过少	增大混合机中干谷朊粉的比例，防止物料黏贴管壁
	干湿分离器工作不正常	定期对干湿分离器进行维护保养
	干燥温度过低	及时调整蒸汽供汽量，保证湿面筋的正常干燥温度
扬升器堵料	脱水机工作不正常，湿面筋水分含量太高	降低湿面筋的水分含量
	先加物料，再开扬升器	进料前，先打开扬升器，再开始缓慢进物料，直至进料稳定
谷朊粉颗粒较大	检查筛筛面有破损	及时更换筛面
	涡流磨工作不正常	定期对粉碎机进行维护保养，调查涡流磨分级叶轮

目前工业上常用小麦淀粉面筋分离工艺流程以及谷朊粉干燥工艺流程分别如图 5-14 和图 5-15 所示。

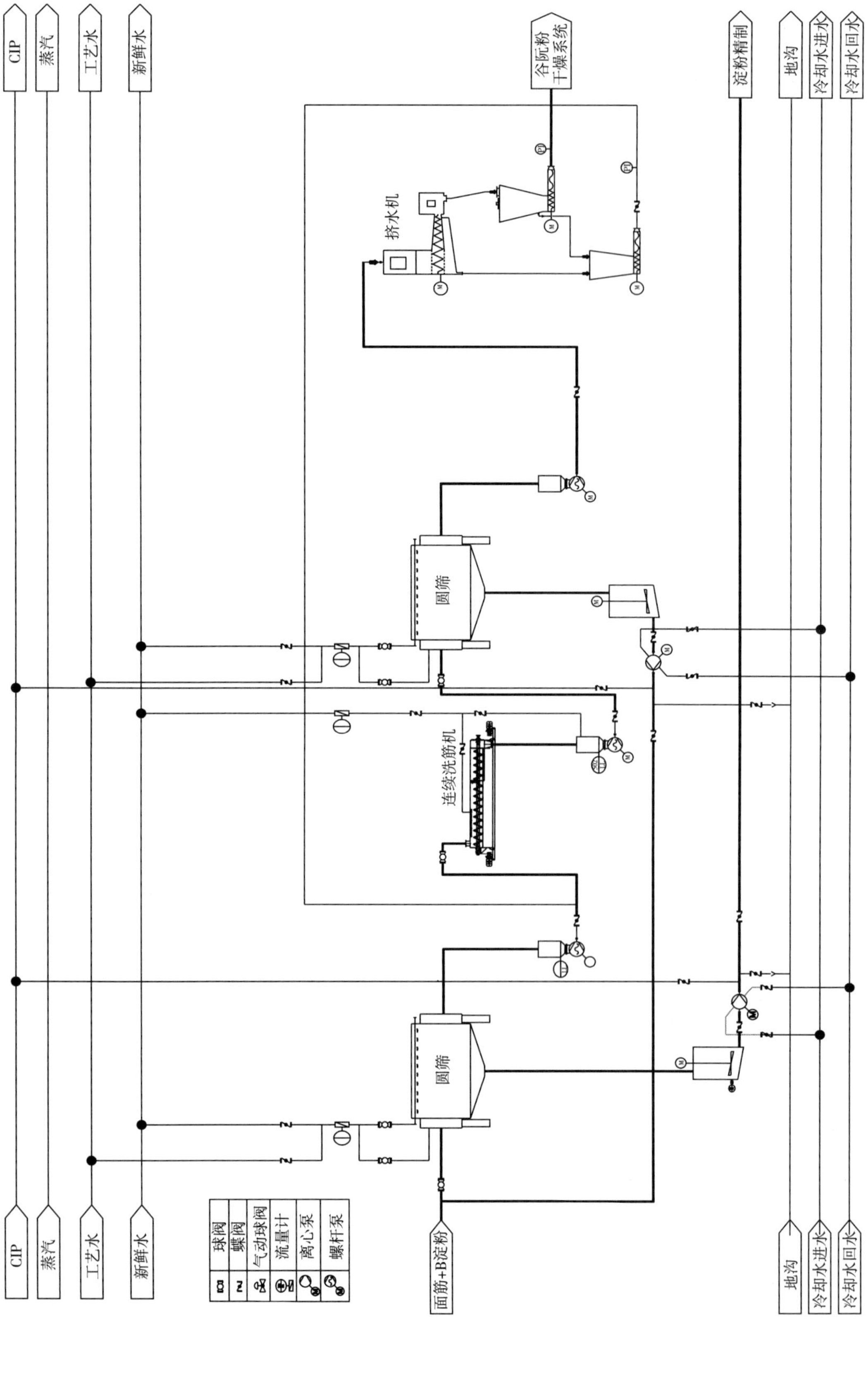

图 5-14　200t/d 小麦淀粉面筋分离工艺流程图

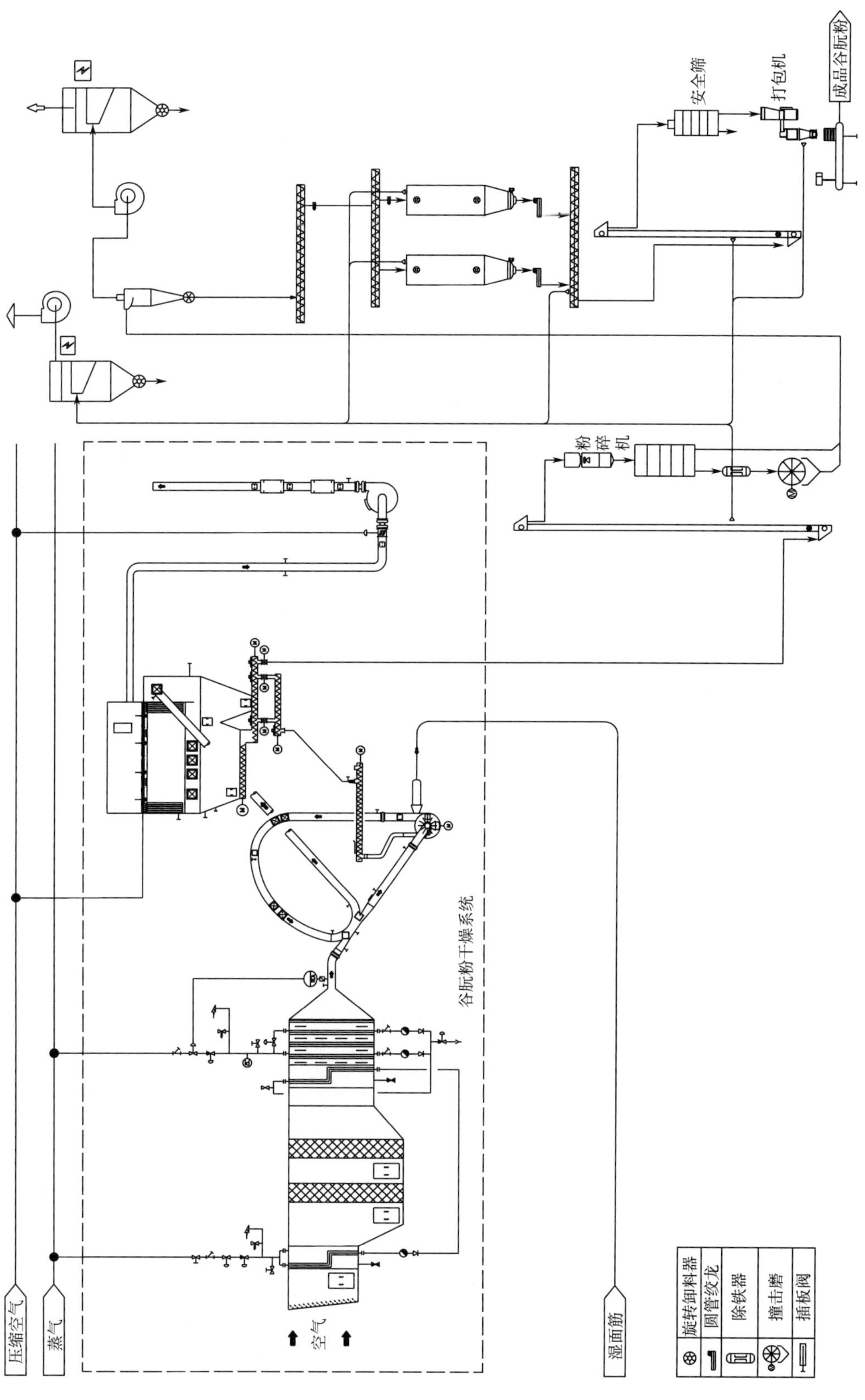

图 5-15 200t/d 小麦淀粉谷朊粉干燥及包装工艺流程图

第六节
小麦淀粉精制与干燥工艺

在小麦淀粉和谷朊粉生产中，原料小麦粉经过和面、调质及淀粉和蛋白质分离后分别得到面筋蛋白组分和小麦淀粉组分。分离出的面筋蛋白质进入谷朊粉生产工序经过一系列加工过得到谷朊粉。分离出的淀粉经过淀粉生产和加工等工序得到小麦淀粉。因此，小麦淀粉生产工序和谷朊粉的生产工序在整个小麦淀粉生产中可以看作是两道相互独立的生产工序。小麦淀粉生产所使用的原料淀粉乳来自前面面筋蛋白和淀粉分离工序中的粗淀粉乳。根据淀粉和面筋蛋白分离工艺的不同以及所用小麦粉原料质量的差异，粗淀粉乳中所含的非淀粉组分及其含量也有差异。但总体而言，无论采用面团洗涤法分离的淀粉乳还是采用离心方式分离的淀粉乳，尽管分离方式不同，但后续淀粉生产工序基本类似。

一、概述

淀粉精制和干燥工艺主要是指经过淀粉和面筋蛋白质分离出的淀粉乳经过精制、脱水和干燥等一系列处理后得到成品淀粉的过程。淀粉和面筋蛋白质分离工艺得到的粗淀粉乳中各物质组成见表 5-6。另需说明的是，淀粉和面筋蛋白质分离工艺不同，粗淀粉乳的组成也不同。同时，粗淀粉乳的组成也受生产原料的影响。

表 5-6　　粗淀粉乳的成分组成（以干物质计）　　单位：%

项目	含量	项目	含量
淀粉	82~90	膳食纤维	2.0~3.5
蛋白质	1.5~3.5	灰分	0.6~1.5
脂肪	1.0~2.5		

无论是 A 淀粉、B 淀粉单独提取还是混合淀粉的提取，小麦淀粉生产工艺根据处理过程，一般分为膳食纤维的分离、淀粉乳的精制、淀粉乳脱水以及湿淀粉干燥四个阶段，具体工艺步骤见图 5-16。

二、膳食纤维的分离

从谷朊粉车间输送来的淀粉乳是经面筋分离后所得到的淀粉乳，除淀粉外，还含有膳食纤维、戊聚糖及部分面筋蛋白与淀粉的混合物。由于粗淀粉乳中所含的淀粉及麸质等组分在相对密度、粒径等方面有很大差别，利用这些差别，采用一定的分离方法可将其分离，目前小麦淀粉与麸质类物质的分离主要是用离心筛通过离心方法将其分离。

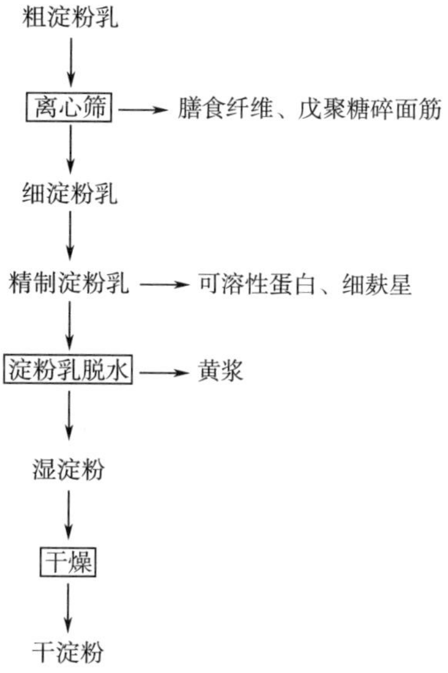

图 5-16 小麦淀粉加工工艺流程

（一）淀粉乳中膳食纤维离心分离原理

离心分离的原理主要是利用物料围绕轴旋转时，则由向心力作用于物体上，力的方向朝向转轴，根据力学第三定律，则产生与向心力大小相等方向相反的离心力。不同物质由于所产生的离心力不同，围绕轴旋转时的运动方向不同，从而将不同的物体分开。

离心力可用式（5-1）、式（5-2）和式（5-3）计算：

$$C = \frac{G\omega^2}{gr} \tag{5-1}$$

$$\omega = \frac{2\pi rn}{60} \tag{5-2}$$

$$C = \frac{G}{gr}\left(\frac{2\pi rn}{60}\right)^2 = \frac{Gdn^2}{1800} \tag{5-3}$$

式中 C——离心力，kg；

G——旋转物体的质量，kg；

ω——旋转时的圆周速度，m/s；

r——旋转半径，m；

g——重力加速度，9. 18m/s^2；

n——转鼓的转数，r/min。

从上述公式可以看出，增大离心力的主要因素是转鼓的转速，直径小而转速大的转鼓离心力较大。再进行离心分离时，分离因数（f）按式（5-4）计算：

$$f = \omega 2R/g \tag{5-4}$$

式中 f——分离因数；

R——转鼓半径，m；

ω——旋转时的圆周速度，m/s。

从上述公式可以看出，加大转鼓半径及圆周速度，可使分离因素达到最大，但实际上，转鼓的半径不易过大，过大的话会影响设备的机械强度。

淀粉乳中膳食纤维的分离主要就是利用在粗淀粉乳体系中淀粉和膳食纤维由于相对密度的不同，在离心时所产生的离心力不同，运动路线也不同，再借助与筛面的作用，根据其相对密度和颗粒度大小的不同将粗淀粉乳中的淀粉和膳食纤维的分开。

（二）淀粉乳中膳食纤维离心分离工艺

利用离心分离机分离淀粉和膳食纤维麸质时、当淀粉乳加入分离机后，随分离机而旋转，由于淀粉和膳食纤维的相对密度和颗粒度大小不同，在离心力及筛面的作用下，将淀粉乳中的淀粉和膳食纤维分开。

小麦淀粉和谷朊粉生产中，从粗淀粉乳中分离膳食纤维主要是采用离心筛将其分离，离心筛的结构如图 5-17 所示。

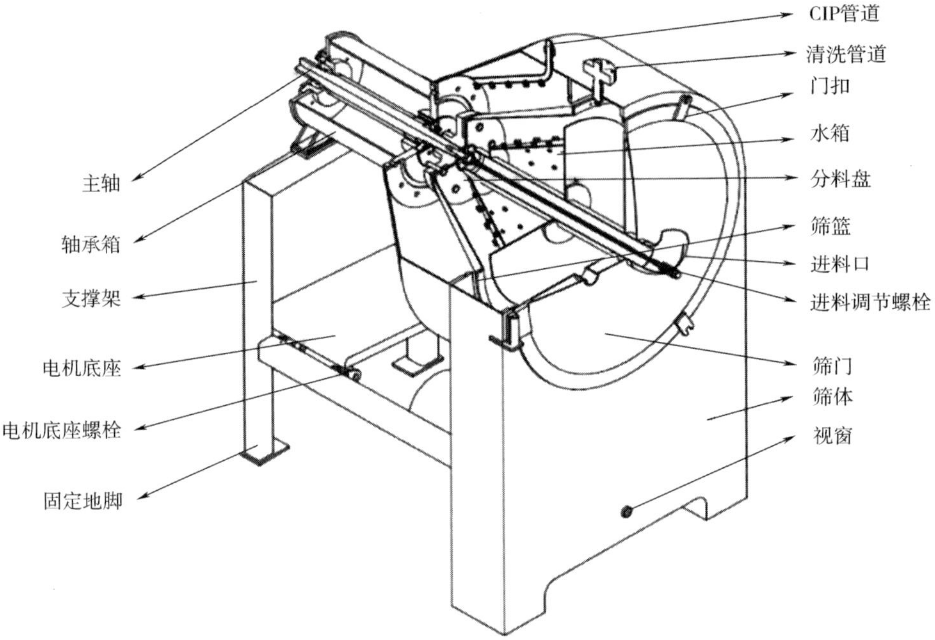

图 5-17　锥式离心筛结构图

离心筛又称圆锥筛，主要由转鼓、喷嘴、横轴、传动机构和进出料管等构成，物料进入筛体后由分配装置分配后分布在筛网上，筛网紧贴在锥型转鼓内壁，转鼓以悬臂方式固定在转动轴上，电机通过联轴器带动转动轴转动，因此筛网随着转鼓的转动而旋转。筛网高速旋转产生强大的离心力，淀粉细颗粒和液层借助于离心力的作用，迅速通过筛孔，成为筛下物，从淀粉乳出口流出，膳食纤维和部分液层沿着锥型筛网并流过筛网，成为筛上物，从膳食纤维出口流出。

（三）淀粉乳中分离膳食纤维的主要工艺参数

粗淀粉乳在离心筛分离膳食纤维时，其主要的工艺参数为：

离心筛进料粗淀粉乳浓度 11%~18%；

离心筛进料压力 0. 15~0. 2MPa；

工艺用水温度在 20℃左右；

离心筛工作时，喷淋水进水量为 0. 2~0. 6m^3/h。

经过离心筛处理后，细淀粉乳的浓度一般在 5~7°Bé，制备的淀粉乳中各组分的含量见表 5-7。

表 5-7　离心筛筛分后淀粉乳的成分组成（以干物质计）　单位:%

项目	含量	项目	含量
淀粉	93~97	膳食纤维	0.06~0.2
蛋白质	1.2~2.1	灰分	0.3~0.7
脂肪	0.8~1.5		

三、淀粉乳精制

经过离心筛筛分后的细淀粉乳，虽然淀粉得到进一步的提纯，但是淀粉乳还不能直接进行脱水，主要是由于两方面的原因：①淀粉乳中还含有一定的可溶性蛋白、细麸星等物质，如果不从淀粉乳中脱除，会造成成品淀粉蛋白质含量及斑点数量超标；②淀粉乳浓度较低，直接进行脱水处理，处理效率低、能耗高，所以需要对离心筛筛分后的细淀粉乳进行精制。小麦淀粉精制一般有三种处理手段，分别为沉降分离工艺、旋流离心工艺、卧螺离心工艺。

（一）沉降分离工艺

1. 工艺原理

沉降法是化工过程用于悬浮液的分离、浓缩、澄清等最为普遍的方法，虽然现代规模化小麦淀粉和谷朊粉生产中采用较少，但长期以来传统的马丁法小麦淀粉生产中，淀粉精制还是广泛采用沉降法。目前大型小麦淀粉加工企业虽不采用沉降法进行淀粉的精制，但也有生产过程局部采用的，如过程水的澄清，排放污水的前处理等。

沉降分离是依靠重力的作用，利用分散物质与分散介质的密度差异，使之发生相对运动而分离的过程。淀粉精制过程，是利用可溶性蛋白、细麸星等组分与淀粉之间的密度差，使得它们可以通过沉淀速度差而分离。由于淀粉相对密度大，沉降速度比可溶性蛋白质快 3 倍，所以先沉淀于沉淀池内，蛋白质以及细麸星等物质悬浮于液体中。

2. 工艺过程

采用沉淀分离的方式对淀粉精制的工艺过程：①离心筛筛分后的细淀粉浆进入沉淀池；②沉淀细淀粉乳浆水放满沉淀池搅拌均匀后，开始静止沉淀；③经过 18~22h，淀粉基本沉淀下来。沉淀后的浆水上层是清液，上清液中主要含有可溶性蛋白、可溶性膳食纤维和糖类物质等杂质。开始放上清液时根据淀粉的料位把放水管没入清液中的准确位置，一次把 70%的上清液放完，然后根据淀粉料位逐步缓慢地下放放液管，至彻底放完上清液；④放完上清液后开启搅拌，把池底的淀粉块彻底分散到淀粉浆水中，没有淀粉块的浆水可以排出沉淀池进入精制淀粉乳收集池。

3. 沉降分离工艺参数

沉降时间：冬季为 24h，夏季为 8~10h，春秋季为 15h；

沉淀池中加入 2~3kg 焦亚硫酸钠用于防腐；

精制淀粉乳的浓度控制在 27%~44%。

（二）旋流离心工艺

1. 工艺原理

旋流分离工艺对淀粉的精制是采用旋流器进行，旋流器又称旋液分离器（hydroclones）。近年来在世界各国得到广泛应用，最早采用的是荷兰，目前瑞典、美国、德国、日本、中国等也都普遍采用。淀粉工业早在 1948 年就已有应用旋流器对淀粉进行精制。目前在淀粉生产中用于玉米淀粉生产中的除石、胚芽分离、水及淀粉乳除砂、淀粉洗涤等工序。在欧洲用得最多的是马铃薯淀粉工业，基本采用全旋流工艺精制淀粉，即淀粉和麸质的分离及洗涤不用分离机而全部用旋流器。我国 1980 年最早从美国引进旋流器装置用于玉米淀粉洗涤。目前，大多数小麦淀粉企业的精制过程（洗涤过程）还是采用旋流离心工艺。旋流离心工艺之所以被广泛应用，主要是由于旋流器设备结构简单，造价低廉。

旋流器的工作原理与一般气体旋风分离器的工作原理相似，是利用离心力使颗粒大小和相对密度不同的悬浮液得到分离。带悬浮物的料液在压力作用下沿切线方向进入，并在其中形成高速旋转，由于离心力作用，相对密度较大的固体颗粒被甩至器壁，随着螺旋流下降至底部出口（如淀粉精制中的淀粉颗粒），而相对密度小的微粒（如淀粉乳中的可溶性蛋白、膳食纤维等）和液体在内层随着螺旋流上升至顶部出口，从而将相对密度不同的物料分离。

在小麦淀粉生产中往往采用五至七级旋流器构成的旋流机组进行淀粉乳的洗涤精制。在每级旋流器中淀粉乳用泵压入中心室，然后同时进入各个旋流管。高速进入旋流管的细淀粉乳浆液产生离心力，将较重的淀粉从底流口甩出，而较轻的可溶性蛋白则从溢流口排出。浓缩了的淀粉乳用下一级旋流器排出的溢流稀释，形成整个系统的逆流洗涤。新鲜水只在最后一级加入，溢流逐级向前直至从第一、二级溢流口排出。

为了达到物料平衡，各级旋流器使用的旋流管数量不同，一般前级多，后级少，后级旋流器中多余的旋流管可用盲管堵塞，泵的压力为 0.65MPa，洗涤后淀粉乳中蛋白质含量可达 0.4%左右，精制后的淀粉乳浓度最高可达 38%~40%。

2. 工艺过程

旋流离心工艺洗涤淀粉乳，是一种逆流淀粉洗涤工艺，该系统工艺流程见图 5-18。

进料和来自二级旋流器的顶流一起作为一级旋流器的进料，然后前一级旋流器的底流与下一级旋流器的顶流作为本级旋流器的进料。在最后一级里，工艺用水与倒数第二级的底流混合进入最后一级旋流器。

采用逆流洗涤工艺洗涤淀粉乳，即物料与洗涤水相反而行。物料多次与工艺水在管路中相遇，使得淀粉越洗越干净。最后可溶性物质及密度较小的麸质从第一级顶流排出，精制的淀粉乳从底流排出。

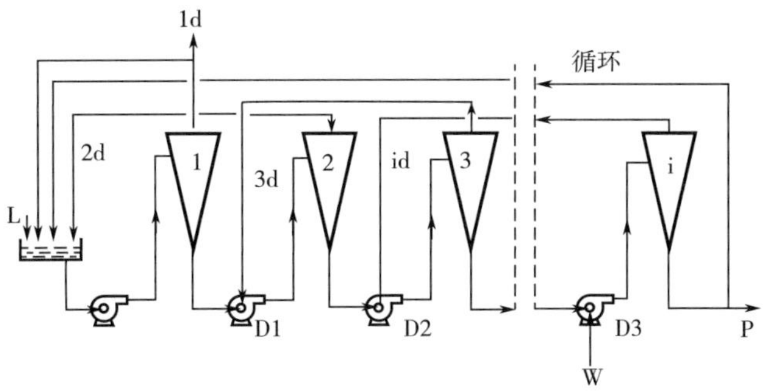

图 5-18　淀粉洗涤系统示意图

L—进料　1，2，3，i—旋流器　1d，2d，3d，id—顶流　D1，D2，D3—底流　W—工艺水　P—精制淀粉乳

旋流器的处理量主要与旋流管的直径及泵的压力有关，见表 5-8。

表 5-8　单个旋流管处理量

旋流管直径规格/mm	进料压力/MPa	处理量/m^3/h	旋流管直径规格/mm	进料压力/MPa	处理量/m^3/h
10	≥0.8	0.36	15	≥0.8	0.58
10	≥0.6	0.29	15	≥0.6	0.46

3. 旋流离心法工艺参数

进料淀粉乳浓度为 12%～16%；第一级顶流出料浓度为 2%～5%；底流精制淀粉乳浓度为 27%～40%；工艺用水量为末级底流干物质的 2 倍；进料旋流器正常工作压力为 0.4～0.8MPa，其他旋流器工作压力为 0.2～0.7MPa；工艺水进水压力>6MPa；物料温度控制在 45℃以下。

（三）卧螺离心工艺

1. 工艺原理

卧螺离心机作为一种新型分离设备，主要部件由转鼓、螺旋推进器和差速系统等构成。分离过程为物料在转鼓内壁以设计速度高速旋转，沿着转鼓壳体形成一个同心液层，称为液环层。物料内所含的固体在离心力作用下沉积到转鼓上，再通过螺旋的运转将干物料推至转鼓出口端，上清液则从转鼓大端排出，实现固液分离。离心筛筛分后的淀粉乳，经过两相卧螺离心机处理后，精制淀粉乳浓度高、杂质少，淀粉与可溶性蛋白及细麸星等组分分离效果好，已经在小麦淀粉精制阶段得到广泛的应用。

2. 卧螺离心工艺流程

在淀粉乳精制阶段，离心筛筛分后的物料直接输送至卧螺离心机，工艺流程见

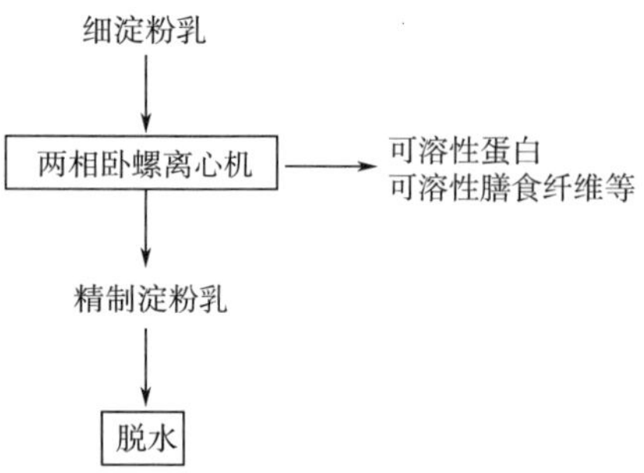

图 5-19 卧螺离心法小麦淀粉乳精制过程

图 5-19。

利用卧螺离心机对小麦淀粉乳进行精制，工艺过程简单，自动化程度高，制备的精制淀粉乳质量高，目前已经成为小麦淀粉乳在精制阶段主要的工艺设备。

3. 卧螺离心法工艺参数

进料量控制在 25～35m³/h；工艺用水量 2～3m³/h；进料淀粉乳浓度 12%～30%；精制淀粉乳浓度 38%～44%。

（四）不同小麦淀粉精制工艺比较及常见问题分析

1. 三种小麦淀粉精制工艺比较

沉降离心、旋流分离、卧螺离心三种小麦淀粉乳精制处理工艺比较分析见表 5-9。

表 5-9 小麦淀粉乳精制方法比较分析情况

比较项目		沉降分离法	旋流分离法	卧螺离心法
工艺参数	进料浓度/°Bé	5～10	7～9	7～15
	出料浓度/°Bé	15～25	15～22	22～30
	用水量	小	大	较小
	能耗	小	大	较小
	淀粉提取率/%	90～95	80～85	85～92
	产品酸度	高	低	低
工艺生产特点		分离效率低，占地面积大，易污染，除个别小型淀粉企业使用外，已基本停止使用	可以连续化生产，但淀粉乳在高速离心分离过程中因摩擦温度上升较高，旋流管容易堵塞	可以连续化生产，设备出现故障维修复杂，对操作人员要求较高

淀粉乳精制处理后，精制淀粉乳浓度在 20°Bé 左右，其各组分的含量见表 5-10。

表 5-10 精制淀粉乳的成分组成（以干物质计） 单位：%

项目	含量	项目	含量
淀粉	97～99	膳食纤维	0.01～0.03
蛋白质	0.1～0.3	灰分	0.1～0.5
脂肪	0.5～1.1		

2. 淀粉精制工艺过程容易出现的问题

（1）A淀粉蛋白含量高的问题　生产中经常遇到A淀粉蛋白含量超标问题，此时无论通过加密锥筛筛面还是加大旋流器的冲洗水量都没有明显效果，这说明工艺中的某个环节出了问题。在实际生产中经常观察到在淀粉精制时，进入旋流器的冲洗水罐中出现黄色的含有泡沫，量大时需不间断加入消泡剂进行抑制，这主要是由于其中蛋白质含量所引起，这样导致进入旋流器的冲洗水质量差，使旋流器发挥的作用有限，淀粉浆中的蛋白不能有效去除。所以，在淀粉精制过程中应注意分析进入旋流器的冲洗水的特性。

（2）精制过程中的细菌控制问题　淀粉精制过程必须重视细菌问题，因工艺的原因很多工艺水的温度、酸碱度都非常适合细菌的生长繁殖，而工艺水又处于循环状态，对细菌的生长繁殖都非常有利。精制过程中细菌的滋生会使生产过程产生一系列问题，如细菌使淀粉浆变黏不利于筛分和脱水。虽然生产车间均要配备完善的就地清洗系统（CIP），但其只能在停机状态下进行清洗，对生产过程中出现的细菌无能为力，因此，在淀粉精制过程中要控制环境条件抑制细菌的生长。

上述淀粉精制过程易出现问题的解决途径如下：

（1）加强对原料粉质量控制　严格控制原料粉中的含砂量和麸皮含量。原料中麸皮含量高会出现精制过程中流浆现象，因此，尽量降低原料小麦粉中的麸星含量，或对麸皮含量较高的原料粉通过干法处理（如筛分、清粉等）来保证进入系统的原料粉中麸皮含量控制在1%以下；另外加强对除砂设备的清理，工艺中有必要进行二次除砂。

（2）对工艺参数进行调整　淀粉精制过程中A淀粉滤液作为循环水在A淀粉旋流器中当作清洗水使用，长时间循环使用在细菌的作用下会使该水质量显著降低，不能起到洗涤水应有作用。应将A淀粉滤液改入其他工艺水中，使进入旋流器的洗涤水全部为清水，用符合要求的清水来洗涤A淀粉浆，降低A淀粉的蛋白含量。

（3）合理设定淀粉和蛋白的分离参数　通过合理设定分离参数可以获得一定质量的A淀粉初浆，减少A淀粉中蛋白含量和戊聚糖含量，可减轻后路A淀粉精制过程中的压力。

（4）严格控制工艺水的pH　因麦谷蛋白溶于稀酸和稀碱，如工艺水pH不能控制在合理范围内，部分麦谷蛋白将会溶解，不但会使谷朊粉得率下降，而且会使淀粉产品中蛋白含量提高；同时因为A淀粉浆中蛋白含量变高，使A淀粉脱水设备不能正常发挥功能。

（5）合理安排车间生产　高温季节开机需注意调节加水温度，充分进行CIP清洗。

四、淀粉乳脱水

通过淀粉和面筋蛋白质分离工艺分离的淀粉乳经过去除膳食纤维、精制处理后，得到精淀粉乳，虽然纯度较高，但还不是成品，其作为用于制造淀粉糖、变性淀粉，或作为发酵产品的原料，经过最后加工才可制成淀粉成品。淀粉的最后加工包括淀粉的脱水、干燥、过筛、包装和储存等。目前精制淀粉乳除直接用于深加工外，多数还要经脱水、干燥后才能制备出成品商业化小麦淀粉。干淀粉是由淀粉乳经机械脱水和气流干燥得到的，干淀粉一般含水分12%~14%。机械脱水方法比较便宜，用加热方法排除水分的费用是机械方法的三倍，因此，要尽可能地用机械方法从淀粉中排除更多的水分，例如可以利用虹吸式刮刀离心机对小麦精制淀粉乳进行机械脱水，制备的小麦淀粉滤饼水分含量为40%左右。

（一）淀粉乳脱水方式

淀粉机械脱水通常可采用卧式刮刀离心机、真空脱水机、立式刮刀离心机等，它们有相似工作原理，但结构上又有不同。

1. 采用卧式刮刀离心机进行淀粉脱水

卧式刮刀离心机是一种卧式刮刀卸料，自动间隙操作的过滤式离心脱水设备，属于通用的物料脱水机械。

采用卧式刮刀离心机进行淀粉脱水时，具体工作过程为：将精制淀粉乳从卧式刮刀离心机圆筒口送入高速旋转的带滤网的转鼓筒内，在离心力作用下，固相淀粉迅速沉积在转鼓上形成滤饼，而液相通过滤布、滤网、转鼓小孔甩出后沿机壳下端切线方向的排液口排出。由于是在高速离心的作用下进行，料液在转鼓内壁面几乎分布成一中空圆柱面。采用多次加料方法（一般4~6次），随着淀粉浆的多次不断加入，转鼓内固相淀粉越来越厚，然后由刮刀刮除滤饼并进行卸料，整个工作过程在全速运转下自动按“进料→脱水→卸料→进料”周期循环操作，24h对滤网清洗一次。

虽然卧式刮刀离心机对精制淀粉乳进行脱水后可以获得较干的滤饼（首次脱水后淀粉滤饼含水量38%左右），但是卧式刮刀离心机的滤布脱水效果就逐步变差，之后卸料淀粉的水分含量偏高，且需要定时清洗或更换滤布。由于卧式离心机在连续工作条件下，批次淀粉滤饼含水量会逐渐升高，给后续气流干燥系统会造成负担，单位产量蒸汽消耗增加，同时导致商品淀粉水分波动较大，影响淀粉质量和收率。

2. 采用真空转鼓式过滤机进行淀粉脱水

真空转鼓式过滤机是利用真空泵的抽吸力，在转鼓内部形成一定的负压，使淀粉附着在转鼓筛网上，转鼓连续低速转动，使淀粉在筛网上形成一定的厚度，水被真空泵吸走，淀粉由刮刀自动刮下，达到淀粉脱水的目的。

采用真空转鼓式过滤机进行淀粉脱水的具体工作过程为：固定好滤布后，先空机运转，检查各部位是否连接完好，当一切正常后，将筛网用水浸湿，贴附在转鼓上；启动真空泵，真空泵在使用时严禁反方向运转，应先打开进水阀门，看到出水口流水后，方可启动真空泵，在上料的同时，逐步使转鼓内形成负压，真空泵上的压力表逐步升高，达到一定的真空度后（真空度0.03~0.06MPa），可正常生产；启动主机和搅拌机，根据设计产量，确定转鼓转速。转速越高，产量越大，在使用过程中，应根据实际脱水效果确定转速；在生产过程中，使液面埋着转鼓3cm左右即可，待转鼓接触物料旋转几圈后，滤布上会形成7mm左右厚的淀粉，这时调整刮刀，一般使刮刀能刮去4mm左右厚的淀粉滤饼为宜。

在夏季生产时经常出现淀粉脱水困难，真空脱水转鼓表面流液，不能形成有利于烘干的片状物料，当问题严重时根本不起脱水作用。正常操作情况下真空脱水转鼓每2h进行一次转鼓表面冲洗，当出现脱水困难时，不超30min甚至20min就需进行一次转鼓表面冲洗，反复冲洗耗用大量时间使设备的产量大幅下降，大量A淀粉浆液从罐中外溢而导致生产暂停。这时使A淀粉浆罐的料位保持尽可能低，可以将A淀粉浆打入B淀粉系统中，如处理不够迅速将会带来更大损失。

虽然真空转鼓式过滤机操作平稳、处理量大、整个过程可实现自动化，但是针对小麦淀粉脱水其有一定的缺陷，主要表现在小麦精制淀粉乳中含有微量面筋丝和戊聚糖类黏性物质会黏附在筛网上，堵塞筛网的网孔，造成滤网的疏水性和透气性降低，从而使得滤饼的脱水能力下降。目前在小麦淀粉生产过程中，真空转鼓式过滤机已经很少被小麦淀粉生产企业所采用。

3. 采用立式下卸料刮刀离心机进行淀粉脱水

立式下卸料刮刀离心机的进料、分离、洗涤、制动卸料等工序可通过人工配合电器控制来完成。电机通过传动系统带动转鼓绕主轴轴心回转，形成离心力场。转鼓与布料盘以预先设定的合适的转速旋转，料浆经进料管至布料盘，获得离心力，趋向转鼓壁，固相物料受过滤介质的拦截在转鼓内壁堆积形成滤饼，液相在离心机作用下通过滤饼由转鼓上的小孔甩出转鼓，实现固液二相分离。当固液分离达到要求时可按工艺要求进行洗涤，洗涤达到要求后再进行固相与洗涤液的分离，甩干后进入卸料阶段，此时离心机进入低速运转，刮刀油缸在液压油的作用下推动刮刀动作，将滤饼刮下，从卸料口中排出。卸料完毕后，可视工艺要求对离心机内腔进行在线清洗和进入下一工作循环或停机。

采用下卸料刮刀离心机进行淀粉脱水的工作过程：①第一加速阶段，这一阶段将转鼓加速到加料所需的速度，这段时间长短由转鼓进料转速、最高转速及总加速时间确定；②加料阶段，为使离心机尽可能在稳定状态下运行，要求供料的流量、浓度、温度保持稳定，这样能更好地保证整个系统的稳定；③第二加速阶段，加料停止后，转鼓可加速至最高操作速度，以尽可能快地完成过滤阶段；④脱液阶段，离心机转鼓在最高转速旋转，完成固液分离；⑤洗涤阶段，物料在完成固液分离后一般需要对滤饼的黄浆和滤饼进行甩干脱水。滤饼洗涤的目的是最大限度置换滤饼中残留的黄浆和洗去滤饼中的杂质。对于精制淀粉乳脱水形成的滤饼，可以用较高的分离因数进行洗涤从而有利于加快黄浆的排出速率而节省洗涤时间；⑥甩干脱水阶段，甩干脱水是过滤的最后阶段，这时液面穿过淀粉滤饼层，实现固体物料与黄浆等溶液的分离；⑦减速阶段，是指离心机在高速脱水完成后由高速降至卸料转速的过程，卸料转速一般为50~70r/min，采用能耗制动方式制动，整个过程≥250s；⑧卸料阶段，采用机械式刮刀自动卸料。

下卸料刮刀离心机可以采用可编程逻辑控制器（PLC）控制，程序预先设定，可实现无人看护的自动化操作，加料、初过滤、洗涤、精过滤、卸料全过程监护。设备采用电磁制动，非接触式制动方式，变频调速，启动平稳，分离因数可调。经过刮刀离心机处理后，精制淀粉乳形成的滤饼含水量在40%左右，且批次稳定，目前该设备已经被大部分小麦淀粉生产企业所采用。

精制淀粉乳经脱水处理后，所得到的湿滤饼含水量约40%，其各组分的含量见表5-11。

表5-11 精制淀粉乳的成分组成（以干物质计） 单位：%

项目	含量	项目	含量
淀粉	97~99	膳食纤维	0.01~0.03
蛋白质	0.06~0.20	灰分	0.1~0.2
脂肪	0.01~0.03		

（二）影响淀粉乳脱水效果的因素

影响小麦淀粉乳脱水效果的因素主要有以下几个方面：

1. 物料浓度

淀粉乳浓度对脱水影响很大，浓度太稀生产能力小，同时不能很快在滤网上形成一层过滤介质（淀粉层），致使滤液浓度增高。但淀粉乳浓度太高，黏度会过大，输送不易，容易堵管，且对脱水后质量不利。

2. 温度

淀粉乳温度高，黏度小，脱水快，质量好。温度过低会延长脱水时间，一般为35~40℃左右为宜。

3. 滤网

离心机滤网和排水网对脱水效率影响非常大，必须定期彻底清洗和检查，因脱水机为间歇式工作，而且往往有备用设备，很少每日连续全天运转，滤网和转鼓壁之间残留的淀粉发酵，形成一种黑色的黏稠物，堵死滤孔，使脱水效率大大降低，同时滤网和排水网的材质也很重要，以不锈钢网及滤布为宜。生产过程应严格注意滤网的清洁卫生，每次停车前都应用水冲洗干净。长期停车更应注意，必要时拆开人孔进行检查、清理。

五、湿淀粉干燥

淀粉乳脱水后含36%~40%水分，这些水分被均匀分布在淀粉颗粒各部分，并在淀粉颗粒表面形成一层很薄的水分子膜，对淀粉颗粒内部水分的保存起着重要作用。机械脱水水分最低只能达到34%。因此，必须用干燥方法除去淀粉脱水后的剩余水分，使之降到安全水分以下。

湿淀粉干燥方法较多，气流干燥是对流干燥方法中的一种，由于这种干燥方法的空气温度便于调节，可以控制物料的温度，产品不致过热而变质，所以在淀粉工业生产中普遍应用。它是利用高速的热气流将湿块状物料分散成淀粉颗粒状而悬浮于气流中，一边与热气流并流输送，一边进行干燥。

（一）湿淀粉干燥基本原理

物料中借热能使水分汽化并排除所生成的蒸汽以除去水分的操作称为干燥。根据这一定义，似乎干燥和蒸发没有什么区别，但实质上干燥属于扩散过程的范畴，以淀粉粒为例，因为一方面淀粉粒表面水分从物料表面散发至周围介质中，另一方面淀粉粒内部的水分又扩散至表面生成蒸汽，即与气体相混合并吸收淀粉表面生成的潮气，只要其混合气体的蒸汽分压低于该温度下液体的饱和蒸汽压时，所吸潮气仍为气体状态，可以随其带走，空气干燥器的原理即基于此。热空气干燥可分为三个阶段进行：①热交换阶段。热空气和被干燥物料淀粉之间进行热交换，淀粉及其水分被加热了，而热空气则被冷却了。②汽化阶段。淀粉吸收了空气中的热，水分从淀粉表面汽化，而淀粉的水分随之降低，温度仍保持开始状态，空气中湿含量则相应增大，同时这一过程取决于热空气移动的速度和物料层的厚度。③扩散阶段。由于水分从淀粉表面汽化，而产生了物料内部及表面湿度的差异，故水分由物料内部向物料表面扩散。

物料干燥速度（v）等于每小时从 $1m^2$ 被干燥物料表面所汽化的水分质量 W，可按式（5-5）计算：

$$v = \frac{dW}{Fdt} \tag{5-5}$$

式中　v——物料干燥速度，$kg/m^2 \cdot h$；

F——被干燥物料的总面积，m^2；

t——干燥时间，h。

就淀粉干燥来说，淀粉本身有游离水分和结合水分，干燥速度还与内部结合水分扩散至淀粉粒表面的扩散系数及内外水分的浓度差以及扩散的层厚有关，按式（5-6）计算：

$$G_w = kF\Delta ct/\delta \tag{5-6}$$

式中　G_w——经过表面积 F 扩散的水分量，kg；

k——扩散系数；

F——被干燥物料的总面积，m^2；

Δc——淀粉表面游离水分与内部结合水分的浓度差，kg/kg；

t——干燥延续时间，h；

δ——水分扩散层厚度 m。

从上述公式可以看出，淀粉干燥出的水分量与扩散系数、扩散面积、干燥温度和内外浓度差成正比，与扩散厚度成反比。因此干燥时的参数对干燥出的水分量影响很大，如气流干燥，淀粉呈粒状与空气接触，其扩散面积最大，扩散层厚度最小，都有利于干燥。热空气干燥淀粉时，干燥机出口温度对干后淀粉的水分影响很大。

干燥进行的必要条件是物料表面的水汽压力必须大于热空气中水汽的分压。二者的压差越大，干燥进行得越快，所以干燥介质应及时将汽化的水汽带走，以便保持一定的传质推动力。若压差为零，则无水汽传递，干燥也就停止了。由此可见，干燥是传热和传质相结合的过程，干燥速率同时由传热速率和传质速率所支配。

当淀粉颗粒最初进入干燥管时，其上升速度等于零，气体与颗粒间有最大的相对速度。然后颗粒被上升气流不断加速，二者的相对速度随之减小，至热气流与颗粒间的相对速度等于颗粒在气流中的沉降速度时，颗粒不再被加速而进入等速运动阶段，直至到达气流干燥器出口。

（二）淀粉干燥方式

目前，淀粉工业广泛采用气流干燥对湿淀粉进行干燥。脱水后湿淀粉粉碎进入气流干燥系统的气流管，被热气流托住，上升经一定长度的气流干燥管而干燥，干物料经旋风分离器收集。气流干燥有多种形式，包括一级气流干燥、二级气流干燥，一般淀粉用一级居多，从风机安装的位置又可分为正压及负压，也有采用二级正负压干燥淀粉的。

湿淀粉气流干燥的特点如下：

（1）干燥强度大　这是由于干燥时物料在热风中呈悬浮状态，每个淀粉颗粒都被热空气所包围，因而使物料最大限度地与热空气接触。除接触面积大外，由于气流速度较高（一般达 14~24m/s），空气涡流的高速搅动使气-固边界层的气膜不断受冲刷，减小了传热和传质的阻力；

（2）干燥时间短　干燥时间只需 1~2s，因并流操作，所以特别适宜于淀粉物料的干燥；

（3）干燥体积小　由于干燥器具有很大的容积、传热系数及温差，可以大大减少对于完成一定传热量所需的干燥器体积；

（4）干燥效率高　由于干燥器散热面积小，所以热损失小，热效率高；

（5）其他特点　结构简单，易维修，成本低，操作连续稳定，适用性强。

其缺点是系统的流体阻力大，对除尘设备要求严，干燥管有效长度较长，有的高达几十米，故要求厂房高。

湿淀粉干燥系统由空气过滤器、空气加热器、加料斗、扬升器、螺旋输送器、干燥管、旋风分离器、风机、闭风器及成品筛等组成。气流干燥器按干燥工段所处的压力状况分为正压干燥器和负压干燥器。

正压气流干燥设备（图 5-20）中，风机位于供料管和干燥管之间，管道系统处于正压之中。正压气流干燥系统中，湿淀粉要通过高速旋转的风机叶片，在高速旋转的风机叶片作用下，湿淀粉会被进一步打碎，因此正压干燥可以较好地保证淀粉的细度。但采用该干燥工艺，风机叶片损失严重，一般需 6~8 个月更换一次，干燥器接头处也易出现漏风现象。

湿淀粉负压干燥设备（图 5-21）中，加热空气和物料混合后由扬升机送入干燥管内，由于风机动力作用使整个管道系统处于负压情况下，可以减少尾气中的粉尘，使操作环境大为改善。目前大多数小麦淀粉生产企业已采用负压气流干燥方式。

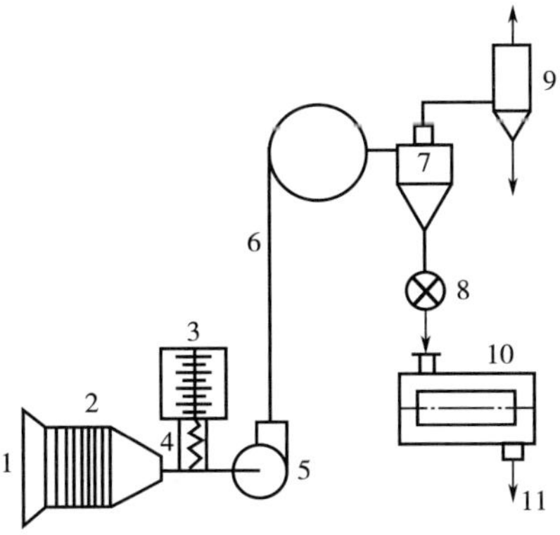

图 5-20　湿淀粉正压干燥设备

1—过滤器　2—加热器　3—供料器
4—输料绞龙　5—风机　6—干燥管
7—卸料器　8—闭风器　9—回收塔
10—成品筛　11—干淀粉

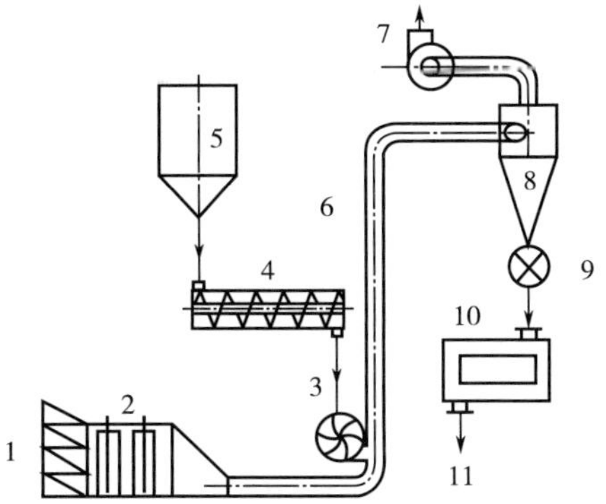

图 5-21　湿淀粉负压干燥设备

1—空气过滤器　2—加热器　3—扬升器
4—输料绞龙　5—湿淀粉料斗　6—干燥管
7—风机　8—旋风卸料器　9—闭风器
10—成品检查筛　11—干淀粉

（三）淀粉干燥工艺及技术参数

精制淀粉乳脱水后的湿淀粉滤饼水分含量一般≤40%，通过绞龙输送到混料混合机内把大块的物料切碎并输送到淀粉干燥系统。淀粉进入干燥系统首先通过扬升器将湿物料粉碎，同时把粉碎后的物料送入烘干管道中，通过管道内的热风把湿淀粉中的水分蒸发。干燥后的成品淀粉通过旋风卸料器进行分离后在刹克龙内收集。得到的干淀粉成品首先经过检查筛筛出其中的杂物和粗料，筛出的粗淀粉回收至扬升器内可以重新进行干燥，筛下的成品干淀粉进入打包工段。典型的淀粉干燥工艺见图 5-22。

淀粉干燥工艺参数为：

风速一般控制在 14～24m/s。风速过低，大块湿淀粉不能随风带走，易使产品受热损坏，风速过高系统阻力增加太大，且产品水分不易控制。

风量控制在气-固流量比为 5.0～10.0。

进风温度根据湿淀粉进料量控制在 130～150℃，出风温度控制在 55～60℃。

干淀粉温度≤40℃，蒸汽压力控制在 0.8～1.0MPa。

成品淀粉水分 12%～14%，细度（100 目筛上物）≤0.5%。

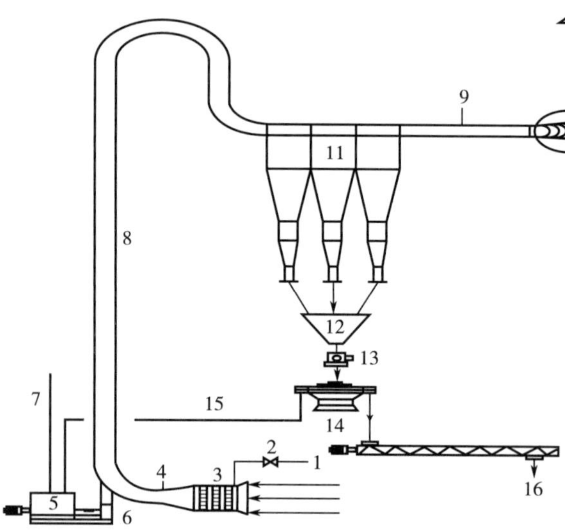

图 5-22　典型淀粉干燥工艺

1—蒸汽　2—调节阀　3—热交换器　4—温度远传（进风温度）　5—混料混合机　6—扬升器　7—湿物料　8—热风管　9—温度远传（出风温度）　10—风机　11—旋风卸料器　12—料斗　13—闭风器　14—检查筛　15—粗淀粉回收　16—成品干淀粉

（四）影响淀粉干燥效果的因素

影响小麦淀粉干燥效果的主要因素：

1. 湿淀粉的含水量

湿淀粉的含水量直接影响干燥机的工作，湿淀粉含水量高，则干燥时需要除去的水量多，使干燥机生产能力降低，同时含水量高的湿淀粉与热空气或热器壁接触也易造成糊化，影响产品品质。因此机械脱水时，尽可能脱去游离水分，一般可脱水至 35%~38%。

2. 干燥温度

干燥温度极其重要，不能超过淀粉的糊化温度，特别是干燥前期，淀粉本身含水量大则更易糊化，更应严格控制，一般干燥温度不应>70℃。气流干燥虽然热空气温度高达 140℃，但与淀粉接触时间极短，且尾气温度效率高的也只在 40℃左右，说明淀粉本身的温度也不可能超过 70℃，从气流干燥的淀粉品质也可看出，极少有糊化颗粒。

3. 操作影响

采用气流干燥机干燥，应注意加料均匀，蒸汽压力稳定，防止出料水分忽高忽低。

六、干淀粉的筛理与包装

干燥后淀粉尚含有粗粒，同时温度也很高，需要进一步加工处理，除去粗粒并冷却淀粉，使其接近室温再送去包装或储存。

（一）干淀粉的筛理

早期淀粉的筛理装置为直接通过 100 目绢筛网的转筒筛，此种设备一般都专门制造，因效率较低，很少有定型设备；另一种为只用一种大孔的冷却筛，该筛为圆筒形，筛网用铜丝或不锈钢丝制成，筛外壳可用木板或其他材质制成，在外壳的尾端装有粗颗粒排出孔，以便清除粗大颗粒，可放入储槽溶化后回入前工序；另一种是与粉碎机连用，该机下部为粉碎机，上部为空气分离器，空气分离器与风机相连，干淀粉进入粉碎机后细粉由风机抽至空气分离器，吸入旋风分离器，气流速度降低，淀粉由下口落下，进入输送装置或直接包装，粗颗粒在空气分离器中因较重而未能被风力吸走，落入与粉碎机相连的活动挡板处，沉积一定数量后依靠本身重力将活动挡板压开，回入粉碎机粉碎。

随着现代工业技术的进步，目前国内淀粉生产厂大多采用新型旋振筛或方形平筛代替老式筛理设备，采用电机驱动，经传动机械，带动旋振机械作用，由此产生激振力，当激振力作用于筛体时，整个工作部分做回旋和上下弹振运动，被筛选物料在筛网面上呈现出运动迹象，进而进行筛理淀粉。

（二）淀粉的包装和储存

筛理后淀粉可以直接包装或输送至淀粉储仓储存，输送淀粉装置可用气流输送泵或罗茨风机。空气压缩机送来的压缩空气穿过气孔与螺旋输送泵送来的淀粉混合，通过输送管道可长距离地输送至储仓。采用气流输送泵时需注意首先必须将管道吹通才能送料，停车时应先停料后停气，同时在输送过程淀粉水分一般要降低 1.2%左右，故干燥时应适当考虑提高水分，但另一方面，淀粉干燥后的水分高又难以输送。近年来有的工厂多采用罗茨风机输送，设备简单，不需辅助设备，效果较好。

淀粉的包装可用纸袋、布袋、尼龙编织袋等，包装规格分为小包装和大包装，小包装每袋 500g，1000g，大包装每袋 25kg，50kg，80kg，100kg。药用淀粉内衬塑料袋。包装设备一般都与自动秤连用，集电子、机械、气动于一体，可自动计量、自动振袋、自动记录、自动传输。

淀粉的储存有散装储存和包装储存两种。包装后储存，垛内应留有通道，以便检查，并可通风。包装后储存占地大，工业上大量使用又不太方便。若需较长期储存，则可将散装淀粉储存于大型储仓中，需用时可再包装或散装运出。袋装储存可用简易较高平房储存，散装储存可用圆形储仓，为钢筋混凝土制成，储仓底为圆锥形，由钢板制成。储仓内部要求表面平滑，无凹凸不平处，以免沉积淀粉、腐烂变质，储仓上部有人孔和加料管孔，下部锥形底装有振动装置，帮助淀粉出料，圆仓上部有孔通向吸尘系统。圆仓的附属设备有螺旋输送机、斗式提升机等。

工业上典型的淀粉干燥和包装工艺如图 5-23 所示。

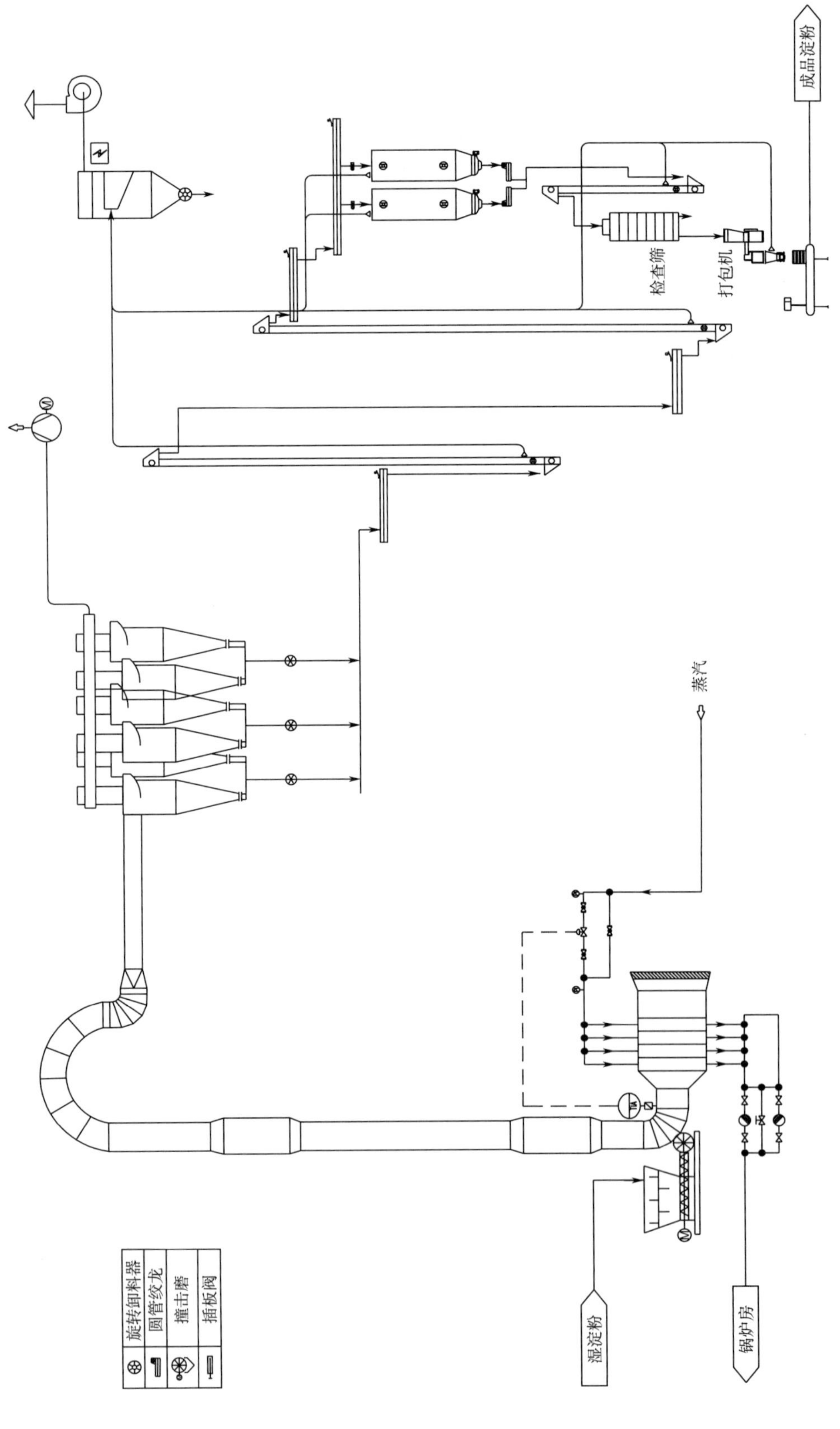

图 5-23　典型淀粉干燥和包装工艺

第六章
小麦淀粉生产设备

本章依据小麦淀粉生产工序对每一个工序所用的主要设备进行讲述，以了解每一个工艺过程所使用的设备种类、主要技术参数、工作过程等。

第一节 原料接收与处理设备

小麦淀粉及谷朊粉的原料接收系统根据小麦粉的不同来源和包装形式有以下三种方式：①小麦粉厂散粉仓供应：小麦粉出仓—缓存—气流输送—检查筛—入仓；②散装粉车运输：散粉罐车—散粉卸车—气流输送—小麦粉检查筛—入仓；③吨包或袋装小麦粉运输、投料：卸车—缓存—拆包—投料—斗提机（气流输送）—检查筛—入仓。

主要设备为对原料小麦粉进行复检的在线气流筛、圆筛、除铁器；气流输送所需的罗茨风机、气泵、分路阀；拆解袋装小麦粉的拆包机；输送提升小麦粉的斗提机、绞龙等输送设备。

一、在线气流粉筛

气流粉筛在工艺中用于小麦粉接收环节气流输送过程中的检查筛分和成品淀粉、谷朊粉等通过气流输送入仓、包装前的检查。

（一）工作原理

气流粉筛分网为圆筒状，置于机体内，物料通过螺旋输送系统后，和气流混合、雾化进入网筒内；通过网筒内风轮叶片使物料同时受离心力和旋风推进力，使物料喷射过网，由细料口排出，不能过网的物料沿网筒壁从粗料口排出，见图6-1。

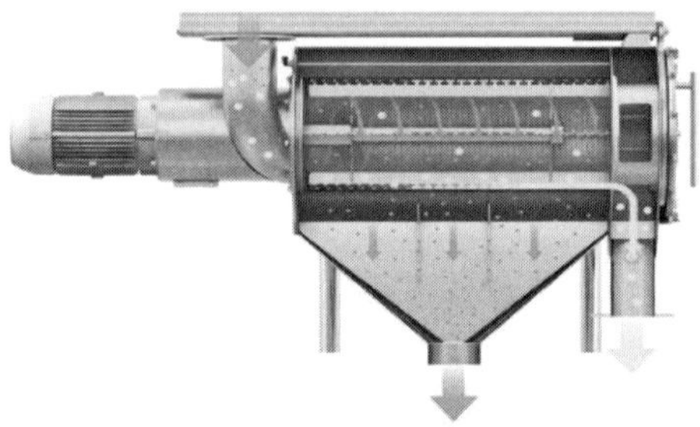

图6-1 气流粉筛工作原理图

气流粉筛摒弃了传统的依靠重力作业的方式，开辟了载流体动能做功的筛理新途径。在密闭状态下利用高速气流做载体，使充分扩散的小麦粉微粒以足够大的动能向筛网喷射，达到快速分级之目的。气流筛利用小麦粉微粒质量小而轻、易漂浮、流动性好的特点，将其充分扩散到气流中，粉料不再团聚，而是以单个微粒依次随气流透过筛网，因此气流筛的产量大、效率高、不黏网、不堵网孔、细度精确。

（二）气流粉筛主要结构

气流粉筛主要由进料口、螺旋输送系统、驱动电机、细料出料口、粗料出料口、风轮、网架、除尘口等组成，见图 6-2。

（三）气流粉筛的安装

气流粉筛应尽量安装在有预埋螺栓固定的专用地基上，如因特殊原因不能为气流粉筛提供专用基础，也应在工作台与设备机座之间敷设防震橡胶板。气流粉筛在通电使用前，必须连接安全可靠的接地保护线。气流粉筛全部安装完成后，必须先拆除全部运输紧固螺栓后才能开机运转。要保证设备筛网的正确安装，气流粉筛筛网成圆筒状安装，筛网的上下端分别由钢丝绳固定。筛网接头处应用 810 黏合剂搭接黏合 30~50mm。固定筛网两端钢丝绳时，应边紧固边调整筛网，必须做到筛网不打褶、不扭曲，均匀张紧。

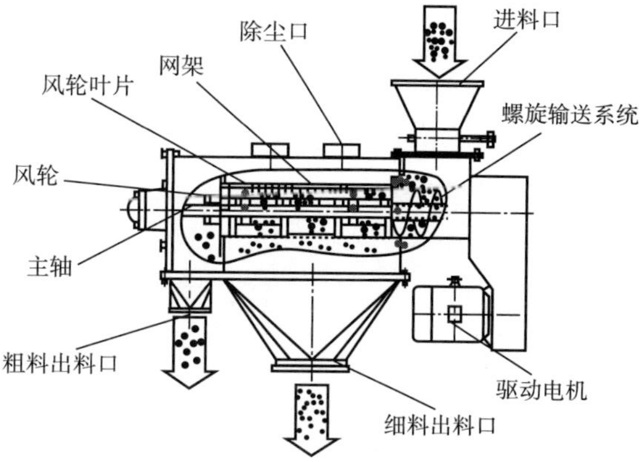

图 6-2　气流粉筛结构图

（四）在线气流粉筛特点

在线气流粉筛的技术参数如表 6-1 所示。其特点如下：

（1）整机体积小、重量轻、平稳无振动、无噪声、密闭性能好、无粉尘、效率高。

（2）安装简单、控制方便。

（3）可单机或多机配套使用，长时间连续运行，安全可靠。

（4）筛网受旋风的冲刷，可自动清网。

（5）对结块物料有再破碎功能。

（6）该机可同气流输送系统配套，直接串入风路，节约资源。

表 6-1　PTWS 型气流粉筛技术参数表

型号	材质	功率/kW	产能	
			筛孔尺寸/mm	产量/（t/h）
PTWS30-80	SUS304	4	0.2	—
			0.4	—
			0.6	5.0
			0.8	6.5
			1.0	8.0

续表

型号	材质	功率/kW	产能	
			筛孔尺寸/mm	产量/（t/h）
PTWS30-80	SUS304	4	1.4	9.0
			2.0	10.0
			3.0	11.0
			4.0	12.0
PTWS40-90	SUS304	5.5	0.2	—
			0.4	—
			0.6	10.0
			0.8	13.0
			1.0	16.0
			1.4	18.0
			2.0	20.0
			3.0	22.5
			4.0	23.0

注：以上参数基于散料体积质量为 $0.55t/m^3$。

二、斗式提升机

（一）工作原理

斗式提升机在小麦粉接收工艺段主要用于吨包、袋装物料的投料提升至粉仓及小麦粉由粉仓出料输送至生产缓存仓的环节。畚斗把物料从下面的储槽中带起，随着输送带或链提升到顶部，绕过顶轮后向下翻转，斗式提升机将物料倾入接受槽内。带传动的斗式提升机的传动带一般采用橡胶带，装在下或上面的传动滚筒和上下面的改向滚筒上。链传动的斗式提升机一般装有两条平行的传动链，上或下面有一对传动链轮，下或上面是一对改向链轮。斗式提升机一般都装有机壳，以防止斗式提升机中粉尘飞扬。

（二）主要结构

斗提机主要由进料口、畚斗、斗提带、头轮、出料口、尾轮、驱动装置等组成，见图 6-3。

（1）机头　由机头座、机罩、轴承座、主轴和头轮等零部件构成，机头采用剖分式结构，装拆方便；顶部设有防爆口，确保安全；下部设有吸风口，便于安装压力平衡管或吸风管之用，以保证机头、机座的内部压力平衡，防止粉尘的溢出。

（2）立管　具备三种型式的立管，即带观察窗的立管、带操作门的立管以及普通立管。由薄钢板压制成形，与两端的角钢法兰焊接而成。立管标准高度为2000mm，观察窗立管及操作门立管应在2000mm的立管上制作。

（3）机座　由机座体、尾轮、尾轮轴、张紧装置、插门和进料等零部件构成。进料斗安装装置根据工艺设计要求，设置在机座上的顺向进料端或逆向进料端。机座两端各有一排料插门，打开插门可清除机座内残留物。张紧装置系用来调整畚斗带的松紧度和纠正跑偏现象，本系列提升机独特的张紧系统具有结构简单，调整方便的优点。

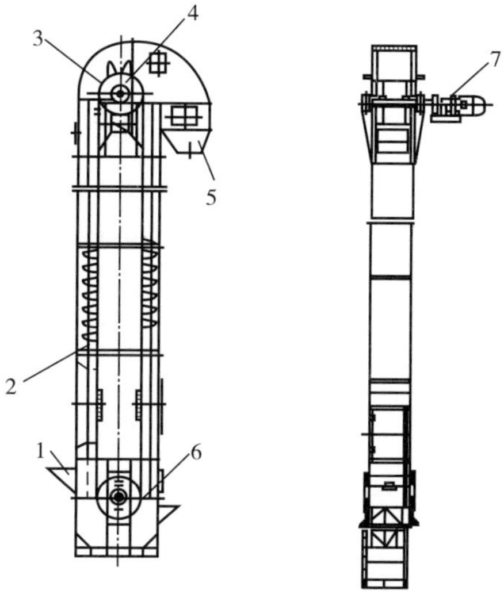

图6-3　斗提机结构图

1—进料口　2—畚斗　3—斗提带　4—头轮
5—出料口　6—尾轮　7—驱动装置

（4）畚斗　用薄钢板制成，其几何形状和尺寸设计为粉粒料通用的型式。当用于升运松散的粉状物料时，最好采用底部带孔畚斗，这样更有利于充分卸料，以减少畚斗带料和回流现象。

（5）畚斗带　一般推荐高强度聚酯橡胶带，也可根据用户经济状况选用普通多层橡胶带。畚斗带两端接头处可采用皮带螺栓联接。畚斗用畚斗螺钉固定在畚斗带上。

（三）工作过程

斗式提升机的工作过程分为三个阶段：

第一阶段：畚斗的装料过程。装料过程是影响斗提机产量的重要环节，根据不同的物料正确选取带速、斗型和进料方法，才能保证斗提机产量。根据物料的进料方向与底轮旋转方向的不同，进料分为顺向进料和逆向进料。由于工艺流程的需要，这两种进料方式在实践中均有应用，一般情况下，逆向进料居多。

第二阶段：物料的提升过程。在提升过程中为了使畚斗在重力作用下不致倾斜而落料，所以对牵引带要进行张紧。

第三阶段：卸料过程。卸料过程分为三种型式：离心式、重力式和混合式。

根据料斗运行速度的快慢不同，斗式提升机可分为：离心式卸料、重力式卸料和混合式卸料三种形式。离心式卸料的斗速较快，适用于输送粉状、粒状、小块状等磨琢性小的物料；重力式卸料的斗速较慢，适用于输送块状的，相对密度较大的，磨琢性大的物料，如石灰石、熟料等。

（四）斗式提升机的型号选用须知

作为常用的提升设备，斗式提升机的选用受很多方面因素的制约，选错型号会给使用带来不少的麻烦。斗式提升机选型取决于以下几个要素：

①物料的形态：物料是粉状还是颗粒状还是小块状。②物料的物理性质：物料有没有吸附性或者黏稠度，是否含水。③物料的相对密度：一般斗式提升机参数都是针对堆积相对密度在 1.6 以下的物料设计和计算的，太大的物料相对密度需要进行牵引力和传动部分抗拉强度的计算。④单位时间内的输送量：一般来说，物料的形态直接决定物料的卸料方式，常用规律为粉状物料采用离心抛射卸料、块状物料采用重力卸料，而卸料方式的不同决定斗式提升机采用的料斗形式的不同，离心抛射卸料多采用浅斗和弧形斗，而重力卸料需采用深斗。

斗提机所采用料斗的类型不同，单位时间内提升的物料输送量是不一样的。斗式提升机最终的输送量是取决于料斗形式、斗速、物料相对密度、物料性质、料斗数量的一个综合参数。选型过程如下：物料相对密度→传动方式（斗提型号）→物料性质→卸料方式→料斗形式→该系列斗式提升机的提升量→确定机型。

三、螺旋输送机

螺旋输送机在生产工艺中的使用一是作为小麦粉筒仓的入仓机构，二是筒仓底部与振动出仓结构配合作为出仓输送使用，也作为多仓底部汇集输送物料使用。

螺旋输送机是一种利用电机带动螺旋回转，推移物料以实现输送目的的机械。它能水平、倾斜或垂直输送，具有结构简单、横截面积小、密封性好、操作方便、维修容易、便于封闭运输等优点。

（一）工作原理

当螺旋轴转动时，由于物料的重力及其与槽体壁所产生的摩擦力，使物料只能在叶片的推送下沿着输送机的槽底向前移动，其情况好像不能旋转的螺母沿着旋转的螺杆做平移运动一样。物料在中间轴承的运移，则是依靠后面前进着的物料的推力。所以，物料在输送机中的运送，完全是一种滑移运动。为了使螺旋轴处于较为有利的受拉状态，一般都将驱动装置和卸料口安放在输送机的同一端，而把进料口尽量放在另一端的尾部附近。旋转的螺旋叶片将物料推移而进行输送，使物料不与螺旋输送机叶片一起旋转的力是物料自身重量和螺旋输送机机壳对物料的摩擦阻力。叶片的面型根据输送物料的不同有实体面型、带式面型、叶片面型等型式。螺旋输送机的螺旋轴在物料运动方向的终端有止推轴承以随物料给螺旋的轴向反力，在机长较长时，应加中间吊挂轴承。

（二）主要结构

螺旋输送机适宜输送粉状、颗粒状、小块状物料，不宜输送易变质、黏性大、易结块的物料，螺旋输送机适宜水平和小倾角（≤150°）布置。螺旋输送机主要分为水平和垂直螺旋输送机，可沿水平、倾斜或者垂直方向上输送物料，这两种机型也是最常见的。螺旋输送机根据结构可分为双螺旋输送机和单螺旋输送机。后者使用较多。螺旋输送机的安装方式有固定式和移动式两种，大部分螺旋输送机采用固定式。主要结构见图6-4。

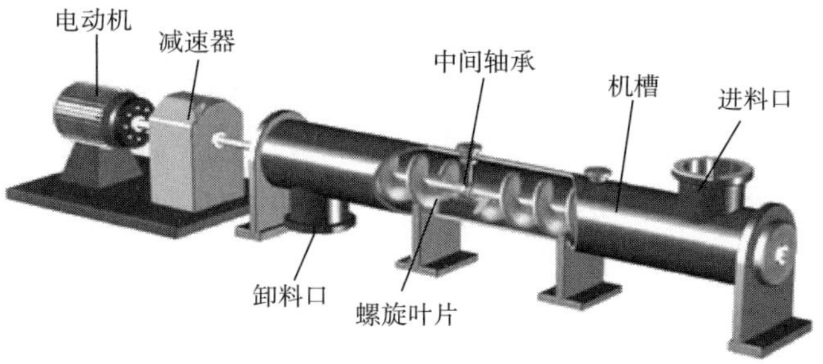

图 6-4 螺旋输送机的结构图

（1）头部和尾部的轴承均布置在壳体外，安装和维修都很方便，同时避免粉尘进入轴承中。

（2）螺旋轴的前、后节螺旋叶片为疏、密两种螺距，有效防止堵管。叶片的高精度制作保证了物料输送时充满壳体。螺旋轴的尾节处采用反螺旋结构，这样能够有效防止物料在出料口堆积，保证出料顺畅。

（3）螺旋输送机连接方式采用销轴连接代替螺栓连接，强度大，安装方便，横截面积小，对物料阻力小。

（4）采用优质进口高强耐磨钢制作的连续式螺旋叶片，制作成形后螺距误差<5mm且叶片表面光滑，保证了物料输送的均匀、稳定性。

（5）螺旋输送机进料口与面粉仓口连接方式分为：球铰法兰刚性连接和吊挂加防水帆布软连接两种形式。可视设备拆装频繁程度决定接口形式。

四、刮板输送机

刮板输送机在小麦淀粉生产中常作为小麦粉出入仓、淀粉成品出入仓的输送、汇集使用，和螺旋输送机使用形式相似，多与斗提机、螺旋输送机配合使用。

刮板输送机是借助刮板链条的运动及物料的内摩擦力，在封闭的机槽中使物料整体运动而被输送的机械。

（一）工作原理

刮板输送机的工作原理是，将敞开的机槽，作为物料等的承受件，将刮板固定在链条上（组成刮板链），作为牵引构件。当机头传动部件启动后，带动机头轴上的链轮旋转，使刮板链循环运行带动物料沿着机槽移动，直至到机头部卸载。刮板链绕过链轮做无级闭合循环运行，完成物料的输送，可分为水平运输和垂直运输。

（1）水平输送　物料受到刮板链条在运动方向的压力及物料自重的作用，在物料之间产生内摩擦力。这种摩擦力保证了料层之间的状态相对稳定，并克服其在机槽中移动而产生的外摩擦力，使物料形成连续整体的物流而被输送。

（2）垂直输送　物料主要受到刮板链条在运动方向的压力，在物料中产生横向的侧压力，形成物料的内摩擦力，同时，由于下水平段的不断给料，下部物料相继对上部物料产生推力。这种内摩擦力和推力，足以克服物料在机槽中移动而产生的外摩擦力和物料的自重，使物料形成连续整体的物流而被提升。

（二）主要结构

刮板输送机的主要结构见图6-5。

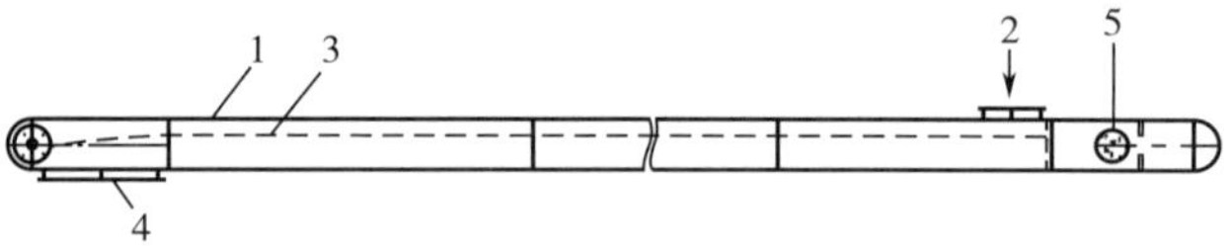

图6-5　刮板输送机结构图

1—壳体　2—进料口　3—刮板链条　4—出料口　5—驱动装置

（1）机头　机头是将电动机的动力传递给刮板链的装置，它主要包括机头架、传动装置、链轮组件、盲轴及电动机等部件。

（2）机尾　机尾由尾轮、尾轴、机尾壳、轴承、轴承座、张紧装置等组成。张紧装置一般采用螺旋张紧。

（3）机槽　机槽有普通机槽、过渡机槽、加料机槽三种。根据工艺布置的要求，机槽盖板和底板上可开设加料口和卸料口。机槽的承载和非承载分支均应设置刮板链条道轨，道轨应由耐磨、减震的材料制成。

（4）刮板链　刮板链是刮板输送机的重要部件，它在工作中拖动刮板沿着机槽输送货物，要承受较大的静载荷和动载荷，而且在工作过程中还与机槽发生摩擦，所以，要求刮板链具有较高的耐磨性、韧性和强度。

（5）驱动装置　驱动装置由电机减速器、联轴器、驱动链轮等组成。

（6）清扫装置　清扫装置为了防止物料被链条带过出料口而积聚在机头引起堵塞，或进入其他部位，在机槽出料口的适当位置应设置清扫装置，清扫装置应转动灵活，且不得有碍物料运行。

五、罗茨鼓风机

罗茨鼓风机主要应用于小麦粉原料的气流输送、成品淀粉、谷朊粉的出入仓气流输送。罗茨鼓风机是一种容积式鼓风机。当压力波动时，流量变化很小，具有强制气体传输的特点。随着输送系统的阻力变化，罗茨鼓风机的工作压力自动调节。输送物料时，流量小，输送系统压力损失小，阻力小，风机的工作压力降低；当流量变大时，输送系统压力损失增加，阻力增加，罗茨鼓风机的工作压力自动增加到其最终压力值。同时，罗茨鼓风机在压缩空气过程中没有机械接触，因此输送介质不含油或其他异物，并且在输送的材料中没有污染。

罗茨鼓风机广泛用作常用的粉料输送设备，在小麦粉输送中，使用粉末材料的气流输送是散装运输机械化的关键。在气流输送过程中，材料颗粒的运动状态主要受输送空气流的控制。在整个气流输送系统中，小麦粉既不吸湿也不污染，这保证了小麦粉的质量。

小麦粉输送罗茨鼓风机日常保养如下：在日常工作中，应注意轴承的温度、声音和振动情况。检查油位、油温、进气和排气压力以及电流表指标。应在正常运行一段时间后更换齿轮油。这时的齿轮油是深黄、偏黑色并且黏稠，这是由于轴承中的油、铁屑和齿轮箱中的齿轮造成的。一般每 3 个月更换一次。

使用过程中会出现不同程度的磨损。风机转子与转子、转子与墙板之间的各间隙是影响风机正常运行的主要原因。因此，在安装过程中调整风机腔内的空间，并定期润滑风机。润滑部件可以防止由于安装不良和润滑不良导致的正常风机运转，以确保正常的生产操作。

（一）工作原理

罗茨鼓风机主要利用转子轴端的同步齿轮使两转子保持啮合。转子上每一凹入的曲面部分与气缸内壁组成工作容积，在转子回转过程中从吸气口带走气体，当移到排气口附近与排气口相连通的瞬时，因有较高压力的气体回流，这时工作容积中的压力突然升高，然后将气体输送到排气通道。

（二）主要结构

罗茨鼓风机主要由电机、风机、吸入消声器、安全阀、压力表等组成，见图 6-6。

其特点：

（1）螺旋形状 20°以上的固定螺旋方式，机壳的进排风屏蔽线切入螺旋，通过转子的旋转而循序打开，所以微有进排风脉动，运转声音小。

（2）转子采取特殊外形，便于保持转子间的相互间隙，使效率进一步提高。

（3）转子是三叶直线型，轴向微小变位转子接触，需在剖面上保证转子间隙。

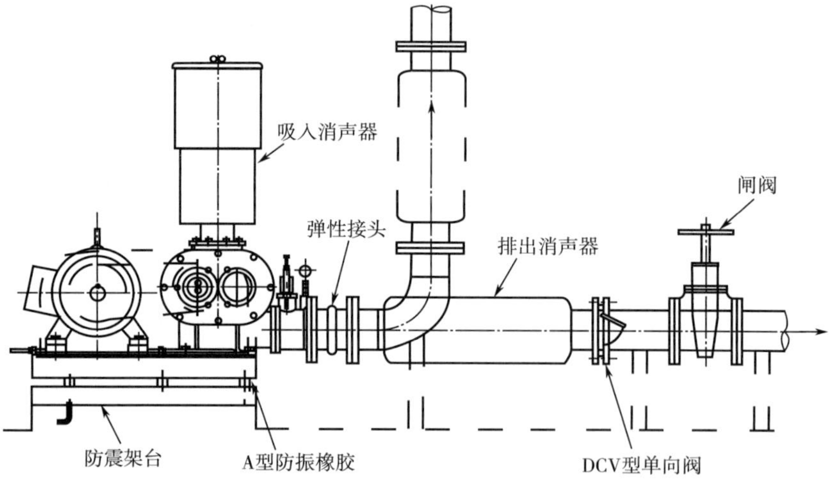

图 6-6 罗茨真空泵结构图

（4）采用高级驱动齿轮，寿命得到延长，且实现了低噪声化。完全排除了齿轮对设备的不良干扰。

（5）输出空气清洁，不含任何油质灰尘，机壳内部无须油类润滑，且采用了避免轴承齿轮油类混入机壳内部的结构设计。

六、小麦粉散装运输车

小麦粉散装运输车是将小麦粉从小麦粉厂运至淀粉加工企业的重要交通工具，是整个小麦粉散装运输过程中的重要载体。小麦粉散装运输车通常采用罐体设计，在运输过程中小麦粉和外部环境是完全隔离的，避免了传统袋装运输小麦粉方式，在装袋、搬运、拆袋、储存等诸多环节中容易混入杂物，受到雨淋、虫鼠侵害等污染的可能性，保证了小麦粉的安全。另一方面，小麦粉散装罐体封闭性很好，雨水不易进入，解决了以前下雨天不易运输小麦粉的问题。

小麦粉散装运输车常用有卧式粉罐汽车和举升式粉罐汽车两种。

（1）卧式粉罐汽车　卧式粉罐汽车罐体中心线呈水平方向，罐体可以是单个仓，也可分隔两个仓。若罐体内的流态床与水平面成一个倾角，称为内倾卧式粉罐车，如图 6-7 所示。若罐体中心线与水平面形成一个不大的倾角，则为外倾卧式粉罐汽车。卧式粉罐汽车具有结构简单、操作方便、卸料性能稳定和质心低的优点，但适用性受到限制，一般仅用于流态化性能较好的粉料散装运输。

（2）举升式粉罐汽车　举升式粉罐汽车（图 6-8）在装料和行驶时，罐体中心线处于水平位置，卸料时举升机构将罐体前端升起，成倾斜状态。举升式粉罐汽车的罐内底部通常仅在出料口处设置流态化床，卸料时罐体呈倾斜状态，粉粒在重力作用下自动下滑，集中到出料口处后卸出。所以，罐体内部结构简单、容积效率高、适用范围广，常

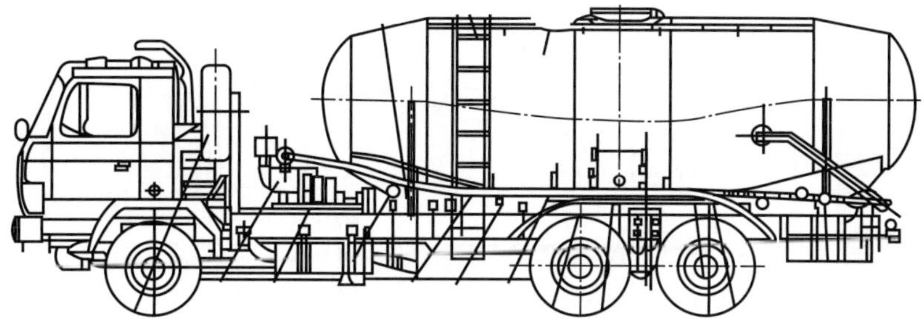

图 6-7　卧式粉罐汽车结构图

用来装运流态化性能差的粉料。但由于增加了举升机构，使用、维修较复杂。

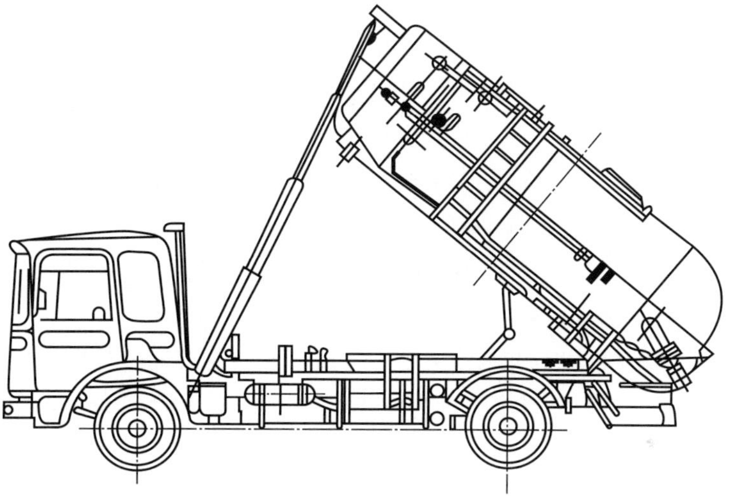

图 6-8　举升式粉罐汽车结构图

第二节 和面与面团调质设备

小麦淀粉加工过程和面与面团调质工序主要包括小麦粉加水和面形成面团或面糊，然后经过熟化、调浆及均质等工艺过程。主要设备包括和面机、均质机等。

一、连续和面机

连续和面机用于搅拌小麦粉和水，从而生成均匀的面团，连续和面机主要由电机、减速机、壳体、进料口、出料口、排液口、检查门、机架等构成，见图 6-9。

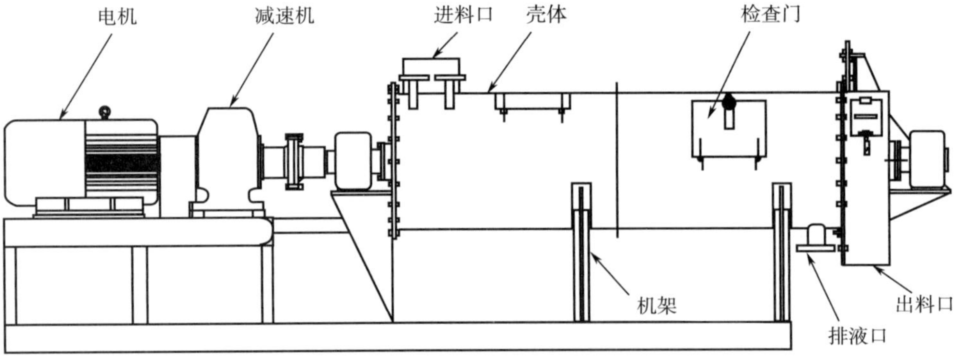

图 6-9　连续式和面机结构示意图

其工作原理：连续和面机的工作过程是利用内部配置的不同方向、角度的犁刀型桨叶的推进、回流、揉搓的形式将小麦粉与水充分混合形成均匀的面浆的过程。

小麦粉以稳定的流量进入和面机，根据小麦粉流量将水定量加入。根据小麦粉水分，加水量一般在 1：（0.8~1）。小麦粉和水通过设置不同角度的桨叶往复搅拌从而生成均匀的面浆。面团从位于和面机出料端的挡板处流出，挡板分为两部分，一部分是固定的高度，另一部分是调节板，挡板的高度可通过和面机顶部的调节板来调整。

为保证面浆（团）形成时间和均匀性，加水温度须保持在 30~40℃，加水应设置换热装置，保证进水温度稳定。

停留时间：根据出料挡板的高度，工作容量调整至和面机容量的 50%~65%，假定面团的密度为 1150kg/m^3，面团输出量为 9.1m^3/h 时，滞留时间为 4.4~5.8min，根据出料挡板的高度，工作容量调整为 0.88~1.22m^3/h。

小麦粉进料速度：最大变化量为±2%。

水流入速度：最大变化量为±2%。

二、间歇式和面机

（一）工作原理

间歇式和面机（洗筋机）是马丁法生产工艺主要设备，该设备集混合面团、醒发、洗涤分离淀粉、面筋洗涤功能为一体。在洗筋机螺旋的作用下，面团不断受到挤压和撕扯作用力，其中的淀粉充分和水接触，使其逐渐由面筋网络中游离出来，进而实现淀粉和面筋的分离。人工定量或机械输送将小麦粉投入设备中，加水混合形成面团，经醒发，面筋网络充分形成后，注入淹没面团的水，浸泡，开动机器轻揉，通过一端的排浆口逐层将洗涤出的淀粉浆排出，反复四五次直到将湿面筋洗涤至达到要求经排出口排出。所排出淀粉浆经初步精制后进入沉淀池。洗涤结束后的湿面筋输送至干燥工段。

具体参数如下：在搅合机中加水 40%~45%，以 40r/min 的转速使小麦粉捏合成面团。搅合时间约 30min，放置 30min，使面筋润胀而充分形成网络，使淀粉易于分离。若添加适量食盐，可改良面筋的品质，促进其网络形成。如遇小麦粉的游离酸多时，可加入适量的氢氧化钙调节其 pH。面团暂时静置后，加 5~8 倍的水进行揉洗，分 3~5 次揉洗。洗出的乳状液为淀粉乳。

（二）主要结构

间歇式和面机，具有底部为双弧形的筒体，下部装有两支并列的带螺旋形的搅拌叶片，工作时两支搅拌叶片相向或反向旋转，使面团从前后左右向中间推挤或撕扯，从而使面团搅拌均匀并有上劲的作用。新的设计采用了中间无穿心转轴，由于中间无穿心转轴，因此在工作时不会产生抱轴现象，从而消除了一般搅拌机中易产生搅拌死角和面团夹生弊病，同时也减轻了割取面筋的劳动强度。该设备是马丁法小麦淀粉生产的主要设备，主要结构见图 6-10。

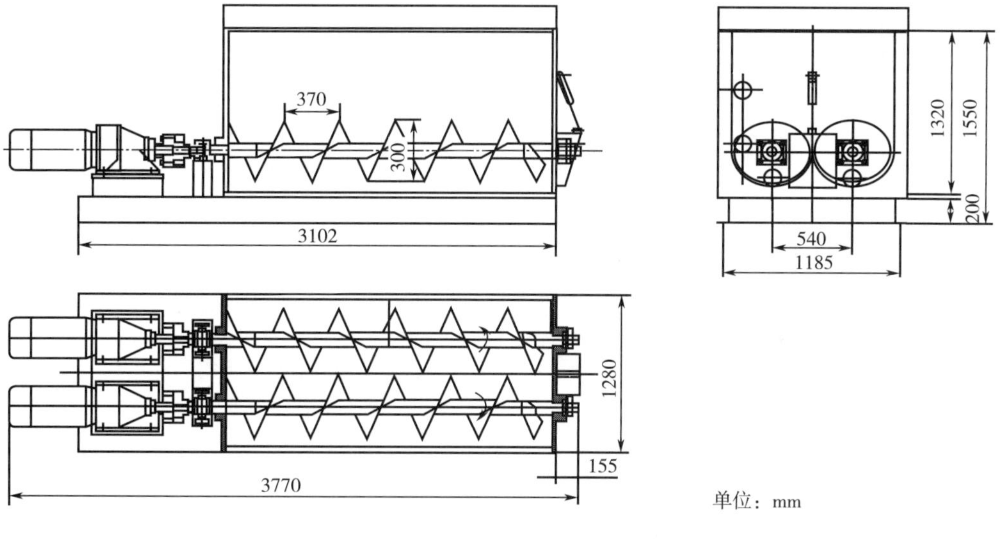

图 6-10　间歇式和面机结构示意图

（三）主要特点

间歇式和面机又称 MJ 型面筋机，采用专用减速箱或摆线针轮减速电机，运转平稳、噪声较低、操作方便。面筋机是一种半自动间歇式机器，开机时应检查电机的正反转。操作时应注意面团的硬度不能过高，避免停机和损伤电机，和好的面团应有足够的静置时间，以使面筋的形成。使用应保持上水多孔管的清洁，以防喷水孔堵塞。

其常见故障如下：

（1）面团过硬而停机，应加水点动搅拌。

（2）上水管局部堵塞，面团软硬不均匀，应清除堵塞管孔，并检查来水含杂质情况。

（3）水压不够，而使加水速度缓慢，造成面团形成时间过长，致使产量降低，应加大水压。

排浆口一般有上、中、下三个，排浆口阀门内漏会造成浆液外泄，排浆口为防止面筋流失，一般配备筛网，筛网堵塞会造成排浆不畅，影响工作周期。需要每次完成工作周期后进行清理冲洗。

排放湿面筋的排放口位于一端的底部，关闭不严造成漏浆，需要每次排放后清理排放口和压板，定期更换密封条。

三、均质乳化泵

小麦粉在和面机加水混合后形成面糊，经熟化后经均质机调制后进入三相卧螺离心机分离，在进入均质机前需要再次加水，以保证面浆均匀性和悬浮性能。

（一）工作原理

均质乳化泵是一种集混合、分散、破碎、溶解、精细、解聚、均质、乳化为一体的高效型产品。主要工作部件有定子、转子和外腔体组成。定子在转子高达 2900r/min 的快速运转的离心力和液力作用下，将熟化后面浆进行强烈剪切、离心挤压、撞击破裂、液层磨擦、湍流均匀等综合作用，从而使其破碎成均匀的小颗粒，见图 6-11。

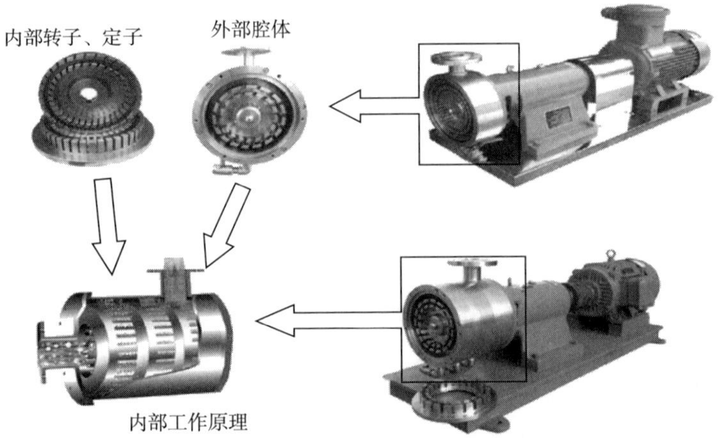

图 6-11　均质乳化泵工作原理图

（二）主要结构

均质乳化泵的泵腔内由 3~5 层转子和定子组成，每层转子和定子的齿盘由粗到细，使原始粗细不一的颗粒物料能顺利进入泵腔内逐层破碎、分散、均质、乳化。单级均质乳化泵其工作腔内装有一组双层定子和双层转子，是将物料通过进口吸入、进行全面均质乳化后从出口排出。其主要结构见图 6-12。

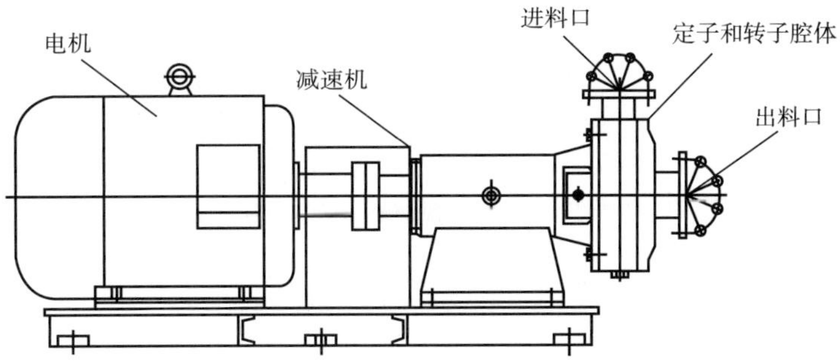

图 6-12　均质乳化泵结构示意图

（三）产品要求

（1）在转子高速旋转的情况下，均质乳化泵运行平稳，噪声低，能耗低。

（2）每层转子和定子间没有直流通道，齿盘由粗到细，齿间距由小到大，无死角，保证物料得到充分的均质、乳化，物料更细，均匀度高。

（3）转子和定子由柱形硬质合金经锻打后一次成型，加工精度高且耐磨损，使用寿命长。

（4）处理量大，适合工业化，大批量在线连续生产。

（5）操作使用简单，拆卸维修方便。

第三节
淀粉与面筋蛋白分离设备

一、三相卧螺离心机

三相螺旋卸料沉降离心机是小麦淀粉和蛋白质分离的关键设备，通过三相卧螺离心机可以把调质后的面浆迅速有效地分离成三种不同的组分。目前国内小麦淀粉厂用的三相卧螺机主要为进口产品，目前国内企业也已经开始尝试开发生产，如图 6-13 和图 6-14 所示。

（一）分离原理

转鼓与螺旋以既定差速同向高速旋转，物料由进料管接连引进输料螺旋内筒，加速后进入转鼓，在离心力场作用下，较重的固相物堆积在转鼓壁上形成沉渣层。输料螺旋将堆积的固相物接连不断地推至转鼓锥端，经排渣口排出机外。较轻的液相物则形成内

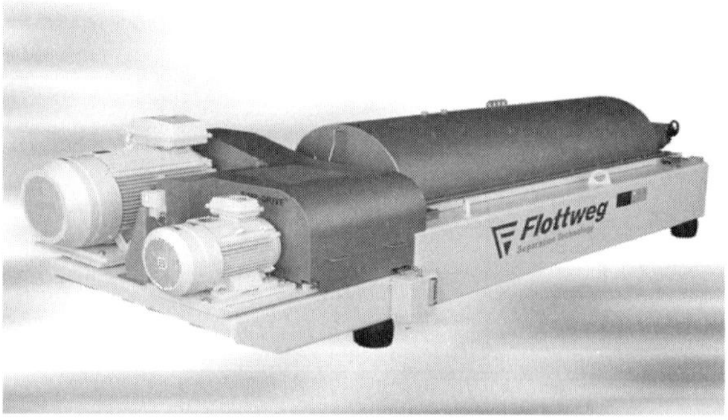

图 6-13　三相卧螺机（进口）

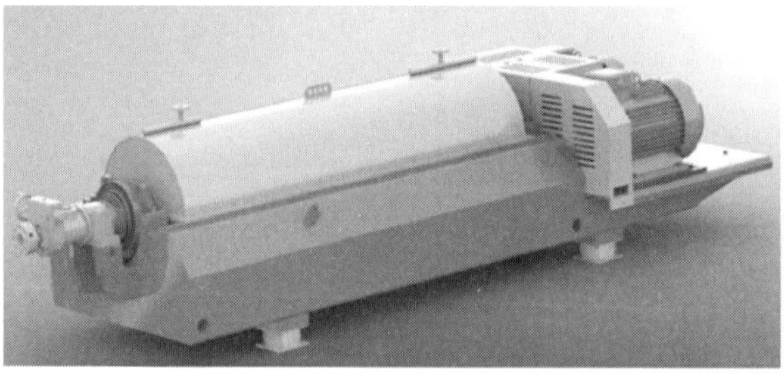

图 6-14　三相卧螺机（国产）

层液环，由转鼓大端溢流口接连溢出转鼓，经排液口排出机外。三相离心能在全速运转下，接连进料、分离、洗涤和卸料。具有结构紧凑、接连操作、运转平稳适应性强、生产能大、维修便利等特点。合适分离含固相物粒度>0. 005mm，浓度在 2%~40%的悬浮液。

如图 6-15 所示的公式中 r_s 为旋转中心与分离界面之距离。P 为轻液与重液分离处的压强。ρ_h、ρ_L 分别为重液相密度和轻液相密度。r_h、r_L 分别为旋转中心与重液相和轻液相出口之距离，也反映了重液相和轻液相各自的液池深度。

$$P=\omega^2/2g\rho(r^2-r_0^2)$$

$$P_c=\omega^2/2g\rho_L(r_s^2-r_L^2)$$

$$P_s=\omega^2/2g\rho_h(r_s^2-r_h^2)$$

$$\rho_L=(r_s^2-r_L^2)=\rho_h(r_s^2-r_h^2)$$

$$r_s^2=(\rho_h r_h^2-\rho_L r_L^2)/(\rho_h-\rho_L)$$

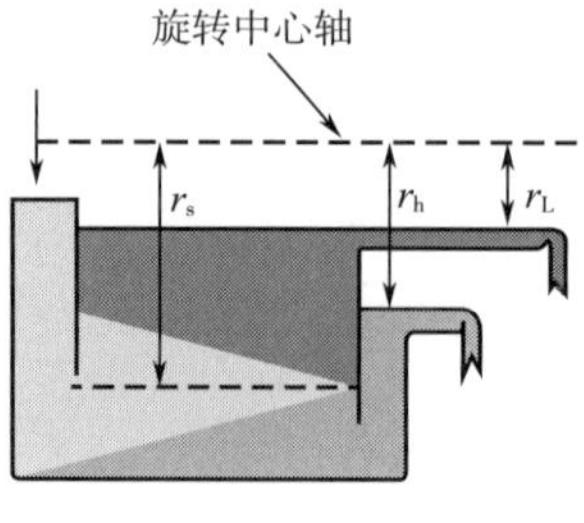

图 6-15　不相溶两相液体分离界面与密度关系公式

三相物料分离效果的好坏，除了与物料液相本身的密度、含量有关外，还与转鼓转速，有效沉降面积等因数有关。在以上情况都完备时，还与弧形堰板的高度调节、向心泵偏心度的调节直接相关。

按三相物料的密度不同，其分离界面的确定有规律可循，见图 6-16。

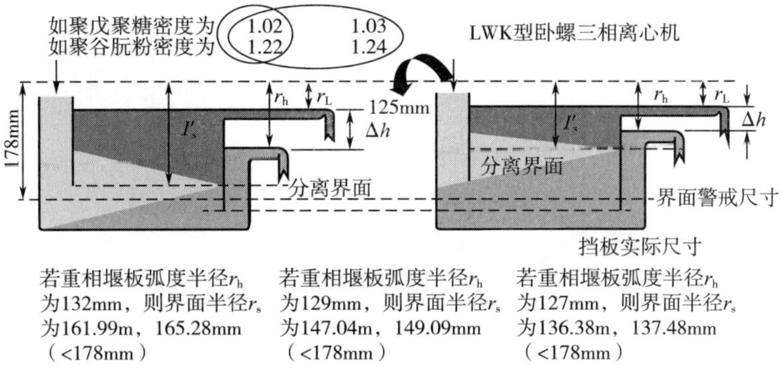

图 6-16　两相液体分离界面与密度关系

（二）分离过程

如图 6-17 所示，需要分离的物料通过中心供料管 1 进入离心机内，在离心力的作用下，密度大的固体沉降到转鼓壁 2 上。二相密度不同的清液 3，4 形成同心圆柱，较轻的液相处于内层，较重的液相处于外层。不同液体环的厚度可通过调节溢流堰 5 和可变叶轮 6 来改变。沉积在转筒壁 7 上的固体由螺旋输送器 8 传送到转筒体的锥体端 9，从排料口 10 排入固体集料箱。小麦淀粉分离工艺中得到的三相分别为固相：固形物含量>45%~55%的 A 淀粉；重液相：含有湿面筋和 B 淀粉；轻液相：含有戊聚糖和其他可溶性物质。三相分离有两种出料方式：一种是通过在轻相出料端设置堰板，通过溢流的重力排放中相；另一种是通过可变叶轮方式排放（图 6-18）。

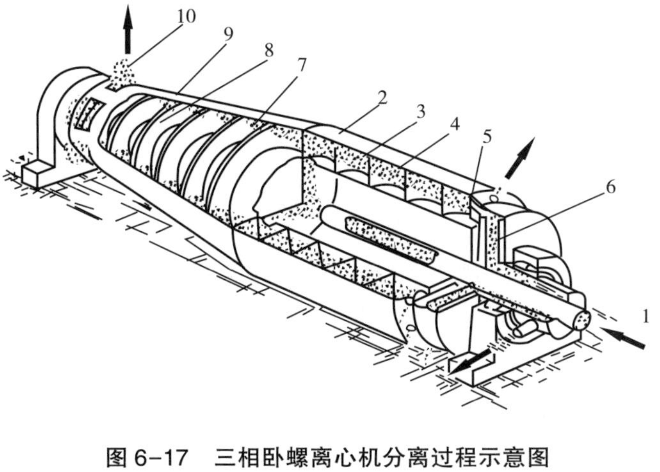

图 6-17　三相卧螺离心机分离过程示意图

1—供料管　2—转鼓壁　3，4—清液　5—溢流堰　6—可变叶轮

7—转筒壁　8—螺旋输送器　9—锥体端　10—排料口

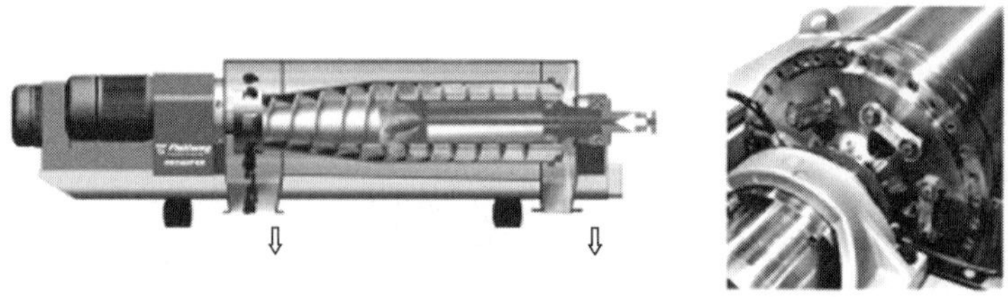

（1）

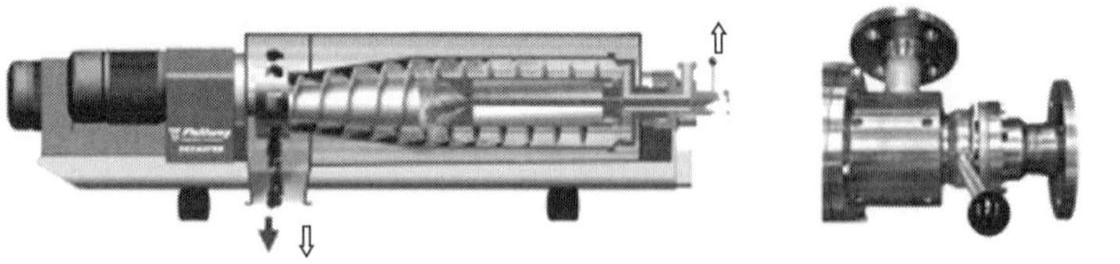

（2）

图 6-18　三相卧螺离心机两种出料形式示意图

（1）溢流重力排放（传统型）　（2）可变叶轮排放（用于如小麦淀粉、植物萃取、蛋白质、发酵液等食品工业）

可变叶轮特点及优势：

①清液相带压排放，有效减少生产过程中泡沫的产生；

②密闭排放，更卫生；

③生产过程中实现对液池深度的在线精细调节；

④调节参数读取便利，便于记录；

⑤设备能自适应物料波动，达到最佳分离效果；

⑥自动化连续操作易于实现；

⑦提升清洗效果；

⑧清液经由压力排放得以取代额外的排液泵。

转鼓大端设置重液相排出装置——弧形堰板，被分离出来的重液相流向转鼓大端根部，经过可调节高度，控制重液相澄清度的一组弧形堰板，自流形式排出离心机。

通过使用三相卧螺沉降离心机能在封闭系统中一次分离得到：

A 淀粉（重渣相）60%；B 淀粉+谷朊粉（重液相）20%；戊聚糖（轻液相）20%。

（三）主要结构

三相螺旋卸料沉降离心机主要由转鼓、螺旋卸料器、差速系统、机座、电机及控制系统组成。

三相卧螺离心机用于小麦粉三相分离，用以实现两种液体和一种密度比两种液体都大的固体的三相分离。重相液体在转鼓的圆柱端通过可调叶轮带压力排出。轻相液体在圆柱体末端通过重力作用排出。可调叶轮可以在不同进料情况下，在设备运行时精确而又快速地调节转筒内两种液体的分离。沉降下来的固渣被输送至转鼓的锥型端并由离心力排出，见图 6-19。

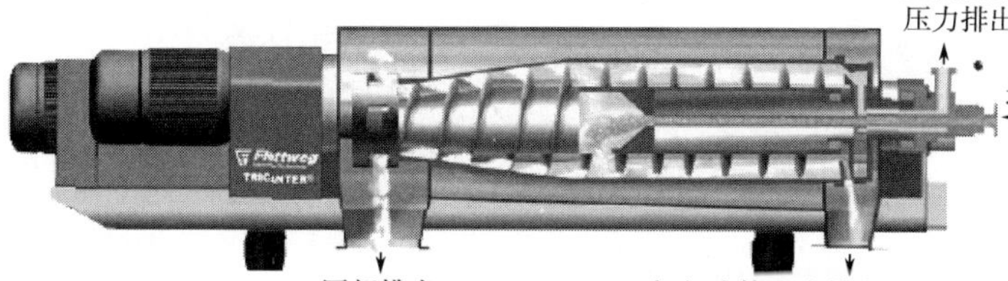

图 6-19　三相卧螺机结构图

（四）固相的含水率和轻相含固量的改变

改变固相的含水率和轻相含固量：

（1）通过可变叶轮和选择范围更大的相分离盘来改变两相液体的分界线，可变叶轮系统结构见图 6-20。

（2）选择较大的相分离盘直径以增加排水区域，从而使固体的含水率下降。

（3）当叶轮的直径和相分离盘的直径相差最大时，重相液体的质量最佳。

（4）当叶轮的直径和相分离盘的直径相差最小时，轻相液体的质量最佳。

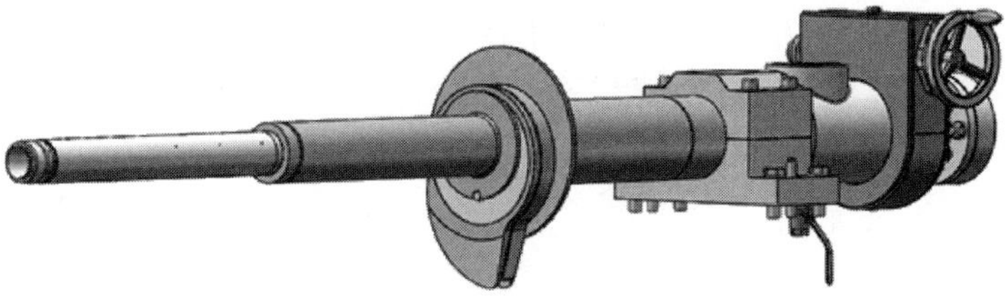

图 6-20　可变叶轮系统结构图

（5）改变转筒速度，固体颗粒越细，就必须要更高的转筒速度才能达到满意的效果。

（6）改变螺旋差速，若需得到含水率低的固渣，就应调低螺旋差速。如果进料的固体含量较高，就应调高螺旋差速。

三相卧螺离心机选型参数见表 6-2，表 6-3。

表 6-2　三相卧螺离心机选型参数（进口）

型号	转鼓直轻/mm	转鼓最大转速/（r/min）	外形尺寸（长×宽×高）/mm	总重/kg	电机功率/kW	最大处理量/（t/h）
Z5E	530	3500	4525×1560×1140	6200	75+30	3~6
Z6E	620	3200	5200×1770×1260	9750	90+90	6~11
Z8E	770	2650	6400×2000×1500	14400	160+132	10-~20

表 6-3　LWSX 三相卧式离心机主要技术参数表（国产）

型号	技术参数				主电机功率/kW	辅电机功率（发电机状态）/kW	重量/kg	机器外形尺寸（长×宽×高）/mm
	直径/mm	长径比	转速/（r/min）	分离因素（Fr）				
LWSX3842	380	4.2	4000	3380	22～30	11～15	4000	4550×1150×1390
LWSX4542	450	4.2	3800	3610	30～37	11～22	5200	4536×1150×1430
LWSX5242	520	4.2	3500	3540	55～75	15～30	8000	5550×1400×1820
LWSX6542	650	4.2	3200	3700	90～110	30～45	10350	6370×1470×1760
LWSX7237	720	3.7	2800	3140	110～132	37～55	12000	5245×2047×1726
LWSX8030	800	3.0	2500	2800	160～185	55～75	17910	7180×2540×1770

二、连续面筋精制机

连续面筋精制机是对三相卧式螺旋分离机分离出的重液相面筋和淀粉进行进一步分离、洗涤，得到满足蛋白质相对含量的纯净湿面筋的装置。

小麦淀粉分离用连续面筋精制机，包括设置在机架上的一级洗涤单元和二级洗涤单元；一级洗涤单元包括并排水平设置在一级清洗槽内，由动力电机驱动的两个旋向相反的一级螺旋绞龙组，在所述一级清洗槽的两端分别开设一级物料进口和一级物料出口，在靠近一级物料出口处的一级清洗槽底部开设一级浆料出口，与所述一级浆料出口位置相对应的一级清洗槽底部设置有一级筛板，在靠近一级物料进口处的一级清洗槽顶部设置带有多个喷头的一级清洗管道；二级洗涤单元包括并排水平设置在二级清洗槽内，由动力电机驱动的两个旋向相反的二级螺旋绞龙组，在所述二级清洗槽的两端分别开设二级物料进口和二级物料出口，在靠近二级物料出口处的二级清洗槽底部开设二级浆料出口，与所述二级浆料出口位置相对应的二级清洗槽底部开设二级筛板，在靠近二级物料进口处的二级清洗槽顶部设置带有多个喷头的二级清洗管道。

一级物料出口通过带有泵体的输料管路与二级物料进口相连通。为使进入旋转绞龙组内的面筋和 B 淀粉进行更好地分离，一级螺旋绞龙组的两条螺旋绞龙同时向外旋转，二级螺旋绞龙组的两条螺旋绞龙同时向内旋转。通过螺旋的相向和反向运转，对面筋产生撕裂和挤压作用，快速分离出面筋里包裹的淀粉。

连续面筋精制机结构见图 6-21。

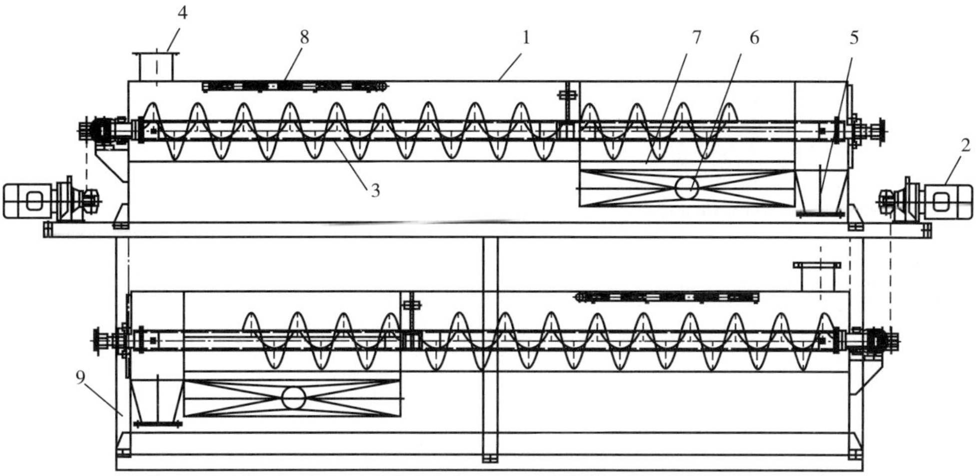

图 6-21　连续面筋精制机结构图

1—清洗槽　2—动力电机　3—螺旋绞龙组　4—物料进口　5—面筋出口
6—淀粉浆出口　7—筛板　8—清洗管道　9—机架

第四节 谷朊粉精制与干燥设备

一、圆筛

在小麦淀粉生产中，圆筛是小麦粉经和面、面筋洗涤、筛分等工艺后，将面筋与小麦淀粉分离的设备。该设备可应用于小麦淀粉马丁法生产工艺中，用于小麦谷朊粉的提取；也可应用于三相卧螺法生产小麦淀粉，用来分离面筋和 B 淀粉。圆筛外形见图 6-22。

（一）工作原理

圆筛是利用物料大小不同，通过筛网将物料进行分离。在小麦淀粉生产中，圆筛主要用于分离面筋和 B 淀粉，面筋和 B 淀粉混合物在清水的冲洗下，B 淀粉逐渐从面筋中分离出来，B 淀粉浆通过筛网汇集到筛下物收集斗里，而面筋则滞留在筛上，由筛上物出口排出。

图 6-22　圆筛

面筋圆筛的主要作用是筛分出面筋中的 B 淀粉，并促使碎面筋互相黏结成团。通常几台圆筛串联使用保证面筋的质量，根据不同的级数，选用不同孔径的筛网。它是面筋分离的关键设备之一。

（二）主要结构

面筋圆筛全部选用不锈钢材料制作，筛面采用不锈钢孔板或楔形滤网制作，筛体内配有冲洗管道，从背面清理筛孔。主要由减速机、进料组件、筛网组件、喷淋组件、上盖组件、机架、主从动轮等组成。其中筛网组件中筛网，由 4 段组成，筛孔孔径分别为无筛孔，0.5mm，1.0mm，1.5mm。如图 6-23、图 6-24 所示。

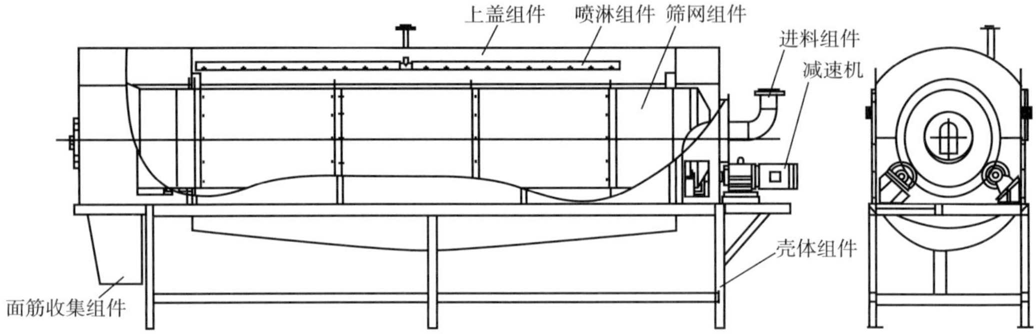

图 6-23 面筋圆筛结构图

（三）设备要求

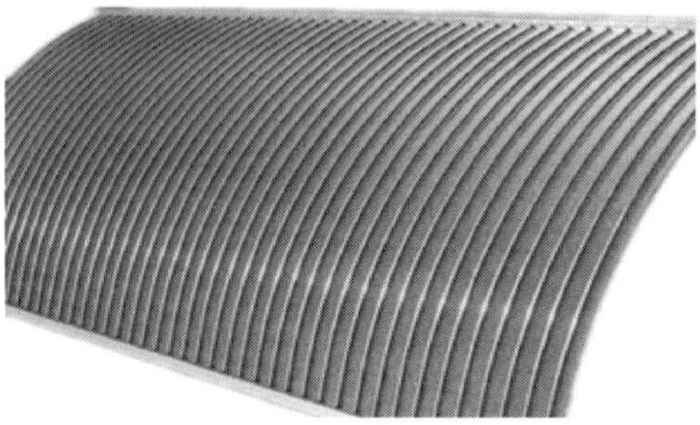

图 6-24 圆筛条形筛板

（1）运动平稳，整机密封性能良好，不漏水、不漏浆。

（2）可接入外接水源，用于洗涤面筋和生产结束后清洗设备。

（3）整机全封闭，安全性能好，符合国际安全规范。

（4）进料和出料速度、旋转速度设计合理，要求既能保证物料在筛筒中的停留时间，又不能造成物料在筛筒内堆积。

（5）筛网配备合理，尽量减少筛下浆液中的面筋含量。

二、压力曲筛

（一）工作原理

压力曲筛是淀粉加工中面筋洗涤工序的设备，应用于洗涤后面筋湿物料和淀粉浆筛分场合，一般使用在螺杆泵输送的后端，面筋和淀粉浆的混合物经螺杆泵输送至重力曲筛，自上而下流经筛面、淀粉浆经冲孔或格栅筛板进入底流收集，湿面筋作为筛上物料进入下一级洗涤、输送，一般设置三至四道重力曲筛串联使用。

压力曲筛主要应用于淀粉的精制阶段，和锥筛一样为淀粉洗涤、分级设备，一般处理 B 淀粉筛理、洗涤这类含固量较低的淀粉浆。

压力曲筛是一种依靠压力进行湿料筛分的高效率筛。筛面是压力曲筛的关键部件，它由不锈钢条拼装而成。操作时湿料在 0.2～0.4MPa 压力下从喷嘴口喷出。由高的喂料喷射速度产生切向力，三角形楔条形成刀口以便将物料抹刮成薄薄的一层，使水和细物料均匀分散，刮抹作用使物料易于分级，整个筛面也得到必不可少的自清理，筛上物从出渣口排出，筛下物进入出浆口。

（二）主要结构

压力曲筛是由壳体、给料器、筛网、筛下物料接收器、筛下物料接收漏斗及固定筛表面用的框架等组成，见图 6-25。筛面弧度有 120°，300°两种。送至筛面上的物料经接收装置的挡板溢流送入，能使物料在整个筛面的宽度上均匀分布。具有特殊的切割筛分效果，生产能力大，不易堵塞。筛面用梯形或楔形剖面的不锈钢丝编织或焊接而成，筛孔为长行窄缝。筛面用 316 不锈钢制成，筛架用金属焊成。筛缝的宽度有 50μm，75μm，100μm，150μm 等。

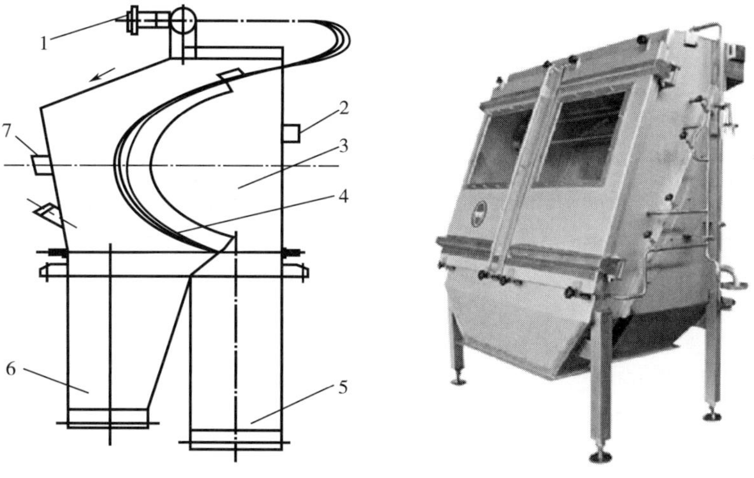

图 6-25　压力曲筛外形及结构图

1—进料管　2—前门　3—壳体　4—筛面　5—膳食纤维渣皮接收料斗　6—淀粉乳接收料斗　7—把手

三、挤水机

（一）工作原理

螺旋挤压机用于含固态物料脱水，在小麦淀粉生产中，用于湿面筋进入干燥环节前的脱水，物料通过进料口进入挤压机挤压部分。在挤压螺旋中挤压、翻动、推移物料，使水能够通过筛孔排出。在挤压部分末端，物料从排放口排出，离开挤压机。它是利用螺旋与筛网之间沿轴向的不同截面积，使物料在由进口向出口输送的过程中不断被挤压，从而达到机械脱水的目的。一般脱水能力为20%~35%。

（二）结构特点

该设备采用齿轮减速器电机作为驱动力，工作时平稳无振动，结构紧凑。主机螺旋叶片外周为圆锥体，内周为圆柱体，形成叶片螺距与高度双重产生压缩比，推挤物料前进压缩，由嵌有透孔筛板的渗水壁壳排出水分，脱水后的物料经出料口排料。渗水壁壳及筛板采用对开式螺栓紧固结构，便于维护拆装。进料口及渗水壁下部均设有接水斗及排水管口，便于洗涤水回收。锥体变距螺旋叶片主轴低速运行，在挤压过程中物料体积逐段缩小，充分排出积水，形成松散、低含水量的理想状态，见图6-26。

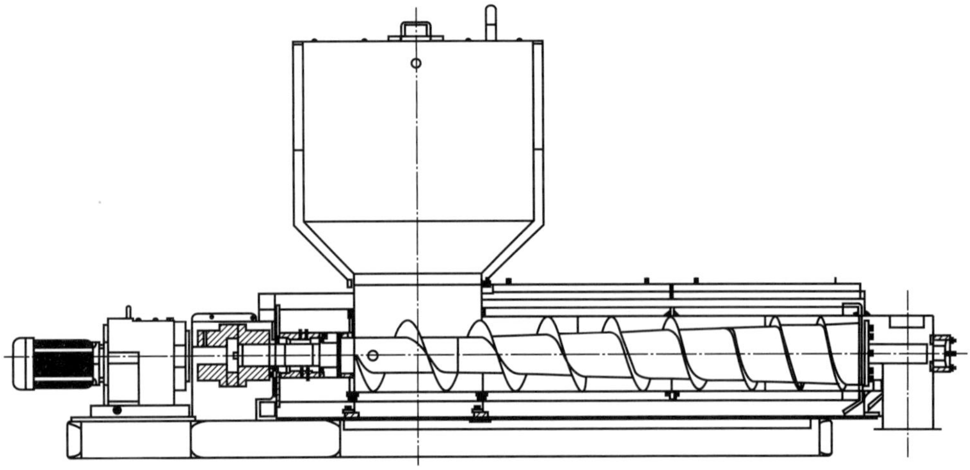

图6-26　挤水机结构图

（三）使用及维护

其使用及维护注意事项如下：

（1）设备基础按所附基础图尺寸施工，基面应抹平。设备安装时基座要调整测平，防止基础螺栓紧固时变形。

（2）安装后试车，电机接线应观察主轴旋转方向与标示牌一致。

（3）检查减速器机油，保持标线油面高度。试车使用一段时间后应放出减速箱内机油，冲洗干净后重新注入新机油。正常使用下，机油3~4月更换1次。

（4）设备使用应按先开机后进料，先停料后停机程序，防止机内塞满物料造成启动阻力。

（5）若间隔停机不用时，应用水管喷水冲洗螺旋主轴及渗水筛网壁，必要时应拆卸筛网清洗，避免物料变干，堵塞筛孔，影响脱水效率。

（6）机器连续使用 3 个月应进行 1 次检修，连续使用 6 个月以上应进行大修，检查滤网及螺旋叶的磨损情况并及时修补。若螺旋轴及叶片磨损严重，则需及时更换。

四、谷朊粉干燥系统

（一）工作原理

湿面筋经喂料器进入打板式扬升器加速，以离散状态抛射进入干燥风管，与高速上行的热风瞬间换热，湿面筋中的水分迅速蒸发，换热时间维持在 1.5s 以内，使谷朊粉变性程度控制在最低水平，同时使其水分迅速降至安全水分以内。换热终产物（空气、水蒸气、谷朊粉）进入自清式卸料器（脉冲袋式除尘器），回收谷朊粉，排空空气和水蒸气。在离散状态湿面筋中，有少量直径较大的湿面筋颗粒，在 1.5s 的闪发时间内不足以使其水分充分蒸发，须在干燥回路中继续换热。

谷朊粉干燥系统利用湿面筋颗粒密度大、惯性大的物理特性，设置有蜗壳分离器。在高速环形气道中，物料产生的离心力使轻相和重相分级，轻相处于环形气道的内侧，重相处于环形气道的外侧。在蜗壳分离器中，设有舌状可调式鱼梁装置，可根据需要设置轻相和重相的分离界面。轻相经鱼梁装置分流至谷朊粉回收系统，重相继续在干燥回路中加热，直至其密度（或含水量）降至所需要求。

谷朊粉干燥系统主要技术参数见表 6-4。

表 6-4 谷朊粉干燥系统主要技术参数（产量 600kg/h）

参数	数值	参数	数值
物料流量/(kg/h)	2080	排气温度/℃	60
水分含量/%	73	环境气温/℃	20
成品产量/(kg/h)	600	烘干空气质量/(kg/h)	49000
挤出水分/(kg/h)	210	主风机进气量/(m^3/h)	53000
蒸发水分/(kg/h)	1270	挤水系统装机功率/kW	11
烘干器进口温度/℃	160	烘干系统装机功率/kW	410

（二）主要构成

谷朊粉干燥系统主要结构见图 6-27，主要包括以下部分：

（1）空气过滤器　用于新鲜空气进入系统中的过滤，防止机械杂质等进入系统；

（2）空气加热器　将新鲜空气加热至所需温度；

（3）气道　导入热风，设有检修口和温度传感器；

（4）环形干燥管　矩形截面，为湿面筋和热风换热提供条件；

（5）蜗壳分离器　分流干燥完成的谷朊粉和须继续干燥的湿面筋颗粒；

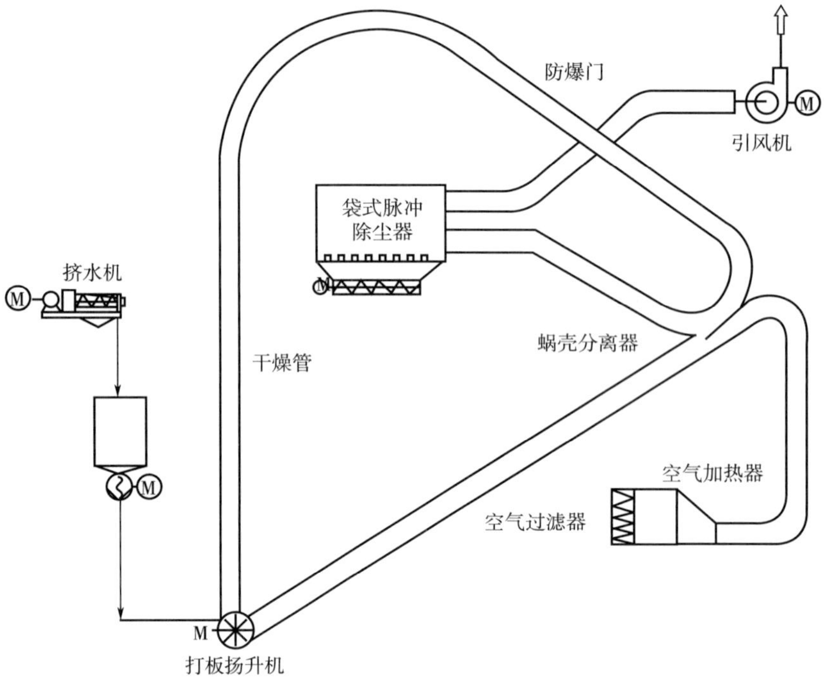

图 6-27 谷朊粉干燥系统结构图

（6）打板扬升器　将湿面筋浆料转化为毫米级的颗粒料，并提供初始动能，完成浆料与热空气的初步混合；

（7）防爆门　环形干燥管内为爆炸性粉尘环境，防爆门泄压后可自动复位；

（8）自清卸料器　一般采用大型袋式脉冲除尘器作为卸料器；

（9）引风机　为系统运行提供动能，使系统处于负压状态，防止粉尘扩散至车间环境。

（三）操作和控制原理

在干燥器出口，热风的流速和流量关系到干燥机内物料的流动速度和停留时间，并决定产品质量和干燥温度。由于物料性质和干燥机的构造已定，干燥动力受湿度（气流中蒸发水的含量）和温度影响。干燥机稳定的排风温度是由在系统排放管道的 3 级温度监测控制系统控制，这个控制系统通过调节主换热器的蒸汽压力和流量来调节进口温度。为了保持干燥机出口温度稳定（从而控制产品质量稳定），用干燥机的出口温度控制调节进风温度高低。

保持稳定的喂料量和湿物料水分含量，就能达到稳定操作和控制干燥机的最佳生产能力，避免湿物料流量变化造成产品质量不稳定。

五、谷朊粉粉碎分级机

干燥后的谷朊粉颗粒存在粒度大小差别，需要经进一步粉碎为粒度均匀的产品后才能满足质量要求。

（一）工作原理

在生产中一般采用粉碎分级一体的粉碎机来完成。物料进入粉碎区后，在衬板和锤头的作用下，使物料产生充分的碰撞、摩擦、研磨而形成颗粒，粉碎后的物料进入分级区，分级区的物料在分级机的作用下，将合格的物料及时分选出来进入下级分级机，而达不到细度的物料继续在粉碎区粉碎，通过调节分级涡轮转速来生产不同细度要求的产品，转速调控是通过调控电气柜变频器来完成，方便可靠，粉碎后细度可调。由于物料随风进入分级机腔体，合格的物料再随气体排出机外，可降低机体温度。

（二）主要结构

粉碎后的气流分级的设备称为粗粉分离器（图 6-28）。组合干式磨碎机械构成闭式循环。从磨碎机械来的含粉气流以 15~20m/s 的速度，从进气管送入，粗粉被反射锥碰回而沉降，由于内外两锥体间的流道截面积逐渐扩大，在此流道中气速下降至 4~6m/s，次粗粉也沉降下来，气流再经百叶窗进入内锥，由于旋转运动而发生离心沉降，又分离出一部分粉粒，最细的粉末随气流带出，用过滤法回收，作为磨碎的成品，在粗粉分离器内先后分离出来的粗粒，汇集后返回磨碎机械。

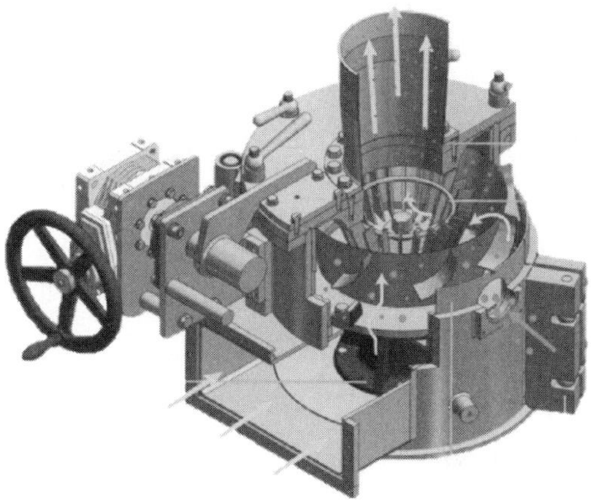

图 6-28　粉碎机结构图

第五节 小麦淀粉精制与干燥设备

一、离心筛

离心筛（图 6-29）是高效淀粉分离设备，主要用于对小麦淀粉浆的洗涤和分级。离心筛组具有处理量大、动力小、设备运行稳定、生产能力大、淀粉提取率高、易于安装等优点，是小麦淀粉企业规模化生产的理想设备之一。

图 6-29 离心筛

（一）工作原理

浆料从筛门上的导管进入锥形筛篮的底部，在离心力的作用下，浆料均匀地沿着筛面分布（离心筛设置有良好的分浆装置），并按径向方向运动。在锥形篮内浆料表面受切线、法线两个方向力的共同作用，沿内锥面做较复杂的曲线运动，甚至翻滚，直至达到锥形筛篮的外缘，在离心力的作用下向四周溅射，落入集渣室。而淀粉颗粒由于直径小于筛网网孔和隙宽，在离心力和重力的作用下，透过网眼或缝隙直接落入集浆室。

锥形筛篮的前面和背面都设置了喷水的喷嘴，能够均匀地向筛篮喷洒稀释水，以将含膳食纤维的乳液中的淀粉颗粒冲洗出来，同时喷水也能提高淀粉颗粒和可溶性膳食纤维的运动速度，促使淀粉、膳食纤维渣分离，充分提取淀粉。

（二）主要结构

离心筛又称圆锥筛（图 6-30），主要由转鼓、喷嘴、横轴、传动机构和进出料管等构成，物料进入筛体后由分配装置分配后分布在筛网上，筛网紧贴在锥型转鼓内壁，转鼓以悬臂方式固定在转动轴上，电机通过联轴器带动转动轴转动，因此筛网随着转鼓的转动而旋转。筛网高速旋转产生强大的离心力，淀粉细颗粒借助离心力的作用，迅速通过筛孔，成为筛下物，从淀粉乳出口流出，膳食纤维和部分浆液沿着锥形筛网并流过筛网，成为筛上物，从膳食纤维出口流出。

（三）开机准备

开离心筛前应做好准备工作，如清洗筛面、拆装筛篮等。启动离心筛时应先让离心筛运转正常后再打开喷淋水阀，然后启动粗淀粉乳泵电机，此时压力不要太强，防止漏斗溢浆，控制好回流阀。喷淋水流量大小视出浆水浓度而定。

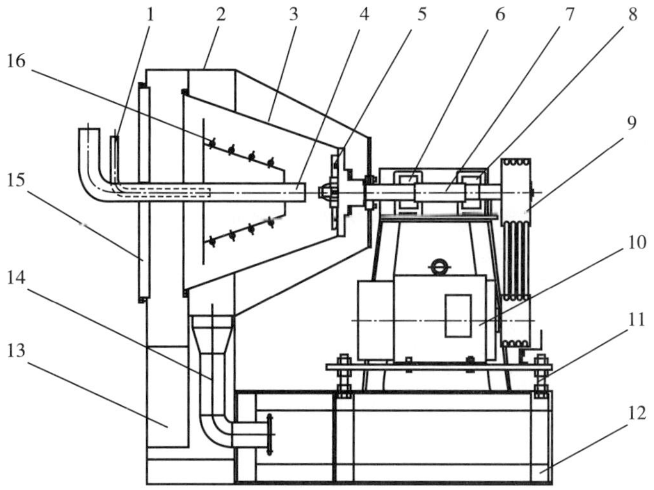

图 6-30　ZS-60 型锥式离心筛结构图

1—进水管　2—筛体　3—转鼓　4—进料管　5—分料盘　6—左轴承　7—转动轴　8—右轴承　9—带轮　10—电机　11—张紧机构　12—机架　13—膳食纤维出口　14—淀粉乳出口　15—检修门　16—喷嘴

离心筛的筛网材质一般有不锈钢筛网、尼龙筛网及聚酯类筛网，目数一般采用 140~220 目。将筛网制成喇叭状贴于锥形转鼓的内壁，筛网大小两端固定在筛篮上，筛网与筛篮同步旋转。筛篮起到支承筛网的作用。

（四）离心筛运行过程中常见问题

（1）筛网与转篮的贴合不紧密　离心筛筛网的小端用压板和螺栓固定在转篮小端，筛网大端用环状金属物压在转篮大端。离心筛工作时，转篮在旋转。由于筛网和转篮旋转、物料运动，环状金属物有时压不住筛网大端，筛网的局部有时甚至全部被掀起，淀粉乳从未贴合处进入底流，从而使离心筛失去筛分作用。这种现象长时间继续下去，严重影响细淀粉乳中各组分的分离效果。

（2）筛网网孔堵塞　离心筛筛网长期与小麦淀粉乳接触，因淀粉乳中含有部分面筋丝与戊聚糖类黏性物质，如果喷淋水的压力不足，会使得筛网的网孔被堵住，造成离心筛处理效果下降，淀粉因无法穿透筛网而随膳食纤维类物质一起进入筛下物，造成淀粉提取得率下降。因此必须根据处理物料情况、合理设置筛网反喷吹时间频率，及时清理筛网，及时更换，恢复筛网的疏水性和透气性，提高筛网的筛分效率。

（五）离心筛分离工艺参数

粗淀粉乳在离心筛处理时，其主要的工艺参数如下：

①离心筛进料粗淀粉乳浓度为 15%~20%；

②离心筛进料压力 0.15~0.3MPa；

③工艺用水温度 20℃左右；

④离心筛工作时，喷淋水进水量为 0.2~0.6m³/h；

⑤经过离心筛处理后，细淀粉乳的浓度一般在 12%~15%。

离心筛主要技术参数见表 6-5。

表 6-5　离心筛主要技术参数

型号	筛篮直径/mm	主轴转速/(r/min)	工作方式	电机功率/kW	外形尺寸/mm	单机重量/t	流量/(m³/h)
DLS85	850	1050	连续	18.5/22/30	1200×2111×1763	1.5	10~20
DLS100	1000	1050	连续	22/30/37	1440×2260×1983	1.8	20~30
DLS120	1200	960	连续	30/37/45	1640×2490×2222	2.2	30~45

二、旋流器

旋流器（图 6-31）是一种常见的分离分级设备，常用于小麦淀粉的精制工序、小麦淀粉和面筋的分离（旋流法工艺）。当淀粉浆以一定压力从旋流器周边切向进入旋流器内后，产生强烈的三维椭圆形强旋转剪切湍流运动。由于粗颗粒与细颗粒之间存在粒度差，其受到的离心力、向心浮力、流体曳力等大小不同，由于离心沉降作用，大部分粗颗粒经旋流器底流口排出，而大部分细颗粒由溢流管排出，从而达到分离分级目的。

图 6-31　旋流器

（一）工作原理

旋流器的基本原理（图 6-32）是将具有一定密度差的液-液、液-固、液-气等两相或多相混合物在离心力的作用下进行分离。将混合液以一定的压力切向进入旋流器，在圆柱腔内产生高速旋转流场。混合物中密度大的组分在旋流场的作用下同时沿轴向向下运动，沿径向向外运动，在到达锥体段沿器壁向下运动，并由底流口排出，这样就形成了外旋涡流场；密度小的组分向中心轴线方向运动，并在轴线中心形成一向上运动的内涡旋，然后由溢流口排出，这样就达到了两相分离的目的。

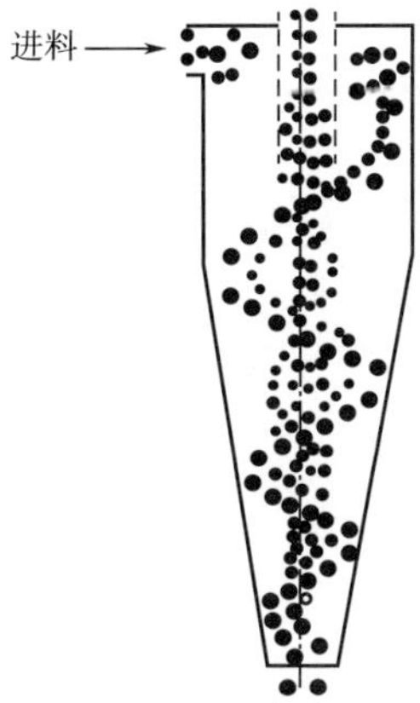

图 6-32　淀粉洗涤旋流器工作原理示意图

多级旋流器组的工作主要由旋流器内十几支到上百支旋流管来完成。其利用流体力学的原理制作，当有一定压力的浆料，从进浆口的切线方向进入旋流管后，浆料以及浆料中的淀粉，开始沿旋流管内壁产生高速旋转流动。其中淀粉颗粒的运动速度大于水及其他轻杂质的运动速度。在变径旋流中，淀粉颗粒及一部分水形成环状浆料水柱，贴着锥形内壁向直径逐减小的方向运动。在旋流管中心轴线附近，也会产生一个同向旋转的芯状水柱，其旋转速度略低于外部的环状水柱。浆料中的轻物质（相对密度<1）会集中在芯状水柱中央。

由于底流孔面积较小，在环流水柱涌出底流孔时，所产生的反作用力作用于中间的芯状水柱，使芯状水柱向溢流孔运动，并涌出溢流孔。

旋流器由几百个小直径（10mm 或 15mm）的旋流管组成，进口、溢流出口和底流出口分别被分成三个部分。溢流为含麸质和可溶物的轻相液，底流主要为淀粉乳。在每级旋流器中淀粉乳用泵压入中心室，然后同时进入各个旋流管。将较重的淀粉从底流口甩出，而较轻的麸质则从溢流口排出。浓缩了的淀粉乳用下一级旋流器的溢流稀释，形成整个系统逆流洗涤。淀粉洗涤旋流器的类型有两种，直径分别为 10mm 和 15mm，每种又分为 A 和 B 两种类型。10mm A 型的进口为 2. 5mm，顶流口为 2. 5mm，底流口为 2. 3mm，锥度为 6°，这是典型的淀粉洗涤标准类型，其液体分离比例为 60：40；10mm B 型的进口直径、顶流直径与 A 型相同，但其锥度为 8°，底流出口直径为 2. 4mm，其液体分离比例为 70：30。B 型旋流其主要用于淀粉洗涤的最后一级，以增加底流的固性物含量。

（二）主要结构

旋流器（图 6-33）由旋流器缸体、门盖、密封调整螺栓、大隔板、小隔板、手轮、顶流口（溢流口）、进料口、底流口、O 型密封圈、旋流管（十几支到上百支）等组成，缸体内由隔板分离成进料、溢流和底流三个腔室，并由 O 型密封圈密闭。

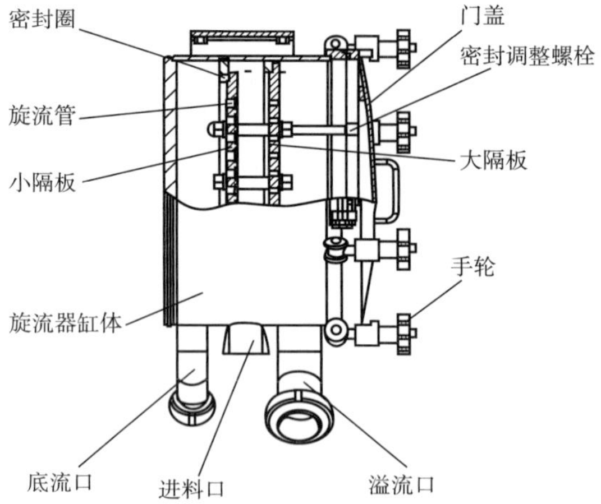

图 6-33　淀粉洗涤旋流器外形及结构图

（三）安装使用及维护

按工艺要求将多级旋流器组安装于准确位置，该系统必须放置于水平地面，通过调节支撑脚上的螺栓来调整设备各方位水平。按工艺流程图连接所有输入和输出的管道，其外部管道必须有单独的支撑。对清洁系统的管道不能施加外部压力。在多级旋流器里，淀粉乳采用逆流方式进行清洗，系统内每一级旋流器都有进料、溢流和底流连接口，各连接口必须连接牢固，确保不滴不漏。

（四）旋流离心法工艺参数

旋流离心法工艺参数：

①进料淀粉乳浓度为 12%~16%；

②第一级顶流出料浓度为 2%~5%；

③底流精制淀粉乳浓度为 27%~40%；

④工艺用水量为末级底流干物质的 2 倍；

⑤进料旋流器正常工作压力为 0.4~0.8MPa，其他旋流器工作压力为 0.2~0.7MPa；

⑥工艺水进水压力>6MPa；

⑦物料温度控制在 45℃以下。

三、两相卧螺机

离心筛分离出的淀粉浆还需要进一步进行分离，降低蛋白、水溶性膳食纤维的含量，分离这种物料时，通常会用到二相卧螺离心机。

（一）工作原理

利用混合液（混浊液）中具有不同密度且互不相溶的轻液相、重液相，在离心力场中获得不同的离心力从而产生不同的沉降速度的原理，达到分离分层或使液体中的固相颗粒沉降的目的（图 6-34）。

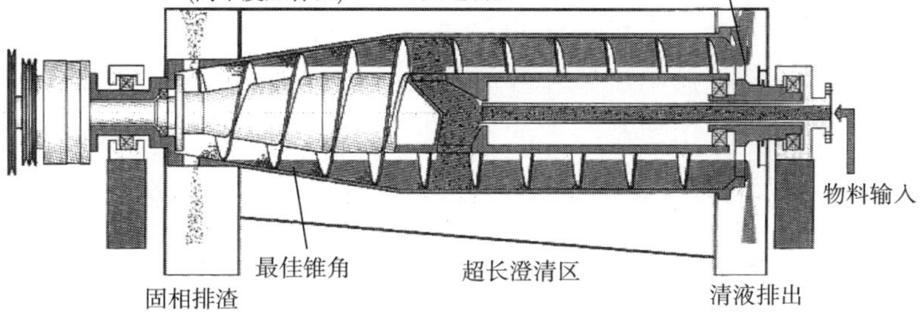

图 6-34　两相卧螺离心机工作原理图

（二）主要结构

两相卧螺机是利用离心力，将固液悬浮液连续分离出固体的离心机，它的结构（图 6-35）为开式腔室，通过向心泵在负压下将澄清液排出。固体壁式转鼓分为两部分，圆柱部分作用是高效分离澄清液体，其锥体部分作用为固体脱水。转鼓中的液位可通过调节环来调整。由于离心力的作用固体颗粒被抛到固体壁上，并被螺旋输送到固体排料口。介于固相和轻相之间的中相经由收集管排出。澄清液经由向心泵在负压下从分离部分分离出来。两相卧螺被设计成铸造隧道式壳体，它具有高动态刚性。它和不锈钢管一起形成了双壳结构，这确保了物料喷射时产生的噪声低，同时也给转动部分提供了保

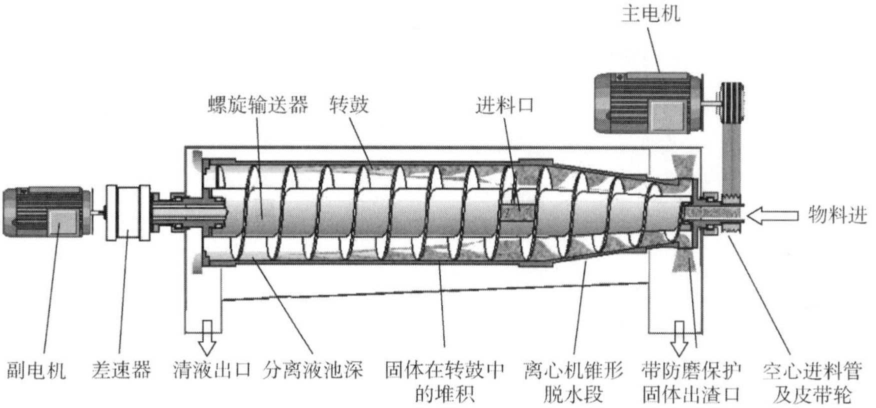

图 6-35　两相卧螺机结构图

护。双齿轮箱驱动，差速器可实现无级调速，可以通过差速调整使产品的固体载荷达到各自最佳状态。卧螺机装备有三相交流电机，通过变频器可对主电机进行控制。辅助电机驱动双齿轮箱，通过变频器控制扭矩变化。转鼓轴承、输送螺旋轴承和齿轮箱均采用油脂润滑（主转鼓轴承采用机械脂润滑系统）。

LWZ 系列卧式螺旋卸料沉降加碟片组合式离心机，主要是由回转体组合（螺旋和转鼓等）、行星齿轮差速器、双电机（主、辅电机）双变频器、一体化机座、全密闭式机壳、碟片组、进料管及自动控制系统组成，可对物性差异较大的多种悬浮液进行固液分离、粒度分级和液相澄清等。主机启动并自动升速，当达到预定指标且转鼓转速达到加料速度时，进料阀打开，待分离的悬浮液由加料管进入螺旋推料器的料仓内，经初步加速后经料仓出口进入转鼓，由于离心力的作用，转鼓内的悬浮液很快分成二相；较重的固相沉降在转鼓内壁，由于差速器的差动作用使螺旋推料器与转鼓之间产生相对运动，固相被螺旋推送转鼓小端得干燥区进一步脱水，然后经出渣口排出。分离液经碟片组分离后从大端溢流排出或采用向心泵排出。

组合式离心机整机如图 6-36 所示，将一组碟片组加入螺旋推料器的出液端，可捕捉到极微小的物料颗粒，使出液更澄清。该系列机型在戊聚糖、B 淀粉分离场合可得到良好效果。LWZ 系列组合式卧式螺旋卸料沉降离心机主要技术参数见表 6-6。

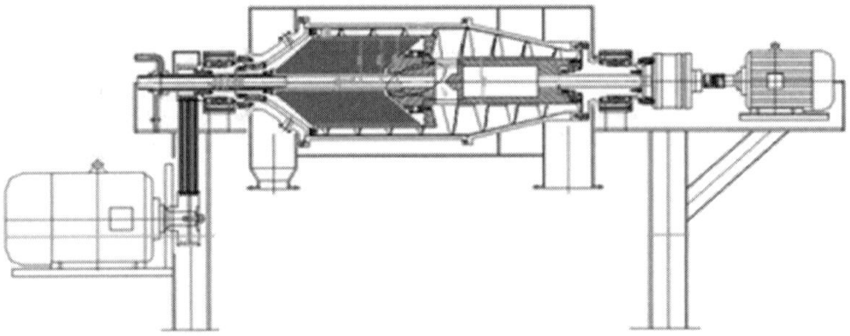

图 6-36 组合式离心机结构图

表 6-6 LWZ 系列组合式卧式螺旋卸料沉降离心机主要技术参数表

型号	技术参数				主电机功率/kW	辅电机功率（发电机状态）/kW	重量/kg	机器外形尺寸（长×宽×高）/mm
	直径/mm	长径比	转速/（r/min）	分离因素（Fr）				
LWZ380	380	2.7	4000	3380	22~30	11~15	3200	4000×1150×1390
		3.7					4000	4550×1150×1390
		4.2					4500	4750×1150×1390
LWZ450	450	2.7	3800	3610	30~37	11~22	3500	3980×1150×1430
		3.7					3950	4320×1150×1430
		4.2					4200	4536×1150×1430

续表

型号	技术参数				主电机功率/kW	辅电机功率（发电机状态）/kW	重量/kg	机器外形尺寸（长×宽×高）/mm
	直径/mm	长径比	转速/（r/min）	分离因素（Fr）				
LWZ520	520	2.7	3500	3540	55~75	15~30	6300	4645×1400×1820
		3.7					7500	4845×1400×1820
		4.2					8000	5550×1400×1820
LWZ650	650	2.7	3200	3700	90~110	30	9500	5100×1470×1710
		3.7				30~45	10350	5915×1470×1710
		4.2				30~45	11350	6215×1470×1710
LWZ720	720	3.7	2800	3140	110~132	37~55	12000	4885×2047×1726
LWZ800	800	2	2500	2800	160~185	55	10980	4250×3200×1555
		3.7				55	17910	7180×2540×1770

（三）设备技术要求

（1）机组与物料接触部分及所有连接紧固件全部采用不锈钢材料且应不低于不锈钢 304，设备用漆符合食品级要求。

（2）长径比应>4（以浓缩为目的），分离因数>3600，转鼓转速>3500r/min。

（3）振动烈度、噪声符合或优于国家标准要求。运行时，机组噪声≤85dB（A），振动烈度≤5。

（4）采用防爆电机，电机设计、制造和出厂均符合国家标准，380V、三相、50Hz，电机保护等级不低于 IP55 标准，绝缘等级为 F 级。

（5）采用变频控制，启动平缓，转鼓转速与分离因数要无级可调，差速器可调范围应大，可以满足不同含固率的液体处理，显著提高处理能力，节能效果要显著。

（6）能实现自动 CIP 冲洗。

（四）设备控制技术要求

该离心机的设备控制技术要求如下：

（1）离心机控制柜体的防护等级为 IP54。

（2）控制柜能与上位机进行数据通讯及信息交换，将系统的控制状态、报警信号及运行参数传送上位机。

（3）控制柜内安装用于调节各种动力设备的变频器，变频器配谐波抑制器及其他措施，防止对控制系统及监测仪表产生干扰。

（4）具备振动检测装置、扭矩检测、速度调整、差速度调整、轴承温度检测装置。具有超载报警、故障报警和自动停机装置。

（5）设备能够完成自动和手动启动停止，及连锁控制。

（五）卧螺机结构特征

（1）差速器采用三星级行星齿轮，具有速比大、力矩大等特点。

（2）高耐磨　螺旋及出渣口采用合金镶嵌或喷涂。

（3）长径比大　悬浮液在转鼓内停留时间长，可以在保证分离液效果的前提下、加大处理能力。

（4）振动小　转鼓的动平衡在卧式动平衡机上进行。螺旋动平衡采用专用的螺旋动平衡装置，可以做到三面动平衡，并且可以做到高速（工作转速）的动平衡，这样可以实时修正螺旋的挠度，使螺旋的稳定性增加。长期保持良好的效果。

（5）噪声低　罩壳采用双层加隔音层设计，罩壳与轴承座采用新型密封结构，加之精密的动平衡，使噪声显著下降。

（6）处理量大　采用了新型多锥角技术、液池加深、直转鼓加长、螺旋上增加清相导流孔等结构改进，新型离心机的处理量大大提高。

（六）注意事项及维护

作为高速转动的离心机，绝大部分的机械故障表现为机器振动。所以作为操作人员对机器的振动和动平衡的常识要有基本了解。离心机的转鼓和螺旋必须用动平衡的方法来平衡。在使用过程中，可以通过以下措施来预防转鼓和螺旋的变形：

（1）离心机由于结构的局限性，其转鼓和螺旋的刚度不大，长期处在不变的位置，因自重而弯曲变形，使振动加激。对于长期不用的机器要半个月盘车一次。

（2）开机要缓慢，防止受热不匀。

（3）一定按规定的开机和停机清洗程序操作。

（4）随时注意机器的振动和噪声，及时排除，不能带病工作。

其清洗及保养注意事项如下：

1. 清洗

（1）离心机是高速旋转的机械，对转子的平衡有很高的要求。

（2）离心机停机前必须进行清洗。离心机运行振动大时，应进行清洗。

（3）一般情况下，可用清水清洗。在特殊条件下必须用热水、碱液或其他溶剂进行清洗。

（4）清洗时，清洗液会从离心机排渣口和排液口同时排出。当工艺不允许清洗介质进入固相处理系统时，应关闭固相排出通道，使液流转向流入清洗液系统。

2. 润滑

（1）差速器的润滑

①差速器的润滑是浸浴润滑方式，运行时油温较高，在离心力作用下容易泄漏，应经常检查存油量，适时补充。

②每月抽样查看差速器内润滑油，分析水分和酸度，分析润滑油是否正常，发现异常应查明原因，立即更换。加注新油时应要认准品牌和油品质量，严禁使用牌号不明或含有杂质的润滑油。

（2）转鼓的润滑　检查转鼓上加油孔，按规定要求加油。

四、立式刮刀卸料脱水离心机

立式下卸料刮刀离心机的进料、分离、洗涤、制动卸料等工序可通过人工配合电器控制来完成。电机通过传动系统带动转鼓绕主轴轴心回转，形成离心力场。转鼓与布料盘以预先设定的合适的转速旋转，料浆经进料管至布料盘，获得离心力，趋向转鼓壁，固相物料受过滤介质的拦截在转鼓内壁堆积形成滤饼，液相在离心机作用下通过滤饼由转鼓上的小孔甩出转鼓，实现固液二相分离。也有采用无孔转鼓仅通过溢流、撇液进行沉降式脱水的应用方式。当固液分离达到要求时可按工艺要求进行洗涤，洗涤达到要求后再进行固相与洗涤液的分离，甩干后进入卸料阶段，此时离心机进入低速运转，刮刀油缸在液压油的作用下推动刮刀动作，将滤饼刮下，从卸料口中排出。卸料完毕后，可视工艺要求对离心机内腔进行在线清洗和进入下一工作循环或停机。

（一）工作原理

具有一定浓度的淀粉浆进入离心机后，经分料盘分料进入筛篮和刮刀的空隙中，在离心力的作用下，水透过物料层穿过筛网飞溅到上盖内衬板，沿着内衬板流入机座的集水槽，通过滤液管排出机体外。积聚在筛篮内侧的固相物料利用筛篮和刮刀之间的转速差，由刮刀将其沿筛篮刮下至筛篮底部，经排料口卸出。

（二）主要结构

立式卸料刮刀离心机的结构见图 6-37：

（1）机座部件　机座部件由底板、底盘、机壳、机盖和减振器构成，用于固定和支撑转鼓部件、主轴装置、驱动装置等部件，同时收集和排出滤液。下部采用四个专门设计的阻尼减振器，起到积极减振作用，使得整机可以直接放置在平整的地面或楼板上，无须浇筑基础和预埋地脚螺栓。

（2）转鼓部件　它是该设备的主要部件，由多孔的转框、转鼓底、加强箍、拦液板等零件组成，材质可以按需要采用 AISI304、AISI316 等不锈钢以及钛材或衬胶（塑）。转鼓通过键与主轴上端联结，在转鼓内装有金属衬网或过滤介质滤布。

（3）主轴部件　主轴装置是由主轴、轴承及轴承座等零件组成。主轴设计成短而粗的刚性轴，这样能使机器的高度进一步降低，便于操作、安装及维修。主轴顶部有一段螺纹，以便用大螺母压紧转鼓，主轴中部通过轴承由轴承座支承，上端与转鼓联结，下端与从动皮带轮联结，轴承座固定在底盘的中部。

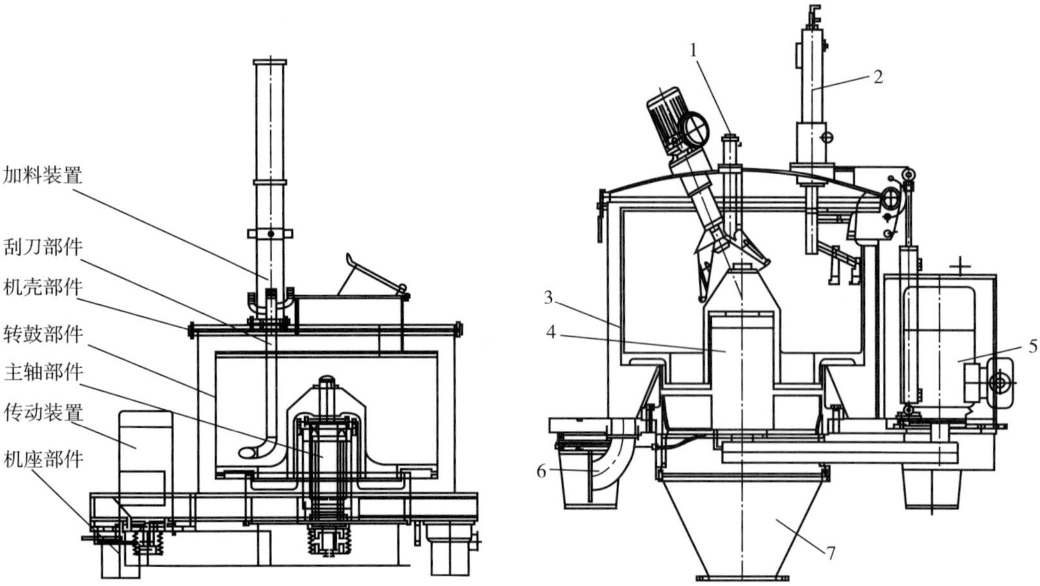

图 6-37　立式下卸料刮刀结构图

1—进料口　2—刮刀　3—转鼓　4—轴承　5—电机　6—滤液口　7—卸料口

（4）刮刀装置　卸料装置为气动控制窄刮刀结构，刮刀先旋转进刀，然后沿转鼓自上而下进刀，刮除转鼓内过滤后滤饼。旋转缸活塞杆上带有齿条与传动齿轮啮合，齿轮套轴通过键带动刮刀杆旋转，刮刀固定于刮刀杆下方，随着刮刀杆的旋转而转动一定角度，刮刀的轴向运动是通过升降缸活塞杆的上下运动带动。

（5）传动装置　传动装置主要由电机、电机拖架、皮带轮及调节螺栓等组成。主电机采用变频器。

（6）加料和洗涤装置　采用专门设计的锥形加料装置，可以保证加入的料液沿转鼓高度方向均匀布料，避免布料偏心引起剧烈振动。加料阀、洗涤阀均采用电控阀。根据使用情况，可以点动或由程序自动控制阀门的启闭。

（三）工作过程

（1）第一加速阶段　这一阶段将转鼓加速到加料所需的速度，这一段时间长短由转鼓进料转速、最高转速及总加速时间确定；加料阶段，为使离心机尽可能在稳定状态下运行，要求供料的流量、浓度、温度保持稳定，这样能更好地保证整个系统的稳定。

（2）第二加速阶段　加料停止后，转鼓可加速至最高操作速度，以尽可能快地完成过滤阶段。

（3）脱液阶段　离心机转鼓在最高转速旋转，完成固液分离。

（4）洗涤阶段　物料在完成固液分离后一般需要对滤饼的黄浆和滤饼进行甩干脱水。滤饼洗涤的目的是最大限度置换滤饼中残留的黄浆和洗去滤饼中的杂质。对于精制淀粉乳脱水形成的滤饼，可以用较高的分离因数进行洗涤，从而有利于加快黄浆的排出速率而节省洗涤时间。

（5）甩干脱水阶段　甩干脱水是过滤的最后阶段，这时液面穿过淀粉滤饼层，实现固体物料与黄浆等溶液的分离。

（6）减速阶段　是指离心机在高速脱水完成后由高速降至卸料转速的过程，卸料转速一般为 50~70r/min，采用能耗制动方式制动，整个过程>250s。

（7）卸料阶段　采用机械式刮刀自动卸料。

（四）机械运行注意事项及操作

机械在运行之前应做如下检查：

（1）用户根据过滤物料粒度等物性，选择合适的滤布（网）材质与目数（无配备可忽略）；检查滤布（网）是否紧贴转鼓，有无破裂，滤布（网）搭口见图 6-38，不得反转（无配备可忽略）。

（2）检查螺栓、螺母等紧固件有无松动等现象，三角胶带松紧适宜并确保安全。

（3）检查转鼓内是否有杂物，是否有严重腐蚀、破裂、变形等现象。

（4）调整刮刀旋转缸、升降缸的行程，保证刮刀径向刮料时不至于刮破滤布（网）（刀边与滤布之间间隙 4~6mm），复位时不碰加料盘；轴向进刀时不至于碰到转鼓底（鼓底与刮刀边缘之间间隙 5~8mm）；上升时不触及拦液板（间隙 3~5mm）。

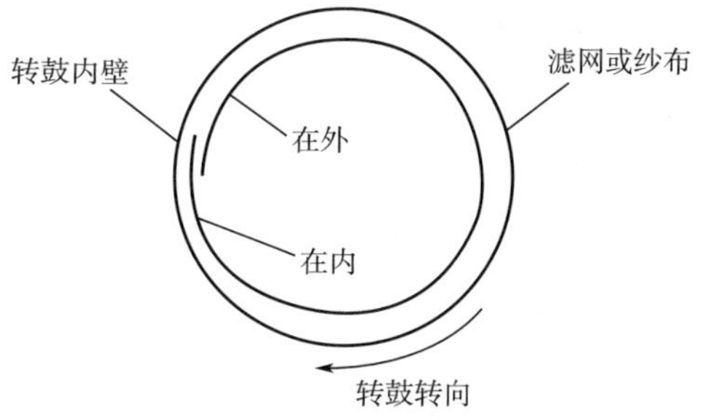

图 6-38　滤布（网）搭口示意图

（5）用手盘动转鼓，检查有无碰擦等现象。

机器操作如下：

（1）在上面各项检查完毕后，接通气源，调节气压，使工作压力稳定在 0.5~0.7MPa；启动主电机，升至中速加料。加料时间和加料次数通过程序设定自动控制或人工点动控制。

（2）加料结束，主机升至高速，开始进行过滤脱水，分离时间长短程序设定，可以改动。

（3）脱水完成后，电机降至卸料转速，至设定速度（25~90r/min）时可开始卸料。

（4）卸料过程自动控制，卸料完毕，刮刀复位，电机升至加料速度，开始下一次工作循环。

五、普通卧式刮刀卸料离心机

卧式刮刀卸料离心机是一种连续运行、间歇出料过滤式离心机，它具有固定的过滤床，可在手动或自动模式下完成加料、分离、洗涤、甩干、卸料等操作。该机采用可编程逻辑控制器（PLC）［或分散控制系统（DCS）］控制，具有独立的电气控制系统、液压系统；工作时，各操作工序时间可在一定范围内进行调整。该机在小麦淀粉生产流程中可用于小麦淀粉的脱水。

国内卧式刮刀卸料离心机的开发始于20世纪70年代，通过几十年的发展和应用推广，目前整体技术水平已有明显提高，机器的结构、自动化程度也有了显著改进。如：卸料机构已由原来的窄刮刀卸料改为更为高效的宽刮刀卸料，径向提升式刮料方式已被旋转切向进给刮料方式所替代；滤饼出料方式在原来斜槽出料的基础上增加了螺旋出料；转鼓由原来双支承结构改为悬臂支承结构，带来的好处是机盖采用大开盖形式，有助于操作、维护，同时在机盖上增加了料位控制器来自动控制转鼓装料量；此外，机盖在手动锁紧方式的基础上增加了液压抱箍锁紧方式，大大减轻了开关机盖的劳动强度；为满足难分离物料要求，设置了撇液装置、残余滤饼清洗和清除装置等；卧式刮刀卸料离心机的规格也有了较大的发展，转鼓直径已由最初的240mm发展到了2000mm；电气控制系统也由最初的接触器单一控制发展为PLC或DCS全自动程序控制，从而使卧式刮刀卸料离心机的技术性能和自动化水平有了质的飞跃。

（一）工作原理

普通卧式刮刀卸料离心机起动时，转鼓加速至加料转速，再打开加料阀，使悬浮液经加料管及加料管末端的锥形布料器被均匀地分布在转鼓内的过滤介质表面；在高速旋转离心力作用下，固相被过滤介质截留形成环状滤饼，而液相则穿过过滤介质、转鼓壁上小孔被离心分离甩出，经系统集并沿机壳下方切线方向的排液管排出机外；随着加料时间的延长，转鼓内的滤饼层厚度也在不断增加，当滤饼层达到预设的料位时，加料阀关闭；加料结束脱母液一段时间后，洗涤阀打开，洗液经洗涤管并均匀地喷洒在滤饼表面，对滤饼进行洗涤；洗液透过滤饼层并不断被分离甩出，当滤饼洗涤达到要求后洗涤阀关闭；持续分离一段时间后，滤饼层已充分干燥，启动卸料机构，此时刮刀逆向转动切入滤饼层，滤饼被刮刀刮下，经倾斜的料斗收集并排出机外，卸料结束后刮刀复位，至此即完成了一个操作循环，其中洗涤可根据工艺要求决定是否需要。

（二）主要结构

普通卧式刮刀卸料离心机（图6-39）包括主机、隔振系统、液压润滑系统以及电气控制系统等。由卸料机构、机盖组件、回转组件、机座壳体组件、传动系统等部件组成。其中：卸料机构安装于机盖上，主要包括卸料油缸、转臂、卸料轴承、刀架以及刮刀等；机盖组件主要包括机盖、加料管、洗涤管、料位控制器、料斗以及观察视镜等；回转组件采用水平布置方式，主要包括转鼓、过滤介质（即滤网）、主轴、前后轴承及从动皮带轮等；机座壳体组件包括机座壳体组合、前轴承压盖、前轴承密封、后轴承压盖以及后轴承密封等；传动系统一般采用带传动方式，主要包括主电机、主动皮带轮、皮带以及带轮护罩等。

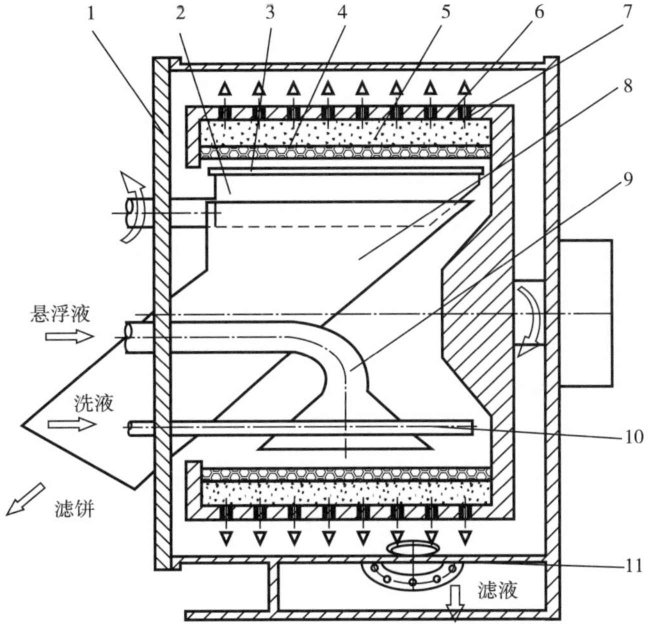

图 6-39　卧式刮刀离心机工作原理图

1—机盖　2—卸料机构　3—刮刀　4—悬浮液　5—滤饼　6—过滤介质
7—转鼓　8—料斗　9—加料管　10—洗涤管　11—机壳

隔振系统包括隔振板及减震器，主机安装于隔振板上并通过减震器与安装基础隔开，从而减少主机振动以及对周边建筑物的损坏；液压润滑系统用于控制卸料机构、料层控制器以及各自动阀门动作，润滑主轴承；电气控制系统包括电控柜、操作箱两部分，其中电控柜包括接触器、断路器、PLC 等电气元件，通常安放于控制室；操作箱则放于离心机现场，主要包括开关按钮、操作按钮、紧急停车按钮、状态显示灯以及报警器等，当然也可选用触摸屏操作界面。

（三）卧式刮刀卸料离心机特点

（1）分离因数高、产量大、分离效果好，可在全速下完成加料、分离、洗涤、甩干、卸料等操作工序，生产能力较同规格立式刮刀卸料离心机提升 30%~100%。

（2）对被分离物料有较强的适应能力，能最大限度地满足固液分离、滤饼洗涤要求。该机每一循环各操作工序的时间、工作转速均可根据工艺需要进行调整。

（3）设备运行平稳。与立式刮刀卸料离心机所不同的是，卧式刮刀卸料离心机采用水平布料方式，能够确保在整个转鼓宽度范围内形成厚度均匀滤饼，从而减少因加料不平衡而引起的振动。

（4）控制系统先进、可靠。该机一般采用液压和电气联合控制方式，通过 PLC（或 DCS）实现手动、半自动或全自动操作；同时可对主机振动、主轴承温度、主机转速、机盖锁紧状态、料层厚度以及主轴承润滑油的压力、流量等进行在线检测，并进行连锁保护。

六、卧式虹吸刮刀卸料离心机

卧式虹吸刮刀卸料离心机是一种借助离心、虹吸的共同作用，实现固液分离的刮刀卸料离心机。由于过滤推动力增加了虹吸作用，因此，较普通卧式刮刀卸料离心机具有更佳的分离效果和更高的生产能力；同时借助反冲洗，可使过滤介质获得更佳的再生洗涤效果。卧式虹吸刮刀卸料离心机除可用于普通刮刀卸料离心机所分离的物料外，尤其适用于固相颗粒较细、黏度较高、悬浮液浓度波动较大等物料的固液分离。

在小麦淀粉生产中，由于小麦淀粉颗粒直径的分布较宽，多糖、半纤维素成分丰富，在脱水设备操作中尤其需要重视小颗粒淀粉、半纤维素及多糖组成的轻相在滤层形成隔水层，造成脱水困难的情况，要重视撇液、溢流等装置的配合使用，虹吸刮刀离心机的使用需要根据物料情况控制虹吸开启的次序。

（一）工作原理

机械操作时，空转鼓全速运转，由反冲管向机内灌水（滤液），液体经转鼓与虹吸室间的通孔，被压向转鼓内，一方面排除虹吸室内空气，一方面在过滤介质上形成一层液体，以便进料时物料分布均匀，然后开始进料，同时将虹吸管旋至某一中间位置，一定时间后再旋至预定的较低位置，进料结束后将虹吸管转到最低位置，悬浮液进入转鼓后，其中的固体被截留在滤布上，而液体则穿过滤布，滤网及内转鼓，经内外转鼓间的通道和转鼓与虹吸室间的通道流入虹吸室，再由虹吸管将滤液抽走，截留在滤布上的固相物料经一定时间甩干后，用旋转刮刀刮下，再经卸料斗组合流出机身外，卸料完毕进行洗网，虹吸离心机的洗网与普通离心机的洗网不同，前者不仅可由转鼓内对滤布上面进行冲洗，还有一反冲滤网的功能，即由反冲管向虹吸室加入洗水，通过虹吸管的上、下旋转使液体从滤网下面向转鼓内脉动式反冲洗涤滤网。

（二）主要结构

卧式虹吸刮刀卸料离心机主要结构见图 6-40。

（1）螺旋卸料组件　采用宽刮刀刮料、螺旋输送出料的卸料方式。此部件主要由前后刮刀，料筒前、中、后段，螺旋，转臂，支承轴承，斜齿轮减速机，同步带及同步带

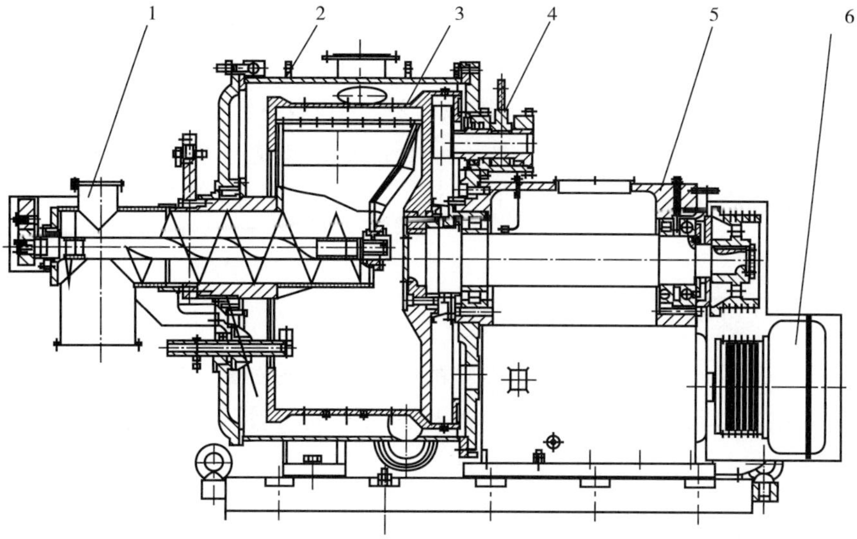

图 6-40　卧式虹吸式刮刀卸料离心机主要结构

1—刮刀螺旋组件　2—机壳组件　3—回转组件　4—虹吸管组件
5—机座组件　6—传动组件

轮等零件组成。螺旋通过轴承支承在料筒前段及料筒后段内，左端通过同步带与减速机连接并传递扭矩，料筒前段既是螺旋输料筒，又是刮刀支承架，它通过轴承与门盖连接，右端悬臂伸入转鼓内，刀架顶端安装前、后刮刀，左端在门盖外，通过螺钉、销与转臂连接，转臂则通过关节轴承、叉接头与刮刀油缸连接，料筒后段通过支承法兰与门盖连成一体，为不旋转段，其右端套入料筒中段，卸料时刮刀油缸活塞推动料筒前段做旋转运动，刮刀刮下的物料进入料筒内，同时螺旋将物料送出机外，从而达到卸料的目的。

（2）门盖组件本部件　主要包括排浆装置、门盖组合、门盖锁紧装置、一次进料管、门折页组合、洗涤辅助进料组合、洗水管、冲洗水管及料层控制器等部件，门盖组合通过门折页组合与该机的机座壳体连为一体。

（3）转鼓组件　该部件主要包括主轴、转鼓、滤板、轴头密封盖、筐压盖、安全轴套、内环顶套，轴承锥套、皮带轮、气封轴套、压紧轴套、筐后密封座及前后两个主轴轴承等零件。

（4）机座壳体组件　本部件主要零件有壳体组合，前轴承压盖，后轴承座，后轴承压盖，反冲管，排气管，A 型、B 型喷射清洗装置，壳体清洗水管，门手动锁紧装置以及与前轴承压盖连接为一体的气封压盖组合、气密封装置和气密封装置所需的进气管等零件。

（5）虹吸管组件　该部件安装于壳体后立板上，主要构成零件有虹吸管、法兰盘、支承座、转臂、轴承盖、转臂压盖、刻度盘支座、刻度盘及指针等。

（6）传动组件　该部件结构较为简单，主要由主电机、主动皮带轮、电机导轨及皮带罩等部件组成。

（7）液压、气动系统　此系统主要由 1 个液压系统供油站、1 个润滑系统供油站、4 个液压缸（刮刀油缸、虹吸管油缸、撇液管油缸、料层控制器油缸）、5 个液控阀（主进料阀、辅助进料阀、反冲阀、洗涤阀、前冲洗阀）组成，该机还配有部分气动元件，它的主要作用是利用压缩空气（或惰性气体）将机壳与轴承室隔开，从而满足密闭的要求。

（三）工作过程

将精制淀粉乳从圆筒口送入高速旋转的带滤网的转鼓筒内，在离心力作用下，固相淀粉迅速沉积在转鼓上形成滤饼，而液相通过滤布、滤网、虹吸槽甩出后沿机壳下端切线方向的排液口排出。由于是在高速离心的作用下进行，料液在转鼓内壁面几乎分布成一中空圆柱面。采用多次加料方法（一般 4~6 次），随着淀粉浆的多次不断加入，转鼓内固相淀粉越来越厚，然后由刮刀刮除滤饼并进行卸料，整个工作过程在全速运转下自动按"进料→脱水→卸料→进料"周期循环操作，24h 对滤网清洗一次。其工艺流程见图 6-41。

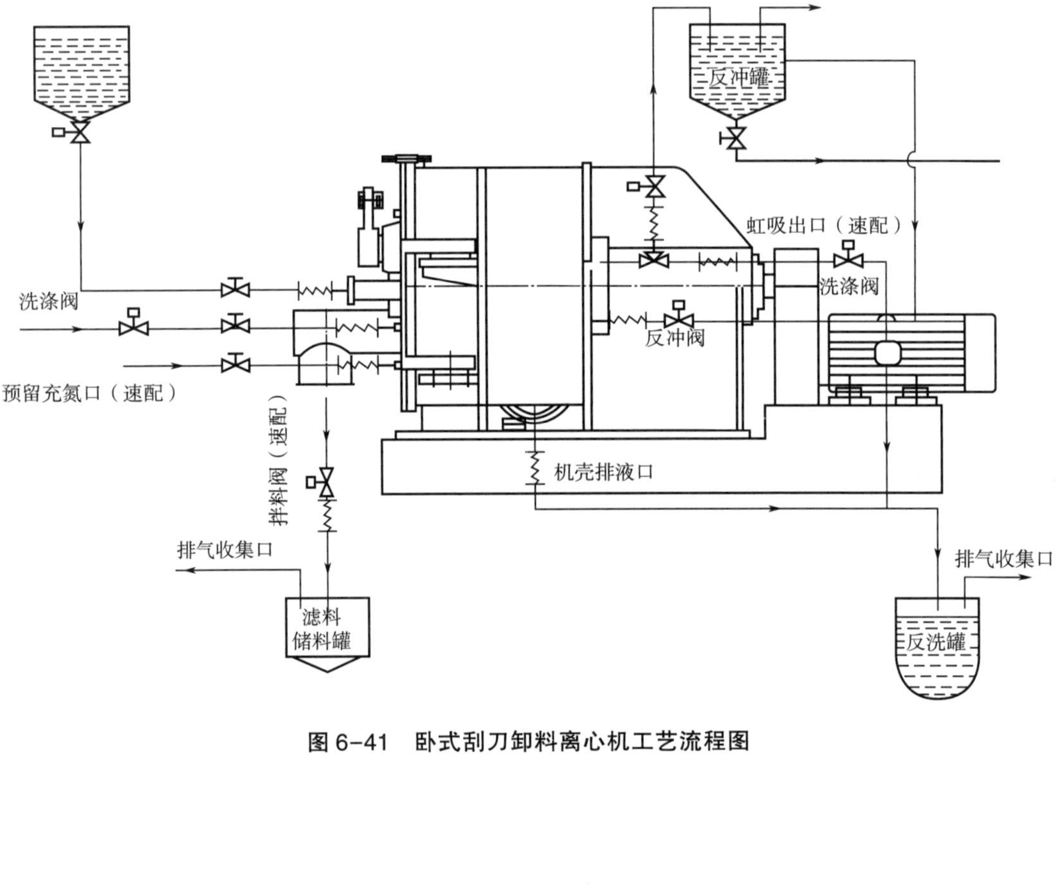

图 6-41　卧式刮刀卸料离心机工艺流程图

（四）卧式虹吸刮刀卸料离心机优点

（1）与相同规格的普通卧式刮刀卸料离心机相比，生产能力提高30%～50%，且滤饼含湿量降低2%～5%。

（2）通过改变虹吸管吸液口的位置，可调节过滤速率，实现加料、分离、滤饼洗涤和脱液时具有不同的过滤速率，从而使离心机始终处在最佳运行状态。

（3）通过反冲、正洗的交替作用，一方面可使过滤介质获得良好的再生效果；另一方面，反冲液透过残余滤饼并形成液环，有助于加料时物料的流动，使滤饼形成更加均匀，从而减少离心机振动。

（4）洗涤时调整虹吸管口至合适位置，可有效延长洗液通过滤饼层的时间，并能实现浸泡洗涤，不但可获得更佳的洗涤效果，而且还可有效减少洗液消耗量。

（五）技术参数

常用的卧式虹吸刮刀卸料离心机参数见表6-7。

表6-7　卧式虹吸刮刀卸料离心机参数

技术参数	型号		
	GKH1250-NB	GKH1600-NB	GKH1800-NX
转鼓直径/mm	1250	1600	1800
转鼓宽度/mm	600	1000	1250
转鼓容积/m^3	355	830	1330
转速/(r/min)	1200	950	800
主机功率/W	90	132	200
分离因数（Fr）	1006	800	645
设备质量/kg	10500	16300	25050
外形尺寸（长×宽×高）/mm	4096×2280×2440	5160×3400×3365	5800×3600×3550
处理量/(t/h)	1～1.5	2～3	3～4.5

七、真空转鼓式过滤机

真空转鼓式过滤机是利用真空泵的抽吸力，在转鼓内部形成一定的负压，使淀粉附着在转鼓筛网上，转鼓连续低速转动，使淀粉在筛网上形成一定的厚度，水被真空泵吸走，淀粉由刮刀自动刮下，达到淀粉脱水的目的。真空转鼓式过滤机操作平稳、处理量大、整个过程可实现自动化，但是针对小麦淀粉脱水有一定的缺陷，主要表现在小麦精制淀粉乳中含有微量面筋丝和戊聚糖类黏性物质会黏附在筛网上，堵塞筛网的网孔，造成滤网的疏水性和透气性降低，从而使得滤饼的脱水能力下降。目前在小麦淀粉生产过程中，真空转鼓式过滤机已经很少被小麦淀粉生产企业所采用。

（一）工作原理

固定好滤布后，先空机运转，检查各部位是否连接完好，当一切确认正常后，将筛网用水浸湿，贴附在转鼓上；启动真空泵，真空泵在使用时严禁反方向运转，应先打开进水阀门，看到出水口流水后，方可启动真空泵，在上料的同时，逐步使转鼓内形成负压，真空泵上的压力表逐步升高，达到一定的真空度后（真空度 0.03~0.06MPa），方可正常生产；启动主机和搅拌机，根据设计产量，确定转鼓转速。转速越高，产量越大，在使用过程中，应根据实际脱水效果确定转速；在生产过程中，使液面埋转鼓 3cm 左右即可，待转鼓接触物料旋转几圈后，滤布上会形成的 7mm 厚的淀粉，这时调整刮刀，一般使刮刀能刮去约 4mm 厚的淀粉滤饼为宜。

（二）主要结构

真空转鼓过滤机的工作原理见图 6-42。

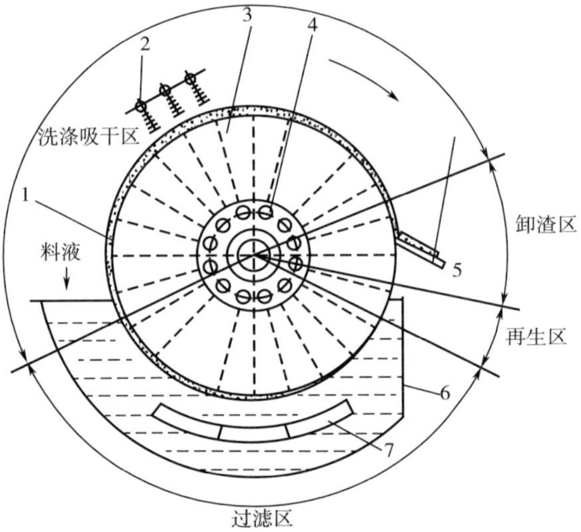

图 6-42　真空转鼓式过滤机工作原理

1—转鼓　2—洗涤液喷嘴　3—过滤室　4—分配阀　5—刮刀　6—料液槽　7—搅拌器

八、淀粉气流干燥系统

淀粉气流干燥机，适用于小麦淀粉、玉米淀粉和薯类淀粉等热敏性物料的干燥，也可用于其他要求快速干燥的热敏性粉状或片状物料的烘干。

在淀粉干燥过程中，是将散粒状淀粉分散悬浮在高速热气流中，在气力输送下进行干燥。由于气体相对于淀粉颗粒的高速流动，以及气固相间接触面积很大，体积传热系数相当大，比常用的转筒式干燥器大20~30倍。

淀粉气流干燥适合于处理粒径小、干燥过程主要由表面气化控制的物料。对于粒径<0.5mm的物料，不论初始含水量如何，一般都能将含水量降为13%~15%水平。但由于物料在气流干燥器内的停留时间很短（一般只有几秒），不易得到含水量更低的干燥产品。

（一）气流干燥原理

被加热以后的空气在管道内快速流动，湿物料进入管道后被高速气流带走向管道出口运行；这个过程中由于对流传热传质的作用同时水蒸气被蒸发。物料进入管道后被高速气流冲散二者充分混合，通常在管道出口使用旋风分离器进行气-固两相的分离。气流干燥一般干燥的时间在1s到数秒。

（二）系统组成

系统将湿淀粉经过淀粉气流干燥、筛理分级、粉碎、再筛理分级等过程，加工成小麦淀粉。含水量≤40%的淀粉进入喂料器，后进入扬升器，在风管内与热风混合，进行传热、传质、干燥，干燥过的淀粉由卸料器与湿热的空气分离、卸料，然后将干燥后的淀粉采用冷风输送进行冷却，刹克龙卸料。冷却后的淀粉进行筛理分级，筛上物进入粉碎机粉碎后再筛。

系统共分两个部分：

（1）淀粉干燥　含水量为40%的淀粉进入混合机，形成松散的湿淀粉，由喂料器送入扬升器，与热风在扬升器混合，进行传热干燥后，经除尘器与空气分离、卸料进入后处理部分。

（2）淀粉后处理　由于干燥的淀粉粒度若不均匀，不能达到要求，因此，系统对干燥过的淀粉筛理分级，对不合格的淀粉进行粉碎后经气力输送到淀粉筛再次筛理分级，达到要求的淀粉经过气力输送系统到淀粉储仓，然后进行成品包装。

（三）气流干燥过程

在干燥过程中，新鲜洁净的空气通过热交换器加热后，与从扬升器输送来的物料颗粒混合（也可采用特制的密封螺旋输送机输送颗粒物料），并利用热空气做介质，把热能传给物料颗粒，使附着在物料颗粒表面上和一部分含在物料颗粒内部的水分，变成蒸汽而混入干燥管中的气流当中，喂料速度取决于上个工段的生产能力，扬升器可把物料粉碎成细小颗粒，并进入烘干管道，在热空气内被烘干。烘干淀粉在旋风分离器里从空气中被分离，所有旋风分离器分离下来的物料全部进入收集斗，再经过关风机送到风送系统，见图6-43。

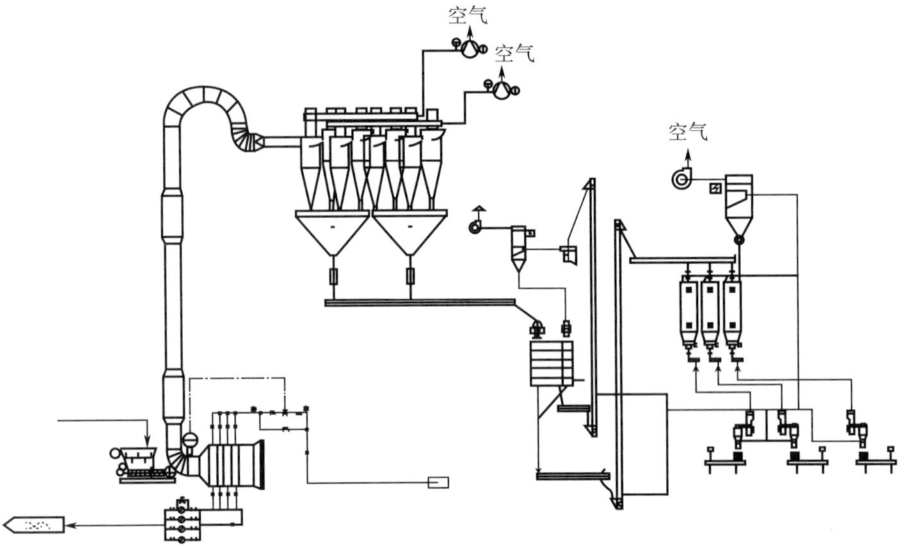

图 6-43　淀粉干燥系统流程图

经过滤的进入系统的常压空气通过蒸汽换热器加热，从环境温度升到 150℃。最终产品经过风送系统冷却降温，由成品旋风分离器分离出来，再经过关风机卸到检查筛，筛下的细料作为成品直接包装。干燥机稳定的排风温度是由在系统排放管道的温度监测控制。这个控制系统通过调节主换热器的蒸汽压力和流量来调节进口温度。保持稳定的喂料量和湿物料水分含量，就能达到稳定操作和控制干燥机的最佳生产能力，湿物料流量的波动会使生产能力降低或造成产品质量不稳定。淀粉干燥系统将含水量<40%湿淀粉经过干燥、粉碎、筛理得到含水量≤14%，细度通过 150μm 筛的成品淀粉。

第六节 通用设备

一、螺杆泵

螺杆泵是依靠螺杆相互啮合空间的容积变化来输送物料的。螺杆泵是一种容积式泵。在小麦淀粉生产中，面糊和面筋相含固量高、流动性差，在输送过程中主要采用螺杆泵进行输送。

当螺杆转动时吸入腔一端的物流连续向排出腔一端做轴向移动，使吸入腔容积增大、压力降低，液体在压差作用下沿吸入管进入吸入腔。随着螺杆的转动，密封腔内的物料连续而均匀地沿轴向移动到排出腔，由于排出腔一端的容积逐渐缩小，即把物料排出。

螺杆泵的特性是流量和压力脉动较小、噪声较小、使用寿命长、有自吸能力、结构简单紧凑。根据工艺需要可设计成单双螺杆、三螺杆、五螺杆。由于螺泵是一种容积泵，它的压力决定于与它连接的管道系统的总阻力。一般来说，为防止管道阻力增大，必须在泵的出口设置安全阀，在泵的入口设置过滤器，以保证泵的安全。

（一）工作原理

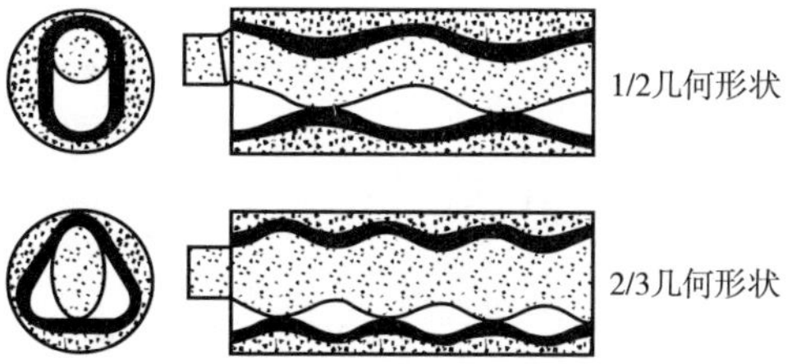

图 6-44　螺杆泵工作原理示意图

螺杆泵是渐进式容积泵。其主要部件为转子和定子，工作原理见图 6-44。转子是一个大导程，有大齿高系数和较小螺旋内径的螺杆，具有 1/2 几何形状的圆截面，2/3 几何形状的椭圆形截面，定子是与之相配的双头或三头螺线的螺套，这样在转子和定子间形成了储存介质的空间，当转子在定子内运转时，介质轴向由吸入端向排出端运动。

（二）主要结构

螺杆泵由泵壳、一根或多根的螺杆组成（图 6-45）。在单螺杆泵中，螺杆在有内螺旋的壳内偏心转动，使液体沿轴向推进，挤压到排出口。小麦淀粉行业常用螺杆泵型号见表 6-8。

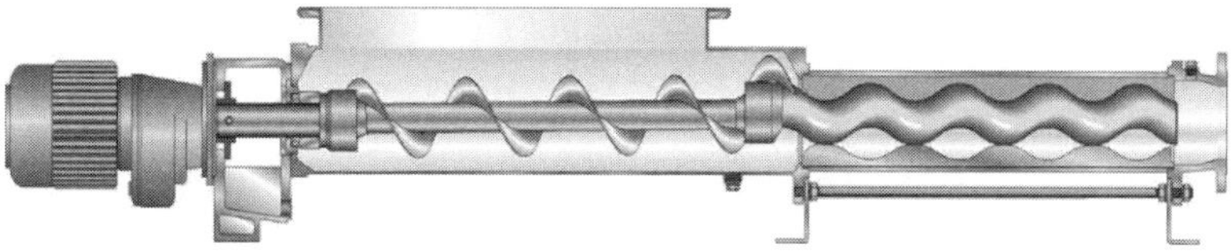
图 6-45　螺杆泵结构图

表 6-8　小麦淀粉行业常用螺杆泵型号技术参数

序号	设备名称	介质	流量/（m^3/h）	压力/kPa	泵 型	电机功率/kW	转速/（r/min）
1	面筋输送泵	面筋	2	1000	NM038SO02S12B	4	268
2	面团输送泵	面团	2	1000	NM038SF02S12B	4	268
3	面团输送泵	面团	2	1000	NM045SF02S12B	5. 5	163
4	面筋输送泵	面筋	2	1000	NM045SO02S12B	5. 5	163
5	面团输送泵	面团	15	800	NM076SF02S12V	15	172

续表

序号	设备名称	介质	流量/（m^3/h）	压力/kPa	泵 型	电机功率/kW	转速/（r/min）
6	面团输送泵	面团	10	800	NM076SF02S12V	11	121
7	面团输送泵	面团	25	400	NM090SF02S12B	18.5	178
8	面团输送泵	面团	15	1500	NM090SF03S18B	30	158

（三）主要特点

（1）直接法兰驱动，紧凑设计。

（2）吸入室配有矩形（BO）或方形料斗（BS）。

（3）强制进料室中带有进料螺杆的联轴杆便于流体进入传送元件。

（4）根据具体应用，料斗尺寸可调。

（5）压力达 1.8MPa 时，流量达 $200m^3/h$。

（四）运行注意事项

（1）防止干转，以免严重磨损。

（2）单螺杆泵如断流干转，橡胶泵缸将很快会烧毁。

（3）初次使用或拆检装复后应向泵内灌入液体。

（4）工作中应严防吸空停用时也需使泵内保存液体。

（5）一般螺杆泵都有固定的转向，不应反转，否则推力平衡装置就会丧失作用，使泵损坏。

二、离心泵

离心泵是淀粉生产中使用最普遍的一种液体输送设备，在小麦淀粉生产中根据输送物料的差别可以区分为冷水泵、热水泵、淀粉浆泵等类别。

（一）工作原理

在启动前，要先使液体从漏斗将泵壳与吸入管路内灌满。当叶轮飞快旋转时，叶轮内的液体在叶轮内叶片的推动下也跟着旋转起来，从而使液体获得了离心力，并沿着叶片流道从叶轮的中心往外运动，然后从叶片的端部被甩出进入泵壳内的蜗室或扩散管（或导轮）。当液体流到扩散管时，由于液流的断面积渐渐扩大，流速减慢，将一部分动能转化为静压能，使压力上升，最后从排出管压出。与此同时，在叶轮中心由于液体被甩出产生了局部真空，因而吸液池内的液体在液面压力作用下就从吸入管源源不断地被吸入泵内。叶轮连续旋转，将液体不断由吸液池送往高位槽或压力容器（图 6-46）。

离心泵启动时，若泵体和吸入管内没有液体，则它没有抽吸液体的能力，因为其吸入口和排出口是相通的，叶轮中无液体而只有空气时，由于空气的密度比液体的密度小得多，不论叶轮如何高速旋转，叶轮进口都不能达到吸液所需要的真空度，即产生的离心力就很小，因而在叶轮中心区所形成的低压不足以将吸液池（储槽）内的液体吸入泵内，故不能吸液。这种由于泵内存有空气造成离心泵不能吸液的现象称为气缚现象。

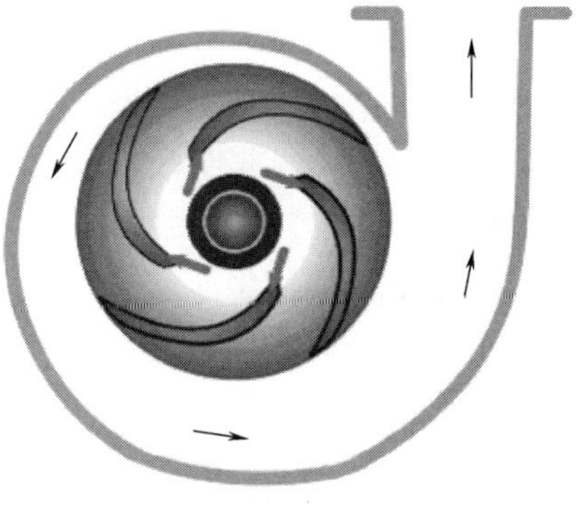

图 6-46 离心泵工作原理图

（二）主要结构

离心泵的主要结构见图 6-47。

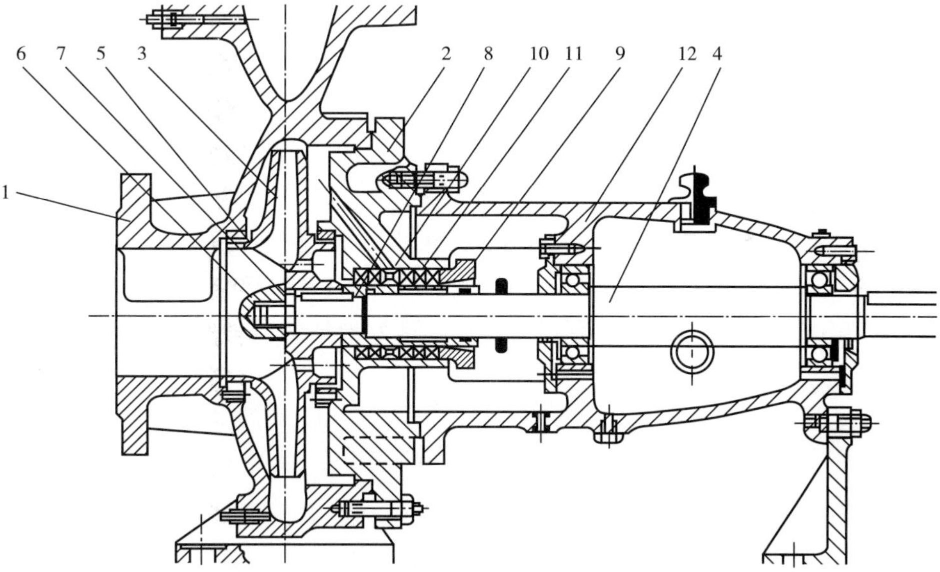

图 6-47 离心泵结构图

1—泵体 2—泵盖 3—叶轮 4—轴 5—密封环 6—叶轮螺母 7—止动垫圈 8—轴套 9—填料压盖 10—填料环 11—填料 12—悬架轴承部件

（1）单级离心泵主要由泵体、泵盖、叶轮、轴、密封环、轴套及悬架轴承等组成。

（2）离心泵的泵体和泵盖部分是从叶轮背面处剖分的，即通常所说的后开门结构形式。其优点是检修方便，检修时不需移动泵体、吸入管路、排出管路和电动机，只需拆下加长连轴器的中间连接件，即可退出转子部分进行检修。

（3）泵壳有轴向剖分和径向剖分两种形式。大多数单机版的壳体都是蜗壳式的，多级泵径向剖分壳体，一般为环形壳体或圆形壳体。一般蜗壳时泵体内腔呈螺旋形液道，用于收集叶轮中甩出的液体，并引向扩散管至泵出口，泵壳体承受全部的工作压力和液体的热负荷。

（4）叶轮的作用为将原动机的能量直接传给液体，以提高液体的静压能与动能（主要为静压能），叶轮由 6~8 片后弯叶片组成。叶轮形式有：闭式叶轮、半闭式叶轮、开式叶轮（图 6-48）。

（1）　　（2）　　（3）

图 6-48　离心泵叶轮示意图

（1）闭式　（2）半闭式　（3）开式

（5）闭式叶轮由叶片、前盖板、后盖板组成，流道是封闭的，适用于高扬程、洁净液体的输送。

（6）半闭式叶轮由叶片、后盖板组成；开式叶轮只有叶片和轮毂，无前后盖板，开式和半闭式叶轮由于流道不易堵塞，适用浆液、黏度大的液体或含有固体颗粒的悬浮物液体的输送。由于叶轮外周端部没有很好密合，部分液体会流回叶轮中心的吸液区，因而效率低。

（三）气蚀现象与允许吸上高度

1. 离心泵的气蚀现象

离心泵运转时，液体在泵内压强随着从泵入口向叶轮入口而下降，叶片入口附近的压强为最低，此后，由于叶轮对液体的做功，压强很快又上升。当叶片入口附近的最低压强等于或小于输送温度下液体的饱和蒸汽压时，液体就在该处发生汽化并产生气泡，随同液体从低压区流向高压区，气泡在高压的作用下，迅速凝结或破裂，瞬间周围的液体即以极高的速度冲向原气泡所占据的空间，在冲击点处形成高达几万千帕的压强，冲击频率可高达每秒几万次，这种现象称为气蚀现象。为了使泵正常运转，叶片入口附近的最低压强必须维持在某一临界值以上，通常是取输送温度下液体的饱和蒸汽压作为这种临界压强。

气蚀现象发生时，产生噪声和振动，叶轮局部地方在巨大冲击力的反复作用下，材料表面疲劳，从开始点蚀到形成严重的蜂窝状空洞，使叶片受到损坏。此外，气蚀严重时，由于产生大量气泡，占据了液体流道的一部分空间，导致泵的流量、压头与效率显著下降。所以，为保证离心泵能正常运转，应避免产生气蚀现象。一般使最低压强大于输送温度下的饱和蒸汽压。

2. 离心泵的允许吸上高度

离心泵的允许吸上高度又称允许安装高度，是指泵的入口与吸入储槽液面间的可允许达到的最大垂直距离，需要通过计算得出。

（四）注意事项

离心泵的机械密封在运行过程中需要由稳定的水冷却系统降温才能保证正常运转，不造成高温损坏，车间密封系统用的水循环系统，包括储水罐、离心泵和多个连接管，所述的储水罐顶部安装有水源补充管和循环水进口管，储水罐底部安装有排水管，储水罐侧壁上安装有循环水出口管，循环水进口管与车间密封系统的出水管连通，循环水出口管与车间密封系统的进水管连通，且循环水出口管与车间密封系统的进水管之间设有离心泵。通过装置可以将车间密封系统的水源进行循环利用，并且可以通过温度控制保证使用水的温度，如果温度合适可以一直循环，温度过高则补充新水，排出高温水，保证水温合适，同时设置有水位检测装置。

为了避免冷却水在各个泵间分配不均匀，要求用软管将各个泵下进上出的串联在一起，这样也节约冷却水，机械密封冷却水为了防止易结垢使机封泄露，最好用软化水或干燥冷却水作为补充。

三、消沫泵

消沫泵是消除工作液体中气体泡沫的专用输送泵，使用时在工作液中不需添加化学消沫剂，可以节省能源和原料。主要用于淀粉精制工艺中蛋白质含量较高的轻相的输送。

（一）主要结构与工作原理

该泵在离心泵的基础上，采用隔板形成两个蜗壳腔。通过同轴旋转的两个不同结构的叶轮作用，把混合在浆液中的泡沫分离出来，从而达到稳定的流量和压力，减少与其配套的分离机振动，明显提高工作效率。

消沫泵由底座、电机、主轴、联轴器、轴承箱、机械密封、两个叶轮和两个泵壳以及标准件等部件组成（图 6-49），过流部件一般采用 304 或 316L 不锈钢制造，其耐酸碱、耐腐蚀。

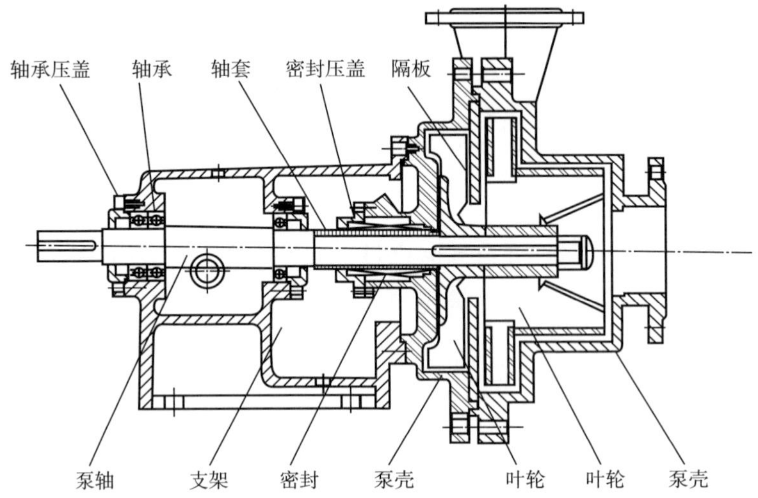

图 6-49　消沫泵结构图

（二）机械密封注意事项

（1）由于机械密封一般适用在清洁的、无悬浮颗粒的介质中使用，因此，对新安装的管路系统和储液罐应认真冲洗干净，严防固体杂质进入机械密封端面而使密封失效。

（2）在易结晶的介质中，使用机械密封应注意经常冲洗。停止后重新起动前，要将机械密封上的结晶清洗干净。

（3）拆卸机械密封应仔细，不许用手、铁器等敲击，以免破坏动静环密封面。

（4）如果有污垢拆不下来时，应设法清除污垢，冲洗干净后再进行拆卸，以免损坏密封元件。

（5）安装机械密封前，应检查所有密封元件是否有失效或损坏，如有则应重新修复或更换。

（6）应严格检查动环与静环的相对摩擦密封面不允许有任何细微的划痕、碰伤等缺陷。所有部件，包括泵体、叶轮、密封腔等在装配前均应冲洗干净，尤其是动、静环端面，要用清洁、柔软的布或棉纱认真擦洗干净，然后涂上一层清洁的油脂或机油。

（7）装配中要注意消除偏差，紧固螺钉时，要均匀把紧，避免发生偏斜，使密封失效。

（8）正确调整弹簧的压缩量，泵安装好以后，以手扳动转子时，应感觉密封弹簧既有一定的压缩量，又能轻快、灵活地转动，没有咬紧的感觉。如感觉太紧或盘不动，则应适当调松一些。

（9）此泵使用外部冲洗式机械密封，启动前应先开启冲洗液，使密封腔内充满密封液，停止时，先停泵，后关密封冲洗液。

四、渣浆泵

渣浆泵是单吸直联式离心泵一种变形产品，是输送渣质、渣浆以及含有可溶性膳食纤维的其他介质的专用输送设备。在小麦淀粉行业主要用于含麸质较高物料的输送，通常和离心筛搭配使用。

其主要结构和工作原理如下：

渣浆泵（见图6-50）是一种单吸直联式离心泵，泵的进口方向为水平方向，泵的出口方向为垂直方向。与密封腔连成一体的泵盖采用后开门式，即夹紧在泵体与中间支架之间，叶轮经过静、动平衡校验，用叶轮螺母固定在轴上，泵轴直接与电机轴连接。泵的密封形式采用填料密封或机械密封，可根据需要选用。

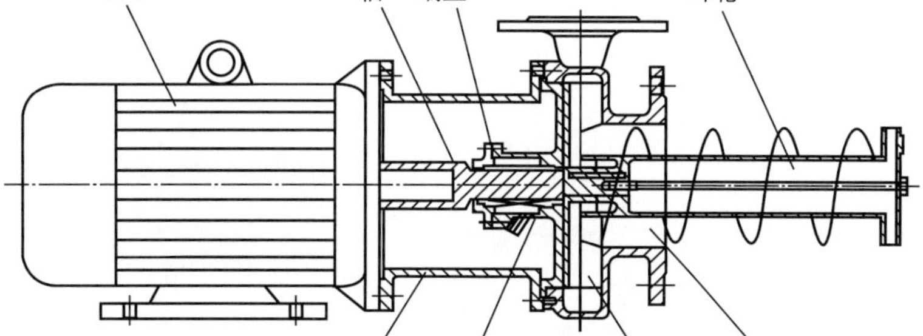

图6-50　渣浆泵结构图

五、转子泵

转子泵又称胶体泵、凸轮泵、三叶泵、万用输送泵等，转子泵属于容积泵。它是借助工作腔里的多个固定容积输送单位的周期性转化来达到输送流体的目的，该种泵的运行流量稳定，不会由于料液变化、物料压力变化而影响输送量，在小麦淀粉生产中主要用来输送浓度较高的淀粉浆，需要流量稳定可调的离心机喂料等位置，原动机的机械能通过泵直接转化为输送流体的压力能，转子泵的流量只取决于工作腔容积变化值以及其在单位时间内的变化频率，而（理论上）与排出压力无关；转子泵在工作过程中实际上是通过一对同步旋转的转子来达到输送物料的目的。

（一）工作原理及结构

转子泵依赖两同步反向滚动的转子（齿数为2~4）在旋转过程中于入口处产生吸力（空度），从而吸入所要输送的物料。两转子将转子室分隔成几个小空间，并按次序运转，介质逐渐被输送至出料口，不断往复，介质（物料）即被源源不断输送出去，见图6-51。

图6-51　凸轮转子泵工作原理图

转子泵的主要结构见图6-52。

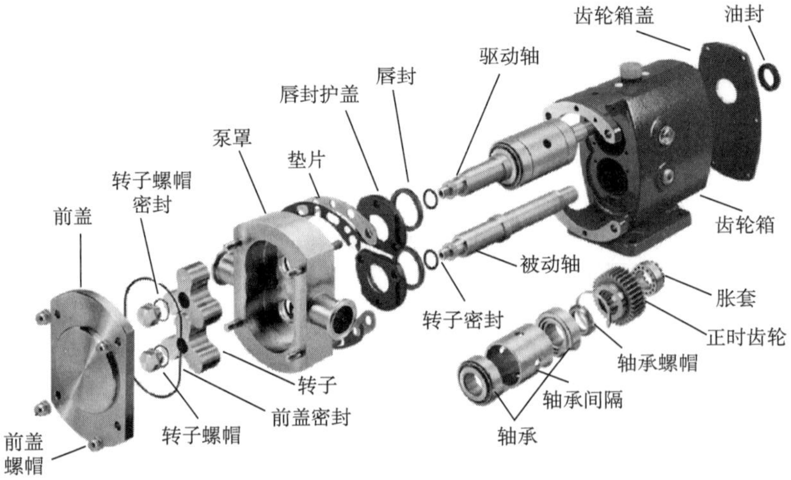

图6-52　凸轮转子泵结构图

（二）转子泵与离心泵比较

转子泵属容积式泵，输送流量可以较精确地控制也可方便地制成变量泵。而离心泵的输出流量是不能控制的，随身阻力的增加而下降。转子泵的转速很低，一般在200～600r/min被输送的物料被平稳地输出而其成分不会受到破坏。而离心泵的转速很高，被输送物料受到强力撞击以及离心力的作用，所以离心泵在输送混合物时经常产生物质成分不一的现象，使成品的质量下降。而转子泵正是解决这一问题的最佳选择，所以它特别适用于输送混合料甚至含有固体颗粒的物料。转子泵可用于输送黏度很高的物质。而离心泵无此特性。转子泵可以方便地制成输出压力较高的品种，如15kg/cm^2，适宜于长距离或高阻力定量输送。

（三）转子泵与螺杆泵比较

二者同属容积式泵，所以其性能基本相近——能稳输送高黏度的物质，都有较高的输送压力。但螺杆泵最大的缺点决定了它在有卫生要求的场合的不适用性——由单螺杆泵的非流线型曲面以及腔室内众多的缺陷决定了它不可能成为卫生级的泵，腔壁四氟或橡胶料的损坏更可能对被输送物质造成污染。而转子泵由于转子的流线结构以及转子室中基本没有死点和非金属件，故可被食品饮料、医药等卫生要求较高的行业应用。

第七章
小麦淀粉生产过程质量控制与管理

小麦深加工企业，在提取淀粉和生产谷朊粉的过程中，有两个指标非常关键，一是产品的收率，二是产品的质量。在相同的能耗条件下，产品的得率越高，产品的综合生产成本就越低，产品的质量越好，产品的市场竞争力就越大。影响小麦淀粉和谷朊粉收率及产品质量的因素主要与生产工艺、生产工艺参数控制及生产过程中所使用的原料质量有关。例如如果所用的小麦粉原料中湿面筋值含量低，就会造成谷朊粉的收率偏低，小麦淀粉生产的附加值偏小；在谷朊粉干燥过程中，如果蒸汽量过大，进风和出风温度过高，就会造成部分谷朊粉变性，谷朊粉的吸水率偏低，谷朊粉的活性偏低，实际应用性较差，市场竞争力偏低。因此本章主要探讨选择什么样的原料更能高值化地进行小麦淀粉及谷朊粉生产，如何控制小麦淀粉及谷朊粉生产过程中工艺参数等因素。

第一节
小麦淀粉生产的原料要求

目前小麦淀粉生产均采用小麦粉为原料进行生产。小麦淀粉的生产，不只是生产淀粉，同时也是制造谷朊粉的过程。因此，在选择原料时对两者都要兼顾。原料的选择既要考虑到生产工艺需求，又要考虑生产的小麦淀粉和谷朊粉产量和质量的需求。本节内容从小麦淀粉生产对原料小麦粉的品质需求，以及小麦粉相关品质指标分析两个方面进行论述。

一、小麦淀粉生产对原料质量要求

小麦粉作为生产小麦淀粉的原料，选择的原则如下：①用硬质小麦和软质小麦作为制造小麦淀粉的原料各有优缺点。硬质小麦作为原料时，通常小麦粉的蛋白质含量多、面筋得率高，但在生产中，当加水捏合形成湿面团时，面筋的网状结构会变得黏连，很难将淀粉全部洗出来，淀粉总得率降低。软质小麦淀粉含量高，淀粉的大颗粒部分比较多，淀粉的得率高，但从湿面团洗出淀粉后，面筋筋力较差，容易散开，因此两者要以一定的比例配合使用；②应选择灰分少的小麦粉为原料，一般要求灰分含量≤1%，因为只有在灰分低的条件下，才能得到较纯净的小麦淀粉和谷朊粉。

目前我国还没有生产谷朊粉和淀粉用的小麦粉标准，但小麦深加工企业生产谷朊粉，提取淀粉时基本以工业粉和通粉为主。在生产实践中，小麦粉的出粉率、湿面筋含量、粗细度及淀粉酶活力等指标对谷朊粉、小麦淀粉的提取得率及产品质量会有很大的影响，例如小麦粉中灰分主要反映麸皮和矿物质的含量，如果麸皮等物质含量高，会对后续淀粉的提取造成影响；如果破损淀粉含量高，后续生产的淀粉产品的应用性能会出现问题；如果淀粉酶活性高，则谷朊粉在面筋形成阶段会粘连缠丝，不易与淀粉分开且谷朊粉得率低。从经济角度上讲，湿面筋含量越高，淀粉生产的利润越高，这是由于谷朊粉的价值几倍高于小麦淀粉。

因此在实际生产过程中，尽量选择湿面筋含量高、损伤淀粉含量低、无芽变、无霉变的小麦粉。工业化生产谷朊粉及小麦淀粉生产用小麦粉参考指标见表7-1。

表7-1 小麦谷朊粉及淀粉生产用小麦粉质量控制标准

项目	指标	项目	指标
水分	≤14.5%	降落值	≥200s
淀粉含量	≥65%	麦芽糖值（破损淀粉）	≤1
湿面筋含量	≥28%	粗细度	CB30全通过，CB36留存≤10%
面筋离心指数	≥65%		
灰分	≤1.0%	白度	≥70

二、小麦淀粉生产原料小麦粉品质分析

小麦粉的品质特性是小麦粉的理化特性、面团的物理特性、小麦粉加工适应性及其他特性的总和。小麦粉的品质特性一般受多方面因素的影响，这些因素中有机械的、物理的、化学的。小麦淀粉生产中对原料小麦粉的检测和控制与一般的食品用专用粉不同，控制指标相对来说比较简单，一般而言，适合小麦淀粉和谷朊粉生产的小麦粉主要品质指标包括：加工精度（灰分、白度）、小麦粉粗细度（颗粒度分布）、湿面筋含量、面筋指数、淀粉含量、破损淀粉含量、降落值等。

（一）小麦粉加工精度

小麦粉的加工精度即小麦在制粉工艺中的去皮程度，一般加工精度越高，粉色越好、麸星越少、灰分越低。小麦粉加工精度通常以粉色、麸星、灰分来衡量。

小麦粉的色泽简称粉色，是指小麦粉颜色的深浅、明暗，它是小麦粉划定等级的基本项目，正常的小麦粉色泽为白色或乳白色。小麦粉粉色的测定方法有五种：干法、湿法、湿烫法、干烫法和蒸馒头法。但这些方法都有一定的局限性，主要是因为其结果容易受操作者的影响，具有一定的主观性，常造成人为误差，并且没有数量概念，对粉色差异较小的小麦粉难以分辨。利用白度仪测定小麦粉的白度是一种反映小麦粉色泽的有效方法，目前这种方法已被国内外小麦粉厂家广泛使用，相应的仪器也有很多类型。影响小麦粉白度测定结果的因素基本类似于影响小麦粉色泽的因素。当然，白度仪测得的白度值是干小麦粉对光线反射量的量度，因此，有时也有局限性，比如，小麦粉粗细度会影响小麦粉的白度，一般小麦粉越细，白度值越高。我国小麦粉（73%出粉率）的白度通常为75%～84%。

小麦粉的灰分是各种矿物质元素的氧化物占小麦粉的百分含量，它是衡量小麦粉加

工精度的重要指标。一般而言，我国特一粉的灰分含量在0.75%以下，标准粉的灰分含量在1.2%以下，面包用小麦粉的灰分含量在0.6%以下，面条、饺子用小麦粉的灰分含量在0.55%以下，而对于小麦淀粉生产用小麦粉适合的灰分范围则没有界定。制粉的主要目的是将麸皮、麦胚和胚乳相互分开，然后将胚乳研制成小麦粉。由于麸皮的矿物质含量约为胚乳中矿物质含量的20倍，所以灰分测定基本上反映小麦粉的纯度或麸皮、麦胚与胚乳分离的彻底性。小麦粉的灰分含量可以通过间接的方法来衡量，如通过粉色深浅、出粉率的高低等。准确的测量方法是进行灰分测定，通常是将小麦粉放在指定高温的电炉中灼烧，小麦粉燃烧后所剩下灰烬的含量占样品量的百分比即为灰分含量。常用的是550℃衡重法和850℃高温定时法。

目在小麦生淀粉生产中，虽然小麦粉加工精度不像食品专用粉要求那么高，但也会有特定的要求。如果小麦粉加工精度过低，小麦粉中混有的麸星含量较多，这会影响到小麦淀粉和面筋蛋白的分离效果，在保证小麦粉粒度不过低的情况下，小麦粉加工精度越高，小麦淀粉和面筋蛋白分离效果越好，但是相应的原料成本也越高。综合而言，小麦淀粉生产用小麦粉的加工精度一般不要求太高，小麦粉出粉率80%左右，灰分<0.6%。

（二）小麦粉粗细度（粒度）

小麦粉的粗细度是指小麦粉的颗粒大小和颗粒分布特性。粗细度是小麦淀粉/谷朊粉专用粉的重要指标。表7-2为适合小麦淀粉和谷朊粉分离的小麦粉粗细度范围。

表7-2 小麦淀粉和谷朊粉分离小麦粉粗细度

粗细度/μm	筛面留存/%	筛网型号	粗细度/μm	筛面留存/%	筛网型号
>250	0	CQ21	>117	≥10	PDM11 XXX
>204	≤5	PDM6 XXX	>100	≥10	PDM13 XXX
>174	≥20	PDM8 XXX	>85	≥5	PDM15 XXX
>150	≥5	PDM9 XXX			

注：85~250μm粒度总和≥60%。

小麦粉粒度分析主要包括筛分法和激光粒度法。

1. 粮油粉类粗细度测定

粉类粗细度测定按GB/T 5507—2008《粮油检验　粉类粗细度测定》，该方法的测定原理为：粗细度表示粉类粮食粉粒的大小程度，以留存在筛面上的部分占试样的质量分数表示。样品在不同规格的筛子上筛理，不同颗粒的样品彼此分离，根据筛上物残留量计算出粉类粮食的粗细度。

采用电动验粉筛进行测定：回转直径50mm，回转速度260r/min；形状为圆形，直径300mm，高度30mm；筛绢规格主要包括CQ10，CQ16，CQ20，CQ27，CB30，CB36，CB42等。测定时从混匀的样品中称取试样50.0g，放入上层筛，同时放入清理块，盖好筛盖，按要求固定好筛子，定时10min，打开电源开关，验粉筛自动筛理。验粉筛停止后，用双手轻拍筛框的不同方位三次，取下各筛层，将每一筛层倾斜用毛刷把筛面上的残留物刷到表面皿中。称量上层筛残留物，低于0.1g时忽略不计，合并称量由测定目的所规定的筛层残留物。

粗细度以残留在规定筛层上的粉类占试样的质量分数表示，按式（7-1）、式（7-2）计算：

$$X_1 = m_1/m \times 100 \tag{7-1}$$

$$X_2 = m_2/m \times 100 \tag{7-2}$$

式中　X_1、X_2——试样粗细度，%（质量分数）；

m_1——上层筛残留物质量，g；

m_2——规定筛层上残留物质量之和，g；

m——试样质量，g。

2. 粒度分布

粒度分布按GB/T 19077—2016《粒度分布　激光衍射法》测定，该方法测定原理为：颗粒样品以合适的浓度分散于适宜的液体或气体中，使其通过单色光束（通常是激光），当光遇到颗粒后以不同角度散射，由多元探测器测量散射光，存储这些与散射图样有关的数值并用于随后的分析。通过适当的光学模型和数学过程，转换这些量化的散射数据，得到一系列离散的粒径段上的颗粒体积相对于颗粒总体积的百分比，从而得出颗粒粒度体积分布。

该方法采用激光粒度仪进行测定。以合适浓度分散的颗粒样品随液体或气体分散介质一起通过被光束照射的测量区域。干粉可通过干粉分散器形成气溶胶进行测量，同时需要一个接近于理想状态下的恒定流量输送装置给分散器喂料，分散器使用压缩气体的能量或与真空的压差能量来分散颗粒，输出的气溶胶被吹过测量区域后，通常被送入收集颗粒的真空管道的入口，未团聚的粗颗粒可以借助重力作用通过测量区。假设检测到的颗粒群散射图样等于所有单个颗粒散射光分布（单散射）的总和，并且假设散射图样来自于球形颗粒。可通过储存的光学模型（通常为散射矩阵，它包含单位体积、单位粒径段的散射光矢量，与探测器的几何参数和灵敏度成比例），通过计算机直接计算粒度分布，实现自动化测定。

（三）面筋特性

小麦粉中面筋的特性直接影响分离出的谷朊粉的得率和品质，面筋特性以面筋数量和质量表示。工业化生产谷朊粉加工企业，小麦粉的湿面筋含量一般不低于28%，面筋指数一般不低于65%。

1. 面筋含量

面筋含量包括湿面筋含量、干面筋含量。面筋含量测定方法有手工洗涤法、仪器洗涤法（面筋仪法）和化学测定法、烘干法等。

（1）手洗法测定湿面筋含量　参考GB/T 5506.1—2008《小麦和小麦粉　面筋含量

第1部分　手洗法测定湿面筋》，测定原理为：小麦粉加入氯化钠溶液制成面团，静置一段时间以形成面筋网络结构。用氯化钠溶液手洗面团，去除面团中淀粉等物质及多余的水，使面筋分离出来。

具体方法：取10g小麦粉，放入容器中，加2%的食盐水5mL左右，混合成面团，直至不黏手为止。然后将面团泡到水中，在室温下静置20min。将面团放入盆中轻轻揉捏，洗去面团内的淀粉、麸皮等物质。再揉洗过程中必须更换盆中清水3～4次，换水时需要用筛子接着以免面筋流失，经过反复揉洗，直至面筋挤出的水遇碘液无蓝色为止。将面筋挤压除水，直至感到面筋球表面稍微黏手时为止，进行称量，即得湿面筋质量。将湿面筋放在100～104℃恒温箱中干燥20h，使其干燥至恒重，在干燥器中冷却后称量，即得干面筋重量。分别计算出湿、干面筋质量占小麦粉的质量分数，即为湿、干面筋的含量，用百分数表示（%），按式（7-3）计算：

$$G_{wet} = m_2/m_1 \times 100 \qquad (7-3)$$

式中　G_{wet}——试样的湿面筋含量,%（质量分数）；

m_1——测试样品质量，g；

m_2——湿面筋的质量，g。

（2）仪器洗涤法测定湿面筋　参考GB/T 5506.2—2008《小麦和小麦粉　面筋含量　第2部分　仪器法测定湿面筋》，仪器洗涤法即用机洗来代替手工洗涤。近年国内外已研制出面筋洗涤仪，使和面、洗涤、烘干简便化，可快速、准确测定面筋含量。面筋含量测定应采用规范化的标准方法，从小麦制粉方法、小麦粉的含水量、和面洗涤用水(一般用2%的食盐水)、洗涤工序、烘烤时间均应一致，才能得到可靠的结果。

测定原理：小麦粉加入氯化钠溶液制成面团，静置一段时间以形成面筋网络结构。采用机器用氯化钠溶液洗涤面团，去除面团中淀粉等物质及多余的水，使面筋分离出来。

具体测定方法：称取10g待测样品，准确至0.01g，选择正确的清洁筛网，并在实验前润湿。将称好的样品全部放入面筋仪的洗涤室中。小麦粉样品的测试应使用筛孔孔径为88μm的聚酯筛或筛孔孔径为80μm的金属筛，测试报告中应指明筛网孔径的大小。轻轻晃动洗涤室使样品分别均匀，用可调移液器向待测样品中加入4.8mL氯化钠溶液。移液器流出的水流应直接对着洗涤室壁，避免其直接穿过筛网。轻轻摇动洗涤室，使溶液均匀分布在样品的表面。氯化钠溶液的用量可以根据面筋含量的高低或者面筋强弱进行调整。如果混合时面团较黏（洗涤室的水溢出），应减少盐溶液的用量（最低4.2mL)；若混合过程中形成了很强很坚实的面团，氯化钠溶液的加入量可增加到5.2mL。厂家预设的混合时间为20s，可根据使用者的需要进行调整。

面团洗涤：洗涤过程中应注意观察洗涤室中排出液的清澈度。当排出液变得清澈时可认为洗涤完成。用碘化钾溶液可检查排出液中是否还有淀粉。

离心称重：洗涤完成以后，用金属镊子将湿面筋从洗涤室中取出，确保洗涤室中不留有任何湿面筋。将面筋分成大约相等的两份，轻轻压在离心机的筛盒上。启动离心机，离心60s，用金属镊子取下湿面筋，并立即称重，精确到0.01g。如果面筋仪可以同时洗涤两个样品，将会得到两块面筋，在随后的操作中应分别进行处理。

样品湿面筋含量（G_{wet}）按式（7-4）计算。

$$G_{wet} = m_1/10 \times 100 \tag{7-4}$$

式中　G_{wet}——试样的湿面筋含量,%（质量分数）；

m_1——湿面筋质量，g。

（3）烘箱干燥法测定干面筋　参考 GB/T 5506.3—2008《小麦和小麦粉　面筋含量　第3部分　烘箱干燥法测定》，测定原理：按照前述方法得到的湿面筋，经干燥后称取其质量。具体测定方法如下：

称样：称量盘子的质量，记录为 m_0，精确到 0.01g，取由前述方法制得的湿面筋球，放在盘子上，湿面筋用原料小麦粉的原始质量记录为 m_1。

检测：将盘子和面筋置于 130℃烘箱中干燥 2h 后取出，用解剖刀或小刀在半干燥的面筋上划 3 个或 4 个平行的切口，再放回烘箱，继续干燥 4h，总计干燥时间为 6h，取出盘子和干面筋，在干燥器中冷却至室温（通常需要 30min）。称量盘子和干面筋的质量，精确至 0.01g，记录为 m_2。

测试样品干面筋含量按式（7-5）计算：

$$G_{dry} = (m_2 - m_0)/m_1 \times 100 \tag{7-5}$$

式中　G_{dry}——测试样品干面筋含量,%（质量分数）；

m_2——盘子和干面筋的总质量，g；

m_0——空盘子的质量，g；

m_1——测试湿面筋含量的原始小麦粉样品的质量，g。

原始样品的水分含量可按 GB 5009.3—2009《食品安全国家标准　食品中水分的测定》测得。若考虑此因素，则样品干基的干面筋含量按式（7-6）计算：

$$G_{dm} = \frac{100 \times (m_2 - m_0)}{m_1 \times (100 - w)} \tag{7-6}$$

式中　G_{dm}——测试小麦粉样品干面筋含量［以占原始样品（干基）的质量分数计］,%；

w——原始样品的水分含量,%（质量百分数）。

化学测定法：其原理是小麦粉中的含氮物，一部分是盐水可溶的酰胺化合物，如球蛋白、清蛋白等；另一部分是不溶于水的蛋白质即为面筋。故测定小麦粉总氮量和盐水可溶性氮量，二者之差为面筋含氮量。此法比上述物理法测定结果要准确得多。但是由于操作复杂，实际应用较少。

2. 面筋质量

评定面筋质量和工艺性能的宏观指标有延伸性、弹性和比延伸性，这些均为面筋的流变学评价指标，目前大部分通过感官的形式评价，也可以通过流变仪或质构仪进行评价，但在工业实际中应用不是太多。

对于小麦粉原料中的面筋质量评价，国内外常用沉降值作为面筋质量的评价指标，其可综合反映面筋质量和数量，国际上已将沉降值作为鉴定小麦品质的重要指标。沉降值测定原理是一定量的小麦粉在特定的条件下，于弱酸介质作用下吸水膨胀，形成絮状物并缓慢沉淀，在规定时间内的沉降体积，称为沉降值，以 mL 表示。沉降速度和体积反映了面筋含量和质量，测定值越大，表明面筋强度越大，小麦粉的烘烤品质就越好，我国的强筋粉小麦要求沉降值在 45mL 以上，国外的面包小麦品质要求 60~80mL。沉降值与面筋含量和质量关系十分密切，沉降值越高面筋含量越多，我国小麦的沉降值平均为 21~24mL。

沉降试验中，膨胀面筋的形成数量及沉淀速度取决于面筋蛋白质水和能力和水合率。在乳酸-异丙醇溶液中面筋蛋白质的氢键等疏水键被破坏，麦谷蛋白以纤维状存在，使溶胀的小麦粉颗粒形成絮状物。因此，蛋白质含量越高，质量越好，形成的絮状物就越多，沉淀速度就越缓慢，一定的时间内沉淀的体积就越多。

另外，目前常用面筋指数反映面筋的质量。其测定方法为小麦粉湿面筋质量测定方法——面筋指数法。测定原理：在离心机的离心力作用下，小麦粉湿面筋穿过一定孔径筛板，保留在筛板上面筋重量与全部面筋重量的百分率定义为面筋指数，它与面筋筋力强弱成正比。具体方法如下：称取两份（10.00±0.01）g 小麦粉样品于两个洗涤杯中，分别加入氯化钠溶液 4.4~5.2mL，将洗涤杯放置仪器固定位置上，启动仪器，搅拌 20s 使小麦粉和成面团，然后仪器自动进行洗涤。仪器自动按 50~54mL/min 的流量用氯化钠溶液洗涤 5min，自动停机，卸下洗涤杯，需用溶液 250~280mL。从两个洗涤杯中取出两个面筋球，分别放入离心机内两个筛盒中，离心 60s。离心后立即取出筛盒，用不锈钢刮匙小心刮净通过筛板下的面筋，在天平上称重。再将没有通过筛板的面筋用镊子取出，也放入天平上与通过筛板的面筋一起称量，得到总面筋重量。面筋指数按式（7-7）计算：

$$\text{面筋指数} = \frac{\text{面筋量(g)} - \text{下面筋量(g)}}{\text{面筋量(g)}} \times 100 \qquad (7-7)$$

（四）淀粉的特性

小麦淀粉/谷朊粉生产用小麦粉的淀粉特性分析内容主要包括淀粉含量、损伤淀粉含量两个方面的内容，另外，也有通过对小麦粉糊化老化特性分析，以此反映淀粉的特性。

1. 淀粉含量分析

小麦粉中淀粉含量分析方法，一般采用谷物粗淀粉测定法 NY/T 11—1985《谷物籽粒粗淀粉测定法》。

测定原理为：淀粉是多糖聚合物，在一定酸性条件下，以氯化钙溶液为分散介质，淀粉可均匀分散在溶液中，并能形成稳定的具有旋光性的物质。旋光度的大小与淀粉含量成正比，所以可用旋光法测定。

具体测定方法为：称取样品 2.5g，准确至 0.001g，将称好的样品放入 250mL 锥形瓶中，在水解前 5min 左右，先加 10mL 氯化钙-乙酸溶液湿润样品，充分摇匀，不留结块，必要时可加几粒玻璃珠，使其加速分散，并沿瓶壁加 50mL 氯化钙-乙酸溶液，轻轻摇匀，避免颗粒黏附在液面以上的瓶壁上。加盖小漏斗，置于（119±1）℃甘油浴中，要求在5min内达到所需温度，此时瓶中溶液开始微沸，继续加热25min取出放入冷水槽，冷却至室温。将水解液全部转入100mL容量瓶中，用30mL蒸馏水多次冲洗锥形瓶，洗液并入容量瓶中。加1mL硫酸锌溶液，摇匀，再加1mL亚铁氰化钾溶液，充分摇匀以沉淀蛋白质。若有泡沫，可加几滴无水乙醇消除。用蒸馏水定容，摇匀，过滤，弃去10~15mL初滤液。用空白液（氯化钙-乙酸液：蒸馏水=6：4）调整旋光仪零点，再将滤液装满旋光管，在19~21℃下进行旋光测定，取两次读数平均值。

粗淀粉（干基）的含量按式（7-8）计算：

$$粗淀粉(\%) = \frac{\alpha \times 100}{L \times W \times (100 - w) \times 203} \times 100 \qquad (7-8)$$

式中 α——在旋光仪上测得的旋光度；

L——旋光管长度，dm；

W——样品质量，g；

203——淀粉比旋度；

w——样品水分含量，%。

2. 破损淀粉含量测定

损伤淀粉是指在小麦加工过程中，由于机械力的作用，使小麦胚乳中完整的淀粉受到外形上的破坏，损伤后的淀粉粒，其物理和化学性质都发生了变化。损伤淀粉的吸水率比未损伤淀粉的吸水率增加2.5倍，同时，损伤淀粉易被α-淀粉酶分解，生成糊精和麦芽糖。利用损伤淀粉易被淀粉酶分解的特点可以测定小麦粉中损伤淀粉的含量。

常用的测定方法是酶法和非酶法。

（1）酶法　参考AACC 76-30A《小麦破损淀粉测定方法》，取1g小麦粉试样，加入一定酶活力的α-淀粉酶溶液46mL，在30℃水浴中保温1h，然后加入10%硫酸2mL，停止酶反应。再加入12%钨酸钠溶液，沉淀蛋白质，过滤后，取一定滤液，测定其麦芽糖含量。麦芽糖的测定采用氰化钾法，用硫代硫酸滴定，查表得到麦芽糖的含量，带入法兰德公式（7-9）计算破损淀粉值。

$$破损淀粉值 = (5 \times 麦芽糖值 - 3.5) \times 6 \text{ 法兰德单位} \qquad (7-9)$$

（2）非酶法　主要依据是破损淀粉中可溶于水的直链淀粉含量高，采用抽提法抽提可溶性直链淀粉，然后使抽提液与碘-碘化钾溶液作用生成蓝色物质，再用光学测定仪测定溶液的消化度以推算直链淀粉的可溶解度，从而推算直链淀粉的含量。

3. 淀粉糊化特性

淀粉粒在适当温度下在水中润胀、分裂、形成均匀状溶液的过程称为糊化。糊化作用的本质是淀粉粒中有序及无序（晶质与非晶质）态的淀粉分子间的氢键断开，分散在水中形成胶体溶液。

测定淀粉糊化的仪器有糊化仪和电子黏度仪。这两种仪器用于测定淀粉的糊化性质（糊化温度、最高黏度、最低黏度和小麦粉糊回生后黏度增加值）和α-淀粉酶活力（具体见第三章相关内容)。

糊化仪测定淀粉的流变学特性，可反映温度连续变化时体系黏度变化状态。小麦粉糊的黏度在搅拌、加热过程中下降的程度，可由黏度仪自动绘出的糊化特性、图峰形中读出，根据最高黏度可预知小麦粉中淀粉酶的活力，小麦粉黏度应在200~500FU为宜。若过低，酶活力强，过高酶活力低。具体可参见第二章内容。

（五）酶活力

小麦粉中的淀粉酶主要是α-淀粉酶和β-淀粉酶。当α-淀粉酶和β-淀粉酶同时对淀粉起水解作用时，α-淀粉酶从淀粉的分子内部进行水解，而β-淀粉酶则从非还原末端开始。α-淀粉酶作用时会产生更多的末端，便于β-淀粉酶的作用。这样两种酶同时对淀粉起作用，将会起到更好的水解效果。其最终产物主要是麦芽糖和少量葡萄糖，另外还有一部分极限糊精。正常小麦粉中含有足够的β-淀粉酶，而α-淀粉酶则不足，为利用α-淀粉酶以改善面包的质量、皮色、风味、结构，增加面包体积，可在小麦粉中加入一定数量的α-淀粉酶制剂或加入占一定数量的麦芽粉和含有淀粉酶的糖浆。

α-淀粉酶和β-淀粉酶的活性不完全一样，α-淀粉酶热稳定要比β-淀粉酶好，在加热到70℃时仍然对淀粉起水解作用，而且在一定温度下，温度越高，水解的作用越快，在超过90℃时才会钝化。而β-淀粉酶在加热到70℃时，活力减小50%，几分钟后钝化。由于β-淀粉热稳定较差，它只能在面团的发酵阶段起水解作用，而α-淀粉酶不仅在发酵阶段起水解作用，在面团进入蒸制或烘焙后，仍在继续进行水解作用。

测定α-淀粉酶活力常用的方法是降落数值法，其定义是指一定量的小麦粉和水的混合物置于特定黏度管内并浸入沸水中，然后以一种特定的方式搅拌，并使搅拌器在糊化物中从一定高度下降一段特定距离，自黏度管浸入水浴，搅拌器开始搅拌到搅拌器自由降落一段特定距离的全过程所需要的时间（s），即为降落数值。

降落数值测定的原理是测定α-淀粉酶对淀粉糊的降解作用。小麦粉在沸水中能迅速糊化，并因其中α-淀粉酶活力不同而使糊化物中的淀粉不同程度的被液化，搅拌器在糊化物中下降速度不同。因此，随α-淀粉酶的增加，更多的淀粉被降解，淀粉糊黏度降低，搅拌器下降的速度越快，数值越小。

一般来说，降落数值是250s左右的小麦粉，其淀粉酶的活力适中，<200s的小麦粉，淀粉酶活性高。一般要求小麦粉的降落数值>250s，对于小麦淀粉及谷朊粉分离而言，酶活性越低越好。

第二节
小麦淀粉生产的辅料要求

小麦淀粉和谷朊粉的提取是一种物理分离工艺，在分离提取过程中，涉及的辅料除了工艺用水及部分需要添加的外源酶制剂外，基本不需要添加其他物质。

一、工艺用水

小麦淀粉生产及谷朊粉生产过程中由于处理工段的不同，对工艺用水的品质及温度要求也不同。对于具有一定条件的小麦深加工企业，以地下水作为工艺水来源最优，地下水在使用之前要经过除砂处理，保证工艺用水不含有其他外源性杂质，工艺用水 pH 保持在 6.5~7.2。在生产过程中，各工段用水情况如表 7-3 所示。

表 7-3 小麦淀粉/谷朊粉生产工段用水情况分析

处理工段		工艺用水	温度要求/℃
谷朊粉生产	调糊	清水	30~35
	调浆	清水/中水	30~35
	离心分离	清水	20~25
	湿面筋与 B 淀粉筛分	清水	20~25
淀粉生产	离心筛处理	清水/中水	20~25
	淀粉乳精制	清水	20~25

二、其他辅料

（一）半纤维素酶

小麦粉中含有的非淀粉多糖，尤其是戊聚糖，化学结构上属于阿拉伯木聚糖，占小麦粉干基的 1.5%~3%。戊聚糖由于具有很强的黏性，因此容易与淀粉及面筋蛋白相互包裹缠绕，造成小麦淀粉与面筋蛋白分离困难。因此在小麦淀粉和谷朊粉生产过程中，在小麦粉与水调糊阶段可以添加半维素酶（戊聚糖酶或木聚糖酶），降低淀粉与面筋蛋白分离过程介质的黏度，促进淀粉和面筋蛋白的分离。

（二）焦亚硫酸钠

在小麦淀粉生产过程中，采用沉降分离法制备精制淀粉乳过程中，为了防止沉淀池中小麦淀粉乳腐败变质，常需要往沉淀池中添加一定量的焦亚硫酸钠。但添加量受到严格的限制，制备的干淀粉中焦亚硫酸钠的含量控制在 0.03g/kg 以下。

（三）氯化钠

在采用马丁法生产谷朊粉的过程中，在和面团过程中常添加一定量的氯化钠溶液，促进面筋网络的形成，制备出的面筋蛋白具有一定的面筋强度。氯化钠的添加量一般控制在小麦粉质量的 0.5%~0.6%。

第三节
小麦淀粉和谷朊粉质量控制

一、谷朊粉质量标准与评价

（一）谷朊粉的质量标准

我国于 2008 年颁布实施了谷朊粉国家标准（GB/T 21924—2008《谷朊粉》），从水分、灰分、纯度、粗细度、色泽、吸水率等方面规定了谷朊粉的质量要求。目前，谷朊粉成品的检验标准主要参照 GB/T 21924—2008《谷朊粉》的有关规定执行，具体的检测指标如表 7-4 所示。

表 7-4　　小麦谷朊粉成品检测标准

项　目	质量标准	
	一级	二级
感官指标	呈淡黄色粉末，无异味，无酸味，无杂质，不黏手	
粗细度（%）≤	CB30 留存≤0. 5%；CB36 留存≤5. 0%	
水分（%）≤	8	10
灰分（%干基）≤	1. 0	2. 0
吸水率（%干基）≥	170	160
粗脂肪（%干基）≤	1. 0	2. 0
蛋白质（%干基 N×6. 25）≥	85	80

卫生要求：食品用谷朊粉卫生要求按 GB 2715—2016《食品安全国家标准　粮食》及国家的有关规定执行，饲用谷朊粉按 GB 13078—2017《饲料卫生标准》及国家的有关规定执行。

成品谷朊粉作为商品在检测时应该遵循以下判定原则：

（1）感官检验不合格的，判定该产品为不合格产品；

（2）质量指标中有一项达不到一级要求的，降为二级产品，达不到二级要求的降为等外级产品；

（3）初检不合格时，可加倍抽样复检，以复检结果为准；

（4）产品未标注质量等级时，按一级质量指标检验。

谷朊粉质量指标中各具体指标要求如下：

1. 水分

谷朊粉的水分含量影响生产厂家的利润，也与谷朊粉的保质期有关。GB/T 21924—2008《谷朊粉》要求一级谷朊粉的水分含量≤8%，二级≤10%。如果谷朊粉的含水量>10%，在常规储存条件下容易变质，因为谷朊粉有很强的吸水能力和吸湿性。据报道，仓库储存的谷朊粉水分>10%时结块严重，有陈霉味，加水揉捏时有散筋现象，谷朊粉活性下降。

2. 灰分

谷朊粉的灰分含量主要取决于原料小麦粉的质量和谷朊粉的加工工艺。GB/T 21924—2008《谷朊粉》要求一级谷朊粉的灰分含量≤1.0%（干基），二级灰分含量≤2.0%（干基）。如果将灰分含量过高的谷朊粉添加到专用小麦粉中，会影响专用粉的质量。

3. 粗脂肪

商品谷朊粉的粗脂肪含量一般为0.5%~1.5%（干基）。GB/T 21924—2008《谷朊粉》要求一级谷朊粉的脂肪含量≤1.0%（干基），二级脂肪含量≤2.0%（干基）。如果粗脂肪含量过高，谷朊粉在储存过程中容易变质。

4. 粗细度

GB/T 21924—2008《谷朊粉》要求一级和二级谷朊粉通过CB30检查筛的比例≥99.5%，通过CB36检查筛的比例≥95%。一般来讲，颗粒越细，谷朊粉的色泽越白，水合能力越快，复水后形成的面筋呈细小的网状结构，不易断裂。

5. 色泽

正常小麦加工得到的谷朊粉一般呈淡乳色，变质小麦或正常小麦经不适当的加工处理得到的谷朊粉为灰褐色。一般而言，商品谷朊粉的颜色越淡越好，GB/T 21924—2008《谷朊粉》要求谷朊粉颜色呈淡黄色，但颜色的测定还没有标准方法，经常根据肉眼观察进行判断，不易控制。

6. 蛋白质含量

谷朊粉的蛋白质含量主要取决于面筋和淀粉的分离程度。GB/T 21924—2008《谷朊粉》要求一级谷朊粉的粗蛋白质含量（N×6.25，干基）≥85%，二级≥80%。在一定程度上谷朊粉的蛋白质含量受原料小麦蛋白质含量和质量的影响。小麦蛋白质的麦谷蛋白聚合能力越强，在面筋和淀粉的分离过程中越能够形成好的面筋网络从而被分离出来。

7. 吸水率

吸水率是目前国内评判谷朊粉活性大小及加工企业进行质量控制的重要指标，是以蛋白质形成面筋的吸水能力来衡量其活性。GB/T 21924—2008《谷朊粉》要求一级谷朊粉的吸水率≥170%（干基），二级吸水率≥160%（干基）。

（二）谷朊粉内在质量评价方法

谷朊粉的内在质量主要由谷朊粉的活性和原料小麦蛋白质的质量决定。GB/T 21924—2008《谷朊粉》过于强调谷朊粉的外在品质，仅有吸水率一项涉及谷朊粉的内在品质，谷朊粉的活性、内在质量及功能特性方面还没有要求。

1. 谷朊粉（从面筋蛋白质量角度）的质量评价

面筋蛋白的质量由面筋蛋白的组成、结构及其性质决定。面筋蛋白主要由麦醇溶蛋白和麦谷蛋白组成，麦醇溶蛋白主要赋予面筋黏性和延展性，麦谷蛋白主要赋予面筋黏结性和弹性。麦醇溶蛋白和麦谷蛋白共同影响面筋的流变学特性。目前，评价面筋蛋白质量的指标主要有面筋指数、沉降值、溶胀值、透光率、谷蛋白溶胀指数等。

（1）面筋指数　面筋指数的测定是利用离心力的作用使湿面筋中筋力较弱的部分甩出并穿过特定孔径的筛片，未穿过筛片的面筋数量占面筋总数量的百分比值即为面筋指数，面筋指数越高表明面筋强度越大。该方法具有样品量少，简单、快捷的优点。

（2）沉降值　沉降值利用面筋组分在乳酸-异丙醇溶液中的膨胀会影响小麦粉悬浮液在乳酸介质中的沉降速度，可以用来综合评价面筋蛋白的数量和质量。较高的面筋含量和较好的面筋质量，都会导致较慢的沉降速度和较高的沉降值。

（3）溶胀值和透光率　溶胀值和透光率实质上是对小麦蛋白质在乳酸溶液中的溶胀和溶解特性进行间接测定。面筋在乳酸溶液中的溶解度越低，离心后上清液就越澄清，其透光率就越高。溶胀值和透光率测定的是定量的湿面筋，排除了小麦粉中蛋白质含量或湿面筋含量的影响，最接近小麦粉蛋白质的质量性状，可反映面筋强度的高低。

（4）谷蛋白溶胀指数　谷蛋白溶胀指数（Swelling Index of Glutenin，SIG）测定原理是利用谷蛋白在SDS-乳酸溶液中发生溶胀，然后将混合液离心，谷蛋白的高相对分子质量部分沉淀，可溶性低相对分子质量谷蛋白和单体蛋白（清蛋白、球蛋白、麦醇溶谷蛋白等）保留在溶液中，沉淀物的质量占小麦粉质量的百分比值，即为谷蛋白溶胀指数，该方法能够用来测定不溶性谷蛋白的含量以及评价小麦的焙烤特性、面条和通心粉的蒸煮特性等。

2. 谷朊粉的活性评价

谷朊粉的活性主要受生产工艺中烘干过程的影响。目前国内谷朊粉生产厂家大都采用环式气流干燥，国外多采用真空干燥或喷雾干燥、冷冻干燥。目前市场上主要采用吸水率反映谷朊粉活性大小，谷朊粉吸水率测量方法如下：

称取均匀的试样2g（精确到0.01g）放入已知重量的离心管内，加入30~40℃的蒸馏水4mL，用洁净的玻璃棒搅拌均匀，小心将玻璃棒上的黏附物刮入管中，将离心管放入30~40℃水浴中保温20min。然后取出离心管并拭干外壁，以2000r/min离心5min，取出离心管，细心将上清液倒净，称重。吸率按式7-10计算：

$$谷朊粉吸水率(\%) = \frac{m_2 - m_1}{m_0(1 - N)} \times 100 \tag{7-10}$$

式中　m_2——离心管加沉淀物质量，g；

m_1——离心管加试样质量，g；

m_0——试样质量，g；

N——试样水分含量，%。

商品化的谷朊粉吸水率一般≥160%。

3. 黏弹性和延展性

SN/T 0260—2015《出口谷朊粉检验规程》将谷朊粉的黏弹性作为一项重要控制指

标。延展性与谷朊粉的活性高度相关。测定谷朊粉黏弹性和延展性的方法主要有三种，分别是人工法、面筋测定仪法和粉质仪法。人工法操作简单，几乎不需任何实验设备，但是操作误差大，且难以用精确的量化数据对测定结果进行描述，可作为一种快速的评价方法用于现场检测。面筋测定仪法具有样品量少（谷朊粉 2g 左右）、测试速度快、操作简便、结果图谱容易评价等优点。粉质仪法需要的样品数量较大，测定时间较长。

4. 溶解性

谷朊粉在干燥过程中，如果干燥温度过高，面筋蛋白结构的变化将会影响其在不同溶剂中的溶解性。评价面筋蛋白在不同溶剂中的溶解性可反映谷朊粉的活性。

5. 荧光特性

面筋蛋白受热失活后，可能因为高温使蛋白链展开，内部的疏水基团暴露，从而导致荧光值升高，因此通过测定谷朊粉的荧光值可预测其活性。

6. 其他功能特性

谷朊粉对小麦粉筋力具有明显的改善作用，且高活性谷朊粉的改善效果优于低活性谷朊粉，谷朊粉对小麦粉品质的改善作用不仅与谷朊粉自身的功能特性有关，还与被添加的基础粉的质量有关。

（三）影响谷朊粉质量的因素

蛋白质含量、筋力、色泽、吸水率（面筋蛋白活性）、气味等是反映谷朊粉质量和确定其价格的重要指标。谷朊粉的质量主要由以下几方面决定：

1. 小麦谷朊粉加工工艺

谷朊粉的生产工艺决定了小麦淀粉和蛋白质的分离程度，即谷朊粉的纯度。国内进口谷朊粉生产工艺及设备生产的谷朊粉及进口谷朊粉的蛋白质含量一般能达到 75%~78%（蛋白质换算系数 5.7），高出国内市场同类产品 3%左右。

2. 谷朊粉的干燥技术

谷朊粉的干燥技术决定了谷朊粉的活性。目前国内谷朊粉生产厂家大都采用气流干燥技术，但干燥温度较高，谷朊粉蛋白质变性严重、活性低、色泽发暗；而国外谷朊粉生产厂家采用低温气流循环干燥或喷雾干燥技术、真空干燥技术，甚至还采用低温冷冻干燥技术，最大限度保持面筋蛋白的活性，降低其变性程度。目前国内部分谷朊粉生产厂家生产的谷朊粉及进口谷朊粉的活性较好，吸水率一般在 170%以上，有的甚至高达 280%。

3. 原料小麦的内在品质

原料小麦的内在品质不仅决定了谷朊粉的功能特性，如吸水性能、黏弹特性等，而且也是决定谷朊粉内在质量的重要因素。品质优良的谷朊粉加入小麦粉中搅拌成面团后，可完全与小麦粉中的面筋质相互作用形成一体，具有明显的增筋效果。以制作面包为例，添加少量谷朊粉就能增加面包体积，改善其内部结构及松软性，而用质量差的小麦粉加工成的谷朊粉，虽然可以增加面筋的弹性，但对面筋的质量却影响甚微，有时甚至起反作用。不管原料小麦的品质状况、用弱筋力的低等级小麦粉加工谷朊粉，或用质量较差的后路粉生产谷朊粉，忽略谷朊粉的内在质量往小麦粉中盲目添加生产专用粉，是目前国内谷朊粉生产和使用方面存在的突出问题，也是部分食品加工企业不得不使用进口谷朊粉的原因。

二、小麦淀粉质量标准与评价

（一）小麦淀粉的质量标准

我国于 2017 年颁布了食用小麦淀粉的国家标准（GB/T 8883—2017《食用小麦淀粉》），从水分、灰分、酸度、蛋白质、脂肪、细度、白度、斑点等方面规定了食用小麦淀粉的质量要求。标准主要说明与规定如下：小麦 A 淀粉为小麦淀粉中颗粒直径一般在 10μm 以上的淀粉，占小麦淀粉质量的 70%以上；小麦 B 淀粉为小麦淀粉中颗粒直径一般在 10μm 以下的淀粉，占小麦淀粉质量的 30%以下。目前，小麦淀粉成品的检验标准主要参照 GB/T 8883—2017《食用小麦淀粉》的有关规定执行，具体的检测指标见表 7-5 所示。

表 7-5　　小麦淀粉成品检测标准

指　标		指　标			
		小麦 A 淀粉			小麦 B 淀粉
		优级品	一级品	二级品	
外观		白色粉末			白色或淡黄色粉末
气味		具有小麦淀粉固有的气味，无异味			
水分/%	≤	14.0			
酸度（干基）/°T	≤	2.0	2.50	3.50	6.00
灰分（干基）/%	≤	0.25	0.30	0.40	0.40
蛋白质（干基）/%	≤	0.30	0.40	0.50	3.00
脂肪（干基）/%	≤	0.07	0.10	0.15	0.45
斑点/（个/cm^2）	≤	2.0	3.0	4.0	6.0
细度（100 目筛通过率，质量分数）/%	≥	99.8	99.0	98.0	90.0
白度（457nm 蓝光反射率）/%	≥	93.0	92.0	91.0	70.0

小麦淀粉成品的安全指标应该符合 GB 31637—2016《食品安全国家标准　食用淀粉》的规定。小麦淀粉质量指标中各具体指标要求如下。

1. 水分

小麦淀粉作为食品工业用大宗原料，其水分含量直接影响生产厂家的利润，也与小麦淀粉的保质期有关。GB/T 8883—2017《食用小麦淀粉》要求小麦淀粉的水分含量≤14%。因为小麦淀粉本身就是一种营养物质，如果小麦淀粉的含水量>14%，在常规储存条件下微生物容易生产繁殖，造成产品变质；如果小麦淀粉的含水量<10%，则小麦淀粉可能存在过度干燥现象，产品已经发生部分糊化，影响小麦淀粉在实际应用中的加工性能。

2. 灰分

小麦淀粉的灰分含量主要取决于原料小麦粉的质量和小麦淀粉的加工工艺。GB/T 8883—2017《食用小麦淀粉》要求优级品小麦 A 淀粉的灰分含量≤0.25%（干基），一级品小麦 A 淀粉≤0.3%（干基），二级品小麦 A 淀粉≤0.4%（干基）。如果小麦淀粉灰分含量过高，会影响小麦淀粉的白度。

3. 脂肪

商品小麦淀粉的粗脂肪含量按产品的质量等级一般在 0.07%~0.45%（干基）。如果粗脂肪含量过高，小麦淀粉在长时间储存过程中容易产生不愉悦的异味，产品容易变质。

4. 粗细度

GB/T 8883—2017《食用小麦淀粉》要求小麦 A 淀粉的细度在 100 目筛通过率>98%，小麦 B 淀粉的细度在 100 目筛通过率>90%。一般来讲，颗粒越细，小麦淀粉的白度越高，流动性越好，产品的市场竞争力越强。

5. 白度

正常小麦淀粉白度一般呈乳白色。一般而言，商品小麦淀粉的颜色越白越好，目前检测小麦淀粉白度的方法通常是使用白度仪进行快速测量。目前市售的小麦淀粉白度通常在 93%~94%，部分厂家生产的小麦淀粉白度可以高达 97%。小麦淀粉的白度越高，生产的产品，如粉丝、河粉、水晶饺子皮等产品外观越透亮，越受消费者欢迎，产品的市场竞争力越高。因此出现了部分小麦淀粉生产厂家在生产小麦淀粉时，为了追求产品的白度，违规添加禁用的添加剂或者超量添加部分食品添加剂。

6. 蛋白质含量

小麦淀粉的蛋白质含量主要取决于小麦淀粉的生产工艺，在细淀粉乳制备过程中，水不溶性蛋白以面筋丝或者和部分纤维黏连，通过锥筛可以分离出来；在精制淀粉乳制备过程中，水溶性蛋白质通过旋流器可以实现分离。如果在生产过程中，工艺参数控制不好或者设备的工况出现问题，就会造成小麦淀粉蛋白质含量超标。

7. 酸度

酸度是评判小麦淀粉加工企业进行质量控制的重要指标。小麦淀粉的生产工艺是各种物质组分通过物理的手段进行分离的工序，小麦淀粉生产过程中，从谷朊粉提取制备小麦淀粉乳，再从小麦淀粉乳提取出小麦淀粉，工序流程长，物料通过管道和储存罐的时间较长，生产过程控制不好容易染菌、污染，从而会造成小麦淀粉酸度过高。因此采用封闭式、连续化生产工艺是目前小麦淀粉生产的主流。

（二）影响小麦淀粉质量的因素

小麦淀粉的白度、糊化特性、酸度、斑点等是反映小麦淀粉质量和确定其价格的重要指标。小麦淀粉的质量主要由以下几方面决定：

1. 小麦淀粉的分离工艺

小麦淀粉的生产工艺决定了小麦淀粉和其他组分分离的程度。由于小麦淀粉生产所使用的原料来自谷朊粉车间制备的粗淀粉乳。因此根据谷朊粉制备工艺以及所用小麦粉原料质量的不同，选择合适的小麦淀粉生产工艺至关重要。根据粗淀粉乳中的组分，合理选择小麦淀粉的生产工序，例如气浮除蛋白质及麸星，锥筛制备细淀粉乳，沉降处理、旋流处理及卧螺离心处理制备精制淀粉乳，精制淀粉乳脱水设备的选择，淀粉干燥工段工艺参数的控制等，小麦淀粉提取工艺只有在匹配好前端小麦粉生产及谷朊粉生产工艺的基础上，才能高值化地提取小麦淀粉。

2. 小麦淀粉的干燥工艺

小麦淀粉的干燥技术决定了小麦淀粉的水分含量和最终的糊化特性。目前国内小麦淀粉生产厂家基本上采用气流干燥技术，小麦淀粉干燥工段只要工艺设计及设备布局合理，工艺参数控制得当，最终小麦淀粉的产品质量及实际应用性能都能满足市场需求。

3. 原料小麦的内在品质

原料小麦的内在品质不仅决定了谷朊粉的功能特性，而且也是决定小麦淀粉内在质量的重要因素。目前我国还没有生产小麦淀粉用的小麦粉标准，小麦淀粉及谷朊粉生产企业考虑到经济效益，在提取淀粉时基本以工业粉和通粉为主。在生产实践中，小麦粉的出粉率、粗细度及淀粉酶活性等指标对谷朊粉、小麦淀粉的提取得率及产品质量会有很大的影响，例如小麦粉中灰分主要反映小麦粉中麸皮和矿物质的含量，如果麸皮等物质含量高，小麦淀粉的斑点容易超标；如果破损淀粉含量高，后续生产的小麦淀粉产品的应用性能会出现问题。因此在实际生产过程中，小麦淀粉生产企业在小麦粉原料选择时，尽量选择湿面筋含量高、损伤淀粉含量低、无芽变、无霉变的小麦粉。

三、小麦淀粉和谷朊粉主要指标检测方法

（一）气味检验

1. 谷朊粉气味检验

取 3~5g 试样装入具塞试管中密闭放入 60~70℃ 水浴中保温 2~3min 后，取出马上开塞嗅辨气味是否正常。

2. 小麦淀粉气味检验

取淀粉样品 20g，放入 100mL 磨口瓶中，加入 50℃ 的温水 50mL，加盖，振摇 30s，倾出上清液，嗅其气味。

（二）色泽检验

1. 谷朊粉色泽检验

取30~50g试样置于白瓷盘中，于自然光下用肉眼鉴别其色泽是否正常。

2. 小麦淀粉色泽检验

取适量样品置于白色瓷盘内，在明暗适度的光线下，用肉眼观察样品的颜色，然后在较强烈阳光下观察样品的光泽。

（三）水分的测定方法

1. 测量原理

利用食品中水分的物理性质，在101.3kPa，101~105℃下，采用挥发方法测定样品中干燥减失的重量，包括吸湿水、部分结晶水和该条件下能挥发的物质，再通过干燥前后的称量数值计算出水分的含量。

2. 仪器设备

分析天平，感量0.0001g；称量瓶，铝质，直径60~70mm，高35mm以下；电热式恒温烘箱；备有变色硅胶的干燥器（变色硅胶一经呈现红色就不能继续使用，应在130~140℃温度下烘至全部呈蓝色后再用）。

3. 检测步骤

（1）样品的准备，选取有代表性的试样，其原始样量应在200g以上，所测样品经充分混合后放在密封和防潮的容器内，取样后迅速密封，以备下次测试时再次取样。

（2）称量瓶的称量，取洁净铝制称量瓶，置于101~105℃干燥箱中，瓶盖斜支于瓶边，加热0.5~1h，取出盖好，置于干燥器内冷却至室温，称量，并重复干燥至前后两次质量差≥2mg，即为恒重。经干燥并在干燥器内冷却后，称取称样皿和盖的重量，精确至0.0001g。

（3）称取2~10g试样（精确至0.0001g），放入此称量瓶中，试样厚度不超过5mm，如为疏松试样，厚度不超过10mm，加盖，精密称量后，置101~105℃干燥箱中，瓶盖斜支于瓶边，干燥2~4h后，盖好取出，放入干燥器内冷却0.5h后称量。然后再放入101~105℃干燥箱中干燥1h左右，取出，放入干燥器内冷却0.5h后再称量。并重复以上操作至前后两次质量差≤2mg，即为恒重。

水分测量结果计算见式（7-11）：

$$水分(\%)=\frac{W_1-W_2}{W_1-W_0}\times 100 \tag{7-11}$$

式中　W_1——烘干前带有样品的称样皿及盖质量，g；

W_2——烘干后带有样品的称样皿及盖质量，g；

W_0——烘干后称样皿及盖质量，g。

每个样品，应取两个试样进行平行测定，两平行样之差的绝对值应<0.4%，否则应

对该样品进行重新分析。

（四）灰分测定法

1. 测量原理

将样品在550℃的高温中灰化，直到灰化样品的碳完全消失，得到样品的剩余物重量，称为灰分。

2. 仪器与设备

马弗炉；电子天平，感量0.0001g；瓷坩埚8~20ml；坩埚钳（长柄和短柄）。

3. 测量步骤

坩埚的准备：坩埚先用稀盐酸洗涤，再用大量自来水洗涤，然后用蒸馏水洗涤，将坩埚用记号笔（或0.5%三氯化铁蓝墨水溶液）编号后，然后送入525~575℃高温炉内灼烧0.5~1h时，取出坩埚放在炉门口处，待红热消失，冷至200℃以下后，放入干燥器内冷却至室温，重复灼烧至恒重（两次称量相差≤0.5mg为恒重），称重，精确至0.0001g。

样品准备：选取有代表性的试样，其原始样量应在1000g以上，所测样品应充分混合后放在密封和防潮的容器内，取样后迅速密封，以备下次测试时再次取样。根据对灰分量的估计值，迅速称取样品2~3g，准确到0.0001g，将样品均匀分布在坩埚内，不要压紧。

预灰化：用灼烧至恒重的坩埚称取谷朊粉样品，放在电炉上错开坩埚盖，加热至试样完全炭化为止。

焚化：将预灰化的坩埚放在高温炉口片刻，再移入炉膛内，错开坩埚盖，于530~570℃温度下灼烧4h，在灼烧过程中，可将坩埚位置调换1~2次，灼烧至黑点全部消失变成灰白色为止。

称量：冷至200℃以下后，取出坩埚放入干燥器中冷却30min至室温，称重，再烧30min至恒重为止（两次称量相差≤0.5mg为恒重）。在称量前如发现灼烧残渣有炭粒时，向试样中滴入少许水湿润，使结块松散，蒸出水分再次灼烧，直至无炭粒即灰化完全，准确称量。最后一次灼烧后如果增重，取前一次称量计算。

测定结果的计算见式（7-12）：

$$\text{灰分(干基，\%)} = \frac{W_1 - W_0}{W(1 - M)} \times 100 \tag{7-12}$$

式中　W_0——坩埚质量，g；

W_1——坩埚和灰分质量，g；

W——试样质量，g；

M——试样水分含量，%。

每个样品，应取两个试样进行平行测定，其结果之差的绝对值。当灰分≤1%时，该值应不超过平均结果的0.03%；当灰分>1%时该值应不超过平均结果的0.1%。

（五）粗细度测定方法

1. 原理

根据标准筛上留存物重量，计算小麦淀粉的细度。

2. 仪器和设备

标准验粉筛，JJSY30×8 型；标准筛框（质量标准中规定的筛层）；橡皮球 5 粒，ϕ5mm；刷帚；天平，感量 0.1g。

3. 测量步骤

每次使用前，先检查验粉筛托盘螺钉（共 13 个）及连杆螺钉（共 6 个）是否松动，如有松动，应旋紧至合适的程度；称取均匀样品 50g（准确至 0.1g），倒入孔径 0.15mm 筛层，盖上筛盖，挂好压紧钩；插上电源，电源指示灯即亮，根据所需要设置筛理时间；按上启动开关，验粉筛开始运转；到达设定的时间，验粉筛自动停止运转，此时应再按开关，使其复位，并切断电源；取出筛格，拣出橡皮球，转拍筛框并用刷帚把筛上粉集中到一角，倒出称重，计算百分率。

结果计算见式（7-13）：

$$\text{留存物}(\%) = \frac{W_1}{W} \times 100 \tag{7-13}$$

式中　W_1——筛上留存粉质量，g；

W——试样质量，g。

双试验结果允许差≤0.5%。

（六）脂肪测定方法

1. 原理

试样用无水乙醚抽提后，蒸去溶剂所得物质，称为粗脂肪。除脂肪外还有色素、挥发油、蜡、树脂等物质。

2. 仪器与试剂

分析天平；恒温烘箱；电热恒温水浴锅；干燥器；索氏脂肪提取器；滤纸筒；无水乙醚（分析纯）。

3. 测量步骤

抽提器的准备：抽提器各部件应清洗干净后在 105℃ 烘箱中烘干，其中抽提瓶烘至恒重；

试样的处理：在滤筒中放入少许脱脂棉，称取谷朊粉样品 4g 左右（淀粉称取 5g 左右），小心将样品倒入滤筒中（注：样品不要撒在筒壁上），最后再用脱脂棉塞入上部，压住谷朊粉样；

粗脂肪抽提：将抽提器安装妥当，然后将带有试样的滤纸筒放入抽提器，同时注入乙醚至虹吸管高度以上，等待乙醚流净后，再加入乙醚至虹吸管高度的 2/3 处，用一小块脱脂棉轻轻塞入冷凝管上口，打开冷凝管进水管，开始加热抽提。控制加热的温度，使冷凝的乙醚为 120~150 滴/min，乙醚回流 7 次/h 以上，抽提时间为 8h；

烘干：抽净脂肪后，用长柄镊子取出滤纸筒，再加热使乙醚回流 2 次，然后回收乙醚，取下冷凝管和抽提筒，加热除尽抽提瓶中残余的乙醚，用脱脂棉揩净抽提瓶外部，然后将抽提瓶在 105℃下烘干至恒重为止（前后两次质量差≤0.2mg 视为恒重），抽提瓶增加的质量即为粗脂肪的质量。

结果计算见式（7-14）、式（7-15）：

$$\text{粗脂肪含量}(g/100g) = \frac{m_1 - m_0}{m_2} \times 100 \quad (7-14)$$

$$\text{干基脂肪含量}(g/100g) = \frac{m_1 - m_0}{m_2(1 - M)} \times 100 \quad (7-15)$$

式中　m_1——抽提瓶和粗脂肪质量，g；

m_0——抽提瓶质量，g；

m_2——试样的质量，g；

M——试样的水分含量，%。

双实验结果允许差≤0.4%，求其算术平均值作为测定结果，测定结果保留小数点后一位。

（七）蛋白质含量测定方法

1. 原理

小麦淀粉和谷朊粉中的蛋白质是含氮化合物，样品在硫酸和催化剂作用下，使蛋白质消化分解，硫酸使有机物脱水，然后有机物炭化生成碳，碳将硫酸还原为 SO_2，本身则变成 CO_2，SO_2使 N 还原为 NH_3，本身则氧化为 S_2O_3。在反应过程中，生成的 H_2O 和 S_2O_3溢出，而 NH_3则与硫酸结合生成（NH_4）$_2SO_4$存在溶液中，然后加入 NaOH 蒸馏，使 NH_3溢出，用 H_3BO_4吸收后，用标准的酸滴定，测出样品全氮含量，乘以氮与蛋白质的换算系数，即可测量出样品中蛋白质的含量。

2. 仪器和用具

电子天平（0.0001g）；酸式滴定管（50mL）；消化装置、蒸馏装置；盐酸标准溶液 0.1mol/L；浓硫酸（98%）；硫酸铜（$CuSO_4 \cdot 5H_2O$）10g，硫酸钾 150g，在研钵中研磨，仔细混匀过 40 目筛；混合指示剂，甲基红-0.1%乙醇溶液，溴甲酚绿-0.5%乙醇溶液等体积混合；2%硼酸溶液，分析纯；40%氢氧化钠溶液。

3. 测量步骤

称样：准确称取 3~4g 左右试样（准至 0.001g），全部干净无损失地转入清洗干净的消化管中，加入 10g 加速剂，再加入 20mL 浓 H_2SO_4，同时注意用浓 H_2SO_4将残留在消化管壁上的试样和加速剂冲洗至消化管底部；

消化：将装有试样的消化管放在消化炉支架上，锁牢两边的锁钩，保持消化管在电炉中心，开始样品消化，保持消化管中液体连续沸腾，沸酸在瓶颈下冷凝回流。待溶液消煮至无微小碳粒，呈蓝绿色澄清透明后，继续消煮约 40min。消化结束，将消化管移回消化管托底上，冷却至室温等待蒸馏；

蒸馏：将烧瓶内液体定量移入定氮蒸馏装置的蒸馏瓶内，并用水冲洗几次，直至蒸馏瓶内溶液总体积约 200mL。注意蒸馏器应预先蒸馏，将氨洗净。调节定氮蒸馏装置的冷凝管下端，使之恰好碰到 300mL 锥形瓶的底部，该瓶内已加有 2%的硼酸溶液 25～50mL 和 2～3 滴混合指示剂。再通过漏斗加入 100～150mL 40%氢氧化钠溶液，使裂解后的溶液碱化。打开冷凝管的冷凝水，开始蒸馏。在此过程中，保证产生的蒸汽量恒定。用 20～30min 收集到锥形瓶内液体约 200mL 时即可停止蒸馏。降下锥形瓶，使冷凝管离开液面，让多余的冷凝水滴入瓶内，再用水漂洗冷凝管末端，水也滴入瓶内。保证释放氨定量进入锥形瓶；

滴定：用 0.1mol/L 盐酸滴定至溶液出现紫红色，记下滴定管溶液消耗量，为消除试剂误差，用不加试样按上述方法做空白测定。

结果计算见式（7-16）：

$$\text{蛋白质(干基，\%)} = \frac{(V_1 - V_0) \times C \times 0.014 \times P}{W(1 - M)} \times 100 \tag{7-16}$$

式中 V_1——滴试样消耗盐酸体积，mL；

V_0——滴空白消耗盐酸体积，mL；

C——标准盐酸浓度，mol/L；

P——蛋白质的换算系数，针对小麦淀粉常取 5.7；

W——试样的质量，g；

M——试样的含水率，g。

（八）淀粉白度的测定

1. 原理

淀粉白度是在规定条件下，通过样品对蓝光的反射率与标准白板对蓝光的反射率进行对比，得到样品的白度。

2. 仪器

白度仪，波长能被调至 457nm，有适合的样品盒及标准白板，能精确至 0.1。

3. 操作步骤

接通电源，开机预热约 30min；

调零及校准：压下压紧器，将黑筒放入试样口，调节调零钮使数码显示“-0.0”或“0.0”。取出黑筒，放入工作白板，调节校准钮，使示值为工作白板标定值。重复上述步骤至示值稳定；

样品的测定：取出样品盒，放入毛玻璃，旋紧压盖，将样品倒入盒中，刮去多余部分，放上压块，旋上压粉器，转动把手，听到嗒嗒的响声后，旋出压粉器，取出压块，用扳手将底盖旋上。翻转样品盒，旋下压盖，移出毛玻璃，将样品放入试样口下，此时显示值即为样品白度值。

对同一样品进行二次测定，白度以白度仪测得的样品白度值表示，连续进行二次测定其结果之差的绝对值应≤0.2。

（九）淀粉斑点测定

1. 仪器

透明板，刻有10个方形格（1cm×1cm）的无色透明板，清洁，无污染；平板，白色，清洁，无污染，可均匀分布样品。

2. 操作过程

称量：称取样品10g，均匀分布在平板上；

计数：将透明板盖到已均匀分布的样品上，并轻轻压平。在较好的光线下，双眼与透明板的距离保持30cm，用肉眼观察样品中的斑点，并进行计数，记下10个空格内样品的斑点总数量。

斑点测量结果以每平方厘米的斑点数量表示，按式（7-17）计算：

$$X = C/10 \tag{7-17}$$

式中　X——样品的斑点，个/cm^2；

C——10个空格内斑点的总数，个。

取平行试验的算数平均值为结果，结果保留一位有效数字。平行试验的绝对值差，不应超过1.0，若超过上限值，应重新测定。

（十）淀粉酸度测定

1. 原理

淀粉酸度以10.0g试样消耗氢氧化钠溶液（0.1000mol/L）的体积（mL）表示。

2. 试剂

氢氧化钠标准滴定溶液，0.1000mol/L；酚酞指示液，称取0.50g酚酞，溶解在乙醇（95%）中并定容至50.0mL。

3. 测量步骤

称取10.0g混合均匀的试样，置于250mL锥形瓶中。加30~40mL预先煮沸放冷的无二氧化碳蒸馏水，摇匀，使成糊状，加5滴酚酞指示液，用氢氧化钠标准溶液滴定至初现粉红色，0.5min不褪色即为终点，记下耗用的氢氧化钠溶液的体积，同时做空白对照。

结果计算见式（7-18）：

$$X = \frac{(V_1 - V_0) \times C}{m(1 - w_1) \times 0.1} \tag{7-18}$$

式中　X——为试样酸度，mL；

V_1——试样消耗标准氢氧化钠滴定溶液的体积，mL；

V_0——空白试验消耗标准氢氧化钠滴定溶液的体积，mL；

C——氢氧化钠标准溶液浓度，mol/L；

m——样品的质量，g；

w_1——样品的水分含量，%。

（十一）谷朊粉弹性与延伸性检验

1. 弹性检验

均匀称取谷朊粉样品5.0g，放入150mL洁净烧杯中，加入15mL无CO_2蒸馏水，用玻璃棒搅拌调和成面筋团，拭净玻璃棒；将面筋团连同烧杯放入30～40℃水浴中保温15min；取出面筋团置于洁净玻璃板上，立即用手指按压面筋团，看压下的凹陷能否恢复原状。用双手沿玻璃板面将面筋团拉长，松手后看其是否恢复原状。

2. 延伸性检验

在玻璃板上用双手将做过弹性检验的面筋团搓成长度为5.0cm的均匀圆柱形长条，将直尺平放在玻璃板上与面筋条平行的位置，用两手的拇指、食指、中指分别捏住面筋条的两端约1.0cm处，均匀用力将面筋条沿直尺边沿拉长，直至中断为止（约20s左右），记录中断时面筋条的长度，确定其延伸性。

第四节 常见质量问题及控制方法

一、谷朊粉常见问题分析

谷朊粉是生产小麦淀粉时一种附加值很高的副产品，近年来，谷朊粉作为优质的植物蛋白源被广泛的应用在食品、高端饲料行业。但由于目前我国还没有完善的谷朊粉质量评价体系去指导谷朊粉的生产和应用，所以各个生产厂家生产的谷朊粉质量相差较大。目前市售的谷朊粉常出现水分含量偏低、有异味、色泽差及筋力差等问题。

（一）谷朊粉色泽较差

（1）小麦粉原料的精度较差，可使用高精度的小麦粉原料。

（2）严格控制烘干温度，尤其是谷朊粉烘干时的出风温度。在谷朊粉烘干时，出风温度控制在62℃附近，成品谷朊粉的色泽较好。

（3）谷朊粉烘干时环管内不能有积料，否则部分谷朊粉由于过度干燥，容易引起谷朊粉颜色发黄。

（4）谷朊粉的灰分偏高。

（二）谷朊粉灰分高

一般是由于湿面筋与淀粉分离不彻底，湿面筋中含有较多的麸星、膳食纤维等物质，引起谷朊粉灰分超标。所以在湿面筋与淀粉分离过程中，根据原料情况，应选择合适的分离工艺，一般三相卧螺离心法和旋流法制备的谷朊粉灰分含量较低。

（三）谷朊粉水分含量较低

市售一级品谷朊粉水分含量要求在 8%以下，二级品谷朊粉水分含量要求在 10%以下。成品谷朊粉中水分含量过低将会造成产品质量下降，且物料在环管中过度循环干燥也导致谷朊粉活性下降。所以在生产过程中，要严格控制谷朊粉烘干时的干燥温度，谷朊粉生产企业在生产过程中，可以利用快速水分测量仪或在线水分测定仪，短时间间隔，周期性监测成品谷朊粉的水分含量，以便能及时调控谷朊粉干燥时的工艺参数。

（四）谷朊粉有异味

谷朊粉存放一段时间后有异味，可能是由谷朊粉中脂肪含量超标引起的。所以要严格控制成品谷朊粉的脂肪含量，将其含量控制在 1%以下，以提高谷朊粉的保存时间，同时又不影响谷朊粉的应用品质。

（五）谷朊粉颗粒较大

（1）检查干燥系统中粉碎机的工作状况，及时维护保养，使其处于最佳的工作状态。

（2）检查成品谷朊粉检查筛的筛绢有无破损，若有破损，及时更换筛绢。

（六）谷朊粉筋力较差，黏弹性低

（1）谷朊粉颗粒度较大。若谷朊粉颗粒较粗，则吸水较慢，复水后形成的面筋呈点状结构，使用效果较差。因此在实际生产工艺中可以采取两次筛理的方法，以确保达到规定的细度。

（2）谷朊粉吸水率较差。国内谷朊粉生产厂家大都采用环管式气流干燥，干燥温度较高，因此要严格控制干燥条件，尽量将谷朊粉的变性程度降到最低。

二、淀粉常见问题分析

小麦淀粉由于加工工艺及控制参数不同，生产出的成品淀粉质量通常相差很大，尤其是涉及应用性能指标。

（一）白度较低

（1）原料小麦粉白度较低，小麦淀粉生产企业通常将小麦粉原料白度控制在 70 以上。

（2）离心筛筛绢破损，在细淀粉制备过程中，如果离心筛筛绢破损或者筛绢与筛盘贴合不紧密而导致漏料，会有大量的麸皮、膳食纤维及戊聚糖类物质进入细淀粉中，导致后续工艺处理困难，致使成品淀粉白度较低，所以在生产中要及时查看离心筛的筛绢是否完好。

（3）离心筛筛网的孔径较大，离心筛筛理效果差，因此要选择合适的筛绢目数，通常将筛绢目数控制在160目左右。

（4）精制淀粉乳脱水时，黄浆类物质分离的越彻底，成品淀粉的白度越高，目前小麦淀粉生产企业通常选择立式下卸料全自动刮刀离心机进行精制淀粉乳的脱水，制备的湿淀粉杂质含量少，白度较高。

（二）小麦淀粉斑点数超标

成品淀粉中斑点数超标，通常是由淀粉中细麸星含量较多引起的。在制备小麦淀粉的过程中，由细淀粉乳制备精制淀粉乳过程中，通常在这一工段要除去淀粉乳中的可溶性蛋白质与细麸星，如果在精制浓缩过程中出现问题，会导致成品淀粉中斑点数超标。因此在精制淀粉乳制备的过程中，要检查旋流洗涤器的工作压力及反冲水的流量。

（三）产品酸度高

沉降分离法制备精制淀粉乳的过程中由于淀粉乳在沉淀池的停留时间过长，容易染菌产酸，导致淀粉乳的酸度过大。

因此解决淀粉酸度高的办法主要有以下两点：

（1）在利用沉降分离法生产精制淀粉乳的过程中，要严格控制沉降时间，并且添加一定量的焦亚硫酸钠；

（2）利用离心分离工艺制备精制淀粉乳，缩短淀粉的生产周期。

（四）水分含量低

成品淀粉中水分含量过低在导致产品质量下降的同时，淀粉由于在干燥环管中过度干燥会使得淀粉糊化，影响淀粉应用性能。因此在湿淀粉干燥过程中，要控制干燥的温度，避免淀粉过度干燥。

（五）粗细度较大

（1）湿淀粉含水量大，进入扬料器后块状物较多，干燥时淀粉与热风的接触面积小，导致干淀粉颗粒较大，因此在脱水阶段，尽量将湿淀粉的含水量降至40%以下。

（2）成品淀粉检查筛纱绢可能出现破损，及时更换筛绢。

（六）小麦淀粉霉菌含量超标

（1）淀粉含水量过高，因此要控制淀粉烘干温度，降低干淀粉的含水量，干淀粉含水量控制在 12%~14%。

（2）成品淀粉暂存仓没有定期清理，小麦淀粉生产企业，应该定期清理暂存仓的仓壁，防止霉菌等在仓壁滋生。

（七）淀粉应用性能差

小麦淀粉由于在色泽及价格上的优势，目前在河粉、粉丝、粉条及凉皮的工业化生产中被广泛的应用。但由于生产工艺的不同及工艺参数控制的差异，利用小麦淀粉制作以上产品时，经常出现产品黏连、断条等现象，尤其是夏季。小麦淀粉作为大宗食品原料，其应用性能出现问题，主要是由于小麦淀粉在加工过程中性质出现变化。

1. 使用发芽率较高的小麦或新麦制备的小麦粉作为小麦淀粉提取的原料

新收获小麦以及发芽小麦中 α-淀粉酶活力要远大于正常小麦。小麦中 α-淀粉酶对小麦淀粉糊化特性有重要影响，高 α-淀粉酶活力能显著改变淀粉糊化特性，大大降低小麦淀粉的加工品质和食用品质。在小麦收获季节，如果小麦粉加工企业添加大量新小麦或者使用发芽小麦，会导致原料小麦粉中 α-淀粉酶活力增加，而 α-淀粉酶能使淀粉发生糊化，导致淀粉最终黏度下降，凝胶性能降低，不利于河粉、凉皮等产品的加工。因此，在生产小麦淀粉时，原料小麦粉要尽量避免使用 α-淀粉酶活力高的新小麦或发芽小麦制粉。

2. 淀粉加工过程中温度较高

湿淀粉干燥温度较高可能导致淀粉出现部分糊化现象，影响小麦淀粉的应用性能，因此在淀粉干燥过程中，根据湿淀粉进料量实时监测小麦淀粉的干燥温度，避免过度干燥。

精制淀粉乳在利用旋流器洗涤过程中，由于工作压力过高，可能导致物料升温过快，淀粉乳中的淀粉会出现部分糊化现象。因此在利用旋流器洗涤淀粉乳的过程中，要经常观察旋流器的工作压力及反冲水的流量。

3. 小麦淀粉的制备工艺

小麦淀粉提取工艺主要有马丁法、旋流法和卧螺法等。马丁法工艺水洗时间长，半敞开式操作，容易感染杂菌产酸，起到类似酸化的效果。旋流法和卧螺法采用离心法分离面筋和淀粉，两者生产的小麦淀粉黏度曲线基本相似。不同提取工艺对小麦淀粉糊化特性的影响见图 7-1。

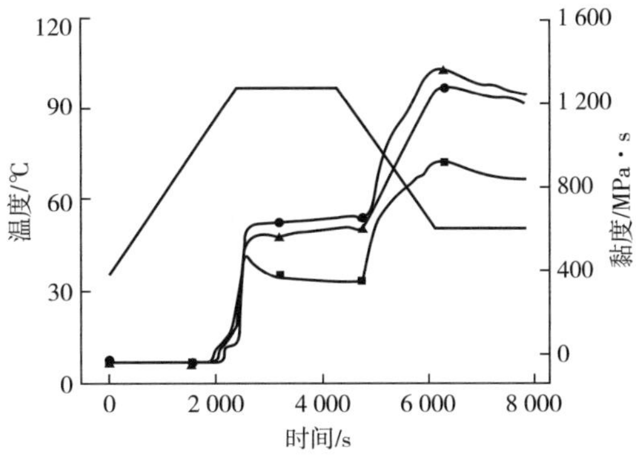

图 7-1 不同提取工艺对小麦淀粉糊化特性的影响

—— 温度 —■— 马丁法 —●—旋流法 —▲— 卧螺法

提取工艺中旋流法和卧螺法对小麦淀粉糊化特性影响差异不明显，但马丁法生产的小麦淀粉谷值黏度、最终黏度明显低于旋流法和卧螺法。因此，采用离心分离技术制备的小麦淀粉，有利于解决其在产品应用中出现的黏连、凝胶强度不够等问题。

第五节 小麦淀粉生产过程质量管理与控制

小麦淀粉和谷朊粉是一类营养物质含量较高的大宗原料，广泛应用于食品和饲料加工中。随着我国近几年谷朊粉出口总量的逐年上升，如何提高谷朊粉适应食品质量的能力，适应日趋激烈的国际国内竞争形势，已成为小麦淀粉生产企业亟待解决的问题。2015 年欧盟对中国进口的谷朊粉全面检测辛硫磷含量是否超标事件，对国内谷朊粉生产企业及其出口产生了很大冲击，更加凸显了谷朊粉生产企业建立高质量生产管理体系的迫切性。

小麦淀粉及谷朊粉生产过程质量与控制体系是一项综合管理工作，既包括人员要素又包括技术和装备要素。湿法淀粉生产过程存在许多影响产品质量的因素，如原材料、微生物、工艺水污染等问题，这一切要依据相应法规和操作规程加以控制。而目前小麦淀粉加工企业生产基本上都比较粗放，没有专门的生产管理体系供参考，另外，可以借鉴的文献资料有限。下述小麦淀粉加工过程主要参数控制以及质量管理控制，主要是基于实际的生产经验。小麦淀粉加工企业应根据企业自身生产实际情况，建立符合自身生产企业实际状况的质量管理体系。

一、小麦淀粉生产过程主要参数控制

在小麦淀粉生产过程中，主要工序控制参数如下。

（一）谷朊粉生产主要控制参数

1. 马丁法生产谷朊粉主要控制参数

（1）和面阶段　水和小麦粉的混合比例根据小麦粉的品质决定，大致比例以 1∶1 为宜。和面用的水温控制在 35℃左右，pH 6.5~7.0，且水中可以添加一定量的矿物盐，促进面筋网络结构的形成，以氯化钠最为常用。和面时和面机的转速要适当，转速太快不利于面筋网络的快速形成，转速太慢，和面时间延长又会造成面团升温，弱化面筋结构，在一定转速条件下，以和面时间控制在 15min 为宜。

（2）洗面筋阶段　洗涤衡量标准以测试洗涤后浆水的淀粉乳浓度为准，第一次洗涤淀粉浆浓度为 7~8°Bé，第二次为 7~10°Bé，第三次为 4~6°Bé，第四次为 1~3°Bé。当洗涤后淀粉浆的浓度<1°Bé 后，停止面筋洗涤，收集的淀粉浆输送至淀粉车间，洗涤好的湿面筋进入干燥系统进行干燥。

2. 离心法生产谷朊粉主要控制参数

（1）调糊阶段　水和小麦粉的混合比例根据小麦粉的品质决定，大致比例以 1∶0.8 为宜。和面用的水温控制在 35℃左右，pH 6.5~7.0。

（2）洗面筋阶段　面筋与淀粉等组分的分离主要是通过离心设备来完成的，常见的离心设备有旋流机组和卧螺离心机。调糊后的面浆料液浓度很高，固形物浓度大约在 45%，在调浆均质的过程中加入适量的清水、中水及淀粉乳，降低面糊的浓度，均质后的物料浓度一般控制在 25%~35%，将浓度降至 35%以下能顺利通过离心设备。

3. 谷朊粉干燥主要控制参数

湿面筋脱水后水分含量控制在 60%~68%；

蒸汽压力 0.6~0.8MPa；

进风温度 130~160℃；

出风温度 55~70℃。

（二）小麦淀粉生产主要控制参数

1. 细淀粉乳制备

离心筛进料粗淀粉乳浓度 6~10°Bé；

离心筛进料压力 0.15~0.3MPa；

工艺用水温度 20℃左右；

离心筛工作时，喷淋水进水量为 0.2~0.6m^3/h。

2. 精制淀粉乳制备

经过离心筛处理后，细淀粉乳的浓度一般在 5~7°Bé；

（1）沉降法制备精制淀粉乳　沉降时间：冬季一般为 24h，夏季为 8~10h，春秋季在 15h 左右；沉淀池中加入 2~3kg 焦亚硫酸钠用于防腐；精制淀粉乳的浓度控制在 15~25°Bé。

（2）旋流法制备精制淀粉乳　第一级顶流出料浓度为 1~3°Bé；底流精制淀粉乳浓度为 15~22°Bé；工艺用水量为末级底流干物质的 2 倍；进料旋流器正常工作压力 0.4~0.8MPa，其他旋流器工作压力 0.2~0.7MPa；工艺水进水压力>6.0MPa；物料温度控制在 45℃以下。

（3）两相卧螺离心法制备精制淀粉乳　进料量控制在 25~35m^3/h；工艺用水量 2.0~3.0m^3/h；精制淀粉乳浓度 22~30°Bé。

3. 湿淀粉制备

精制淀粉乳输送至立式下卸料全自动刮刀离心机处理，处理后的湿淀粉含水量在 40%左右，处理后的滤液浓度在 2~3°Bé。

4. 湿淀粉干燥

风速一般控制在 14~24m/s，风速过低，大块湿淀粉不能随风带走，易使产品受热损坏，风速过高系统阻力增加太大，且产品水分不易控制；

风量控制在气-固流量比为5.0~10.0；

进风温度根据湿淀粉进料量控制在130~150℃，出风温度控制在50~55℃。

干淀粉温度≤40℃，蒸汽压力控制在0.8~1.0MPa。

成品淀粉水分12%~14%，细度（100目筛上物）≤0.5%。

二、小麦淀粉生产中的危害分析与关键控制点

小麦淀粉生产过程不采用化学试剂，因此，影响产品质量安全的主要因素是微生物污染、人员操作风险及环境等因素。小麦淀粉和谷朊粉生产是在湿热环境中进行的，由于物料中含有丰富的营养物质，为微生物的生长、繁殖创造了有利条件。如果工艺条件控制不当，一些微生物如霉菌、腐败菌和其他杂菌就能快速生长繁殖，污染生产环境，影响产品质量。微生物污染的部位或物料主要有：各中间产品储罐的上方；淀粉洗涤用工艺水储罐和工艺水罐沉积罐底的物料；跑、冒、滴、漏料后没能及时处理的散料；停车后设备、管线、储罐残存的物料等。为了保持生产过程的防腐和清洁卫生，工艺操作必须严格执行工艺标准，达到相关的卫生要求，对工艺系统进行定期的消毒和灭菌。停车前，采用一定浓度的次氯酸钠、碱液或亚硫酸对全部设备、工艺管线和储罐进行冲洗消毒，达到抑菌效果。因此制定一种通用的质量管控体系，对小麦深加工行业至关重要。

下面介绍危害分析与关键控制点（HACCP）系统在小麦淀粉和谷朊粉生产中的建立需注意的事项。

（一）HACCP体系介绍

20世纪60年代，美国Pillsbury公司与美国纳蒂克（Natik）实验室联合开发生产太空食品时，要求太空食品100%的安全性，提出了食品生产要进行危害分析、建立关键控制点、设限值、纠偏措施、监控措施、建立审核、生产记录7个原理，创立了HACCP食品质量管理体系。该体系是一种保证食品安全与卫生的预防性管理体系，它运用食品工艺学、微生物学、化学和物理学、质量控制和危险性评价等方面的原理与方法，对整个食品链中实际存在和潜在的危害进行危险性评价，找出对终产品的安全有重大影响的关键控制点，并采取相应的预防控制措施，在危害发生之前进行控制，从而消除或最大限度地减少那些对消费者具有危害性的不合格产品出现的风险，实现对食品安全及卫生的有效控制。

近年来，HACCP体系已在世界各国得到了广泛的应用和发展。联合国粮食及农业组织（FAO）和世界卫生组织（WHO）在20世纪80年代后期就大力推荐。HACCP是一种以预防食品安全为基础的食品安全生产保证体系。它通过对食品生产的所有环节进行危害分析，鉴别显著危害，确定关键控制点（CCP），按照科学的方法进行监控，做到全过程控制，将食品安全的潜在危害预防、消除或降低到可接受水平，为消费者的健

康提供保证。

HACCP 系统的基本原理：①进行危害分析；②确定关键控制点；③确定关键限值；④建立监控关键控制点的程序；⑤建立关键控制点失控时所采取的纠偏措施；⑥建立验证 HACCP 体系是否正确运行的程序；⑦建立有效的记录保存体系。

（二）HACCP 体系与其他质量保证体系的关系

ISO9000 旨在预防和检测任何不合格产品的生产和流通，通过采取纠正措施以保证不再生产不合格产品。HACCP 体系是由良好操作规范（GMP）、卫生标准操作程序（SSOP）、HACCP 计划组成。GMP 是对生产车间硬件设施符合法律法规的描述，SSOP 是对车间卫生进行有效控制的文件，两者制定和实施是 HACCP 计划的基础和前提条件。如果企业没有达到 GMP 法规的要求，或者没有制定有效的 SSOP 并有效实施，那么 HACCP 计划就是一句空话。

（三）产品及工艺描述

1. 小麦淀粉和谷朊粉

小麦淀粉为小麦粉中的大分子多糖组分，由直链淀粉和支链淀粉组成；谷朊粉为干燥的面筋蛋白粉，主要成分为麦谷蛋白和麦醇溶蛋白。小麦淀粉和谷朊粉以小麦粉为原料，采用湿法生产工艺加工而成。小麦淀粉和谷朊粉分别作为食品和饲料辅助原料使用，或医药、化工等行业的原料使用。小麦淀粉一般采用符合标准的尼龙袋或无毒的纸袋包装，谷朊粉一般内包装采用无毒的塑料薄膜或纸袋，外包装为符合标准的尼龙袋或无毒的纸袋。产品一般需在常温、防潮、通风的条件下储存和运输。

2. 小麦淀粉和谷朊粉生产工艺描述

小麦淀粉和谷朊粉的生产工艺：原辅料接收—和面制浆—提取淀粉和湿面筋—脱水—干燥—粉碎筛分—磁选—包装—金属探测—储存—运输。

（四）危害分析

危害分析是 HACCP 体系的基础，要建立一个有效的预防食品安全危害的计划，关键是找出原料和加工过程中存在的显著危害并判定出相应的控制措施。

小麦淀粉和谷朊粉生产中的危害种类主要有以下三个方面。

（1）物理性危害　加工过程中会有沙石、金属杂质及其他异物等进入产品造成危害；可通过控制原料质量验收控制物理危害；

（2）化学性危害　小麦粉中可能出现霉变、生虫及农药残留；设备清洗过程中清洗剂残留；

（3）生物性危害　设备清洗消毒不彻底、不及时会助长微生物的生长与繁殖，直接影响下一批次产品的质量与安全。

小麦淀粉和谷朊粉生产过程危害分析具体描述见表 7-6。

表 7-6　　小麦淀粉和谷朊粉生产过程中质量控制分析表

工序名称	潜在危害	原　因	预防措施
小麦粉原料	异物；细菌、霉菌、农药残留、重金属含量	原材料带入	根据检验报告判定，不合格则拒用
包装材料	化学危害、细菌及其他微生物	材料生产不合格或材料暴露于空气中遭受污染	材料及时抽检，包材车间经常消毒
生产用水	有害微生物、铁、铜、锌等重金属和氯化物，泥沙等	工艺水罐、水管没有定期消毒	制定规范的工艺水处理标准
干燥	有异物；水分含量超标，产品易染菌	操作不当或设备零件脱落造成异物出现；干燥不彻底	后面的筛分操作可除去异物；严格控制干燥温度降低水分含量
包装	异物、微生物	不符合卫生操作规范引起二次污染	制定标准操作流程，金属检测控制
金属检测	金属杂质	金属检测漏检	通过执行操作规范控制
设备、管道 CIP 清洗	微生物、清洗剂残留等	清洗不彻底	可通过制定标准操作工艺流程控制

所以结合生产实际，通过对小麦淀粉生产过程的所有环节进行危害分析，鉴别显著危害，确定关键控制点，按照科学的方法进行监控，做到全过程控制，将影响小麦淀粉和谷朊粉产品质量安全的潜在危害预防、消除或降低到可接受水平，是控制产品质量安全的关键。

（五）小麦淀粉和谷朊粉生产的关键控制点

1. 小麦粉原料的接收

因小麦或小麦粉霉变而产生的生物毒素、因小麦种植地遭受重金属污染而使小麦重金属含量超标、小麦在种植过程中使用农药过量产生残留、因人为添加禁用添加剂等均会影响产品质量安全。每批次小麦粉要有检测报告，对每批小麦粉抽查检验，每年对产品做一次全项目分析（参考 GB 2715—2016《食品安全国家标准　粮食》项目）。

2. 包装材料的接收

每批包装物供应商应提供产品合格证，每半年或更换供应商时，对内包装材料食品安全项目进行检测。每年对包装材料进行抽样检验。

3. 产品金属探测

检测产品因其他情况混入金属杂质。对产品进行连续检测，对金属探测器每小时进行 1 次检测。

4. 关键控制点的控制限

通过对各工序进行危害分析，找出影响小麦淀粉和谷朊粉质量的危害环节，进而确定关键控制点，例如针对小麦粉接收、包装材料接收、金属探测这 3 个关键控制点，确定 HACCP 计划表。

（六）建立有效 HACCP 的档案系统

小麦淀粉和谷朊粉生产中的 HACCP 档案有以下几方面的内容：原材料的检验验收记录、工作人员的卫生检验、设备卫生检验、车间环境卫生检验等记录；产品检验记录；纠正记录；设备的校准、维修、检验记录；审核记录等。由 HACCP 小组对原辅料、监控措施、纠偏措施等记录进行核查，以确认系统处于正常运行中。

实施 HACCP 体系，可保证小麦淀粉和谷朊粉产品的理化指标检验和微生物指标能长期稳定在规定范围内，同时，HACCP 体系的推行对增强生产企业卫生安全意识、规范卫生安全操作作用明显，有利于提高员工综合素质和企业管理水平。

HACCP 体系是建立在以 GMP 为基础的 SSOP 体系上的。因此，小麦淀粉和谷朊粉生产企业首先要根据食品生产企业卫生管理等相关要求，建立完善卫生质量管理体系，制定出符合企业自身实际的 HACCP 管理体系，才能达到预防控制危害的目的。

第八章
小麦淀粉生产废水处理

目前，国内外生产小麦淀粉及谷朊粉的方法主要分为两大类，一类是直接从小麦籽粒中提取淀粉及谷朊粉，包括浸泡法和溶剂法，其中浸泡法用的较多，但浸泡小麦粒使淀粉和谷朊粉分离，会影响面筋蛋白的凝聚作用，导致面筋蛋白与麸皮发生缠结，使面筋蛋白不容易分离，淀粉的纯度和白度较低，并经常带来面筋的产率降低，以及导致面筋失活，生产上应用很少。另一类是从小麦粉中分离淀粉及谷朊粉，包括干法和湿法，干法又称气分法，已很少用；实际生产常采用湿法，小麦粉经湿法处理，使淀粉和谷朊粉相分离，所得到的淀粉和谷朊粉品质较好，但湿法工艺会消耗水，从而产生大量的废水，为避免随意排放污染周围环境，有必要对废水进行综合治理。

第一节 小麦淀粉生产废水来源及特点

以小麦粉为原料生产小麦淀粉、谷朊粉产品，目前国内生产工艺主要有三种：马丁法、旋流法和三相卧螺法。这三种工艺用水量不同，同时产生的废水性质也各有特点。

一、马丁法生产工艺废水来源及特点

马丁法工艺生产过程中用水量较高，传统马丁法吨小麦粉用水量高达 15m^3，为了降低用水量，对马丁法进行了改良，改良马丁法吨小麦粉用水量降至 7~9m^3，因用水量较高，相应的废水产生量也较高，吨淀粉产生量 5~6m^3。从工艺流程看（图 8-1），淀粉废水来源主要包括两个，稀淀粉乳沉降后的上清液和浓淀粉乳离心形成的黄浆水，前者每生产 1t 淀粉产生 4~5m^3，含有机物较少，主要有可溶性蛋白质、可溶性膳食纤维和糖类等物质；后者每生产 1t 淀粉产生 1~2m^3，含有机物较多，主要是可溶性蛋白质。通常将两个来源的废水合并在一起归为淀粉废水，马丁法工艺产生的废水特征见表 8-1。废

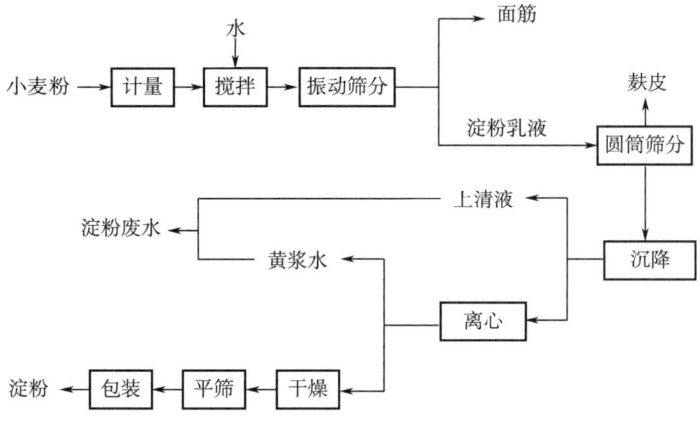

图 8-1　马丁法淀粉生产工艺流程

水产量大，因而废水中的化学需氧量、悬浮物、戊聚糖、黏度等各项指标相对较低，废水不需要单独的前处理工段，可直接进入生化处理工段进行生物处理，废水处理相对难度不大。

表 8-1　　小麦淀粉废水的特征

参数	测定值/（mg/L）	参数	测定值/（g/L）
化学需氧量（COD）	9500~11000	淀粉	18.6~24.2
生化需氧量（BOD_5）	3500~3800	粗蛋白	2.7~3.1
悬浮物（SS）	2000~2500	还原糖	0.9~1.1
NH_3-N	92~106	可溶性总糖	1.1~1.3
总磷（TP）	36~42		

二、旋流法生产工艺废水来源及特点

旋流法工艺生产过程中用水量较低，吨小麦粉用水量为 4~6m^3，与马丁法相比用水量较低，相应的废水产生量也较低，吨淀粉产生量 3~5m^3。从工艺流程看（图 8-2），淀粉废水主要来自 B 淀粉回收系统分离后形成的上清液，有机物含量较高，主要有蛋白质、糖等物质，主要污染物指标为 COD 20000mg/L，SS 6000mg/L，pH 3~6。废水产生

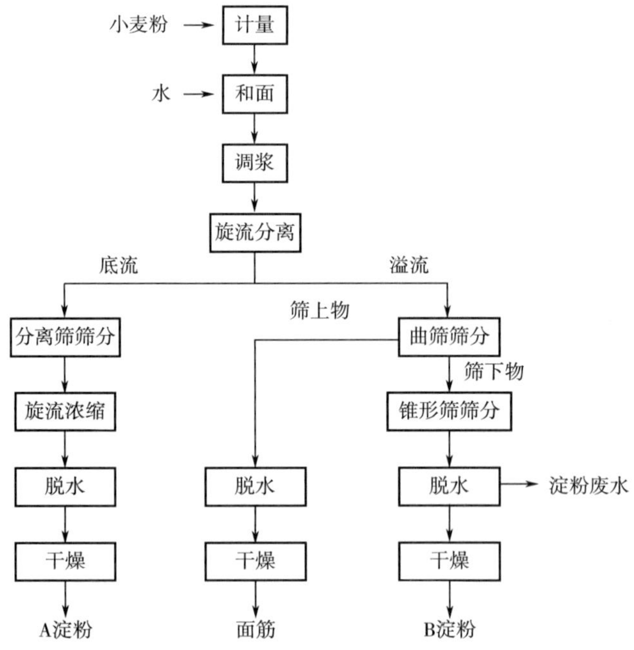

图 8-2　旋流法淀粉生产工艺流程

量较低，淀粉乳浓度较高，有利于提高后段酒精生产设备的综合效率。但该工艺生产过程中，因戊聚糖不能实现有效分离，废水戊聚糖含量高、黏度大，致使悬浮物很难从废水中有效分离出来，属于高难度处理废水。

三、三相卧螺法生产工艺废水来源及特点

三相卧螺法工艺生产过程中用水量很低，吨小麦粉用水量为 2～3m^3，该工艺能够将淀粉乳中的戊聚糖单独分离出来形成轻相，因而废水的黏度较低，悬浮物容易通过物理方法预处理而实现分离，去除悬浮物的废水可流入生物处理单元进行微生物降解，因此从理论上讲，该类废水处理难度较小。

但在国内的实际情况却不同，由于分离出来的富含戊聚糖的轻相液未能有效利用，大部分企业的戊聚糖轻相液还是进入酒精生产工段，戊聚糖随酒精废水进入淀粉、谷朊粉生产废水，最终进入废水处理设施进行处理。有的企业将戊聚糖轻相液直接混入淀粉、谷朊粉生产废水，再进入废水处理设施进行处理。

因用水量低，相应的废水产生量也低，每加工 1t 小麦粉大约产生废水 1.5t，从工艺流程看（图 8-3），淀粉废水主要来自轻相液和 B 淀粉分离工艺水，轻相液约含 10%的固形物，主要为小麦粉中的可溶性成分及小颗粒淀粉等，其中可溶性成分包括：小麦粉中可溶性蛋白、水溶性戊聚糖、可溶性淀粉及水溶性维生素等。此类生产废水 COD 高、SS 高、黏度大、戊聚糖含量高，属于高难度处理废水，见表 8-2、表 8-3。

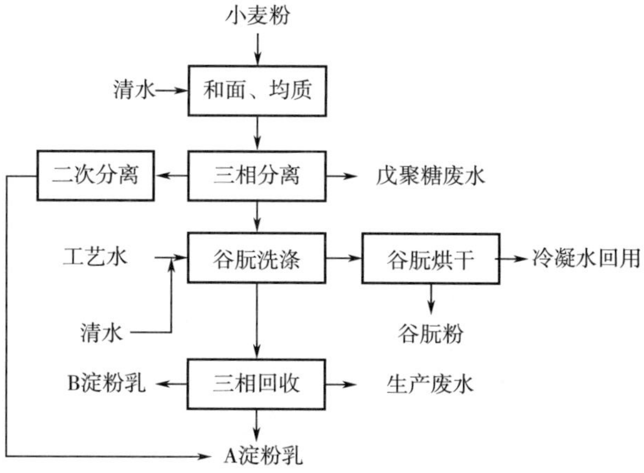

图 8-3　三相卧螺法淀粉生产工艺流程

表 8-2　戊聚糖废水（高浓度废水）特征

项目	pH	固形物/%	粗淀粉/%	粗蛋白/%	戊聚糖/%	其他/%
数值	6.8	8.80	1.16	1.94	4.81	0.89

表 8-3 生产废水（低浓度废水）特征

项目	pH	COD_{Cr}/(mg/L)	BOD_5/(mg/L)	SS/(mg/L)	总氮（TN）/(mg/L)
数值	6.0	30000	18000	4000	15000

总体来说，以上三种小麦淀粉生产工艺产生的废水，其共同特点是污染物浓度较高、SS 及戊聚糖含量高、黏度较大，是区别于玉米淀粉、木薯淀粉及马铃薯淀粉生产废水的显著特点之一，也是该类废水处理的难点所在。废水中主要有脂类、糖类（三碳糖、四碳糖及戊聚糖等，以戊聚糖为主）、蛋白质、纤维素、有机酸（乙酸等）以及少量残余淀粉等物质。因此企业在投资建设废水处理工程时应高度重视资源的有效回收与利用，实现环保效益与经济效益的双赢效果。

第二节 小麦淀粉生产废水的资源化利用

如上节所述，小麦淀粉生产废水既是一种高污染的、治理难度高的废水，又是一种蕴含着大量营养物质、可产生巨大经济效益的废水。因此，将废水资源化，既能回收营养物质、为企业创造可观的经济效益，又能降低污染物浓度、减轻废水处理难度，使实现废水达标排放更具有有效性和经济性。目前，小麦淀粉生产废水的资源化方法主要有物化方法和生物发酵方法，其中物化方法有四效蒸发浓缩生产液体饲料、分级提取多种功能组分、超滤回收戊聚糖等；生物发酵方法有厌氧发酵产氢、发酵制备油脂、发酵生产丁醇、发酵生产乳酸以及提取阿拉伯木聚糖、生产活性蛋白饲料、厌氧发酵制液体有机肥等。

一、物化方法

（一）四效蒸发浓缩生产液体饲料

四效蒸发浓缩生产液体饲料工艺流程如图 8-4 所示。从车间排放的小麦淀粉生产废水暂存于储料罐中，用泵打入预热器，使蛋白质变性热凝成较大的颗粒，同时淀粉在高温下液化，并与蛋白质颗粒聚合成更大的颗粒形态稳定下来。然后离心分离，固相为含

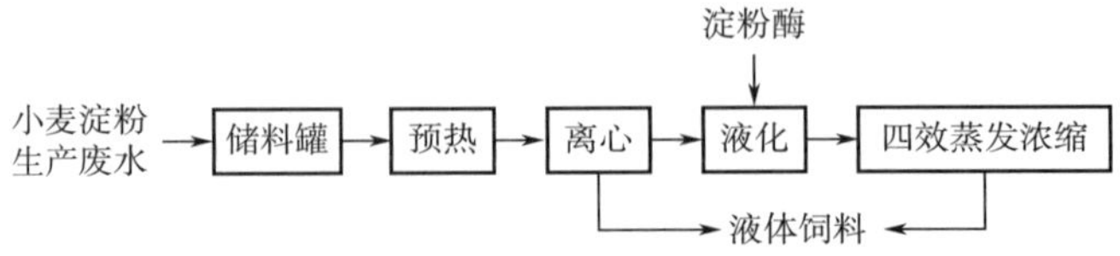

图 8-4 四效蒸发浓缩生产液体饲料工艺流程

固率10%左右的热凝聚蛋白质，可直接作为液体饲料；液相与高温淀粉酶作用，液化后的淀粉分子送入四效蒸发设备进行蒸发浓缩，得到含固率约10%的液体饲料。

（二）分级提取多种功能组分

从小麦淀粉废水中分级提取多种功能组分工艺流程如图8-5所示。以离心法从小麦淀粉生产废水（含固率10%以上的黄浆水）中分离得到不溶性淀粉颗粒，上清液通过调节pH、静置、离心得到沉淀物植酸，脱植酸上清液再添加絮凝剂混匀、静置、离心得到沉淀物蛋白质，脱蛋白上清液经浓缩、醇沉后获得阿拉伯木聚糖。

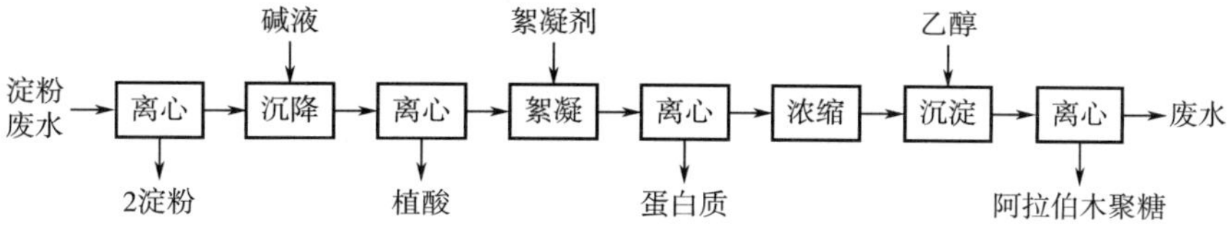

图8-5　提取多种功能组分工艺流程

（三）超滤回收戊聚糖

利用小麦淀粉废水超滤回收戊聚糖的工艺过程如图8-6所示。在小麦淀粉废水中加入蛋白酶，将淀粉废水中的蛋白质转化为氨基酸，然后通过膜分离去除还原糖和氨基酸，获得戊聚糖。碱性蛋白酶将高达86%的蛋白质转化为氨基酸，而同时只让戊聚糖损失13%。10000u平板膜可以让还原糖和氨基酸基本都透过，同时超过91.96%的戊聚糖被截留，达到分离回收的目的。

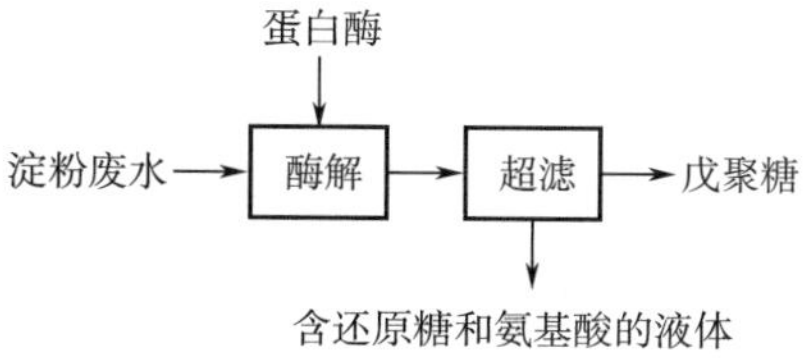

图8-6　超滤回收戊聚糖工艺流程

二、生物发酵方法

（一）厌氧发酵产氢

淀粉废水厌氧发酵产氢工艺流程见图8-7。淀粉废水流入厌氧发酵罐中，同时，取一定量污水厂剩余污泥，将其预处理后也加入厌氧发酵罐中，然后搅拌混合、驯化一段时间后，开始稳定产生富含氢气的生物气，生物气中氢气含量高达61.7%，厌氧发酵后产生的发酵液呈酸性，淀粉废水经厌氧发酵产氢处理后COD的去除率达27.4%，既消减了污染物，又获得了新能源氢气。

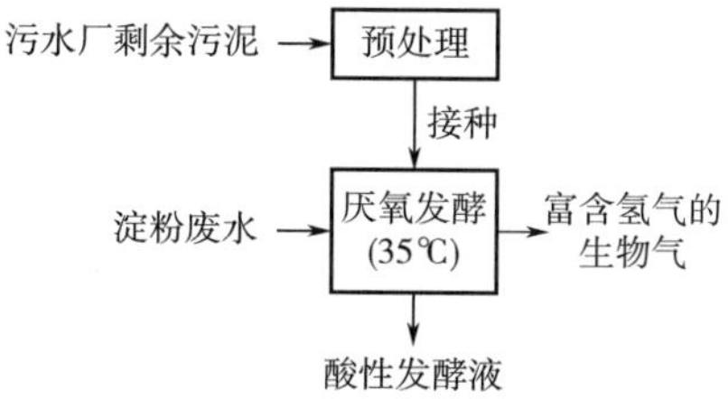

图8-7　厌氧发酵产氢工艺流程

（二）发酵制备油脂

淀粉废水发酵制备油脂工艺流程如图 8-8 所示。以淀粉废水为原料，接种产油微生物（斯达氏油脂酵母）进行微生物发酵，发酵结束后离心，上清液作为发酵液排出，沉淀为产油微生物菌体，将微生物菌体进行有机溶剂浸出，残渣为菌体蛋白，对浸出液进行蒸发，有机溶剂挥发、回收重复利用，除去有机溶剂即得粗油脂。最佳发酵条件为：120g/L 的葡萄糖作为最佳碳源，3.0g/L 的 $(NH_4)_2SO_4$ 作为最佳氮源，10%的接种量，发酵时间 4d，得到菌体生物量和油脂含量分别为 2.59g/L 和 8.88%。

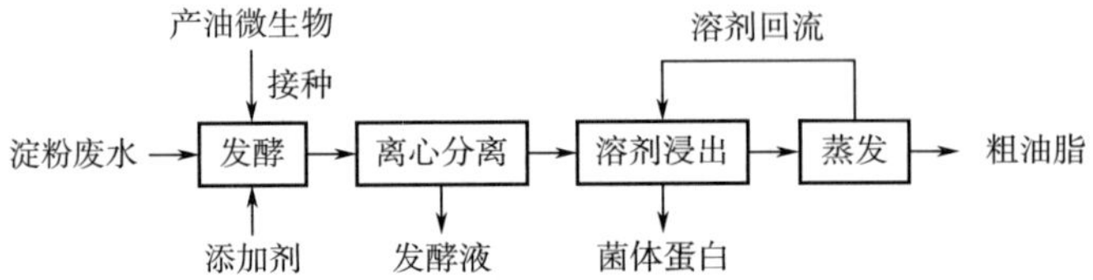

图 8-8 发酵制备油脂工艺流程

（三）发酵生产丁醇

淀粉废水发酵生产丁醇工艺流程如图 8-9 所示。直接以高浓度淀粉废水作为培养基原料，补加一定量无机盐和氮源物质，煮沸糊化 30min，90℃下液化水解 20min，定容，pH 调至 6，121℃灭菌 20min，即制得发酵培养基。将萃取剂（生物柴油）按一定比例加入到发酵培养基中，接种丙酮丁醇梭状芽孢杆菌，在 37℃温度下进行厌氧发酵，发酵结束后，利用分液漏斗将油相和水相分离。最终丁醇和总溶剂产量分别可达到 12.40g/L 和 21.66g/L。

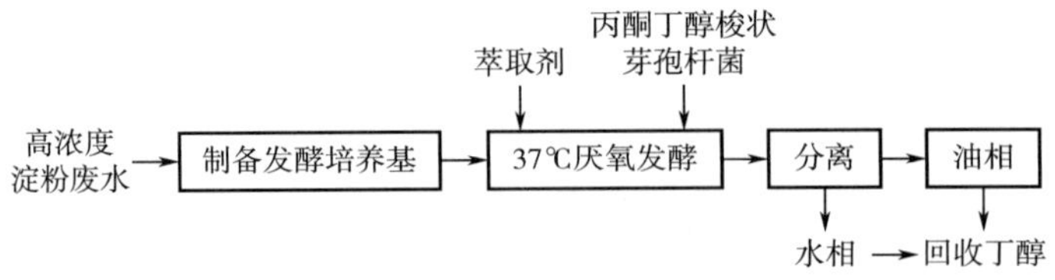

图 8-9 发酵生产丁醇工艺流程

（四）发酵生产乳酸

小麦淀粉废水发酵生产乳酸的流程见图 8-10。以含 0.5g/L 硫酸铵的小麦淀粉废水作为原料，灭菌温度 115℃，持续时间 20min，即制得发酵培养基。接种米根霉进行乳酸发酵，发酵结束后，得到乳酸含量高的发酵液。最适发酵条件为：米根霉种龄 18h，接种 10%，装液 20%，转速 170r/min，温度 26℃，pH 5.5，发酵进行 8h 再添加 10g/L 的

$CaCO_3$，发酵周期 52h。乳酸质量浓度发酵结束时高达 15.28g/L，COD 的去除率高达 85%。

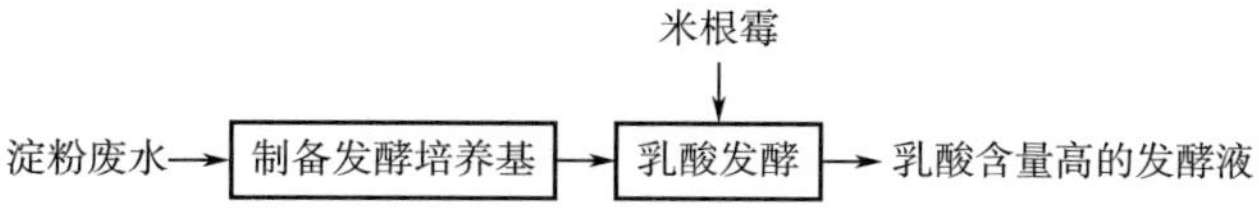

图 8-10　发酵生产乳酸工艺流程

（五）提取阿拉伯木聚糖

从小麦淀粉生产废水中提取阿拉伯木聚糖的工艺流程见图 8-11。以小麦淀粉生产废水为原料，加入液化酶和糖化酶进行酶解，得到糖化浆液，加入酵母菌对液化糖化后的戊聚糖浆进行微生物发酵，发酵结束后浆液进行离心，得到富含戊聚糖的液体相和富含蛋白纤维的固体相，液体利用戊聚糖酶水解，再经醇提、分离、干燥得到收率大于 80%、纯度不小于 75%的阿拉伯木聚糖。

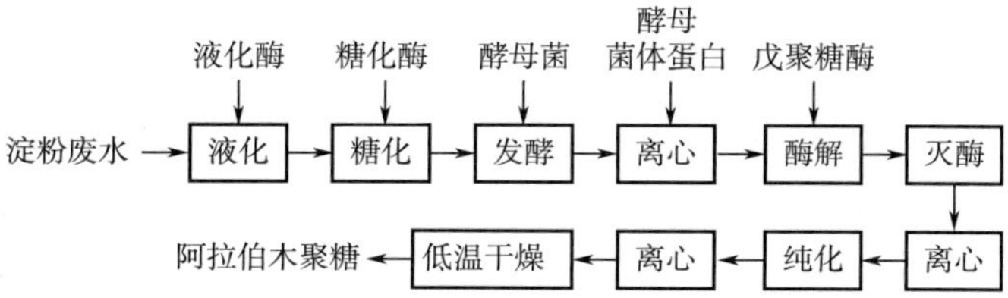

图 8-11　提取阿拉伯木聚糖工艺流程

（六）生产活性蛋白饲料

利用小麦淀粉废水生产活性蛋白饲料的工艺流程见图 8-12。向小麦淀粉废水中添加石灰乳，搅拌并调 pH 10，再依次添加聚合氯化铝和聚丙烯酰胺溶液，搅拌并静置 30min，上清液排入废水处理设施，回收的固形物与菜籽粕、麸皮、啤酒酵母泥按 50：35：10：5 的配比制成培养基，混合均匀，灭菌后添加尿素、光合细菌，采用玻璃房堆积，自然光照，发酵 3d，所得蛋白饲料采用 40~45℃烘干，最后粉碎得成品。

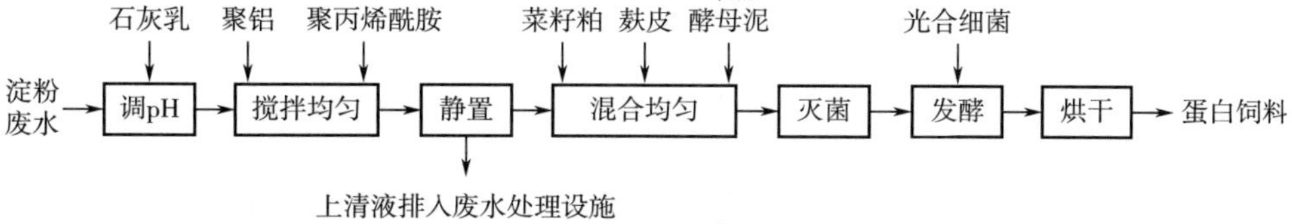

图 8-12　生产活性蛋白饲料工艺流程

（七）厌氧发酵制液体有机肥

小麦淀粉废水厌氧发酵制液体有机肥工艺流程如图 8-13 所示。将生产小麦淀粉排放的废水滤除杂质后添加在密闭发酵罐中，按废水量的 5%~10%接种发酵剂进行厌氧发酵，发酵温度为中温（30~35℃），当发酵液 pH 下降至 3.5 以下时，发酵过程完成。然后向发酵液中加入一定比例的添加剂，混合均匀，既得到液体有机肥。

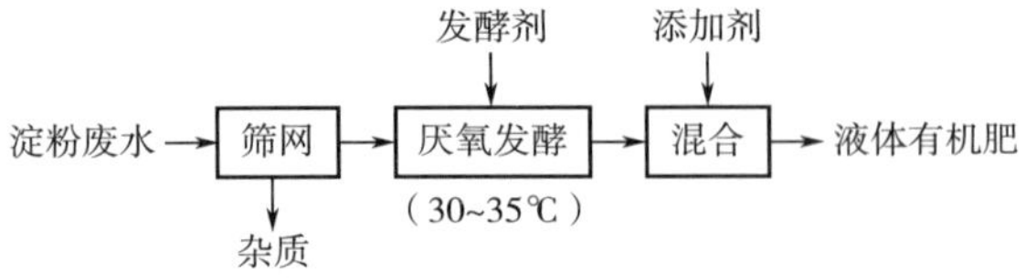

图 8-13 厌氧发酵制液体有机肥工艺流程

第三节 小麦淀粉生产废水的处理技术

小麦淀粉生产废水在排放至周围水体之前，应达到 GB 25461—2010《淀粉工业水污染物排放标准》，因此需要进行处理。小麦淀粉生产废水原则上采用“预处理+生化处理+深度处理”处理工艺，各处理单元的处理效率参考 HJ 2043—2014《淀粉废水治理工程技术规范》，如表 8-4 所示。

表 8-4 小麦淀粉生产废水处理系统各单元处理效率

处理程度		处理方法	主要工艺环节	处理效率/%			
				COD_{Cr}	BOD_5	SS	NH_3-N
预处理		自然沉淀	格栅、沉淀、调节	8~10	6~8	40~55	—
		板框压滤机	格栅、板框压滤机、调节	10~15	8~10	45~60	—
生化处理	厌氧生物处理	膨胀颗粒污泥床（EGSB）	EGSB	80~92	90~95	30~50	—
		升流式厌氧污泥床（UASB）	UASB	80~92	90~95	30~50	—
	好氧生物处理	活性污泥	序批式间歇活性污泥法（SBR）	75~90	85~95	80~90	85~90
		活性污泥	缺氧/好氧（A/O）+二沉池	75~90	85~95	80~90	91~96
		活性污泥	循环活性污泥系统（CASS）	75~90	85~95	80~90	85~90
		生物膜	生物接触氧化	75~90	85~95	80~90	91~96

续表

处理程度	处理方法	主要工艺环节	处理效率/%			
			COD_{Cr}	BOD_5	SS	NH_3-N
深度处理	生物膜	膜生物反应器（MBR）	50~85	30~60	80~95	80~90
	过滤	砂滤池、曝气生物滤池（BAF）	10~20	—	50~60	—
	混凝	混凝沉淀（澄清、气浮）	15~30	—	50~70	—
	吸附	活性炭吸附	>20	—	>80	—

一、预处理及初级处理

（一）格栅

格栅通常设置在废水处理系统前端，用于拦截可能堵塞后续设施的大颗粒悬浮物，以维持废水处理系统的正常运行。格栅包括粗格栅和细格栅两种。

小麦淀粉生产废水只需设置细格栅，细格栅应选用带有自清功能的机械格栅，格栅间隙 1~4mm，栅渣应通过机械排出，脱水后安全处置。

（二）沉淀

沉淀是利用水中悬浮固体的可下沉性能，在重力影响下产生沉降作用，以实现固液分离的一个过程。在小麦淀粉生产废水处理系统中配置初沉池，可较经济地分离除去悬浮有机固体，避免其沉积在调节池中，可回收用于动物饲料原料，以减轻后续生物处理构筑物的有机负荷。

初沉池的形式依据地质条件、工艺特点和处理规模等因素确定，可选取竖流式、平流式、辐流式以及斜板（管）式等池型，竖流沉淀池、平流沉淀池和辐流沉淀池的表面水力负荷较低，为 $1.0 \sim 2.0 m^3/(m^2 \cdot h)$，而斜板（管）沉淀池的表面水力负荷较高，为 $2.0 \sim 6.0 m^3/(m^2 \cdot h)$，初沉池采用机械排渣。

（三）气浮

气浮池的作用是提供充足的池表面积和容积，使水中悬浮颗粒与微气泡完全混合、接触、黏附，导致带气颗粒密度减小从而上浮，实现与水分离。

小麦淀粉生产废水进入气浮池，通过气水流的连续搅拌，混凝剂能和废水进行均匀混合，絮体彼此碰撞聚集成大颗粒，由于进水压力及气泡上浮的作用，使微细气泡黏附在悬浮物和微小油滴上，上升至池面，通过刮渣机将悬浮物和水分离开，悬浮物主要成分为植物蛋白，得以回收利用。

（四）调节

调节的目的是尽量减小或控制废水水量及废水中各项水质指标的波动，以提供后续处理过程的最佳条件。小麦淀粉生产废水的水力停留时间>12h，调节池设置射流搅拌、空气搅拌或机械搅拌装置，水下设备须防腐，当调节池采用射流搅拌时，每 $1m^3$池容的功率>10W；当采用空气搅拌时，每 $100m^3$池容的气量 1.0~1.5m^3/min；当采用机械搅拌时，边界水流速度 0.15~0.35m/s。

二、生化处理

小麦淀粉生产废水中的有机污染物可生化性好，能被生物降解掉，大部分污染物是通过生物处理去除的，因此，生物处理是小麦淀粉生产废水处理的主体工艺，以下对其介绍相对详细。

（一）水解酸化

水解酸化的主要作用是提高废水的可生化性（即提高 BOD_5/COD），一般作为厌氧/好氧生物处理的预处理，为后续厌氧/好氧生物处理创造有利的条件。水力停留时间2~6h。

水解酸化具体历程，是指厌氧反应的水解和酸化段，通过厌氧或兼性菌在这两个阶段的作用，利用胞外酶将废水里的悬浮性有机固体以及难生物降解的碳水化合物、脂肪和蛋白质等大分子物质水解成可溶性有机物和易降解的小分子物质，在酸化菌作用下，小分子有机物进一步转化为丁酸、丙酸、乙酸等低相对分子质量脂肪酸的过程。

水解酸化生物处理法是将厌氧生物反应限定在水解和酸化段，未进入产甲烷段，不产生甲烷，该生物处理法主要有以下特点和优势：

①水解酸化对温度、pH、溶解氧（DO）等环境条件的要求不高，因此反应器的附属设备较为简单，无气体收集系统，节省基建费用；

②由于水解酸化将厌氧过程控制在水解酸化阶段，因此经水解酸化处理后，废水中难降解的大分子有机物被转化为易降解物，增强了废水可生化性；

③水解酸化可去除废水中一定量的悬浮物和有机物，使好氧处理过程的污泥量显著减少，所需设施的容积随污泥产率的降低也相应减小；

④水解酸化的产泥量低且污泥高度矿化，因此易于处理；

⑤水解酸化对进水负荷的波动有缓冲作用，耐冲击负荷较强，给后续的生物处理提供了较稳定的水力条件，提升了整个废水处理系统的耐冲击负荷。

（二）厌氧处理

厌氧处理是在没有氧参与的条件下，兼性和厌氧细菌降解和转化有机物的生物处理方法。在厌氧处理过程中，复杂有机物被降解和转化为简单化合物，并释放少量能量。有机物的转化包括三部分：一部分转化成甲烷，是一种可回收利用的可燃气体；一部分被彻底分解为二氧化碳、水、硫化氢、氨等无机物，为细胞合成供应能量；还有少部分有机物被合成为细胞物质。厌氧处理由于其主要产物为甲烷，因而又称甲烷（或沼气）发酵。在标准状况下（0℃，1.013×10^5Pa），废水中1g COD等价于350mL纯甲烷，在当前能源紧缺的形势下，作为一种可回收资源、低能耗的处理工艺，厌氧处理日益受到世界各国的关注。

厌氧生物处理技术的优点：

①厌氧处理技术对废水的处理浓度范围较广，可处理低、中、高浓度的废水。经常使用的好氧工艺只能处理低浓度的废水，但厌氧处理技术则可以对极高浓度的废水进行处理。

②厌氧处理技术比好氧处理技术对营养源的需求少很多。厌氧处理中C、N、P的比例为（350~500）：5：1，而好氧处理中C、N、P的比例为100：5：1。由于有机废水中已存在一定量的N、P等多种营养源，因此我们在使用厌氧处理时，可不用添加或者只需要添加较少的营养盐便可以满足要求。

③厌氧处理技术有较高的处理负荷能力、占地面积小。在处理负荷方面厌氧工艺可能会比好氧工艺的处理负荷能力强。因此，单位容积的反应器对有机物的去除量相对来说也较多。

④厌氧处理技术有很多方面的优势，关键是它不用通风，需要的能源量比较少，同时它本身就可以产生相当多的清洁能源——沼气，沼气可通过锅炉燃烧，发电，供热或者产生蒸汽，综合来说它是一项具有经济效益的技术。

⑤厌氧处理技术仅少量有机物合成细胞物质，故其污泥产率低，剩余污泥排放量少。

⑥厌氧处理系统的大小灵活多变，设备制造相对来说较简单，设施和设备的费用也较低。

⑦厌氧处理技术所需要的菌种有可持续利用性，它能在不添加营养源的特定条件下，把自己所具有的活性以及较高的沉淀性保持在12个月甚至更长。它所具有的该优势为某些需要不连续的运行提供了非常便利的条件。

小麦淀粉生产废水的有机物含量高，可生化性强，因此，厌氧生物处理技术也被广泛应用于小麦淀粉生产废水处理领域。设定进水pH 6.5~7.8，氨氮浓度≤600mg/L，悬浮物含量≤1500mg/L。选用上流式厌氧污泥床（UASB）反应器，其容积负荷5~20kgCOD/(m^3·d)，选用膨胀颗粒污泥床（EGSB）或内循环（IC）反应器，其容积负荷15~40kgCOD/(m^3·d)。

小麦淀粉生产废水综合治理的关键，在于厌氧工艺的选择。该工艺的成功应用，既能解决绝大部分废水污染方面的问题，又能使废水资源化，为企业带来效益。在废水治理的厌氧处理工艺领域，主要厌氧反应器有全糟液厌氧反应器、UASB、EGSB、IC以及BYSB-plus等，设计计算以第二代厌氧反应器（UASB）和第三代厌氧反应器（IC）为代表进行描述。

1. 全糟液厌氧反应器

（1）结构与原理　该反应器一般采用高温厌氧发酵，温度在55~58℃，主要有升流式固体反应器（Up-Flow Solid Reactor，USR）、厌氧接触反应塔等。以 USR 为例介绍其结构与原理。

USR 是一种结构简单、适用于处理含高悬浮固体废水的反应器，其结构见图 8-14。废水由底部配水系统进入，其上升并通过高浓度厌氧菌的固体床，使废水中的有机固体与厌氧菌完全接触并反应，有机固体得以液化发酵、厌氧分解。未反应的有机颗粒和厌氧菌靠重力沉降留存于反应器内，分离出的上清液从反应器上部出水渠溢出，沼气从顶部集气室导出，这样保证了比水力停留时间高得多的微生物停留时间和固体停留时间，提高了有机固体的分解效率。

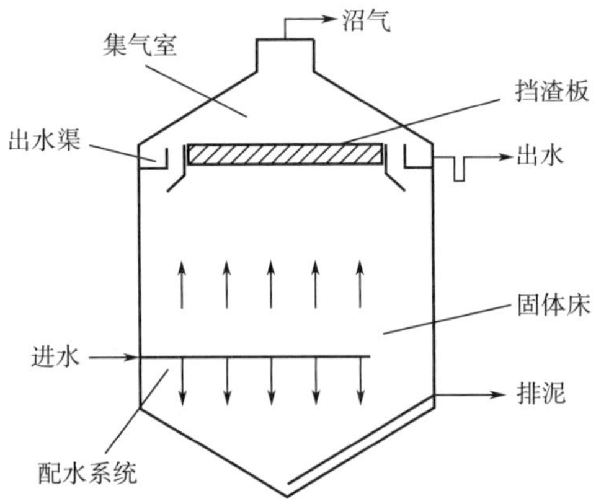

图 8-14　USR 反应器结构示意图

（2）主要特点

①耐受膳食纤维类悬浮物浓度较高，进行全糟液发酵，不需要对废水进行去除悬浮物的预处理；

②高温发酵，污泥活性强；

③容积负荷不高；

④技术成熟，管理方便；

⑤污泥、废水、沼气三相分离效果差，不适合高蛋白、高黏度的废水处理，该情况下污泥流失速度大于污泥增长速度，最终会造成系统瘫痪；

⑥运行温度高，能耗高昂。

（3）应用范围　全糟液厌氧反应器应用广泛，在许多废水处理领域都有成功运行的案例，如玉米酒精糟液、木薯酒精糟液以及养殖场粪便废水处理领域，运行效果良好。

2. 上流式厌氧污泥床反应器

（1）结构与原理　上流式厌氧污泥床反应器（Up-Flow Anaerobic Sludge Bed/Blanket，UASB）的反应温度控制在 35℃ 左右，为中温发酵，其结构见图 8-15，由进水系统、污泥反应区、三相分离器（包括沉淀区）、气室以及排水系统等组成。具有较好沉降性能和凝聚性能的厌氧污泥在底部反应区内形成污泥层，废水从底部进水配水系统流入，与污泥层中污泥进行充分接触，污泥中的微生物

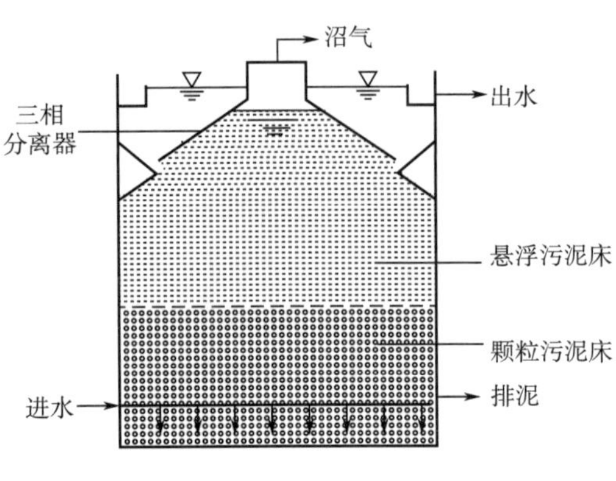

图 8-15　UASB 反应器结构示意图

降解废水中的有机污染物并将其转化为沼气。沼气以微小气泡形式释放并上升，在此过程中不断合并成较大的气泡，由于沼气的搅动，产生污泥浓度较低的混合液，升至三相分离器，沼气碰撞分离器的反射板，折向反射板的四周并穿过水层进入气室，集气室的沼气通过导管引出；固液混合液进入分离器的沉淀区，混合液中的污泥絮凝形成较大颗粒，并自然沉降，沉降至斜壁上的污泥，依靠重力分力沿着斜壁自动滑回反应区，使反应区内积累高浓度的污泥；与污泥分离后的上清液从沉淀区的溢流堰溢出至出水渠，排出反应器进入下一个设施。

（2）主要特点

①耐受膳食纤维类悬浮物能力差，对非膳食纤维类悬浮物耐受浓度较高，一般情况下不需要对废水进行预处理去除该类悬浮物；

②中温发酵，污泥浓度高，污泥活性较强；

③容积负荷较低，形成颗粒污泥后可提升容积负荷；

④配置三相分离器，沉淀污泥能自动返回反应区；

⑤运行稳定性强，COD 去除率高，出水水质高，适于出水水质要求高的废水处理领域；

⑥技术成熟，管理方便；

⑦占地面积大。

（3）应用范围 UASB 反应器主要用于处理含悬浮物较少的有机废水，在高浓度有机废水处理领域，各行业都有大量成功运行的案例。

（4）设计计算

①反应器有效容积：每个反应器的有效容积以 $<1000m^3$ 为宜，反应器的有效容积通常采用有机物容积负荷进行确定，其通过试验或参考同类废水 UASB 厌氧反应器的设计参数选定，小麦淀粉及谷朊粉生产废水，在 UASB 反应器内颗粒污泥易形成，可提高有机物容积负荷，选取范围 $8\sim20kgCOD/(m^3 \cdot d)$。

反应器的有效容积计算如式（8-1）：

$$V = \frac{QS_0}{N_V} \tag{8-1}$$

式中 V——反应器有效容积，m^3；

Q——设计处理水量，m^3/d；

S_0——进水有机物浓度，$kgCOD/m^3$；

N_V——有机物容积负荷，$kgCOD/(m^3 \cdot d)$。

②反应器的截面积：反应器经济高度为 4～6m，确定反应器的高度和有效容积后，反应器的截面积计算如式（8-2）：

$$A = \frac{V}{H} \tag{8-2}$$

式中 A——反应器截面积，m^2；

V——反应器有效容积，m^3；

H——反应器高度，m。

在相同截面积下，矩形池周长比正方形池大，所需材料多，不太经济。考虑到公共壁，可采用矩形池，从经济性和布水均匀性来看，单池较合适的长宽比为 2∶1 左右。同时，公共壁矩形池，对造价有较大影响的是其长宽比，各参数需优化，从目前实施情况看，反应器可行的宽度为>20m，采用管道布水时反应器长度不受限制。

③布水系统：通常采用连续均匀进水布水方式。布水孔设置可采用一管一孔或一管多孔布水方式，一管一孔布水方式通过多根配水管（一根配水管服务一个布水孔）均匀分布于池底，为保证各个布水孔流量均匀，建议采用高位水箱或高位配水槽，即重力布水。一管多孔布水方式通过在一根配水管上开多个孔，为了布水均匀，配水管中心距和布水孔距均为 1~2m，孔口与垂线呈 45°或向下，孔径 15~25mm，单个布水孔的服务面积 2~4m^2；配水管中心距池底 200~250mm，配水管的管径 100~150mm；为保证各个布水孔出水更均匀，孔口流速应≥2m/s；一管多孔常采用压力布水方式，配水管也可用作放空管和排泥管，方便消除堵塞。

④三相分离器设计计算：

a. 总体设计。如图 8-16 所示，三相分离器由斜板 M、N 组成，为便于沉淀区沉下的污泥能自滑回反应区，斜板与水平夹角 θ_1 和 θ_2 可取 55°~60°，θ_1 和 θ_2 可相同。回流缝长度（cd）应>0.2m，以发挥污泥回流的功能。处理水量同上，为 Q（m^3/d），设反应区宽度为 B（m），长度为 L（m），则反应区水力表面负荷应满足式（8-3）：

$$\frac{Q}{24BL} \leqslant 1.0\ m^3/(m^2 \cdot h) \qquad (8-3)$$

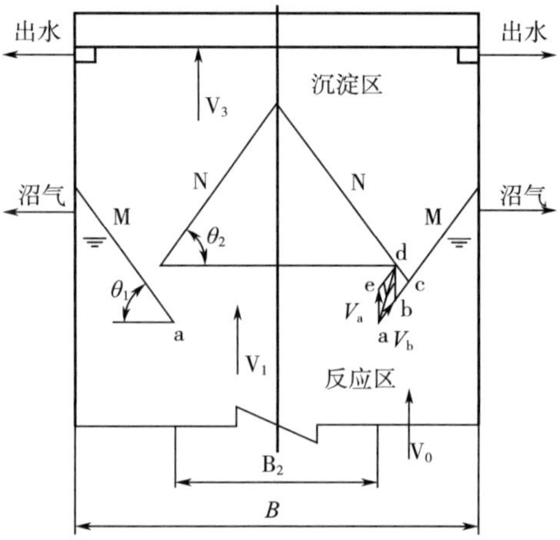

图 8-16　三相分离器设计计算示意图

式中　Q——设计处理水量，m^3/d；

B——反应区宽度，m；

L——反应区长度，m。

气液分离区入口处的上升流速 V_1（V_a）应满足：

$$V_1 = \frac{Q}{24B_1L} \leqslant 1.0 \sim 1.25m/h \qquad (8-4)$$

式中　V_1——气液分离区入口处上升流速，m/h；

Q——设计处理水量，m^3/d；

B_1——气液分离区宽度，m；

L——气液分离区长度，m。

沉淀区入流缝处（垂直于 cd）的废水流速 V_2（V_b）应满足：

$$V_2 = \frac{Q}{24 \times 2cd \times L} \leqslant 1.25 \sim 1.5m/h \qquad (8-5)$$

式中　V_2——沉淀区入流缝处废水流速，m/h；

Q——设计处理水量，m^3/d；

cd——回流缝宽度，m；

L——回流缝长度，m。

b. 气液分离区的设计。在图 8-16 中，abcdea 所包围的区域为设定的气液分离区，通过 a-a 断面的混合液流速为 V_1（V_a），上升至 a 点后的混合液将沿 ab 方向流动，其流速设为 V_b，气泡垂直上升的速度为 V_a，则气泡运动轨迹将沿着 V_b、V_a的合速度 V 的方向运动。合速度 V 的方向指向板端的 d 点即为气泡被 N 板截留的边界条件，可推导出气液分离的基本表达式：

$$\frac{ab}{bd} \geqslant \frac{V_b}{V_a} \tag{8-6}$$

式中　ab——边长 ab 的长度，m；

bd——边长 bd 的长度，m；

V_a——a-a 断面的混合液流速，m/h；

V_b——沿 ab 方向的混合液流速，m/h。

气泡上升速度 V_a受其直径、液体和气体的密度、废水黏滞系数以及水温等因素影响。当气泡的直径≤0.1mm 时，其四周绕流液体的流态是层流（$Re<1$），气泡的上升流速 V_a可按斯托克斯公式计算得到。

又：

$$bd = \frac{cd}{\cos\theta_1} \tag{8-7}$$

式中　bd——边长 bd 的长度，m；

cd——边长 cd 的长度，m；

θ_1——斜板与水平夹角，(°)。

则：

$$\frac{ab}{cd} \geqslant \frac{1}{\cos\theta_1} \cdot \frac{V_b}{V_a} \tag{8-8}$$

式中　ab——边长 ab 的长度，m；

cd——边长 cd 的长度，m；

θ_1——斜板与水平夹角，(°)；

V_a——a-a 断面的混合液流速，m/h；

V_b——沿 ab 方向的混合液流速，m/h。

c. 沉淀区设计。考虑厌氧污泥仍有反应能力，产生少量沼气，干扰污泥沉降，故沉淀区表面负荷建议<$1.0m^3/(m^2 \cdot h)$，根据表面负荷和处理水量计算得到沉淀区的截面面积。一般沉淀区水力停留时间 0.5~1.0h，水深 0.5~1.0m，考虑到沉淀斗的停留时间和高度，则沉淀区的总停留时间 1.5~2.0h，总水深 1.5m 左右。

3. 膨胀颗粒污泥床反应器

（1）结构与原理　膨胀颗粒污泥床反应器（Expanded Granular Sludge Bed，EGSB）的基本结构见图8-17，由进水系统、反应区、三相分离区、出水系统和出水回流系统等部分组成，反应器通常为圆形，较高的液体升流速度通过较大的高径比和出水回流来实现，使颗粒污泥床保持膨化状态。废水与回流出水由底部配水管一起进入反应器，升流穿过膨化颗粒污泥区，使废水中的有机污染物与颗粒污泥完全接触而降解转化成沼气等产物。混合液升流至反应器上部，通过三相分离器进行气固液的分离。分离出来的沼气由集气室的导管引出，沉淀污泥自动返回至反应区，上清液由出水渠排出。

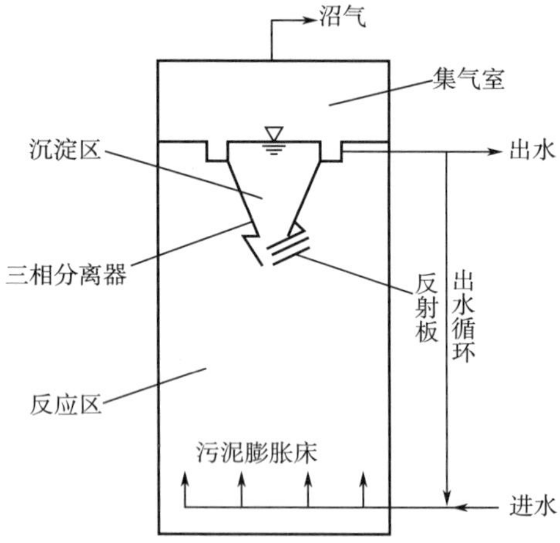

图8-17　EGSB反应器结构示意图

（2）主要特点

①高径比大，占地面积大大缩小；

②污泥床保持膨胀状态，不会产生死角和沟流；

③可在高有机负荷下，有时高达40kgCOD/(m^3·d)，取得较高的处理效率；

④污泥呈颗粒状，粒径较大，强度较高，沉降性能好，活性强；

⑤维持高的液体上升流速（3~10m/h），实现废水与污泥完全混合、接触，有利于处理低浓度、低温有机废水；

⑥配置出水回流系统，可稀释、降低废水中的悬浮性固体和有毒物质浓度；

（3）适用范围　对含难降解有机物、大分子脂肪酸类化合物、高盐度、高悬浮性固体、有毒性物质以及低温、低基质浓度的有机废水适应性强。

4. 内循环厌氧反应器

（1）结构与原理　内循环厌氧反应器（Internal Circulation，IC）一般为中温反应器，控制在35℃左右，其结构如图8-18所示。由两个上下串联的UASB反应器构成，高度达16~25m，由混合区、颗粒污泥膨胀床区、精处理区、内循环系统和出水区等部分组成。其中IC反应器的核心结构为内循环系统，由一级分离器、沼气提升管、气水分离室和回流管等组成。

进入反应器底部混合区的废水，与来自回流管的泥水混合液充分混合后进入颗粒污泥膨胀床，此处有很高的COD容积负荷，大部分COD被降解转化成沼气。沼气由一级分离器收集，因沼气气泡形成过程中产生气体提升作用，使得沼气、污泥和水的混合物沿沼气提升管升至顶部的气水分离室，沼气在此与泥水分离并被导出。泥水混合液沿回流管返至反应器底部的混合区，形成内循环。根据进水的不同COD负荷和不同的反应器构造，内循环量为进水量的 0.5～5 倍。经膨胀床区处理后的废水除一部分进入内循环外，其余废水经一级分离器进入精处理区，完成剩余 COD 的降解与沼气的产生，以实现出水水质达标。因大部分 COD 已被降解，所以精处理区有较低的 COD 负荷，产生的沼气量较少，沼气由二级分离器收集进入气水分离室。经过精处理区处理后的废水经二级分离器分离，上清液经出水渠排出，颗粒污泥则返至精处理区。

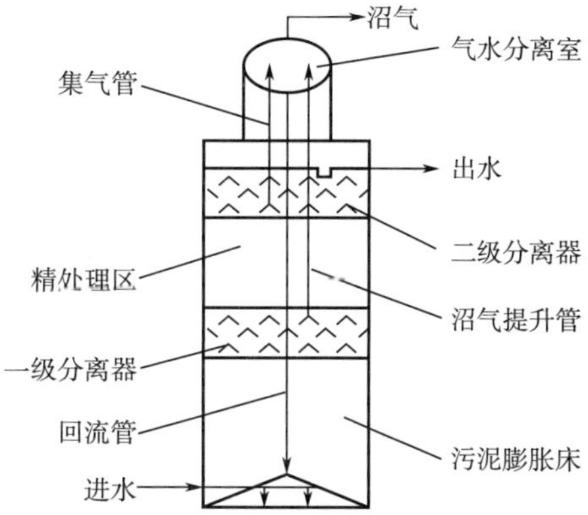

图 8-18　IC 反应器结构示意图

（2）主要特点

①污泥浓度高，运行效率高；

②相对 UASB 投资较低；

③结构非常紧凑，占地面积较小；

④容积负荷高，颗粒污泥质量好；

⑤运行稳定性强，管理方便；

⑥不足之处是耐受各类悬浮物能力差，对进水水质要求较为苛刻，对于悬浮物较高的废水必须进行前处理去除悬浮物。

（3）应用范围　IC 反应器在有机废水处理各领域均有成功运行的案例，在控制进水条件下，尤其是控制进水悬浮物在一定范围内时，IC 反应器可适用于任何生化性好的有机废水，如淀粉生产废水、啤酒生产废水等。

（4）设计计算　给出水质参数：进水流量 $Q=3200\text{m}^3/\text{d}$，进水 COD = 13000mg/L，出水 COD = 1300mg/L

①有效容积计算：根据进水容积负荷法测算反应器有效容积：

$$V=\frac{Q(S_0-S_e)}{N_V} \tag{8-9}$$

式中　V——反应器有效容积，m^3；

Q——设计处理水量，m^3/d；

S_0——进水有机物浓度，kgCOD/m^3；

S_e——出水有机物浓度，kgCOD/m^3；

N_V——有机物容积负荷，$\text{kgCOD/(m}^3\cdot\text{d)}$。

IC 反应器容积由第一反应室容积和第二反应室容积组成，第一反应室对进水 COD 的去除率较高，占去除总 COD 的 80%，而第二反应室对进水 COD 的去除率较低，占去除总 COD 的 20%。

取第一反应室的容积负荷 $N_{V_1}=36\text{kgCOD/(m}^3\cdot\text{d)}$ ［取值范围 20～40kgCOD/($\text{m}^3\cdot$d)］，第二反应室的容积负荷 $N_{V_2}=13\text{kgCOD/(m}^3\cdot\text{d)}$ ［取值范围 5～15kgCOD/

$(m^3 \cdot d)$］则第一反应室的有效容积：

$$V_1 = \frac{Q(S_0 - S_e)}{N_{V_1}} \times 80\% = \frac{3200 \times (13 - 1.3)}{36} \times 80\% = 832(m^3)$$

第二反应室的有效容积：

$$V_2 = \frac{Q(S_0 - S_e)}{N_{V_2}} \times 20\% = \frac{3200 \times (13 - 1.3)}{13} \times 20\% = 576(m^3)$$

IC 反应器的总有效容积 $V=832+576=1408$（m^3），在此取 $1420m^3$。

②反应器的几何尺寸计算：大型 IC 反应器的高度 H 为 20～25m，选取其高径比（H/D）相对较小，本设计取 2.5，由：

$$V=AH=(0.25\pi D^2)\cdot(2.5D)=0.625\pi D^3=1420\ (m^3)$$

得 $D=8.95$（m），取 9m；

则 $H=2.5\times9=22.5$（m），取 23m。

IC 反应器的底面积 $A=0.25\pi D^2=0.25\times3.14\times9^2=63.6$（$m^2$），则：

第二反应室高度 $H_2=V_2/A=576/63.6=9.06$（m），取 9m

第一反应室的高度 $H_1=H-H_2=23-9=14$（m）

③核算反应器的总容积负荷（N_V）：

$$N_V = \frac{Q(S_0 - S_e)}{V} = \frac{3200 \times (13 - 1.3)}{1420} = 26.4[kgCOD/(m^3 \cdot d)]$$

$$[在 20 \sim 40kgCOD/(m^3 \cdot d)]$$

④反应器的循环量：设定沼气产率为 $0.42m^3/kgCOD$，则第一反应室产生的沼气量（$Q_{沼气}$）为：

$$Q_{沼气} = Q \times (S_0 - S_e) \times 80\% \times 0.42 = 3200 \times (13 - 1.3) \times 80\% \times 0.42 = 12580(m^3)$$

每 m^3 沼气可携带 $1\sim2m^3$ 的废水由提升管升至气水分离室，则回流废水量（Q_{lr}）：

$$Q_{lr}=12580\sim25160m^3/d=524\sim1048m^3/h$$

⑤反应器上升流速计算：第一反应室的上升流速（v_1）：

$$v_1 = \frac{Q_{lr} + Q}{A} = \frac{(12580 \sim 25160) + 3200}{63.6} = 248.2 \sim 446.0(m/d) = 10.3 \sim 18.6(m/h)$$

在 10～20m/h，满足要求。

第二反应室的上升流速（v_2）：

$$v_2 = \frac{Q}{A} = \frac{3200}{63.6} = 50.3(m/d) = 2.1(m/h)$$

在 2～10m/h，满足要求。

5. BYSB-Plus 反应器

（1）结构与原理　BYSB-Plus 反应器也采用中温厌氧发酵，其结构如图 8-19 所示，自上至下由进水分配装置、分离区、反应区以及布水区等四个功能区组成，进水分配装置为 ZP 点式重力配水器，分离区由三相分离器组成，布水区包括布水槽、布水管和布水头，布水管、布水头直径较大，不易堵塞。

废水首先进入反应器的顶部布水槽，由布水槽均匀进入各布水管，由布水管流入底部对应的布水头，并均匀地分布于反应器底部，与底部的污泥床完全混合、接触，向上流经反应区与污泥持续反应，实现消除有机污染物的目的。废水继续升流至分离区，通过三相分离器达到气、水、泥的分离，使污泥留在反应器继续处理污染物，上清液排出反应器，沼气收集输送至沼气储罐待用。

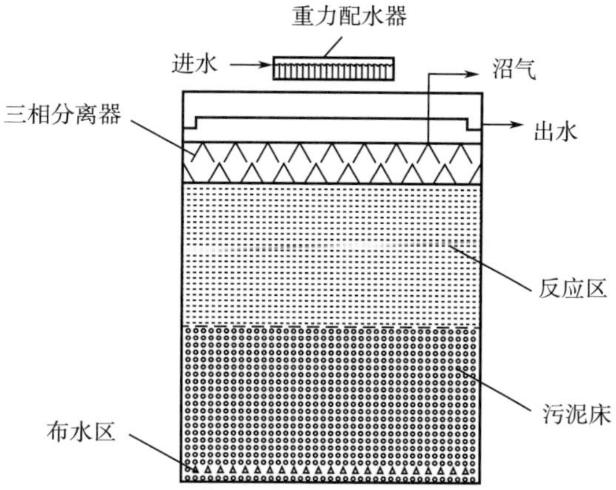

图 8-19　BYSB-Plus 反应器结构示意图

（2）主要特点

①耐受悬浮物能力强，一般情况下不需要对废水进行预处理去除悬浮物；

②中温发酵，污泥活性较强；

③容积负荷较高，易于形成颗粒污泥；

④运行稳定性强，去除率高，出水水质好，适合于出水水质要求高的废水处理领域；

⑤技术成熟，应用广泛，管理方便；

⑥最大程度的实现废水资源化目标。

（3）应用范围　BYSB-Plus 反应器在小麦淀粉生产废水以及小麦酒精废水处理领域已有许多成功的案例，尤其在采用马丁法、三相卧螺法生产工艺的企业中应用较广泛。

（三）好氧处理

好氧生物处理是在有分子氧参与的条件下，利用好氧微生物降解废水中有机污染物，使其稳定、无害化的处理方法。微生物利用废水中存在的有机污染物（以溶解状和胶体状为主）为底物进行好氧代谢，这些有机物经过一系列生化反应，逐级释放能量，最终以无机物形式稳定下来。有机物通过微生物代谢活动，约有 1/3 被分解、稳定，并提供微生物生理活动所需的能量；约有 2/3 被转化，合成新的细胞物质。通过固、液分离，使废水得到净化。好氧生物处理技术在淀粉废水处理中的应用十分普遍。

好氧生物处理与厌氧生物处理相比，具有以下优点：

①不产生带臭味的物质，能实现达标排放。有机物通过好氧处理被转化为 CO_2、H_2O、NH_3、NO_2^-、NO_3^-、PO_4^{3-}、SO_4^{2-}等，处理后的出水无恶臭。

②反应速度快，设施投资较省。有机物好氧分解较彻底，释放的能量多，故有机物转化速度快，水力停留时间短，所需设施体积较小。

③对环境要求不高，操作简单。好氧处理仅需要供氧，对环境要求不苛刻。

好氧工艺段是确保小麦淀粉生产废水达标排放的关键，适合企业自身需求及满足国家排放标准是决定如何选择该工艺段的两个必须考虑的因素。目前，在小麦淀粉生产废水处理领域中，应用较多的好氧处理工艺如下：

1. SBR 工艺

（1）结构与原理　序批式间歇活性污泥法（Sequencing Batch Reactor，SBR），在空间上为完全混合型反应器，时间上为推流式反应器。反应器中活性污泥的微生物代谢和泥水分离在不同时间，同一空间内完成。SBR 法最显著的特点是间歇式运行，其一个反应周期由一系列步骤（进水、反应、沉淀和出水）组成，每个过程都需要一段特定的时间去完成，不需要进水时，SBR 反应器即处于闲置期，其运行过程见图 8-20。SBR 工艺被美国环境保护署推荐为一项低投资、低运行成本及高效率的环境处理新技术，据其调查，同一废水流量，选择 SBR 比传统活性污泥法处理费用要低很多。

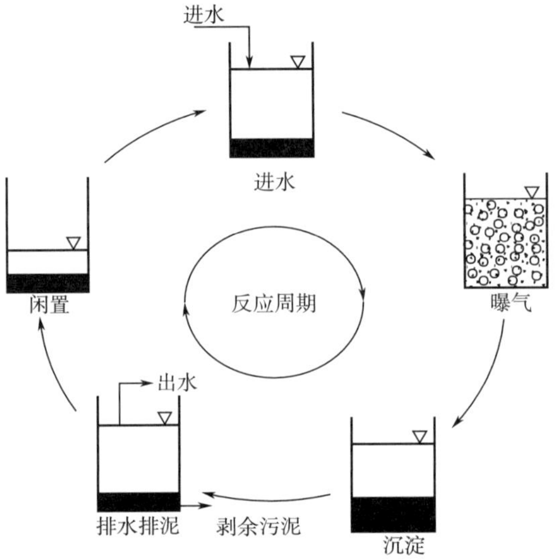

图 8-20　SBR 反应器运行过程示意图

（2）主要特点

①工艺流程较简单，无沉淀池、污泥回流设备、调节池等，大大减少设施投资，而且由于其工艺简洁使得占地面积小，运行费用较少；

②操作方式灵活，按照原水水质、水量的特点及变化，通过不同的控制方法灵活操作，达到脱氮除磷等功能；

③污泥沉降性好，具有固液分离快、沉淀时间短、出水浊度低等优点；

④处理高浓度有机废水、抵御有害物质和耐冲击负荷的能力强；

⑤能很好地抑制丝状菌过度繁殖从而有效防止污泥膨胀的发生；

⑥在时间上具有理想的推流状态，生化反应速率快、效率高。

（3）设计计算　给出水质参数：废水流量 $Q=1800m^3/d$，进水 COD=1300mg/L，进

水 $BOD_5=600mg/L$，水温 $t=10℃$；

选取设计参数：污泥负荷 $N_S=0.2kgBOD/(kgMLSS\cdot d)$［取值范围 0.1～0.4kgBOD/(kgMLSS·d)］，污泥浓度 $X=4000mgMLSS/L$（取值范围 1500～5000mgMLSS/L），污泥体积指数 $SVI=100mL/gMLSS$（取值范围 100～150mL/gMLSS），反应池数目 $N=4$ 座（≥2 座），池内水深 $H=5m$（取值范围 4～6m），反应池长宽比为 2∶1（取值范围 1∶1～2∶1），排水比 $1/m=1/4$（取值范围 1/4～1/2），污泥界面最小水深 $H_f=0.5m$（≥0.5m）。

①1 个周期所需时间（T_C）：

a. 计算曝气时间（T_A）。

$$T_A=\frac{24S_0}{N_S mX}=\frac{24\times 650}{0.2\times 4\times 4000}=4.5(h)$$

式中　T_A——曝气时间，h；

S_0——进水有机物浓度，$kgBOD/m^3$；

N_S——污泥负荷，kgBOD/（kgMLSS·d）；

$1/m$——排水比；

X——污泥浓度，$kgMLSS/m^3$。

b. 计算污泥界面初始沉降速度（v_{max}）。

$$v_{max}=4.6\times 10^4\times X_0^{-1.26}=4.6\times 10^4\times 4000^{-1.26}=1.3\ (h)$$

c. 计算沉淀时间（T_S）。

$$T_S=\frac{\dfrac{H}{m}+H_f}{v_{max}}=\frac{\dfrac{5}{4}+0.5}{1.3}=1.3(h)$$

d. 设定排水时间 $T_D=2.0h$，则 1 个周期所需时间（T_C）。

$$T_C\geqslant (T_A+T_S+T_D)=(4.5+1.3+2)=7.8\ (h)$$

②周期次数：计算周期次数（n）。

$$n=\frac{24}{T_C}=\frac{24}{7.8}=3.1$$

取 $n=3$（符合周期次数 3～4），则每个周期 8h。

③进水时间：计算进水时间（T_F）。

$$T_F=\frac{24}{nN}=\frac{24}{3\times 4}=2(h)$$

④单池周期进水量：计算单池周期进水量（Q_0）。

$$Q_0=\frac{Q}{24}\times T_F=\frac{1800}{24}\times 2=150(m^3)$$

⑤单池有效容积：

a. 计算曝气时间比（e）。

$$e=\frac{nT_A}{24}=\frac{3\times 4.5}{24}=0.5625$$

b. 计算单池有效容积（V）。

$$V = \frac{QS_0}{NeXN_S} = \frac{1800 \times 600}{4 \times 0.5625 \times 4000 \times 0.2} = 600(m^3)$$

式中 V——单池有效容积，m^3；

Q——废水流量，m^3/d；

S_0——进水有机物浓度，kgBOD/m^3；

N——反应池数目；

e——曝气时间比；

X——污泥浓度，kgMLSS/m^3；

N_S——污泥负荷，kgBOD/（kgMLSS·d）。

⑥反应池最小水量：计算反应池最小水量（V_{min}）。

$$V_{min} = V - Q_0 = 600 - 150 = 450\ (m^3)$$

⑦反应池污泥体积：计算反应池污泥体积（V_X）。

$$V_X = \frac{SVI \cdot X \cdot V}{10^6} = \frac{100 \times 4000 \times 600}{10^6} = 240(m^3)$$

⑧单池周期进水量校核：

$Q_0 <（V - V_X）=（600-240）= 360（m^3）$；$Q_0 = 150（m^3）$满足要求。

⑨SBR 池各尺寸：

计算 SBR 池的面积（A）。

$$A = \frac{V}{H} = \frac{600}{5} = 120(m^2)$$

依据长宽比 2∶1，计算 SBR 池的宽度（B）。

$$B = \sqrt{\frac{A}{2}} = \sqrt{\frac{120}{2}} = 7.75(m)$$

则 SBR 池的长度（L）。

$$L = 2B = 2 \times 7.75 = 15.5\ (m)$$

计算 SBR 池的最低水位（H_L）。

$$H_L = \frac{V_{min}}{A} = \frac{450}{120} = 3.75(m)$$

计算 SBR 池的污泥高度（H_S）。

$$H_S = \frac{V_X}{A} = \frac{240}{120} = 2.00(m)$$

则最低水位与污泥界面之间的缓冲层高度为：3.75−2.00＝1.75（m），满足≥0.5m的要求。

2. CASS 工艺

（1）结构与原理　循环活性污泥系统（Cyclic Activated Sludge System，CASS），曝气池和二沉池合并，在一个反应池内完成废水的生物处理和固液分离，CASS 是 SBR 工艺的变形，其具有较高的脱氮效果。CASS 法与传统 SBR 工艺的不同点在于 CASS 法在进水处设置了生物选择器（即预反应区），生物选择器能快速培养去除污染物的优势细菌，抑制丝状菌繁殖，从而限制了污泥膨胀。CASS 工艺由 CASS 反应池组成，其结构见图 8-21，CASS 反应池的运行步骤如下。

①进水-曝气阶段开始：池内达最低水位，开始进水、曝气与污泥回流；

②曝气-曝气阶段结束：池内达最高水位，进水、曝气与回流污泥，曝气结束；

③沉降阶段开始：当池内达最高水位，停止进水并停止曝气和污泥回流，进入沉降阶段；

④沉降阶段趋向结束，滗水阶段开始，此时不进水，滗水开始外排；

⑤滗水阶段及排泥结束：此阶段滗水设备排出上清液直到最低水位，停止滗水，同时根据需要排泥；

⑥进水闲置（待机）阶段：此时池内达最低水位，开始进水。

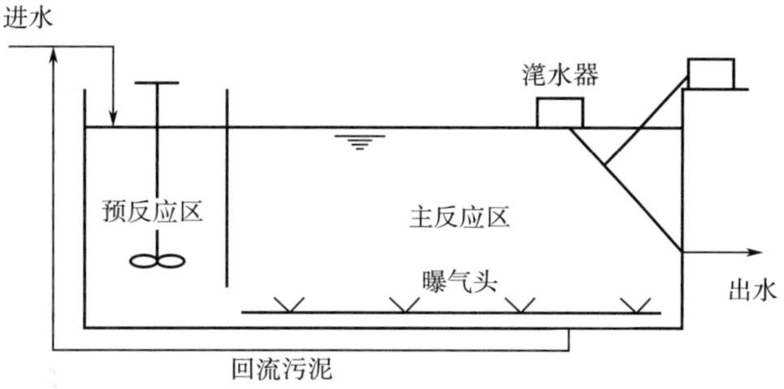

图 8-21　CASS 反应器结构示意图

（2）主要特点

①CASS 系统整体结构紧凑简单，无须复杂的管线传输，系统操作简单且更有灵活性；

②CASS 反应池具有调节均质作用，可承受高峰污染物浓度及有毒物质对系统的冲击；

③因有生物选择器，能抑制丝状菌的繁殖，故不会发生污泥膨胀；

④在废水流量未达到设计值时，CASS 系统可采用部分反应池容积或调节反应时间，从而避免电能的浪费；

⑤对于单个反应池，其出水是间断方式，在高负荷时不会流失活性污泥，因而可维持高负荷时的处理效率；

⑥固液分离时 CASS 接近完全静止状态，不会产生短流，同时，CASS 反应池全部容积在沉淀时都用于固液分离，较小粒度的污泥颗粒也能沉降分离；

⑦结构可采用组合式模块，节省占地面积，能实现分批分期建设；

⑧净化过程能自动控制，需要劳力少，处理费用低。

（3）设计计算　给出水质参数：废水流量 $Q=1800m^3/d$，进水 COD=1300mg/L，进水 $BOD_5=600mg/L$，出水 $BOD_5=20mg/L$；

选取设计参数：有机基质降解速率常数 $K_2=0.02$L/(mg·d)［取值范围 0.0168～0.0281 L/(mg·d)］，MLVSS/MLSS 的比值 $f=0.7$（取值范围 0.7～0.8），污泥浓度 $X=$ 3500mgMLSS/L（取值范围 2500～4000mgMLSS/L），污泥体积指数 $SVI=100$mL/gMLSS（取值范围 100～150mL/gMLSS），反应池数目 $N=2$ 座（≥2 座），每日循环周期数 n=3（取值范围 3～4），池内水深 $H=4$m（取值范围 3～5m），预反应区长度是总长度的 0.2 倍（取值范围 0.16～0.25），隔墙底部连通口流速 $v=40$m/h（取值范围 20～50m/h）。

①污泥负荷：计算有机基质降解率。

$$\eta = \frac{S_0 - S_e}{S_0} \times 100\% = \frac{600 - 20}{600} \times 100\% = 96.7\%$$

式中　η——有机基质降解率,%；

S_0——进水有机基质浓度，kgBOD/m^3；

S_e——出水有机基质浓度，kgBOD/m^3。

计算污泥负荷。

$$N_S = \frac{K_2 S_e f}{\eta} = \frac{0.02 \times 20 \times 0.7}{0.967} = 0.29[\text{kgBOD/(kgMLSS·d)}]$$

式中　N_S——污泥负荷，kgBOD/（kgMLSS·d）；

K_2——有机基质降解速率常数，L/（mg·d）；

S_e——出水有机基质浓度，kgBOD/m^3；

f——MLVSS/MLSS 的比值；

η——有机基质降解率,%。

污泥负荷在 0.05～0.5kgBOD/(kgMLSS·d)，满足要求。

②CASS 单池容积：计算 CASS 总容积。

$$V_{总} = \frac{Q(S_0 - S_e)}{N_S X f} = \frac{1800 \times (600 - 20)}{0.29 \times 3500 \times 0.7} = 1469(\text{m}^3)$$

式中　$V_{总}$——CASS 总容积，m^3；

Q——废水流量，m^3/d；

S_0——进水有机基质浓度，kgBOD/m^3；

S_e——出水有机基质浓度，kgBOD/m^3；

N_S——污泥负荷，kgBOD/（kgMLSS·d）；

X——污泥浓度，kgMLSS/m^3；

f——MLVSS/MLSS 的比值。

因 CASS 池有 2 座，计算单池容积（V）。

$$V = \frac{V_{总}}{2} = \frac{1469}{2} = 735(\text{m}^3)$$

③CASS 池外形尺寸：因 $V=AH$，计算面积（A）。

$A=V/H=735/4=184$（m^2），取池宽 $B=6$m；

则池长 $L=A/B=184/6=31$（m），$L/B=5.2$，$B/H=1.5$；

满足 L/B 在 4~6，B/H 在 1~2，符合要求，计算预反应区长度。

$$L_1=0.2L=0.2\times31=6.2\ (\text{m})$$

计算排水后最低水位的水深（H_1）。

$$H_1=\frac{Q}{NnA}=\frac{1800}{2\times3\times31\times6}=1.6(\text{m})$$

计算污泥沉淀浓缩后最高泥面与池底之间的水深（H_S）。

$$H_S=H\times X\times SVI\times10^{-3}=4\times3.5\times100\times10^{-3}=1.4\ (\text{m})$$

计算安全高度，即排水后最低水位与泥面之间的水深（H_f）。

$$H_f=H-(H_1+H_S)=4-(1.6+1.4)=1.0\ (\text{m})\ (\text{满足}\geq0.5\text{m 要求})$$

3. 两级 A/O 生化系统

（1）结构与原理　两级 A/O 生化系统是在传统一级 A/O 生化池基础上加以完善发展起来的一种工艺，其可靠性已经在同类废水中得到验证，具体工艺如图 8-22 所示。每级 A/O 生化池均由缺氧段（A 段）与好氧段（O 段）组成。A 段主要功能是反硝化，完成脱氮；O 段主要功能是大量降解废水 COD，并完成脱氮过程中必不可少的硝化反应过程，为最终脱氮提供条件。每级 A 段设有潜水搅拌机，并控制 DO<0.5mg/L；每级 O 段设有专用曝气设备，并控制 DO>1.5mg/L。

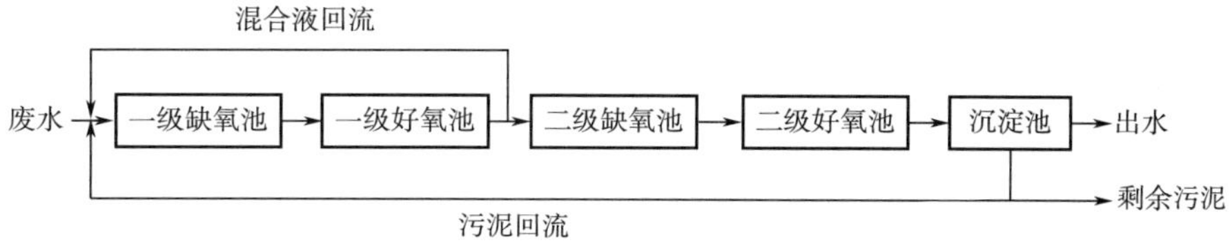

图 8-22　两级 A/O 工艺框图

废水首先进入一级 A/O 生化池缺氧池（A 段），在缺氧环境中（以潜水搅拌代替曝气），流进的废水与回流至此的硝化液进行充分混合，利用废水中的碳源进行反硝化反应，将硝化液中的 NO_3^-、NO_2^- 还原成 N_2 并溢出。A 段出水自流进入 O 段继续硝化反应，经充分硝化反应后按一定比例再次回流至 A 段进行反硝化反应，达到循环高效脱氮的目的。

一级 A/O 生化池出水自流进入二级 A/O 生化池，二级 A/O 生化池结构和反应原理跟一级 A/O 生化池一致，作为一级 A/O 生化池出水的二次处理，提高整个好氧生化处理系统对氨氮和 COD 物质的去除效率。

氨氮的去除主要集中在缺氧-好氧段，其去除过程如下：

好氧环境：$NH_4^++1.4O_2+2HCO_3^-\longrightarrow NO_2^-+H^++H_2O$（亚硝化菌）

好氧环境：$NO_2^-+0.5O_2+HCO_3^-\longrightarrow NO_3^-$（硝化菌）

缺氧环境：$NO_3^-+[H]\longrightarrow NO_2^-+CO_2+H_2O$（反硝化菌）

缺氧环境：$NO_2^-+[H]\longrightarrow N_2+H_2O+OH^-$（反硝化菌）

（2）主要特点

①污泥负荷低，出水效果较好；

②通过间隔曝气提高了系统对氧的利用率；

③叠加硝化-反硝化，使氨氮的去除效果更显著；

④不存在污泥膨胀，污泥沉降性能良好。

（3）应用范围　两级 A/O 生化系统是当前针对高 COD、高氨氮“双高”废水最有效的生化处理工艺，已经在多家小麦淀粉生产废水以及小麦酒精生产废水处理工程中使用，并成功运行。

三、深度处理

深度处理经预处理、生化处理后的出水，使其达到《生活杂用水水质标准》，回用于生产生活中，实现水资源的节约。淀粉废水主要回用途径有消防用水、厕所冲洗水、企业绿化用水以及工业循环回用水等。

（一）混凝

混凝处理对象，主要是水中的微小悬浮固体和胶体杂质，其能在水中长期维持分散悬浮状态，由于微小悬浮固体和胶体杂质具有“稳定性”，即使静置数 10h 以上，也不会自然沉降。

添加混凝剂，通过压缩双电层、吸附架桥和网捕作用使微粒凝聚成大颗粒，称为混凝。大颗粒因受重力作用而沉降，可用沉淀方法去除。对于不同种类的混凝剂，所起的作用程度并不一样，对有机高分子混凝剂，吸附架桥作用可能是主要的；对铝盐、铁盐等无机混凝剂，压缩双电层和吸附架桥以及网捕都具有作用。

（二）沉淀

主要依据重力沉降作用实现凝结成的大颗粒与水分离。沉淀池有竖流式、平流式、辐流式以及斜板（管）式等池型，依据小麦淀粉生产废水处理规模，多采用升流式异向流斜板沉淀池，其处理能力较高。

原水通过配水槽和穿孔墙进入斜板沉淀池，均匀分布在池子的整个下部，水在池内缓缓上升，水中大颗粒悬浮物逐渐沉到池底，池底部设置多个污泥斗，污泥斗分格布置，污泥斗内放置穿孔排泥管，沉降产生的污泥通过排泥管排出。上清液经溢流堰溢至出水槽排出。

（三）过滤

废水通过粒状滤料（如石英砂）床层时，其中的悬浮颗粒和胶体被截留在滤料的表面和内部空隙中，这种方法称为粒状介质过滤。粒状介质过滤机理涉及阻力截留、重力沉降和接触絮凝，三种机理协同作用，仅作用程度不同。对粒径较大的悬浮颗粒，以阻力截留为主；对于细微悬浮颗粒，以重力沉降和接触絮凝为主。

根据滤池结构可分为无阀滤池、双阀滤池、虹吸滤池和普通快滤池，目前实际应用较多的是普通快滤池，通常采用双层滤料，上层采用煤或者活化沸石颗粒，颗粒粒径 φ1～1.2mm，下层采用石英砂，颗粒采用 φ0.6～0.8mm 的均质细砂，其分为过滤和反冲洗两个过程。

（四）膜分离

膜分离法是用一种特殊的半透膜将溶液隔开，使一侧溶液中的某种溶质透过膜或者溶剂（水）渗透出来，从而达到分离溶质的目的。根据膜种类和推动力的差异，膜分离法可分为以下过程，如表 8-5 所示。

表 8-5　膜分离法

分离过程	推动力	膜	用　途
扩散渗析	浓度差	渗析膜	分离溶质，用于回收酸、碱等
微滤	压力差	微滤膜	分离悬浮固体、浊度、原生动物、细菌等
超滤	压力差	超滤膜	截留相对分子质量>1000 的大分子，去除胶体、蛋白质、细菌等
纳滤	压力差	纳滤膜	截留相对分子质量>400 的大分子，分离溶质、某些硬度、病毒等
反渗透	压力差	反渗透膜	分离小分子溶质，用于海水淡化。去除无机离子、色素、有机物等
电渗析	电位差	离子交换膜	分离离子、盐类，用于苦咸水淡化、除盐、回收酸、碱等

膜分离法的优点是可在一般温度下操作、没有相变化、设备可工厂化生产、易操作等。缺点是需要消耗较多的能量或药剂、处理能力有限。目前在淀粉生产废水中，膜分离法微滤采用较多。

四、典型的淀粉废水综合处理工艺

（一）多级 IC+高塔式好氧反应器

1. 工程概述

安徽某小麦淀粉生产废水处理工程，处理规模 2000m³/d，采用主体工艺“多级 IC（MIC）+高塔式好氧反应器（HTO）”，进出水水质指标见表 8-6，出水水质符合 GB 25461—2010《淀粉工业水污染物排放标准》中排放标准。

表 8-6　　废水处理工程进出水水质指标　　单位：mg/L

项目	COD	BOD_5	SS	NH_3-N
进水	10000~20000	6000~8000	3500~4500	80~120
出水	100	20	30	15

2. 工艺流程与设计参数

小麦淀粉生产废水处理工艺流程见图 8-23，各单元污染物去除率见表 8-7。生产废水经过集水池、沉淀罐、调节池等预处理系统，进行水量、水质调节，沉淀去除部分悬浮物并减少冲击负荷，然后进入高效厌氧反应器 MIC，降解大部分有机物。经厌氧处理后废水的 COD 为 500~1000mg/L，去除率达 90%左右，MIC 容积负荷达 6~8kgCOD/(m^3·d)。

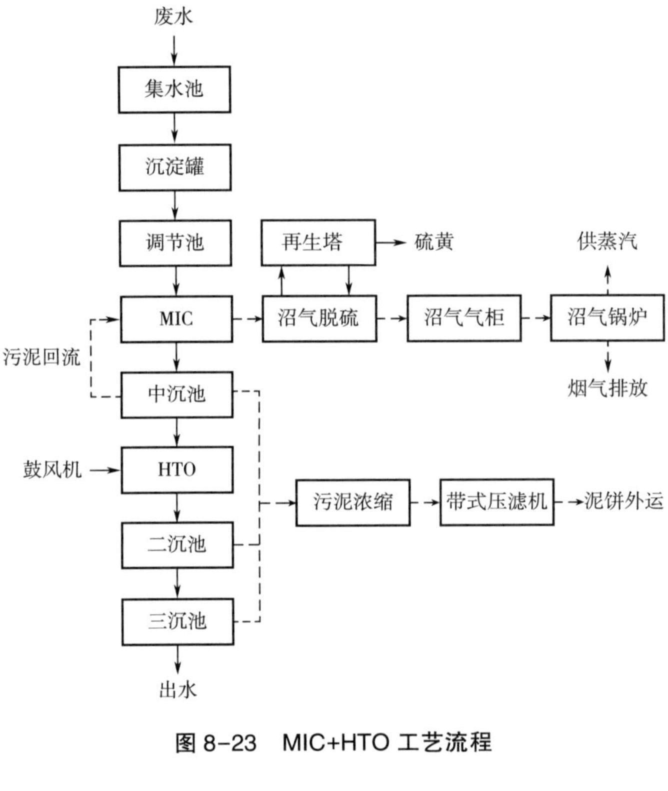

图 8-23　MIC+HTO 工艺流程

表 8-7　　MIC+HTO 工艺各单元污染物去除率

主要工艺单元	去除率/%			
	COD	BOD_5	SS	NH_3-N
预处理	22.1	15.0	65.0	-6.3
MIC 反应器	94.0	95.7	84.0	-62.7
HTO 反应器	88.9	91.6	86.7	95.2
排放口	14.3	0	16.7	0

厌氧出水进入中沉池，截留 MIC 出水携带的活性污泥，并回流，以保证反应器内的微生物量，同时减轻后续好氧处理负荷，中沉池表面负荷为 0.4~0.6$m^3/(m^2 \cdot h)$。中沉池出水进入高塔式好氧反应器 HTO，去除剩余的有机物和氨氮。HTO 出水依次进入二沉池、三沉池进行多次固液分离，出水达标排放。

厌氧产生的沼气收集后，先经化学净化，去除其中的大部分 H_2S、部分 CO_2、NH_3 等，然后进入稳压气柜，沼气稳定地进入锅炉燃烧，直接产生蒸汽供车间使用。

3. 运行效果

该工艺吨水运行费用为 1.63 元，MIC 和 HTO 反应器吨水占地面积分别为 0.08m^2、0.10m^2，具有占地面积小、节能、运行维护少等优点。该工艺具有较高的容积负荷，MIC 和 HTO 的容积负荷分别为 6kgCOD/($m^3 \cdot d$) 和 0.8kgCOD/($m^3 \cdot d$) 左右。

该工艺还增设了沼气净化利用系统，每天沼气产生量 10000~12000m^3/d，通过锅炉燃烧可产生蒸汽 80t/d，具有较好的经济效益。

（二）BYSB-Plus 反应器+两级好氧+BAF 深度处理

1. 工程概述

河南某淀粉废水处理工程，废水主要来源为小麦淀粉废水和淀粉糖废水，处理规模 1500m^3/d，采用主体工艺“BYSB-Plus 反应器+两级好氧+曝气生物滤池（BAF）深度处理”，进出水水质指标见表 8-8，出水水质符合 GB 25461—2010《淀粉工业水污染物排放标准》中排放标准。

表 8-8　废水处理工程进出水水质指标　　单位：mg/L

项目	COD	BOD_5	SS	NH_3-N
进水	≤15000	≤8000	3000~4000	—
出水	≤60	≤20	≤30	≤8

2. 工艺流程与设计参数

废水处理工艺流程见图 8-24，各单元污染物去除率见表 8-9。废水经排水系统收集后进入调节池，在调节池内通过搅拌机搅拌，对废水进行调质、调量，出水经泵提升至 BYSB-Plus 反应器，在其中降解绝大部分有机污染物，同时产生可燃气体沼气；BYSB-Plus 出水经缓冲池进入脱氮池，在脱氮池内，废水与一级好氧池的回流水进行反硝化反应，完成最终的脱氮反应；出水进入一级好氧池，在该单元内，同时完成 COD 的好氧降解、硝化反应；一级好氧出水经二沉池分离后进入二级好氧池；在二级好氧池内，废水进一步处理，经终沉池泥水分离，为确保出水达标排放，以 BAF 作为深度处理工艺，终沉池出水进入集水池，经泵提升至 BAF 反应器，然后进入反冲洗水池后实现达标排放，其中反冲洗池将有一部分水进入 BAF 反应器进行反冲洗，一部分水回流至调节池。系统产生的剩余污泥排放至污泥池浓缩，并经污泥脱水机进一步脱水干化后作为辅助燃料送锅炉房。

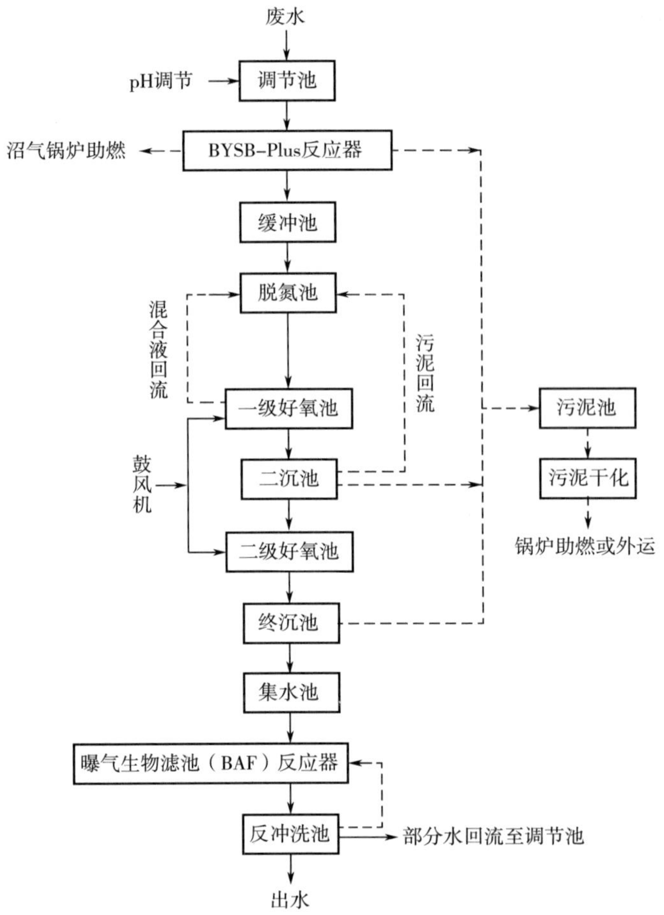

图 8-24 BYSB-Plus+两级好氧+BAF 工艺流程

表 8-9 各单元污染物去除率

指标	COD/（mg/L）	去除率/%	指标	COD/（mg/L）	去除率/%
原水	15000		一级好氧池	143	80%
调节池	15000	0%	二沉池	143	0%
初沉池	15000	0%	二级好氧池	71	50%
BYSB-Plus 反应器	750	95%	终沉池	71	0%
缓冲池	750	0%	BAF 反应池	50	30%
脱氮池	713	5%	出水标准	60	

3. 运行效果

该工艺吨水人工费 0.13 元、电费 1.37 元、药剂费 0.1 元，合计吨水总运行费用为 1.6 元，BYSB-Plus 反应器污泥富集量大，可耐受高悬浮物废水的冲击、处理效率好。

BYSB-Plus 产生的沼气，经预处理后导入沼气发电系统，产生的电能供厂区使用或并入当地电网。发电机组配套余热锅炉，回收余热（蒸汽）用于 BYSB-Plus 加热或作为其它用途；另外发电机组的循环水余热也用于 BYSB - Plus 加热。沼气理论产量为 14962m^3/d，理论发电量为 22443.75kW · h，具有较好的经济效益。

（三）上流式厌氧污泥床法（UASB）+生物接触氧化

1. 工程概述

河南某小麦淀粉废水处理工程，处理规模 240m^3/d，采用主体工艺“UASB+生物接触氧化”，进出水水质指标见表 8-10，出水水质符合 GB 25461—2010《淀粉工业水污染物排放标准》中排放标准。

表 8-10 废水处理工程进出水水质指标 单位：mg/L

项目	COD	BOD_5	SS	NH_3-N
进水	6500~8500	3600~4500	1000~1500	50~80
出水	70~98	11~20	3~9	0.05~1.05

2. 工艺流程与设计参数

废水处理工艺流程见图 8-25，各单元污染物去除率见表 8-11。废水进入调节池，调节水量、水质，然后进入铁碳微电解反应器进行预处理，既调节 pH，又提高废水的可生化性。预处理后的废水经泵提升至 UASB 反应器，降解大部分有机污染物，同时产生沼气；UASB 出水自流至初沉池，沉淀产生的上清液进入生物接触氧化池，完成残余污染物的好氧降解，混合液进入二沉池进行泥水分离，出水进入澄清池深度处理，实现达标排放。

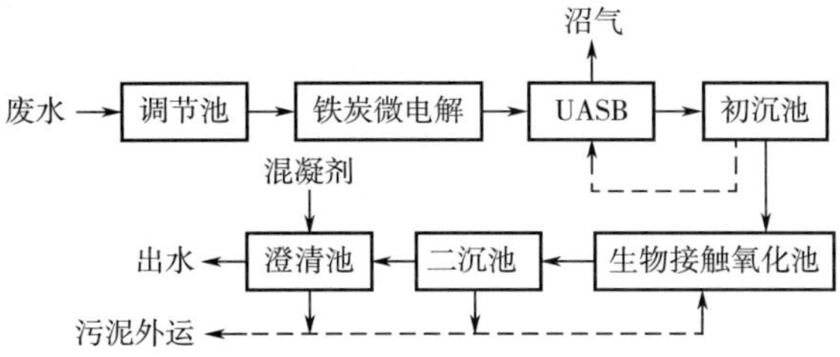

图 8-25 UASB+生物接触氧化工艺流程

3. 运行效果

运行费用主要有曝气所消耗的电费和混凝药剂费，测算吨水运行成本 0.8 元。铁碳微电解反应器对缓冲废水 pH 和厌氧过程处理效果均有非常重要的作用，可节省加碱费用，且铁碳微电解反应器一次性投资，基本无运行成本。另外，UASB 系统每日产生沼气 $600m^3$，每年可产生经济效益 8 万元。

表 8-11　UASB+生物接触氧化工艺各单元污染物去除率

	去除率/%			
	COD_{Cr}	BOD_5	SS	NH_3-N
铁碳微电解反应器	23.3	12.3	46.0	0
UASB 反应器	87.8	90.0	74.1	78.5
生物接触氧化池	82.9	95.6	88.9	96.1
澄清池	30.0	0	69.2	0

（四）膨胀颗粒污泥床（EGSB）+厌氧好氧工艺法（A/O）

1. 工程概述

河南浚县某小麦淀粉厂年产小麦淀粉 30 万 t，其小麦淀粉废水处理规模为 $1500m^3/d$，采用主体工艺“EGSB+A/O”，进出水水质指标见表 8-12，出水水质满足当地排放要求，可以排入城市污水处理厂进行深度处理。

表 8-12　废水处理工程进出水水质指标　单位：mg/L

项目	COD	BOD_5	SS	NH_3-N	TN
进水	8000	4018	872	28	200
出水	<100	<30	<50	<10	<15

2. 工艺流程与设计参数

废水处理工艺流程见图 8-26，各单元污染物去除率见表 8-13。淀粉废水首先进入初沉池，经沉淀后，再送入预酸化调节池，调节水质、水量，经调节过的废水由水泵输送至配水井，并对 pH 和温度进行调节，通过 pH 调节系统控制废水酸碱度，通过向套管中通入蒸汽加温控制水温为 34～36℃。再由泵送至 EGSB 厌氧反应器进行厌氧处理。EGSB 厌氧反应器出水由泵送至 A/O 池，首先在缺氧池中进行反硝化将硝酸盐和亚硝酸盐转化为氮气，再在好氧池中利用好氧微生物进一步降解水中的有机物，同时经硝化反应去除废水中的氨氮。二沉池出水再送至砂滤池通过物理作用进一步降低污染物浓度，保证出水达标排放。

厌氧反应产生的沼气含有硫化氢和二氧化碳等气体，同时含有少量水分。经气柜收集后，首先经过调温和调压，然后经脱硫去除硫化氢，再经变压吸附器去除二氧化碳，最后经脱水制成甲烷含量>90%的生物天然气。

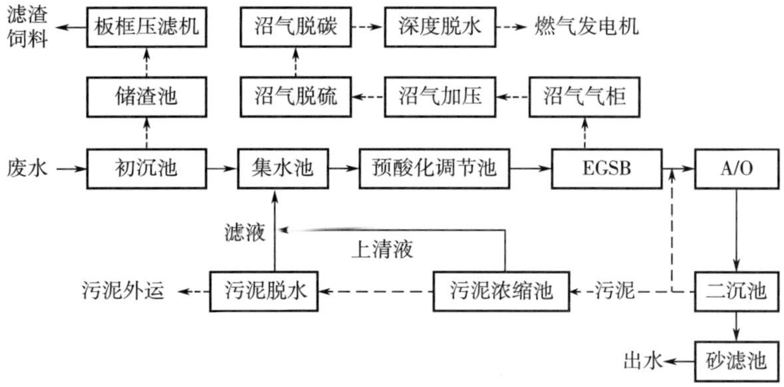

图 8-26　EGSB+A/O 工艺流程

表 8-13　各单元污染物去除率

主要工艺单元	去除效率/%				
	COD	BOD_5	SS	NH_3-N	TN
EGSB 反应器	90.0	91.3	48.4	-435.7	10.0
A/O 活性污泥池	87.5	91.4	88.9	93.3	91.7

第九章

小麦淀粉工厂配电与自动控制

第一节
配电与动力控制

小麦淀粉工厂从原料接收、分离、干燥、成品包装，虽然设备数量不多，但单机设备的动力容量比较大，动力设备控制要求复杂，所以整个小麦淀粉工厂配电的合理性、动力设备控制的准确性，是保障小麦淀粉工厂安全稳定运行的必要条件。

一、工厂供配电

1. 变配电所

小麦淀粉工厂中供配电，对于不同规模的小麦淀粉厂，可以有不同的供配电形式。对于小型小麦淀粉厂，供电容量小，可以采用低压直接供电和配电；而对于中大型小麦淀粉厂，供电容量大，一般采用高压供电及低压配电。

既能完成电压转换又能完成电能分配的场所称为变配电所，而只完成电能分配的场所称为配电所。

变配电所负担负输送和分配电能任务的电路，称为一次电路或一次回路或称为主电路、主接线。一次电路中所有的电气设备，称为一次设备。

一次设备按其功能可分为变换设备、控制设备和保护设备等。变压器、电流互感器、电压互感器属于变换设备。各种高低压开关属于控制设备。熔断器和避雷器属于保护设备。

凡用来控制、指示、测量和保护一次设备运行的电路，称为二次电路或二次回路，或称为二次接线、副接线。二次电路的互感器通常接在二次侧。二次电路中的所有电气设备，称为二次设备或二次元件。

高压一次设备，包括一次电路中最常用的高压隔离开关、高压负荷开关、高压断路器及高压开关柜等。

（1）高压隔离开关　高压隔离开关是发电厂和变电站电气系统中重要的开关电器，需与高压断路器配套使用。隔离开关适用于三相交流 50Hz，额定电压 12KV 的户内装置。供高压设备的有电压而无负荷电流的情况下接通，切断或转换线路之用。主要是保证高压电器及装置在检修工作时的安全，起隔离电压的作用，不能用与切断、投入负荷电流和开断短路电流，断开后有明显可见的断开间隙，而且断开间隙的绝缘及相间绝缘都是足够可靠的，能够充分保证人身和设备的安全。但是隔离开关没有专门的灭弧装置，因此不允许带负荷操作。然而可用来通断一定的小电流，如励磁电流≤2A 的空载变压器、电容电流≤5A 的空载线路以及电压互感器和避雷器电路等。

高压隔离开关分室外型和室内型（图 9-1），室外型包括单极开关及三极隔离开关，常用作把供电线路与用户分开的第一断路隔离开关；室内型往往与高压断路器串联连接，配套使用，以保证停电的可靠性。此外，在高压成套配电装置中，隔离开关常用作电压互感器，避雷器，配电所用变压器及计量柜的高压控制电器。常用的高压隔离开关有 GN19-10，GN19-10C。

（1）　　　　（2）

图 9-1　高压隔离开关

（1）室内高压隔离开关　（2）室外高压隔离开关

（2）高压负荷开关　高压负荷开关，具有简单的灭弧装置，因而能通断一定的负荷电流和过负荷电流，但它不能断开短路电流，因此它必须与高压熔断器串联使用，以借助熔断器来切断短路故障。负荷开关断开后，与隔离开关一样具有明显可见的断开间隙，因此它也具有隔离电源、保证安全检修的功能。

高压负荷开关的类型较多，一般使用电动操作机构进行操作。

（3）高压断路器　高压断路器的功能是，不仅能通过断正常负荷电流，而且能接通和承受一定时间的短路电流，并能在保护装置作用下自动跳闸，切除短路故障。

高压断路器按其采用的灭弧介质分，有少油断路器、六氟化硫断路器、真空断路器以及压缩空气断路器、磁吹断路器等（图 9-2）。

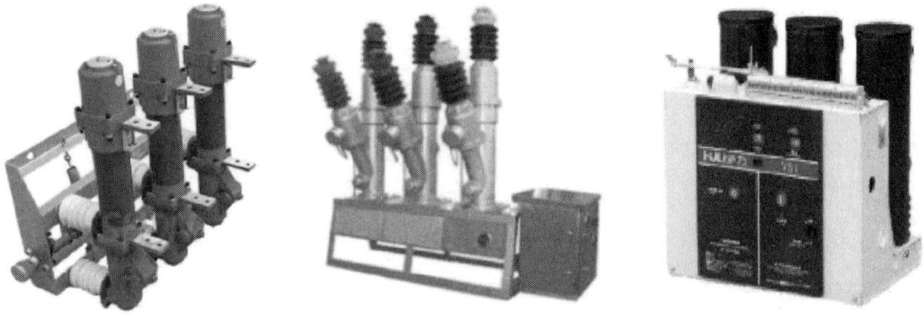

（1）　　　　（2）　　　　（3）

图 9-2　高压断路器

（1）高压少油断路器　（2）六氟化硫断路器　（3）真空断路器

（4）高压开关柜　高压开关柜是按一定的线路方案将有关一、二次设备组装而成的一种高压成套配电装置，在发电厂和变配电所中作为控制和保护发电机、变压器和高压线路之用，也可作为大型高压交流电动机的起动和保护之用，其中安装有高压开关设备、保护电器、监测仪表和母线、绝缘子等。

高压开关柜有固定式和手车式两大类型（图 9-3）。我国广泛使用的固定式高压开关柜主要是 GG-1A 型，按规定都装设了防止电气误操作的闭锁装置，即所谓“五防”：防止误跳、误合断路器；防止带负荷拉、合隔离开关；防止带电挂接地线；防止带接地线合隔离开关；防止人员误入带电间隔。

移开式（手车式）高压开关柜的特点是：高压断路器等主要电气设备是装在可以拉出和推入开关柜的手车上的。检修时，可将设备拉出，再推入同类备用手车，即可恢复供电。具有检修安全，大大缩短停电时间等显著优点，但价格昂贵。常用型号为 KYN28A-12。

（1）

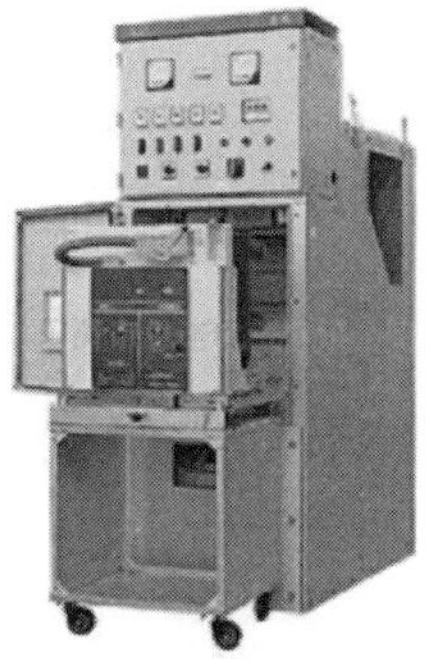
（2）

图 9-3　高压开关柜

（1）固定式高压开关柜　（2）手车式高压开关柜

（5）高压一次设备的选择　高压一次设备的选择，必须满足一次电路正常条件下和短路故障条件下工作的要求，同时设备应工作安全可靠，运行维护方便，投资经济合理。

电气设备按正常条件下工作选择，要考虑电气装置的环境条件和电气要求。电气设备按短路故障条件下工作选择，就要检验其短路时的动稳定度和热稳定度。

2. 电力变压器

电力变压器是一种静止的电气设备，是用来将某一数值的交流电压变成频率相同的另一种或几种数值不同的电压的设备。变压器的作用是多方面的，不仅能升高电压把电能送到用电地区，还能把电压降低为各级使用电压，以满足用电的需要。总之，升压与降压都必须由变压器来完成。额定容量是它的主要参数，它是表征传输电能的大小，以 kVA 或 MVA 表示，当对变压器施加额定电压时，根据它来确定在规定条件下不超过温升限值的额定电流。

（1）变压器的主要技术参数

①额定容量（kVA）：额定电压，即额定电流下连续运行时能输送的容量；

②额定电压（kV）：变压器长时间运行时所能承受的工作电压，为适应电网电压变化的需要，变压器高压侧都有分接抽头，通过调整高压绕组匝数来调节低压侧输出电压；

③额定电流（A）：变压器在额定容量下，允许长期通过的电流；

④空载损耗（kW）：当以额定频率的额定电压施加在一个绕组的端子上，其余绕组开路时所吸取的有功功率。与铁心硅钢片性能及制造工艺、和施加的电压有关；

⑤空载电流（%）：当变压器在额定电压下二次侧空载时，一次绕组中通过的电流，一般以额定电流的百分数表示；

⑥负载损耗（kW）：把变压器的二次绕组短路，在一次绕组额定分接位置上通入额定电流，此时变压器所消耗的功率；

⑦阻抗电压（%）：把变压器的二次绕组短路，在一次绕组慢慢升高电压，当二次绕组的短路电流等于额定值时，此时一次侧所施加的电压，一般以额定电压的百分数表示；

⑧相数和频率：三相开头以 S 表示，单相开头以 D 表示。中国国家标准频率 f 为 50Hz。也有 f 为 60Hz 的国家（如美国）；

⑨温升与冷却：变压器绕组或上层油温与变压器周围环境的温度差，称为绕组或上层油面的温升。油浸式变压器绕组温升限值为 65K、油面温升为 55K。冷却方式也有多种：油浸自冷、强迫风冷，水冷，管式、片式等。

⑩绝缘水平：有绝缘等级标准。绝缘水平的表示方法举例如下：高压额定电压为 35kV 级，低压额定电压为 10kV 级的变压器绝缘水平表示为 LI200AC85/LI75AC35，其中 LI200 表示该变压器高压雷电冲击耐受电压为 200kV，工频耐受电压为 85kV，低压雷电冲击耐受电压为 75kV，工频耐受电压为 35kV。

⑪联结组标号：根据变压器一、二次绕组的相位关系，把变压器绕组连接成各种不同的组合，称为绕组的联结组。为了区别不同的联结组，常采用时钟表示法，即把高压侧线电压的相量作为时钟的长针，固定在 12 上，低压侧线电压的相量作为时钟的短针，看短针指在哪一个数字上，就作为该联结组的标号。如 Dyn11 表示一次绕组是（三角形）联结，二次绕组是带有中心点的（星形）联结，组号为（11）点。

（2）变压器的基本类型　目前有两种配电变压器的基本类型：干式（树脂浇注）；油浸式（充液体）（图 9-4）。

①干式变压器：干式变压器的绕组大多采用环氧树脂真空浇注。以联苯 A 为基础的环氧树脂，其黏度和渗透性可确保绕组完全浸渍。而混合了柔韧添加剂的固化剂，使树脂绝缘体增加了必要的弹性，防止运行中出现龟裂。活性粉末的填料，含有氢氧化铝和石英粉，增强了树脂绝缘体的机械强度，并改进散热性，并达到阻燃效果。这三种成分组成的浇注系统具有 F 级绝缘及良好的阻燃和快速自熄特性，从而使变压器在污秽、潮湿等恶劣环境中，也能正常运行。

绕组的浇注材料不包含卤素（氯、溴等）、腐蚀性或有毒化合物，因而在紧急情况下，特别是发生火灾事故时可确保人身的高度安全。

②油浸式变压器：油浸式变压器的器身（绕组及铁芯）都装在充满变压器油的油箱

（1）　　　　（2）

图 9-4　变压器

（1）干式变压器　（2）油浸式变压器

中，油箱用钢板焊成。中、小型变压器的油箱由箱壳和箱盖组成，变压器的器身放在箱壳内，将箱盖打开就可吊出器身进行检修。油浸式变压器优点：变压器油绝缘性能好、导热性能好，同时变压器油廉价。能够解决变压器大容量散热问题和高电压绝缘问题。

油浸式变压器缺点：变压器油具有可燃性，对人体有害，需定期检查，当遇到火焰时可能会燃烧、爆炸。油浸式变压器密封性能不良且宜老化，在运行场所渗漏油严重，影响设备安全运行，同时影响环境。油浸式变压器绝缘等级低，一般按 A 级绝缘设计、制造。

（3）变压器的选择

①确定变压器的选型时要考虑的因素：

安全性：要符合电气设施的安全要求；

经济性：综合考虑价格、使用和维护成本；

使用环境：变压器要满足使用环境的要求。

②最佳容量的确定：变压器选用过大的容量将导致过大的投资和不必要的空载损耗；但是，选用容量过小的变压器将会使满负荷时效率降低（最高效率出现在满负荷的 50%～70%），因此不能获得最佳负荷的效果。

变压器长期过负荷，将会造成如下严重的后果：

a. 变压器由于其绕组的绝缘过早老化，最极端的情况是导致绝缘故障和变压器损坏；

b. 对于电气装置而言，变压器的升温会引起保护继电器动作将其控制的断路器跳闸。

因此，为了选择变压器的最佳容量，必须考虑下列因素：

列出用电设备的安装功率；确定每个单项负荷的利用（需要）系数；确定装置的负荷循环周期，记下负荷和过负荷的持续时间；设置功率因数补偿装置；减少在基准电价上的罚款费用；减少申报的负荷数：S（kVA）= P（kW）/$\cos\phi$；在现有的变压器标准额定容量范围中选择变压器，要考虑装置将来扩建的所有可能性，确保变压器有冷却装置。变压器选型主要技术参数见表 9-1、表 9-2。

表 9-1　　10KV 干式变压器选型主要技术参数

额定容量/kVA	电压组合			联结组标号	损耗/W		空载电流/%	阻抗电压/%	主机重量/kg	外形尺寸（无防护外罩）/mm			外形尺寸（有防护外罩）/mm			电流/A		本体轨距/mm
	高压/kV	分接范围	低压/kV		空载	负载 120℃				长（a）	宽（b）	高（c）	长（a）	宽（b）	高（c）	高压/kV	低压/kV	横向（d_1）×纵向（d_2）
30					190	710	2. 4		250	700	350	620	1100	750	1020	1. 73	43. 30	300×300
50					270	1000	2. 4		295	710	350	635	1110	750	1030	2. 89	72. 20	300×300
80					370	1380	1. 8		430	860	730	780	1260	1130	1150	4. 62	115. 50	400×680
100					400	1570	1. 8		520	940	710	795	1340	850	1200	5. 77	144. 30	400×680
125					470	1850	1. 6		670	1000	710	860	1340	880	1270	7. 22	180. 50	400×680
160	6				550	2130	1. 6		840	1080	710	1020	1380	1010	1420	9. 24	230. 90	550×660
200		±5%			630	2530	1. 4	4	960	1100	710	1060	1400	1010	1450	11. 55	288. 70	550×660
250	6. 3		0. 4		720	2760	1. 4		1120	1150	710	1100	1450	1010	1490	14. 43	360. 80	660×710
315		（±2×2. 5%）		Yyn0	880	3470	1. 2		1230	1150	770	1125	1550	1210	1520	18. 19	454. 70	660×820
400	10			或	980	3990	1. 2		1485	1190	870	1175	1590	1270	1570	23. 10	557. 40	660×820
500				Dyn11	1160	4880	1. 2		1580	1230	870	1265	1630	1270	1660	28. 87	721. 70	660×820
630	10. 5				1360	5880	1. 0		1840	1465	870	1245	1770	1270	1635	36. 37	909. 30	660×820
630					1300	5960	1. 0		1840	1465	870	1245	1770	1270	1635	36. 37	909. 30	820×820
800	11				1520	6960	1. 0		2135	1420	870	1395	1820	1370	1790	46. 19	1154. 70	820×820
1000					1770	8130	1. 0		2500	1460	870	1420	1860	1370	1820	57. 74	1443. 40	820×920
1250					2090	9690	1. 0	6	2970	1580	970	1485	1980	1370	1870	72. 17	1804. 20	820×920
1600					2450	11730	1. 0		3900	1640	1120	1715	2040	1520	2110	92. 40	2309. 40	820×1070
2000					3320	14450	0. 8		4225	1780	1120	1710	2180	1570	2110	115. 50	2886. 80	1070×1070
2500					4000	17170	0. 8		4700	1850	1120	1770	2250	1570	2170	144. 30	3608. 40	1070×1070

表 9-2　　10KV 油浸式变压器选型主要技术参数

额定容量/kVA	电压组合			联结组标号	损耗/W		空载电流/%	阻抗电压/%	重量/kg			外形尺寸/mm			电流/A		本体轨距/mm
	高压/kV	分接范围/%	低压/kV		空载	负载			器身重	油重	总重	长（*L*）	宽（*W*）	高（*H*）	高压/kV	低压/kV	横向（*M*）×纵向（*N*）
10					80	340	4.0		90	50	175	670	460	820	0.58	14.43	400×400
20					110	460	3.5		105	65	255	710	500	850	1.20	28.90	400×400
30					130	600/6300	2.3		170	72	280	745	530	890	1.73	43.30	400×400
50					170	870/910	2.0		230	85	365	790	560	940	2.89	72.20	400×450
63					200	1040/1090	1.9		265	100	425	820	570	950	3.64	90.91	400×450
80					250	1250/1310	1.9		300	105	485	850	580	1000	4.62	115.50	400×450
100	6				290	1500/1580	1.8	4	340	115	540	900	620	1010	5.77	144.30	400×450
125					340	1800/1890	1.7		380	125	610	880	630	1050	7.22	180.50	400×550
160					400	2200/2310	1.6		440	148	710	950	690	1120	9.24	230.90	550×550
200	6.3				480	2600/2730	1.5		525	170	835	990	730	1200	11.55	288.70	550×550
250					560	3050/3200	1.4		610	200	970	1180	700	1200	14.43	360.80	550×650
315	10				670	3650/3830	1.4		710	225	1125	1230	760	1250	18.16	454.70	550×650
400					800	4300/4520	1.3		845	245	1310	1260	800	1300	23.10	577.40	550×750
500		±5%		Yyn0	960	5150/5410	1.2		980	285	1530	1400	900	1320	28.87	721.70	660×750
630	10.5	（±2×2.5%）	0.4	或	1200	6200	1.1		1180	365	1890	1530	940	1350	36.37	909.30	660×750
800					1400	7500	1.0		1380	405	2185	1580	1000	1420	46.19	1154.70	660×850
1000	11			Dyn11	1700	10300	1.0	4.5	1520	460	2480	1770	1180	1450	57.74	1443.40	820×850
1250					1950	12000	0.9		1840	550	3020	1920	1290	1430	72.17	1804.20	820×850
1600					2400	14500	0.8		2180	640	3550	1990	1340	1620	92.40	2309.40	820×900
2000					3000	17100	0.7		2650	885	4530	1950	1680	2100	115.20	2886.80	820×900
2500					3300	23200	0.7		3050	1005	5030	2020	1710	2100	144.30	3608.40	820×950

3. 淀粉厂变配电所的任务和类型

（1）变配电所的任务　淀粉厂的变电所担负着变电，然后配电的任务。所以淀粉厂的变配电所是工厂供电系统的枢纽，在工厂里占有重要的地位。

（2）变配电所的类型　淀粉厂变电所分总降压变电所和车间变电所。一般中小型淀粉厂不设总降压变电所。

淀粉生产车间变电所按其变压器安装地点来分，有下列型式：

①独立变电所：整个变电所设在与车间建筑物有一定距离的单独建筑物内。

②车间附设变电所：变压器室的一面墙或几面墙与车间的墙共用，变压器室的大门朝车间外开。如果按变压器室位于车间的墙内还是墙外，还可进一步分为内附式和外附式（图 9-5）。

独立变电所建筑费用较高，因此除非各车间的负荷相当小而分散，或在需远离易燃易爆和有腐蚀性物质的场所可以采用外，其他情况都不宜采用。

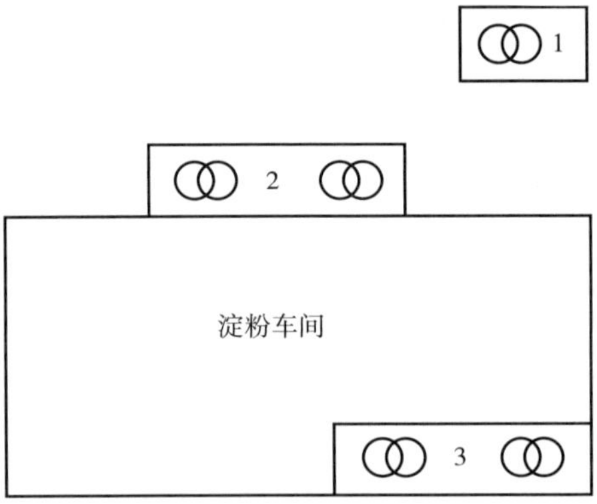

图 9-5　变电所类型示意图

1—独立式　2—车间外附式　3—车间内附式

对生产面积较紧和生产流程要经常调整的车间，宜采用附设变电所的型式。至于是采用内附式还是外附式，要依具体情况而定。内附式要占一定的生产面积，但它离负荷中心比外附式近，可降低电能损耗和有色金属消耗量，并能减小线路的电压损耗，容易保证电压质量。外附式不占或少占生产面积，而且变压器装设在车间的墙外，比较起来更安全一些。因此内附式和外附式，各有所长。这两种型式在淀粉厂中比较普遍使用。

工厂的高压配电所，尽可能与邻近的车间变电所合建，以节约建筑费用，其型式都是室内型的。

4. 低压配电

（1）低压配电的方式　根据小麦淀粉厂的规模不同，用电点的数量不同，低压配电的方式有集中和分散两种方式（图 9-6、图 9-7）。

集中配电方式布置时，用电负荷采用放射式连接到供电电源。电缆适用于集中布置，逐点将用电设备或分配电盘用电缆连接到低压主开关柜。

分散配电方式布置时，用电设备采用母线连接到供电电源。母线槽系统很适用于分散布置，向很多分散的负荷供电，接线容易修改、移动、增减。

（2）低压配电的设备　低压配电设备按用途可以分为配电电器、保护电器、控制电器、主令电器和执行电器。

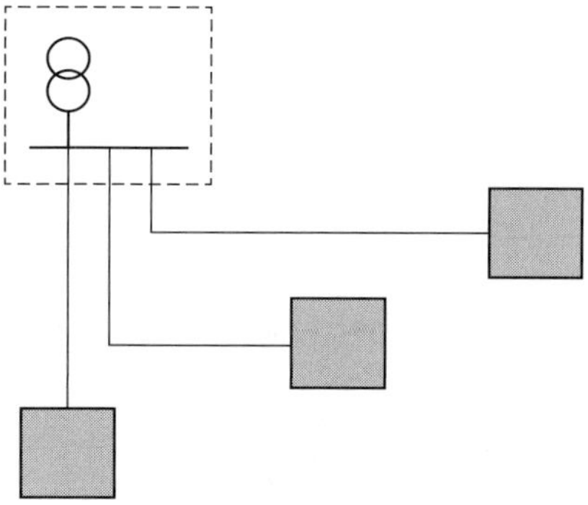

图 9-6　集中配电方式布置

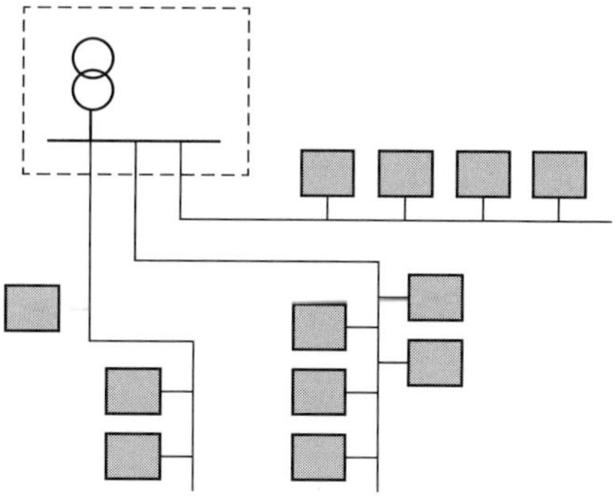

图 9-7　分散配电方式布置

①控制电器：用于各种控制电路和控制系统的电器。例如接触器、各种控制继电器、控制器、起动器等。

②主令电器：用于自动控制系统中发送控制指令的电器。如控制按钮、主令开关、行程开关、万能转换开关等。

③保护电器：用于保护电路及用电设备的电器。例如熔断器、热继电器、各种保护继电器、避雷器等。

④配电电器：用于电能的输送和分配的电器。例如低压断路器、隔离开关、刀开关、自动开关等。

⑤执行电器：用于完成某种动作或传动功能的电器。例如电磁铁、电磁离合器等。

（3）低压配电柜　低压配电柜（图 9-8）是电源进线分成若干单独回路的分界点，每个回路由开关柜的断路器或开关设备控制和保护。低压配电柜的型式要完全适合使用的要求，设计和结构符合适用的标准和规范，要有多重的安全防护功能：

①对于开关设备、显示仪器、继电器、断路器等的机械冲击、振动进行防护。

②对于电磁干扰、尘埃、潮湿、害虫等进行防护。

③对于人身直接和间接接触可能受电击的防护。

低压配电柜的基本型式：

①低压总开关柜——MDB［图 9-8（1）］；

②电动机控制中心柜——MCC［图 9-8（2）］；

③分配电柜、终端配电盘。

5. 低压电缆

（1）低压电缆的种类　常用的电力电缆按其绝缘和护套层的不同，主要有以下几类：

①油浸纸绝缘铅包（或铝包）电力电缆，如 ZQ02 型、ZLL32 型；

②不滴流油浸纸绝缘电力电缆，如 ZQD 型、ZLQD12 型；

③聚氯乙烯绝缘聚氯乙烯护套电力电缆，如 VV 型、VLV 型；

④交联聚氯乙烯绝缘聚乙烯护套电力电缆，如 YJY 型、YJLY 型；

（1）

（2）

图 9-8　低压配电柜及配电盘

（1）低压总开关柜　（2）电动机控制中心

⑤交联聚乙烯绝缘聚氯乙烯护套电力电缆，如 YJV 型、YJLV22 型；

⑥橡皮绝缘电力电缆，如 XLV 型、XQZ 型。

按电缆的用途可以分为：耐火电缆、阻燃电缆、屏蔽电缆、变频电机电缆。

按线芯分为：单芯（图 9-9）、多芯（图 9-10）。

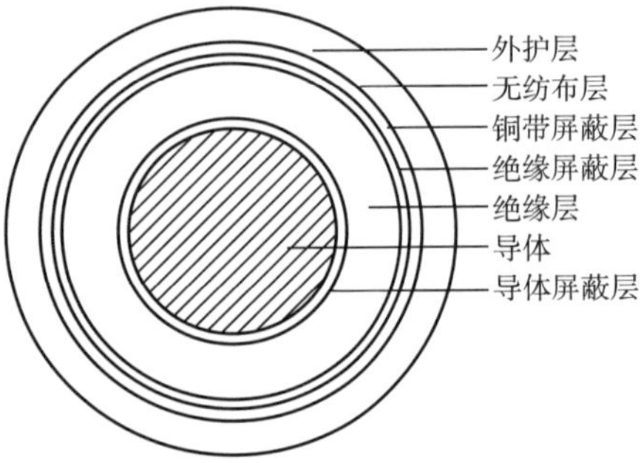

图 9-9　单芯电缆的结构组成

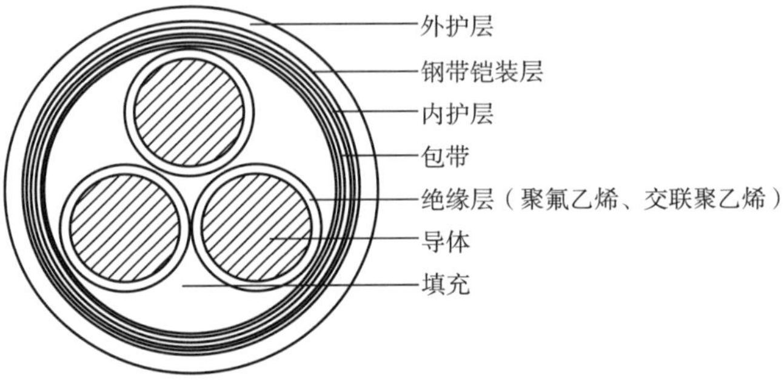

图 9-10　多芯电缆的结构组成

（2）电缆的载流量　电缆载流量是指一条电缆线路在输送电能时所通过的电流量，在热稳定条件下，当电缆导体达到长期允许工作温度时的电缆载流量称为电缆长期允许载流量。

电缆的载流量值，采取如下参考环境温度且单根敷设时的测量值：

对于空气中的电缆，不论其敷设方式：30℃

对于埋设的电缆，不论是直埋在土壤中或是在地中导管内：20℃

正常运行时任何导体电流持续期间承载的电流必须使下表中所列的相应温度限值（表 9-3）不被超过。

表 9-3 电缆绝缘层温度限值

绝缘类型	温度限值/℃
聚氯乙烯（PVC）	70，导体
交联聚乙烯（XLPE）和乙烯-丙烯复合膏（EPR）	90，导体
矿物（PVC 护套或紧靠的裸电缆）	70，护套
矿物（不紧靠的裸电缆）	105

因为在实际电缆敷设时，由于环境温度不同、土壤的有效热阻不同、多根成组敷设都会影响电缆的载流量，所以在电缆选择时要对电缆提供的标准载流量进行修正后选择能满足要求的载流量电缆（表 9-4、表 9-5、表 9-6）。

表 9-4 铜母排不同规格不同放置方式时的载流量

材料	结构排放	铜铝排（宽/厚）/A									
		15mm×3mm	20mm×3mm	25mm×3mm	30mm×4mm	40mm×4mm	40mm×5mm	50mm×5mm	50mm×6mm	60mm×6mm	60mm×8mm
铜排 TMY	开启										
	平放	162	212	264	368	485	540	660	740	873	1018
	竖放	171	275	285	335	510	580	705	775	920	1070
	封闭	130	175	215	315	400	440	540	605	718	837
	每米重量/kg	0.40	0.53	0.66	1.04	1.40	1.74	2.18	2.61	3.13	4.18

材料	结构排放	铜铝排（宽/厚）/A								
		60mm×10mm	80mm×6mm	80mm×8mm	80mm×10mm	100mm×6mm	100mm×8mm	100mm×10mm	120mm×8mm	120mm×10mm
铜排 TMY	开启									
	平放	1140	1115	1270	1430	1356	1565	1785	1860	1980
	竖放	1195	1205	1370	1540	1475	1685	1870	1955	2170
	封闭	935	915	1040	1170	1120	1280	1420	1485	1626
	每米重量/kg	5.22	4.18	5.57	6.96	5.22	6.96	8.70	8.35	10.50

表 9-5 VV 铜芯电力电缆载流量

电缆截面/mm^2	参考外径/mm	载流量/A		电缆截面/mm^2	参考外径/mm	载流量/A	
		空气中敷设	埋地敷设			空气中敷设	埋地敷设
3×4+1×2.5	14.4	30	38	3×4+2×2.5	15.3	30	38
3×6+1×4	15.8	38	48	3×6+2×4	17	39	48
3×10+1×6	18.5	52	66	3×10+2×6	19.7	53	66
3×16+1×10	21.1	69	86	3×16+2×10	22	71	87

续表

电缆截面/mm²	参考外径/mm	载流量/A		电缆截面/mm²	参考外径/mm	载流量/A	
		空气中敷设	埋地敷设			空气中敷设	埋地敷设
3×25+1×16	25	93	111	3×25+2×16	26.8	94	110
3×35+1×16	27.1	113	134	3×35+2×16	28.9	115	132
3×50+1×25	32.4	141	163	3×50+2×25	34.2	141	157
3×70+1×35	36.1	180	203	3×70+2×35	38.8	181	197
3×95+1×50	40.2	221	242	3×95+2×50	44.4	222	234
3×120+1×70	45.1	258	276	3×120+2×70	49	259	266
3×150+1×70	46.8	298	310	3×150+2×70	53.7	294	298
3×185+1×95	53.9	343	349	3×185+2×95	60	340	338
3×240+1×120	63.3	408	406	3×240+2×120	67.5	407	395
3×300+1×150	64.1	479	462	3×300+2×150	75.1	474	449

表 9-6 YJV 铜芯电力电缆载流量

电缆截面/mm²	参考外径/mm	载流量/A		电缆截面/mm²	参考外径/mm	载流量/A	
		空气中敷设	埋地敷设			空气中敷设	埋地敷设
3×4+1×2.5	12.7	37	47	3×4+2×2.5	14	38	48
3×6+1×4	13.9	47	60	3×6+2×4	15.3	48	60
3×10+1×6	16.1	64	81	3×10+2×6	17.6	65	81
3×16+1×10	18.6	85	106	3×16+2×10	20.3	87	106
3×25+1×16	22.2	113	137	3×25+2×16	24	116	136
3×35+1×16	24.6	139	164	3×35+2×16	25.9	141	164
3×50+1×25	27.7	173	198	3×50+2×25	30.4	174	195
3×70+1×35	31.9	222	246	3×70+2×35	34.8	224	242
3×95+1×50	36.2	271	293	3×95+2×50	39.7	272	286
3×120+1×70	39.9	318	334	3×120+2×70	44.6	320	327
3×150+1×70	45	370	375	3×150+2×70	48.6	367	366
3×185+1×95	49.4	427	422	3×185+2×95	54	424	415
3×240+1×120	54.9	507	492	3×240+2×120	60.2	508	484
3×300+1×150	62.9	599	560	3×300+2×150	66.6	592	550

（3）低压电缆选择　选择低压电缆的一般原则为了达到供电上的安全、可靠、经济和技术合理，导线截面应按下列原则确定：

①按长时允许负荷电流选择导线截面。使导线在最大负荷下长时工作而不过热，即不超过其长时允许温度。

②按允许电压损失选择导线截面。使受电端有足够的电压以保证供电质量。

③按经济电流密度选择导线截面。使输电线路的年运行费用最低，达到经济供电的目的。

④按机械强度选择导线截面。避免在运行或安装过程中断线，或因受砸压而损坏，以保证供电的安全运行。

⑤按短路时的热稳定条件选择导线截面。时导线通过短路电流时不致超过其短时允许温度。

低压电缆截面的选择方法：

①对于负荷电流大、线路长的干线电缆，其电压损失是主要矛盾，因此应按正常工作时的允许电压损失初选其截面。

②对于经常移动的橡套电缆支线，应按机械强度初选其截面。

③对于电流虽然较大，但是线路较短，又不经常移动的电缆，应按长时允许电流初选其截面。

④初选出的电缆截面还应按其他条件进行校验。在校验时由于低压电网短路电流较小，保护装置一般为瞬时动作，所以短路时的热稳定性一般均满足要求，可不必考虑。

但是当采用熔断器保护时，熔体的额定电流应与电缆截面相配合，否则会使电缆过热。对于干线电缆，不必校验机械强度。低压电缆一般不按经济电流密度选择截面。因为低压线路短、年利用小时数较小，对供电经济影响不大。

二、动力设备控制

小麦淀粉工厂设备种类多，根据工艺的要求、设备控制要求，设备控制与保护方式多样。

满足设备及工艺要求的控制和保护是保证设备安全可靠运行的必要条件，也是小麦淀粉生产线连续安全运转的重要环节。

1. 直接启动控制方式

设备控制最基本的启动方式，定子直接连接到电源，电机按照自己的特性起动。

起动时的电流可以达到额定电流的 5~8 倍。

平均起动转矩为：T（起动转矩）为 1.5~2.0 倍的额定力矩 T。

直接启动方式的特点是起动转矩高、启动速度快、成本低，但是只适用于以下场合：

①与电源相比，电机的功率较低，从而可以限制浪涌电流产生的干扰。

②要驱动的设备不需要逐步加速，或者有一个减振设备限制起动时的振动。要求立即达到额定转速。

③启动转矩可能比较高，不会影响机器运转或者被驱动的负载。

小麦淀粉工厂如没有特殊启动要求的设备，一般功率<18.5kW 的设备都可以采用直接启动控制和保护方式。

2. 星-三角启动控制方式

电机绕组在星型连接下启动，启动速度通常为额定速度的75%~85%。延时后绕组转接为三角连接运转，电机恢复自身的特性。从星型连接到三角连接的变化是由一个定时器控制完成。在星型接触器断开30~50ms以后，三角接触器会闭合，从而防止相间短路（因为两个接触器不能同时闭合）。

在星型接触器断开以后，流过绕组的电流中断；在三角接触器闭合以后，绕组电流恢复。在转换到三角连接的过程中，因为电机会产生补偿性点动力，所以会产生一个较强的瞬间峰值电流。起动电流峰值为1.5~2.6倍的额定电流。

在380V的星型连接下，电流除以$\sqrt{3}$，起动转矩与电源电压的平方成正比，起动转矩是额定转矩的1/3。

星型-三角起动适用于负载转矩较低或者无负载启动的设备。例如：在小麦淀粉生产线中的连续和面机、粉碎机、高压风机（在起动时风门关闭）等均可采用星-三角启动的控制方式。

3. 正反转启动控制方式

这种控制方式是采用两个接触器改变电机供电电源的相序，从而改变电机的旋转方向。例如：电动闸门、谷朊粉粉碎机。

4. 软起动器启动控制方式

这种启动方式可以有效而平稳地启动和停止电机。其控制示意图见图9-11。

限流控制功能可以在起动阶段设置一个最大电流（额定电流的3~4倍），并降低转矩性能。这种控制功能尤其适用于风机。

通过调整转矩来控制，可以在起动过程中优化转矩性能，并降低电源的浪涌电流。这适用于恒定转矩的设备。

软起动器可以有多种组合方式：

①单向操作；

②双向操作；

③起动完成后软启动器关闭，设备切换到旁路运行；

④软启和软停多台电动机。

对于小麦淀粉车间的高压风机、大功率输送设备（功率>30kW）应优先采用这种控制方式。

5. 变频器启动控制方式

把工频交流电（或直流电）变换为电压和频率可变的交流电的电气设备称为变频器（图9-12）。变频器的主要用途是用于交流电动机的调速控制。在必须控制和调整速度的场合，是一种非常有效的启动控制方式。相对于其他电机起动方式，变频起动有如下优点：

①平滑软启动，降低启动冲击电流，减少变压器占有量，确保电机安全；

②在机械允许的情况下可通过提高变频器的输出频率提高工作速度；

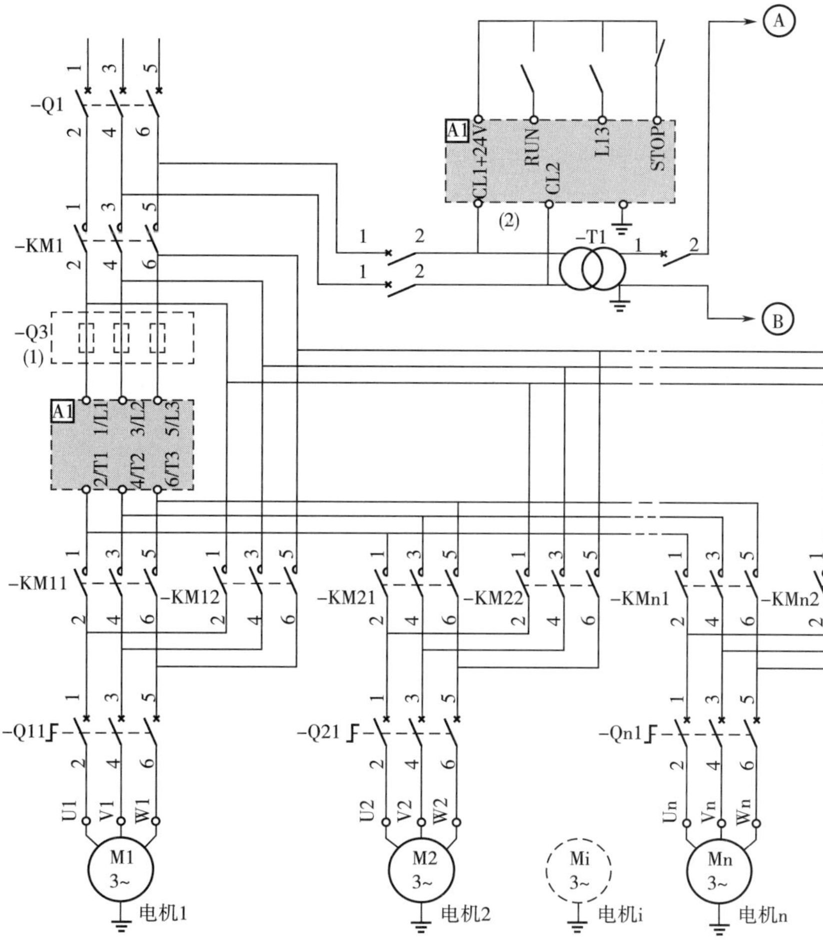

图 9-11　一拖多的软起动器控制

M1、M2、Mi、Mn—电机　A1—起动器（标准应用条件和重载应用条件）　KM1、KM2、KMi、KMn—接触器

Q1—断路器　Q3—熔断器　Q11、Q21、Qn1—热磁断路器

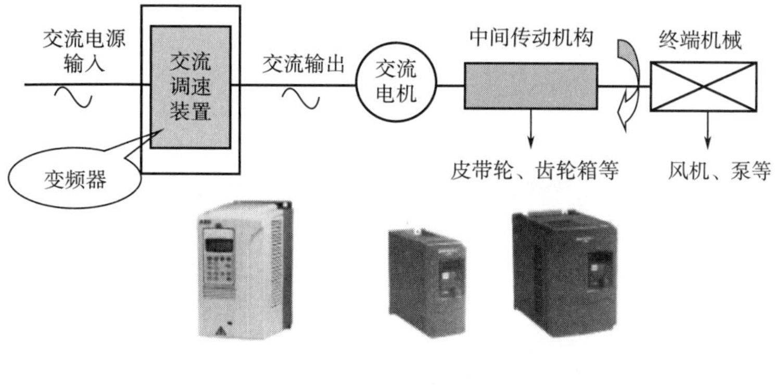

图 9-12　变频器控制原理图

③无级调速，调速精度大大提高；

④电机正反向无须通过接触器切换；

⑤方便接入通讯网络控制，实现生产自动化控制。

在小麦淀粉生产过程中有许多环节需要流量的调整才能保证整个生产过程的物料平衡，变频器调速简单快捷的特点使其应用越来越多。比如：和面机进料流量的控制、三相卧螺流量的控制、空压机的无级调速控制等。

6. 设备起动控制和保护元件的选择

（1）自动空气开关的选择　自动空气开关（图 9-13）的额定电压和额定电流应不小于电路的正常工作电压和工作电流。

热脱扣器的整定电流应按所控制的电动机的额定电流或负载额定电流的 1.05～1.1 倍整定。

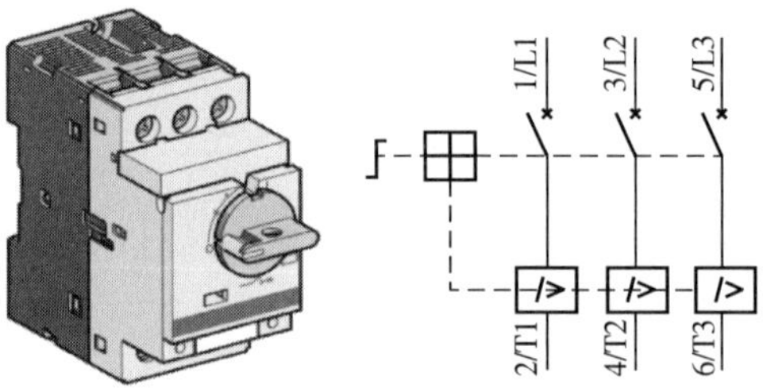

图 9-13　自动空气开关

电磁脱扣器瞬时脱扣整定电流应大于负载电路正常工作时的尖峰电流。

（2）交流接触器的选择　交流接触器（图 9-14）主触点的额定电压：接触器的额定电压是指在规定条件下，能保证电器正常工作的电压值，有 110（127）V，220V，380V，500V 等。

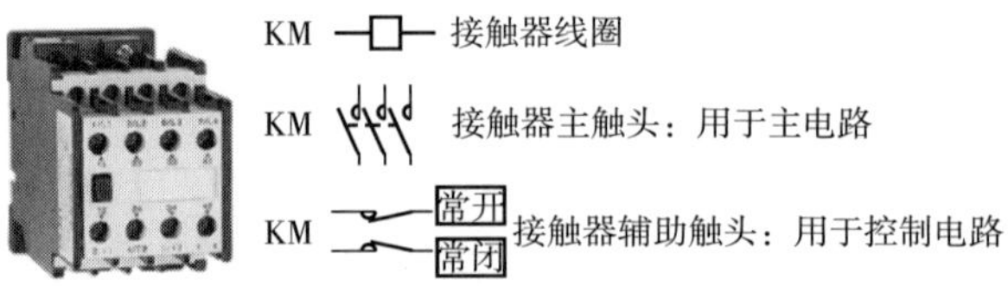

图 9-14　交流接触器

接触器的额定电流指主触头的额定电流，由工作电压、操作频率、使用类别、外壳防护型式、触头寿命等所决定。

交流接触器：5，10，20，40，60，100，150，250，400，630A。

交流接触器的额定电流（$I_{N.KM}$）要大于负载的额定电流（$I_{N.L}$）。

辅助触头有常开和常闭触点，一般接触器本体带 1NO 或 1NC 触点。辅助触头的额定电流通常为 5A。

线圈的频率和额定电压：

线圈额定电压指接触器电磁线圈额定电压。频率 50/60Hz；

电压：36，110（127），220，380V；

额定操作频率（次/h），即允许每小时接通的最多次数。

交流接触器的额定操作频率：1200 次/h 或 600 次/h

（3）热继电器的选择　热继电器（图 9-15）的主要功能是对电动机和其他电气设备进行过载保护。它的选用条件主要是热元件的额定电流和热元件整定电流调节范围。应使：热元件的额定电流 $I_{N.FR}$ > 负载的额定电流 $I_{N.L}$。

从结构形式上，一般多选用三相结构式。对于三角形接法的电动机宜选用带断相保护功能的热继电器。

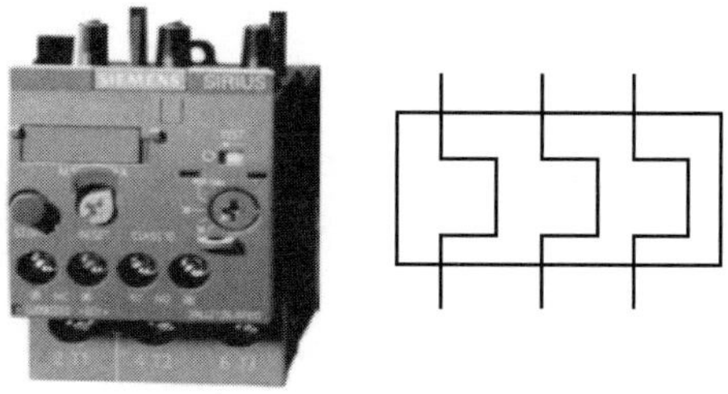

图 9-15　热继电器

热继电器的整定电流可按式（9-1）计算：

$$I_{FR.TR}=(1.05-1.1)\ I_{N.L} \tag{9-1}$$

式中　$I_{FR.TR}$——热继电器的整定电流值，A。

（4）时间继电器的选择　时间继电器（图 9-16）用来按照所需时间间隔，接通或断开被控制的电路，以协调和控制生产机械的各种动作，因此是按整定时间长短进行动作的控制电器。

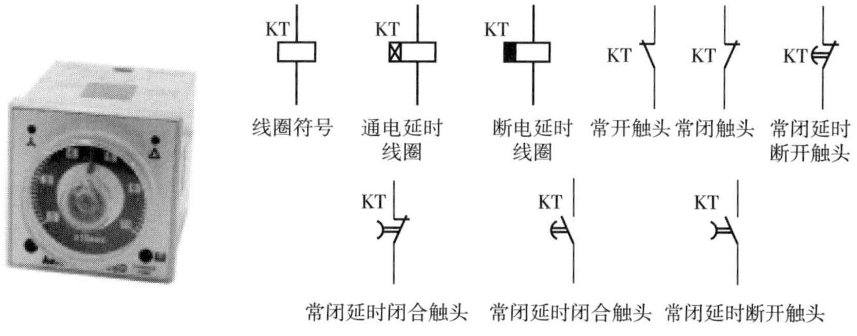

图 9-16　时间继电器

时间继电器选择：

按构成原理有：电磁式、电动式、空气阻尼式、晶体管式和数字式等。

按延时方式分：通电延时型、断电延时型。

按时间长短：秒、分、时；日期型。

（5）变频器的选择　考虑变频器（图 9-17）运行的经济性和安全性，变频器选型保留适当的余量是必要的。要准确选型，必须要把握以下几个原则：

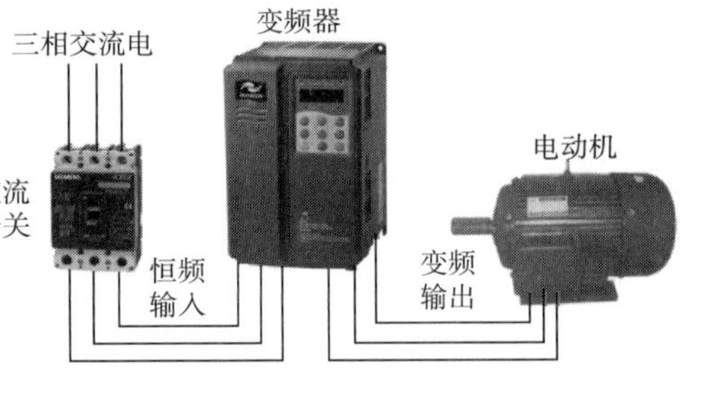

图 9-17　变频器

充分了解控制对象性能要求。一般来讲如对起动转矩、调速精度、调速范围要求较高的场合则需考虑选用矢量变频器，否则选用通用变频器即可。

了解负载特性，如是通用场合，则需确定变频器是通用型还是矢量型，了解所用电机主要铭牌参数：额定电压、额定电流等。

确定负载可能出现的最大电流，以此电流作为待选变频器的额定电流。如果该电流小于适配电机额定电流，则按适配电机选择对应变频器。

（6）软起动器的选择　代替星-三角等降压起动方式。软起动器的主要特点是具有软起动和软停车功能（图 9-18），起动电流、起动转矩可以调节，保证电动机在负载要求的起动特性下平滑起动，对电网几乎没有什么冲击，在轻载时还能节电。除此而外，软起动器还具有多种保护功能，如限制起动次数和起动时间，过流、过载、过压、欠压、缺相、接地故障保护等功能。

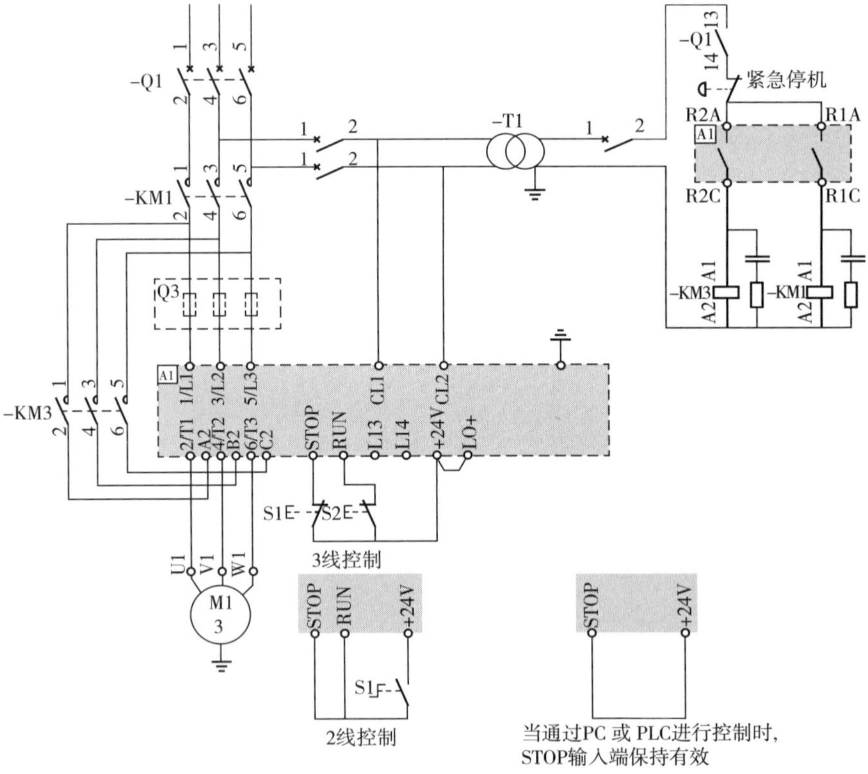

图 9-18　软起动器的控制接线功能端子

M1—电机　A1—起动器（标准应用条件和重载应用条件）　KM1、KM3—接触器

Q1—断路器　Q3—熔断器　S1、S2—控制开关

软起动器能够满足大多数标准负载（泵类负载、压缩机、部分风机类负载等）和重型负载（提升机械、粉碎机、扬升机等以及一拖多应用）的要求。

软起动器的额定电流要大于负载的额定电流。

起动方式选择：

①电流限幅软起动：设置相应的限流倍数，限流倍数选定后，会自适应调整起动时间。

②电压斜坡软起动：选择电压斜坡软起动方式，并设置相应的初始电压和起动时间。

③脉冲突跳软起动：对于大惯量、高静摩擦力的负载，如：满载的运输带、搅拌机等，可依据用户的要求提供此种起动方式。

第二节 传感器与仪表

小麦淀粉生产过程中，既包括原料接收到和面前的粉状物料的输送和处理，又包括三相分离及淀粉精制的液体物料的输送和处理。随着生产过程智能化、数字化的发展需求，在小麦淀粉生产过程中安装传感器和自动化仪表检测粉状和液体物料的生产数据，依据采取的生产数据进行智能化的调节和控制生产。

（一）传感器

传感器（Sensor）是工业自动化生产过程中的核心和关键性的部件，是指能感受规定的被测量（包括物理量、化学量、生物量等）并按照一定规律转换成可用信号的器件或装置。

小麦淀粉生产中料仓、罐的高低物位检测，输送设备的安全状态检测，高速旋转设备的振动检测等都要使用相应的传感器。

1. 物位检测传感器

物位检测传感器安装在各种固体料仓和中间物料仓及液体罐，用来显示料仓和罐内物料和液位高低的情况。在生产车间中使用的物位检测传感器按工作原理不同可分为：电容式、阻旋式、音叉式、超声波式、射频导纳式、重锤式、激光式、雷达式、红外线式等。

（1）静电电容物位传感器　静电电容式物位传感器是采用测量容器的探头与容器内壁之间、两探头之间或探头与同心测量管之间的电容，利用物料介电常数恒定时极间电容正比于物位的原理进行检测。

静电电容式物位传感器（表 9-7）的特点是无可动部件，与物料密度无关，但要求物料的介电常数与空气介电常数差别大。

静电电容式物位传感器在小麦淀粉工厂常用于小麦粉、淀粉、谷朊粉、淀粉浆、工艺水、废水等的物位检测。根据检测物位的位置可以选用棒式、缆式或平板式电容式物位传感器。

表 9-7　　静电电容式传感器技术参数

SE 系列			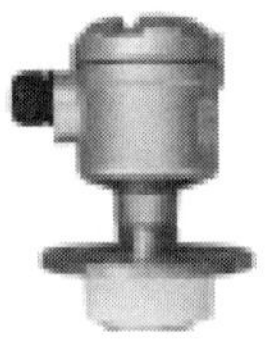
名称	静电容物位传感器	静电容物位传感器	静电容物位传感器
型号	SE-10	SE-20	SE-30
电压	220V AC/105V AC 24V AC/24V DC	220V AC/105V AC 24V AC/24V DC	220V AC/105V AC 24V AC/24V DC
功率/W	4.5	4.5	4.5
触点容量	250VAC/10A、DC30V/10A、SPOT	250VAC/10A、DC30V/10A、SPOT	250VAC/10A、DC30V/10A、SPOT
感应材质	SUS304/SUS316L	SUS304/SUS316L	SUS304/SUS316L
探头形式	棒式	缆式	平板式
延时	0~30s 可调	0~30s 可调	0~30s 可调
介质温度/℃	-25~80（最高 250）	-25~80（最高 250）	-25~80（最高 250）
防护等级	IP65	IP65	IP65

（2）阻旋式　阻旋式物位开关（表 9-8）采用机电位控原理，接触测量料位。一个低速同步感应式电机驱动旋转测量桨叶，当测量桨叶接触到物料，转动就受到阻碍，导致反向力矩作用在一个微动开关上，产生一个与其匹配的电接点信号输出，同时使电机停止转动。当埋在物料中的桨叶恢复自由时，弹簧把电机拉回到工作位置，微动开关回到初始位置，接点输出信号关闭。

表 9-8　　阻旋式物位开关技术参数

SR 系列			

续表

名称	标准型阻旋开关	高温型阻旋开关	轴长可调及加长型阻旋开关
型号	SR-10	SR-20	SR-30
电压	220V AC/110V AC 24V AC/24V DC	220V AC/110V AC 24V AC/24V DC	220V AC/110V AC 24V AC/24V DC
功率/W	3	3	3
触点容量	250VAC/5A SPOT	250VAC/5A SPOT	250VAC/5A SPOT
介质温度/℃	-10~80	200~800	-10~80
叶片材质	SUS304	SUS304	SUS304
叶片规格/mm	40× 100	65× 100	40× 100
安装方式	可水平或垂直安装	可水平或垂直安装	仅垂直安装

主要应用于粉状物料仓的高料位检测应用，例如小麦淀粉厂的原料粉仓、谷朊粉仓、淀粉仓等。

（3）音叉式　音叉式料位传感器（表 9-9）又称振荡式音叉料位器，它主要是靠音叉，通过震动原理来测量物位高度。利用电子电路的信号激励叉体中的晶体，使音叉的叉体以固有的频率产生振动，当叉体被被测物料浸没时，叉体的振动频率发生改变，仪表的电子电路会自动检测到这一变化并转换成开关信号由继电器输出，供现场报警或远程控制使用；当物料离开叉体时，仪表又恢复正常工作状态检测物位的变化。

独特的叉体设计及其固有的振动特性，保证音叉的自动清除功能，并最大限度防止挂料应用于液体、流动性好的固体颗粒粉末。

表 9-9　　音叉式物位开关技术参数

SP-YC 系列			
名称	标准型音叉	防爆型	单棒音叉
型号	SP-YC03	SP-YC71	SP-YC02
电压	24V AC/24V DC	24V AC/24V DC	24V AC/24V DC
功率/W	3	3	3
触点容量	250VAC/5A、DPDT	250VAC/5A、DPDT	250VAC/5A、DPDT

续表

接液材质	SUS304/SUS316L	SUS304/SUS316L	SUS304/SUS316L
介质密度/（g/cm^3）	最低 0.5	最低 0.5	最低 0.5
工作压力/MPa	小于 2	小于 2	小于 2
介质温度/℃	-10~80（最大 150）	-10~80（最大 150）	-10~80（最大 150）
安装方式	可水平或垂直安装		

（4）射频导纳式　射频导纳式物位传感器（表 9-10）是一种从电容式发展起来的、防挂料、更可靠、更准确、适用性更广的新型物位控制技术。导纳的含义为电学中阻抗的倒数，它由电阻性成分、电容性成分、感性成分组合而成，射频即高频无线电波谱，所以射频导纳可以理解为用高频无线电波测量导纳。仪表工作时，仪表的传感器与罐壁及被测介质形成导纳值，物位变化时，导纳值相应变化，电路单元将测量导纳值转换成物位信号输出，实现物位测量。

射频导纳式物位开关因为具有防挂料的特性，最近几年大量应用于小麦淀粉生产中小麦粉、淀粉、谷朊粉等粉状物料仓的物位检测。

表 9-10　　射频导纳式物位开关选型技术参数

SR 系列	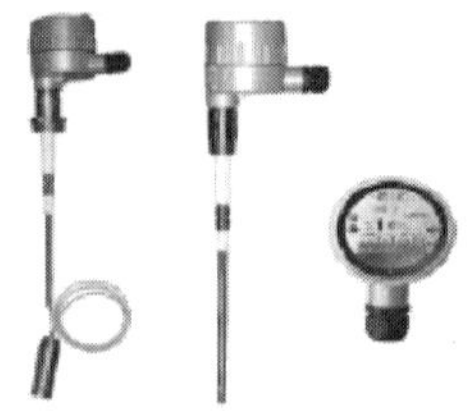	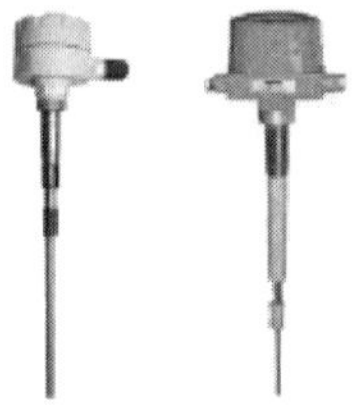	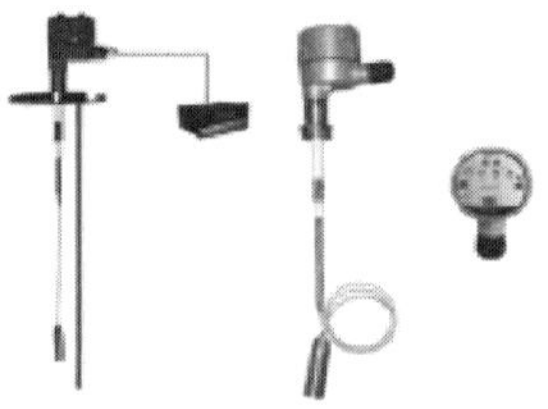
名称	射频导纳物位开关	射频导纳物位开关	射频导纳物位开关
型号	SL-2000D	SRF-88	SL-2631D
电压	220V AC/110V AC 24V AC/24V DC	220V AC/110V AC 24V AC/24V DC	24v DC
功率/W	3	4	0.5
输出	240VAC/5A、DPDT	240VAC/5A、DPDT	4~20mA 两线制
探头材质	SUS304/SUS316L	SUS304/SUS316L	SUS304/SUS316L
探头形式	棒式/缆式	棒式	棒式/缆式
延时时间/s	0~30 可调	0~30 可调	0~30 可调
介质温度/℃	-40~70	-40~70	-10~70
防护等级	IP65	IP65	IP65

（5）超声波式　超声波式物位传感器（表 9–11）是利用超声波在气体、液体和固体介质中传播的回声测距原理检测物位。在储仓顶部对着料面装有超声波发生器和接收器。发生器发出的超声波经空气层射至料面后就被反射，一部分反射被接收器所接收，由超声波发射至接收所经历的时间乘以声速就可计算出料位高度。由于空气温度的高低会影响声波的传播速度，所以还需测量空气温度以修正声速。超声波式料位传感器适合于测量粒度较大的块料料位。超声波料位传感器有气介式、液介式和固介式三类。单探头形式，即探头（换能器）既发射又接收超声波；双探头形式，发射和接收超声波各由一个探头承担。

表 9–11　　超声波式物位传感器选型技术参数

SU 系列		
名称	一体式/分体式超声波液位计	超声波液位差计
型号	SU–E	SU–D
电压	两线制 24V DC，四线制 24V DC 或 220V AC	两线制 24V DC，四线制 24V DC 或 220V AC
功率/W	3	4
输出/mA	4～20	4～20
探头材质	ABS、PP、PTFE	ABS、PP、PTFE
测量范围/m	3，5，8，10，15，20	3，5，8，10，15，20
精度	空气中满量程的±0.25%	空气中满量程的±0.25%
防护等级	IP65	IP65

（6）重锤式　重锤式连续物位计由伺服电动机、悬有重锤的钢丝绳、位置装置以及带微机的显示仪表所组成。起动后，微机发出降锤信号，伺服电动机转动放下重锤，当重锤碰到料面后，位置信号器发出信号给微机，使重锤停止下降并发出升锤信号，伺服电动机反转使重锤上升，并发出料位信号值给显示仪表。重锤升至仓顶后电动机停转，经过一段延时后再重复上述动作。显示仪表上设有料位上、下限报警发送等装置。重锤式料位传感器可解决一定量程范围内的测量问题，典型的测量范围可达 60m，而且这种测量不及蒸汽、灰尘影响，具有较高的测量精度。在小麦淀粉的大仓径原料仓中有较好的应用。

（7）雷达式　雷达式物位传感器（表 9–12）是基于时间行程原理的测量仪表，雷达波以光速运行，运行时间可以通过电子部件被转换成物位信号。探头发出高频脉冲并沿缆绳传播，当脉冲遇到物料表面时反射回来被仪表内的接收器接收，并将距离信号转化为物位信号。雷达波的物理特性与可见光相似，频率为 300MHz～3000GHz，可以穿透空间蒸汽、粉尘等干扰源，遇到障碍物容易被反射，被测介质导电性越好或介电常数越大，回波信号的反射效果越好。

波束角小，能量集中，具有较强的抗干扰能力。因为不受蒸汽、粉尘、真空等影响可用于腐蚀性液体、有大量粉尘的淀粉仓、小麦粉仓使用。

表 9-12　　雷达式物位传感器选型技术参数

SRD 系列	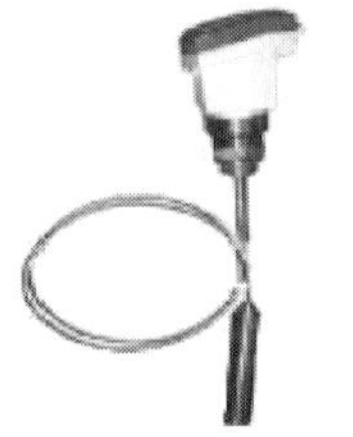		
名称	导波雷达物位计	脉冲型雷达物位计	高频脉冲型雷达物位计
型号	SRD-G	SRD-P51/52	SRD-P61
电源电压	两线制 24V DC、四线制 24V DC 或 220V AC	两线制 24V DC、四线制 24V DC 或 220V AC	两线制 24V DC、四线制 24V DC 或 220V AC
输出信号	4~20mA/HART	4~20mA/HART	4~20mA/HART
天线材质	SUS316L、PP、PTFE	SUS316L、PP、PTFE	SUS316L、PP、PTFE
天线形式	杆式：6m，缆式：30m	棒式：20m，喇叭口：30m	杆式：30m，喇叭口：70m
频率/GHz	最大 1.8	最大 6.8	最大 26
介质温度/℃	-40~150（最大 250）	-40~250（最大 600）	-40~250（最大 600）
精度	±10mm，±5mm	±10mm，±5mm	±5mm，±15mm

（8）激光式　激光式物位传感器采用回波分析原理来测量距离以达到一定程度的精度。传感器内部是由处理器单元、回波处理单元、激光发射器、激光接收器等部分组成。激光位移传感器通过激光发射器每秒发射一百万个激光脉冲到检测物并返回至接收器，处理器计算激光脉冲遇到检测物并返回至接收器所需的时间，以此计算出距离值，该输出值是将上千次的测量结果进行的平均输出，即所谓的脉冲时间法测量的。激光回波分析法适合于长距离检测，最远检测距离可达 250m。

（9）红外线式　红外线式料位传感器具有一对红外信号发射与接收二极管，利用红外测距传感器发射出一束红外光，在照射到物体后形成一个反射的过程，反射到传感器后接收信号，然后利用 CCD 图像处理接收发射与接收的时间差的数据。经信号处理器处理后计算出物体的距离。这不仅可以用于自然表面，也可用于测量距离远、频率响应高、工作环境恶劣的场合。

（10）液位传感器　液位传感器（表 9-13）是一种测量液位的压力传感器。静压投入式液位变送器（液位计）是基于所测液体静压与该液体的高度成比例的原理，采用国外先进的隔离型扩散硅敏感元件或陶瓷电容压力敏感传感器，将静压转换为电信号，再经过温度补偿和线性修正，转化成标准电信号（一般为 4~20mA/1~5V DC）。常见的有浮球式液位传感器、浮筒式液位传感器和静压式液位传感器。

表 9-13　液位传感器技术参数

系列	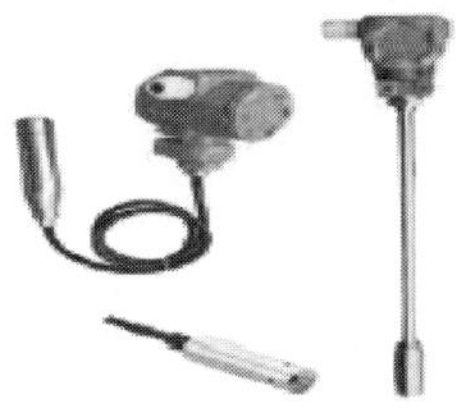	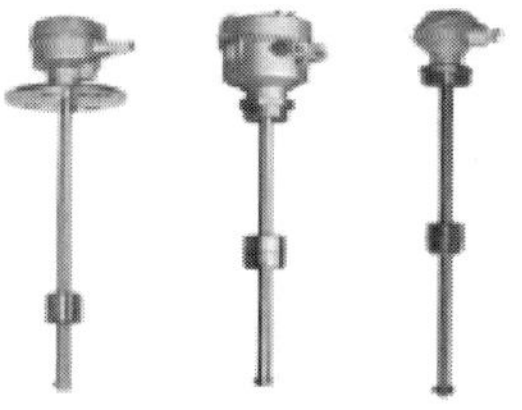	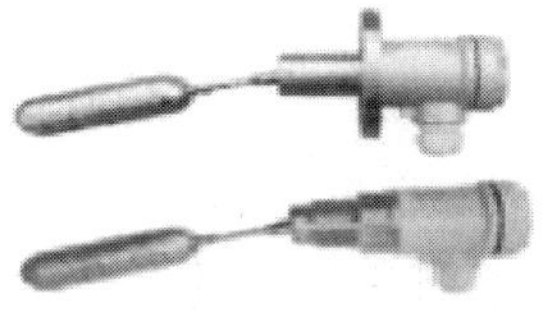
名称	投入式静压测位变送器	插入式磁浮子液位计	标准型侧装浮球开关
型号	SP-811/812/813	UHZ-663	SLF-10-F/S
电源电压	18~36V DC	24V DC	—
输出信号	4~20mA/0~10V DC	4~20mA/HART	220V AC 5A SPDT
量程范围	-0. 1MPa~100MPa	最大 4. 0MPa	最大 4. 0MPa
接液材质	SUS304/316L、PTFE	SUS304/316L、PTFE	SUS304/316L
介质温度/℃	-10~75	-20~80（最大 200）	-10~100
精度等级	±0. 5%，±0. 25%	±12. 5mm、±10mm、±5mm	规格：ϕ50×125，ϕ75×120
应用范围	液体	液体	液体

①浮球式液位传感器：浮球式液位变送器由磁性浮球、测量导管、信号单元、电子单元、接线盒及安装件组成，一般磁性浮球的相对密度<0. 5，可漂于液面之上并沿测量导管上下移动，导管内装有测量元件，它可以在外磁作用下将被测液位信号转换成正比于液位变化的电阻信号，并将电子单元转换成 4~20mA 或其他标准信号输出。

液位传感器为模块电路，具有耐酸、防潮、防震、防腐蚀等优点，电路内部含有恒流反馈电路和内保护电路，可使输出最大电流≤28mA，因而能够可靠地保护电源并使二次仪表不被损坏。

②浮筒式液位传感器：浮筒式液位传感器是将磁性浮球改为浮筒，并根据阿基米德浮力原理设计的。浮筒式液位传感器是利用微小的金属膜应变传感技术来测量液体的液位、界位或密度，它在工作时可以通过现场按键来进行常规的设定操作。

③静压式液位传感器：该变送器利用液体静压力的测量原理工作，一般选用硅压力测压传感器将测量到的压力转换成电信号，再经放大电路放大和补偿电路补偿，最后以 4~20mA 或 0~10mA 电流方式输出。

2. 设备安全保护传感器

（1）堵料传感器　绞龙和刮板机在运行过程中由于物料属性或进料速率等原因容易发生堵料，影响产量并增加设备电耗，发生严重堵料时还会烧坏电机，甚至扭断螺旋轴。因此需要在绞龙和刮板机的排料端安装堵料传感器，以检测物料堵塞的发生情况。一般选用行程开关或接近开关作堵料传感器（图 9-19），安装的地方应易于检查、清理和更换。

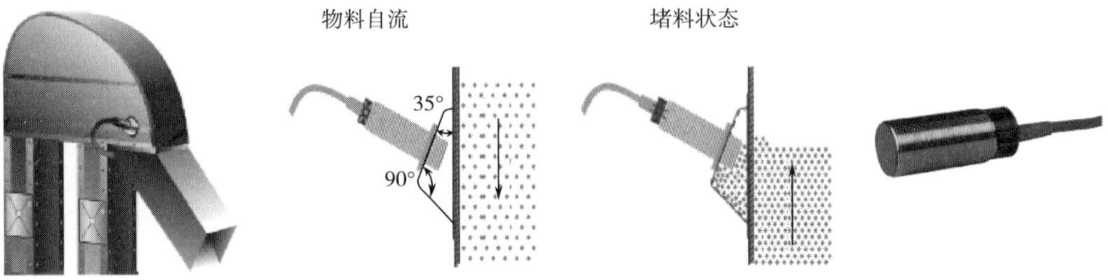

图 9-19　堵料传感器

（2）跑偏传感器　皮带跑偏是皮带输送机作业过程中最为常见的故障，当皮带跑偏达到一定程度时，皮带会触发用于防偏的急停装置，造成作业系统停机，影响生产进程。同时，皮带跑偏使滚筒、托辊承受的轴向力增加，引起滚筒窜轴、托辊轴承损坏，皮带跑偏造成物料洒落到回程皮带上，引起皮带与滚筒非正常磨损，缩短了滚筒和皮带的使用寿命。当皮带严重跑偏时，还会造成皮带翻卷物料，致使皮带单侧受力超过皮带纵向拉断力，从而引起皮带横向撕裂等安全隐患。

小麦淀粉工厂生产过程中，皮带输送机输送带旁及斗提机提升皮带旁应安装跑偏检测传感器以检测皮带跑偏轨迹，跑偏检测传感器（图 9-20）固定在输送机纵梁的顶部或底部，动作臂距皮带边缘在 2.54~7.62cm，通常安装在皮带两侧距头部或尾部滚筒 30.48~182.88cm。皮带跑偏时迫使动作臂偏离，触动报警微动开关，如果继续偏离到停机触点，触动另一组触点，皮带输送机就会保护性停机。

图 9-20　跑偏传感器

（3）失速传感器　小麦淀粉厂淀粉或小麦粉输送的斗提机及刮板输送机被动轮旁应

安装失速检测传感器（图 9-21），以检测设备的“低速”状况。失速检测传感器应检测每个斗提机和刮板输送机的非驱动轮，失速检测传感器包括电感型接近开关检测头、转速监测器。电感型接近开关以感应旋转器的旋转，旋转器为装在突起部位的铁合金金属块，它安全地锁定在非驱动轴上。

图 9-21　失速检测传感器

（二）仪表

为保障小麦淀粉生产正常高效的顺利生产，必须把生产工艺中的参数维持在某一最佳数值范围内，方可确保生产产品的质量，实现小麦淀粉生产过程的自动化，需依赖高性能仪表对生产过程进行测量和显示，并依此对生产工艺过程进行有效控制和调整，智能化仪表在小麦淀粉生产中的不断应用极大地推动了我国小麦淀粉生产自动化和智能化的发展。

1. 自动化仪表的分类

（1）按功能分　过程控制仪表包括可编程调节器、可编程控制器、DCS、安全栅、操作单元、显示单元、调节阀、电磁阀、变频器等。

过程测量仪表包括压力、温度、液位、流量、成分的传感器、变送器。

（2）按所用能源形式分　气动、电动和液动仪表。

（3）按组成结构分　基地式、单元组合式和分散性控制装置等。

（4）按安装地点分　分为控制室安装和现场安装。

2. 压力测量与变送

压力是淀粉生产过程中一个重要参数，在生产过程中，对液体、蒸汽和气体压力的检测是保证工艺要求、设备和人身安全并使设备经济运行的必要条件。

（1）压力单位　压力是指均匀而垂直地作用于单位面积上的力。按式（9-2）计算：

$$P = F/A \tag{9-2}$$

式中　P——压力，N/m^2；

F——均匀垂直作用力，N；

A——受力面积，m^2。

根据国际单位制（SI）和我国法定计量单位的规定，压力单位采用牛顿/米^2（N/m^2），称为“帕斯卡”，简称“帕（Pa）”。我国曾采用多种压力计量单位，几种单位之间的换算关系见表 9-14。

表 9-14　　压力单位换算表

	Pa	bar	kgf/cm^2	atm	at	Torr	mmH_2O	mmHg	Psi
1Pa 帕	1	0.00001	0.00001	0.00001	0.00001	0.0075	0.10197	0.0075	0.00014
1bar 巴	100000	1	1.01972	0.9869	1.01972	750.062	10.1972	750.062	14.504
$1kgf/cm^2$	98066.5	0.98067	1	0.9678	1	735.6	10.000	735.6	14.22
1atm 标准大气压	101325	1.01325	1.033	1		760	10.332	760	14.7
1at 工程大气压	98067	0.98067	1	0.9678	1	735.6	10.000	735.6	14.22
1Torr 托	133.3	0.00133	0.00136	0.00132	0.00136	1	13.6	1	0.01934
$1mmH_2O$ 毫米水柱	9.8067	0.00098	0.0001	0.0000968	0.0001	0.07356	1	0.07356	0.00142
1mmHg 毫米汞柱	133.322	0.00133	0.00136	0.00132	0.00136	1	13.5951	1	0.01934
1Psi 磅/寸^2	6894.76	0.06895	0.07031	0.06805	0.07031	51.7149	703.07	51.7149	1

（2）压力的表示方法　在压力测量中，常有表压、绝对压力、负压或真空度之分，其关系如图 9-22 所示。

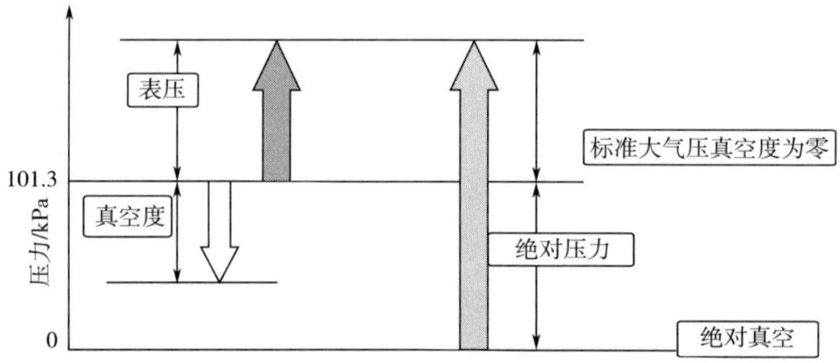

图 9-22　压力表示方法

工程上所用的压力指示值大多为表压（绝对压力的指示值除外）。表压是绝对压力和大气压力之差，即：

$$P_{表压} = P_{绝对压力} - P_{大气压力}$$

当被测压力低于大气压力时，一般用负压或真空度来表示，它是大气压力与绝对压力之差，即：

$$P_{真空度} = P_{大气压力} - P_{绝对压力}$$

以绝对压力零线作起点计算的压力称为绝对压力。

因为各种工艺设备和测量仪表通常是处于大气之中，本身就承受着大气压力。所以，工程上经常用表压或真空度来表示压力的大小。若无特殊说明外，工程上仪表显示的测量结果均为表压或真空度。

（3）常用压力仪表分类

①液柱式压力计（图 9-23）测量表压及真空度，又称压力标准计量仪器。结构简单、使用方便；测量范围窄，只能测量低压或微压，易损坏。一般有 U 型压力计、单管压力计、斜管压力计。

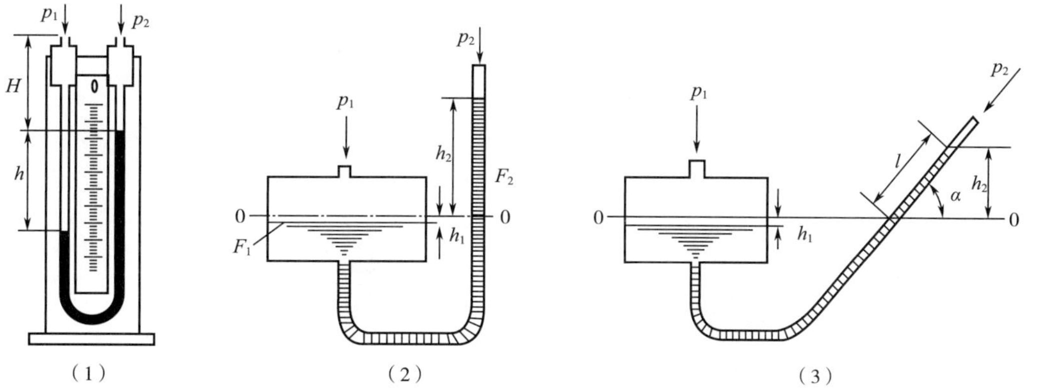

图 9-23　几种不同的液柱压力计

（1）U 型压力计　（2）单管压力计　（3）斜管压力计

②弹性式压力计（图 9-24），根据弹性元件受压后变形的原理测量压力。特点：结构简单、牢固可靠、价格低廉、测量范围宽（$10^{-2}\sim10^{5}$MPa）。用来测量压力及真空度，在淀粉生产线的现场压力指示被广泛使用。根据不同的使用要求，弹性式压力表又分为隔膜压力表、耐高温压力表、耐震压力表。

③电气式压力计（图 9-25），一是由弹性元件和变换装置组成，弹性形变产生相应的电信号，如：电阻式、电感式、电容式、应变式、振弦式等；一是由非弹性元件组成的快速测压元件，利用物体的某一物理性质与压力有关检测压力，如：压电式、压阻式等。测量范围宽（0.07~500000kPa），允许误差 0.2%。电气式压力计测量的压力可以远传，在小麦淀粉工厂，空气、蒸汽、水、淀粉浆等的压力要在中控显示且控制必须要选择电气式压力计。

④活塞式压力计，专用砝码的重力作用在活塞有效面积上产生的压力即被测压力。

优点：测量范围宽（-0.1~2500MPa），精度高（0.05%~0.2%）。

缺点：工作液体容易发生泄漏，压力不能连续测量。

主要应用：作为标准表检定压力仪表。

（4）压力仪表的选用

①压力表的类型选择：仪表类型必须满足工艺要求，才能保证仪表正常工作及安全

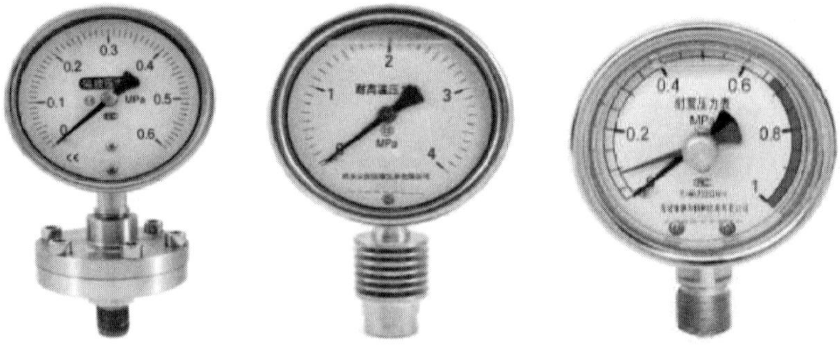

（1）　　（2）　　（3）

图 9-24　常用的弹性式压力表

（1）隔膜压力表　（2）耐高温压力表　（3）耐震压力表

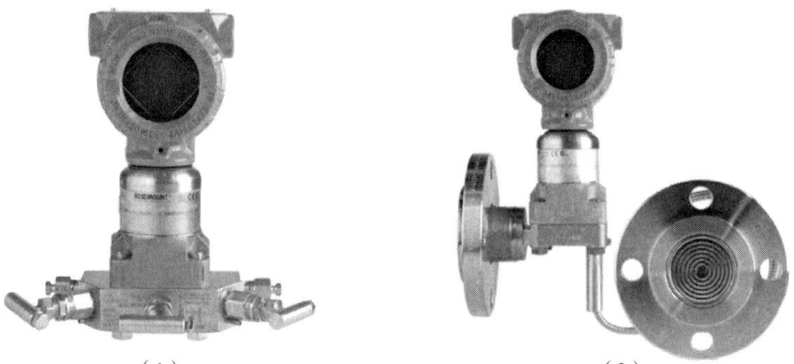

（1）　　（2）

图 9-25　电气式压力计

（1）压阻式　（2）压电式

生产。

a. 功能。是否远传、自动记录或报警。

b. 被测介质性质。温度、黏度、腐蚀性、易燃易爆等是否对仪表有特殊要求（弹簧管材料）。

c. 环境条件。湿度、温度、磁场强度、振动等对仪表类型的要求。有剧烈振动的场合测量压力时，选用耐振压力表或船用压力表。

②压力表的测量范围选择：根据被测压力的最大值、最小值确定出仪表的上、下限。

a. 上限选取。为保证弹性元件在弹性变形的安全范围内可靠地工作，必须根据被测压力的变化范围和变化快慢，留有足够的余地。

$$P（仪表上限）=KP_{测}$$

其中 $P_{测}$ 为被测压力值。注意：P（仪表上限）应考虑国标。

稳定压力：$K=3/2$（如储罐、离心泵）

脉动压力：$K=2$（如压缩机）

高压（>10MPa）：$K=5/3$（如活塞泵）

b. 下限选取。避免量程选得过大，保证被测压力在整个量程的1/3～2/3，以减小测量误差。即

$$P_{测min} \geq 1/3\ (P_{min} \sim P_{max})$$

③压力表精度的选择：

a. 根据测压范围，选出量程。

b. 根据工艺允许的最大绝对误差 a_{max}，计算仪表 q_{max}，在国家规定的精度等级中选择（往精度高的方向）。

国家规定的精度等级：0.01，0.02，0.05，0.1，0.16，0.2，0.25，0.4，0.5，1.0，1.5，2.5等。

3. 温度仪表

温度是一个很重要的物理量，它是国际单位制（SI）中7个基本物理量之一，也是工业生产中的主要工艺参数。物体的许多物理现象和化学性质都与温度有关，大多数生产过程均是在一定温度范围内进行的。因此，温度的测量是保证生产正常进行，确保产品质量和安全生产的关键环节。

（1）定义　温度标尺是表示物体冷热程度的物理量。用来度量物体温度高低的标尺称为温度标尺，简称温标。它规定了温度的起点和测量温度的基本单位。各种温度计的分度值都是由温标决定的。目前国际上用得较多的温标有摄氏温标和国际实用温标，我国法定计量单位现已采用了这两种温标。

摄氏温标是根据物体受热后体积膨胀的性质建立起来的，一般用符号 t 表示，单位是度，记作℃。规定在标准大气压下冰的融点为零度（0℃），将水的沸点定为100℃，在0～100℃划分一百等份，每一等份为1摄氏度（1℃）。摄氏温标是工程上通用的温度标尺。

国际温标是一个国际协议性温标。选择了一些纯物质的平衡态温度作为温标的基准点，规定了不同温度范围内的标准仪器，如铂电阻、铂铑-铂热电偶和光学温度计等。建立了标准仪器的示值与国际温标关系的补插公式，应用这些公式可以求出任何两个相邻基准点温度之间的温度值。

国际实用温标几经修改，目前各国使用的温标是1968年国际实用温标（即IPTS-68），我国自1973年1月1日起正式采用此温标。根据国际实用温标规定：热力学温度是基本温度，用符号 T 表示，单位是开尔文，记为K。它规定水的三相汽热力学温度为273.15K，定义为1K等于水三相点热力学温度的1/273.15。通常将比水的三相点低0.01K的温度值规定为摄氏零度，它与摄氏温度之间的关系见式（9-3）：

$$t=T-273.15 \tag{9-3}$$

式中　T——单位是开尔文，K；

t——单位是摄氏度,℃。

自1990年1月1日开始，各国已陆续采用1990年国际温标（ITS-90）。ITS-90是1989年7月第77届国际计量委员会（CIPM）批准的国际温度咨询委员会（CCT）制定的新温标，它对定义固定点、标准仪器以及内插公式进行了修改和补充，是以固定点温度指示值以及在此固定点上分度过的标准仪器来实现热力学温标的，各固定点间的温度是依据内差公式使标准仪器的示值与国际温标的温度值相联系。摄氏温度与热力学温度之间的关系仍如上式所示。

（2）温度测量仪表的分类　温度测量范围甚广，测温仪表的种类也很多。按工作原理分，有膨胀式、热电阻、热电偶以及辐射式等；按测量方式分，有接触式和非接触式两类。

温度不同的两物体相互接触，由于它们之间有温差存在，热量就会从高温物体向低温物体传递，如果这两个物体与外界无能量交换，经过足够长的时间两者就会达到热平衡状态，两者温度相等，接触式测温就是基于这一原理。接触式测温为了实现精确测量必须使温度计的感温部件与被测物体有良好的接触，它可以得到被测物体的真实温度，一般来说测温的准确性较高，应用广泛，但因感温部件与被测物体之间产生的热传递，会存在一定的测量滞后。

非接触式测温目前在工业上还是以辐射式测温为主，它的特点是感温元件不与被测物体相接触，而通过被测物体与感温元件之间的热辐射作用实现测温，因而不会破坏被测对象的温度场，不仅可以测量移动或转动物体的温度，而且可以通过扫描的方法测得物体表面的温度分布。但辐射式测温一般只能测得亮度温度或辐射温度，为了求得真实温度，还必须根据被测对象的黑度对测量值进行修正，另外还可能受到发射率、距离、烟尘等影响，故测温的准确性一般不高，通常仅用于高温测量。

（3）温度测量仪表的选用　温度仪表的选择应根据工艺要求来选择。在选用前要深入了解工艺过程，如被测对象的温度变化范围、变化快慢；被测对象的物理和化学性质，安装地点和环境条件如何；温度参数是就地测量显示还是远传。就地温度测量仪表一般采用热膨胀温度计，其中水银玻璃温度计由于易受机械损伤，造成汞中毒，一般不推荐使用。因此，经常使用的是压力式温度计和双金属温度计。

①压力式温度计是最早应用于生产过程温度测量的方法之一，现在仍然广泛用于就地指示。带电接点的压力式测温系统还作为电路的接点开关，用于就地温度限位报警控制。

压力式温度计的优点是：结构简单、机械强度高、不怕振动；价格较低、不需要外部能源。

缺点是：测温范围有限制（-80~400℃），热惯性大，响应时间较慢，表密封系统（温包、毛细管、弹簧管）损坏难于修理，测量精度受环境温度、温包安装位置等影响较大，毛细管传送距离有限制。

②双金属温度计是另一种广泛使用的就地温度计。它的优点是：结构简单、价格

低、维护方便。缺点是测量精度较低，在满足测量范围、工作压力、精确度要求下，应优先选用双金属温度计。

③热电阻与热电偶测温都是接触式测温，其特点是简单、可靠，测温精度较高，并且测温元件稳定性好、价格低、信号可远传等，是工业生产中使用最多的测温元件。

④辐射温度计采用热辐射光敏元件、热敏元件等作为检测元件。它的响应速度最高，常用来测量移动或转动物体的温度；也可用于不能安装热电偶等的测量场合中的温度测量。它的优点是：不需要与被测目标接触，适合高温测量、重量轻、便于携带，但精度不高。

⑤光学高温计结构较简单、轻巧便携、使用方便。常用在金属冶炼、玻璃熔融、热处理等工艺过程中实现非接触温度测量。主要缺点是测量靠人眼比较，容易引入主观误差。

4. 流量仪表

小麦淀粉生产过程中物料大部分是流体，这些流体在某些动力设备（如离心泵、螺杆泵等）的作用下沿管道密闭输送。为正确指导生产操作，监视设备运行状况，确保优质高产、安全低耗以及进行产品的成本经济核算，经常需要测量生产过程中各种介质（如液体、气体和蒸汽等）的流量。它是淀粉生产过程中一个十分重要的测量参数。随着自动化水平的不断提高，流量测量和控制已由原来的保证稳定运行朝着最优化控制过渡。流量仪表更是小麦淀粉生产中不可缺少的检测仪表。

（1）流量的定义和单位　流量是指流经管道（或设备）某一截面的流体数量。随着工艺要求不同，它的测量又可分为瞬时流量和累积流量的测量。

单位时间内流经某一有效截面的流体数量，它可以分别用体积流量和质量流量来表示。

①体积流量：单位时间内流过某一有效截面的流体体积，可用 Q 表示，按式（9-4）计算：

$$Q = vA \tag{9-4}$$

式中　v——某一有效截面处的平均流速，L/(h · m^2)；

A——流体通过的有效截面积，m^2。

常用的单位为：m^3/h、L/h 等。

②质量流量：单位时间内流经某一有效截面的流体质量，常用 M 表示。若流体的密度是 ρ，则体积流量与质量流量之间的关系按式（9-5）计算：

$$M = QP = vA\rho \tag{9-5}$$

M 常用的单位为：t/h、kg/h 等。

③累积流量（总量）：在某段时间内流经有效截面的流体数量的总和 Q。其总和可以用体积和质量来表示，即：

$$Q_{总} = \int_0^t q_v \mathrm{d}t \tag{9-6}$$

$$M_{总} = \int_0^t q_m \mathrm{d}t \tag{9-7}$$

式中 t——时间，s；

$Q_{总}$——体积累积总流量，m^3/s；

$M_{总}$——质量累积总流量，m^3/s；

q_v——体积流量，m^3/s；

q_m——质量流量，m^3/s。

相应采用的单位分别为 m^3、L、t、kg 等。

测量瞬时流量的仪表一般称为流量计，而测量累积流量的仪表称为计量表。但两者并不是截然分开的，在流量计上配以累积机构，也可以得到累积流量。

④气体体积流量测量与液体体积流量测量比较：

a. 液体体积流量测量（图 9-26）。阀门前后有压降，流量相同，即液体不可压缩。

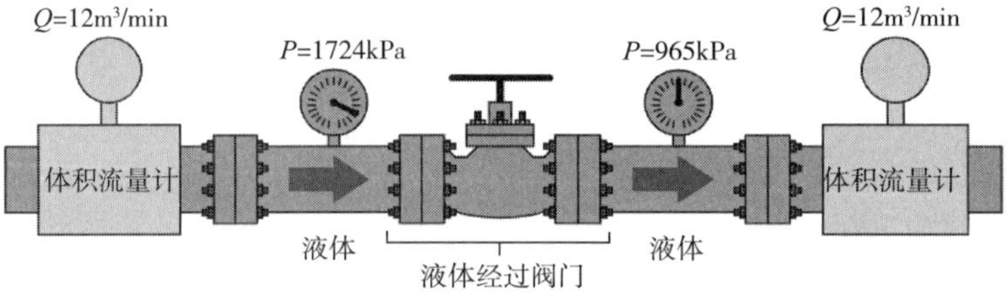

图 9-26　液体体积流量测量压降和流量变化示意图

b. 气体体积流量测量（图 9-27）。阀门前后有压降，流量不同，即气体可压缩。流量计测出工况体积流量，需经压力、温度换算。

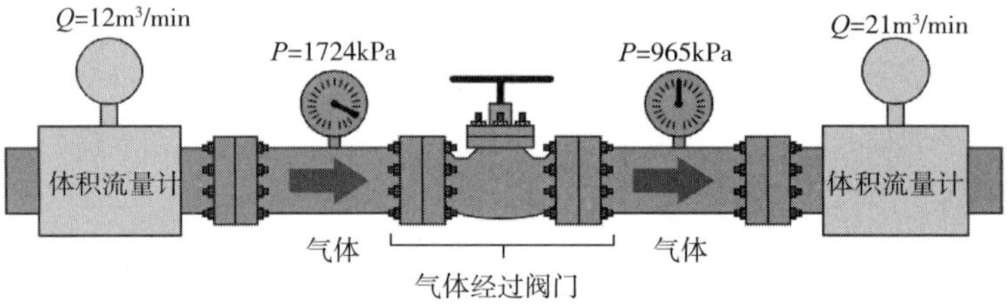

图 9-27　气体体积流量测量压降和流量变化示意图

（2）流量测量仪表的分类　流量测量的方法很多，其测量原理和所采用的仪表结构形式各不相同。按工作原理不同分为：速度式、容积式、质量式。

①速度式流量计：以测量流体在管道内的流速作为测量依据来计算流量的仪表。如：差压式流量计、涡轮流量计、电磁流量计等。

差压式流量计（图 9-28）：充满管道的流体，当它们流经管道内的节流装置时，流束将在节流装置的节流件处形成局部收缩，从而使流速增加，静压力低，于是在节流件前后便产生了压力降，即压差，介质流动的流量越大，在节流件前后产生的压差就越大，所以孔板流量计可以通过测量压差来衡量流体流量的大小。这种测量方法是以能量守恒定律和流动连续性定律为基准的。

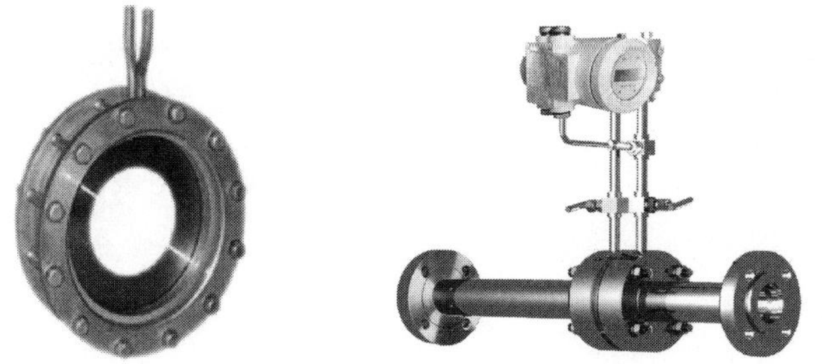

图 9-28　差压式流量计

优点：结构简单、工作可靠、使用寿命长、适应性强，几乎可以测量各种工作状态下的单相流体流量，只要严格遵照加工安装要求，无须单独标定，适用于 50～1000mm 管径的流体测量。

缺点：测量精度普遍偏低，0.5 级，现场安装条件要求高，需修正，压损大（孔板、喷嘴等）。

涡轮流量计（图 9-29）：当被测流体流过涡轮流量计传感器时，在流体作用下，叶轮受力旋转，其转速与管道平均流速成正比，叶轮的转动周期地改变磁电转换器的磁阻值。检测线圈中磁通随之发生周期性变化，产生周期性的感应电势，即电脉冲信号，经放大器放大后，送至显示仪表显示。

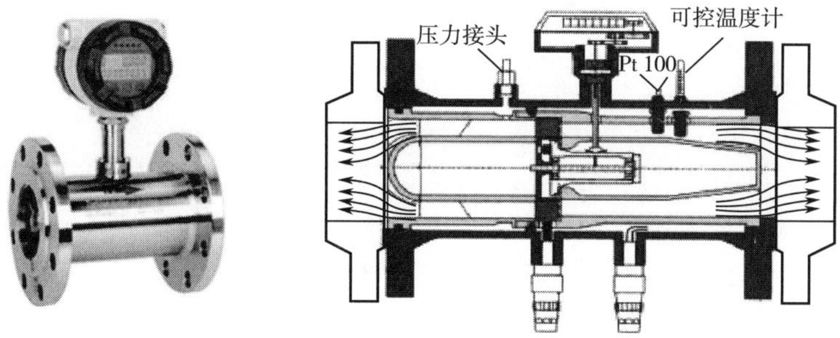

图 9-29　涡轮流量计

电磁流量计：电磁流量计是应用导电体在磁场中运动产生感应电动势，而感应电动势又和流量大小成正比，通过测定电动势来反映管道流量的原理而制成。小麦淀粉厂多用以测量水、淀粉浆等介质的流量。测量范围宽；量程比可达 100 : 1，口径 1～2000mm，精度可达 0.5 级；反应速度快，可测脉动流和正、反两向流；使用温度为 0～

200℃，压力<6.4MPa。仅适用于导电液体。不能测量电导率很低的液体，如石油制品和有机溶剂等。不能测量气体、蒸汽和含有较多较大气泡的液体。易受外界磁场干扰，必须有良好的屏蔽措施（图 9-30）。

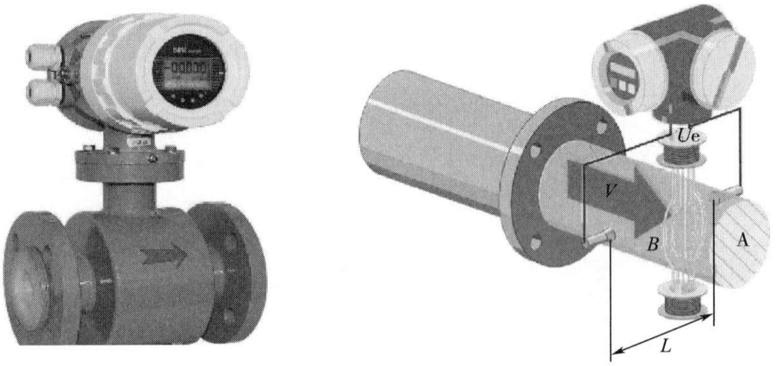

图 9-30 电磁流量计

②容积式流量计：以单位时间内所排出的流体的固定容积的数目作为测量依据来计算流量。如：椭圆齿轮流量计、活塞式流量计等。

椭圆齿轮流量计（图 9-31）相当于一个标准容积的容器，它接连不断地对流动介质进行度量。流量越大，度量的次数越多，输出的频率越高。

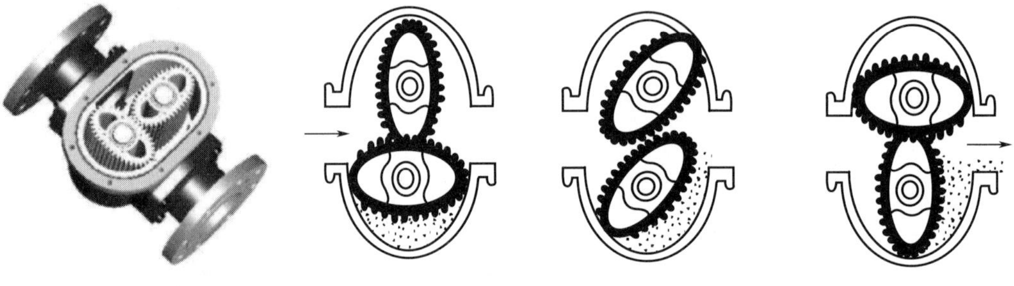

图 9-31 椭圆齿轮流量计

结构：由一对表面光滑的“8”字形转子（腰轮）代替椭圆齿轮。测量室内无齿轮，泄漏量减小，可用来测量低黏度介质，甚至气体。

特点：允许微小颗粒通过，可测液体或气体。

缺点：体积大、维修不便，压损较大，运行中有振动。

精度：0.1~0.5 级，可作标准流量计。

口径：16~500mm。

③质量式流量计：以测量流体流过的质量为依据的流量计。直接式：量热式、角动量式、陀螺式和科里奥利力式等。间接式：用密度和容积流量经运算得到。

（3）流量仪表选用　流量仪表选型不仅要考虑工艺过程，还要根据温度和压力的界限值是多少来确定。还有考虑被测流体是液体、气体或蒸汽；是洁净的、脏污的、还是含湿气流或浆液；是否有腐蚀性；是否有导电性等。

流量仪表选型考虑安装条件：计划运行的流量测量是在明渠上，还是在封闭的管道内；管道的内径尺寸；计划安装的流量计的上、下游直管段的长度，在其上游扰流件的种类；流体的流动是正常、稳定的还是脉动的；环境的或室内的温度和湿度条件等。

在流量计的性能和流量测量能力方面总的要求：

①对于用于贸易输送的流量计，其准确度等级优于 GB 17167—2006《用能单位能源计量器具配备和管理通则》所规定的指标，如对于成品油，准确度等级为 0.2 级；对于天然气，准确度等级为 0.5 级或 1.0 级。

②通常，流量计是在一个特定的流量下使用或在流量范围内使用。

③采用的流量计的目的，若仅为了进行流量控制，必要的响应频率是多少（对于小口径管道的流量控制，通常要求 0.1s）。

④被测流量的范围，偶然可能会遇到的最大与最小流量值。

5. 密度仪表

在小麦淀粉加工生产中，密度测量应用也较多，它关系到半成品和成品的质量与数量的控制、检测及生产过程的管理。

在小麦淀粉加工中，对小麦淀粉加工产品的数量计量，通常均是通过测量它的密度和体积计算得到，因此密度的测量对淀粉浆质量流量的计算起着重要的作用。尤其在小麦淀粉分离和精制阶段，通过测量密度计算质量流量是在线控制分离和精制效果的关键参数。因此，准确的密度检测是小麦淀粉工业生产中必不可少的。

密度是单位体积中介质的质量。法定计量单位为 kg/m^3。

密度测定仪是测定影像密度的仪器，也是测定感光特性的仪器之一。测量物质密度的仪器。由于密度和相对密度之间有一定关系，因此密度计也可以作为比重计。密度计按其用途分为液体密度计、气体密度计、固体密度计等。

（1）密度　在物理学中，把某种物质单位体积的质量称为这种物质的密度，符号 ρ。国际单位制单位为 kg/m^3，常用单位还有 g/cm^3，其数学表达式为 $\rho=m/V$。在国际单位制中，质量的主单位是 kg，体积的主单位是 cm^3，于是取 $1cm^3$ 物质的质量作为物质的密度。对于非均匀物质则称为“平均密度”。密度测试仪主要适用于辅助实验室进行密度测量的一种仪器。

（2）密度测量仪表的分类　目前根据测量场景和精度，密度测试仪可分为三大类：多功能固液两用密度测试仪，实用型固液两用密度测试仪，高精密固液两用密度测试仪。

根据样品的物性区分，密度测试仪还可分为以下几类：实用型固体密度测试仪，高精度固体密度测试仪。液体相对密度与浓度测试仪，经济型液体密度、浓度测试仪，高精度液体密度、浓度测试仪，中高黏稠液体专用密度测试仪。

（3）在线谐振音叉密度计（图 9-32）　传感器基于元器件振动原理工作，元器件部分为浸入被测液体中的音叉部分。音叉部分通过内在的固定于叉体底部一端的压电设备感应振动。震荡频率由固定于叉体另一端的二次压电设备来检测，然后通过顶部的电路放大信号。其技术参数见表 9-15。

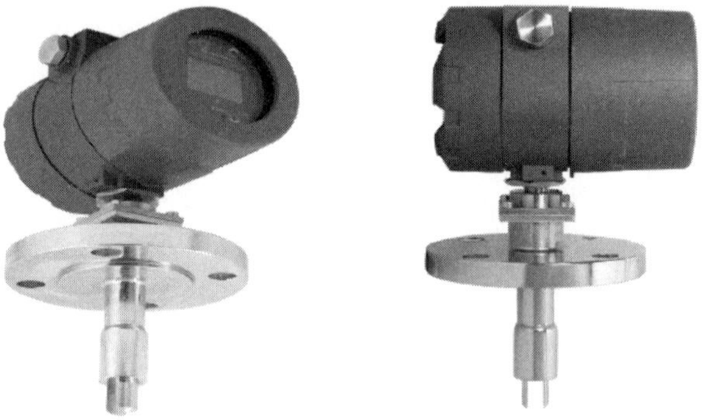

图 9-32 谐振音叉密度计

表 9-15 谐振音叉密度计技术参数

项目	参数
测量范围	0.5~2.5g/cm^3（500~2500kg/m^3）
标定范围	0.5~2.5g/cm^3（500~2500kg/m^3）
测量精度	±0.002g/cm^3（±2 kg/m^3）
重复性	±0.0002g/cm^3（±0.2 kg/m^3）
操作温度范围	-50~200℃
最大工作压力	2.07×10^{4}kPa
流体黏度范围	0~20000 cP
温度系数	< 0.1kg/m^3/℃（校正后）
压力影响	可忽略不计
内置温度传感器	PT100
接液材质	316L 不锈钢 哈氏合金
叉体涂层	标准型，PTFE 或电解抛光
供电电源	24VDC，≥50mA
模拟信号输出	4~20mA，0~1000Hz，RS485 Modbus RTU
输出精度（20℃）	读数的±0.1%或±0.05% FS
输出重复性（-40~85℃）	±0.05% FS

液体密度和被测液体流动时的震动频率密切相关，当被测液体密度变化时，液体流动时的振动频率也随之改变。通过以下方程，被测液体的密度可以被精确计算。

$$D = K_0 + K_1T_1 + K_2T_2 \tag{9-8}$$

式中 D——未校准的被测介质密度，kg/m^3；

T_1、T_2——振动频率，μs；

K_0、K_1、K_2——常量。

6. 黏度仪表

在生产过程中连续测量各种流体物质流动特性的仪表，又称黏度计。实际工程和工业生产中，经常需要在线检测流体的黏度，以保证最佳的过程运行环境与产品质量，从而提高生产效益。通过在线测量过程中的液体黏度，可以得到液体流变行为的数据，对于预测产品工艺过程的工艺控制，输送性以及产品在使用时的操作性有着重要的指导价值。液体的特性往往与产品的其他特性如颜色、密度、稳定性、固体成分含量和分子质量的改变有关系，而检测这些特性的最方便和灵敏的方法就是在线检测液体的黏度，在生产过程中根据工艺技术要求的范围进行在线黏度检测，可以最大限度地减少产品的不合格率。

(1) 黏度　黏度是流动物质的一种物理特性。当流体受外力作用而移动时，分子间的阻力或内摩擦力称为黏度。按牛顿流体定律：当流体通过两块具有单位面积和相隔单位距离的平行平板之间时，同时两块平板在一定的剪切速率下相对移动时，必须要有某一种力来克服流体的剪切应力。剪切应力与剪切速率之比即黏度系数 η（泊），按式（9-9）计算：

$$\eta = \tau / D \tag{9-9}$$

式中　τ——剪切应力，dyn/cm^2；

D——剪切速率（或速度梯度 dv/dr），1/s。

黏度系数 η 为常数的流体称为牛顿流体，否则称为非牛顿流体。

(2) 黏度测量仪表的分类　生产流程中常用的黏度计有旋转黏度计、超声波黏度计和毛细管黏度计（图 9-33）。

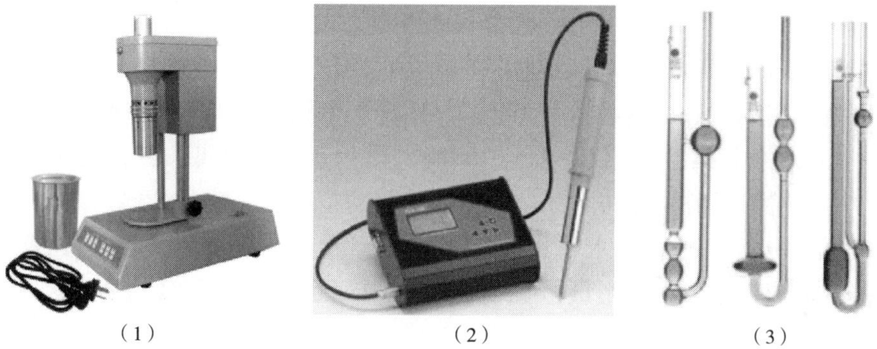

(1)　(2)　(3)

图 9-33　黏度计

(1) 旋转黏度计　(2) 超声波黏度计　(3) 毛细管黏度计

旋转式黏度计是一种具有转动测量系统的黏度计。它的种类繁多：按测量参数可分为测转矩式（转速不变）和测转速式（转矩不变）；按装置结构不同可分为同轴圆筒式和锥板式。

同轴圆筒结构的测转矩式黏度计，当外筒以一定转速旋转时，测量内筒轴所受的扭转力矩，即可表示黏度。它可测绝对黏度，适用于高温高压，常用于淀粉浆和工艺水的黏度检测。

超声波式黏度计由超声波检测元件和电子仪器组成。当电子仪器输出脉冲电流，激励浸入被测液体中的铁钴钒弹片，由于磁致伸缩效应，产生了随时间衰减的机械振动。由测量电路测定弹片在液体中的衰减速度即可表示液体的黏度。检测元件耐温达300℃，还耐高压和耐腐蚀。

毛细管式黏度计采用毛细管测量流体黏度的仪表。这种黏度计的测量方法有多种，可以测量一定体积的液体在一定压差下流过毛细管的时间，也可以测量单位时间内在一定压差下流出液体的体积，还可以规定一定的流量测量毛细管两端的压差。毛细管黏度计的测量范围较宽、精度较高、简单易维护，可用于高压，但对被测液体清洁度要求高。适于测量润滑油、燃料油等。

7. pH 仪表

淀粉加工工艺过程中的pH测量，是保证产品质量和产量必不可少的分析项目，是评价工艺参数的重要指标。由于小麦淀粉行业产品种类多，工艺复杂，流程各异，现场条件恶劣（高温、高黏度、高附着结晶、含硫等），增加pH测量的难度，因此必须科学合理地选用仪器。在一些较恶劣的工况下使用pH计，还须配置相应的预处理装置。这样才能使工业pH计长期、连续、稳定地进行分析测定，真正起到工业“眼睛”的作用。

自动化仪表通常采用电位分析法测量溶液系统中的pH，所用的电极被称为原电池。原电池是一个系统，它的作用是使化学反应能量转成为电能。此电池的电压被称为电动势（EMF）。此电动势（EMF）由二个半电池构成，其中一个半电池称为指示电极，它的电位与特定的离子活度有关，如 H^+；另一个半电池为参比半电池，通常称为参比电极，它一般是测量溶液相通，并且与测量仪表相连。

pH测量仪表的分类：不同的行业对pH的测量有着不同的要求。

（1）根据应用场合pH仪表可分为笔式pH计、便携式pH计、实验室pH计和工业pH计等。笔式pH计主要用于代替pH试纸的功能，具有精度低、使用方便的特点。便携式pH计主要用于现场和野外测方式，要求较高的精度和完善的功能。实验室pH计是一种台式高精度分析仪表，要求精度高、功能全，包括打印输出、数据处理等。工业pH计是用于工业流程的连续测量，不仅要有测量显示功能，还要有报警和控制功能，以及考虑安装、清洗、抗干扰等问题。

（2）根据仪器精度可分为0.2级，0.1级，0.02级，0.01级和0.001级，数字越小，代表仪器的精度越高。

（3）根据读数指示可分为指针式和数字显示式两种类型。指针式pH计现在已很少使用，但指针式能够显示数据的连续变化过程，因此在滴定分析中还在使用。

（4）根据元器件类型可分为晶体管式、集成电路式和单片机微电脑式，现在更多的是应用微电脑芯片，大大减少了仪器体积和单机成本，但芯片的开发成本很贵。

8. 固体流量仪表

工业生产中不仅需要对成品在打包前进行精确的产量计算，还要对原料和需要按质量比例进行混合搭配的物料进行准确称量，对保证产品质量和控制生产成本至关重要。通常在小麦淀粉自动化生产过程中，根据检测的原理不同使用的固体流量仪表可分为冲板流量计和计量流量秤。

（1）冲板流量计　冲板式流量计是一种基于动量原理来测量自由下落的粉粒状介质的流量计，它把被测介质冲量引起的力和物料在检测板上向下滑动时所产生的力转换成与瞬时重量成正比的标准模拟量信号（0~10V 或 4~20mA）。

（2）计量流量秤　计量流量秤通常由储存料斗、称量料斗、卸料装置、称重传感器、控制系统、称量显示系统等机构组成。其原理是对自由流动的颗粒、粉状物料等进出仓及工艺过程中进行自动累计称重并统计。按控制方式计量流量秤可分为累加流量秤和失重流量秤两种。

累加流量秤是将一批物料分成不连续的载荷序列并称出每次的重量值然后进行累加，得出累加总重量，具有静态秤的优点，称重精度高。

失重流量秤又称连续静态流量秤，由给料装置按工艺要求控制给料量，控制器将每个单位时间内物料的“失重值”与设定值进行比较，根据偏差自动调整给料量，从而保证了连续给料的特性。

第三节
自动控制

一、PLC 和 PAC

自 20 世纪 60 年代美国推出可编程逻辑控制器（Programmable Logic Controller，PLC）取代传统继电器控制装置以来，PLC 得到了快速发展，在工业自动化领域得到了广泛应用。同时，PLC 的功能也不断完善。随着计算机技术、信号处理技术、控制技术网络技术的不断发展和用户需求的不断提高，PLC 在开关量处理的基础上增加了模拟量处理等功能，但如果考虑到要使 PLC 增加视觉、运动、仪器和分析功能等全方位的自动化领域，新一代可编程自动控制器（Programmable Automation Controller，PAC）能更好地实现更强控制的需求。

（一）PLC

PLC 可用于单台机电设备的控制，也可用于生产流水线的控制。使用者可以根据生产过程和工艺要求设计控制程序，然后将程序通过编程器输入 PLC。程序输入运行后，

PLC 就在现场输入信号（按钮、行程开关、料位开关或其他传感器）的作用下，按照预先输入的程序控制现场的执行机构按一定规律动作。

1. PLC 的主要功能

（1）条件控制（逻辑控制） PLC 设置了与（AND）、或（OR）、非（NOT）等逻辑指令，能处理继电器接点的串联、并联、串并联等各种连接。因此，它可以替代继电器运行开关控制。

（2）定时控制 PLC 为用户提供了若干个计时器（定时器），并设置了计时指令。程序投入运行后，PLC 将根据用户设定的计时器值对某个操作进行时限控制和延时控制，以满足生产工艺要求。

（3）计数控制 PLC 为用户提供了若干个计数器，并设置了计数指令。程序投入运行后，PLC 将根据用户设定的计数值对某个输入信号计数，并对某个操作进行计数控制，以满足生产工艺的要求。

（4）数据处理 有些 PLC 具有数据处理功能，它具有并列运算指令，能进行数据并行传送，加、减、乘、除、开方等运算。

（5）通讯联网 有些 PLC 采用了通讯技术，可以进行远程 I/O 控制，多台 PLC 之间可以进行同位链接，PLC 还可以与上位计算机链接，接受上位计算机的指令，并将执行结果反馈上位计算机。

（6）监控 PLC 配置了较强的监控功能。它能记忆某些异常情况，或在发生异常情况时自动中止运行。

2. PLC 的特点

（1）通用性好 PLC 是通过软件来实现控制的。同一台 PLC 可用于不同的控制对象，只需改变软件就可以实现不同的控制要求。同一档次的 PLC 中不同机型的功能基本相同，可以互换。

（2）可靠性高 PLC 由于采用了微电子技术，大量的开关动作由无触点的半导体电路来完成，在制造工艺上加强了抗干扰措施；屏蔽、滤波、隔离、采用模块式结构等，避免输入、输出部分窜入的干扰信号，能有效防止空间电磁干扰，对高频干扰信号起到良好的抑制作用，因此可靠性高，其平均无故障率（组成系统后的）可达 4~5 万 h。

由于 PLC 是专为工业控制而设计的，因而其适应性与可靠性是计算机所不及的，许多工业环境对计算机来说太苛刻，例如电噪声、电源波动、振动、电磁干扰、高湿、高温以及空气中各种强腐蚀物质粒子等作用，使计算机生存期不到一年。

（3）功能强 前面介绍过，现代 PLC 功能越来越强。它既可以对开关量进行控制，又可以对模拟量进行控制；既可控制一台单机、一条生产线，又可控制一个机群、多条生产线；既可现场控制，又可远距离控制；既可控制简单系统，又可控制复杂系统。

（4）接线简单 PLC 的接线只需将输入信号的设备（按钮、开关等）与 PLC 输入端子连接，将接受输出信号执行控制任务的执行元件（接触器、继电器等）与 PLC 输出端子连接，接线简单、工作量少。

（5）编程简单、使用方便　用微机实现自动控制，常使用汇编语言编程，难于掌握，要求使用者具有一定水平的计算机硬件和软件知识。

PLC 采用面向控制过程，面向问题的“自然语言”编程，容易掌握。例如目前大多数 PLC 均采用梯形图语言编程方式，既继承了传统控制线路的清晰直观感，又考虑到大多数电气技术人员的读图习惯及应用微机的水平，很容易被电气技术人员接受，易于编程，程序改变时也容易修改，很灵活方便。

用微机控制，还要在输入输出接口上做大量工作，才能与控制现场连接起来，调试比较烦琐。而 PLC 的输入输出接口已经做好，可直接与现场的用户设备直接连接。输入接口可以与各种开关和传感器连接，输出接口具有较强的驱动能力，可以直接与继电器、接触器、电磁阀等连接，使用方便。

PLC 是为车间操作人员而设计，一般只要提供为期 5～6d 的训练课程，便能掌握，并学会编程和使用。而计算机则要求具有一定的计算机知识的办公室人员操作。

（6）体积小、重量轻、功耗低　由于 PLC 采用半导体集成电路，其体积小、重量轻、功耗低。PLC 的结构紧凑，坚耐用，又具有较强的环境适应性和较高的抗干扰能力，因此是实现机电一体化的理想控制设备。

PLC 也非十全十美，其缺点是：①价格比较高，一般来说，比继电器控制高，比一般单片机系统也高；②工作速度较计算机慢，输出对输入的响应有滞后现象；③使用档次高的 PLC，要求使用者具有相当的计算机知识。

3. 可编程序控制器的基本结构

可编程序控制器从内部电路结构来分析通常由中央处理单元，输入输出单元，程序输入输出单元三部分构成。

（1）中央处理单元（CPU）　包括存储器、运算器和控制器。

存储器是存取程序的部件，在可编程序控制器工作之前，将被控设备的工作程序“写入”存储器中；工作时从存储器中将程序“读出”并执行程序规定的操作。更改存储器中的内容，即可改变控制程序，灵活方便。在可编程序控制器中，通常采用半导体存储器，根据不同的存取方式，分为读写存储器（RAM）和只读存储器（ROM）两种，在机器运行过程中 RAM 可以随时把信息存进去（称为“写入”），也可以把信息取出来（称为“读出”），修改程序方便，ROM 需要通过专门的装置，事先把信息写入，在机器运行过程中只能读出，存放的信息不易丢失，可靠性高。

存储器的主要参数是存储容量和存取时间，一个存储器的容量是指它所能存放的二进制数码的数量，用“字”和“字长”表示。例如某存储器的容量为 1024×8，是指能存放 1024 个二进制数码（字）每个数码有 8 位（字长），通常用 8 位字长作为一个字（Bit）1K＝1024，则容量也可表示为 1KB。一般微型可编程序控制器的存储容量为 1～4KB，大型可编程序控制器的存储容量可达 64KB 以上。半导体存储器的存取时间为 100～500ns。运算器通常由各种逻辑运算电路和结果寄存器组成，可以完成各种逻辑运算，并将运算的结果保存在结果寄存器中，对于算术运算，一般采取逐位串行处理的方式来完成。控制器的作用是产生各种控制信号，指挥整机正确协调地工作，在微型可编程序控制器中，常采用微处理器作为中央处理单元，起定时器和控制器的作用，存储器则另外设置。

（2）输入输出单元（BIO） 包括输入电路、输出电路、计时电路和中间变量存储器。

输入电路包括输入隔离电路和输入选择电路两部分，其作用是将接入可编程序控制器的各种输入信号，经过隔离和变换后，根据存储器送来的地址信号，选择某一路输入信号送往运算器。

输出电路包括输出寄存器和输出驱动电路两部分，其作用是根据存储器送来的地址信号，将运算器的运算结果送往选定的某一路输出寄存器中，再通过输出驱动电路放大后，驱动某一路执行机构。输出驱动电路可采用继电器或大功率晶体管电路。

计时电路的作用是实现时序控制，中间变量存储器的作用是暂存中间运算结果，给出一些标志信号等。

（3）程序输入输出单元（PIO） 程序输入输出单元是人-机联系的设备，作为程序输入设备的有键盘、盒式磁带机等，作为程序输出设备的有打印机、盒式磁带机等，其作用是输入或输出程序，通过配套的编程软件和编程通讯电缆及接口，在计算机上也可以实现程序的输入及输出。

除上述三部分单元以外，还有各种总线。在 CPU 与 BIO 之间有输入输出总线，CPU 与 PIO 之间有程序输入输出总线，在 CPU 内部有地址总线、数据总线和控制总线，在不同时刻的信号控制下，传送不同的信息。

4. 可编程序控制器基本硬件配置

可编程序控制器在硬件结构形式上，分为整体盒式结构和模块组装式结构，控制点数少多为整体盒式结构，其体积更加紧凑，在机电一体化设备中大量使用。控制点数较多用于系统控制的多为模块组装式结构，其扩容、更换模块非常方便。在小麦淀粉生产过程控制中，常用到的是西门子公司 S7-1500 系列 PLC（图 9-34），简单介绍如下：

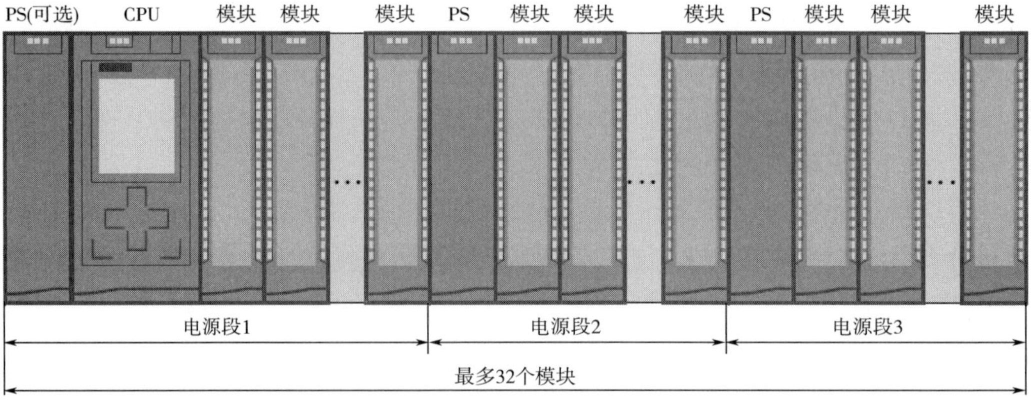

图 9-34 S7-1500 PLC 结构示意图

（1）中央处理单元（图 9-35）

①组成：运算器——执行算术运算、逻辑运算等；控制器——控制整机各部分协调工作。

②作用：PLC 本身的自检；接收输入模块的信息；执行监控程序和用户程序；输出控制信号；响应外部设备的请求。

图 9-35　PLC 中央处理器模块

（2）存储器

①系统程序存储区：采用 PROM 或 EPROM 芯片存储器，存放监控程序，用户不能访问和修改；

②用户程序存储区——用于存放经编程器输入的用户程序，采用 RAM、EPROM 或 EEPROM；

③数据存储区：采用 RAM，暂存输入、输出数据映像，定时器/计数器预置数和当前值等。

（3）电源（图 9-36）　可编程序控制器配有开关电源，电源的交流输入端一般都有脉冲吸收电路，交流输入电压范围一般都比较宽，抗干扰能力比较强。有些可编程序控制器还配有大容量电容作为数据后备，停电可以保持 50h。

一般直流 5V 电源供可编程序控制器内部使用，直流 24V 电源供输入输出端和各种传感器使用。

图 9-36　PLC 电源模块

（4）输入、输出单元（图 9-37）　输入单元用于处理输入信号，对输入信号进行滤波、隔离、电平转换等，把输入信号的逻辑值安全可靠地传递到可编程序控制器内部。

图 9-37　PLC 输入输出模块

输出单元用于把用户程序的逻辑运算结果输出到可编程序控制器外部，输出单元具有隔离 PLC 内部电路和外部执行元件的作用，还具有功率放大的作用。

①接口单元：接口单元包括扩展接口、编程器接口、存储器接口和通讯接口。

②外部设备：可编程序控制器的外部设备主要有编程器、文本显示器、操作面板等。

5. 可编程序控制器的选型

目前市场上西门子的 PLC 占有率最高，其主要系列有：S7-200Smart、S7-1200、S7-1500。其中，S7-200Smart 属于小型 PLC，S7-1200 系列属于中小型 PLC，S7-1500 属于大中型 PLC，按大部分淀粉厂的规模，应该选用 S7-1500 系列。西门子 S7-200、S7-300、S7-400 系列即将退市，在此不再介绍。

（1）控制器　SIMATIC S7-1500 的性能卓越，具有高性能的背板总线、快速的端到端响应以及极速的信号处理功能。控制器可执行各种用户程序。控制器中集成有系统电源，可通过背板总线为所连模块进行供电。所有 SIMATIC S7-1500 控制器（C-CPU 除外）均提供有故障安全型号。要在 TIA Portal 中使用安全功能时，需要安装选件包“STEP 7 Safe Advanced”。在工厂调试过程中，可直接在显示屏上更改 CPU 的 IP 地址，从而节省大量的时间和成本。维修时，通过快速访问诊断报警，显著减少工厂停工时间。CPU 的选型指南见图 9-38。

SIMATIC S7-1500 的所有 CPU 变量都具有强大跟踪功能，可实现驱动装置和控件的高效调试和快速优化。

SIMATIC S7-1500 控制器还支持以下功能：

①通过以太网/PROFINET 进行数据通信；

②通过 PROFIBUS 进行数据通信；

③HMI 通信；

④通过 OPC 进行通信；

⑤Web 服务器，工艺功能，系统诊断，集成保护功能；

⑥使用 F-CPU 时，支持安全模式；

⑦使用 S7-1500R/HD CPU 时，支持冗余系统。

SIMATICS7-1500 可集成各种不同类型的 CPU（表 9-16），可通过 I/O、通信和工艺功能模块进行扩展。如果 CPU 1511-1 PN 的存储器和性能对于应用足够，但仍需要更多通信接口，也可通过支持工业以太网、PROFINET 和 PROFIBUS 的通信模块对 CPU 进行扩展，还提供支持串行通信的模块。

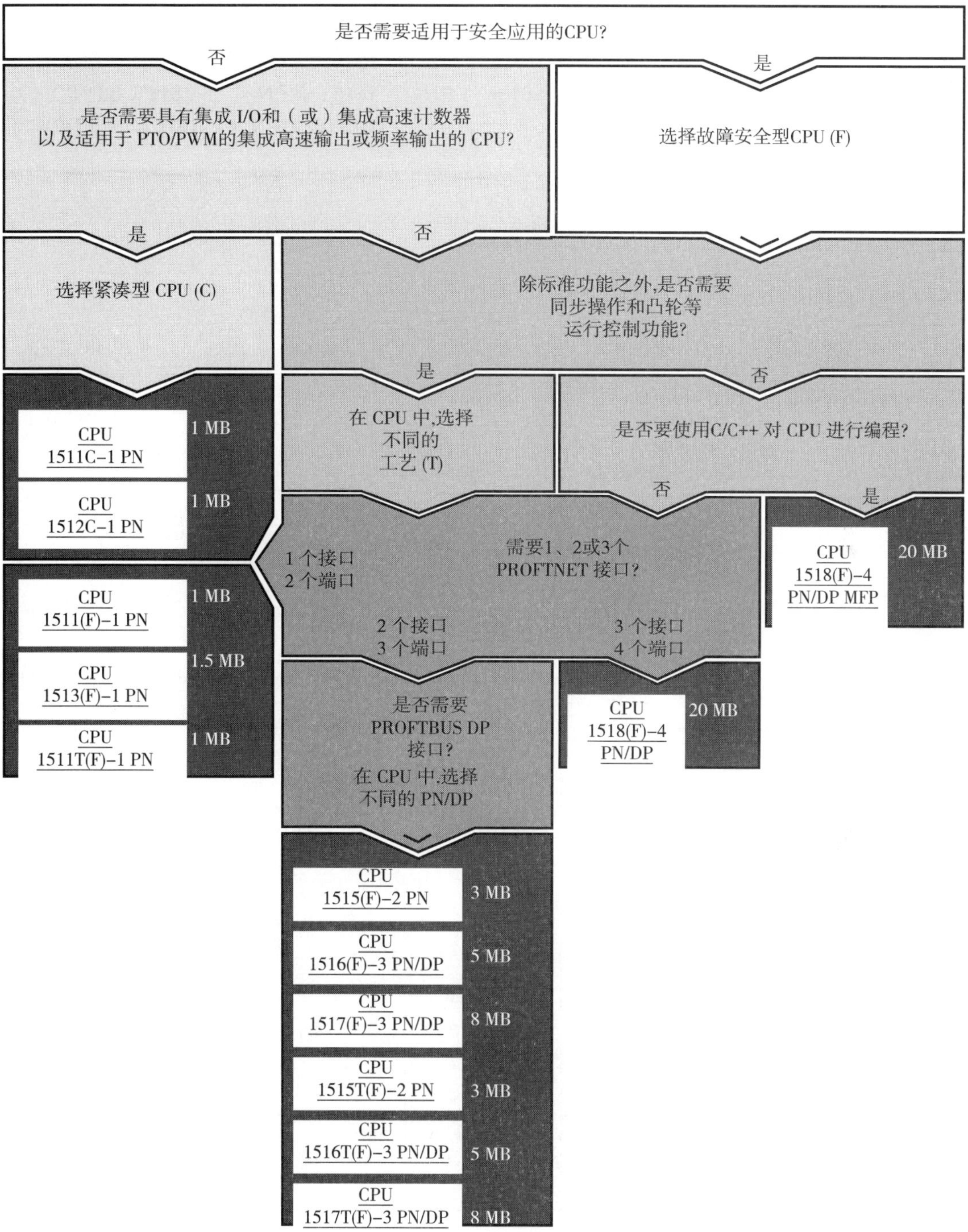

图 9-38　CPU 的选型指南

表 9-16 CPU 技术参数

CPU	1511-1 PN 1511F-1 PN 1511T-1 PN 1511TF-1 PN	1513-1 PN 1513F-1 PN	1515-2 PN 1515F-2 PN 1515T-2 PN 1515TF-2 PN	1516-3 PN/DP 1516F-3 PN/DP 1516T-3 PN/DP 1516TF-3 PN/DP
程序工作存储器				
标准 CPU	150 KB	300 KB	500 KB	1 MB
T-CPU	225 KB	—	750 KB	1. 5 MB
F-CPU	225 KB	450 KB	750 KB	1. 5 MB
数据工作存储器	1 MB	1. 5 MB	3 MB	5 MB
处理时间				
位运算	0. 06μs	0. 04μs	0. 03μs	0. 01μs
字运算	0. 072μs	0. 048μs	0. 036μs	0. 012μs
集成接口				
PROFINET IO	1	1	2	2
PROFINET	—	—	—	—
PROFINET 的数量	2	2	3	3
PROFIBUS DP	—	—	—	1
工艺功能				
运动控制资源	800	800	2400	2400 T（F）-CPU：6400
定位轴的典型数量 （伺服/IPO 周期为 4ms）	5	5	7	7
定位轴的最大数量	10	10	30	30
等时同步模式	集中式和分布式	集中式和分布式	集中式和分布式	集中式和分布式
Web 服务器	√	√	√	√

（2）SIMATIC S7-1500 I/O 设备的接口模块　接口模块（表 9-17）用于连接 SIMATIC S7-1500 I/O 设备。在 ET 200MP 分布式 I/O 系统中，通过 PROFINET 或 PROFIBUS 与控制器进行数据通信。接口模块用于在上位控制器和 I/O 模块之间交换数据。

表 9-17　**接口模块技术参数**

项目	IM 155-5 PN HF IM 155-5 PN ST	IM 155-5 PN BA	IM 155-5 DP ST
电源电压	24V DC	24V DC	24V DC
IO 模块的数量	30	12	12
接口	1 × PROFINET IO； 集成双端口交换机	1 × PROFINET IO； 集成双端口交换机	1 × PROFIBUS
从站的最短时间间隔	—	—	—
等时同步实时通信（IRT）	√	—	—
等时同步模式	√（最短周期：250μs）	—	—
优先启动	√	—	—
更换设备时无须编程设备	×（LLDP；通过工具进行地址分配，如 STEP 7）	×（LLDP；通过工具进行地址分配，如 STEP7）	—
共享设备	高性能型：4 个 IO 控制器 默认值：2 个 IO 控制器	2 个 IO 控制器	—
标识和维护数据	I&M 0 到 3	I&M 0 到 3	I&M 0 到 3
介质冗余（MRP）	√	√	—
支持有计划复制的介质冗余（MRPD）	高性能型：√ 默认值：	—	—
S7-400H 系统冗余	高性能型：GSD 文件+ STEP 7 V5. 5 SP3 或 更高版本默认值：	—	—
S7-1500R/H 中的系统冗余	高性能型：√ 默认值：	—	—

（3）输入和输出模块　I/O 模块可用作控制器与过程之间的接口。控制器将通过所连接的传感器和执行器检测当前的过程状态，并触发相应的响应。

表 9-18 列出了不同功能类别输入/输出模块的特性和技术规范。

表 9-18　**不同功能类别输入/输出模块的特性和技术规范**

高速型（HS）	适用于超高速应用的专用模块 输入延时时间极短 转换时间极短 等时同步模式	—

续表

高性能型（HF）	应用极为灵活 尤其适用于复杂应用 支持按通道进行参数设置 支持按通道进行诊断 支持附加功能	带有模拟量模块 • 最高精度（< 0.1%） • 高共模电压（如 60 V DC/30 V AC），需要时可进行单通道电气隔离
标准型（ST）	价格适中 支持按负载组/模块进行参数设置 支持按负载组/模块进行诊断	带有模拟量模块 • 通用模块 • 精度≥0.3% • 共模电压为 10~20V
基本型（BA）	经济实用型基本模块 无参数设置 无诊断功能	—

SIMATIC S7-1500 支持各种品种繁多的 I/O 模块（图 9-39）。根据工厂的复杂程度和具体的技术与功能需求，可灵活应用 SIMATIC 组件进行模块化工厂规划。数字量输入模块、数字量输出模块、模拟量输入模块及模拟量输出模块技术参数见表 9-19、表 9-20、表 9-21 和表 9-22。

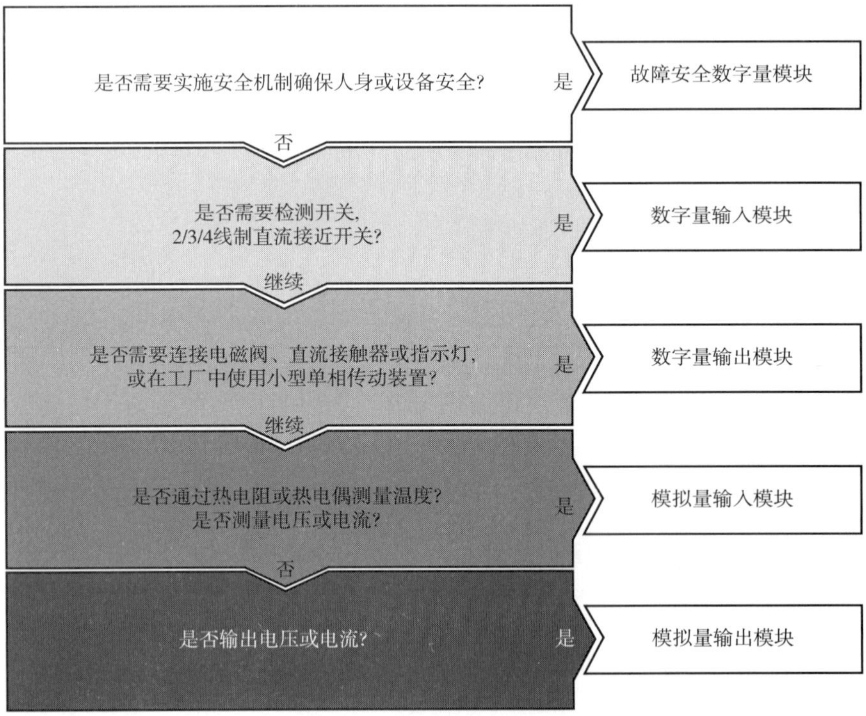

图 9-39　I/O 模块的选型指南

表 9-19　　数字量输入模块的技术参数

项目	DI 16x24VDC HF DI 16x24VDC BA	DI 32x24VDC HF DI 32x24VDC BA	DI 16x24VDC SRC BA	DI 16x24 到 125VUC HF	DI 16x230VAC BA
高性能型（HF）	35mm	35mm	—	35mm	—
基本型（BA）	25mm	25mm	35mm	—	35mm
通道间电气隔离	—	√	—	√	√
电位组的数量	1	2	1	1	4
额定输入电压	24 V DC	24 V DC	24 V DC	24 V UC 到 125 V UC	120/230 V AC
诊断中断	仅 HF 型	仅 HF 型	—	√	—
硬件中断	仅 HF 型	仅 HF 型	—	√	—
等时同步模式	仅 HF 型	仅 HF 型	—	—	—
高性能型（HF）	0.05~20ms（可组态）		—	0.05ms 到 20ms（DC 可组态）20ms（AC 为固定值）	—
基本型（BA）	典型值 3ms（固定值）	典型值 3ms（固定值）	典型值 3ms（固定值）	—	典型值 25ms（固定值）
集成计数功能（双通道可选用为频率为 3kHz 的计数器）	仅 HF 型：计数频率高达 3kHz	仅 HF 型：计数频率高达 1kHz	—	—	—

表 9-20　　数字量输出模块的技术参数

项目	DQ 8x24VDC/2A HF	DQ 32x24VDC/0.5A HF DQ 32x24VDC/0.5A BA	DQ 16x24VDC/0.5A HF DQ16x24VDC/0.5A BA	DI 16x24VDC/DQ16x24V/0.5A BA
高性能型（HF）	35mm	35mm	35mm	—
基本型（BA）	—	25mm	25mm	25mm
输出数量	8	32	16	16

续表

项目	DQ 8x24VDC/ 2A HF	DQ 32x24VDC/ 0.5A HF DQ 32x24VDC/ 0.5A BA	DQ 16x24VDC/ 0.5A HF DQ16x24VDC/ 0.5A BA	DI 16x24VDC/ DQ16x24V/ 0.5A BA
类型	晶体管	晶体管	晶体管	晶体管
通道间电气隔离	√	仅 BA 型	仅 BA 型	√
电位组的数量	2	4；仅 BA 型	2；仅 BA 型	DQ：2/DI：1
额定输出电压	24V DC	24V DC	24V DC	24V DC
额定输出电流	2A	0.5A	0.5A	0.5A
诊断中断	√	仅 HF 型	仅 HF 型	—
硬件中断	—	—	—	—
等时同步模式	—	仅 HF 型	仅 HF 型	—
脉宽调制（PWM）	√	—	—	—
开关循环计数器	√	—	仅 HF 型	—

表 9-21　　模拟量输入模块的技术参数

项目	AI 8xU/I HF AI 8xU/I HS	AI 8xU/R/RTD/ TC HF AI 8xU/I/RTD/ TC ST	AI 4xU/I/RTD/ TC ST AI 8xU/I/R/ RTD BA	AI 4xU/I/RTD/ TC/AQ 2xU/I ST
宽	35mm	35mm	35mm	35mm
输入数量	8	8	4	4
精度	16 位（含符号位）	16 位（含符号位）	16 位（含符号位）	16 位（含符号位）
测量方式	电压，电流	电压，电流，电阻，热敏电阻，热电偶	电压，电流，电阻，热电阻，热电偶	电压，电流，电阻，热敏电阻，热电偶
通道间电气隔离	仅 HF 型	仅 HF 型	—	—
电位组的数量	1	1	—	—
额定电源电压	24V DC	24V DC	24V DC	24V DC
输入间允许的电位差（UCM）	HF 型： 60V DC/30V AC HS 型： 10V DC	HF 型： 60V DC/30V AC ST 型： 10V DC	20V DC	20V DC

续表

项目	AI 8xU/I HF AI 8xU/I HS	AI 8xU/R/RTD/ TC HF AI 8xU/I/RTD/ TC ST	AI 4xU/I/RTD/ TC ST AI 8xU/I/R/ RTD BA	AI 4xU/I/RTD/ TC/AQ 2xU/I ST
诊断中断	√	√	√	√
硬件中断	√ 每次 2 个上限和 2 个下限	√ 每次 2 个上限和 2 个下限	√ 每次 2 个上限和 2 个下限	√ 每次 2 个上限和 2 个下限
等时同步模式	仅 HS 型	—	—	—
转换时间（每通道）	HF 型： 快速模式： 4/18/22/102ms； 标准模式： 9/52/62/302ms HS 型： 62.5μs（每个模块，与激活的通道数无关）	HF 型： 快速模式： 4/18/22/102ms； 标准模式： 9/52/62/302ms ST 型： 9/23/27/107ms	9/23/27/107ms	9/23/27/107ms
RUN 模式中校准	仅 HF 型	仅 HF 型	√	√
细分采样	仅 HS 型	—	—	—
测量范围缩放	仅 HF 型	—	—	—
温度缩放	—	仅 HF 型	—	—
测量值缩放	仅 HF 型	—	—	—

表 9-22　模拟量输出模块的技术参数

项目	AQ 8xU/I HS	AQ 4xU/I HF AQ 4xU/I ST	AQ 2xU/I ST	AI 4xU/I/RTD/TC/ AQ 2xU/I ST
宽	35mm	35mm	25mm	25mm
输出数量	8	4	2	2
精度	16 位（含符号位）	16 位（含符号位）	16 位（含符号位）	16 位（含符号位）
输出类型	电压/电流	电压/电流	电压/电流	电压/电流
通道间电气隔离	—	仅 HF 型	—	—
电位组的数量	—	1	—	—

续表

项目	AQ 8xU/I HS	AQ 4xU/I HF AQ 4xU/I ST	AQ 2xU/I ST	AI 4xU/I/RTD/TC/ AQ 2xU/I ST
额定电源电压	24V DC	24V DC	24V DC	24V DC
诊断中断	√	√	√	√
等时同步模式	√	仅 HF 型	—	—
转换时间（每通道）	50μs；与激活的通道数无关	HF 型：125μs；与激活的通道数无关 ST 型：0.5ms	0.5ms	0.5ms
RUN 模式中校准	√	仅 ST 型	√	√
细分采样	√	—	—	—

6. 可编程序控制器编程语言

（1）PLC 循环扫描的工作过程　PLC 具体循环扫描工作过程见图 9-40。

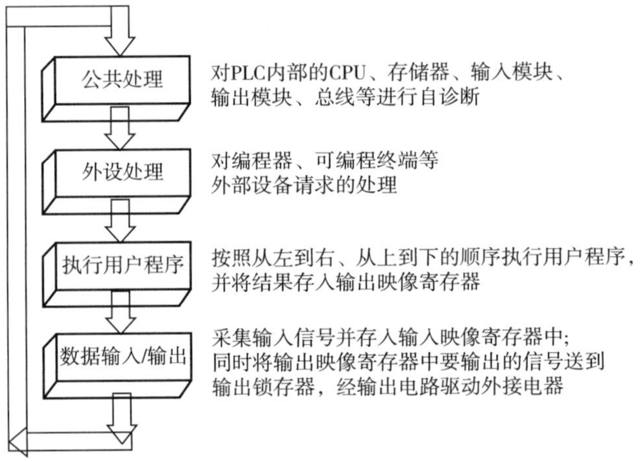

图 9-40　PLC 循环扫描工作过程

（2）PLC 编程语言　可编程序控制器常用的编程语言包括梯形图语言、功能图语言和助记符语言（一种汇编语言），功能较强的大型 PLC 也可使用高级语言编程，如 BASIC 语言、PASCAL 语言等。由于 PLC 是专为工业自动控制而开发的装置，PLC 产品的主要使用对象是广大电气操作维护人员，为了满足他们的传统习惯和掌握能力，通常采用梯形图语言和助记符语言。

①梯形图语言（Ladder Logic Programming Language，LAD）：梯形图语言沿袭了继电器控制电路的形式，梯形图是在常用的继电器与接触器逻辑控制基础上简化符号演变而

来的，具有形象、直观、实用等特点，电气技术人员容易接受，是运用上最多的一种PLC的编程语言。

在PLC程序图（图9-41）中，左、右母线类似于继电器与接触器控制电源线，输出线圈类似于负载，输入触点类似于按钮。梯形图由若干阶级构成，自上而下排列，每个阶级起于左母线，经过触点与线圈，止于右母线。

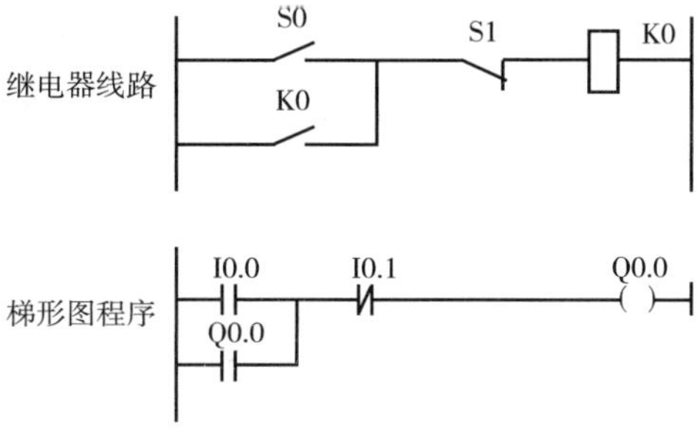

图9-41　PLC程序图

②助记符语言（Step Ladder Instruction，STL）：用帮助记忆的英文缩写字符表示PLC的各种指令，类似于计算机的汇编语言

前面梯形图所对应的助记符语言如下：

```
A(
O    I    0.0
O    Q    0.0
)
AN   I    0.1
=    Q    0.0
```

（二）PAC

由于PC或PLC解决方案不是很全面，对于复杂的应用，工程师常要和控制厂商密切合作来开发出新产品。这些重要的用户要求产品能结合高级的功能和可靠性，并且他们为PLC和PC控制公司如Rockwell，Siemens，GE Fanuc，Beckhoff和NI提供开发产品的指导。由此而开发出的新控制器是为解决20%应用而设计的，它把PLC和PC的特性最佳地结合在一起，也即是可编程自动化控制器（Programmable Automation Controller，PAC）。PAC的定义为集离散控制、过程控制、运动控制、人机界面、监控系统为一体的高集成自动化平台，可使用高级编程语言或传统的PLC语言编程实现一个控制系统。

虽然从外形上来看，PAC与传统的PLC非常相似，但究其实质，PAC系统（图9-42）的性能却广泛得多。作为一种多功能的控制平台，用户可以根据系统的需要，组合和搭配相关的技术和产品以实现功能的侧重，因为基于同一发展平台进行开发，所以采用PAC系统保证了控制系统各功能模块具有统一性，而不是一个完全无关的部件拼凑成的集合体。

图9-42　通用电器公司PAC系统RX3i

在“可编程逻辑控制器世界概览”研究中，有工业分析家提出了PAC的5个重要特点：

①多种功能，在一个平台上至少有两个逻辑，运动，PID控制，驱动和处理功能；

②单一的多功能开发平台采用通用的标记和单个数据库来访问所有的参数和功能；

③软件工具允许通过多台机器或处理单元处理流程来进行设计，可以结合IEC 61131-3用户手册和数据管理；

④开放的，模块化结构反映了从工厂机器布置到加工车间中单元操作的工业应用；

⑤采用实际标准的网络接口、语言等，如TCP/IP，OPC，XML和SQL查询。

1. PLC与PAC的关系

PLC与PAC的关系：PAC与传统的PLC非常相似，但PAC系统的功能和性能比传统PLC要广泛得多。PAC与新一代PLC无论从基于的软、硬件平台，还是要实现的功能、性能有惊人的相似之处。正如西门子自动化与驱动集团的技术专家AndrewCowey所说：“简单的说，PAC就是PLC的进化产品，西门子已经在PLC产品中进行了相应的技术改进。PAC就是PLC的一种很自然的技术进步”。某种程度上，下一代PLC事实上就是PAC。

IEC 61131-3与PAC的关系：IEC 61131-3软件将成为PAC实现的不可或缺的元素。符合IEC61131-3标准的第三方软逻辑（SoftPLC）产品成为PAC生产商构架自己的PAC产品的必然选择。

2. PAC系统的关键技术

PAC的产生受益于近年来在嵌入式系统领域的发展与进步。在硬件方面，有重要意义的包括：嵌入式硬件系统设计，其中具有代表意义的是CPU技术的发展；现场总线技术的发展；工业以太网的广泛应用。在软件方面则包括：嵌入式实时操作系统；软逻辑编程技术；嵌入式组态软件的发展等。

（1）CPU技术的发展　跟随摩尔定律的发展，最新的高性能CPU在获得更高的处理能力的同时，其体积更小、功耗更低，从而在出众的计算能力以及工业用户最为关心的稳定性和可靠性方面获得平衡，使制造厂商有可能去选择通用的、标准的嵌入式系统结构进行设计，摆脱传统PLC因采用专有的硬件结构体系带来的局限，使系统具备更为丰富的功能前景和开放性。在现有面世的PAC系统中，被广泛采用的是低功耗、高性能的系统级芯片（System on Chip，SOC）核心处理器。这里面既有采用CISC架构的CPU，如Mobile Pentium系列CPU，也有采用RISC架构的CPU，如ARM系列、SHx系列等，当然也有使用MIPS CPU的。综合比较而言，由于RISC CPU在应用于工业控制系统时所具备的综合优势，采用RISC CPU的系统占据了目前市场所供应的控制系统的多数。

（2）工业以太网的应用　经过14年的纷争，最后IEC的现场总线标准化组织经投票，接纳了8种现场总线成为IEC61158现场总线标准。IEC61158现场总线标准的最终尘埃落定，使工业控制在设备层和传感器层有了可以遵循的标准。但是由于这8种现场总线采用的通信协议完全不同，因此，要实现这些总线的兼容和互操作是十分困难的。其可能的出路是采用已经是通用的国际标准TCP/IP等协议，并使其符合工业应用的要求，而且这种方案最容易被广大国家的用户、集成商、OEM及制造商接受和欢迎。

（3）嵌入式硬件系统　通用的嵌入式实时操作系统获得了长足的发展，并获得了广泛的应用。传统的美国风河公司的Vx Works、PSOS操作系统在高端领域还是有很高的占有率；另一引人注目的趋势是微软公司的Windows CE在推出“. net”版本以后，有效解决了硬实时的问题，并以其低廉的价格和广泛的客户群获得了用户的青睐；作为开放源码的代表，Linux操作系统也推出了其嵌入式版本，并以其在成本、开放性、安全性上面的优势，获得一些特殊应用客户及中小制造商的欢迎。

（4）软逻辑编程技术　符合IEC-61131-3标准的软逻辑编程语言的发展，有效整合了传统PLC在编程技术上的积累，使广大的机电工程师可以在基于PC的系统上使用其熟悉的编程方式实现其控制逻辑。另一方面在PAC系统上，工程师也可以使用高阶语言实现复杂的算法或通讯编程，例如VB. net、EVC、VC#、JAVA等。

（5）嵌入式组态软件　在人机界面的部分，一些软逻辑开发工具均提供HMI开发套件，例如ISaGRAF、Micro Trace Mode、KW MultiProg等。如果有更进一步的需求，一些专业的SCADA/HMI软件厂商也提供针对嵌入式系统开发的套装软件，例如组态王公司的嵌入版KingView、Indusoft等。

3. PAC选型

PAC系统以GE的最为典型，主要有RX3i和RX7i两个系列。淀粉生产线一般选用RX3i系列，我们以RX3i为代表介绍选型。

（1）CPU　高性能的CPU是基于最新技术的具有高速运算和高速数据吞吐的处理器。控制器在多种标准的编程语言下处理能力高达32K I/O。这个强大的CPU依靠最快1. 1GHz的处理器和最大64Mbytes的用户内存能轻松完成各种复杂的应用。RX3i支持多种IEC语言和C语言，使得用户编程更加灵活。RX3i广泛的诊断机制和带电插拔能力增加了机器周期运行时间，减少停机时间，用户能储存大量的数据，减少外围硬件投入，其技术参数见表9-23。

表 9-23　　RX3i CPU 的技术参数

项目	IC695CPE305	IC695CPE310	IC695CPU315	IC695CPU320	IC695CRU320
特点	具有内置 USB 和以太网的 PACSystems RX3i 单槽 CPU	具有内置 USB、以太网和串口的 PACSystems RX3i CPU	具有两个内置串口的 PACSystems RX3i CPU	具有两个内置串口的 PACSystems RX3i CPU	具有两个内置串口的 PACSystems RX3i CPU
模块类型	控制器	控制器	控制器	控制器	冗余控制器
背板支持	仅限通用底板使用 PCI 总线	仅限通用底板使用 PCI 总线	仅限通用底板使用 PCI 总线	仅限通用底板使用 PCI 总线	仅限通用底板使用 PCI 总线
布尔执行速度（MS/K）	0.072	0.072	0.047	0.047	0.047
用户逻辑内存	5M	10M	20M	64M	64M
实时时钟	支持	支持	支持	支持	支持
I/O 离散点	32K	32K	32K	32K	32K
I/O 模拟量	32K	32K	32K	32K	32K
存储类型	SRAM，闪存控制器	SRAM，闪存控制器	SRAM，闪存控制器	SRAM，闪存控制器	SRAM，闪存控制器
内置通讯端口	RJ25，Ethernet，USB	RS485&RS232，Ethernet，USB	RS485&RS232	RS485&RS232	RS485&RS232
背板数量	8	8	8	8	8
通信选项	Serial，Genius，CMX，Ethernet，Profibus，Device-enet Profinet	Serial，Genius，CMX，Ethernet，Profibus，Devi-cenet，Profinet	Serial，Genius，CMX，Ethernet，Profibus，Devi-cenet，Profinet	Serial，Genius，CMX，Ethernet，Profibus，Devi-cenet，Profinet	Serial，Genius，CMX，Ethernet，Profibus，Devi-cenet，Profinet
总数/网络	Ethernet，Genius，Profibus，Devi-ceNet，Profinet	Ethernet，Genius，Profibus，Devi-ceNet，Profinet	Ethernet，Genius，Profibus，Devi-ceNet，Profinet	Ethernet，Genius，Profibus，Devi-ceNet，Profinet	Ethernet，Genius，Profibus，Devi-ceNet，Profinet
所占槽数	1	2	2	2	2

（2）背板　RX3i 通用背板（机架）有 7 槽、12 槽和 16 槽用于满足用户的应用需要，它支持带电插拔来减少停机时间。扩展背板（机架）有 5 槽和 10 槽两种尺寸，使

应用灵活性最大化。通用机架与扩展机架技术参数见表 9-24、表 9-25。

表 9-24　通用机架的技术参数

项目	IC695CHS007	IC695CHS012	IC695CHS016
特点	PACSystems RX3i 7 槽高速控制器 背板支持 PCI 总线和串行总线	PACSystems RX3i 12 槽高速控制器 背板支持 PCI 总线和串行总线	PACSystems RX3i 16 槽高速控制器 背板支持 PCI 总线和串行总线
模块类型	通用控制器和 I/O 底板	通用控制器和 I/O 底板	通用控制器和 I/O 底板
背板支持	支持 PCI 和高速串行	支持 PCI 和高速串行	支持 PCI 和高速串行
是否支持热交换	支持	支持	支持
背板槽数	7	12	16
尺寸/mm	601.98×141.5×147.32	601.98×141.5×147.32	601.98×141.5×147.32

表 9-25　扩展机架的技术参数

项目	IC694CHS392	IC694CHS393	IC694CHS398	IC693CHS399
特点	PACSystems RX3i 串行 10 槽扩展背板	PACSystems RX3i 串行 10 槽远程扩展背板	PACSystems RX3i 串行 5 槽扩展背板	PACSystems RX3i 串行 5 槽远程扩展背板
模块类型	标准 I/O	标准 I/O	标准 I/O	标准 I/O
背板支持	仅支持高速串行	仅支持高速串行	仅支持高速串行	仅支持高速串行
是否支持热交换	不支持	不支持	不支持	不支持
距离	50ft	700ft	50ft	700ft
背板槽数	10	10	5	5
尺寸/mm	443×130×142	443×130×142	245×130×142	245×130×142

注：1ft = 0.3m。

（3）输入输出模块　GE 智能平台提供一系列能支持不同电压等级和类型、最大允许电流、隔离与响应时间的模块，来满足用户应用的需要。其数字量输入模块、数字量输出模块、模拟量输入模块、模拟量输出模块技术参数见表 9-26、表 9-27、表 9-28 及表 9-29。

表 9-26 数字量输入模块的技术参数

项目	IC694MDL645	IC694MDL646	IC694MDL655	IC694MDL660
特点	PACSystems RX3i 24VDC 正/负逻辑，16 点输入	PACSystems RX3i 24VDC 正/负逻辑，快速响应，16 点输入	PACSystems RX3i 24VDC 正/负逻辑，快速响应，32 点输入	PACSystems RX3i 24VDC 正/负逻辑，快速响应，32 点输入，并需要高密度接线板
背板支持	无背板限制	无背板限制	无背板限制	无背板限制
模块所占槽数	1	1	1	1
输入电压范围	0~30VDC	0~30VDC	0~30VDC	0~30VDC
输入电流	7	7	7	7
点数	16	16	32	32
响应时间/ms	7 开/7 关	1 开/1 关	2 开/2 关	可选响应时间
触发电压/V	11.5~30	11.5~30	11.5~30	11.5~30
共地点数	16	16	8	8
连接器类型	接线端子（模块中包含）	接线端子（模块中包含）	Fujisu 连接器	高密度接线板（单独订货）
使用的内部电源	80mA@ 5VDC 125mA@ 24VDC	80mA@ 5VDC 125mA@ 24VDC	195mA@ 5VDC	300mA@ 5VDC

表 9-27 数字量输出模块的技术参数

项目	IC694MDL732	IC694MDL740	IC694MDL753
特点	PACSystems RX3i 24VDC 正输出，0.5A，8 点输出	PACSystems RX3i 24VDC 正输出，0.5A，16 点输出	PACSystems RX3i 24VDC 正输出，0.5A，32 点输出
背板限制	无背板限制	无背板限制	无背板限制
模块占用槽数	1	1	1
输出电压范围	12~24VDC	12~24VDC	12~24VDC
点数	8	16	32
隔离	无	无	无
每点负载电流	0.5A	0.5A	0.5A

续表

项目	IC694MDL732	IC694MDL740	IC694MDL753
响应时间	2 开/2 关	2 开/2 关	2 开/2 关
输出类型	晶体管	晶体管	晶体管
极性	正	正	正
共地点数	8	8	8
连接器类型	接线板	接线板	接线板
使用的内部电源	50mA@ 5VDC	110mA@ 5VDC	260mA@ 5VDC

表 9-28　模拟量输入模块的技术参数

项目	IC694ALG221	IC694ALG222	IC694ALG223
特点	PACSystems RX3i 模拟量输入，电流，4 通道	PACSystems RX3i 模拟量输入，电压，高密度 16 通道	PACSystems RX3i 模拟量输入，电流，高密度 16 通道
背板支持	无背板限制	无背板限制	无背板限制
模块占用槽数	1	1	1
范围	4~20mA，0~20mA	-10~+10V，0~10V	4~20mA，0~20mA
通道间隔离	无隔离	无隔离	无隔离
通道数	4	16	16
更新速率	所有通道 2ms	所有通道 13ms	所有通道 13ms
分辨率	12 位	12 位	12 位
精确度	全量程 0. 1%	0. 25%	0. 25%
输入阻抗	电流 250Ω	电流 250Ω	电流 250Ω
输入滤波器响应	325Hz	200Hz	200Hz
使用内部电源	25mA@ 5VDC 100mA@ 隔离 24VDC	112mA@ 5VDC 4150mA-用户提供 24VDC	120mA@ 5VDC 65mA-用户提供 24VDC
连接器类型	接线端子（20 个端子）模块中包含	接线端子（20 个端子）模块中包含	接线端子（20 个端子）模块中包含

表 9-29 模拟量输出模块的技术参数

产品名称	IC694MDL732	IC694MDL740	IC694MDL753
特点	PACSystems RX3i 24VDC 正输出，0.5A，8 点输出	PACSystems RX3i 24VDC 正输出，0.5A，16 点输出	PACSystems RX3i 24VDC 正输出，0.5A，32 点输出
模块类型	离散输出	离散输出	离散输出
背板限制	无背板限制	无背板限制	无背板限制
模块占用槽数	1	1	1
输出电压范围	12~24VDC	12~24VDC	12~24VDC
点数	8	16	32
隔离	无	无	无
每点负载电流	0.5A	0.5A	0.5A
响应时间	2 开/2 关	2 开/2 关	2 开/2 关
输出类型	晶体管	晶体管	晶体管
极性	正	正	正
共地点数	8	8	8
连接器类型	接线板	接线板	接线板
使用的内部电源	50mA@5VDC	110mA@5VDC	260mA@5VDC

二、DCS 自动控制系统

集散自动控制系统又称分布式控制系统（Distributed Control System，DCS），是以微处理器为基础，采用控制功能分散、显示操作集中、兼顾分而自治和综合协调的设计原则的新一代仪表控制系统。20 世纪 70 年代后期随着大规模集成电路技术的发展，集散控制系统诞生并得到应用，工业过程计算机控制自此进入了一个全新的阶段。

集散控制系统集计算机、控制、通信、图形显示四种技术于一身，采用分级分布式结构，根据分散控制、集中操作、分级管理、统一协调的原则，克服了如 PLC 运算、存储、管理能力有限及计算机集中式控制可靠性低等缺陷，灵活性好、可靠性高、系统扩展方便、适应硬件设备范围广，具有很强的控制能力、数据管理能力和良好的图形用户操作界面，充分满足了现代工业过程计算机控制和管理的需要。

（一）DCS 的特点

DCS 操作起来比较简单，控制功能种类多，运行起来的效果也比较好。此外，由于

DCS 组态功能丰富，网络通信能力好和监控、协调管理能力强。DCS 系统在小麦淀粉工厂中得到了普遍的应用，几乎能够满足大、中、小控制功能的需求。DCS 控制系统的主要特点如下：

1. 分散性和集中性

DCS 分散性的含义是广义的，不单是分散控制，还有地域分散、设备分散、功能分散和危险分散的含义。分散的目的是使危险分散，进而提高系统的可靠性和安全性。

DCS 硬件积木化和软件模块化是分散性的具体体现。因此，可以因地制宜地分散配置系统。DCS 横向分子系统结构，如直接控制层中一台过程控制站（PCS）可看作一个子系统；操作监控层中的一台操作员站（OS）也可看作一个子系统。

DCS 的集中性是指集中监视、集中操作和集中管理。DCS 通信网络和分布式数据库是集中性的具体体现，用通信网络把物理分散的设备构成统一的整体，用分布式数据库实现全系统的信息集成，进而达到信息共享。因此，可以同时在多台操作员站上实现集中监视、集中操作和集中管理。当然，操作员站的地理位置不必强求集中。

2. 自治性和协调性

DCS 的自治性是指系统中的各台计算机均可独立地工作，例如，过程控制站能自主地进行信号输入、运算、控制和输出；操作员站能自主地实现监视、操作和管理；工程师站的组态功能更为独立，既可在线组态，也可离线组态，甚至可以在与组态软件兼容的其他计算机上组态，形成组态文件后再装载到 DCS 运行。

DCS 的协调性是指系统中的各台计算机用通信网络互联在一起，相互传送信息，相互协调工作，以实现系统的总体功能。DCS 的分散和集中、自治和协调不是互相对立，而是互相补充。DCS 的分散是相互协调的分散，各台分散的自主设备是在统一集中管理和协调下各自分散独立地工作，构成统一的有机整体。正因为有这种分散和集中的设计思想、自治和协调的设计原则，才使 DCS 获得进一步发展，并得到广泛应用。

3. 灵活性和扩展性

DCS 硬件采用积木式结构，类似儿童搭积木那样，可灵活地配置成大、中、小各类系统。另外，还可根据企业的财力或生产要求，逐步扩展系统，改变系统的配置。DCS 软件采用模块式结构，提供各类功能模块，可灵活地组态构成简单、复杂各类控制系统。另外，还可根据生产工艺和流程的改变，随时修改控制方案，在系统容量允许范围内，只需通过组态就可以构成新的控制方案，而不需要改变硬件配置。

4. 先进性和继承性

DCS 综合了 4C（计算机、控制、通信和屏幕显示）技术，随着 4C 技术的发展而发展。也就是说，DCS 硬件上采用先进的计算机、通信网络和屏幕显示；软件上采用先进的操作系统、数据库、网络管理和算法语言；算法上采用自适应、预测、推理、优化等先进控制算法，建立生产过程数学模型和专家系统。DCS 自问世以来，更新换代比较快。当出现新型 DCS 时，老 DCS 作为新 DCS 的一个子系统继续工作，新、老 DCS 之间还可互相传递信息。这种 DCS 的继承性，给用户消除了后顾之忧，不会因为新、老 DCS

之间的不兼容，给用户带来经济上的损失。

5. 可靠性和适应性

DCS的分散性带来系统的危险分散，提高了系统的可靠性。DCS采用了一系列冗余技术，如控制站主机、I/O板、通信网络和电源等均可双重化，而且采用热备份工作方式，自动检查故障，一旦出现故障立即自动切换。DCS安装了一系列故障诊断与维护软件，实时检查系统的硬件和软件故障，并采用故障屏蔽技术，使故障影响尽可能小。DCS采用高性能的电子元器件、先进的生产工艺和各项抗干扰技术，可使DCS能够适应恶劣的工作环境。DCS设备的安装位置可适应生产装置的地理位置，尽可能满足生产的需要。DCS的各项功能可适应现代化大生产的控制和管理需求。

6. 友好性和新颖性

DCS为操作人员提供了友好的人机界面（HMI）。操作员站采用彩色显示器和交互式图形画面，常用的画面有总貌、组、点、趋势、报警、操作指导和流程图画面等。由于采用图形窗口、专用键盘、鼠标或球标器等，使得操作简便。DCS的新颖性主要表现在人机界面，采用动态画面、工业电视、合成语音等多媒体技术，图文并茂，形象直观，使操作人员有如身临其境之感。

（二）DCS的构成

因不同开发商和不同行业用户而有着不同的形式，但究其实质，系统结构却是一致的。按与工业过程的关系，自下到上分别为过程控制层、过程监控层、生产管理层、决策管理层（图9-43）。

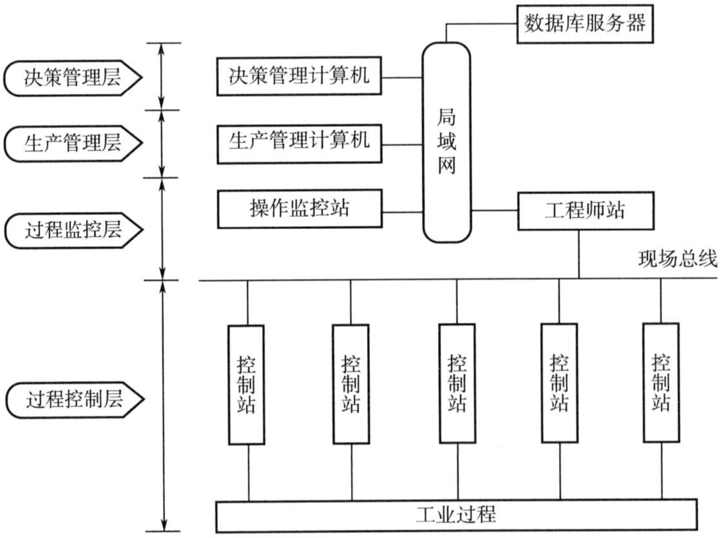

图9-43 工业集散系统组成示意图

1. 过程控制层

过程控制层是集散控制系统的基础，直接与工业过程连接，负担基本的输入、输出和控制任务。该层的主要设备包括可编程序控制器（PLC）、智能电子仪表等，这些设备内部包含信号采集/变换器、输入输出模块、中央控制单元和通信模块等。PLC、智能电子仪表根据程序对现场设备和工业过程进行相应的控制，并将有关数据、状态和信息传送给上一级。该层设备大多在工业过程现场就近安装。

2. 过程监控层

过程监控层是集散控制系统的核心，是联结过程控制与生产管理的纽带，主要有操作、监视、设计、通信等功能，基本设备为操作监控站、工程师站等计算机工作站。操作监控站通过高分辨率彩色图形界面，结合图表、文本、音频、视频等多媒体手段，为操作员提供动态工艺流程及主要工艺参数显示平台、直观易用且功能强大的中心操控平台。工程师站是工程师对控制系统设计、组态和调试的工作平台，它提供系统组态、画面设计、报表制作、通信测试等开发、调试工具。该层设备一般位于中央控制室。

3. 生产管理层

生产管理层是集散控制系统基本构成的扩展，它在企业级的层次对工业过程的控制进行优化和调度，通常由一台计算机或多台计算机联网组成。该层通过对业主的原材料、能源、订单与库存、生产状况等的分析，合理调控有关工业过程。该层设备一般位于企业（公司）办公楼。

4. 决策管理层

决策管理层是集散控制系统更深入的扩展。它在企业级的顶层对企业（公司）的运作起调控作用，通常也由一台计算机或多台计算机联网组成。该层全面管理生产、供应、销售、技术、计划、市场、财务、人事、后勤等部门，以工业过程的有关信息为基础并综合其他重要信息，协助高级管理人员做出决策。该层设备一般位于企业（公司）总部办公楼。

简化的集散控制系统可以只包含过程控制和过程监控两个层次。数据服务器本身不属于集散控制系统的组成部分，但过程监控层、生产管理层、决策管理层之间的数据通信与信息交换依赖于其，大容量的历史数据的存储、查询也必须通过它来实现。

（三）DCS 的实施内容

1. 规范及标准

DCS 在具体项目的实施过程中，系统的设计、制造、安装、调试均需引用和遵循以下主要标准：

①HG 20513—2014《仪表系统接地设计规定》；

②GB 50058—2014《爆炸危险环境电力装置设计规范》；

③GB 3369. 1—2008《过程控制系统用模拟信号　第 1 部分：直流电流信号》；

④ISA S5. 2《过程操作的二进制逻辑图》。

2. 组成结构

DCS系统通常是由以太网和使用现场总线技术的控制网络连接的各工程师站、操作员站、现场控制站、通讯控制站、数据服务器组成的综合自动化系统（图9-44）。

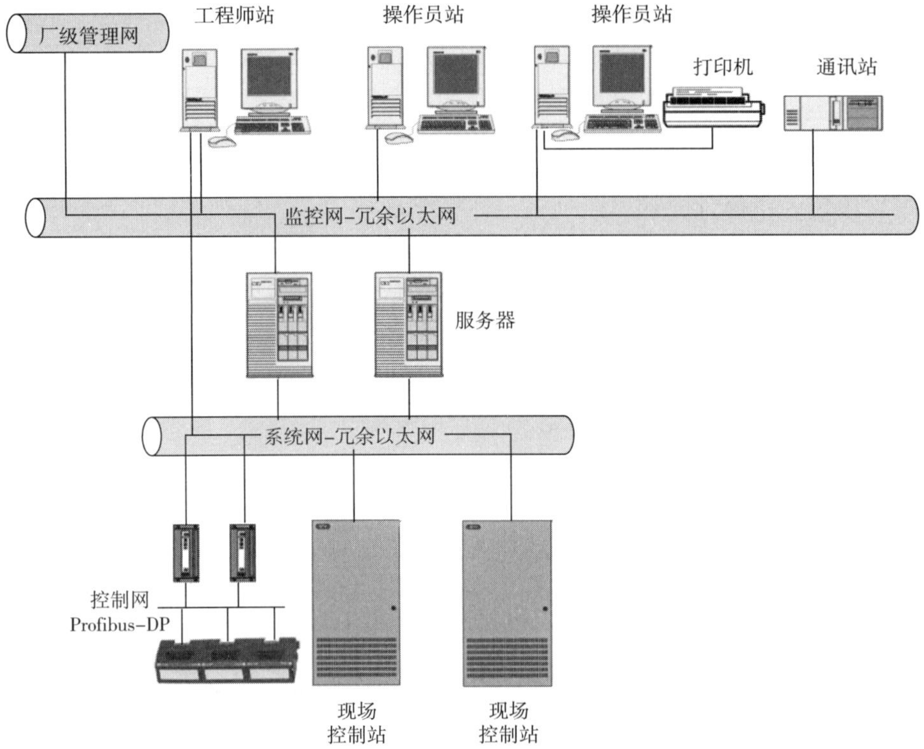

图9-44 工业集散系统组成结构

工程师站的主要作用为组态和下装。组态是为实现系统对生产过程自动控制的目的，使用软件完成工程中某一具体任务的过程。组态工作包括：设备组态、数据库组态、控制算法组态、图形组态、报表组态；下装是将通过组态完成的工程文件下传到系统各站的过程。下装包括：下装到服务器、下装到操作员站、下装到现场控制站。

操作员站的主要作用则包括：流程图显示及工艺生产监控功能、报警监视、趋势分析、报表及日志等；现场控制站的主要作用有：信号采集和输出、数据转换以及控制运算等。

DCS的系统软件包括：工程师站组态软件；操作员站在线软件；现场控制器运行软件；服务器软件等。

3. 网络配置

DCS在工程师站、操作员站和各现场控制器之间的数据通讯通常采用100Mbit/s工业以太环网，具有速度快、可靠性高的特点。在任何时候环网的任一点故障不影响环网上的设备间的数据通讯。

在现场控制站和远程 I/O 之间 DCS 通常采用国际/国家标准的 PROFIBUS-DP 现场总线，速度可达 12M。在现场控制器和现场仪表采用 PROFIBUS-PA 现场总线。PROFIBUS DP 和 PA 组成一致的系统。PROFIBUS 是目前世界排名第一的现场总线系统，在世界上有广泛的应用，PROFIBUS-DP 拥有超过 1000 种不同的设备，并且 DP 拥有超过 9000000 已安装的节点；PA 拥有超过 150 种不同的设备，并且 PA 拥有超过 210000 已安装的节点。

4. 系统软件

工程师站用于对整个 DCS 系统进行组态。其操作系统采用 Windows10，并且采用了集成的全局数据管理和统一的组态工具（图 9-45）。这个组态工具通常采用了现代化的软件体系结构，对项目进行管理、处理、归档和建立文件，在软件开发方面，采用了面向对象的技术。在项目管理上，以系统硬件和工艺过程两个不同的视角，同时进行管理。这两个视角在程序管理器中分别称为标准分级和工艺分级。其中，标准分级主要管理系统的硬件，如控制器、系统总线、I/O 系统等；工艺分级主要管理工艺过程，它将整个工厂按工艺过程的要求，分为各个子系统，然后将各子系统映射到控制器上。

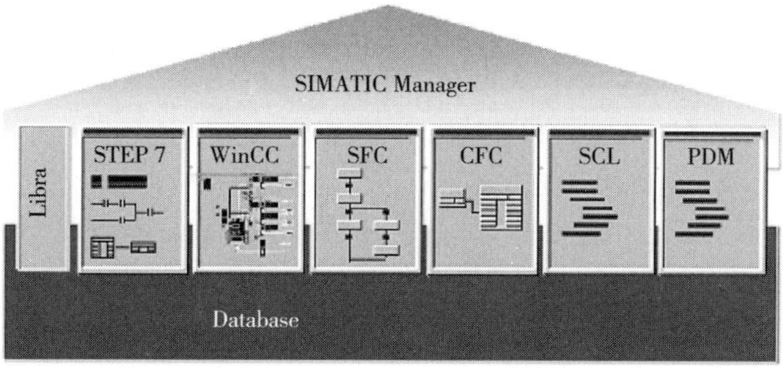

图 9-45 工程师站组态软件

操作员站用于对整个 DCS 进行监控。操作员站有两种结构形式，一种是服务器/客户机结构，服务器与控制站之间通过工业以太网通讯，服务器与客户机之间通过普通办公室以太网通讯，这种结构通常用于操作员站数量较多时；另一种是单站结构，操作员站直接通过工业以太网和现场控制器通讯，这种结构通常用于操作员站数量较少时。

无论是服务器/客户机结构还是单站结构，操作员站都是通过组态软件对系统进行监控。常用的组态软件有西门子公司的 WinCC、Intellution 公司的 IFix、浙大中控的 SCADA 等。

组态软件既可以用来完成小规模、简单的过程监控应用，也可以用来完成复杂的应用。在任何情况下都可以生成便捷的人机对话接口，使操作员能够清晰地管理和优化生产过程。

5. 系统冗余

DCS 系统为保证工程目的实施的稳定性通常采用冗余设计，具体配置包括操作站冗余、控制站冗余和电源系统冗余：

（1）操作站冗余指将工程师站和操作员站都挂在同一的工业以太环网上，与控制站进行数据交换。工程师站和操作员站运行各种相同的显示画面，以实现互为备用。与第三方系统采用光纤连接，可通过 Profinet、Modbus、OPC 等通讯方式进行数据交换和连锁控制。

（2）控制站冗余则由高可靠性、高性能的冗余的 CPU 模块，冗余的电源模块和冗余的工业以太网组成，具有保持功能，保持系统组态数据、所有的数据块和用户程序的技术性能。

6. 系统可靠性

DCS 系统可靠性是技术装置在运行过程中实现其功能的特征参数。MTBF 平均无故障时间经常用来作为判断可靠性的依据。它可以通过对正在运行的系统进行统计来决定，或是对所使用的元件的故障率进行计算来决定。DCS 系统可靠性包括：模块的可靠性、控制站的可靠性和系统可用性。

（四）DCS 的应用

随着小麦淀粉加工的规模化、大型化以及集散控制集散的国产化，推动了集散控制系统在淀粉加工领域应用越来越广泛。

1. 小麦淀粉加工控制系统的发展

以往小麦淀粉加工普遍采用 PLC 控制系统，虽然具有可靠性高、编程简便容易以及便于维护及管理等优点，但其低下的运算、存储能力无法满足日益提高的生产管理要求。与之相反，集中控制系统采用集中控制与集中管理方式，虽然满足了小麦淀粉加工生产管理的要求，但其控制的高度集中，使得系统危险性集中，可靠性降低，一旦计算机系统出现故障，就会造成全部控制系统瘫痪的严重后果。

现在的小麦淀粉加工厂采用集散控制系统除了灵活性好、可靠性高、具有很强的控制能力等特点，同时还具有较高的数据管理能力和良好的图形用户界面，能够充分适应现代工业生产过程控制、管理的各种需要。

2. 小麦淀粉加工集散控制系统的组成

集散控制系统经过多年的不断发展，加上应用单位现场具体情况的特殊性，已演变出十分丰富的系统构成方式，但本质上仍保持着集中与分布良好结合的多级控制及相对集中的信息管理模式。

根据小麦淀粉加工的行业具体特点，小麦淀粉加工集散控制系统一般采用由计算机、PLC 及智能仪表、电动机控制中心（MCC）控制柜构成三级冗余监控管理的集散控制系统。

其中 PLC 负责控制现场设备的运行并获取其运行状态及故障信息；智能仪表负责控

制现场机电一体化设备（计量设备、流量控制设备、负荷控制设备等）的运行并采集现场生产数据；而计算机则利用网络通讯获取数据进行储存管理同时动态显示工艺流程、设备状态、生产数据、报警信息并生成各类生产报表。

这种系统构成具有灵活、方便、适应面广、价格便宜等特点。特别是我国已有部分小麦淀粉加工企业已采用了 PLC 控制系统，此种集散控制系统构成方式能非常方便地将 PLC 控制系统升级为集散控制系统。

3. 小麦淀粉加工集散控制系统构成

具体在配置小麦淀粉加工集散控制系统时，通常有以下几个方面的考虑：

（1）计算机设置于中央控制室内，负责全面的监控管理，数量可以为单台和多台不等，尽量选用大屏幕高分辨率显示器。随着计算机硬件价格的不断下降，采用多台计算机的厂家越来越多，具体分工为：一台计算机负责显示动态工艺流程图、监视设备运转情况并打印故障报警信息，一台计算机负责显示工艺参数、生产数据并打印生产报表。此外还可在设置一台或多台管理计算机，便于生产管理人员随时了解生产情况、做出指示调度以及供管理部门全面管理生产。

（2）PLC 作为现场设备控制单元，应与车间 MCC 柜结合在一起。PLC 的具体配置与 MCC 柜的布置有直接关系：如果车间有条件将 MCC 柜集中设置，PLC 的配置就相对简单，价格也便宜，同时也便于 MCC 柜的维护与保养，但 MCC 柜至现场的动力电缆和控制线路将大大增加，增加了线路安装和维护的工作量和电线电缆投资；如将 MCC 柜分散到车间各楼层就能大幅度地减少电缆用量及现场按钮箱的数量（约减少 40%），并简化线路的安装与维护，但需要增加 PLC 远程 I/O 模块，同时也不便于 MCC 柜的集中管理与维护。因此，应根据现场实际情况经比较后确定采取何种方案。

（3）智能仪表及其配套设备的数量是由工艺设计确定的。由于目前智能仪表及其配套设备的生产厂家多且不具备统一的标准，许多仪表不带有通讯的接口，此类仪表就无法直接与集散控制系统连接。因此，在选购仪表时一定要选购具有通讯接口并带有合适通信协议的智能仪表。

（4）系统监控管理软件版本较多，国产软件有北京亚控自动化软件科技有限公司的组态王等，进口软件有 Rockwell 自动化公司（AB 公司）的 RSView32、通用电气公司的 Cimplicity、Wonderware 公司 Intouch 软件、西门子公司的 WinCC 等。国产软件价格便宜，功能较简单；进口软件价格较贵但性能优良、功能齐全、可靠性高。

（5）控制操作计算机一般推荐使用品牌工控机或商用机，服务器选用联想、戴尔也可选用工业私有云服务器。控制操作计算机负责显示工艺流程图、监视设备运行状况。有条件的企业可以增设中控大屏显示生产过程。

4. 小麦淀粉加工集散控制系统的通信网络

通常情况下，计算机之间的网络通信较为规范，不同类型的网络均有与其配套的标准联网设备。但小麦淀粉加工现场所选用的 PLC 及智能仪表的型号多，其通信协议因生产厂家不同而不同，没有相对统一的规范。如果生产现场所选用的 PLC 及智能仪表能以统一的通讯协议进行通讯，此时系统构成就非常方便。否则就必须配置通讯协议转换器。

通讯协议转换器的作用是连接具有不同通信协议的 PLC 及智能仪表并将各种各样的通讯协议转换成统一的通信协议，使得 PLC 及智能仪表能顺利地与计算机交换数据，构成集散控制系统。

5. 小麦淀粉集散控制系统功能

淀粉加工集散控制系统的功能可分为控制和管理两大部分。其中现场设备的控制可通过控制系统向 PLC 发出指令由 PLC 执行，也可由 PLC 直接进行控制。管理功能是通过监控软件和数据库软件共同完成。

（1）由于小麦淀粉加工集散控制系统控制功能是由 PLC 完成的，故集散控制系统完全兼容了 PLC 控制系统的所有功能。按物料流向反方向进行顺序启动，按照物料流向方向进行顺序停车。设备运行过程中发生故障时，立即进行连锁控制（关闭故障设备来料方向前所有设备及闸门）。设备与设备之间启停时间间隔可根据实际情况随意调整。

（2）当设备出现故障停机时，集散控制系统报警功能充分发挥了计算机的优越性。除了保留传统的声光报警信号以外，还增加了如下信号。

①语音报警：即在设备发生故障停机时，计算机通过语音方式提示操作人员，向操作人员指示故障类型及故障所在工段等。

②画面报警：在故障发生时，计算机自动显示故障设备的现场画面，向操作人员指示故障设备在现场的具体位置。

③报警信息：故障发生时，报警信息自动显示在计算机屏幕上。报警信息包含有故障设备名称、设备编号、所在楼层、控制元器件所在柜号及使用的元器件规格型号。报警信息还自动记录显示故障发生时间和排除时间。上述几种报警信息结合使用，可迅速锁定故障点，大大缩短故障停机时间。对于没有条件配备跟班电工及维修人员的厂家，集散控制系统在发生故障时能够自动通过电话系统发出传呼信息，将故障信息通知给维修人员以便及时到现场维修。

（3）小麦淀粉加工集散控制系统对生产现场设备运转情况、料位情况、闸门位置、流量大小等状态进行实时监控，并根据计算机发出的指令及事先设定的程序进行控制、调整与连锁。同时，小麦淀粉加工集散控制系统还具备淀粉加工专家系统的功能，通过将淀粉加工过程中成熟的操作经验总结提炼后输入计算机，当现场参数发生变化时，集散控制系统能自动进行判断，在数据库中找出与其对应的专家建议并显示给操作人员以供参考；发生报警时，计算机能自动根据报警性质在数据库中找出相应对策提示操作人员。

（4）小麦淀粉加工集散控制系统操作方式采用现场手动操作与中央控制室自动操作相结合，两者可相互平滑切换。现场手动操作主要应用在单机调试、故障停机和故障检修后手动试车时使用，正常操作是采用中央控制室自动操作方式进行的。中央控制室自动操作又可分为操作台主令开关操作和计算机鼠标、键盘操作。操作台主令开关直接操作 PLC 进行程序运行；而通过计算机操作则是先由计算机将操作命令送至 PLC，再由 PLC 执行程序操作。由此，现场手动操作与中央控制室自动操作构成了一个三级冗余操作控制系统，大大提高了系统的可靠性。其中，通过计算机进行操作这种方式充分利用了计算机丰富的图形功能，使得操作更加直观方便。通过计算机进行操作，不仅可以控制工段启停，还可以直接操作单台设备运转；不仅可以自动判别、选定工艺线路，还可以直接改变阀门的状态；此外，每当发出操作指令后，现场的反馈信号就能及时显示在计算机屏幕上。

（5）淀粉加工集散控制系统在安全性上为用户提供了可靠的保障。通常，为保证系统软件可靠稳定运行，计算机操作系统可采用具有高安全等级的 Windows XP，从用户权限、操作权限、文件权限、设备权限等各方面保证系统安全。当进入系统时，计算机首先要求输入操作员密码，同时系统将该密码代表的操作员代码记录在案，以便在需要时调用核查。进入系统后，计算机屏幕上显示监控画面并自动进入监控状态，正确输入相应密码后，屏幕上将出现操作菜单或按钮。通过操作菜单及按钮，操作员能够方便地进行操作。如果操作员需要离开使用的计算机一段时间，在离开前通过用鼠标点击操作画面中的加密按钮，屏幕上的操作菜单及按钮就会消失，防止其他人员误操作，在正确输入解密密码后，系统操作恢复正常。

（6）小麦淀粉加工集散控制系统能够动态显示工艺流程图及过程参数。集散控制系统动态显示工艺流程图是利用计算机丰富的图形显示功能再加上动画技术生动直观地再现过程画面。可以通过变色、闪烁、移动、填充、消隐、覆盖等手段将现场信号反映到计算机屏幕上，同时还能将数据、曲线及棒状图等组合进画面，使画面更加丰富与实用。例如，A 淀粉脱水干燥系统画面如图 9-46、图 9-47 所示。

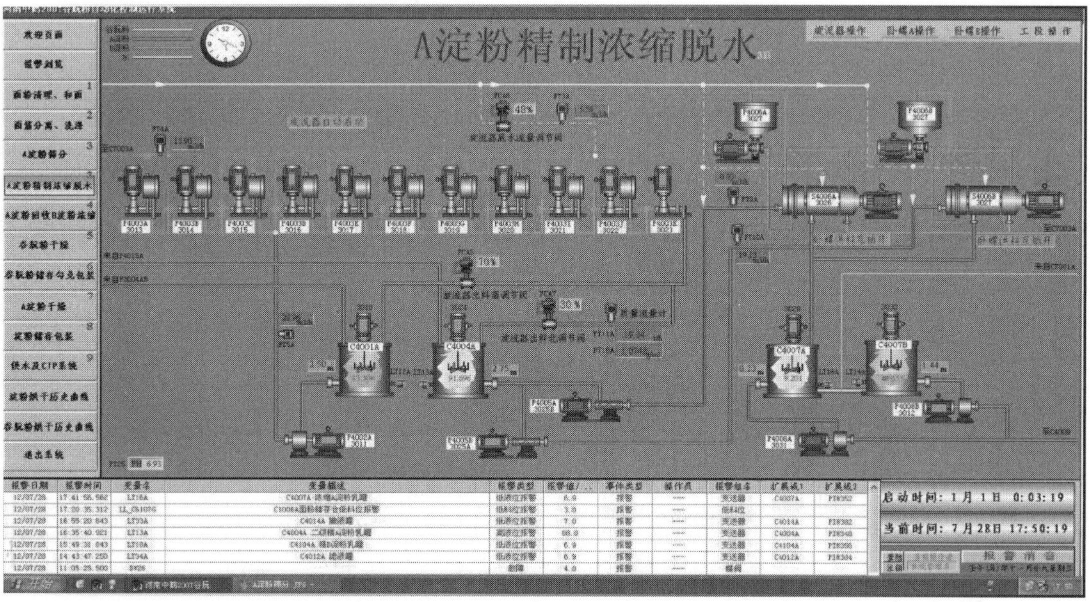

图 9-46　A 淀粉脱水系统画面示意图

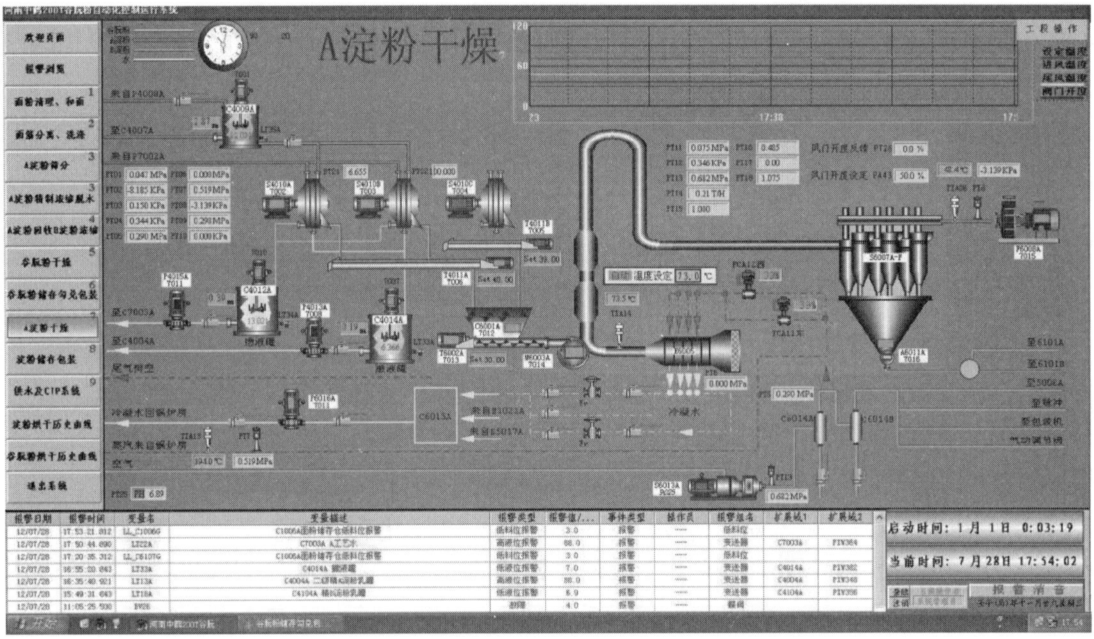

图 9-47　A 淀粉干燥系统画面示意图

（7）小麦淀粉加工集散控制系统对生产进行管理，可包括生产与调度管理、仓储管理、合同管理、设备器材管理、检化验管理等。系统一方面能够方便地实现生产现场实时数据、历史数据、参数变化趋势的记录与显示，计算机通过与现场智能仪表的通讯，能够迅速、准确地接收生产现场的原始数据，如：产量、电耗、流量、料位、液位、温度、湿度等。并能以表格、曲线、棒状图等方式记录、显示。此外，集散控制系统还为操作员专门留有数据输入接口，对于那些无法通过在线检测手段获取的参数，均可通过键盘输入的方式输入计算机，所有数据均写入数据库并能及时更新、添加。另一方面，对合同管理、设备器材管理、检化验管理也可在另外的管理计算机上通过数据库系统实现（图 9-48）。

（8）小麦淀粉加工集散控制系统能够自动实现报警与报警历史记录。对于生产过程中的设备故障、料位报警、流量、压力、温度等在向操作员发出报警信号的同时，能够自动在数据库内生成报警信息记录文件，内容包括报警时间、地点、内容、操作员、故障排除时间等项目。这些报警信息记录文件可以随时显示与打印。

（9）小麦淀粉加工集散控制系统能够根据数据库的原始内容，统计生成各种生产数据实时报表、班报表、日报表，报表格式可根据各企业的习惯进行设计，同时操作员还能随时对其进行修改。报表输出方式多样，操作员可将其设置成定时打印或随时打印。系统还可以根据时间、日期、其他特定条件等，查询、统计、打印需要的历史数据报表等。

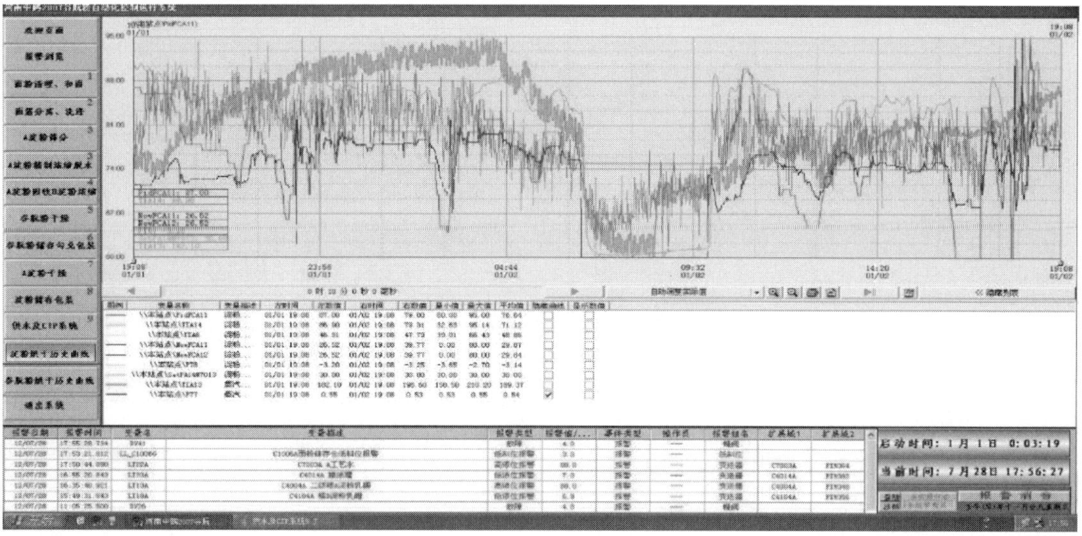

图 9-48　淀粉和其他生产参数曲线画面示意图

第十章
小麦淀粉工业常用标准及技术规范

小麦淀粉工业围绕原料、生产工艺、产品以及检测方法等，涉及很多方面的标准和规范。为便于小麦淀粉领域从业人员了解相关的标准和规范要求，对涉及小麦淀粉领域的标准和规范进行了梳理，经过整理后分为以下四类：小麦淀粉产品相关质量标准；小麦谷朊粉相关标准；小麦淀粉生产技术规范；小麦淀粉生产环境保护相关技术规范。

第一节 小麦淀粉相关质量标准

本部分标准包括淀粉分类标准、淀粉及制品质量相关标准、以及主要检测方法标准等内容。

一、GB/T 8887—2021《淀粉分类》

标准将淀粉分为原淀粉和变性淀粉两大类。

1. 原淀粉

原淀粉包括禾谷类淀粉、根茎类淀粉、豆类淀粉和其他淀粉四大类。

（1）禾谷物淀粉包括　米淀粉（糯米淀粉、大米淀粉）、玉米淀粉（普通玉米淀粉、蜡质（糯）玉米淀粉、高直链玉米淀粉）、高粱淀粉、麦淀粉（小麦淀粉、糯小麦淀粉、燕麦淀粉、荞麦淀粉、黑麦淀粉、大麦淀粉）、青稞淀粉、小米淀粉；

（2）根茎类淀粉包括　木薯淀粉、蜡质（糯性）木薯淀粉、马铃薯淀粉、蜡质（糯性）马铃薯淀粉、甘薯（红薯）淀粉、竹芋淀粉、芋头淀粉、藕淀粉、荸荠淀粉、葛根淀粉、蕨根淀粉、何首乌淀粉；

（3）豆类淀粉包括　绿豆淀粉、蚕豆淀粉、豌豆淀粉、红豆淀粉；

（4）其他淀粉　香蕉淀粉、菱角淀粉、橡子淀粉、百合淀粉、西米淀粉、浮萍淀粉、板栗淀粉、藜麦淀粉。

2. 变性淀粉

变性淀粉可按照生产工艺、变性方法和产品用途三种方式进行分类。

（1）按照生产工艺变性淀粉分类　可分为湿法变性淀粉和干法变性淀粉。

（2）按照变性方法分类　物理变性淀粉包括预糊化淀粉和湿热处理淀粉；化学变性淀粉包括酸处理淀粉、焙炒淀粉、氧化淀粉、淀粉酯、淀粉醚、交联淀粉、接枝共聚淀粉；生物变性淀粉多孔淀粉、脂肪替代物、脱支淀粉、分支淀粉；以及复合变性淀粉和其他变性淀粉等。

（3）按照产品用途分类　食品用变性淀粉、造纸用变性淀粉、纺织用变性淀粉、医药用变性淀粉、精细化工用变性淀粉、饲料用变性淀粉、建材用变性淀粉、铸造用变性淀粉、石油钻井用淀粉、其他行业用变性淀粉。

二、淀粉及制品相关质量指标

（一）GB/T 8883—2017《食用小麦淀粉》

1. 标准应用范围和术语

标准规定了食用小麦淀粉的技术要求、检验方法、检验规则、验收规则以及标签，标志，包装，运输、储存和销售的要求。标准适用于 GB/T 1355—1986《小麦粉》中小麦粉为原料生产的食用淀粉。

标准规定了小麦 A 淀粉和 B 淀粉的定义：小麦 A 淀粉（Wheat A-Starch）是指小麦淀粉中颗粒直径一般在 10μm 以上的淀粉，占小麦淀粉质量的 70%以上；小麦 B 淀粉（Wheat B-Starch）是指小麦淀粉中颗粒直径一般在 10μm 以下的淀粉；占小麦淀粉质量的 30%以下。

2. 技术指标

食用小麦淀粉的技术要求包括感官要求和理化指标要求，分别如表 10-1 和表 10-2 所示。

表 10-1　感官要求

项　目	指　标			
	小麦 A 淀粉			小麦 B 淀粉
	优级品	一级品	二级品	
外观	白色粉末			白色或淡黄色粉末
气味	具有小麦淀粉固有的气味，无异味			

表 10-2　理化指标

项　目		指　标			
		小麦 A 淀粉			小麦 B 淀粉
		优级品	一级品	二级品	
水分/%	≤		14.0		14.0
酸度（干基）/°T	≤	2.00	2.50	3.50	6.00
灰分（干基）/%	≤	0.25	0.30	0.40	0.40
蛋白质（干基）/%	≤	0.30	0.40	0.50	3.00
脂肪（干基）/%	≤	0.07	0.10	0.15	0.45
斑点/(个/cm^2)	≤	1.0	2.0	3.0	6.0
细度［150μm（100 目）筛通过率（质量分数）］/%	≥	99.8	99.0	98.0	90.0
白度（457nm 蓝光反射率）/%	≥	93.0	92.0	91.0	70.0

其安全指标应符合 GB 31637—2016《食品安全国家标准 食用淀粉》的规定。

3. 检验方法

(1) 感官指标检测 取适量样品置于白色瓷盘内，在自然光线条件下，用肉眼观察其色泽、形态和杂质。取淀粉样品 20g，放入 100mL 磨口瓶中，加入 50℃的温水 50mL，加盖，振摇 30s，嗅其气味。

(2) 具体指标检测 水分检测按 GB 5009. 3—2016《食品安全国家标准 食品中水分的测定》中的直接干操法执行。酸度检测按 GB 5009. 239—2016《食品安全国家标准 食品酸度的测定》淀粉及其衍生物产品测定方法的规定执行。灰分检测按 GB 5009. 4—2016《食品安全国家标准 食品中灰分的测定》食品中总灰分的测定执行。蛋白质检测按 GB/T 22427. 10—2008《淀粉及其衍生物氮含量测定》执行（换算成蛋白质系数为 5. 7）。斑点检测按 GB/T 22427. 4—2008《淀粉斑点测定》执行。细度检测按 GB/T 22427. 5—2008《淀粉细度测定》执行。白度检测按 GB/T 22427. 6—2008《淀粉白度测定》执行。脂肪的测定：用乙醚将样品中的脂肪抽提出来，干燥后，得到样品的总脂肪剩余物质量占原样品质量的百分率（具体详见标准 GB/T 8883—2017《食用小麦淀粉》中的附录）。

（二）SN/T 0394—1995《出口淀粉检验规程》

标准规定了出口淀粉的抽样、品质检验、重量鉴定和包装检验的方法，适用于出口原淀粉。

1. 抽样及保存

(1) 抽样数量

抽样 10 件及以下，逐件抽取；11 ~ 100 件，随机取 10 件；101 ~ 1500 件按式（10-1）计算：

$$S = \sqrt{N} \tag{10-1}$$

式中 S——抽样件数（取整数，小数部分进为整数）；

N——检验批总件数。

(2) 抽样方法 根据报验单所载数量、包装等与实际堆存商品核对相符后，按上述规定的抽样件数在堆垛各部位随机抽取，每批原始样品总量不得少于 500g。在抽样过程中，如发现异常，应酌情增加抽样数量，必要时可停止抽样。

(3) 样品保存 盛装样品器具外部应贴上样品标签，注明产品名称、数量、储存仓库、报验单号、抽样员姓名和日期。将所取原始样品缩分出两份不少于 250g，贴上标签，一份供检验，另一份避光保存直至合同规定的索赔期满或至少 6 个月。

2. 品质检验

(1) 外观品质检验 检验室条件要求光线明亮、柔和、光线一致，避免强光直射，最好采用来自北面的光线或采用人造光源，并要求清洁、干燥、空气新鲜流通，无异味干扰。

（2）气味检验　取约10g试样于洁净无气味手掌中呵气1min，嗅其气味是否正常，然后取约10g样品放于盛有50℃温水的带盖瓷杯或带盖玻璃杯内，加盖振荡，经30s后，去盖嗅其气味，然后再将带盖瓷杯或带盖玻璃杯内的淀粉混合液沉淀，待淀粉沉淀后，将水倾于另外瓷杯或玻璃杯内，分别嗅其气味，结合三次嗅觉的结果来评定淀粉气味，并记录。

（3）理化指标检验　斑点检验按GB/T 22427.4—2008《淀粉斑点的测定》执行；水分检测按GB 5009.3—2016《食品安全国家标准　食品中水分的测定》中的直接干操法执行；灰分检验按GB 5009.4—2016《食品安全国家标准　食品中灰分的测定》执行；白度检验按GB/T 22427.6—2008《淀粉白度测定》执行；细度检验按GB/T 22427.5—2008《淀粉细度测定》执行；酸度检验按GB 5009.239—2016《食品安全国家标准　食品酸度的测定》执行；总脂肪检验按GB 5009.6—2016《食品安全国家标准　食品中脂肪的测定》执行；蛋白质检验按GB 5009.5—2016《食品安全国家标准　食品中蛋白质的测定》执行；二氧化硫检验按GB/T 22427.13—2008《淀粉及其衍生物二氧化硫含量测定》执行；黏度检验按GB/T 22427.7—2008《淀粉黏度测定》执行。

（4）重量鉴定

①毛重：按报验批总数的5%抽取，经已校正之衡器过重。但根据每件货物的差重幅度大小，可适当增加或缩减抽查比例，直至鉴定人员认为已具有代表性为止。

②皮重：在抽查的包件中，任取5~10件称取皮重，核算平均皮重。

③净重：根据毛重与皮重核算出抽查毛重部分的总净重，如抽查毛重部分的总净重与规定总净重差重幅度在2%以内的，则认为全批净重相符；如超过2%时则按实际净重计算全批重量。

（5）包装检验

①外包装检验：抽样前检查整批货物的外包装。包装袋外观应坚固、完整、清洁卫生、无污染和异味、应适合长途运输的要求。外包装袋缝口应牢固，缝口不论机织、手工缝口均应缝线平直，稀密适度。

②内包装检验：有内包装袋者，开袋后检查内袋应无破损，封口应良好。

③标志检验：检查外包装袋外刷印的标志或拴挂的标签上的品名、批号、级别、规格、重量应与内容物相符，字迹应清晰完整，刷印的油墨应不渗入袋内污染淀粉等。

（三）NY/T 1039—2014《绿色食品　淀粉及淀粉制品》

标准规定了绿色食品淀粉及淀粉制品的术语和定义、要求、检验规则、标志和标签、包装、运输、储存等要求。

标准适用于绿色食品食用淀粉（包括谷类、薯类、豆类淀粉及菱角淀粉等其他食用淀粉及食用淀粉制品［包括粉丝（条）、粉皮及其他食用淀粉制品等］；不适用于魔芋粉及魔芋粉制品、藕粉、植物全粉（如马铃薯全粉）、淀粉糖、膨化淀粉制品、油炸淀粉制品、方便粉丝。

1. 原料要求

生产原料应符合绿色食品标准的规定，加工用水应符合 GB 5749—2006《生活饮用水卫生的标准》的规定，食品添加剂应符合 NY/T 392—2013《绿色食品　食品添加剂使用准则》的规定。

2. 加工过程

应符合 GB 14881—2013《食品安全国家标准　食品生产通用卫生规范》的规定。

3. 感官

应符合表 10-3 的规定。

表 10-3　感官要求

项　目	要　求		检 验 方 法
	淀 粉	淀粉制品	
色泽	具有各自产品固有的正常色泽		取适量试样置于白色洁净的瓷盘中，在自然光线下目测色泽、杂质和组织状态，鼻嗅气味
气味	具有各自产品固有的正常气味，无异味		
杂质	无肉眼可见外来杂质		
组织状态	均匀粉末，无结块	具有各自产品固有的状态，外形均匀一致、完整、无碎屑	

4. 理化指标

淀粉的理化指标应符合表 10-4 的规定，淀粉制品的理化指标应符合表 10-5 的规定。

表 10-4　淀粉理化指标

项　目	指　标					检 验 方 法
	玉米淀粉	小麦淀粉	马铃薯淀粉	木薯淀粉	其他食用淀粉	
水分/%	≤14.0	≤14.0	≤20.0	≤14.0	≤20.0	GB 5009.3—2016
灰分（干基）/%	≤0.15	≤0.30	≤0.40	≤0.30	—	GB 5009.4—2016
蛋白质（干基）/%	≤0.45	≤0.40	≤0.15	≤0.30	—	GB 5009.5—2016
脂肪（干基）/%	≤0.15	≤0.10	—	—	—	GB 12309—1990
斑点/(个/cm^2)	≤0.7	≤3.0	≤5.0	≤6.0	—	GB/T 22427.4—2008
白度/%	≥87.0	≥91.0	≥90.0	≥88.0	—	GB/T 22427.6—2008
电导率/(S/cm)	—	—	≤150	—	—	GB/T 8884—2017
氰氢酸/(mg/kg)	—	—	—	≤10	—	GB/T 5009.36—2016

表 10-5 淀粉制品理化指标

项目	指标						检验方法
	干粉丝（条）		湿粉丝（条）		粉皮及其他淀粉制品		
	豆类、红薯、粉丝（条）	马铃薯粉丝（条）	红薯粉丝（条）	马铃薯粉丝（条）	干品	湿品	
水分/%	≤15.0	≤17.0	≤60.0	≤75.0	≤17.0	≤75.0	GB 5009.3—2016
淀粉/%	≥75.0	≥70.0	≥35.0	≥20.0	270.0	220.0	GB/T 5009.9—2016
断条率/%	≤10.0				—		GB/T 23587—2009
灰分/%	≤0.8				—		GB 5009.4—2016
氰氢酸*/(mg/kg)	≤10						GB/T 5009.36—2016

注：*氰氢酸仅适用于木薯淀粉制品。

5. 污染物限量、农药残留限量、食品添加剂限量和真菌毒素限量

污染物、农药残留、食品添加剂和真菌毒素限量应符合相关食品安全国家标准及规定，同时符合表 10-6 的规定。

表 10-6 污染物、食品添加剂和真菌毒素限量

项目	指标		检验方法
	淀粉	淀粉制品	
总砷（以 As 计）/(mg/kg)	≤ 0.3	≤ 0.5	GB/T 5009.11—2014
铝（以 Al 计）/(mg/kg)	—	不得检出（<25）	GB/T 5009.182—2017
苯甲酸*/(mg/kg)	—	不得检出（<1）	GB/T 5009.8—2016
黄曲霉毒素 B1/(μg/kg)	≤5		GB/T 5009.22—2016

注：如食品安全国家标准及相关国家规定中上述项目和指标有调整，且严于本标准规定，按最新国家标准及规定执行。

*苯甲酸仅适用于湿淀粉制品。

6. 微生物限量

淀粉及淀粉制品中微生物限量应符合表 10-7 的规定。

表 10-7　　淀粉及淀粉制品中微生物限量

项　目	指　标			检验方法
	淀　粉		即食及冲调淀粉制品	
	谷类淀粉	薯类淀粉、豆类淀粉及其他食用淀粉		
菌落总数/(CFU/g)	—	≤10000	≤1 000	GB 4789.2—2016
大肠菌群/(MPN/g)	≤3	≤3	≤3	GB 4789.3—2016
霉菌和酵母/(CFU/g)	≤100	≤1 000	—	GB 4789.15—2016

（四）DB 64/526—2008《淀粉制品通用技术规范》

标准规定了淀粉制品的产品分类、技术要求、试验方法、检验规则及标志、包装、运输、储存。本标准适用于以食用淀粉为原料，经水调、加热、浇制、冷却成型、干燥（或不干燥）制成的淀粉制品。

1. 产品分类

（1）湿淀粉制品　以食用淀粉为原料，经水调、加热、浇制、冷却成型制成的淀粉制品。

（2）干淀粉制品　以食用淀粉为原料，经水调、加热、浇制、冷却成型、干燥制成的淀粉制品。

2. 技术要求

（1）原料和辅料　原料应为食用淀粉，并应符合相应的产品标准要求；加工用水应符合 GB 5749—2006《生活饮用水卫生标准》要求；其他原辅料的质量应符合相关标准和有关规定。

（2）感官要求　感官要求应符合表 10-8 规定。

表 10-8　　感官要求

品　种		要　求		
		色、香、味	形态、组织	杂质
湿淀粉制品	凉粉	具有凉粉应有的自然色泽，色泽正常，无酸味	块状完整，有弹性，不碎	无肉眼可见外来杂质
	粉皮	具有粉皮应有的自然色泽，色泽正常，半透明，有光泽，无酸味	形状完整，薄厚基本均匀，有弹性，不碎	
	手擀粉	乳白色，无酸味	条粗细（宽窄）基本一致，无并条，有弹性，不碎	

续表

品种		要求		
		色、香、味	形态、组织	杂质
干淀粉制品	粉丝	具有粉丝应有的自然色泽，滋味气味正常，无异味	丝粗细基本均匀，无并丝，复水后柔软，滑爽	无肉眼可见外来杂质
	粉条	具有粉条应有的自然色泽，滋味气味正常，无异味	条粗细基本均匀，无并条，复水后柔软	

（3）理化指标　理化指标应符合表 10-9 的规定。

表 10-9　　理化指标

品种		项目指标	
		水分/（g/100g）	淀粉/（g/100g）
湿淀粉制品	凉粉	≤92.0	≥6.0
	湿粉皮	≤85.0	≥14.0
	手擀粉	≤80.0	≥18.0
干淀粉制品	干粉皮	≤16.0	≥70.0
	粉丝	≤16.0	≥70.0
	粉条	≤16.0	≥70.0

（4）卫生指标　卫生指标应符合表 10-10 的规定。

表 10-10　　卫生指标

项目	指标
总砷（以 As 计）/（mg/kg）	≤0.5
铅（Pb）/（mg/kg）	≤1.0
黄曲霉毒素 B1/（μg/kg）	≤5.0
二氧化硫残留量	按 GB 2760—2014 执行
菌落总数/（CFU/g）	≤1000
大肠菌群/（MPN/100g）	≤70
致病菌（沙门氏菌、志贺氏菌、金黄色葡萄球菌）	不得检出

注：微生物指标仅适用于直接入口的即食淀粉类制品。

（5）食品添加剂　食品添加剂质量应符合相应的标准和有关规定；食品添加剂的品种和作用量应符合 GB 2760—2014《食品安全国家标准　食品添加剂使用标准》的规定。

3. 试验方法

（1）感官检验　采用目视、鼻嗅和品尝的方法进行，取适量样品于透明洁净容器中，首先在自然光线下观察产品的色泽、组织形态、杂质（固态样品用餐刀按四分法切开），闻其气味，然后品尝其滋味。

（2）理化指标及安全指标检验方法　水分按 GB 5009. 3—2016《食品安全国家标准　食品中水分的测定》规定的方法检验；淀粉按 GB 5009. 9—2016《食品安全国家标准　食品中淀粉的测定》规定的方法检验；总砷按 GB 5009. 11—2014《食品安全国家标准　食品中总砷及无机砷的测定》规定的方法检验；铅按 GB 5009. 12—2017《食品安全国家标准　食品中铅的测定》规定的方法检验；黄曲霉毒素 B1按 GB 5009. 22—2016《食品安全国家标准　食品中黄曲霉毒素 B 族和 G 族的测定》规定的方法检验；二氧化硫残留量按 GB 5009. 34—2016《食品安全国家标准　食品中二氧化硫的测定》规定的方法检验；菌落总数按 GB 4789. 2—2016《食品安全国家标准　食品微生物学检验 菌落总数测定》规定的方法检验；大肠菌群按 GB 4789. 3—2016《食品安全国家标准　食品微生物学检验 大肠菌群计数》规定的方法检验；致病菌按 GB 4789. 4—2016《食品安全国家标准　食品微生物学检验 沙门氏菌检验》、GB 4789. 5—2012《食品安全国家标准　食品微生物学检验 志贺氏菌检验》、GB 4789. 10—2016《食品安全国家标准　食品微生物学检验 金黄色葡萄球菌检验》规定的方法检验。

（五）GB 31637—2016《食品安全国家标准　食用淀粉》

1. 食用淀粉术语概念

标准规定了食用淀粉概念：以谷类、薯类、豆类以及各种可食用植物为原料，通过物理方法提取且未经改性的淀粉，或者在淀粉分子上未引入新化学基团且未改变淀粉分子中的糖苷键类型的变性淀粉（包括预糊化淀粉、湿热处理淀粉、多孔淀粉和可溶性淀粉等）。

2. 技术要求

（1）原料要求　原料应符合相应的食品标准和有关规定。

（2）感官要求　感官要求应符合表 10-11 的规定。

表 10-11　感官要求

项　目	要　求	检验方法
色泽	白色或类白色，无异色	取适量样品置于洁净、干燥的白色盘（瓷盘或同类容器）中，在自然光线下，观察其色泽和状态，闻其气味
气味	具有产品应有的气味，无异嗅	
状态	粉末或颗粒状，无正常视力可见外来异物	

（3）理化指标　理化指标应符合表 10-12 的规定。

表 10-12　　理化指标

项　目	指　标	检验方法
水分*/(g/100g)		GB 5009.3—2016
谷类淀粉	≤14.0	
薯类、豆类和其他类淀粉（不含马铃薯淀粉）	≤18.0	
马铃薯淀粉	≤20.0	

注：* 不适用于变性淀粉

（4）污染物限量　污染物限量应符合 GB 2762—2017《食品安全国家标准　食品中污染物限量》的规定。

（5）微生物限量　微生物限量应符合表 10-13 的规定。

表 10-13　　微生物限量

项　目	采样方案* 及限量				检验方法
	n	c	m	M	
菌落总数/(CFU/g)	5	2	10^4	10^5	GB 4789.2—2016
大肠菌群/(CFU/g)	5	2	10^2	10^3	GB 4789.3—2016
霉菌和酵母/(CFU/g) ≤	10^3				GB 4789.15—2016

注：* 样品的采样及处理按 GB 4789.1—2016 执行。

（六）ZB X 08001—1987《食用淀粉包装、标志、运输、储存标准》

本标准适用于供食用的小麦、玉米、大米、高粱、马铃薯、甘薯和木薯淀粉（不包包括零售分装的食用淀粉）。

1. 包装

供食用的淀粉产品，应以符合《中华人民共和国食品安全法》要求的白细布（棉或化纤）、纸、聚乙烯复合膜、塑料编织袋、瓦楞纸箱（限外包装使用）包装。食用淀粉所用包装见表 10-14（供出口淀粉包装可根据外贸需另定）。

表 10-14　　食用淀粉包装规定

序号	包装规格	容量净重/kg	包装规格（长×宽）/cm	包装所用材料
1	大包装袋	50.00	91×(70±1)	一层以上白细布或四层以上 80g 牛皮纸。聚乙烯复合膜袋（内衬）及塑料编织袋（外包）
2		25.00	87×(48±1)	
3		20.00	87×40	一层以上白细布

续表

序号	包装规格	容量净重/kg	包装规格（长×宽）/cm	包装所用材料
4	小包装袋	1.00	30×20	一层以上纸（强度相当于50g牛皮纸）或厚度0.06~0.12mm食用聚乙烯复合薄膜
5		0.50	22×17	
6		0.25	17×15	

注：20.00kg 系列应逐步过渡至 25.00kg 系列。

小包装出厂，应按大包装 50.00kg，25.00kg 容量系列，外用瓦楞纸箱包装。纸箱规格及材料由生产厂自订。

包装材料必须具备下列质量要求：①清洁干净：未被食用淀粉以外的其他物品污染，无异味，符合食品卫生条件；②完整坚固：袋口缝制均匀，黏合严密，材质和缝迹应能耐受装卸、运输和储存，不破漏。

2. 标志

食用淀粉包装的外表面，必须具备明显标志，以显示包装内容物质。包装上标志应鲜明清晰，在未装入淀粉前制好，标志应包括下列内容（供出口标志另有规定者除外）：生产厂名、产品名称、净重（kg）、商标。

出厂产品应附有合格证。合格证需符合以下要求：合格证用厚质纸印刷，内容应包括：产品标准号、等级、生产批号、生产日期等；合格证用于大包装，每袋一张，缝在袋口上；小包装批量出厂，每箱一张，放在外包装纸箱内。

3. 运输

食用淀粉可用各类运载工具运输，但对放置淀粉的车厢、船仓或机仓，必须具备下列条件：干燥，并备有防雨、防水、防潮湿设施；清洁、无毒、无异常气味、无其他污染。

食用淀粉在运输过程中，应注意下列事项：不得与有毒、有害、有异常气味的其他货物混装；严禁雨、水及其他污质污染包装；装卸时禁止直接钩扎包装，雨、雪天禁止露天操作。

4. 储存

食用淀粉不论临时（如运输中途在车站、码头）或长期储存，禁止露天堆放。储存食用淀粉的室内仓库，应具备下列条件：①地面应高出四周地面在 10cm 以上，屋顶无渗漏；②库内应能保持空气干燥，通风条件良好，地面平整，具有防潮设施；③库内温度保持在 32℃以下。如因气候影响室温上升达 32℃以上时，必须采取降温措施；④应清洁、无毒、无异常气味，无其他污染及虫害鼠患；⑤食用淀粉不得与有毒、有污染、有异常气味的其他货物混合放在同一仓库（室）内；⑥淀粉在库内堆放应达到下列要求：食用淀粉储存堆放在半个月以上，应用离地面 10cm 以上的木制垫仓板铺垫地面；淀粉堆垛高度不应超过 2.5m，堆垛应离四周墙壁 50cm 以上；堆垛与堆垛之间，应保留

50cm 通道。

食用淀粉在储存期内，每月至少进行一次感官检查，如有异常，必须进行理化检测，并采取相应措施。食用淀粉储存期不得超过两年。超过储存期应重新进行全面理化检查，不合格不得食用。

三、淀粉含量及特性检测方法相关标准

（一）GB/T 20378—2006《原淀粉 淀粉含量的测定 旋光法》

标准规定了用旋光法测定原淀粉中淀粉含量的方法。标准不适用于直链淀粉含量高的原淀粉、变性淀粉和预糊化（冷水可溶）淀粉中淀粉含量的测定。

1. 测定原理

此方法包括两个中间测定步骤：①第一部分样品用稀盐酸水解，在澄清和过滤后用旋光法测定。②第二部分样品用体积分数为 40%的乙醇溶液萃取出可溶性糖和相对分子质量低的多糖。滤液按①给出的步骤操作。

①和②两种方法的测量结果的差值，乘以一个系数，得出样品的淀粉含量。

注：此方法的主要参数包括水解的时间和温度，旋光仪的正确使用和校准。此方法包括在水浴中连续搅拌，水浴锅应该大小适当以保证能快速调温和保持恒温。

2. 样品处理

如果实验样品粒度超过 0.5mm，将样品磨碎并用 0.5mm 孔径的筛子过筛，然后均匀取样。

3. 测定方法

（1）样品总旋光度的测定；

（2）在体积分数为 40%的乙醇中可溶性物质旋光度的测定；

（3）干物质含量的测定。

按照 ISO1666—1996《淀粉 水含量的测定 烘箱干燥法》给出的方法测定样品的水分含量 w_0，然后用式（10-2）计算出干物质含量 w_1：

$$w_1 = 100 - w_0 \tag{10-2}$$

4. 结果计算

用式（10-3）计算出干样品中淀粉的质量分数 w，数值用%表示：

$$w = 2000/\alpha_D^{20} \times \{2.5\alpha_1/m_1 - 5\alpha_2/m_2\} \times 100/w_1 \tag{10-3}$$

式中 α_1——测得的总旋光度值，（°）；

α_2——测得的醇溶物质的旋光度值，（°）；

m_1——测定的样品的质量，g；

m_2——在体积分数为 40%的乙醇中可溶性物质质量，g；

w_1——样品中干物质质量分数，%；

α_D^{20}——纯淀粉在589.3nm波长下测得比旋光度，（°）（表10-15）。

表10-15　淀粉比旋光度

淀粉类型	比旋光度（α_D）/（°）	淀粉类型	比旋光度（α_D）/（°）
大米淀粉	+185.9	大麦淀粉	+181.5
马铃薯淀粉	+185.7	燕麦淀粉	+181.3
玉米淀粉	+184.6	其他淀粉和淀粉混合物	+184.0
小麦淀粉	+182.7		

注：结果四舍五入，保留小数点后一位。

（二）GB/T 22427.7—2008《淀粉黏度测定》

1. 旋转黏度计法（方法一）

（1）称量　用天平称取适量的样品，精确至0.1g。将样品置入四口烧瓶中后，加入水，使样品的干基固形物浓度达到设定浓度。

（2）旋转黏度计及淀粉乳液的准备　按所规定的旋转黏度计的操作方法进行校正调零，并将仪器测定筒与超级恒温水浴装置相连，打开水浴装置；将装有淀粉乳液的四口烧瓶放入超级恒温水浴中，在烧瓶上装上搅拌器、冷凝管和温度计，盖上取样口，打开冷凝水和搅拌器。

（3）测定　将测定筒和淀粉乳液的温度通过恒温装置分别同时控制在45℃，50℃，55℃，60℃，65℃，70℃，75℃，80℃，85℃，90℃，95℃。在恒温装置到达上述每个温度时，从四口烧瓶中吸取淀粉乳液，加入到旋转黏度计的测量筒内，测定黏度，读取各个温度时的黏度值。

（4）作图　以黏度值为纵坐标，温度为横坐标，根据所得到的数据作出黏度值与温度的变化曲线。

2. 布拉班德黏度仪法（方法二）

利用黏度仪测量并绘制淀粉黏度曲线，从而确定不同温度时的淀粉和变性淀粉的黏度。测定仪器为布拉班德粘度仪：Viscograph-E型、Viscograph-PT100型。

具体测定指标见GB/T 22427.7—2008《淀粉黏度测定》，或本书第三章相关内容。

（三）GB/T 14490—2008《粮油检验　谷物及淀粉糊化特性测定　黏度仪法》

将一定浓度的谷物粉或淀粉的水悬浮液，按一定升温速率加热，使淀粉糊化。开始糊化后，由于淀粉吸水膨胀使悬浮液逐渐变成糊状物，黏度不断增加，随着温度升高，淀粉充分糊化，产生最高黏度值。随后淀粉颗粒破裂，黏度下降。当糊化物按一定降温速率冷却时，糊化物胶凝，黏度值又进一步升高，冷却至50℃时的黏度值即为最终黏度值。通过黏度仪的传感器、传感轴、测力盘簧，将上述整个糊化过程中黏度变化而产生的阻力变化反映到自动记录器上，描绘出黏度曲线，读出评价谷物及淀粉糊化特性的各项指标，包括开始糊化温度、最高黏度值、最高黏度时温度、最低黏度值及胶凝后的最终黏度值等。具体测定指标见 GB/T 14490—2008《粮油检验　谷物及淀粉糊化特性测定方法　黏度仪法》，或第三章相关内容。

第二节 小麦谷朊粉相关标准

本部分就谷朊粉质量标准、出口谷朊粉检验、面筋制品等相关标准进行论述。

一、GB/T 21924—2008《谷朊粉》

标准规定了谷朊粉的有关术语和定义、质量要求、检验方法、检验规则、判定规则、标签标识以及对包装、储存和运输的要求。本标准适用于采用各种工艺从小麦种提取的商品谷朊粉。

1. 术语和定义

（1）谷朊粉（Wheat Gluten）　以小麦或小麦粉为原料，将其中的淀粉或其他碳水化合物等非蛋白质成分分离后获得的小麦蛋白产品。其水合后具有高度的黏弹性，又称活性小麦面筋粉。

（2）谷朊粉吸水率（Water Absorption of Wheat Gluten）　每百克谷朊粉吸收水分的克数。

2. 质量要求

（1）原料要求　作为原料的小麦应符合 GB 1351—2008《小麦》的规定，小麦粉应符合 GB 1355—1986《小麦粉》的规定。

（2）感官要求　呈淡黄色粉末状，无酸味，无异味，无杂质，不黏手。

（3）质量指标　谷朊粉质量指标见表 10-16。

表 10-16　谷朊粉质量指标

项　目		质量指标	
		一级	二级
水分/%	≤	8	10
粗蛋白质（N×6.25，干基）/%	≥	85	80
灰分（干基）/%	≤	1.0	2.0

续表

项　目		质量指标	
		一级	二级
粗脂肪（干基）/%	≤	1.0	2.0
吸水率（干基）/%	≥	170	160
粗细度/%		CB30 号筛通过率≥9.5%，且 CB36 筛通过率≥95%	

（4）卫生要求　食品用谷朊粉按 GB 2715—2016《食品安全国家标准　粮食》及国家有关规定执行。饲料用谷朊粉按 GB 13078—2017《饲料卫生标准》及国家有关规定执行。

（5）食品添加剂的要求　谷朊粉中不得添加任何添加剂。

3. 检验方法

抨样、分样：按 GB/T 5491—1985《粮食、油料检验　扦样、分样法》执行；水分检验按 GB 5009.3—2016《食品安全国家标准　食品中水分的测定》执行；粗蛋白质检验按 GB 5009.5—2016《食品安全国家标准　食品中蛋白质的测定》执行；灰分检验按 GB 5009.4—2016《食品安全国家标准　食品中灰分的测定》执行；粗脂肪检验按 GB 5009.6—2016《食品安全国家标准　食品中脂肪的测定》执行；粗细度检验按 GB 5507—2008《粮油检验　粉类粗细度测定》执行；吸水率检验按下面方法执行。

谷朊粉吸水率检验方法：精确称取均匀试样 5.00g，放入已知质量（m_0）的 50mL 离心管中，称量离心管和试样的质量（m_1）。加入 30~40℃蒸馏水 10mL，用洁净的玻璃棒搅拌均匀，小心将玻璃棒上的黏附物刮入离心管中，将离心管放入 30~40℃水浴中保温 20min；取出离心管并拭干外壁，以 2000r/min 离心 5min；取出离心管，仔细将上清液倒净，称量离心管和沉淀物质量（m_2）。

按式（10-4）计算谷朊粉吸水率（ω）：

$$\omega = \frac{m_2 - m_1}{m_1 - m_0} \times 100 \tag{10-4}$$

式中　ω——谷朊粉吸水率，%；

m_0——离心管质量，g；

m_1——离心管和试样质量，g；

m_2——离心管和沉淀物质量，g。

平行试验绝对差值≤5%时，取平均值作为测定结果；如果平行试验绝对差值>5%时，应重新测定。测定结果保留至整数。

二、SN/T 0260—2015《出口谷朊粉检验规程》

标准规定了出口谷朊粉的质量及卫生要求、抽样、检验及检验结果的处理，适用于出口活性小麦谷朊粉的抽样及检验。

1. 质量卫生要求

按进口国要求执行，若进口国无明确要求，可参照 GB/T 21924—2008《谷朊粉》规定执行。

2. 抽样

（1）检验批　以同一报验单，同一生产厂，同一包装标记，同种类，同质量，品质均匀的产品作为检验批，单批不超过 500t。

（2）抽样数量　抽样件数：以检验批为单位，每批最多不超过 10000 件，超过 10000 件按照 10000 件或 10000 件以下分成小批抽样。抽样件数按表 10-17 规定，结果不足一件的按一件抽取。

表 10-17　　抽样数量

全批件数（N）	抽查件数（n）	全批件数（N）	抽查件数（n）
$N \leqslant 10$	逐件抽取	$100<N<10000$	$\sqrt{N}$
$10<N \leqslant 100$	10		

（3）抽取样品量　每件取样数量应基本一致，每袋所取样品≥50g。全批取得的原始样品≥8kg，采用四分法分得的平均样品≥2kg。

（4）抽样方法　在堆垛上、中、下各部位按正弦曲线走向拣取规定的件数，经重量检验后，开启袋口，使扦样器在关闭状态下从袋角沿对角方向播入袋内，将扦样器流样口旋转朝上打开，待样品流满后关闭扦样器，扦出样品倒入样品袋内，如此从各取样袋内逐袋抽取，每袋取适量有代表性的样品。也可以用取样铲在袋子的上 1/3 处的中心部位取适量有代表性的样品。将原始样品倾于清洁、干燥、光滑的混合台或玻璃板上，混合均匀，用四分法缩分成两份平均样品，每份≥1kg，将平均样品装入样品瓶或自封袋内并密封，注明批号、代表数量、扦样日期、输往国别、报检编号、扦样员等，带回检验室，一份供检验分析用，另一份作为备查样品保存。

3. 检验

（1）异物检查　现场倒包适量货物，检查是否存在杂物、结块、生虫、霉变现象，做好记录。

（2）重量检验　将抽样步骤中所拣取的整袋样品直接称重，先称毛重，后称皮重，按式（10-5）计算净重：

$$W = W_1 - W_2 \tag{10-5}$$

式中　W——净重，kg；

W_1——毛重，kg；

W_2——皮重，kg。

（3）气味鉴别　打开样品瓶塞，立即嗅辨气味是否正常或取 3~5g 试样装入具塞试管中密闭，放入60~70℃水浴中保温2~3min后，取出马上开塞嗅辨气味是否正常。

（4）外观鉴定　将试样30~50g置于白瓷盘中，于自然光下用肉眼鉴别其颜色和光泽是否正常。

（5）理化检验　水分按GB 5009.3—2016《食品安全国家标准　食品中水分的测定》进行；灰分按GB 5009.4—2016《食品安全国家标准　食品中灰分的测定》进行；粗蛋白按GB 5009.5《食品安全国家标准　食品中蛋白质的测定》进行；粗脂肪按GB 5009.6—2016《食品安全国家标准　食品中脂肪的测定》进行；吸水率按GB/T 21924—2008《谷朊粉》进行；粗细度按GB/T 5507—2008《粮油检验　粉类粗细度测定》进行；无机砷按GB 5009.11—2014《食品安全国家标准　食品中总砷与无机砷的测定》进行；铅按GB 5009.12—2017《食品安全国家标准　食品中铅的测定》进行。

（6）包装检验　内外包装和缝口处应清洁、卫生、牢固、无破损、无污染，防潮性好，适合长途运输。检验外包装袋上商品名称、重量等标识是否与内容物相符，标志是否清晰，检查货物批次号码、生产日期、食品备案号是否齐全。

4. 检验结果判定

将检验结果对照质量卫生要求的规定，结合信用证、合同等要求，综合判定是否合格。

5. 不合格品复验

质量指标不达标的不合格品，允许在返工整理后，重新取样进行一次复验，复验应包含所有质量指标和卫生指标，如全部合格则可判为合格品。但卫生指标不达标的不合格品不得复验。

三、GB 2711—2014《食品安全国家标准　面筋制品》

标准适用于预包装面筋制品。面筋制品是以小麦粉为原料经加工去除淀粉后制得的蛋白产品，包括油面筋、水面筋和烤麸及其制品。

1. 原料要求

原料应符合相应的食品标准和有关规定。

2. 感官要求

感官要求应符合表10-18的规定。

表10-18　感官要求

项目	要求	检验方法
色泽	具有该产品应有的色泽	取适量试样置于白色瓷盘中，在自然光下观察色泽和形态。闻其气味，用温开水漱口，品其滋味
滋味、气味	具有该产品应有的滋味和气味，无异味	
状态	具有产品应有的形态，无霉变，无正常视力可见的外来异物	

3. 污染物限量

污染物限量应符合 GB 2762—2017《食品安全国家标准　食品中污染物限量》的规定。

4. 微生物限量

致病菌限量应符合 GB 29921—2021《食品安全国家标准　预包装食品中致病菌限量》中熟制粮食制品类的规定。

四、T/ZZFSA 002-2020《油炸面筋制品》

标准规定了油炸面筋制品的定义、技术要求和检验方法、检验规则、标签、包装、运输、储存、保质期等要求。标准适用于油炸面筋制品的生产、检验与销售。

1. 油炸面筋制品

以小麦粉为原料经加工去除淀粉后制成的湿面筋或以谷朊粉为主要原料，经配料、成型、煮制、修 整、油炸、调味、包装、杀菌或不杀菌等工艺加工而成的油炸面筋制品。

2. 技术要求

（1）原辅料要求　原辅料应符合相应的食品标准和有关规定。

（2）感官要求　感官要求应符合表 10-19 规定。

表 10-19　感官要求

项　目	要　　求	检验方法
色泽	具有该产品应有的正常色泽	取适量试样置于洁净的白色盘（瓷盘或同类容器）中，在自然光下观察色泽和状态，闻其气味，用温开水漱口，品其滋味
滋味、气味	具有该产品应有的气味和滋味，无异味	
状态	具有该产品应有的形态，无霉变，无正常视力可见的外来异物	

（3）理化指标　理化指标应符合表 10-20 的规定。

表 10-20　理化指标

项　　目	指　标	检验方法
蛋白质/(g/100g)	10.0	GB 5009.5—2016
氯化物（以 Cl^- 计）/（%）	4.2	GB 5009.44—2016 中电位滴定法
酸价（以脂肪计）（KOH）/（mg/g）	5.0	GB 5009.229—2016 中冷溶剂自动电位滴定法
过氧化值（以脂肪计）/(g/100g)	0.25	GB 5009.227—2016 中滴定法

3. 真菌毒素限量和污染物限量

（1）真菌毒素限量应符合 GB 2761—2017《食品安全国家标准　食品中真菌毒素限

量》的规定。

（2）污染物限量应符合 GB 2762—2017《食品安全国家标准　食品中污染物限量》的规定。

4. 微生物限量

（1）致病菌限量应符合 GB 29921—2021《食品安全国家标准　预包装食品中致病菌限量》中熟制粮食制品的规定。

（2）微生物限量还应符合表 10-21 的规定。

表 10-21　微生物限量

项目	采样方案* 及限量				检验方法
	n	C	m	M	
菌落总数/(CFU/g)	5	2	104	105	GB 4789.2—2016
大肠菌群/(CFU/g)	5	2	102	103	GB 4789.3—2016 平板计数法
霉菌/(CFU/g)	150				GB 4789.15—2016

注：＊样品的采样和处理按 GB 4789.1 执行。

5. 食品添加剂和食品营养强化剂

食品添加剂使用应符合 GB 2760—2014《食品安全国家标准　食品添加剂使用标准》中糕点的规定；食品营养强化剂的使用应符合 GB 14880—2012《食品安全国家标准　食品营养强化剂使用标准》的规定。

6. 净含量及允许短缺量

应符合 JJF 1070—2005《定量包装商品净含量计量检验规则》的规定。

7. 生产加工过程的卫生要求

应符合 GB 14881—2013《食品安全国家标准　食品生产通用卫生规范》的规定。

五、GB 20371—2016《食品安全国家标准　食品加工用植物蛋白》

标准适用于食品加工用途的植物蛋白产品；标准不适用于棉籽蛋白和菜籽蛋白。

1. 术语和定义

（1）植物蛋白　以植物为原料，去除或部分去除植物原料中的非蛋白成分（如水分、脂肪、碳水化合物等），蛋白质含量不低于 40%的产品。其主要产品有豆类（如大豆、豌豆、蚕豆）蛋白、谷类（如小麦、玉米、大米、燕麦）蛋白、坚果及籽类（如花生）蛋白、薯类（如马铃薯）蛋白及其他植物类蛋白。

（2）粗提蛋白　通过初级提取，部分去除植物原料中非蛋白成分（如水分、脂肪、碳水化合物等）而制得的产品。

（3）浓缩蛋白　通过提取、浓缩、分离等工艺，去除或部分去除植物原料中的非蛋白成分（如水分、脂肪、碳水化合物等）而制得的产品。包括通过提取、加热凝固等工艺制得的马铃薯凝固蛋白。

（4）分离蛋白　通过提取、浓缩、分离、精制等工艺，去除或部分去除植物原料中的非蛋白成分（如水分、脂肪、碳水化合物等）而制得的产品。

（5）植物水解蛋白　植物蛋白经酶适度水解制得的以蛋白质为主要成分的产品。

（6）组织蛋白　以植物蛋白为原料，经挤压或纺丝工艺加工制成的、具有特定组织结构的产品。

2. 技术要求

（1）原料要求　原料应符合相应的产品标准和有关规定。

（2）感官要求　感官要求应符合表10-22的规定。

表10-22　感官要求

项　目	要　求	检 验 方 法
色泽	具有产品应有的色泽	取适量试样置于洁净的白色盘（瓷盘或同类容器）中，在自然光下观察色泽和状态。闻其气味，用温开水漱口，品其滋味
滋味、气味	具有产品应有的滋味和气味，无异味	
状态	具有产品应有的状态，无正常视力可见外来异物	

（3）理化指标　理化指标应符合表10-23的规定。

表10-23　理化指标要求

项　目		指　标			检 验 方 法
		粗提蛋白	浓缩蛋白	分离蛋白	
蛋白质[①]（以干基计）/（g/100g）	大豆蛋白、花生蛋白、大米蛋白、马铃薯蛋白	$40 \leq X < 65$	$65 \leq X < 90$	$X \geq 90$	GB 5009.5—2016
	豌豆蛋白	$40 \leq X < 65$	$65 \leq X < 80$	$X \geq 80$	
	其他蛋白[②] ≥	40			
水分[③]/（g/100g）	玉米蛋白≤	12.0			GB 5009.3—2016
	除玉米蛋白之外的植物蛋白≤	10.0			
脲酶（尿素酶）活力[④]		阴性 非阴性[⑤]			GB 5413.31—2013[⑥] 或附录A[⑦]

注：①氮换算为蛋白质的系数均以6.25计。

②适用于上述五种以外的植物蛋白；也适用于各种植物蛋白中的植物水解蛋白和组织蛋白。

③不适用于组织蛋白和浆状大豆蛋白。

④仅适用于大豆蛋白。

⑤仅适用于需加热灭酶处理后方可食用的产品。

⑥定性检测法，浆状液态产品取样量应根据干物质含量进行折算。

⑦定量检测法，阴性产品尿素酶活性指数应≤0.02U/g。

（4）污染物限量和真菌毒素限量　污染物限量应符合 GB 2762—2017《食品安全国家标准　食品中污染物限量》中相应类别产品的规定。大豆蛋白应符合其中豆类制品的规定，花生蛋白应符合其中花生的规定，小麦蛋白应符合其中面筋的规定，玉米蛋白、燕麦蛋白应符合其中谷物制品的规定，马铃薯蛋白、豌豆蛋白、蚕豆蛋白应符合其中蔬菜制品的规定，大米蛋白应符合其中大米的规定。

真菌毒素限量应符合 GB 2761—2017《食品安全国家标准　食品中真菌毒素限量》中相应类别产品的规定。其中花生蛋白应符合其中花生的规定，玉米蛋白应符合其中谷物制品的规定，大米蛋白应符合其中大米的规定。

（5）微生物限量　致病菌限量应符合 GB 29921—2021《食品安全国家标准　预包装食品中致病菌限量》中粮食制品类规定；微生物限量还应符合表 10-24 的规定。

表 10-24　微生物限量规定

项　目	采样方案* 及限量				检验方法
	n	c	m	M	
菌落总数/(CFU/g)	5	2	3×104	105	GB 4789. 2—2016
大肠菌群/(CFU/g)	5	1	10	102	GB 4789. 3—2016

注：＊样品的采样及处理按 GB 4789. 1 执行。

（6）食品添加剂　食品添加剂的使用应符合 GB 2760—2014《食品安全国家标准　食品添加剂使用标准》的规定。

3. 其他

（1）产品名称应标注具体植物来源，如：大豆蛋白、小麦蛋白、玉米蛋白、豌豆蛋白、马铃薯蛋白等。

（2）产品名称可标注具体的分类，以大豆、花生为例，如大豆粗提蛋白、大豆浓缩蛋白、大豆分离蛋白、大豆组织蛋白、花生粗提蛋白、花生浓缩蛋白、花生分离蛋白、花生组织蛋白等。

（3）产品名称中可包含描述产品成型后物理形态的词语，如：颗粒、碎片、粉等。

（4）植物水解蛋白名称应依据具体植物来源进行标注，如：大豆水解蛋白、小麦水解蛋白、玉米水解蛋白、豌豆水解蛋白、马铃薯水解蛋白等。

六、GB 5009. 5—2016《食品安全国家标准　食品中蛋白质的测定》

（一）凯氏定氮法

1. 实验原理

食品中的蛋白质在催化加热条件下被分解，产生的氨与硫酸结合生成硫酸铵。碱化蒸馏使氨游离，用硼酸吸收后以硫酸或盐酸标准滴定溶液滴定，根据酸的消耗量计算氮含量，再乘以换算系数，即为蛋白质的含量。

2. 试剂和材料

（1）试剂　除非另有说明，本方法所用试剂均为分析纯，水为 GB/T 6682—2008《分析实验室用水规格和试验方法》规定的三级水。硫酸铜（$CuSO_4 \cdot 5H_2O$），硫酸钾（K_2SO_4），硫酸（H_2SO_4），硼酸（H_3BO_3），甲基红指示剂（$C_{15}H_{15}N_3O_2$），溴甲酚绿指示剂（$C_{21}H_{14}Br_4O_5S$），亚甲基蓝指示剂（$C_{16}H_{18}ClN_3S \cdot 3H_2O$），氢氧化钠（NaOH）、95%乙醇（$C_2H_5OH$）。

（2）试剂配制　硼酸溶液（20g/L）：称取 20g 硼酸，加水溶解后并稀释至 1000mL；氢氧化钠溶液（400g/L）：称取 40g 氢氧化钠加水溶解后，放冷，并稀释至 100mL。硫酸标准滴定溶液［$c(1/2H_2SO_4)$］0.0500mol/L 或盐酸标准滴定溶液［$c(HCl)$］0.0500mol/L。甲基红乙醇溶液（1g/L）：称取 0.1g 甲基红，溶于 95%乙醇，用 95%乙醇稀释至 100mL；亚甲基蓝乙醇溶液（1g/L）：称取 0.1g 亚甲基蓝，溶于 95%乙醇，用 95%乙醇稀释至 100mL；溴甲酚绿乙醇溶液（1g/L）：称取 0.1g 溴甲酚绿，溶于 95%乙醇，用 95%乙醇稀释至 100mL；A 混合指示液：2 份甲基红乙醇溶液与 1 份亚甲基蓝乙醇溶液临用时混合；B 混合指示液：1 份甲基红乙醇溶液与 5 份溴甲酚绿乙醇溶液临用时混合。

3. 仪器与设备

（1）天平　感量为 1mg。

（2）氮蒸馏装置　如图 10-1 所示。

（3）自动凯氏定氮仪。

4. 分析步骤

（1）凯氏定氮法　试样处理：称取充分混匀的固体试样 0.2~2g、半固体试样 2~5g 或液体试样 10~25g（相当于 30~40mg 氮），精确至 0.001g，移入干燥的 100mL、250mL 或 500mL 定氮瓶中，加入 0.4g 硫酸铜、6g 硫酸钾及 20mL 硫酸，轻摇后于瓶口放一小漏斗，将瓶以 45℃ 角斜支于有小孔的石棉网上。小心加热，待内容物全部碳化，泡沫完全停止后，加强火力，并保持瓶内液体微沸，至液体呈蓝绿色并澄清透明后，再继续加热 0.5~1h。取下放冷，小心加入 20mL 水，放冷后，移入 100mL 容量瓶中，并用少量水洗定氮瓶，洗液并入容量瓶中，再加水至刻度，混匀备用。同时做试剂空白试验。

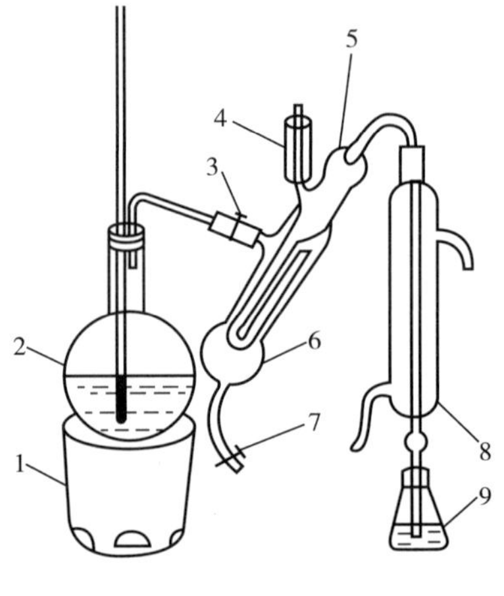

图 10-1　定氮蒸馏装置图

1—电炉　2—水蒸气发生器（2L 烧瓶）　3—螺旋夹　4—小玻杯及棒状玻塞　5—反应室　6—反应室外层　7—橡皮管及螺旋夹　8—冷凝管　9—蒸馏液接收瓶

测定：按图 10-1 装好定氮蒸馏装置，向水蒸气发生器内装水至 2/3 处，加入数粒玻璃珠，加甲基红乙醇溶液数滴及数毫升硫酸，以保持水呈酸性，加热煮沸水蒸气发生器内的水并保持沸腾。向接受瓶内加入 10.0mL 硼酸溶液及 1~2 滴 A 混合指示剂或 B 混合指示剂，并使冷凝管下端插入液面下，根据试样中氮含量，准确吸取 2.0~10.0mL 试样处理液由小玻杯注入反应室，以 10mL 水洗涤小玻杯并使之流入反应室内，随后塞紧棒状玻塞。将 10.0mL 氢氧化钠溶液倒入小玻杯，提起玻塞使其缓缓流入反应室，立即将玻塞盖紧，并水封。夹紧螺旋夹，开始蒸馏。蒸馏 10min 后移动蒸馏液接收瓶，液面离开冷凝管下端，再蒸馏 1min。然后用少量水冲洗冷凝管下端外部，取下蒸馏液接收瓶。尽快以硫酸或盐酸标准滴定溶液滴定至终点，如用 A 混合指示液，终点颜色为灰蓝色；如用 B 混合指示液，终点颜色为浅灰红色。同时做试剂空白。

（2）自动凯氏定氮仪法　称取充分混匀的固体试样 0.2~2g、半固体试样 2~5g 或液体试样 10~25g（相当于 30~40mg 氮），精确至 0.001g，至消化管中，再加入 0.4g 硫酸铜、6g 硫酸钾及 20mL 硫酸于消化炉进行消化。当消化炉温度达到 420℃之后，继续消化 1h，此时消化管中的液体呈绿色透明状，取出冷却后加入 50mL 水，于自动凯氏定氮仪（使用前加入氢氧化钠溶液，盐酸或硫酸标准溶液以及含有 A 混合指示剂或 B 混合指示剂的硼酸溶液）上实现自动加液、蒸馏、滴定和记录滴定数据的过程。

5. 分析结果的表述

试样中蛋白质的含量按式（10-6）计算：

$$X = \frac{(V_1 - V_2) \times c \times 0.0140}{m \times V_3/100} \times F \times 100 \tag{10-6}$$

式中　X——试样中蛋白质的含量，g/100g；

V_1——试液消耗硫酸或盐酸标准滴定液的体积，mL；

V_2——试剂空白消耗硫酸或盐酸标准滴定液的体积，mL；

c——硫酸或盐酸标准滴定溶液浓度，mol/L；

0.0140——1.0mL 硫酸［$c(1/2H_2SO_4)$ = 1.000mol/L］或盐酸［$c(HCl)$ = 1.000mol/L］标准滴定溶液相当的氮的质量，g；

m——试样的质量，g；

V_3——吸取消化液的体积，mL；

F——氮换算为蛋白质的系数，各种食品中氮转换系数见此标准中附录 A；

100——换算系数。

蛋白质含量≥1g/100g 时，结果保留三位有效数字；蛋白质含量<1g/100g 时，结果保留两位有效数字。

注：当只检测氮含量时，不需要乘蛋白质换算系数 F。

精密度：在重复条件下获得的两次独立测定结果的绝对差值不得超过算术平均值的 10%。

（二）分光光度法

1. 实验原理

食品中的蛋白质在催化加热条件下被分解，分解产生的氨与硫酸结合生成硫酸铵，在 pH 4.8 的乙酸钠-乙酸缓冲溶液中与乙酰丙酮和甲醛反应生成黄色的 3,5-二乙酰-2,6-二甲基-1,4-二氢化吡啶化合物。在波长 400nm 下测定吸光度值，与标准系列比较定量，结果乘以换算系数，即为蛋白质含量。

2. 试剂

除非另有说明，本方法所用试剂均为分析纯，水为 GB/T 6682—2008《分析实验室用水规格和试验方法》规定的三级水。

硫酸铜（$CuSO_4 \cdot 5H_2O$），硫酸钾（K_2SO_4），硫酸（H_2SO_4）：优级纯，氢氧化钠（NaOH），对硝基苯酚（$C_6H_5NO_3$），乙酸钠（$CH_3COONa \cdot 3H_2O$），无水乙酸钠（CH_3COONa），乙酸（CH_3COOH）：优级纯，37%甲醛（HCHO），乙酰丙酮（$C_5H_8O_2$）。

3. 试剂配制

氢氧化钠溶液（300g/L）：称取 30g 氢氧化钠加水溶解后，放冷，并稀释至 100mL；对硝基苯酚指示剂溶液（1g/L）：称取 0.1g 对硝基苯酚指示剂溶于 20mL 95%乙醇中，加水稀释至 100mL；乙酸溶液（1mol/L）：量取 5.8mL 乙酸，加水稀释至 100mL；乙酸钠溶液（1mol/L）：称取 41g 无水乙酸钠或 68g 乙酸钠，加水溶解稀释至 500mL；乙酸钠-乙酸缓冲溶液：量取 60mL 乙酸钠溶液与 40mL 乙酸溶液混合，该溶液 pH 4.8；显色剂：15mL 甲醛与 7.8mL 乙酰丙酮混合，加水稀释至 100mL，剧烈振摇混匀（室温下放置稳定 3d）；氨氮标准储备溶液（以氮计）（1.0g/L）：称取 105℃ 干燥 2h 的硫酸铵 0.4720g 加水溶解后移于 100mL 容量瓶中，并稀释至刻度，混匀，此溶液每毫升相当于 1.0mg 氮；氨氮标准使用溶液（0.1g/L）：用移液管吸取 10.00mL 氨氮标准储备液于 100mL 容量瓶内，加水定容至刻度，混匀，此溶液每毫升相当于 0.1mg 氮。

4. 仪器和设备

（1）分光光度计。

（2）电热恒温水浴锅 （100±0.5）℃。

（3）10mL 具塞玻璃比色管。

（4）天平 感量为 1mg。

5. 分析步骤

（1）试样消解 称取充分混匀的固体试样 0.1~0.5g（精确至 0.001g）、半固体试样 0.2~1g（精确至 0.001g）或液体试样 1~5g（精确至 0.001g），移入干燥的 100mL 或 250mL 定氮瓶中，加入 0.1g 硫酸铜、1g 硫酸钾及 5mL 硫酸，摇匀后于瓶口放一小漏斗，将定氮瓶以 45°角斜支于有小孔的石棉网上。缓慢加热，待内容物全部炭化，泡沫完全停止后，加强火力，并保持瓶内液体微沸，至液体呈蓝绿色澄清透明后，再继续加热 0.5h。取下放冷，慢慢加入 20mL 水，放冷后移入 50mL 或 100mL 容量瓶中，并用少量水洗定氮瓶，洗液并入容量瓶中，再加水至刻度，混匀备用。按同一方法做试剂空白试验。

（2）试样溶液的制备 吸取 2.00~5.00mL 试样或试剂空白消化液于 50mL 或 100mL 容量瓶内，加 1~2 滴对硝基苯酚指示剂溶液，摇匀后滴加氢氧化钠溶液中和至黄色，再滴加乙酸溶液至溶液无色，用水稀释至刻度，混匀。

（3）标准曲线的绘制　吸取0.00mL，0.05mL，0.10mL，0.20mL，0.40mL，0.60mL，0.80mL和1.00mL氨氮标准使用溶液（相当于0.00μg，5.00μg，10.0μg，20.0μg，40.0μg，60.0μg，80.0μg和100.0μg氮），分别置于10mL比色管中。加4.0mL乙酸钠-乙酸缓冲溶液及4.0mL显色剂，加水稀释至刻度，混匀。置于100℃水浴中加热15min。取出用水冷却至室温后，移入1cm比色杯内，以零管为参比，于波长400nm处测量吸光度值，根据标准各点吸光度值绘制标准曲线或计算线性回归方程。

（4）试样测定　吸取0.50~2.00mL（约相当于氮<100μg）试样溶液和同量的试剂空白溶液，分别于10mL比色管中。加4.0mL乙酸钠-乙酸缓冲溶液及4.0mL显色剂，加水稀释至刻度，混匀。置于100℃水浴中加热15min。取出用水冷却至室温后，移入1cm比色杯内，以零管为参比，于波长400nm处测量吸光度值，试样吸光度值与标准曲线比较定量或代入线性回归方程求出含量。

6. 分析结果的表述

试样中蛋白质的含量按式（10-7）计算：

$$X = \frac{(C - C_0) \times V_1 \times V_3}{m \times V_2 \times V_4 \times 1000 \times 1000} \times 100 \times F \qquad (10-7)$$

式中　X——试样中蛋白质的含量，g/100g；

C——试样测定液中氮的含量，μg；

C_0——试剂空白测定液中氮的含量，μg；

V_1——试样消化液定容体积，mL；

V_3——试样溶液总体积，mL；

m——试样质量，g；

V_2——制备试样溶液的消化液体积，mL；

V_4——测定用试样溶液体积，mL；

1000——换算系数；

100——换算系数；

F——氮换算为蛋白质的系数。

蛋白质含量≥1g/100g时，结果保留三位有效数字；蛋白质含量<1g/100g时，结果保留两位有效数字。在重复性条件下获得的两次独立测定结果的绝对差值不得超过算术平均值的10%。

（三）燃烧法

1. 实验原理

试样在900~1200℃高温下燃烧，燃烧过程中产生混合气体，其中的碳、硫等干扰气体和盐类被吸收管吸收，氮氧化物被全部还原成氮气，形成的氮气气流通过热导检测器（TCD）进行检测。

2. 仪器和设备

（1）氮/蛋白质分析仪。

（2）天平：感量为0.1mg。

3. 分析步骤

按照仪器说明书要求称取0.1~1.0g充分混匀的试样（精确至0.0001g），用锡箔包裹后置于样品盘上。试样进入燃烧反应炉（900~1200℃）后，在高纯氧（≥99.99%）中充分燃烧。燃烧炉中的产物（NO_x）被载气二氧化碳或氦气运送至还原炉（800℃）中，经还原生成氮气后检测其含量。

4. 分析结果的表述

试样中蛋白质的含量按式（10-8）计算：

$$X = C \times F \tag{10-8}$$

式中 X——试样中蛋白质的含量，g/100g；

C——试样中氮的含量，g/100g；

F——氮换算为蛋白质的系数。

结果保留三位有效数字。

在重复性条件下获得的两次独立测定结果的绝对差值不得超过算术平均值的10%。

七、GB/T 5009.51—2003《非发酵性豆制品及面筋卫生标准的分析方法》

标准规定了非发酵性豆制品及面筋各项卫生指标的分析方法。标准适用于以大豆或其他杂豆为原料制成的豆腐、卤制、炸卤、熏制、干燥豆制品及以小麦为原料制成的面筋等的各项卫生指标的分析。

1. 感官检查

具有本品正常色、香、味。不酸，不黏，无杂质，无异味，无霉变。应符合GB 2711—2014《食品安全国家标准　面筋制品》的规定。

2. 理化检验

砷含量按GB 5009.11—2014《食品安全国家标准　食品中总砷及无机砷的测定》操作；铅含量按GB 5009.12—2017《食品安全国家标准　食品中铅的测定》操作；防腐剂按GB/T 5009.29操作；黄曲霉毒素B1按GB 5009.22—2016《食品安全国家标准　食品中黄曲霉毒B族和G族的测定》操作。

水分：称取2.0~5.0g经切碎、研磨、混合均匀的试样，按GB 5009.3—2016《食品安全国家标准　食品中水分的测定》直接干燥法操作。水分超过20%的试样，需先于60~80℃干燥2h，然后升温至（105±5）℃再干燥2~3h。

蛋白质含量按GB 5009.5—2016《食品安全国家标准　食品中蛋白质的测定》操作。

食盐含量测定见GB 5009.39—2003《酱油卫生标准的分析方法》。

总酸测定：采用酸碱滴定法。

第三节
小麦淀粉生产技术规范

本部分对小麦淀粉加工过程中所涉及的技术规范进行汇总，以便了解小麦淀粉加工过程所要遵循的规范，主要包括小麦淀粉生产过程要求、能源消耗等相关内容。

一、T/CCAA 0005—2014《食品安全管理体系　淀粉及淀粉制品生产企业要求》

技术要求规定了淀粉及淀粉制品生产企业建立和实施以 HACCP 原理为基础的食品安全管理体系的技术要求，包括人力资源、前提方案、关键过程控制、检验和产品追溯与撤回。

技术要求配合 GB/T 22000—2006《食品安全管理体系　食品链中各类组织的要求》以适用于淀粉及淀粉制品生产企业建立、实施与自我评价其食品安全管理体系，也适用于对此类食品生产企业食品安全管理体系的外部评价和认证。本技术要求用于认证目的时，应与 GB/T 22000—2006《食品安全管理体系　食品链中各类组织的要求》一起使用。

1. 术语和定义

下列术语和定义适用于本技术要求。本技术要求中未注释的术语和定义同 GB/T 8887—2021《淀粉分类》、GB/T 12104—2009《淀粉术语》、GB/T 22000—2006《食品安全管理体系　食品链中各类组织的要求》中相关术语相同。

（1）淀粉　一种碳水化合物。以颗粒形状存在于植物有机体，以 α-D-葡萄糖通过糖苷键连接而成的多糖分子。

（2）淀粉制品　以谷类、薯类、豆类或以谷类、豆类、薯类食用淀粉为原料，经清洗、磨碎、分离、和浆、干燥、成型等工序加工而成的食品，包括粉丝、粉条、粉皮和凉粉等。

（3）淀粉衍生物　由原淀粉加工后所得产品的通称，包括变性淀粉、淀粉水解产品。

（4）淀粉水解物（淀粉糖）　通过酸、酶或两者结合水解淀粉得到的产品，淀粉水解物由较低相对分子质量的多糖、低聚糖、单糖所组成。

2. 人力资源

（1）食品安全小组　食品安全小组成员应具备多学科的知识和建立与实施淀粉及淀粉制品食品安全管理体系的经验，包括食品卫生质量控制、产品研发、工艺制定、原辅料采购、生产控制、检验、设备维护、仓储运输、产品销售等知识、技能或经验。

（2）人员能力、意识和培训　食品安全小组人员应熟悉法律法规和标准要求，具有守法意识，理解 HACCP 原理、前提方案和食品安全管理体系标准；企业应具备满足需要的淀粉及淀粉制品生产基本知识及加工工艺人员；从事产品研发、质量控制、检验等工作的人员应具备相关知识；采购人员应具备识别原材料质量和食品安全基本知识和技能；企业应制定和实施人员培训计划，提供培训或采取其他措施以持续满足要求。保证不同岗位的人员掌握淀粉及淀粉制品食品安全卫生知识和技能；需持证上岗的人员应具备相关资质并按时复审。

（3）个人卫生与健康要求　个人健康应执行《中华人民共和国食品安全法》要求，应当建立并执行从业人员健康管理制度；伤寒、甲型病毒性肝炎、戊型病毒性肝炎等消化道传染病，以及患有活动性肺结核、化脓性或者渗出性皮肤病等有碍食品安全的疾病，或有明显皮肤损伤未愈合的，应当调整到其他不影响食品安全的工作岗位。企业应建立日常员工健康报告制度，生产经营人员上岗时应报告身体健康、疾病或受伤状况，卫生管理人员应对之加以关注和检查；应建立并保持从业人员健康档案。

个人卫生：与食品直接接触人员，不应留长指甲，应勤理发、勤洗澡、勤更衣；工作时不得戴首饰、手表，不得化妆；上岗后，若处理被污染的产品或从事与生产无关的活动，应重新洗手消毒；不得穿工作服进入卫生间，离开车间时应换下工作服；更衣室及与更衣室相连的卫生间内不得吸烟及从事其他有碍食品卫生的活动；工作帽、服、鞋应集中管理、消毒，统一发放，企业宜建立洗衣房。进入加工车间的其他人员均应遵守上述规定。

3. 前提方案

淀粉及淀粉制品生产企业除必须具备必备的生产环境外，还应满足 GB 14881—2013《食品安全国家标准　食品生产通用卫生规范》的要求，出口企业还应满足出口食品生产企业备案管理规定的要求和进口国的相关法规要求。

4. 关键过程控制

企业应针对生产过程进行充分危害分析，并应考虑可能受到的人为的破坏或蓄意污染，依据危害分析结果确定针对危害的关键过程控制，确保食品安全危害得到有效控制。

（1）原料要求　所用的原辅材料必须符合相关的国家标准或行业标准规定。企业生产淀粉制品所用的淀粉必须为食用淀粉，使用的原料应确保农残、重金属指标符合产品卫生标准的要求。包装材料等国家实施生产许可证管理的原辅材料，企业应选择获得生产许可证的供方提供的产品。

（2）食品添加剂的使用　使用食品添加剂的品种和添加数量应符合国家标准 GB 2760—2014《食品安全国家标准　食品添加剂使用标准》的要求，加工助剂应符合食品级的卫生要求，出口产品应符合进口国要求。应确保二氧化硫残留量和淀粉制品中的铝的残留符合相关规定。按照传统既是食品又是中药材的物质及新食品原料的使用应符合国家相应法律法规和标准的要求。

（3）淀粉糖的离子交换　应制定交换树脂再生的条件和操作要求，确保离交后的电导率符合规定。

（4）液体糖浆的蒸发浓缩　应对蒸发浓缩的温度和时间进行控制，必要时，工艺应经过确认和验证，以确保产品符合相关的食品安全要求。

（5）干燥　应对干燥过程实施控制，严格按照干燥工艺操作规程控制干燥温度和时间。必要时，干燥工艺应经过确认和验证，避免因水分超标而造成淀粉发霉变质。

5. 检验

应有与生产能力相适应的检验室和具备相应资格的检验人员；检验室应具备检验工作所需要的标准资料、检验设施和仪器设备；检验仪器应按规定进行校准或检定；应制定原料及包装材料的品质规格、检验项目、验收标准、抽样计划（样品容器应适当标示）及检验方法等，并实施；成品应逐批抽取代表性样品，按相应标准进行出厂检验，凭检验合格报告入库和放行销售；成品应按法律、法规、标准及有关规定要求留样，存放于专设的留样室内，按品种、批号分类存放，并有明显标识；委托外部实验室承担检验工作的应当签订委托合同，受委托的外部实验室应具有相应的资格，具备完成委托检验项目的检测能力。

6. 产品追溯与撤回

应建立且实施可追溯性系统，以确保能够识别产品批次及其与原料批次、生产和交付记录的关系。应按规定的期限保持可追溯性记录，以便对体系进行评估，使潜在不安全产品得以处理。可追溯性记录应符合法律法规要求、顾客要求。应按相关法律、法规与标准要求建立产品撤回程序，验证撤回方案的有效性，并按规定予以记录。应建立并保持记录，以提供符合要求和食品安全管理体系有效运行的证据。记录应保持清晰、易于识别和检索。

二、GB/T 34267—2017《食用淀粉及淀粉制品生产管理规范》

1. 术语和定义

（1）食用淀粉　以谷类、薯类、豆类以及可食用植物为原料，通过物理方法提取出来且未经改性的淀粉，或者在淀粉分子上未引入新化学基团且未改变淀粉分子中糖苷键类型的变性淀粉（如预糊化淀粉、湿热处理淀粉、多孔淀粉和可溶性淀粉等）。

（2）淀粉制品　以谷类、薯类、豆类等可食用植物经清洗、磨碎、分离、成型、干燥（或不干燥）等工序加工制成的品，或以可食用植物制成的食用淀粉为原料，经和浆、成型、干燥（或不干燥）等工艺制成的产品，如粉条、粉丝、粉皮、凉粉等。

2. 总则

企业应建立有效的食用淀粉及淀粉制品生产管理体系，形成文件，加以实施和保持，并予以持续改进；企业应建立食用淀粉及淀粉制品生产管理体系的范围。该范围应设定所涉及的产品或产品类别、加工过程和生产场地；企业应做到：①识别、评估、预防或者控制产品对消费者健康预期可能产生的危害，以确保提供安全产品；②监视、评价、防范在已放行产品中预期可能产生的危害，以保障下一道加工成食品的安全；③在保障产品食用安全所需的食品链范围内，做好在企业内外以危害预防、控制、防范过程的适应性、充分性和有效性相关的必要的信息沟通；④实施必要的措施，以验证并保证危害预防、控制和防范过程持续的有效性；企业应确保对任何影响食用淀粉及淀粉制品的外包过程实施控制，并在生产管理体系中加以识别和验证。

3. 文件要求

企业应建立下列文件：

①食用淀粉及淀粉制品加工质量体系的方针和目标文件；

②确保食用淀粉及淀粉制品生产管理体系有效，建立、实施和更新所需的文件；

③食用淀粉及淀粉制品生产的程序文件；

④食用淀粉及淀粉制品生产过程所需的记录。

4. 原料、辅料、食品添加剂和包装

（1）原料　小麦应符合 GB 1351—2008《小麦》的规定；玉米应符合 GB 1353—2018《玉米》的规定；大米应符合 GB/T 1354—2008《大米》的规定；木薯应符合 NY/T 1520—2007《木薯》的规定；豆类应符合 NY/T 285—2021《绿色食品　豆类》的规定；食用小麦淀粉应符合 GB/T 8883—2017《食用小麦淀粉》的规定；食用玉米淀粉应符合 GB/T 8885—2017《食用玉米淀粉》的规定；马铃薯淀粉应符合 GB/T 8884—2017《食用马铃薯淀粉》的规定；木薯淀粉应符合 GB/T 29343—2012《木薯淀粉》的规定；工艺过程用水应符合 GB 5749—2006《生活饮用水卫生标准》的规定；其他原料应符合相关国家标准或行业标准的规定。

（2）辅料　应符合相关国家标准或行业标准的规定。

（3）食品添加剂　食品添加剂的品质应符合相关国家标准或行业标准的规定。食品添加剂的使用范围和使用量应符合 GB 2760—2014《食品安全国家标准　食品添加剂使用标准》的规定。

5. 厂房和设施

应符合 GB 14881—2013《食品安全国家标准　食品生产通用卫生规范》中的相关规定。

6. 设备

根据加工各类食用淀粉及淀粉制品的生产工艺要求，配备相应的生产加工设备。所有的机械设备，应易于检查，便于拆卸和清洗消毒，利于保持清洁干燥，与食用淀粉及淀粉制品产品接触的设备表面材料应符合相关食品安全标准。根据食用淀粉及淀粉制品生产检验的需要，应配置符合出厂检验项目要求的检验、计量仪器设备。检验、计量仪器设备应按照相关要求定期进行检定或校准。

7. 人员健康和卫生要求

应按 GB 14881—2013《食品安全国家标准　食品生产通用卫生规范》中 6.3 的相关规定执行。

8. 卫生与环境管理

应符合 GB 14881—2013《食品安全国家标准　食品生产通用卫生规范》中的相关规

定；对污水和废弃物应有相关的方法和处理措施，并能达到国家有关排放要求。

9. 生产管理

（1）总体要求 产品生产前应确认或制定原辅料管理、产品加工工艺、操作规程、产品配方、产品质量标准和检验规则。并形成文件加以控制。根据加工工艺要求，对生产过程实施控制，确定关键控制环节，对关键控制环节人员进行相关培训，对生产设备的状态要进行鉴定，并有过程控制记录。

（2）原料、辅料、食品添加剂和包装材料管理 应制定食用淀粉及淀粉制品所需原辅料（含包装材料）的采购标准、品质规格、检验项目和检验方法；制定过磅、取样、检验、判定、审核、领用等程序，并切实执行。应确认辅料、食品添加剂和包装材料供应商的合法性，并对其资格进行审查；采购的原辅料和包装材料应根据规定保存；食品添加剂应设专柜（间），专人负责，按使用量核对后领取和使用。

（3）产品生产流程和关键控制环节 根据不同淀粉生产工艺的特点制定关键控制环节。

10. 质量管理

原料、辅料、食品添加剂和包装材料进厂除应满足特定的要求外，要建立索证索票制度。供应商和外包方的选择应符合 GB/T 19001—2016《质量管理体系 要求》中 8.4 的相关要求。

生产企业应确定质量关键控制环节，并制定控制的标准与控制的措施，一旦偏离控制标准时应 采取相应的纠偏措施和预防措施。详细制定质量关键控制环节的监控措施，严格执行并记录。

产品管理：详细制定产品的规格、检验项目、检验标准、抽样及检验方法。产品应逐批抽取代表性样品实施查验分析，检验项目应符合产品的出厂检验要求，检验结果应填写“检验报告”单，不合格产品应按照质量管理手册中不合格品的相关规定处理。生产企业应设立批产品留样，样品数量应满足必要的品质保存性检验及产生质量纠纷时检验用。

产品储存：成品和原辅料仓库应满足保持干燥、通风、阴凉、无不良气味等要求。仓库容量应与生产能力相适应。经检验合格的成品应按其储存要求储存于成品库内。并做好仓库储存条件的管理和记录。成品应按品种、批次、分类存放，并有明显标志标识。仓库中的物品应定期检查，发现异常应及时处理。成品仓储应有存址记录，出厂应做出货记录。内容包括批号、出货时间、地点、对象、数量等。发生问题时便于追溯和召回。无特殊情况，仓库出货顺序应按“先进先出”的原则。并对外观品质进行检查。成品库和原料库不得储存有毒、有害物品或者其他易腐、易燃品以及可能引起串味的物品。储存物品应与地面、墙壁、顶棚保持适当的距离。仓库应具有完备的防鼠、防虫设施。

产品运输：装运前应对进出货用的容器、车辆等运输工具进行卫生检查。运输工具应无污染、无虫害、无异味。禁止与有可能造成污染的原料、半成品或者成品一起运输。应避免日光直射和雨淋。

产品售后服务管理：应建立产品售后管理制度，对顾客提出的书面或者口头意见、投诉，企业应立即追查原因，妥善处理。

三、T/SIACN 02—2019《淀粉行业绿色工厂评价要求》

标准规定了淀粉行业绿色工厂评价的指标体系、程序及要求。标准适用于以玉米、小麦、薯类为原料生产淀粉和淀粉糖的企业绿色工厂评价。变性淀粉、淀粉制品及以其他原料生产淀粉的企业绿色工厂评价可参照使用。

1. 术语和定义

（1）绿色工厂　实现了用地集约化、原料无害化、生产洁净化、废物资源化、能源低碳化的工厂（GB/T 36132—2018《绿色工厂评价通则》，定义 3. 1）。

（2）绿色产品　在全生命周期过程中，符合环境保护要求，对生态环境和人体健康无害或危害小，资源能源消耗少、品质高的产品（GB/T 36132—2018《绿色工厂评价通则》，定义 3. 2）。

（3）相关方　可影响绿色工厂创建的决策或活动、受绿色工厂创建的决策或活动影响、或自认为受绿色工厂创建的决策或活动影响的个人或组织（GB/T 36132—2018《绿色工厂评价通则》，定义 3. 3）。

（4）淀粉糖　以淀粉或淀粉质为原料，经酶法、酸法或酸酶法加工制成的液（固）态产品，包括食用葡萄糖、低聚异麦芽糖、果葡糖浆、麦芽糖、麦芽糊精、葡萄糖浆等（GB 15203—2014《食品安全国家标准　淀粉糖》，定义 2. 1）。

（5）淀粉制品　以谷类、薯类、豆类等可食用植物经清洗、磨碎、分离、成型、干燥（或不干燥）等工序加工制成的产品，或以可食用植物制成的食用淀粉为原料，经和浆、成型、干燥（或不干燥）等工艺加工制成的产品，如粉条、粉丝、粉皮、凉粉等（GB/T 34267—2017《食用淀粉及淀粉制品生产管理规范》，定义 3. 2）。

2. 总则

（1）评价体系　淀粉行业绿色工厂评价指标体系包括基本要求、基础设施、管理体系、能源资源投入、产品、环境排放和绩效。

淀粉行业绿色工厂评价体系框架如图 10-2 所示。

（2）评价指标　淀粉行业绿色工厂评价指标分为定性指标和定量指标，定性指标主要侧重在应满足的法律法规、节能环保、工艺技术、相关标准等方面要求；定量指标主要侧重在能够反映工厂层面的绿色特性指标。

（3）评价方法　淀粉行业绿色工厂评价采用定量评价和定性评价相结合的方法，根据实际需要可采用下述评价方法，也可采取下述方法组合或集成的方法。①标准对照法；②类比分析法；③专家打分法；

（4）评价程序　淀粉行业绿色工厂评价程序包括企业自评价和第三方评价，第三方

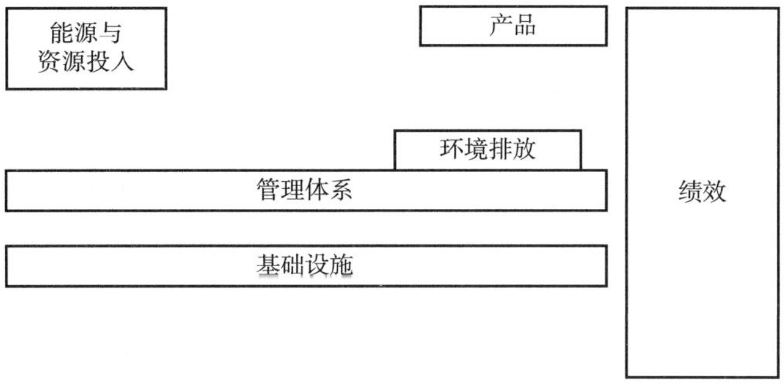

图 10-2　淀粉行业绿色工厂评价体系框架

评价又可细分评价准备、预评价、评价和编写第三方评价报告，如图 10-3 所示。

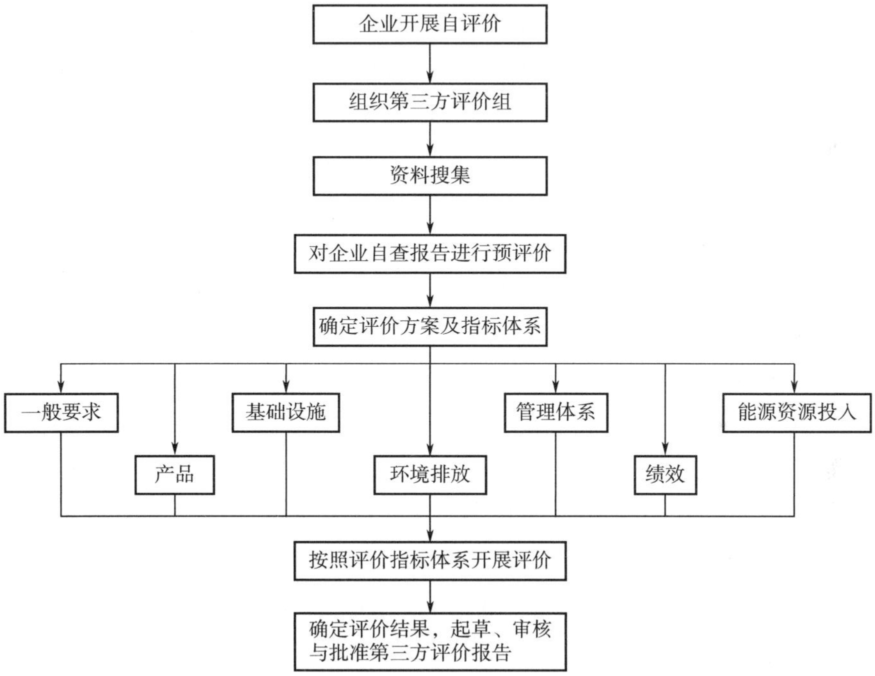

图 10-3　淀粉绿色工厂评价程序

（5）评价　对工厂按照基本要求、基础设施、管理体系、能源资源投入、产品、环境排放和绩效七个方面进行评价。淀粉行业绿色工厂评价指标的计分标准满分为 100 分，得分在 85 分以上（含 85 分）的企业达到绿色工厂评价要求。

淀粉行业绿色工厂评价指标体系及计分方法参见此标准附录 A。

（6）评价报告内容格式　自评价报告内容包括但不限于：①工厂名称、地址、行业、法定代表人、简介等基本信息，发展现状、工业产业和生产经营情况；②工厂在绿色发展方面开展的重点工作及取得成绩，下一步拟开展重点工作等；③工厂的建筑、设备设施、工艺路线、主要耗能设备、计量设备、照明配置情况，以及相关标准执行情况；④工厂各项管理体系建设情况；⑤工厂能源投入、资源投入、采购、回收利用等方面的现状，以及目前正实施的节约能源资源项目；⑥工厂的产品质量、产品收率、生态设计等情况；⑦工厂主要污染物处理设备配置及运行情况，大气污染物、水体污染物、固体废物、噪声、温室气体的排放及管理等现状；⑧对申报工厂是否符合绿色工厂要求进行自评价，说明各评价指标值及是否符合评价要求情况；⑨其他支持证明材料。

3. 评价指标及要求

（1）基本要求　工厂应依法设立，在建设和生产过程中应遵守有关法律、法规、政策和标准。工厂应依法取得食品生产许可证、排污许可证，并按照规定的时间定期提交执行报告。工厂近三年（含成立不足三年）未发生较大及以上安全、环保、质量等事故。对利益相关方的环境要求做出承诺的，应同时满足有关承诺要求。

（2）工厂　应设有绿色工厂管理机构，负责有关绿色工厂的制度建设、实施、考核及奖励工作，建立目标责任制；应有开展绿色工厂的中长期规划及年度目标、指标和实施方案。可行时，指标应明确且可量化；应传播绿色制造的概念和知识，定期为员工提供绿色制造相关知识的教育、培训，并对教育和培训结果进行考评。

（3）基础设施

①建筑：工厂新建、改建和扩建建筑时，应遵守国家“固定资产投资项目节能评估审查制度”“工业项目建设用地控制指标”等产业政策和有关要求。工厂的建筑应满足国家或地方相关法律法规及标准的要求。厂房内部装修材料中醛、苯、氨、氡等有害物质必须符合国家和地方法律、标准要求。使用危险化学品及产生危险废物的企业，危险化学品仓库、危废仓库等应独立设置。工厂应集约利用厂区，在满足生产工艺前提下，优先采用联合厂房、多层建筑、高层建筑等。工厂应综合考虑场地内外日照、自然通风等条件，设置绿化用地，减少场地雨水径流量，种植树木为建筑设施、停车场、人行道和广场提供遮阳，降低热岛效应。其中厂区内绿化面积占总占地面积≥10%，室外透水地面面积占室外总面积的比例≥30%。建筑及厂房宜采用节水器具和设备，节水率≥10%。

②设备设施：工厂工艺路线应采用国家鼓励和推荐的先进技术，无国家或地方淘汰限制类生产工艺及装置；锅炉、冷却水系统、软化水系统等特有设备应建有管理制度，现场各类运行记录完整、有效；工厂应选用节能型设备，通用设备或系统的实际运行效率或主要运行参数应符合该设备经济运行的要求；工厂应依据 GB 17167—2006《用能单位能源计量器具配备和管理原则》、GB 24789—2009《用水单位水计量器配备和管理通则》等要求配备、使用和管理能源、水以及其他资源的计量器具和装置。能源及资源使用的类型不同时，应进行分类计量；工厂应投入适宜的废水及废气处理设施，以确保其污染物排放达到相关法律法规及标准要求，污染物处理设施的处理能力应与工厂生产排放相适应。

③照明：工厂厂区及各房间或场所的照明应合理利用自然光，人工照明应符合GB 50034—2013《建筑照明设计标准》规定；不同的场所照明应进行分级设计；公共场所的照明应采取分区、分组与定时自动调光等措施；节能灯等节能型照明设备的使用占比不低于50%。

（4）管理体系　环境管理体系：工厂应建立、实施并保持满足GB/T 24001—2006《环境管理体系　要求及使用指南》要求的环境管理体系；环境管理体系宜通过第三方机构认证并有效运行。

（5）能源管理体系　工厂应建立、实施并保持满足GB/T 23331—2020《能源管理体系　要求及使用指南》要求的能源管理体系；能源管理体系宜通过第三方机构认证并有效运行。

（6）质量管理体系　工厂应建立、实施并保持满足GB/T 19001—2016《质量管理体系　要求》的要求的质量管理体系；质量管理体系宜通过第三方机构认证并有效运行。

（7）职业健康安全管理体系　工厂应建立、实施并保持满足GB/T 45001—2020《职业健康安全管理体系　要求及使用指南》要求的职业健康安全管理体系；职业健康安全管理体系宜通过第三方机构认证并有效运行。

（8）能源与资源投入

①能源投入：工厂应根据实际情况优化用能结构，在保证质量、安全的前提下减少能源投入。淀粉干燥等工序应采用管束干燥机或带余热利用的节能型气流干燥机，淀粉糖蒸发浓缩工序应采用机械式蒸汽再压缩（MVR）蒸发器或蒸汽热力再压缩（TVR）+废热蒸发器等设备。对使用煤作为锅炉或自备电厂燃料的工厂，煤质应符合国家或地方的相关要求。工厂应建有能源管理中心，宜建有厂区光伏电站、智能微电网等设施。工厂宜使用天然气、沼气等清洁能源，宜使用风能、太阳能、地热能等可再生能源替代不可再生能源。

②资源投入：工厂应采取必要措施减少原材料，尤其是有害物质的使用，评估有害物质及化学品减量使用或替代的可能性。淀粉单位产品取水量应满足表10-25基准值要求，淀粉糖单位产品取水量应满足GB/T 18916.22—2016《取水定额　第22部分：淀粉糖制造》和表10-26基准值要求，并努力达到先进值要求。

表10-25　淀粉取水量定额指标　单位：m^3/t

工厂类型	淀粉取水量定额指标		工厂类型	淀粉取水量定额指标	
	基准值	先进值		基准值	先进值
玉米淀粉	3.0	2.0	马铃薯淀粉	10.0	6.0
小麦淀粉	10.0	6.0	木薯淀粉	10.0	6.0

表 10-26　　淀粉糖取水量定额指标　　单位：m^3/t

产品名称		淀粉糖取水量定额指标	
		基准值	先进值
葡萄糖	结晶葡萄糖	2.8	2.3
	葡萄糖浆	5.0	2.8
麦芽糖	结晶麦芽糖	10	7.5
	麦芽糖浆	5.0	2.5
果糖	F55 果葡糖浆	5.0	3.5
	F42 果葡糖浆	4.2	3.0
	结晶果糖	12	10

(9) 回收利用　工厂应采取减少水资源消耗的措施，开展废水循环利用，玉米淀粉生产产生的工艺水应全部回收利用，马铃薯清洗废水回收利用率在 80%以上，木薯黄浆水回收利用率在 50%以上。工厂应对蒸发器、管束干燥机等设备产生的余热进行回收利用。

设有废水处理设施且有厌氧工艺的工厂，沼气收集利用率宜达到 90%以上。马铃薯淀粉加工有机肥水宜提取蛋白，用于生产饲料等副产品。玉米浸渍水宜提取植酸，用于生产肌醇等副产品。

(10) 产品

①产品质量：产品应符合国家相关产品质量标准要求，包括 GB/T 8883—2017《食用小麦淀粉》、GB/T 8884—2017《食用马铃薯淀粉》、GB/T 8885—2017《食用玉米淀粉》、GB 15203—2014《食品安全国家标准　淀粉糖》、GB/T 29343—2012《木薯淀粉》、GB 31637—2016《食品安全国家标准　食用淀粉》等。

②产品收率：工厂生产产品收率或提取率等指标应满足以下要求，其中玉米淀粉总干物收率在 98%以上，小麦淀粉总干物收率在 90%以上，马铃薯淀粉提取率在 90%以上，木薯淀粉提取率在 90%以上。

(11) 生态设计　工厂在产品设计中引入生态设计的理念；产品满足 GB/T 24256—2009《产品生态设计通则》、GB/T 32161—2015《生态设计产品评价通则》等绿色产品（生态设计产品）评价要求。

(12) 碳足迹　工厂宜采用适用的标准或规范对产品进行碳足迹核算或核查。工厂宜利用核查结果对其产品的碳足迹进行改善，核查结果对外公布。

(13) 环境排放

①水体污染物：工厂水污染物排放应符合 GB 25461—2010《淀粉工业水污染物排放标准》或地方标准要求。工厂的废水处理设施应符合 HJ 2043—2014《淀粉废水治理工程技术规范》要求，马铃薯淀粉有机肥水土地利用时应符合 T/SIACN 01—2018《马铃

薯淀粉工业有机肥水农田利用技术规范》或地方有关要求。

②大气污染物：工厂大气污染物排放应符合国家及地方标准要求。设有废水处理设施的工厂，预处理及厌氧生物处理工序应设置臭气收集与处理装置。工厂宜对浸泡、分离、干燥等工序排放的异味进行收集和处理，臭气排放应满足 GB 14554—1993《恶臭污染物排放标准》的要求。工厂宜采取在原料装卸场覆盖防风抑尘网、包装工序加装除尘装置等措施，减少颗粒物的排放。设有燃煤自备电厂的工厂，锅炉烟气宜达到超低排放标准。

③固体废物：工厂产生的固体废物的处理处置应符合 GB 18599—2020《一般工业固体废物贮存和填埋污染控制标准》及相关标准的要求。工厂产生的危险废物的处理处置应符合 GB 18597—2001《危险废物贮存污染控制标准》的要求，并交由具备相应能力和资质的机构进行处理处置。

④噪声：工厂的厂界环境噪声排放应符合国家及地方标准要求。

（14）绩效

①用地集约化：工厂应计算容积率、建筑密度、单位用地面积产能指标。容积率应不低于工业项目建设用地控制指标的要求，建筑密度应≥30%，单位用地面积产能应满足表 10-27 中基准值要求，并努力达到先进值要求。

表 10-27　淀粉行业单位用地面积产能　单位：t/m^2

工厂类型	单位用地面积产能		工厂类型	单位用地面积产能	
	基准值	先进值		基准值	先进值
玉米淀粉	≥1.2	≥1.5	马铃薯淀粉	≥0.10	≥0.15
小麦淀粉	≥0.3	≥0.5	木薯淀粉	≥0.10	≥0.15

②生产洁净化：工厂应计算单位产品废水产生量、单位产品主要污染物（化学需氧量、氨氮、总氮、总磷）产生量指标。单位产品废水产生量、单位产品主要污染物产生量应满足表 10-28 和表 10-29 中基准值要求，并努力达到先进值要求。

表 10-28　淀粉行业单位产品废水产生量　单位：m^3/t

工　厂　类　型	单位产品废水产生量	
	基准值	先进值
玉米淀粉	≤2.0	≤1.3
小麦淀粉	≤8.0	≤4.0
马铃薯淀粉	≤12.0	≤8.0
木薯淀粉	≤12.0	≤8.0
葡萄糖浆、麦芽糖浆 （折干基含量 75%糖浆计算，以淀粉为原料）	≤3.8	≤2.5

续表

工厂类型	单位产品废水产生量	
	基准值	先进值
果葡糖浆（折干基含量 75%糖浆计算，以淀粉为原料）	≤4.0	≤3.0
结晶葡萄糖（以淀粉为原料）	≤2.0	≤1.6
结晶果糖（以葡萄糖为原料）	≤16	≤12

表 10-29　淀粉行业单位产品主要污染物产生量　单位：kg/t

工厂类型	单位产品化学需氧量产生量		单位产品氨氮产生量		单位产品总氮产生量		单位产品总磷产生量	
	基准值	先进值	基准值	先进值	基准值	先进值	基准值	先进值
玉米淀粉	≤12	≤8	≤0.15	≤0.1	≤0.75	≤0.45	≤0.1	≤0.06
小麦淀粉	≤80	≤40	≤0.64	≤0.32	≤2.4	≤1.2	≤0.56	≤0.28
马铃薯淀粉	≤180	≤120	≤1.5	≤1.0	≤7.2	≤4.8	≤1.8	≤1.2
木薯淀粉	≤120	≤80	≤1.5	≤1.0	≤2.4	≤1.6	≤0.5	≤0.25
葡萄糖浆、麦芽糖浆	≤16	≤12	≤0.4	≤0.28	≤1.0	≤0.6	≤0.15	≤0.1
果葡糖浆	≤18	≤14	≤0.4	≤0.32	≤1.2	≤0.8	≤0.15	≤0.1
结晶葡萄糖	≤10	≤8	≤0.2	≤0.15	≤0.7	≤0.56	≤0.16	≤0.12
结晶果糖	≤72	≤54	≤1.80	≤1.35	≤10.0	≤8.0	≤1.0	≤0.75

③废物资源化：工厂应计算单位产品主要原材料消耗量、工业固体废物综合利用率、水重复利用率指标。单位产品主要原材料消耗量、工业固体废物综合利用率、水重复利用率应满足表 10-30，表 10-31，表 10-32 中基准值要求，并努力达到先进值要求。

表 10-30　淀粉行业主要原材料消耗指标　单位：t/t

工厂类型	单位产品主要原材料消耗量	
	基准值	先进值
玉米淀粉（淀粉耗玉米）	1.45	1.40
小麦淀粉（淀粉耗小麦粉）	1.30	1.20
马铃薯淀粉（淀粉耗马铃薯）	7.00	6.50
木薯淀粉（淀粉耗鲜木薯）	4.50	3.80
葡萄糖浆、麦芽糖浆、果葡糖浆（耗干基淀粉，折干基含量 75%糖浆计算）	0.75	0.7
结晶葡萄糖（耗干基淀粉）	1.1	1
结晶果糖（耗干基葡萄糖）	1.6	1.45

表 10-31　淀粉行业固体废物综合利用指标　单位：%

项目	基准值	先进值
淀粉生产固废综合利用率	75	85
淀粉糖生产固废综合利用率	60	75

表 10-32　淀粉行业水重复利用指标　单位：%

工厂类型	水重复利用率		工厂类型	水重复利用率	
	基准值	先进值		基准值	先进值
玉米淀粉	≥85	≥90	木薯淀粉	≥60	≥80
小麦淀粉	≥60	≥80	淀粉糖	≥75	≥85
马铃薯淀粉	≥60	≥80			

④能源低碳化：工厂应计算单位产品综合能耗。淀粉（乳）及淀粉糖单位产品综合能耗应符合工厂所在地的限额要求，所在地未制定相关标准的，淀粉（乳）和淀粉糖单位产品综合能耗应满足表 10-33 中基准值要求，并努力达到先进值要求。

表 10-33　淀粉行业单位产品综合能耗　单位：kgce/t

项　目		基准值	先进值
淀粉单位产品综合能耗		≤150	≤120
淀粉乳单位产品综合能耗		≤120	≤90
淀粉糖单位产品综合能耗	葡萄糖浆、麦芽糖浆、果葡糖浆（以淀粉为原料）	≤120	≤80
	一水结晶葡萄糖（以淀粉为原料）	≤170	≤145
	无水葡萄糖（以淀粉为原料）	≤280	≤250
	结晶果糖（以葡萄糖为原料）	≤400	≤350

四、DB 37/828—2015《淀粉单位产品综合能耗限额》

标准规定了淀粉单位产品综合能源消耗限额的术语和定义、技术要求、计算方法和限额值。标准适用于淀粉生产企业。

1. 术语和定义

（1）淀粉综合能耗　在统计报告期内企业生产成品淀粉全过程（主要生产系统、辅助生产系统和附属生产系统）消耗的各种能源总和，按照规定的计算方法和单位分别计算后的总和，单位为千克标准煤（kgce）。

（2）淀粉单位产品综合能耗　在统计报告期内企业生产成品淀粉的综合能耗与同期该产品合格产品产量的比值。

（3）生活用能　企业系统能的宿舍、学校、文化娱乐、医疗保健、商业服务和托幼儿教育等直接用于生活方面的能耗。

（4）成品淀粉主要生产系统　从谷物原料进厂开始，到合格成品淀粉入库为止的相关工序组成的完整的工艺过程和装备。包括筛选、浸泡、破碎、筛分、分离、浓缩、洗涤、脱水、干燥、包装以及浸泡水的蒸发、喷浆干燥等。

（5）辅助生产系统　为生产系统工艺装置配制的工艺过程、设施和设备，其中包括动力、供电、机修、供水、供汽、采暖、制冷、仪表和厂内原料场以及安全、环保装置。

（6）附属生产系统　为生产系统专门配制的生产指挥系统（厂部）和厂区内为生产服务的部门和单位，其中包括办公室、操作室、休息室、中控室、中心化验室、成品检验室、厂内车辆等。

（7）企业实际（生产）消耗的各种能源　用于生产活动的各种能源，包括一次能源（原煤、油、天然气等）、二次能源（电、蒸汽等）以及使用的耗能工质（水、氮气、压缩空气等）所消耗的能源。

2. 统计范围

企业实际生产消耗的各种能源，包括淀粉主要生产系统、辅助生产系统和附属生产系统用能，即从谷物原料入厂开始到生产出合格的成品淀粉的用能，不包括生活用能和批准的基建项目用能；企业回收的余热，不属于外购能源，统计计算时，应避免和外购能源重复计算；企业制备热电厂时，只对由热电厂送入生产系统的电和蒸汽进行统计计算，应扣除回收能源（热、电）的自用部分，避免重复计算；成品淀粉应根据消耗淀粉乳量计算主要生产系统能源消耗；企业辅助生产系统、附属生产系统消耗能源，应直接计入产品，不能直接计入产品的，以及损失能源，应按照消耗比例进行分摊。

3. 淀粉单位产品综合能耗限额

淀粉单位产品综合能耗限额应符合表 10-34 要求。

表 10-34　　淀粉单位产品综合能耗限额表

项目	限额值
淀粉单位产品综合能耗（kg 标准煤/t 淀粉）	159

第四节
小麦淀粉环境保护相关技术规范

小麦淀粉加工由于是湿法加工过程，在加工过程中会产生污水，从而对环保造成影响，因此，小麦淀粉加工环保控制非常重要，本部分将介绍关于淀粉行业及特定小麦淀粉领域关于环境保护相关的技术规范，以便在工厂建设和工厂运行管理时遵循。

一、GB 25461—2010《淀粉工业水污染物排放标准》

标准规定了淀粉企业或生产设施水污染物排放限值、监测和监控要求，以及标准的实施与监督等相关规定；标准适用于现有淀粉企业或生产设施的水污染物排放管理；适用于对淀粉工业建设项目的环境影响评价、环境保护设施设计、竣工环境保护验收及其投产后的水污染物排放管理；适用于法律允许的污染物排放行为。新设立污染源的选址和特殊保护区域内现有污染源的管理，按照《中华人民共和国大气污染防治法》《中华人民共和国水污染防治法》《中华人民共和国海洋环境保护法》《中华人民共和国固体废物污染环境防治法》《中华人民共和国环境影响评价法》等法律、法规、规章的相关规定执行；本标准规定的水污染物排放控制要求适用于企业直接或间接向其法定边界外排放水污染物的行为。

1. 术语和定义

（1）淀粉工业　从玉米、小麦、薯类等含淀粉的原料中提取淀粉以及以淀粉为原料生产变性淀粉、淀粉糖和淀粉制品的工业。

（2）变性淀粉　原淀粉经过某种方法处理后，不同程度地改变其原来的物理或化学性质的产物。

（3）淀粉糖　利用淀粉为原料生产的糖类统称淀粉糖，是淀粉在催化剂（酶或酸）和水的作用下，淀粉分子不同程度解聚的产物。

淀粉制品：利用淀粉生产的粉丝、粉条、粉皮、凉粉、凉皮等称为淀粉制品。

现有企业：此标准实施之日前已建成投产或环境影响评价文件已通过审批的淀粉企业或生产设施。

新建企业：此标准实施之日起环境影响评价文件通过审批的新建、改建和扩建淀粉工业建设项目。

排水量：是指生产设施或企业向企业法定边界以外排放的废水的量，包括与生产有直接或间接关系的各种外排废水（如厂区生活污水、冷却废水、厂区锅炉和电站排水等）。

单位产品基准排水量：是指用于核定水污染物排放浓度而规定的生产单位淀粉产品或以单位淀粉生产变性淀粉、淀粉糖、淀粉制品的废水排放量上限值。

公共污水处理系统：是指通过纳污管道等方式收集废水，为两家以上排污单位提供废水处理服务并且排水能够达到相关排放标准要求的企业或机构，包括各种规模和类型的城镇污水处理厂、区域（包括各类工业园区、开发区、工业聚集地等）废水处理厂等，其废水处理程度应达到二级或二级以上。

直接排放：是指排污单位直接向环境排放水污染物的行为。

间接排放：是指排污单位向公共污水处理系统排放水污染物的行为。

2. 水污染物排放控制要求

现有企业执行表 10-35 的水污染物排放值。新建企业执行表 10-36 规定的水污染物排放限值。

表 10-35　现有企业水污染物排放浓度限值及单位产品基准排水量

单位：mg/L（pH 除外）

污染物项目		限值 直接排放	限值 间接排放	污染物排放监控位置
pH		6~9	6~9	企业废水总排放口
悬浮物		50	70	
五日生化需氧量（BOD_5）		45	70	
化学需氧量（COD_{Cr}）		150	300	
氨氮		25	35	
总氮		40	55	
总磷		3	5	
总氰化物（以木薯为原料）		0.5	0.5	
单位产品基准排水量/[m^3/(t 淀粉)]	以玉米、小麦为原料	5		排水量计量位置与污染物排放监控位置一致
	以薯类为原料	12		

表 10-36　新建企业水污染物排放浓度限值及单位产品基准排水量

单位：mg/L（pH 除外）

污染物项目		限值 直接排放	限值 间接排放	污染物排放监控位置
pH		6~9	6~9	企业废水总排放口
悬浮物		30	70	
五日生化需氧量（BOD_5）		20	70	
化学需氧量（COD_{Cr}）		100	300	
氨氮		15	35	
总氮		30	55	
总磷		1	5	
总氰化物（以木薯为原料）		0.5	0.5	
单位产品基准排水量/[m^3/(t 淀粉)]	以玉米、小麦为原料	3		排水量计量位置与污染物排放监控位置一致
	以薯类为原料	8		

根据环境保护工作的要求，在国土开发密度较高、环境承载能力开始减弱，或水环境容量较小、生态环境脆弱，容易发生严重水环境污染问题而需要采取特别保护措施的地区，应严格控制企业的污染排放行为，在上述地区的企业执行表 10-37 规定的水污染

物特别排放限值。执行水污染物特别排放限值的地域范围、时间，由国务院环境保护主管部门或省级人民政府规定。

表 10-37　水污染物特别排放限值　单位：mg/L（pH 除外）

污染物项目		限值		污染物排放监控位置
		直接排放	间接排放	
pH		6~9	6~9	企业废水总排放口
悬浮物		10	30	
五日生化需氧量（BOD_5）		10	20	
化学需氧量（COD_{Cr}）		50	100	
氨氮		5	15	
总氮		10	30	
总磷		0.5	1.0	
总氰化物（以木薯为原料）		0.1	0.1	
单位产品基准排水量［m^3/(t 淀粉)］	以玉米、小麦为原料	1		排水量计量位置与污染物排放监控位置一致
	以薯类为原料	4		

3. 水污染物监测要求

对企业排放废水的采样应根据监测污染物的种类，在规定的污染物排放监控位置进行，有废水处理设施的，应在该设施后监控。在污染物排放监控位置应设置永久性排污口标志。新建企业和现有企业安装污染物排放自动监控设备的要求，按有关法律和《污染源自动监控管理办法》的规定执行。对企业水污染物排放情况进行监测的频次、采样时间等要求，按国家有关污染源监测技术规范的规定执行。企业产品产量的核定，以法定报表为依据。对企业排放水污染物浓度的测定采用表 10-38 所列的方法标准。

表 10-38　水污染物浓度测定方法标准

污染物项目	方法标准名称	方法标准编号
pH	水质　pH 的测定　玻璃电极法	GB/T 6920—1986
悬浮物	水质　悬浮物的测定　重量法	GB/T 11901—1989
五日生化需氧量	水质　五日生化需氧量（BOD_5）的测定　稀释与接种法	HJ 505—2009
化学需氧量	水质　化学需氧量的测定　重铬酸盐法	HJ 828—2017
	水质　化学需氧量的测定　快速消解分光光度法	HJ/T 399—2007
氨氮	水质　氨氮的测定　纳氏试剂分光光度法	HJ 535—2009
	水质　氨氮的测定　水杨酸分光光度法	HJ 536—2009
	水质　氨氮的测定　蒸馏-中和滴定法	HJ 537—2009
	水质　氨氮的测定　气相分子吸收光谱法	HJ/T 195—2005

续表

污染物项目	方法标准名称	方法标准编号
总氮	水质　总氮的测定　碱性过硫酸钾消解紫外分光光度法	HJ 636—2012
	水质　总氮的测定　气相分子吸收光谱法	HJ/T 199—2005
总磷	水质　总磷的测定　钼酸铵分光光度法	GB/T 11893—1989
总氰化物	水质　氰化物的测定　容量法和分光光度法	HJ 484—2009

4. 实施与监督

本标准由县级以上人民政府环境保护主管部门负责监督实施。在任何情况下，淀粉生产企业均应遵守本标准的水污染物排放控制要求，采取必要措施保证污染防治设施正常运行。各级环保部门在对企业进行监督性检查时，可以现场即时采样或监测的结果，作为判定排污行为是否符合排放标准以及实施相关环境保护管理措施的依据。在发现企业耗水或排水量有异常变化的情况下，应核定企业的实际产品产量和排水量，按本标准规定，换算水污染物基准水量排放浓度。

二、HJ 2043—2014《淀粉废水治理工程技术规范》

标准规定了淀粉废水治理工程设计、施工、验收和运行维护等技术要求。标准适用于淀粉和淀粉糖生产企业或生产设施的废水治理工程，可作为环境影响评价、工程咨询、设计、施工、环境保护验收及建成后运行与管理的技术依据。水质相似的变性淀粉废水的处理可参照本标准执行。

1. 术语和定义

（1）淀粉废水　是指以玉米、小麦、薯类为原料生产淀粉或以淀粉为原料生产淀粉糖的过程中各工序产生的废水总和。

（2）淀粉糖废水　以淀粉为原料，经过催化剂（酶或酸）和水的作用生产糖的过程中各工序产生的废水总和。

（3）变性淀粉废水　以淀粉为原料，经过物理、化学处理过程不同程度的改变其理化性能制取变性淀粉的生产过程中各工序产生的废水总和。

（4）玉米浸泡水　是指在玉米淀粉生产过程中玉米浸泡工序所产生的含有大量可溶性蛋白、有机磷等物质的废水。

（5）输送清洗废水　是指在薯类淀粉生产过程中的原料清洗、输送工序所产生的含有大量泥沙、悬浮物等污染物质的的废水。

2. 污染物与污染负荷

（1）废水来源与类别　以玉米为原料生产淀粉时，废水主要来源于玉米浸泡、胚芽分离与洗涤、纤维洗涤、浮选浓缩、蛋白压滤等工段蛋白回收后的排水，以及玉米浸泡水资源回收时产生的蒸发冷凝水。以薯类为原料生产淀粉时，废水主要来源于脱汁、分离、脱水工段蛋白回收后的排水，以及原料输送清洗废水。以小麦为原料生产淀粉时，废水由两部分组成：沉降池里的上清液和离心后产生的黄浆水。以淀粉为原料生产淀粉糖时，废水主要来源于离子交换柱冲洗水、各种设备的冲洗水和洗涤水、液化糖化工艺的冷却水。

淀粉废水主要污染物有悬浮物（SS）、化学需氧量（COD）、生化需氧量（BOD）、氨氮（NH_3-N）、总氮（TN）和总磷（TP）。

（2）废水水量　现有企业淀粉废水排放量可通过测量确定，也可根据生产实际进行水平衡测试确定。废水排放量测量时，应对各个生产工序排放的废水逐一进行测量，并在工厂生产设施后的排放总口对综合废水排放总量进行实际测量作为校核；测量应符合HJ/T 91—2002《地表水和污水监测技术规范》的技术要求。新建的淀粉废水处理工程，可类比现有同等生产规模和同种生产工艺淀粉厂的排放水量来确定废水排放量。当无实测数据及同类企业参考资料时可参考表10-39。

表10-39　典型淀粉工业单位产品废水产生量

废水产生量/[m^3/(t淀粉)]	淀粉类型				
	玉米淀粉	马铃薯淀粉	木薯淀粉	小麦淀粉	淀粉糖废水
先进	≤3	≤4	≤4	≤3	≤2.5
平均	≤4	≤8	≤8	≤4	≤3
一般	≤5	≤12	≤12	≤5	≤3.5

生产废水水量变化系数等于时变化系数和日变化系数的乘积，时变化系数1.3~1.6，日变化系数1.1~1.3。

（3）废水水质　现有企业淀粉废水水质可通过采样化验确定，也可根据生产实际进行物料平衡确定。采样化验时，应对各个生产工序排放的废水逐一进行取样，并在工厂废水排放总口对综合废水取样作为校核；采样化验应符合HJ/T 91—2002《地表水和污水监测技术规范》的技术要求。新建的淀粉废水处理工程，可类比现有同等生产规模和同种生产工艺淀粉厂的产污数据来确定废水水质。当无实测数据及同类企业参考资料时也可参考表10-40。

表10-40　典型淀粉废水水质

原料	化学需氧量 COD_{Cr}/(mg/L)	五日生化需氧量 BOD_5/(mg/L)	悬浮物 SS/(mg/L)	总氮 TN/(mg/L)	氨氮 NH_3-N/(mg/L)	总磷 TP/(mg/L)	pH
玉米	6000~15000	2400~6000	1000~5000	300~400	70~150	10~80	3~5
马铃薯	10000~25000	1500~6000	10000~55000	400~600	200~300	<5	3~5
木薯	8000~10000	5000~6000	3000~5000	100~200	50~80	<5	3~5
小麦	7000~11000	2500~6000	1500~2500	150~300	50~100	30~100	3~5
淀粉糖	3000~8000	1500~5000	500~1000	40~70	15~30	<5	3~10

3. 总体要求

（1）一般规定　淀粉废水治理工程应遵循“三同时”制度，贯彻全过程控制思想，实行清洁生产，从生产工艺的源头削减污染物排放量，提高资源、能源利用率，控制污染物的产生并减少排放。淀粉废水排放应符合 GB 25461—2010《淀粉工业水污染物排放标准》、环评批复文件和总量控制的要求。淀粉废水治理工程技术方案应以企业生产情况及发展规划为依据，贯彻国家产业政策和行业污染防治技术政策，结合不同地区气候等环境因素，统筹集中与分散、现有与新（扩、改）建的关系，经技术经济论证后确定。淀粉废水治理工程应优先采用处理效率高、节约能源、节省投资的处理工艺，确保废水治理设施稳定、可靠、安全运行，并易于操作和维护，降低运行费用。淀粉废水治理工程应采取防治二次污染的措施，保证恶臭和固体废物的处理处置分别符合 GB 14554—1993《恶臭污染物排放标准》和 GB 18599—2020《一般工业固体废物贮存和填埋污染控制标准》的规定，并应符合环评批复文件；处理厂（站）界噪声应符合 GB 3096—2008《声环境质量标准》和 GB 12348—2008《工业企业厂界环境噪声排放标准》的规定，对建筑物内部设施噪声源控制应符合 GB/T 50087—2013《工业企业噪声控制设计规范》中的有关规定。淀粉废水治理工程应按照《污染源自动监控管理办法》的规定，安装污染物在线监测系统。应按照《排污口规范化整治技术要求（试行）》建设废水排放口。

（2）建设规模　淀粉废水治理工程的建设规模，应依据企业生产规模核算，并根据废水治理工程服务范围内的现有水量、水质和预期变化情况综合确定；现有企业的治理工程应以实测数据为依据，新（扩、改）建企业的治理工程应采用类比或物料衡算的方法确定。淀粉废水收集系统应根据淀粉工业企业建设情况统一规划，进入废水处理站管渠的断面尺寸应按规划的大日大时流量设计。

淀粉废水处理站各处理系统的建设规模除应满足相关设计要求外，还应符合下列要求：①调节池前的废水处理构筑物按大日大时流量计算；②调节池及其后废水处理构筑物按大日流量计算；③污泥处理与处置系统按平均日流量计算；④回用水处理系统根据回用水的水质、水量进行确定。

（3）工程构成　淀粉废水处理厂（站）的工程项目由主体工程、配套工程、生产管理与生活服务设施构成。主体工程主要包括废水处理系统、回用水系统、污泥处理与处置系统、恶臭处理系统、沼气利用系统。废水处理系统包括预处理、生化处理和深度处理；回用水系统包括回用水储存、输配和监控；污泥处理与处置系统包括厌氧污泥的回收利用以及好氧污泥均质、浓缩、消化、脱水和终处置恶臭处理系统包括恶臭的收集与处理；沼气利用系统包括沼气的储存以及使用前的预处理和沼气利用。

配套工程包括电气自动化、给排水和消防、采暖通风与空调、建筑结构、监测化验和计量等设施。生产管理与生活服务设施包括办公用房、值班室等。废水处理厂（站）应按照国家和地方的有关规定设置规范化排污口。

（4）厂址选择　厂址选择时应考虑汛期不受洪水的威胁，同时应符合 GB 50016—

2014《建筑设计防火规范》中防火的相关规定。

4. 废水处理工艺设计

（1）一般规定　在工艺设计前，应对废水的水质、水量及变化规律进行全面调查，并进行必要的分析试验；淀粉废水处理应采用生物处理与物化处理相结合的综合处理工艺；工艺路线的选择应根据废水的水质特征、处理后水的去向、排放标准，并进行技术经济比较后确定；应考虑当地的自然条件选择工艺。地下水位高、地质条件差的场所，一般不宜采用构筑物深度较大、施工难度较高的工艺。

（2）工艺路线选择　应根据现行国家和地方有关排放标准、污染物来源及性质、排水去向确定淀粉废水处理程度，选择相应的处理工艺。淀粉废水治理总体上宜采用“预处理+厌氧生物处理+好氧生物处理+深度处理”的污染治理工艺，工艺流程图如图 10-4 所示。淀粉工业企业可依据淀粉生产的原料种类、产品种类、废水性质选择合适的废水处理技术。

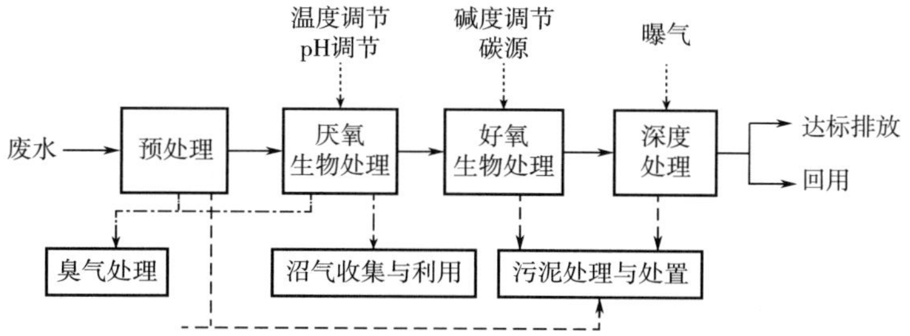

图 10-4　废水处理工艺流程

污水 ——　污泥 ----　沼气、曝气、臭气 -·-·-　其他 ········　处理单元 □

预处理工序中，淀粉生产废水应通过格栅、沉淀、气浮等工艺去除悬浮物后进入调节池，进行水量调节；马铃薯淀粉生产废水应在沉淀池前设置消泡设施；薯类淀粉废水中的原料输送清洗废水应通过沉沙等工艺去除污水中的沙粒后进入调节池。

厌氧生物处理可选用上流式厌氧污泥床反应器（UASB）、厌氧颗粒污泥膨胀床反应器（EGSB）、内循环厌氧反应器（IC）等工艺；废水在进入厌氧反应器前应先进行 pH 调节和温度调节；淀粉糖、及变性淀粉生产废水需投加营养盐调节碳氮比后再进行厌氧生物反应。

好氧生物处理可选用序批式活性污泥法（SBR）、缺氧-好氧（A/O）+二沉池、氧化沟+二沉池等工艺。

深度处理可选用混凝沉淀、砂滤、膜生物反应器（MBR）等工艺；根据用水需求可通过纳滤、反渗透处理后回用。根据回用目的的不同，回用时可选择超滤、超滤+反渗透（RO）、超滤+RO+混合离子交换床等工艺。

可采用膜生物反应器（MBR）代替好氧生物处理（脱氮除磷）+深度处理，也可将 MBR 作为深度处理工艺。

当采用厌氧氨氧化等具有特殊脱氮功能的生物处理工艺时，具体参数应通过试验确定。在选择和确定厌氧处理工艺运行参数时，应充分考虑废水生物法脱氮除磷处理所必需的碳源要求。

淀粉废水处理效率应通过试验或同类企业类比资料确定，当无资料时，各处理系统处理效率可参考表 10-41。

表 10-41　　废水处理厂（站）单元处理效率

处理程度	处理方法	主要工艺环节	处理效率/%			
			COD_{Cr}	BOD_5	SS	NH_3-N
预处理	自然沉淀	格栅、沉淀、调节	8~10	6~8	40~55	—
	板框压滤机	格栅、板框压滤机、调节	10~15	8~10	45~60	—
厌氧生物处理	EGSB	EGSB	80~92	90~95	30~50	—
	UASB	UASB	80~92	90~95	30~50	—
好氧生物处理	活性污泥	SBR	75~90	85~95	80~90	85~90
	活性污泥	A/O+二沉池	75~90	85~95	80~90	91~96
	活性污泥	循环式活性污泥工艺（CASS）	75~90	85~95	80~90	85~90
	生物膜	生物接触氧化	75~90	85~95	80~90	91~96
深度处理	生物膜	MBR	50~85	30~60	80~95	80~90
	过滤	砂滤池、曝气生物滤池（BAF）	10~20	—	50~60	—
	混凝	混凝沉淀（澄清、气浮）	15~30	—	50~70	—
	吸附	活性炭吸附	>20	—	>80	—

5. 检测与过程控制

（1）检测　应根据处理工艺和管理要求设置水量计量、水位观察、水质观测、取样监测化验、药品计量的仪器、仪表。用于为废水治理工程实现闭环控制和性能考核提供数据的在线检测装置，其检测点分别设在受控单元内或进、出口处，采样频次和监测项目应根据工艺控制要求确定。

预处理系统宜检测进、出口流量、pH、SS、COD_{Cr}、特征污染物（如硫化物、氨氮、总氮、总磷等）及系统投药量、产泥量等指标；厌氧处理单元应检测进、出口的 pH、温度、COD_{Cr}、BOD_5、SS、氨氮、总氮，以及反应池内的 pH、温度、挥发性脂肪酸（VFA）和碱度；好氧生化单元宜检测废水进、出口的 pH、碱度、COD_{Cr}、BOD_5、SS、硫化物、氨氮、总氮、总磷以及反应池内的曝气量、溶解氧、污泥性状、污泥浓度等指标；深度处理单元宜检测进、出口 pH、COD_{Cr}、BOD_5、SS、氨氮、总氮、总磷、总铬、六价铬、总硬度、电导率以及系统投药量等指标。

（2）过程控制　淀粉废水处理工程应根据工程的实际情况，选用适合的控制方式，并应根据工程规模、工艺流程和运行管理要求确定控制要求和参数。小型综合废水处理站的主要生产工艺单元可采用自动控制，5000m^3/d 及以上规模的废水处理站宜采用集中管理和监视、分散控制的计算机控制系统。现场检测仪表应具备防腐、防爆、抗渗漏、防结垢、自清洗等功能。淀粉废水处理工程的过程控制应参照 GB 50014—2021《室外排水设计标准》的相关规定。

参考文献

[1] 刘亚伟．小麦精深加工：分离、重组、转化技术［M］．北京：化学工业出版社，2005.

[2] 曹龙奎．淀粉制品生产工艺学［M］．北京：中国轻工业出版社，2008.

[3] 余平．淀粉与淀粉制品工艺学［M］．北京：中国轻工业出版社，2011.

[4] 程建军．淀粉工艺学［M］．北京：科学出版社，2011.

[5] 张可喜、汪志芬．淀粉的改性及其应用［M］．海口：南海出版公司，2008.

[6] 赵凯．淀粉非化学改性技术［M］．北京：化学工业出版社，2009.

[7] 张艳萍．变性淀粉制造与应用［M］．北京：化学工业出版社，2007.

[8] 尤新．淀粉糖品生产与应用手册［M］．北京：中国轻工业出版社，2010.

[9] 赵凯．淀粉非化学改性技术［M］．北京：化学工业出版社，2009.

[10] 陈璥．玉米淀粉工业手册［M］．北京：中国轻工业出版社，2009.

[11] 王彦波．淀粉生产与质量控制技术［M］．北京：中国商业出版社，1998.

[12] 程建军．淀粉工艺学［M］．北京：科学出版社，2011.

[13] 张可喜，汪志芬．淀粉的改性及其应用［M］．海口：南海出版公司，2008.

[14] 赵凯．淀粉非化学改性技术［M］．北京：化学工业出版社，2009.

[15] 张艳萍．改性淀粉制造与应用［M］．北京：化学工业出版社，2007.

[16] 洪静．热处理对小麦损伤淀粉的影响研究［D］．郑州：河南工业大学，2014.

[17] 黄峻榕，刘小晶．淀粉颗粒结晶结构的测定方法研究进展［J］．食品科学，2012，33（15）：335-338.

[18] 梁灵，魏益民，师俊玲．小麦淀粉研究概况［J］．西部粮油科技，2003（03）：21-25.

[19] 张华，袁博，赵琼，李青，黄忠民．冻藏对小麦淀粉理化性质及热力学特性的影响［J］．食品工业科技，2014，35（21）：98-101.

[20] 梅仕峰，张国权，罗勤贵．小麦颗粒状冷水可溶淀粉的制备工艺条件优化［J］．粮食与饲料工业，2008（07）：20-22.

[21] 黄立兰，黄广明，劳晔．淀粉糊化度测定方法的研究进展［J］．饲料工业，2014，35（13）：53-57.

[22] 周国燕，胡琦玮，李红卫，袁颉．水分含量对淀粉糊化和老化特性影响的差示扫描量热法研究［J］．食品科学，2009，30（19）：89-92.

[23] 曹立松，刘亚伟，刘洁，谢军红，武小辉，刘晓杰．淀粉老化测定技术研究进展［J］．粮食与饲料工业，2014（03）：30-34.

[24] 张强涛．两种黏度仪测定小麦粉糊化黏度特性的比较研究［D］．郑州：河南工业大学，2011.

[25] 徐斌，满建民，韦存虚．粉末 X 射线衍射图谱计算植物淀粉结晶度方法的探讨［J］．植物学报，2012，47（03）：278-285.

[26] 徐锡明，范名宇，王晓菁，李鸣晓，徐正进．支链淀粉提取和链长分布测定方法研究进展［J］．中国粮油学报，2018，33（01）：140-146.
[27] 孙静，李健军，黄琳娟，王仲孚．荧光辅助糖电泳用于果胶水解产物中寡糖的分析研究［J］．化学学报，2009，67（09）：951-956.
[28] 陈佩，李远志，吴雪辉，肖楠．激光共聚焦显微镜在淀粉结构研究中的应用［C］．2011 年中国农业工程学会农产品加工及贮藏工程分会学术年会暨全国食品科学与工程博士生学术论坛论文集，2011：445-449.
[29] 张本山，陈福泉，赵永青，高凌云，陈翠兰，卢海凤，韩忠．聚焦光束反射分析仪测定淀粉颗粒粒径分布［J］．华南理工大学学报（自然科学版），2010，38（04）：55-60.
[30] 叶为标，何小维，黄强，高群玉．透射电子显微镜在淀粉及其衍生物中的应用［J］．粮油加工，2008（05）：102-105.
[31] 陈福泉，张本山，黄强，卢海凤．X 射线衍射测定淀粉颗粒结晶度的研究进展［J］．食品工业科技，2010，31（01）：432-435.
[32] 何巍，范孝旭，王志峰，韦存虚．小角 X 射线散射波谱的定量作图分析法在作物淀粉研究中的应用［J］．作物学报，2017，43（12）：1827-1834.
[33] 李芬芬，张本山．淀粉颗粒粒径不同测定方法的比较［J］．食品与发酵工业，2010，36（04）：171-174.
[34] 郎凯红．大米凝胶特性的评价与检测［D］．郑州：河南工业大学，2012.
[35] 问燕梅．小麦 RS3 型抗性淀粉的制备、性质及其应用的研究［D］．西安：陕西科技大学，2014.
[36] 杨小雨，刘正辉，李刚华，王强盛，王绍华，丁艳锋．高效液相体积排阻色谱法测定稻米支链淀粉链长的相对分子质量分布［J］．中国农业科学，2013，46（16）：3488-3495.
[37] 贺伟，丁卉，王婕琛，蔡秀玲，施超欧．高效阴离子交换色谱-脉冲安培法测定支链淀粉糖链长分布［J］．分析测试学报，2012，31（10）：1242-1247.
[38] 贺晓鹏，朱昌兰，贺浩华，傅军如，江玲，万建民．测定支链淀粉链长和链长分布的荧光糖电泳法的改进［C］．中国作物学会．中国作物学会 50 周年庆祝会暨 2011 年学术年会论文集．中国作物学会：中国作物学会，2011：37.
[39] 吴扬兰，王远亮，徐世荣，杨亚联，王喜云．GPC-RI-MALLS 技术测定羟乙基淀粉的分子量及分子量分布［J］．重庆大学学报（自然科学版），2007（07）：121-123+129.
[40] 钮力亚．小麦淀粉特性对胚乳质地和面包品质的影响及遗传研究［D］．保定：河北农业大学，2005.
[41] 张国治，王慧洁，刘忠思，等．小麦面筋蛋白的组成、功能特性及产业化应用［J］．粮食加工，2019，44（3）：1-4.
[42] 王怡然，王金水，赵谋明，等．小麦面筋蛋白的组成、结构和特性［J］．食品工业科技，2007，28（10）：228-231.
[43] 李真．大麦粉对面团特性与面包烘焙品质的影响及其改良剂研究［D］．镇江：江苏大学，2014.
[44] 盛林霞，邵亮亮，金建德，等．小麦面筋含量测定影响因素分析［J］．粮食科技与经济，

2020，45（04）：88-90.
［45］李芳，张影全，李明，等．小麦面筋形成及其理化特性影响因素研究进展［J］．中国食品学报，2019，19（11）：278-285.
［46］范会平，陈月华，符锋等．碱性盐对小麦粉面筋特性和面条蛋白质组分的影响［J］．现代食品科技，2019，35（12）：61-69.
［47］高璇，高利艳，晏月明．小麦籽粒谷蛋白提取方法的优化与双向电泳分析［J］．麦类作物学报，2008，28（06）：971-976.
［48］郭嘉．谷朊粉中麦谷蛋白和麦醇溶蛋白的分离及应用研究［D］．郑州：河南工业大学，2011.
［49］王曙光，杨海峰，孙黛珍等．小麦醇溶蛋白亚基与品质性状的相关性分析［J］．中国粮油学报，2013，28（05）：31-35.
［50］阎旭东，卢少源，李宗智．适用于我国小麦醇溶蛋白分析的 APAGE 方法［J］．河北农业大学学报，1994（01）：7-10.
［51］高梅，张国权，魏益民，等．小麦醇溶蛋白 A-PAGE 电泳鉴定技术的分析［J］．西北农林科技大学学报（自然科学版），2007（09）：53-57.
［52］夏萍，梁新宇．剩余蛋白含量与烘烤品质的关系［J］．西部粮油科技，2000（06）：35-37.
［53］黄冲．不同面粉对面筋食品的品质影响研究［D］．武汉：武汉轻工大学，2016.
［54］张晓燕，陆启玉，蔡凤仪，等．面粉面筋数量和质量与鲜湿面条品质的关系［J］．河南工业大学学报（自然科学版），2006（02）：25-28.
［55］吕立志，范喜梅．小麦面筋蛋白及其乳化性研究概述［J］．湖北农业科学，2011，50（6）：1088-1090.
［56］孔祥珍，周惠明．小麦面筋蛋白特性及其应用［J］．粮食与油脂，2004（11）：14-15.
［57］曹子月．面筋对馒头加工品质影响的研究［D］．邯郸：河北工程大学，2018.
［58］彭海萍，王兰．小麦面筋蛋白在食品工业中的应用［J］．西部粮油科技，2002，27（2）：32-33.
［59］张利兵．小麦面筋蛋白中醇溶蛋白和谷蛋白的分离及结构研究［D］．合肥：合肥工业大学，2012.
［60］张玲玲．以小麦面筋蛋白为基质的脂肪模拟物的研究［D］．天津：天津科技大学，2016.
［61］刘少博．植物蛋白与胶原蛋白复合制备肠衣的研究［D］．郑州：河南工业大学，2015.
［62］谢新华，毋修远，张蓓等．γ-聚谷氨酸对面筋蛋白功能特性的影响［J］．麦类作物学报，2018，38（08）：1004-1009.
［63］汤虎．超声波及琥珀酰化法改性小麦面筋蛋白的研究［D］．武汉：华中农业大学，2008.
［64］王维君，车宇翔，刘秀丽等．光量子对小麦面筋蛋白功能特性的影响［J］．食品研究与开发，2016，37（15）：6-9.
［65］钱建亚，吴秋艳，高晓燕．臭氧处理对小麦面筋蛋白功能和流变学性质的影响［J］．美食研究，2017，34（01）：51-55.
［66］阎乃珺．动态高压微射流对小麦面筋蛋白性质和结构的影响［D］．广州：华南理工大学，2013.

[67] 刘国琴，阎乃珺，陈璐瑶．动态高压微射流对小麦面筋蛋白功能性质影响的研究［J］．现代食品科技，2013，29（05）：936-940.

[68] 柳小军．冻藏对面筋蛋白性能的影响及脱水机理研究［D］．郑州：河南工业大学，2011.

[69] 邹敏，杨润强，顾振新等．冻藏对面团中面筋蛋白分子结构及功能特性影响的研究进展［J］．食品工业科技，2018，39（19）：347-352.

[70] 史春悦．多酚对面筋蛋白流变特性的影响机制研究［D］．天津：天津科技大学，2016.

[71] 车宇翔．光量子对小麦面筋蛋白性质和结构影响的研究［D］．天津：天津科技大学，2016.

[72] 李冰，范鹏辉，赵雷，等．黄原胶对面筋蛋白流变特性的影响［J］．现代食品科技，2016，32（02）：33-39，65.

[73] 穆婉菊，冯佳，李秀秀，等．菊粉对小麦面筋蛋白理化性质的影响［J］．食品科学，2019，40（16）：64-68.

[74] 丛旭．小麦面筋蛋白复合膜制备及应用研究［D］．天津：天津科技大学，2017.

[75] 孔祥珍，周惠明．小麦面筋蛋白特性及其应用［J］．粮食与油脂，2004（11）：14-15.

[76] 张淑芬．亚硫酸钠—碱性蛋白酶复合改性小麦面筋蛋白加工研究［D］．合肥：合肥工业大学，2013.

[77] 李翠翠，陆啟玉．亚硫酸钠处理对小麦面筋蛋白特性的影响［J］．中国食品学报，2018，18（06）：160-166.

[78] 陆毅．盐离子及微波预处理对热诱导小麦面筋蛋白凝胶性质的影响［D］．合肥：合肥工业大学，2018.

[79] 黄婷玉．焙烤食品组分与面筋质构的关系及应用［D］．南昌：江西农业大学，2015.

[80] 廖兰．湿热有机酸脱酰胺改性小麦面筋蛋白及作用机理的研究［D］．广州：华南理工大学，2012.

[81] 裴旭东．小麦面筋蛋白的改性及其应用［D］．上海：华东师范大学，2009.

[82] 何国庆，朱辉，陈忠明，尹源明．小麦淀粉工业废水的水质特征及酶法预处理条件研究［J］．浙江农业学，1997，9（5）：235-239.

[83] 周阳，刘芳，吕大鹏．小麦淀粉废水处理综述［J］．发酵科技通讯，2003，32（1）：31-32.

[84] 蒋建新．旋流法生产小麦淀粉联产优质活性面筋粉［J］．淀粉与淀粉糖，1997，（3）：38-42.

[85] 严汪汪，向琴，杨锦杰，孙媛，钟振声．超滤法回收小麦淀粉加工废水中戊聚糖［J］．中国食品添加剂，2014，（7）：142-146.

[86] 潘贺鹏．丁醇萃取发酵工艺及利用小麦淀粉废水提高丁醇产量研究［D］．无锡：江南大学，2014.

[87] 刘作涛．高浓度淀粉废水生物处理及厌氧发酵产氢技术研究［D］．汕头市：汕头大学，2009.

[88] 金惠平．利用淀粉废水生产活性蛋白饲料的研究［J］．中国粮油学报，2010，25（4）：85-88.

[89] 刘军贤．利用高浓度有机废水制备油脂的研究［D］．济南：山东大学，2013.

[90] 于永翠．EGSB-A/O组合工艺处理淀粉制糖生产废水的工程优化［D］．济南：齐鲁工业大学，2014.

[91] 韩玉婕，呼世斌，贾婵，张春慧，王效国．米根霉直接发酵小麦淀粉废水生产 L（+）-乳酸研究［J］．西北农林科技大学学报（自然科学版），2015，43（4）：149-156.
[92] 袁永军，程丽华，张树艳．四效蒸发处理小麦淀粉/谷朊粉生产高浓度有机废水［J］．青岛建筑工程学院学报，2003，23（4）：79-81.
[93] 郑学玲，尚加英．小麦淀粉特性、生产方法及产品应用［J］．农业机械，2011，（2）：109-111.
[94] 张根源．EGSB 厌氧反应器处理小麦淀粉废水以及副产沼气的应用实例［J］．创新科技，2013，（12）：80-81.
[95] 赵胜利，樊江利，张彦波．小麦淀粉废水处理工程改造及调试［J］．给水排水，32（5）：51-53.
[96] 田兴．小麦淀粉废水处理及沼气利用工程设计应用研究［D］．苏州：苏州科技学院，2014.
[97] James BeMiller，Roy Whister. Starch chemistry and technology［M］. 3rd. ed. Amsterdam：Elsevier 2009.
[98] Shevkani，K.；Singh，N.；Bajaj，R.；Kaur，A.，Wheat starch production，structure，functionality and applications-a review［J］. International Journal of Food Science & Technology 2017，52，38-58.
[99] Stoddard F L. Genetics of starch granule size distribution in tetrap-loid and hexaploid wheats［J］. Australian Journal of Agricultural Research. 2004，54（7）：637-648.